완벽대비

에너지관리 산업기사 실기

서상희 저

1. 출제기준에 따른 필답형시험과 배관작업형으로 구분
2. 필답형시험 대비 핵심 이론정리 및 예상문제 수록
3. 2014년부터 2023년 제1회까지 시행되었던 작업형 (동영상) 문제 선별수록
4. 필답형 시험대비 실전모의고사 수록
5. 2023년 시행편 2회, 4회 필답형 문제 수록
6. 배관작업형 이론 및 예상도면 수록
7. 간추린 공식 110선(選) 수록

동일출판사

머리말

산업이 발전하면서 에너지를 사용하는 산업시설이 많아지고 에너지 소비도 급격히 증가하고 있지만, 우리나라는 대부분의 에너지를 외국에서 수입하여 사용하는 해외 의존도가 세계 최고의 수준입니다. 이에 따라 에너지 절약 및 온실가스 배출을 감축시키는 것이 범국가적인 과제가 되었고, 관련 장치 및 설비분야가 급속히 발전하면서 에너지 분야에 대한 관심과 기술인력 수요가 증가하고 있습니다.

이에 따라 에너지관리산업기사 자격증을 취득하려는 공학도와 관련 기술인이 증가하는 추세에 있고, 2014년부터 기존의 에너지관리산업기사와 보일러산업기사가 통합되어 년1회 시행하던 시험을 3회로 실시하였고, 2023년 2회차부터 동영상시험이 필답형시험으로 변경되어 기존의 배관작업형과 함께 복합형으로 시행되고 있습니다.

이에 저자는 수험생들의 효과적인 공부와 짧은 시간동안 실기시험 준비를 할 수 있도록 관련 자료를 준비하고 정리하여 에너지관리산업기사 실기 교재를 아래와 같은 부분에 중점을 두어 출간하게 되었습니다.

첫째. 에너지관리산업기사 실기시험 출제기준에 맞추어 필답형 시험을 대비한 핵심적인 이론내용과 예상문제를 정리하였습니다.
둘째. 2014년부터 보일러산업기사와 통합되어 시행되었던 동영상문제 중 필답형 시험에 출제 가능한 문제를 선별하여 수록하였습니다.
셋째. 필답형 계산문제에 활용할 수 있도록 공식 110개를 선별하여 수록하였습니다.
넷째. 배관작업형 시험을 준비할 수 있도록 배관작업 이론내용과 예상도면 및 공개도면을 수록하였습니다.
다섯째. 저자가 직접 카페를 개설, 관리하여 온라인상으로 질의 및 답변과 함께 수험정보를 공유할 수 있는 공간을 마련하였습니다.

끝으로 이 책으로 에너지관리산업기사 실기시험을 준비하는 수험생 여러분들께 합격의 영광이 함께 하기 바라며, 교재가 출판될 수 있도록 많은 도움과 지원을 주신 분들과 동일출판사에 감사를 드립니다.

저자 씀

〈저자 카페〉
- 네이버 – 자격증을 공부하는 모임(cafe.naver.com/gas21)

차례

제1편 열설비 취급실무/21

제1장 열역학 ········· 22
1. 열역학 기초 ········· 22
2. 동력 사이클 ········· 34
★ 예상문제 ········· 38

제2장 보일러 및 부속장치 ········· 74
1. 보일러의 종류 및 특징 ········· 74
2. 부속장치 및 기기 ········· 83
3. 보일러 용량 및 성능계산 ········· 100
4. 보일러 효율 계산 ········· 102
5. 보일러 수압시험 ········· 105
★ 예상문제 ········· 106

제3장 연료 및 연소장치 ········· 155
1. 연료의 종류 및 특징 ········· 155
2. 연소 및 연소장치 ········· 160
3. 연료저장 및 공급장치 ········· 166
4. 통풍 및 통풍장치 ········· 169
5. 매연 및 집진장치 ········· 174
★ 예상문제 ········· 176

제4장 연소계산 ········· 205
1. 이론산소량 및 이론공기량 계산 ········· 205
2. 공기비 및 실제공기량 계산 ········· 209
3. 연소 가스량 계산 ········· 211
4. 발열량 및 연소온도 계산 ········· 213
★ 예상문제 ········· 215

제5장 열설비 재료 ········· 244
1. 내화물, 단열재, 보온재 ········· 244
2. 배관재 및 밸브 ········· 251
★ 예상문제 ········· 255

제6장 보일러 안전관리 ········· 266
1. 보일러 급수처리 ········· 266
2. 보일러 가동 전 점검 ········· 270
3. 보일러 운전 중 점검 및 조작 ········· 271
4. 보일러 정지 ········· 274

5. 보일러 손상 및 사고 방지 ·· 275
　　6. 보일러 보존 ··· 282
　　★ 예상문제 ··· 286

제7장 열전달 ·· 306
　　1. 열의 이동 ··· 306
　　2. 열교환기 ··· 311
　　★ 예상문제 ··· 314

제8장 계측기기 및 자동제어 ·· 336
　　1. 연소가스 분석기기 ·· 336
　　2. 계측기기 ··· 340
　　3. 보일러 자동제어 ·· 352
　　★ 예상문제 ··· 356

제9장 신재생에너지 및 에너지진단 ······························ 386
　　1. 신에너지 및 재생에너지 ·· 386
　　2. 에너지진단 ·· 388
　　★ 예상문제 ··· 389

제10장 난방설비 설계 ··· 403
　　1. 소형 온수보일러 ·· 403
　　2. 난방부하 ··· 408
　　3. 난방설비 ··· 411
　　4. 난방기기 ··· 427
　　★ 예상문제 ··· 431

제11장 보일러 시공도면 작성 및 해독 ·························· 455
　　1. 보일러 시공도면 작성 ··· 455
　　2. 보일러 시공도면 해독 ··· 462
　　★ 예상문제 ··· 474

제2편 동영상 과년도문제 / 495

2014년 에너지관리산업기사 실기시험 동영상문제 ········ 496
　　제1회 동영상 문제 2014년 4월 19일 시행 ·················· 496
　　제2회 동영상 문제 2014년 7월 5일 시행 ···················· 497
　　제4회 동영상 문제 제4회 동영상 문제 2014년 11월 2일 시행 ················· 500

2015년 에너지관리산업기사 실기시험 동영상문제 ·········· 503
    제1회 동영상 문제 2015년 4월 19일 시행 ·········· 503
    제2회 동영상 문제 2015년 7월 11일 시행 ·········· 505
    제4회 동영상 문제 2015년 11월 7일 시행 ·········· 506

2016년 에너지관리산업기사 실기시험 동영상문제 ·········· 509
    제1회 동영상 문제 2016년 4월 15일 시행 ·········· 509
    제2회 동영상 문제 2016년 6월 26일 시행 ·········· 510
    제4회 동영상 문제 2016년 11월 12일 시행 ·········· 512

2017년 에너지관리산업기사 실기시험 동영상문제 ·········· 514
    제1회 동영상 문제 2017년 4월 15일 시행 ·········· 514
    제2회 동영상 문제 2017년 6월 25일 시행 ·········· 515
    제4회 동영상 문제 2017년 11월 11일 시행 ·········· 517

2018년 에너지관리산업기사 실기시험 동영상문제 ·········· 519
    제1회 동영상 문제 2018년 4월 14일 시행 ·········· 519
    제2회 동영상 문제 2018년 6월 30일 시행 ·········· 522
    제4회 동영상 문제 2018년 11월 10일 시행 ·········· 523

2019년 에너지관리산업기사 실기시험 동영상문제 ·········· 525
    제1회 동영상 문제 2019년 4월 14일 시행 ·········· 525
    제2회 동영상 문제 2019년 6월 29일 시행 ·········· 526
    제4회 동영상 문제 2019년 11월 17일 시행 ·········· 527

2020년 에너지관리산업기사 실기시험 동영상문제 ·········· 529
    제1회 동영상 문제 2020년 5월 16일 시행 ·········· 529
    제2회 동영상 문제 2020년 8월 2일 시행 ·········· 530
    제3회 동영상 문제 2020년 10월 15일 시행 ·········· 532
    제4회 동영상 문제 2020년 11월 29일 시행 ·········· 533

2021년 에너지관리산업기사 실기시험 동영상문제 ·········· 534
    제1회 동영상 문제 2021년 4월 28일 시행 ·········· 534
    제2회 동영상 문제 2021년 7월 16일 시행 ·········· 535
    제4회 동영상 문제 2021년 11월 18일 시행 ·········· 537

2022년 에너지관리산업기사 실기시험 동영상문제 ·········· 539
    제1회 동영상 문제 2022년 5월 11일 시행 ·········· 539
    제2회 동영상 문제 2022년 7월 27일 시행 ·········· 540
    제4회 동영상 문제 2022년 11월 21일 시행 ·········· 541

2023년 에너지관리산업기사 실기시험 동영상문제 ·········· 543
    제1회 동영상 문제 2023년 4월 26일 시행 ·········· 543

제3편 필답형 실전모의고사 /547

- 제1회 필답형 실전모의고사 ·· 548
- 제2회 필답형 실전모의고사 ·· 553
- 제3회 필답형 실전모의고사 ·· 558
- 제4회 필답형 실전모의고사 ·· 564
- 제5회 필답형 실전모의고사 ·· 570
- 제6회 필답형 실전모의고사 ·· 578
- 제7회 필답형 실전모의고사 ·· 585
- 제8회 필답형 실전모의고사 ·· 591
- 제9회 필답형 실전모의고사 ·· 598
- 제10회 필답형 실전모의고사 ·· 604

제4편 필답형 과년도문제 /609

- 2023년 에너지관리산업기사 실기시험 필답형 ·· 610

제5편 배관작업형 /619

- **제1장 수험자 유의사항 및 준비사항** ·· 620
  - 1. 작업형 시험 수험자 유의사항 ·· 620
  - 2. 수험자 지참 준비물 ·· 621
- **제2장 배관작업 기초 이론** ·· 623
  - 1. 배관작업 ·· 623
  - 2. 실제배관 길이 계산 ·· 627
- **제3장 예상도면** ·· 637
  - 1. 출제도면 ·· 637
  - 2. 공개도면 ·· 654

부록 간추린 공식 110선 /663

- 간추린 공학 110선 ·· 664

에너지관리산업기사 실기 출제기준

직무분야	환경 에너지	중직무분야	에너지 기상	자격종목	에너지관리산업기사	적용기간	2023.1.1.~2025.12.31.

○ 직무내용 : 에너지 관련 열설비에 대한 구조 및 원리를 이해하고 에너지 관련 설비를 시공, 보수·점검, 운영 관리하는 직무이다.
○ 수행준거 : 1. 보일러의 연소설비를 파악함으로써 에너지의 효율적 이용과 대기오염예방, 보일러의 안전연소를 관리할 수 있다.
2. 에너지원별 특성을 파악하여 보일러 및 관련 설비를 효율적으로 관리할 수 있다.
3. 보일러 및 흡수식 냉온수기 등과 관련된 설비를 안전하고 효율적으로 운전할 수 있다.
4. 보일러 및 관련 설비 취급 시 발생할 수 있는 안전사고를 사전에 예방할 수 있다.
5. 보일러의 스케일 및 부식 등을 방지하기 위하여 보일러수와 수처리 설비를 관리할 수 있다.
6. 보일러 설비의 효율적인 운영을 위하여 유체를 이송하는 배관설비를 설계도서에 따라 설치할 수 있다.
7. 보일러 운전 중에 발생할 수 있는 안전사고를 예방하기 위하여 안전장치를 정비할 수 있다.
8. 보일러 부속설비(수처리설비, 환경시설, 열회수장치 및 계측기기 등)를 설계도서에 따라 설치할 수 있다.
9. 보일러 부대설비(증기설비, 급탕설비, 압력용기, 열교환장치, 펌프 등)를 설계도서에 따라 설치할 수 있다.
10. 보일러 및 부속장치를 효율적으로 운영 관리할 수 있다.
11. 냉동기 및 부속장치를 효율적으로 운영 관리할 수 있다.

실기검정방법	복합형	시험시간	4시간 30분 정도 (필답 : 1시간 30분, 작업 3시간 정도)

실기과목명	주요항목	세부항목	세세항목
열설비 취급 실무	1. 보일러 연소설비 관리	1. 연료공급설비 관리하기	1. 연료의 종류에 따른 특성을 파악할 수 있다. 2. 연료공급설비의 특성과 제원을 파악할 수 있다. 3. 연료공급설비의 취급법을 파악하고 효율적으로 운영할 수 있다. 4. 연료공급설비의 고장 원인을 파악하고 조치할 수 있다.
		2. 연소장치 관리하기	1. 연소장치의 기능과 특성을 파악할 수 있다. 2. 연소장치를 조정 및 점검 관리할 수 있다. 3. 연소장치의 고장원인을 파악하고 조치 할 수 있다.
		3. 통풍장치 관리하기	1. 통풍장치의 기능과 특성을 파악할 수 있다. 2. 통풍장치의 작동상태를 파악할 수 있다. 3. 통풍장치의 정상운영을 위해 사전점검을 할 수 있다.

실기과목명	주요항목	세부항목	세세항목
	2. 보일러 에너지 관리	1. 에너지원별 특성 파악하기	1. 에너지원의 특성을 파악할 수 있다. 2. 에너지원의 특성에 따른 저장, 공급, 연소 방식을 파악할 수 있다. 3. 에너지원에 따라 연소장치를 선택할 수 있다.
		2. 에너지효율 관리하기	1. 보일러 및 관련 설비의 에너지 사용량을 파악할 수 있다. 2. 보일러 및 관련 설비의 열정산을 할 수 있다. 3. 에너지 손실요인을 파악하여 에너지효율을 관리할 수 있다. 4. 에너지효율 관리를 통해서 비용을 절감할 수 있다.
		3. 에너지 원단위 관리하기	1. 에너지 소비량에 따른 에너지 원단위를 산출할 수 있다. 2. 적정 에너지 원단위를 비교분석을 할 수 있다. 3. 에너지 원단위 관리를 통해 비용을 절감할 수 있다. 4. 고효율 에너지 기자재 적용, 용량 최적화를 통해 생애주기비용(LCC)을 절감할 수 있다.
	3. 보일러 운전	1. 설비 파악하기	1. 설비의 정상적인 운전을 위해 설계도면을 파악할 수 있다. 2. 설비의 정상적인 운전을 위해 장비의 특성과 설비시스템을 파악할 수 있다. 3. 장비와 관련 설비의 사용설명서 등을 파악할 수 있다. 4. 설비의 안전한 운전을 위하여 관련법규 규정을 파악할 수 있다.
		2. 보일러운전 준비하기	1. 보일러 수위 유지를 위한 급수설비를 점검할 수 있다. 2. 연료의 완전연소를 위한 연료공급설비, 연소설비, 통풍장치, 연돌 등을 점검할 수 있다. 3. 보일러설비의 정상운전을 위한 부속장치를 점검할 수 있다. 4. 보일러설비의 정상운전을 위한 부대설비를 점검할 수 있다. 5. MCC판넬, 제어판넬 등의 제어설비를 점검할 수 있다. 6. 보일러 운전 시 발생할 수 있는 문제점을 사전에 파악하고 예방할 수 있다.
		3. 보일러 운전하기	1. 보일러 운전 시 밸브나 댐퍼 등의 개폐상태를 정상으로 유지할 수 있다.

실기과목명	주요항목	세부항목	세세항목
		4. 흡수식 냉온수기 운전하기	2. 보일러 운전에 필요한 급수, 연료, 공기 등을 정상적으로 공급할 수 있다. 3. 보일러 및 관련설비를 사용설명서에 따라 정상적으로 운전할 수 있다. 4. 운전 중 보일러의 수위, 연소상태, 압력, 온도 등을 정상적으로 유지할 수 있다. 5. 설비운전에 따른 고장 발견 시 원인을 파악하고 조치할 수 있다. 6. 운전일지를 작성하고 결과를 분석하여 에너지를 효율적으로 사용할 수 있다. 1. 냉매 및 흡수제 계통과 냉각수 계통을 정상 운전할 수 있다. 2. 연료, 공기 또는 증기, 냉·온수, 냉각수 등이 정상적으로 공급되도록 할 수 있다. 3. 흡수식 냉온수기 및 냉각탑 등 관련설비를 정상적으로 운전할 수 있다. 4. 운전 중 연소상태, 압력, 온도, 액면, 진공상태 등을 안정적으로 유지할 수 있다. 5. 설비운전에 따른 고장 발견 시 원인을 파악하고 조치할 수 있다. 6. 운전일지를 작성하고 결과를 분석하여 에너지를 효율적으로 사용할 수 있다.
	4. 보일러 안전관리	1. 법정 안전검사하기	1. 관련 설비의 안전관련 법규를 파악할 수 있다. 2. 법정 안전검사 대상 기기의 종류와 검사항목을 파악할 수 있다. 3. 법정 안전검사를 대비하여 사전 자체검사를 실시할 수 있다. 4. 관련법 규정에 의한 정기안전, 성능검사 등 검사준비를 할 수 있다.
		2. 보수공사 안전관리하기	1. 작업별 안전사고 발생 시 대처방법을 수립할 수 있다. 2. 작업자에게 안전관리교육을 실시할 수 있다. 3. 작업전 현장을 점검하여 안전사고를 예방할 수 있다. 4. 공종별 위험요소를 예측하여 안전사고를 예방 관리할 수 있다.
	5. 보일러 수질관리	1. 수처리설비 운영하기	1. 보일러에 필요한 급수의 성분 및 성질을 파악할 수 있다. 2. 수처리설비의 기능과 특성을 파악할 수 있다. 3. 수처리설비를 점검 관리할 수 있다.

실기과목명	주요항목	세부항목	세세항목
			4. 수처리설비의 자동제어 및 작동상태를 확인할 수 있다.
		2. 보일러수 관리하기	1. 보일러수를 채취하고 분석 및 관리할 수 있다. 2. 수질분석결과를 관리기준과 비교 분석할 수 있다. 3. 분석결과를 관리 기준에 따라 조치할 수 있다. 4. 휴지 시 보존관리 방법에 따라 조치할 수 있다.
	6. 보일러 배관설비 설치	1. 배관도면 파악하기	1. 배관도면의 열원 흐름도를 보고 시스템을 파악할 수 있다. 2. 배관 도면의 도시기호를 파악할 수 있다. 3. 배관용도에 따른 배관 및 부속품, 밸브 등의 재질을 파악할 수 있다. 4. 배관에 연결되는 장비사양과 배관 접속구경 등을 파악할 수 있다. 5. 배관도면의 밸브, 부속품 등의 설치방법과 용도를 파악할 수 있다.
		2. 배관재료 준비하기	1. 배관도면을 보고 재질과 규격에 따라 배관, 배관부속품, 밸브 등을 산출할 수 있다. 2. 배관시공에 따른 배관 지지구, 보온재, 용접봉 등 각종 소모품을 산출할 수 있다. 3. 자재의 사용일정에 따라 필요수량의 배관재료를 발주 할 수 있다. 4. 배관재료의 입고 시 자재를 검수하고 품질을 확인 할 수 있다. 5. 배관재료를 재질, 용도, 규격별로 품질을 유지하며, 보관할 수 있다.
	7. 보일러 안전장치 정비	1. 보일러 본체 안전장치 정비하기	1. 보일러 본체에 설치된 화염, 온도, 압력, 수위 등 안전장치의 기능과 특성을 파악할 수 있다. 2. 보일러 본체에 설치된 안전장치의 작동점검을 실시할 수 있다. 3. 안전장치의 이상 발생 시 원인을 파악하고 정비할 수 있다. 4. 정비된 안전장치의 작동상태를 확인할 수 있다.
		2. 연소설비 안전장치 정비하기	1. 연소설비와 관련된 화염 검출 및 역화·폭발 방지 장치의 기능과 특성을 파악할 수 있다. 2. 연소설비에 설치된 안전장치의 작동점검을 실시할 수 있다. 3. 연소안전장치의 이상 발생 시 원인을 파악하고 정비할 수 있다.

실기과목명	주요항목	세부항목	세세항목
			4. 정비된 안전장치의 작동상태를 확인할 수 있다.
		3. 소형 온수보일러 안전장치 정비하기	1. 소형 온수보일러와 관련된 안전장치의 기능과 특성을 파악할 수 있다. 2. 소형 온수보일러에 설치된 안전장치의 작동점검을 실시할 수 있다. 3. 안전장치의 이상 발생 시 원인을 파악하고 정비할 수 있다. 4. 정비된 안전장치의 작동상태를 확인할 수 있다.
	8. 보일러 부속설비 설치	1. 보일러 수처리설비 설치하기	1. 수처리설비 원리를 파악하고 장치의 구성요소와 설치방법을 파악할 수 있다. 2. 수처리설비의 설계도서를 파악할 수 있다. 3. 수처리설비 설치에 필요한 장비, 공구 등을 준비하고 사용할 수 있다. 4. 수처리설비를 설계도서에 따라 적합하게 설치할 수 있다.
		2. 보일러 급수장치 설치하기	1. 급수장치의 원리를 파악하고 장치의 구성요소와 설치방법을 파악할 수 있다. 2. 급수장치의 설계도서를 파악할 수 있다. 3. 급수장치 설치에 필요한 장비, 공구 등을 준비하고 사용할 수 있다. 4. 급수장치를 설계도서에 따라 적합하게 설치할 수 있다.
		3. 보일러 환경설비 설치하기	1. 환경설비의 원리를 파악하고 장치의 구성요소와 설치방법을 파악할 수 있다. 2. 환경설비의 설계도서를 파악할 수 있다. 3. 환경설비 설치에 필요한 장비, 공구 등을 준비하고 사용할 수 있다. 4. 환경설비를 설계도서에 따라 적합하게 설치할 수 있다.
		4. 보일러 열회수장치 설치하기	1. 열회수장치의 원리를 파악하고 장치의 구성요소와 설치방법을 파악할 수 있다. 2. 열회수장치의 설계도서를 파악할 수 있다. 3. 열회수장치 설치에 필요한 장비, 공구 등을 준비하고 사용할 수 있다. 4. 열회수장치를 설계도서에 따라 적합하게 설치할 수 있다.
		5. 보일러 계측기기 설치하기	1. 계측기기의 원리를 파악하고 장치의 구성요소와 설치방법을 파악할 수 있다.

실기과목명	주요항목	세부항목	세세항목
			2. 계측기기의 설치를 위해 설계도서를 파악할 수 있다. 3. 계측기기 설치에 필요한 장비, 공구 등을 준비할 수 있다. 4. 계측기기를 설계도서에 따라 적합하게 설치할 수 있다.
	9. 보일러 부대설비 설치	1. 증기설비 설치하기	1. 증기설비의 원리를 파악하고 장치의 구성요소와 설치방법을 파악할 수 있다. 2. 증기설비의 설계도서를 파악할 수 있다. 3. 증기설비 설치에 필요한 장비, 공구 등을 준비하고 사용할 수 있다. 4. 증기설비를 설계도서에 따라 적합하게 설치할 수 있다.
		2. 급탕설비 설치하기	1. 급탕설비의 원리를 파악하고 장치의 구성요소와 설치방법을 파악할 수 있다. 2. 급탕설비의 설계도서를 파악할 수 있다. 3. 급탕설비 설치에 필요한 장비, 공구 등을 준비하고 사용할 수 있다. 4. 급탕설비를 설계도서에 따라 적합하게 설치할 수 있다.
		3. 압력용기 설치하기	1. 압력용기의 기능을 파악하고 장치의 구성요소와 설치방법을 파악할 수 있다. 2. 압력용기 설계도서를 파악할 수 있다. 3. 압력용기 설치에 필요한 장비, 공구 등을 준비하고 사용할 수 있다. 4. 압력용기를 설계도서에 따라 적합하게 설치할 수 있다.
		4. 열교환장치 설치하기	1. 열교환장치의 기능을 파악하고 장치의 구성요소와 설치방법을 파악할 수 있다. 2. 열교환장치 설계도서를 파악할 수 있다. 3. 열교환장치 설치에 필요한 장비, 공구 등을 준비하고 사용할 수 있다. 4. 열교환장치를 설계도서에 따라 적합하게 설치할 수 있다.
		5. 펌프 설치하기	1. 펌프의 원리를 파악하고 장치의 구성요소와 설치방법을 파악할 수 있다. 2. 펌프설치 설계도서를 파악할 수 있다. 3. 펌프 설치에 필요한 장비, 공구 등을 준비하고 사용할 수 있다. 4. 펌프를 설계도서에 따라 적합하게 설치할 수 있다.

실기과목명	주요항목	세부항목	세세항목
	10. 보일러 설비 운영	1. 보일러 관리하기	1. 보일러의 본체, 연소장치, 부속장치 등에 대하여 파악할 수 있다. 2. 보일러의 종류를 파악하고 특성에 맞게 운영 및 관리할 수 있다. 3. 보일러 관리 내용을 연료관리, 연소관리, 열사용관리, 작업 및 설비관리, 대기오염, 수처리관리 등으로 분류하여 효율적으로 수행할 수 있다. 4. 에너지이용합리화법, 시행령, 시행규칙 등 관련법규를 파악할 수 있다. 5. 보일러 구조물과의 거리, 연료 저장 탱크와 거리, 각종 밸브 및 관의 크기, 안전밸브 크기 등 설치기준을 파악하고 관리할 수 있다. 6. 보일러 용량별 열효율표 및 성능 효율에 대해 파악하고 관리할 수 있다.
		2. 급탕탱크 관리하기	1. 급탕탱크의 배관방식에 맞는 관리방법을 파악하여 점검 및 관리할 수 있다. 2. 온수의 오염 및 부식상태를 점검하고 유량조정 밸브의 조정 및 신축계수의 기능을 확인하여 보존 및 관리할 수 있다. 3. 급탕탱크의 고장원인을 파악하고 대책을 강구할 수 있다. 4. 배관의 신축, 관의 지지구, 관의 부식에 대한 고려, 관의 마찰손실, 보온, 수압시험, 팽창관과 팽창탱크, 저탕탱크의 급수관 등에 대하여 전체적인 관리할 수 있다. 5. 저탕탱크 배관 부속품 감압밸브, 증기트랩, 스트레이너, 온도조절밸브, 벨로우즈 등 기능을 확인하여 보수 및 교체할 수 있다.
		3. 증기설비 관리하기	1. 증기의 특성을 파악하여 증기량과 압력에 따라 배관구경을 결정할 수 있다. 2. 응축수량을 산출하여 배관구경을 결정할 수 있다. 3. 증기배관 구경에 따라 증기선도를 보고 증기통과량을 구할 수 있다. 4. 배관에서 증기의 장애 수격작용에 대해 파악하고 방지할 수 있다. 5. 증기배관의 감압밸브, 증기트랩, 스트레이너 등의 작동상태를 점검할 수 있다. 6. 증기배관 신축장치 볼트, 너트를 견고하게 설치하고, 정상 작동 여부를 확인할 수 있다. 7. 증기배관 및 밸브의 손상, 부식, 자동밸브, 계기류 작동상태를 점검 및 확인할 수 있다.

실기과목명	주요항목	세부항목	세세항목
			8. 증기배관의 보온상태 점검 및 확인할 수 있다. 9. 증기배관의 적산 및 수선비를 산출할 수 있다
		4. 부속장비 점검하기	1. 보일러 부속장치의 종류와 기능 및 역할에 대하여 구분하고 파악할 수 있다. 2. 송기장치, 급수장치, 열회수장치 등의 특성을 파악하여 기능을 점검할 수 있다. 3. 분출장치의 필요성, 분출시기, 분출할 때 주의사항, 분출방법 등 파악하여 필요시 분출밸브와 분출 콕을 신속히 열어줄 수 있다. 4. 수면계 부착위치, 수면계 점검시기, 점검순서, 수면계 파손원인, 수주관 역할 등을 확인하고 점검할 수 있다. 5. 급수펌프의 구비조건을 파악하고 펌프 공동현상을 이해하고 방지할 수 있다. 6. 보일러의 기수공발(캐리오버, 프라이밍, 포밍) 장애에 대해 파악하고 조치할 수 있다.
		5. 보일러 운전전 점검하기	1. 난방설비운영 및 관리기준, 보일러 운전전 점검사항에 대하여 확인할 수 있다. 2. 운전전 스팀배관의 밸브 개폐상태를 점검할 수 있다. 3. 스팀헤더를 점검하여 응축수가 있을 경우 배출하여 수격작용을 방지할 수 있다. 4. 가스누설여부 점검하고 배관 개폐상태를 점검할 수 있다. 5. 주증기밸브의 개폐상태를 확인하고 자체압력의 이상유무를 확인할 수 있다. 6. 수면계의 정상유무를 확인하고 급수측 밸브 개폐상태, 수량계 이상유무를 확인할 수 있다. 7. 보일러 컨트롤 판넬의 각종 스위치 상태 확인 MCC 판넬의 ON확인, 기동상태를 점검할 수 있다.
		6. 보일러 운전중 점검하기	1. 보일러 운전 순서를 파악하고 수행할 수 있다. 2. 보일러 점화 불착화 시 원인 파악 후 충분히 프리퍼지하여 다시 운전할 수 있다. 3. 수면계, 압력계 등의 정상 여부를 확인 및 점검할 수 있다. 4. 급수펌프의 정상 작동 여부, 수위 불안정이 있는지 확인하고 점검할 수 있다. 5. 송풍기 운전상태, 화염상태의 색상을 확인할 수 있다. 6. 헤더 및 배관 수격작용은 없는지 점검 및 확인할 수 있다.

실기과목명	주요항목	세부항목	세세항목
			7. 응축수탱크의 상태를 확인하고 경수연화장치의 정상 작동 여부에 대하여 점검 및 확인할 수 있다. 8. 급수펌프 운전시 소음, 누수여부와 각종 제어판넬 상태를 점검, 확인할 수 있다. 9. 보일러 정지순서를 파악하여 컨트롤 판넬 스위치 OFF, 소화 후 일정시간 송풍기를 포스트 퍼지하고 연소실, 연도에 있는 잔류가스를 배출하여 폭발위험이 없도록 관리할 수 있다.
		7. 보일러 운전후 점검하기	1. 보일러 컨트롤 판넬은 OFF 상태로 되어 있는지 점검 및 확인할 수 있다. 2. 수면계수위상태를 파악하여 압력이 남아있는 경우 계속 급수 여부를 확인할 수 있다. 3. 가스공급계통 연료밸브의 개폐여부를 확인할 수 있다. 4. 보일러실의 각종 밸브류를 확인할 수 있다. 5. 보일러 운전일지를 기록하고 특이사항을 인수인계할 수 있다.
		8. 보일러 고장시 조치하기	1. 수면계의 수위 부족에도 불구하고 버너가 정지하지 않을 경우 즉시 정지하고 스위치 불량 원인을 제거할 수 있다. 2. 수위 부족에도 버너가 정지하지 않고 계속 운전되어 본체가 과열로 판단될 경우 버너를 정지, 본체를 냉각시킬 수 있다. 3. 정상운전 중 정전 발생 시 버너 순환펌프 스위치를 정지시키고, 복전되면 수위확인 후 운전을 개시할 수 있다. 4. 연료가 불착화 정지시 불착화 원인을 제거 후 재운전 시킬 수 있다. 5. 모터 과부하에 의한 정지될 경우 과대한 전류가 흐르게 되면 버너가 정지됨을 확인할 수 있다. 6. 히터온도 과열정지 될 경우 온수온도 조절 스위치가 불량임을 확인할 수 있다. 7. 저수위차단 팽창탱크에 부착된 수위조절기, 보급수 전자밸브에 이상이 생기면 연료공급차단 전자변이 닫히고 버너가 정지되는 것을 확인할 수 있다.
	11. 냉동설비 운영	1. 냉동기관리하기	1. 왕복동식, 터보식, 스크류식, 흡수식 냉동기의 특징과 구조에 대해 파악할 수 있다. 2. 각 냉동기의 형식에 알맞은 운전일지를 작성하고 냉동기의 적정한 운전성능과 이상유무를

실기과목명	주요항목	세부항목	세세항목
			판단할 수 있다. 3. 냉동기 운전 전후 냉동기 및 냉각탑 순환펌프의 작동 유무를 확인할 수 있다. 4. 냉동기 운전시 스케쥴 제어를 확인하고 제어로직에 의해 운전되는 장비가 있을 경우 논리회로를 확인할 수 있다. 5. 냉동기가 흡수식일 경우 냉수, 냉각수 밸브상태를 확인하며 원격 기동/정지시 현장 MCC판넬의 정상여부를 확인할 수 있다. 6. 냉수헤더 압력, 냉수온도, 냉수순환펌프 운전상태, 냉각수 온도 및 펌프 운전상태를 감시할 수 있다. 7. 냉동기 운전 중 감시반 모니터링 및 운전상태의 이상 유무를 확인하고 냉동기 운전시간을 기록할 수 있다.
		2. 냉동기·부속장치 점검하기	1. 압축기, 응축기의 종류와 특징을 파악하여 점검 및 관리할 수 있다. 2. 증발기, 팽창밸브의 종류와 특징을 파악하여 점검 및 관리할 수 있다. 3. 부속기기의 종류(수액기, 유분리기, 액분리기, 열교환기, 부속품 등)의 역할, 설치위치, 기능을 파악하고 점검 및 관리할 수 있다.
		3. 냉각탑 점검하기	1. 공기흐름과 송풍방식, 열전달 방법에 따른 냉각기의 구분을 파악하고 각 특성에 따라 관리할 수 있다. 2. 충진재 스케일, 부식에 대하여 점검 및 관리할 수 있다. 3. 산수기(살수기)의 회전 및 물분사 상태를 확인하고 파손 및 분사관 막힘 등을 점검하여 관리할 수 있다. 4. 팬의 각도 및 모터 전류를 측정하여 정상여부를 확인하고 축, 전동기, 벨트, 풀리, 윤활유 보급 등에 대하여 점검 및 관리할 수 있다. 5. 냉각수 유속을 확인하고 점검할 수 있다. 6. 냉각탑 수질관리를 위하여 살균제 등의 약품을 투여하여 오염되지 않도록 관리할 수 있다. 7. 냉각탑 설치위치의 적합성 등 기초, 방진, 소음, 공기흡입이 원활한지 점검 및 관리할 수 있다. 8. 동절기 동결방지장치를 설치하고 써모스탯 설정치 작동, 보온 등의 대책을 수립할 수 있다.

에너지관리산업기사 실기시험 변경 내용

변경 전	변경 후	적용시기
작업형 (동영상 + 배관작업형)	복합형 (배관작업형 + 필답형)	2023년 제2회 실기시험부터 적용

① 필답형 시험은 전국적으로 동일시간대에 동일한 문제가 제시됩니다.
② 배관 작업형은 실기시험 기간 중에 지역에 따라 순차적으로 실시됩니다.
③ 배관작업형은 동일한 제품을 만드는 것으로 도면이 제시되지만 배관 각 부분의 치수가 다르게 또는 다른 도면이 제시되는 경우도 있습니다.
④ 배관 작업형 시험에 필요한 공구는 개인적으로 준비하여 지참하여야 하며 자동나사절삭기와 전기용접 및 가스용접은 시험장 시설을 이용할 수 있습니다.
⑤ 배관 절단작업은 자동나사절삭기를 사용하는 것이 허용되지 않으므로 수동 컷터기를 반드시 준비하여 사용하여야 합니다.
⑥ 배관 작업형을 마친 후 오작 및 누설시험에서 기밀이 유지되지 않은 작품은 수험자 확인을 시켜 주고 있습니다.

★★ 2013년까지 기존의 에너지관리산업기사(구 열관리산업기사)는 복합형(필답형 + 동영상)으로 시행되었고, 응시자가 적어 년 1회 시행되었습니다.
★★ 2014년부터 보일러산업기사와 통합되어 동영상시험과 배관작업형으로 년 3회 시행되었습니다.
★★ 2023년 2회차부터 동영상시험이 폐지되고 필답형시험으로 시행되며, 배관작업형은 기존의 방법대로 동일하게 시행됩니다.

에너지관리산업기사 자격검정 현황

연도	필기			실기		
	응시	합격	합격률(%)	응시	합격	합격률(%)
소 계	26,871	7,012	26.1%	11,101	3,768	33.9%
2022	4,313	1,371	31.8%	2,142	892	41.6%
2021	3,349	1,163	34.7%	1,373	540	39.3%
2020	1,685	540	32%	755	357	47.3%
2019	1,582	483	30.5%	644	269	41.8%
2018	1,190	357	30%	531	228	42.9%
2017	1,187	286	24.1%	487	188	38.6%
2016	1,322	379	28.7%	504	176	34.9%
2015	1,173	268	22.8%	579	197	34%
2014	1,020	158	15.5%	964	202	21%
2013	122	28	23%	40	17	42.5%
2012	142	42	29.6%	43	4	9.3%
2011	159	42	26.4%	46	0	0%
2010	142	31	21.8%	39	1	2.6%
2009	109	30	27.5%	40	5	12.5%
2008	210	62	29.5%	78	45	57.7%
2007	173	40	23.1%	79	29	36.7%
2006	188	58	30.9%	103	15	14.6%
2005	153	45	29.4%	67	8	11.9%
2004	153	56	36.6%	58	30	51.7%
2003	218	38	17.4%	63	26	41.3%
2002	259	44	17%	74	17	23%
2001	337	65	19.3%	97	45	46.4%
1992~2000	7,685	1,426	18.6%	2,295	477	20.8%

실기시험 수험자 유의사항

일반사항	1. 시험문제를 받은 즉시 응시하고자 하는 종목의 문제지가 맞는지 여부를 확인하여야 합니다. 2. 시험문제지의 총면수, 문제번호 순서, 인쇄상태 등을 확인하고(**확인 이후 시험문제지 교체 불가**), 수험번호 및 성명을 답안지에 기재하여야 합니다. 3. 부정 또는 불공정한 방법(시험문제 내용과 관련된 메모지사용 등)으로 시험을 치른 자는 부정행위자로 처리되어 당해 시험을 중지 또는 무효로 하고, 3년간 국가기술 자격검정의 응시자격이 정지됩니다. 4. 저장용량이 큰 전자계산기 및 유사 전자제품 사용 시에는 반드시 저장된 메모리를 초기화한 후 사용하여야 하며, 시험위원이 초기화 여부를 확인할 시 협조하여야 합니다. 초기화되지 않은 전자계산기 및 유사 전자제품을 사용하여 적발 시에는 부정행위로 간주합니다. 5. 시험 중에는 통신기기 및 전자기기(휴대용 전화기 및 스마트워치 등)를 지참하거나 사용할 수 없습니다. 6. 문제 및 답안(지), 채점기준은 공개하지 않습니다. 7. 복합형 시험의 경우 시험의 전 과정(필답형, 작업형)을 응시하지 않은 경우 채점대상에서 제외합니다.
채점사항	1. 수검자 인적사항 및 계산식을 포함한 답안작성은 흑색 필기구만 사용해야 하며, 그 외 연필류, 빨간색, 청색 등 필기구 및 수정테이프(액)를 사용해 작성한 답항은 0점 처리되오니 불이익을 당하지 않도록 유의해 주시기 바랍니다. 2. 답란에는 문제와 관련 없는 불필요한 낙서나 특이한 기록사항 등을 기재하여서는 안 되며, 답안지의 인적사항 기재란 외의 부분에 답안과 관련 없는 특수한 표시를 하거나 특정인임을 암시하는 경우 답안지 전체를 0점 처리합니다. 3. 계산문제는 반드시 「계산과정」과 「답」란에 기재하여야 하며, 계산과정이 틀리거나 없는 경우 0점 처리됩니다. 4. 계산문제는 최종 결과 값(답)에서 소수 셋째자리에서 반올림하여 둘째자리까지 구하여야 하나 개별문제에서 소수 처리에 대한 요구사항이 있을 경우 그 요구사항에 따라야 합니다. 5. 답에 단위가 없으면 오답으로 처리됩니다. (단, 문제의 요구사항에 단위가 주어졌을 경우는 생략되어도 무방합니다.) 6. 문제에서 요구한 가지 수(항수) 이상을 답란에 표기한 경우에는 답란기재 순으로 요구한 가지 수(항수)만 채점하고 한 항에 여러 가지를 기재하더라도 한 가지로 보며 그 중 정답과 오답이 함께 기재되어 있을 경우 오답으로 처리됩니다. 7. 답안 정정 시에는 정정하고자 하는 단어에 두 줄(=)을 긋고 다시 작성하시기 바랍니다.

※ 수험자 유의사항 미준수로 인한 채점상의 불이익은 수험자 본인에게 책임이 있습니다.

제1편 열설비 취급실무

제1장 열역학
제2장 보일러 및 부속장치
제3장 연료 및 연소장치
제4장 연소계산
제5장 열설비 재료
제6장 보일러 안전관리
제7장 열전달
제8장 계측기기 및 자동제어
제9장 신재생에너지 및 에너지진단
제10장 난방설비 설계
제11장 보일러 시공도면 작성 및 해독

제1장 열역학

1. 열역학 기초

(1) 단위(Unit)

① 단위의 종류

㈎ 기본단위 : 물리량을 나타내는 기본적인 것으로 7가지로 구분된다.

기본량	길이	질량	시간	전류	물질량	온도	광도
기본단위	m	kg	s	A	mol	K	cd

㈏ 유도단위 : 기본단위의 조합 또는 기본단위 및 다른 유도단위의 조합에 의하여 형성된 단위로 면적[m^2], 부피[m^3], 속도[m/s] 등이다.

㈐ 보조단위 : 기본단위 및 유도단위를 정수배 또는 정수분하여 표기하는 것으로 [cm], [mm], [km] 등이다.

㈑ 특수단위 : 특수한 계량의 용도에 사용되는 단위로 점도, 경도, 충격치, 인장강도 등이다.

② 절대단위와 공학단위(중력단위)

㈎ 절대단위 : 단위 기본량을 질량, 길이, 시간으로 하여 이들의 단위를 사용하여 유도된 단위

㈏ 공학단위(중력단위) : 질량 대신 중량을 사용한 단위(중력가속도가 작용하고 있는 상태)

㈐ SI 단위 : System International Unit의 약자로 국제단위계이다.

③ 힘(F : Force, Weight) : 물체의 정지 또는 일정한 운동 상태로 변화를 가져오는 힘의 주체이다.

㈎ SI 단위 : 질량 1[kg]인 물체가 1[m/s^2]의 가속도를 받았을 때의 힘으로 N(Newton)으로 표시한다.

㉮ $1\,[N] = 1\,[kg \cdot m/s^2]$

㉯ $1\,[dyne] = 1\,[g \cdot cm/s^2]$

(나) **공학단위** : 질량 1[kg]인 물체가 9.8[m/s²]의 중력가속도를 받았을 때의 힘으로 [kgf]로 표시한다.

㉮ 1 [kgf] = 1 [kg] × 9.8 [m/s²] = 9.8 [kg·m/s²] = 9.8 [N]

④ **일과 에너지**

(가) **일(work)** : 물체에 힘 F 가 작용하여 길이 L 만큼 이동시킬 때 이루어지는 것

$$일(W) = 힘(F) \times 길이(L)$$

㉮ SI 단위

ⓐ MKS 단위 : 1 [N·m] = 1 [J]

ⓑ CGS 단위 : 1 [dyne·cm] = 1 [erg]

㉯ 공학단위

ⓐ MKS 단위 : 1 [kgf·m]

ⓑ CGS 단위 : 1 [gf·cm]

(나) **에너지(Energy)** : 일을 할 수 있는 능력으로 외부에 행한 일로 표시되며 단위는 일의 단위와 같다. 종류는 G[kgf]의 물체가 h[m]의 높이에 있을 때의 위치에너지(E_p)와 V[m/s]의 속도로 움직일 때의 운동에너지(E_k)가 있다.

㉮ SI 단위

ⓐ 위치에너지 $E_p = m \cdot g \cdot h$ [J]

ⓑ 운동에너지 $E_k = \dfrac{1}{2} \cdot m \cdot V^2$ [J]

㉯ 공학단위

ⓐ 위치에너지 $E_p = G \cdot h$ [kgf·m]

ⓑ 운동에너지 $E_k = \dfrac{G \cdot V^2}{2g}$ [kgf·m]

⑤ **동력** : 단위시간 동안 행한 일의 비이다.

(가) SI 단위

㉮ 1 [W] = 1 [J/s]

(나) 동력의 단위

㉮ 1 [PS] = 75 [kgf·m/s] = 632.2 [kcal/h] = 0.735 [kW] = 2646 [kJ/h]

㉯ 1 [kW] = 1 [kJ/s] = 3600 [kJ/h] = 102 [kgf·m/s] = 860 [kcal/h] = 1.36 [PS]

▼ 주요 물리량의 단위 비교

물리량	SI 단위	공학단위
힘	N (=[kg·m/s²])	kgf
압력	Pa (=[N/m²])	kgf/m²
열량	J (= [N·m])	kcal
일	J (= [N·m])	kgf·m
에너지	J (= [N·m])	kgf·m
동력	W (= [J/s])	kgf·m/s

(2) 온도(temperature)

① **섭씨온도** : 표준 대기압 하에서 물의 빙점을 0[℃], 비점을 100[℃]로 정하고, 그 사이를 100등분하여 하나의 눈금을 1[℃]로 표시하는 온도이다.

② **화씨온도** : 표준 대기압 하에서 물의 빙점을 32[℉], 비점을 212[℉]로 정하고, 그 사이를 180등분하여 하나의 눈금을 1[℉]로 표시하는 온도이다.

③ **섭씨온도와 화씨온도의 관계**

  (가) $℃ = \dfrac{5}{9}(℉ - 32)$ (나) $℉ = \dfrac{9}{5}℃ + 32$

  ※ 섭씨온도와 화씨온도가 일치하는 지점은 −40이다.

④ **절대온도** : 열역학적 눈금으로 정의할 수 있으며 자연계에서는 그 이하의 온도로 내릴 수 없는 최저의 온도를 절대온도라 한다.

  (가) 켈빈온도(K) = ℃ + 273 $K = \dfrac{t[℉] + 460}{1.8} = \dfrac{°R}{1.8}$

  (나) 랭킨온도(°R) = ℉ + 460 $°R = 1.8(t[℃] + 273) = 1.8 \cdot K$

(3) 압력(pressure)

① **표준대기압(atmospheric)** : 0[℃], 위도 45° 해수면을 기준으로 지구중력이 9.806655 [m/s²]일 때 수은주 760[mmHg]로 표시될 때의 압력으로 1[atm]으로 표시한다.

- 1 [atm] = 760[mmHg] = 76[cmHg] = 0.76[mHg] = 29.9[inHg] = 760[torr]
  = 10332[kgf/m²] = 1.0332[kgf/cm²] = 10.332[mH₂O] = 10332[mmH₂O]
  = 101325[N/m²] = 101325[Pa] = 101.325[kPa] = 0.101325[MPa]

$$= 1.01325[\text{bar}] = 1013.25[\text{mbar}] = 14.7[\text{lb/in}^2] = 14.7[\text{psi}]$$

② **게이지압력** : 대기압을 0으로 기준하여 압력계에 지시된 압력으로 압력단위 뒤에 "G", "g"를 사용하거나 생략한다.

③ **진공압력** : 대기압을 기준으로 대기압 이하의 압력으로 압력단위 뒤에 "V", "v"를 사용한다.

  (가) 진공도[%] = $\dfrac{\text{진공압력}}{\text{대기압}} \times 100$

  (나) 표준대기압의 진공도 : 0[%], 완전진공의 진공도 : 100[%]

④ **절대압력** : 절대진공(완전진공)을 기준으로 그 이상 형성된 압력으로 압력단위 뒤에 "abs", "a"를 사용한다.

$$\text{절대압력} = \text{대기압} + \text{게이지압력}$$
$$= \text{대기압} - \text{진공압력}$$

⑤ **압력환산 방법**

$$\text{환산압력} = \dfrac{\text{주어진 압력}}{\text{주어진 압력의 표준대기압}} \times \text{구하려하는 표준대기압}$$

> **참고** ▶ SI단위와 공학단위의 관계
>
> ① $1[\text{MPa}] = 10.1968[\text{kgf/cm}^2] \fallingdotseq 10[\text{kgf/cm}^2]$, $1[\text{kgf/cm}^2] = \dfrac{1}{10.1968}[\text{MPa}] \fallingdotseq \dfrac{1}{10}[\text{MPa}]$
>
> ② $1[\text{kPa}] = 101.968[\text{mmH}_2\text{O}] \fallingdotseq 100[\text{mmH}_2\text{O}]$, $1[\text{mmH}_2\text{O}] = \dfrac{1}{101.968}[\text{kPa}] \fallingdotseq \dfrac{1}{100}[\text{kPa}]$

(4) 열량

열은 물질의 분자운동에 의한 에너지이며 물체가 보유하는 열의 량을 열량이라 한다.

① **1[kcal]** : 순수한 물 1[kg] 온도를 14.5[℃]의 상태에서 15.5[℃]로 상승시키는 데 소요되는 열량이다.

② **1[BTU](British thermal unit)** : 순수한 물 1[lb] 온도를 61.5[℉] 상태에서 62.5[℉]로 상승시키는데 소요되는 열량이다.

③ **1[CHU](Centigrade heat unit)** : 순수한 물 1[lb] 온도를 14.5[℃]의 상태에서 15.5[℃]로 상승시키는데 소요되는 열량으로 1[PCU](Pound celsius unit)라 한다.

(5) 열용량과 비열

① **열용량** : 어떤 물체의 온도를 1[℃] 상승시키는데 소요되는 열량을 말하며, 단위는 [kcal/℃], [cal/℃]로 표시된다.

(가) 열용량 = $G \cdot C_p$

(나) 열량 = $G \cdot C_p \cdot \Delta t$

여기서, G : 중량[kgf], C_p : 정압비열[kcal/kgf·℃]

Δt : 온도차[℃]

② **비열** : 어떤 물질 1[kg]을 온도 1[℃] 상승시키는데 소요되는 열량으로, 비열은 정적비열과 정압비열이 있으며 물질의 종류마다 비열이 각각 다르다.

(가) **정적비열**(C_v) : 체적이 일정하게 유지된 상태에서의 비열

(나) **정압비열**(C_p) : 압력이 일정하게 유지된 상태에서의 비열

(다) **비열비** : 정적비열(C_v)에 대한 정압비열(C_p)의 비

$$k = \frac{C_p}{C_v} > 1 \quad (C_p > C_v \text{ 이므로 } k > 1 \text{ 이다.})$$

(6) 현열과 잠열

① **현열(감열)** : 물질이 상태변화는 없이 온도변화에 총 소요된 열량

(가) SI 단위

$$Q = m \cdot C \cdot \Delta t$$

여기서, Q : 현열[kJ] $\quad m$: 물체의 질량[kg]

C : 비열[kJ/kg·℃] $\quad \Delta t$: 온도변화[℃]

(나) 공학단위

$$Q = G \cdot C \cdot \Delta t$$

여기서, Q : 현열[kcal] $\quad G$: 물체의 중량[kgf]

C : 비열[kcal/kgf·℃] $\quad \Delta t$: 온도변화[℃]

② **잠열** : 물질이 온도변화는 없이 상태변화에 총 소요된 열량

(가) SI 단위

$$Q = m \cdot r$$

여기서, Q : 잠열[kJ] $\quad m$: 물체의 질량[kg] $\quad \gamma$: 잠열량[kJ/kg]

(나) 공학단위

$$Q = G \cdot r$$

여기서, Q : 잠열[kcal] G : 물체의 중량[kgf] γ : 잠열량[kcal/kgf]

(7) 열 에너지

① **내부에너지** : 모든 물체는 그 물체 자신이 외부와 관계없이 감열과 잠열로서 열을 비축하고 있는데 이를 내부에너지라 한다.

② **엔탈피** : 어떤 물체가 갖는 단위중량당의 열량으로 내부에너지와 외부에너지의 합이다.

(가) SI 단위

$$h = U + P \cdot v$$

여기서, h : 엔탈피[kJ/kg] U : 내부에너지[kJ/kg]
P : 압력[kPa] v : 비체적[m³/kg]

(나) 공학단위

$$h = U + A \cdot P \cdot v$$

여기서, h : 엔탈피[kcal/kgf] U : 내부에너지[kcal/kgf]
A : 일의 열당량 $\left(\dfrac{1}{427} \text{[kcal/kgf·m]}\right)$
P : 압력[kgf/m²] v : 비체적[m³/kgf]

③ **엔트로피** : 열역학 제2법칙에서 얻어진 상태량(엔탈피)이며 그 상태량을 절대온도로 나눈 값이다.

(가) SI 단위

$$dS = \frac{dQ}{T} = U + \frac{P \cdot v}{T}$$

여기서, dS : 엔트로피 변화량[kJ/kg·K]
dQ : 열량변화[kJ/kg]
T : 그 상태의 절대온도[K]
P : 압력[kPa]
v : 비체적[m³/kg]

(나) 공학단위

$$dS = \frac{dQ}{T} = U + \frac{A \cdot P \cdot v}{T}$$

여기서, dS : 엔트로피 변화량[kcal/kgf·K]
dQ : 열량변화[kcal/kgf]
T : 그 상태의 절대온도[K]
A : 일의 열당량$\left(\frac{1}{427}\text{[kcal/kgf·m]}\right)$
P : 압력[kgf/m^2] v : 비체적[m^3/kgf]

(8) 열역학 법칙

① **열역학 제0법칙** : 온도가 서로 다른 물질이 접촉하면 고온은 저온이 되고, 저온은 고온이 되어서 결국 시간이 흐르면 두 물질의 온도는 같게 된다. 이것을 열평형이 되었다고 하며, 열평형의 법칙이라 한다.

$$t_m = \frac{G_1 \cdot C_1 \cdot t_1 + G_2 \cdot C_2 \cdot t_2}{G_1 \cdot C_1 + G_2 \cdot C_2}$$

여기서, t_m : 평균온도[℃]
G_1, G_2 : 각 물질의 중량[kgf]
C_1, C_2 : 각 물질의 비열[kcal/kgf·℃]
t_1, t_2 : 각 물질의 온도[℃]

② **열역학 제1법칙** : 에너지 보존의 법칙이라고도 하며 기계적 일이 열로 변하거나, 열이 기계적 일로 변할 때 이들의 비는 일정한 관계가 성립된다.

(가) SI 단위

$$Q = W$$

여기서, Q : 열량[kJ], W : 일량[kJ]
※ SI 단위에서는 열과 일은 같은 단위[kJ]를 사용한다.

(나) 공학단위

$$Q = A \cdot W \qquad W = J \cdot Q$$

여기서, Q : 열량[kcal] W : 일량[kgf·m]
A : 일의 열당량$\left(\dfrac{1}{427}[\text{kcal/kgf·m}]\right)$
J : 열의 일당량($427[\text{kgf·m/kcal}]$)

③ **열역학 제2법칙** : 열은 고온도의 물질로부터 저온도의 물질로 옮겨질 수 있지만, 그 자체는 저온도의 물질로부터 고온도의 물질로 옮겨갈 수 없다. 또 일이 열로 바뀌는 것은 쉽지만 반대로 열이 일로 바뀌는 것은 힘을 빌리지 않는 한 불가능한 일이다. 이와 같이 열역학 제2법칙은 에너지 변환의 방향성을 명시한 것으로 방향성의 법칙이라 한다.

④ **열역학 제3법칙** : 어느 열기관에서나 절대온도 0도로 이루게 할 수 없다. 그러므로 100[%]의 열효율을 가진 기관은 불가능하다.

(9) 비중, 밀도, 비체적

① **비중** : 기준이 되는 유체와 무게비를 말하며, 기체비중(공기와 비교), 액비중(물과 비교), 고체비중이 있다.

㈎ **기체의 비중** : 표준상태(STP : 0[℃], 1기압 상태)의 공기 일정 부피당 질량과 같은 부피의 기체 질량과의 비를 말한다.

$$\text{기체 비중} = \dfrac{\text{기체 분자량(질량)}}{\text{공기의 평균분자량(29)}}$$

㈏ **액체의 비중** : 특정온도에 있어서 4[℃] 순수한 물의 밀도에 대한 액체의 밀도비를 말한다.

$$\text{액체 비중} = \dfrac{t[℃]\text{의 물질의 밀도}}{4[℃]\text{ 물의 밀도}}$$

② **가스 밀도** : 가스의 단위 체적당 질량

$$\text{가스 밀도}[\text{g/L, kg/m}^3] = \dfrac{\text{분자량}}{22.4}$$

③ **가스 비체적** : 단위 질량당 체적으로 가스 밀도의 역수이다.

$$\text{가스 비체적}[\text{L/g, m}^3/\text{kg}] = \dfrac{22.4}{\text{분자량}} = \dfrac{1}{\text{밀도}}$$

⑽ 기체의 상태

① **보일의 법칙** : 일정온도 하에서 일정량의 기체가 차지하는 부피는 압력에 반비례한다.

$$P_1 \cdot V_1 = P_2 \cdot V_2$$

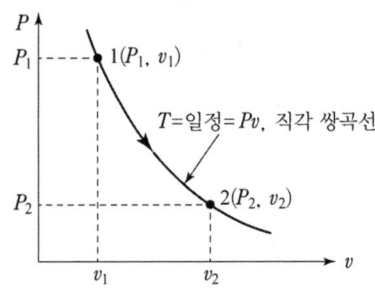

▲ 보일의 법칙 $P-v$ 선도

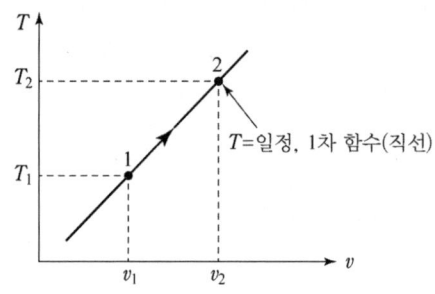

▲ 샤를의 법칙 $T-v$ 선도

② **샤를의 법칙** : 일정압력 하에서 일정량의 기체가 차지하는 부피는 절대온도에 비례한다.

$$\frac{V_1}{T_1} = \frac{V_2}{T_2}$$

③ **보일-샤를의 법칙** : 일정량의 기체가 차지하는 부피는 압력에 반비례하고, 절대온도에 비례한다.

$$\frac{P_1 \cdot V_1}{T_1} = \frac{P_2 \cdot V_2}{T_2}$$

여기서, P_1 : 변하기 전의 절대압력 P_2 : 변한 후의 절대압력
V_1 : 변하기 전의 부피 V_2 : 변한 후의 부피
T_1 : 변하기 전의 절대온도[K] T_2 : 변한 후의 절대온도[K]

④ 이상기체 상태 방정식

(가) 이상기체의 성질
  ㉮ 보일-샤를의 법칙을 만족한다.
  ㉯ 아보가드로의 법칙에 따른다.
  ㉰ 내부에너지는 온도만의 함수이다.

㉣ 온도에 관계없이 비열비는 일정하다.
㉤ 기체의 분자력과 크기도 무시되며 분자간의 충돌은 완전 탄성체이다.
㉥ 줄의 법칙이 성립한다.

(나) 이상기체 상태 방정식

㉮ 절대단위

$$PV = nRT \quad PV = \frac{W}{M}RT \quad PV = Z\frac{W}{M}RT$$

여기서, P : 압력[atm]　　　　V : 체적[L]
　　　　n : 몰(mol)수　　　　R : 기체상수(0.082[L·atm/mol·K])
　　　　M : 분자량[g/mol]　　W : 질량[g]
　　　　T : 절대온도[K]　　　Z : 압축계수

㉯ SI단위

$$PV = GRT$$

여기서, P : 압력[kPa·a]　　　V : 체적[m³]
　　　　G : 질량[kg]　　　　T : 절대온도[K]
　　　　R : 기체상수 $\left(\frac{8.314}{M} \text{[kJ/kg·K]}\right)$

㉰ 공학단위

$$PV = GRT$$

여기서, P : 압력[kgf/m²·a]　　V : 체적[m³]
　　　　G : 중량[kgf]　　　　T : 절대온도[K]
　　　　R : 기체상수 $\left(\frac{848}{M} \text{[kgf·m/kg·K]}\right)$

(11) 증기(steam)

포화온도에 달한 포화수가 외부에서 열을 받아 증발하여 보일러 및 용기 내면에 작용하는 힘의 크기를 증기압력이라 한다. 증기압력이 높아지면 증기와 포화수간의 비중량차가 작아져 증기 속에는 많은 수분이 포함된 습포화 증기가 되므로 이를 증기와 수분을 분리시키지 않으면 증기의 손실과 증기기관의 열효율이 낮게 된다.

① **임계점** : 포화수가 증발현상 없이 증기로 변화할 때의 상태점을 임계점이라고 하며, 이때의 온도를 임계온도, 압력을 임계압력이라고 한다.

   (가) **임계점의 특징**
      ㉮ 증기와 포화수간의 비중량이 같다.
      ㉯ 증발현상이 없다.
      ㉰ 증발잠열은 0이 된다.

   (나) **물의 임계온도, 임계압력**
      ㉮ 임계온도 : 374.15[℃]
      ㉯ 임계압력 : 225.65[kgf/cm^2·a]

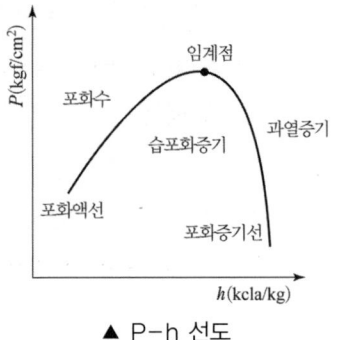

▲ P-h 선도

② **포화온도** : 어느 압력 하에서 물을 가열하면 그 이상 온도는 오르지 않는 상태점에 도달할 때의 온도를 말한다.

③ **포화수** : 포화온도에 도달해 있는 물이며, 포화수에 도달하면 심하게 요동치는 현상이 일어난다.

④ **포화압력** : 포화온도에 대응하는 힘을 포화압력이라 한다.

⑤ **비점** : 비등점이라 하며, 포화온도에 도달한 온도를 말한다.

⑥ **포화증기** : 포화온도에 도달한 포화수가 증발하여 증기가 생성되는 것을 포화증기라 하며, 증기 속에 수분이 포함된 것이 습포화증기, 수분이 전혀 없는 건포화증기가 된다.

   (가) **건조도** : 증기 속에 함유되어 있는 물방울의 혼용률(증기 1[kg] 안에 건조증기 x [kg] 있다고 할 때 나머지는 수분이므로 수분은 $(1-x)$[kg]이 된다. 이때의 x를 건도 또는 건조도라 하고 $(1-x)$를 습도라 한다.

   (나) **건조도를 향상시키는 방법**
      ㉮ 기수분리기, 비수방지관을 설치한다.
      ㉯ 증기관 내의 드레인을 제거한다.
      ㉰ 고압의 증기를 저압으로 감압하여 사용한다.
      ㉱ 증기 내에 있는 공기를 제거한다.

   (다) **증기 속의 수분의 영향**
      ㉮ 건조도(x) 저하   ㉯ 증기 손실 증가
      ㉰ 배관 및 장치 부식 초래   ㉱ 증기 엔탈피 감소
      ㉲ 수격작용 발생   ㉳ 증기기관 열효율 저하

⑦ **과열증기** : 습포화증기를 가열하여 건조증기가 된 건증기를 다시 가열할 때 압력은 오르지 않고 온도만 상승되는 증기이다.

　㈎ 과열도 = 과열증기 온도 − 포화증기 온도

　㈏ 증기 압력이 상승할 때 나타나는 현상

　　㉮ 포화수의 온도가 상승한다.

　　㉯ 포화수의 부피가 증가한다.

　　㉰ 포화수의 비중이 감소한다.

　　㉱ 물의 현열이 증가하고, 증기의 잠열이 감소한다.

　　㉲ 건포화증기 엔탈피가 증가한다.

　　㉳ 증기의 비체적이 증가한다.

⑧ **증기의 열적 상태량**

　㈎ 포화증기 엔탈피　$h'' = h' + \gamma$

　㈏ 습포화증기 엔탈피　$h_2 = h' + \gamma x = h' + (h'' - h')x$

　㈐ 과열증기 엔탈피　$h_3 = h'' + C(t_2 - t_1)$

　　　여기서, h' : 포화수 엔탈피[kcal/kg]

　　　　　　　h'' : 포화증기 엔탈피[kcal/kg]

　　　　　　　h_2 : 습포화증기 엔탈피[kcal/kg]

　　　　　　　γ : 증발잠열[kcal/kg]

　　　　　　　x : 건조도

　　　　　　　C : 과열증기 평균비열[kcal/kg·℃]

　　　　　　　t_2 : 과열증기 온도[℃]

　　　　　　　t_1 : 포화증기 온도[℃]

2. 동력 사이클

(1) 카르노 사이클

카르노 사이클(Carnot cycle)은 프랑스의 Sadi Carnot 가 제안한 가장 이상적인 사이클로 열기관 사이클의 이론적 비교의 기준이 되는 것으로 열역학 제2법칙과 엔트로피의 기초가 되는 사이클로 2개의 정온과정과 2개의 단열과정으로 구성된다.

① **카르노 사이클의 작동순서**

(개) **카르노 사이클의 순서** : 정온팽창 → 단열팽창 → 정온압축 → 단열압축

(내) **역카르노 사이클** : 카르노 사이클과 반대방향으로 작용하는 것으로 저열원으로부터 Q_2의 열의 흡수하여 고열원에 Q_1의 열을 방출하는 것으로 냉동기의 이상적 사이클이다.

② **효율**

$$\eta[\%] = \frac{W}{Q_1} \times 100 = \frac{Q_1 - Q_2}{Q_1} \times 100 = \left(1 - \frac{Q_2}{Q_1}\right) \times 100$$

$$= \frac{T_1 - T_2}{T_1} \times 100 = \left(1 - \frac{T_2}{T_1}\right) \times 100$$

여기서, Q_1 : 공급열량 Q_2 : 방출열량
W : 유효하게 사용된 일의 열당량($Q_1 - Q_2$)
T_1 : 공급절대온도 T_2 : 방출절대온도

(2) 기체동력 사이클

① **오토 사이클(Otto cycle)** : 가솔린 기관 즉 전기점화 기관의 기본 사이클로서 동작가스에 대한 열의 출입이 정적하에서 이루어지므로 정적 사이클이라 하며, 고속 가솔린 기관의 기본 사이클이며 2개의 정적과정과 2개의 단열과정으로 이루어진다.

(개) 이론 열효율

$$\eta_o = \frac{W}{q_1} = \frac{q_1 - q_2}{q_1} = 1 - \frac{q_2}{q_1} = 1 - \left(\frac{T_B - T_C}{T_A - T_D}\right)$$

$$= 1 - \left(\frac{T_B}{T_A}\right) = 1 - \left(\frac{1}{\gamma}\right)^{k-1} = 1 - \gamma \left(\frac{1}{\gamma}\right)^k$$

(나) 오토 사이클의 열효율은 압축비(γ)의 함수이고, 압축비가 크면 효율은 증가한다.

② **디젤 사이클(Diesel cycle)** : 2개의 단열과정과 1개의 정압과정 및 정적과정으로 이루어진 사이클로 압축 착화기관(저속 디젤기관)의 기본 사이클이다.

(가) 이론 열효율

$$\eta_d = \left\{1 - \left(\frac{1}{\epsilon}\right)^{k-1} \times \left(\frac{\sigma^k - 1}{k(\sigma - 1)}\right)\right\}$$

(나) 디젤 사이클에서 효율은 압축비(ϵ)와 차단비(σ)의 함수이므로 압축비가 크고 차단비(체절비)가 작을수록 효율이 증가한다.

③ **사바테 사이클(Sabathe cycle)** : 2개의 단열과정과 2개의 정적과정 및 1개의 정압과정으로 이루어진 사이클로 고속 디젤기관(무기분사 : 無氣噴射)의 기본 사이클이다. 가열과정은 정적가열과정(연소과정)과 정압가열과정에 해당된다.

(3) 가스 터빈 사이클

① **브레이턴(Brayton) 사이클** : 2개의 단열과정과 2개의 정압과정으로 이루어진 가스터빈의 이상 사이클이다.

(가) 이론 열효율

$$\eta_B = 1 - \frac{Q_2}{Q_1} = 1 - \left(\frac{1}{\phi}\right)^{\frac{k-1}{k}}$$

(나) 브레이턴 사이클의 열효율은 압력비(ϕ)만의 함수이므로 압축 압력이 높을수록 효율이 좋다.

② **에릭슨(Ericsson) 사이클** : 2개의 등온과정과 2개의 정압과정으로 구성된 가스 사이클의 이상 사이클로 실현이 불가능한 사이클이다.

③ **스털링(stirling) 사이클** : 2개의 등온과정과 2개의 정적과정으로 이루어진 외연기관의 이론사이클이다.

(4) 증기 사이클

① **랭킨 사이클** : 2개의 정압변화와 2개의 단열변화로 구성된 증기원동소의 이상 사이클이다.

㈎ 순환과정 : 단열압축 – 정압가열 – 단열팽창 – 정압냉각

㈏ 이론 열효율

$$\eta = \frac{W}{Q_1} = \frac{W_T - W_P}{Q_1} = \frac{(h_3 - h_4) - (h_2 - h_1)}{h_3 - h_2}$$

여기서, W_T : 터빈이 하는 일[kJ]
W_P : 펌프가 하는 일[kJ]
h_1 : 펌프 입구 엔탈피[kJ/kg]
h_2 : 보일러 입구 엔탈피[kJ/kg]
h_3 : 터빈 입구 엔탈피[kJ/kg]
h_4 : 응축기 입구 엔탈피[kJ/kg]

㈐ 이론 열효율은 초압 및 초온이 높을수록, 배압(터빈 배출압력)이 낮을수록 증가한다.

② **재열사이클** : 증기의 초압을 높이면서 팽창 후의 증기 건조도가 낮아지지 않도록 한 것으로 효율증대보다는 터빈의 복수장해를 방지하여 수명연장에 주안점을 둔 사이클이다.

③ **재생사이클** : 팽창 도중의 증기를 터빈에서 추출하여 급수의 가열에 사용하는 사이클로 열효율이 랭킨사이클에 비해 증가한다.

(5) 냉동 사이클

① 냉동 사이클의 종류

㈎ 증기 압축식 냉동장치

㉮ 4대 구성요소 : 압축기, 응축기, 팽창밸브, 증발기

㉯ 각 장치의 특징

ⓐ 압축기 : 저온 저압의 냉매가스를 응축, 액화하기 쉽도록 압축하여(고온, 고압) 응축기로 보내는 역할을 한다.

ⓑ 응축기 : 고온, 고압의 냉매가스를 공기나 물을 이용하여 응축, 액화시키는 역할을 한다.

ⓒ 팽창밸브 : 고온, 고압의 냉매액을 증발기에서 증발하기 쉽도록 하기 위하여 저온, 저압의 액으로 교축팽창시키는 역할을 한다.

ⓓ 증발기 : 팽창밸브에서 압력과 온도를 내린 저온, 저압의 액체 냉매가 피냉각 물체로부터 열을 흡수하여 증발함으로써 저온, 저압의 가스가 되어 냉동의 목적을 직접적으로 이루는 부분이다.

(나) **흡수식 냉동장치**

㉮ 4대 구성요소 : 흡수기, 발생기, 응축기, 증발기

㉯ 냉매 및 흡수제의 종류

냉매	흡수제	냉매	흡수제
암모니아(NH_3)	물(H_2O)	염화메틸(CH_3Cl)	사염화에탄
물(H_2O)	리튬브로마이드(LiBr)	톨루엔	파라핀유

② **냉동능력, 성능계수(COP)**

(가) **냉동능력**

㉮ 1 한국 냉동톤 : 0[℃] 물 1톤(1000[kgf])을 0[℃] 얼음으로 만드는데 1일 동안 제거하여야 할 열량을 말한다.

$$Q = Gr = 1000[\text{kgf/일}] \times 79.68[\text{kcal/kgf}] \times \frac{1[\text{일}]}{24[\text{h}]} = 3320[\text{kcal/h}]$$

㉯ 1 미국 냉동톤 : 32[℉] 물 2000[lb]를 32[℉] 얼음으로 만드는데 1일 동안 제거하여야 할 열량을 말한다.

$$Q = Gr = 2000[\text{lb/일}] \times 144[\text{BTU/lb}] \times \frac{1[\text{일}]}{24[\text{h}]}$$

$$= 12000[\text{BTU/h}] \times \frac{1[\text{kcal}]}{3.968[\text{BTU}]} = 3024[\text{kcal/h}]$$

② **냉동률** : 1[PS]의 동력으로 1시간에 발생하는 이론 냉동능력을 말한다.

③ **성능계수(COP)** : 저온체에서 흡수 제거하는 열량(Q_2)과 공급된 일(W)과의 비를 말한다.

$$COP_R = \frac{Q_2}{W} = \frac{Q_2}{Q_1 - Q_2} = \frac{T_2}{T_1 - T_2}$$

제1편 열설비 취급실무

예상문제

01 섭씨온도와 화씨온도가 같을 때의 온도는 켈빈온도로 얼마인가 계산식을 쓰고 답하시오.

풀이 $[°F] = \frac{9}{5}[°C] + 32$에서 $[°F]$와 $[°C]$가 같으므로 x로 놓으면 $x = \frac{9}{5}x + 32$가 된다.

$$\therefore x - \frac{9}{5}x = 32 \qquad x\left(1 - \frac{9}{5}\right) = 32$$

$$\therefore x = \frac{32}{1 - \frac{9}{5}} = -40$$

$$\therefore T = 273 + t[°C] = 273 + (-40) = 233[K]$$

해답 233[K]

02 다음 ( ) 안에 알맞은 말을 넣으시오.

```
절대압력 = 대기압 + ( ① )
       = 대기압 - ( ② )
```

해답 ① 게이지압력   ② 진공압력

해설 (1) 절대압력, 대기압, 게이지압력, 진공압력의 관계
∴ 절대압력 = 대기압 + 게이지압력 = 대기압 - 진공압력
(2) 절대압력, 대기압, 게이지압력, 진공압력의 구분
① 절대압력(absolute pressure) : 완전진공 상태를 기준으로 측정한 압력으로 단위에 'a' 또는 'abs'를 붙여 표시한다.
② 대기압(atmospheric pressure) : 대기에 작용하는 중력에 의해 지표에 생긴 압력으로 0[°C], 위도 45° 해수면을 기준으로 하며, 'atm'으로 표시한다.
③ 게이지압력(gauge pressure) : 대기압을 기준으로 측정한 압력으로 단위에 'g'를 붙이거나 생략한다.
④ 진공압력(vacuum pressure) : 대기압을 기준으로 하여 대기압보다 낮게 지시되는 압력으로 단위에 'v' 또는 압력에 해당되는 수치 앞에 '-' 부호를 붙여 구별한다. 완전 진공상태는 760[mmHg·v] 또는 -760[mmHg]이다.

03 대기압이 730[mmHg], 게이지압력이 5[kgf/cm²]일 때 절대압력[kgf/cm²]은 얼마인가?

풀이 절대압력 = 대기압 + 게이지 압력

$$= \left(\frac{730}{760} \times 1.0332\right) + 5 = 5.992 ≒ 5.99[\text{kgf/cm}^2 \cdot \text{a}]$$

해답 $5.99[\text{kgf/cm}^2 \cdot \text{a}]$

해설 ① 문제에서 제시된 대기압 760[mmHg]를 절대압력과 같은 $[\text{kgf/cm}^2]$ 단위로 변환하여야 한다.
② 압력 단위 환산하는 법

$$\therefore 환산압력 = \frac{주어진 압력}{주어진 압력의 표준대기압} \times 구하려 하는 표준대기압$$

③ 1[atm] = 760[mmHg] = $1.0332[\text{kfg/cm}^2]$ = $10332[\text{kgf/m}^2]$ = $10.332[\text{mH}_2\text{O}]$
  = $10332[\text{mmH}_2\text{O}]$ = 101325[Pa] = 101.325[kPa] = 0.101325[MPa]
  = 14.7[psi]

04 어느 탱크에 부착된 압력계가 0.95[MPa]를 가리키고 있다면, 이 탱크의 절대압력은 몇 [kPa]인가? (단, 대기압은 750[mmHg]이다.)

풀이 절대압력 = 대기압 + 게이지 압력

$$= \left(\frac{750}{760} \times 101.325\right) + (0.95 \times 10^3) = 1049.991 ≒ 1049.99[\text{kPa}]$$

해답 1049.99[kPa]

해설 1[atm] = 101.325[kPa] = 0.101325[MPa]의 관계이므로 1[MPa] = 1000[kPa]에 해당된다.

05 진공압력이 380[mmHg]일 때 진공도[%]를 계산하시오. (단, 대기압은 760[mmHg]이다.)

풀이 $진공도 = \frac{진공압력}{대기압} \times 100 = \frac{380}{760} \times 100 = 50[\%]$

해답 50[%]

06 진공압력과 게이지압력을 측정할 수 있는 연성계에서 진공압력이 50[cmHg]일 때 절대압력$[\text{kgf/cm}^2]$은 얼마인가? (단, 대기압은 760[mmHg]이다.)

풀이 ① 절대압력 계산
  ∴ 절대압력 = 대기압 - 진공압력 = 760 - 500 = 260[mmHg·a]
② 단위 변환 : 1[atm] = 760[mmHg] = $1.0332[\text{kgf/cm}^2]$이다.

$$\therefore 환산압력 = \frac{주어진 압력}{주어진 압력 단위의 표준대기압} \times 구하려 하는 단위의 표준대기압$$

제1편 열설비 취급실무

$$= \frac{260}{760} \times 1.0332 = 0.353 ≒ 0.35[\text{kgf/cm}^2 \cdot \text{a}]$$

해답 ▶ $0.35[\text{kgf/cm}^2 \cdot \text{a}]$

해설 연성계 : 대기압 이상의 압력(정압)과 대기압 이하의 압력(부압)인 진공압력을 모두 측정할 수 있는 압력계로 외관이 부르동관 압력계와 유사하다.

07 직화식 흡수식 냉온수기에 부착된 U자형 마노미터의 눈금차가 8[mmHg]일 때 흡수식 냉온수기 내부의 진공도[%]는 얼마인가? (단, 대기압은 760[mmHg]이다.)

풀이 ① 진공압력 계산
  ∴ 진공압력 = 대기압 − 게이지압력 = 760 − 8 = 752[mmHg·v]
② 진공도 계산
  ∴ 진공도 = $\dfrac{\text{진공압력}}{\text{대기압}} \times 100 = \dfrac{752}{760} \times 100 = 98.947 ≒ 98.95[\%]$

해답 ▶ $98.95[\%]$

해설 ① 마노미터의 눈금차 8[mmHg]를 압력으로 계산
  ∴ $P_g = \gamma \times h = (13.6 \times 1000) \times 0.008 = 108.8[\text{mmH}_2\text{O}] = 108.8[\text{kgf/m}^2]$
② 수주[mmH₂O] 단위 압력을 [mmHg] 단위로 변환
  ∴ 환산압력 = $\dfrac{\text{주어진 압력}}{\text{주어진 압력 단위의 표준대기압}} \times$ 구하려고 하는 압력단위의 표준대기압
  $= \dfrac{108.8}{10332} \times 760 = 8.003 ≒ 8.00[\text{mmHg}]$
  ※ 문제에서 주어진 마노미터의 눈금차 8[mmHg]가 게이지압력에 해당된다.
③ 흡수식 냉온수기에 부착된 U자형 액주계는 냉온수기에 연결되는 반대쪽은 막혀 있고, 진공상태이기 때문에 흡수식 냉온수기의 내부가 완전 진공상태일 때 좌우 눈금차(높이차)는 0이 된다.

08 비열비가 1.3이고 정압비열이 0.845[kJ/kg·K]인 기체의 기체상수[kJ/kg·K]는 얼마인가? (단, 소수점 넷째 자리에서 반올림하여 셋째 자리까지 구하시오.)

풀이 정압비열(C_p), 비열비(k), 기체상수(R)의 관계식 $C_p = \dfrac{k}{k-1}R$에서 기체상수 R을 구한다.
  ∴ $R = \dfrac{C_p}{\left(\dfrac{k}{k-1}\right)} = \dfrac{0.845}{\left(\dfrac{1.3}{1.3-1}\right)} = 0.195[\text{kJ/kg} \cdot \text{K}]$

해답 ▶ $0.195[\text{kJ/kg} \cdot \text{K}]$

별해 ① 비열비(k)를 구하는 공식 $k = \dfrac{C_p}{C_v}$에서 정적비열(C_v) 계산

$$\therefore C_v = \frac{C_p}{k} = \frac{0.845}{1.3} = 0.65 [\text{kJ/kg} \cdot \text{K}]$$

② 기체상수(R) 계산

$$\therefore R = C_p - C_v = 0.845 - 0.65 = 0.195 [\text{kJ/kg} \cdot \text{K}]$$

09 어떤 물질이 상태변화 없이 온도변화에 총 소요된 열량을 무엇이라 하는가?

해답 ▶ 현열(또는 감열)

해설 ① 현열 : 상태변화 없이 온도변화에 소요된 열량
② 잠열 : 온도변화 없이 상태변화에 소요된 열량

10 표준상태에서 물의 증발잠열과 얼음의 융해잠열은 얼마인가?

해답 ▶ ① 물의 증발잠열 : 539[kcal/kg]
② 얼음의 융해잠열 : 79.68[kcal/kg]

해설 [kcal]에서 [kJ] 단위로 변환하는 방법
① 1[kcal]는 약 4.1868[kJ]에 해당하므로 [kcal]에 4.1868을 곱한다.
② 물의 증발잠열 : 539[kcal/kg] × 4.1868[kJ/kcal] = 2256.6852 [kJ/kg]
③ 얼음의 융해잠열 : 79.68[kcal/kg] × 4.1868[kJ/kcal] = 333.6042 [kJ/kg]
※ '물의 증발잠열'을 '수증기의 응축잠열'로, '얼음의 융해잠열'을 '물의 응고잠열'로 표현할 수 있으며 이 과정에서는 열을 제거해 주는 과정이다.

11 급수량이 310[kg/h]인 곳에서 20[℃]의 물을 80[℃]까지 가열하는 데 필요한 열량 [kcal/h]은 얼마인가? (단, 물의 비열은 1[kcal/kg·℃]이다.)

풀이 $Q = G \cdot C \cdot \Delta t = 310 \times 1 \times (80 - 20) = 18600 [\text{kcal/h}]$

해답 ▶ 18600[kcal/h]

12 20[℃] 물 10[kg]을 100[℃] 수증기로 가열할 때 필요열량[kcal]을 구하시오.

풀이 ① 20[℃] 물을 100[℃] 물로 만드는 데 필요한 열량 : 현열
$$\therefore Q_1 = G \cdot C \cdot \Delta t = 10 \times 1 \times (100 - 20) = 800 [\text{kcal}]$$
② 100[℃] 물을 100[℃] 수증기로 만드는데 필요한 열량 : 잠열
$$\therefore Q_2 = G \cdot \gamma = 10 \times 539 = 5390 [\text{kcal}]$$
③ 필요열량 계산
$$\therefore Q = Q_1 + Q_2 = 800 + 5390 = 6190 [\text{kcal}]$$

해답 ▶ 6190[kcal]

13 1기압 30[℃]의 물 3[kg]을 1기압 건포화 증기로 만들려면 몇 [kJ]의 열량을 가하여야 하는가? (단, 30[℃]와 100[℃] 사이의 물의 평균 정압비열은 4.19[kJ/kg·K], 1기압 100[℃]에서의 증발잠열은 2257[kJ/kg], 1기압 30[℃] 물의 엔탈피는 126[kJ/kg]이다.)

[풀이] ① 30[℃] 물을 100[℃]까지 가열한 열량 계산
$$\therefore Q_1 = G \cdot C \cdot \Delta t = 3 \times 4.19 \times (100 - 30) = 879.9[kJ]$$
② 100[℃] 물을 100[℃] 건포화증기로 만들기 위한 가열량 계산
$$\therefore Q_2 = G \cdot r = 3 \times 2257 = 6771[kJ]$$
③ 합계 열량 계산
$$\therefore Q = Q_1 + Q_2 = 879.9 + 6771 = 7650.9[kJ]$$

[해답] 7650.9[kJ]

14 20[℃] 물 10[m³]를 100[℃] 증기로 만들 때 가열량[kcal]을 계산하시오.
(단, 물의 비열 1[kcal/kg·℃], 물의 증발잠열 539[kcal/kg·℃] 이다.)

[풀이] ① 1[m³]는 1000[L]이고 물의 비중은 1이므로 10[m³]는 10000[kg]에 해당된다.
② 20[℃] 물을 100[℃]까지 가열하는데 필요한 열량 계산 : 현열
$$\therefore Q_1 = G \times C \times \Delta t = 10000 \times 1 \times (100 - 20) = 800000[kcal]$$
③ 100[℃] 물을 100[℃] 증기로 만드는데 필요한 열량 계산 : 잠열
$$\therefore Q_2 = G \times \gamma = 10000 \times 539 = 5390000[kcal]$$
④ 가열량 계산
$$\therefore Q = Q_1 + Q_2 = 800000 + 5390000 = 6190000[kcal]$$

[해답] 6190000[kcal]

15 80[℃]의 물 500[kg]에 30[℃]의 물 1000[kg]을 혼합하면 물의 온도는 얼마나 되겠는가? (단, 열손실은 없다.)

[풀이] $t_m = \dfrac{G_1 \cdot C_1 \cdot t_1 + G_2 \cdot C_2 \cdot t_2}{G_1 \cdot C_1 + G_2 \cdot C_2}$
$= \dfrac{1000 \times 1 \times 30 + 500 \times 1 \times 80}{1000 \times 1 + 500 \times 1} = 46.666 ≒ 46.67[℃]$

[해답] 46.67[℃]

[해설] ① 문제의 조건에서 물의 비열이 주어지지 않으면 1[kcal/kg·℃]를 적용한다.
(SI단위는 4.2[kJ/kg·℃]를 적용한다)
② 비열의 의미가 어떤 물질 1[kg]을 1[℃] 변화시키는데 필요한 열량[kcal 또는 kJ]이므로 [kcal/kg·℃]를 [kcal/kg·K]로 수치 변화 없이 변환할 수 있다. 이유는 온도 변화폭 1[℃]를 절대온도로 표시하면 1[K]가 되기 때문이다.

16 15[℃] 물 160[kg]과 75[℃] 물 몇 [kg]을 혼합하면 40[℃]의 온수가 되는지 계산하시오. (단, 열손실은 없는 것으로 가정한다.)

[풀이] $t_m = \dfrac{G_1 \cdot C_1 \cdot t_1 + G_2 \cdot C_2 \cdot t_2}{G_1 \cdot C_1 + G_2 \cdot C_2}$ 에서 G_2를 구하는 식을 유도한다.

$G_1 \cdot C_1 \cdot t_1 + G_2 \cdot C_2 \cdot t_2 = t_m(G_1 \cdot C_1 + G_2 \cdot C_2)$

$G_1 \cdot C_1 \cdot t_1 + G_2 \cdot C_2 \cdot t_2 = t_m \cdot G_1 \cdot C_1 + t_m \cdot G_2 \cdot C_2$

$G_2 \cdot C_2 \cdot t_2 - t_m \cdot G_2 \cdot C_2 = t_m \cdot G_1 \cdot C_1 - G_1 \cdot C_1 \cdot t_1$

$G_2(C_2 \cdot t_2 - t_m \cdot C_2) = t_m \cdot G_1 \cdot C_1 - G_1 \cdot C_1 \cdot t_1$

$\therefore G_2 = \dfrac{t_m \cdot G_1 \cdot C_1 - G_1 \cdot C_1 \cdot t_1}{C_2 \cdot t_2 - t_m \cdot C_2} = \dfrac{40 \times 160 \times 1 - 160 \times 1 \times 15}{1 \times 75 - 40 \times 1}$

$= 114.285 ≒ 114.29[\text{kg}]$

[해답] 114.29[kg]

17 60[℃]의 물 200[kg]과 100[℃]의 포화증기를 적당량 혼합하여 90[℃]의 물이 되었을 때 혼합하여야 할 포화증기의 양은 몇 [kg]인가? (단, 물의 비열은 4.18[kJ/kg·K]이며, 100[℃]에서의 증발잠열은 2257[kJ/kg]이다.)

[풀이] 물(G_w)이 얻은 열량과 포화증기(G_v)가 잃은 열량은 같으므로 다음의 식이 성립된다.

$G_w \times C_w \times (t_m - t_1) = G_v \times \gamma + G_v \times C_v \times (t_2 - t_m)$

$G_w \times C_w \times (t_m - t_1) = G_v \times \{(\gamma + C_v \times (t_2 - t_m)\}$

$\therefore G_v = \dfrac{G_w \times C_w \times (t_m - t_1)}{\gamma + C_v \times (t_2 - t_m)} = \dfrac{200 \times 4.18 \times (90 - 60)}{2257 + 4.18 \times (100 - 90)} = 10.91 ≒ 10.91[\text{kg}]$

[해답] 10.91[kg]

18 50[℃], 30[℃], 15[℃]인 3종류의 액체 A, B, C가 있다. A와 B를 같은 질량으로 혼합하였더니 40[℃]가 되었고, A와 C를 같은 질량으로 혼합하였더니 20[℃]가 되었다고 하면 B와 C를 같은 질량으로 혼합하면 온도는 몇 [℃]가 되겠는가?

[풀이] ① $Q = m \times C \times \Delta t$에서 A와 B를 같은 질량으로 혼합하였을 때 50[℃]인 A에서 30[℃]인 B로 열량이 이동하여 40[℃]가 되었으므로 A에서 이동한 열량과 B에서 받은 열량은 같다.

∴ $C_A \times (50 - 40) = C_B \times (40 - 30)$에서 동일한 온도차이가 발생하였으므로 A와 B의 비열은 같다.

② A와 C를 혼합하였을 때 C의 비열 계산 : ①번에서 설명한 것과 같은 이유로 A에서 이동한 열량과 C에서 받은 열량은 같다.

∴ $C_A \times (50 - 20) = C_C \times (20 - 15)$에서

∴ $C_C = \dfrac{C_A \times (50 - 20)}{(20 - 15)} = 6\,C_A = 6\,C_B$

∴ A와 B의 비열은 같고, C 비열은 A 비열의 6배이므로 B 비열의 6배와 같다.
③ B와 C를 혼합하였을 때 혼합온도 계산

$$\therefore t_{B+C} = \frac{G_B C_B t_B + G_C C_C t_C}{G_B C_B + G_C C_C}$$

$$= \frac{(1 \times 1 \times 30) + (1 \times 6 \times 15)}{(1 \times 1) + (1 \times 6)} = 17.142 ≒ 17.14\,[℃]$$

해답 ▶ 17.14[℃]

19 정상유동과정으로 단위시간당 50[℃]의 물 200[kg]과 100[℃] 포화증기 10[kg]을 단열된 혼합실에서 혼합할 때 출구에서 물의 온도[℃]는? (단, 100[℃] 물의 증발잠열은 2250[kJ/kg]이며, 물의 비열은 4.2[kJ/kg·K] 이다.)

풀이 ① 물의 비열 단위에서 온도는 절대온도[K]이므로 물과 포화증기의 온도도 절대온도로 변환하여 다음 풀이에 적용한다. (50[℃]의 물의 절대온도는 323[K], 100[℃] 포화증기의 절대온도는 373[K]이다.)
② 323[K]의 물(G_w)이 얻은 열량과 373[K]의 포화증기(G_v)가 잃은 열량(잠열+현열)은 같으므로 다음의 식이 성립되고 이것을 이용하여 출구 물의 온도(T_m)를 구한다.

$G_w \times C_w \times (T_m - T_w) = (G_v \times \gamma) + \{G_v \times C_v \times (T_v - T_m)\}$

$200 \times 4.2 \times (T_m - 323) = (10 \times 2250) + \{10 \times 4.2 \times (373 - T_m)\}$

$840 \times (T_m - 323) = 22500 + 42 \times (373 - T_m)$

$840\,T_m - 271320 = 22500 + 15666 - 42\,T_m$

$840\,T_m + 42\,T_m = 22500 + 15666 + 271320$

$T_m(840 + 42) = 22500 + 15666 + 271320$

$$\therefore T_m = \frac{22500 + 15666 + 271320}{840 + 42} = 350.891\,K] - 273 = 77.891 ≒ 77.89\,[℃]$$

해답 ▶ 77.89[℃]

20 비열이 3.2[kJ/kg·℃]인 액체 10[kg]을 20[℃]로부터 80[℃]까지 전열기로 가열시키는데 필요한 소요 전력량은 몇 [kWh]인가? (단, 전열기의 효율은 90[%]이다.)

풀이 ① 1[kW] = 3600[kJ/h] 이다.
② 소요 전력량 계산

$$\therefore 소요전력량 = \frac{필요열량}{실제공급열량} = \frac{m \times C \times \Delta t}{W \times \eta}$$

$$= \frac{10 \times 3.2 \times (80 - 20)}{3600 \times 0.9} = 0.592 ≒ 0.59\,[kWh]$$

해답 ▶ 0.59[kWh]

제1장 열역학

21 출력 50[kW]의 가솔린 엔진이 매시간 10[kg]의 가솔린을 소모한다. 이 엔진의 효율은? (단, 가솔린의 발열량은 42000[kJ/kg] 이다.)

풀이 ① 1[kW] = 860[kcal/h] = 3600[kJ/h] 이다.
② 가솔린 엔진의 효율 계산 : 효율은 공급열량에 대한 실제로 소요되는 동력의 비율이고, 공급열량은 연료량에 연료의 발열량을 곱한 값이다.

$$\therefore \eta = \frac{\text{실제소요동력}}{\text{공급열량}} \times 100 = \frac{50 \times 3600}{10 \times 42000} \times 100 = 42.857 = 42.86\,[\%]$$

해답 42.86[%]

22 에너지는 결코 생성될 수도 없고, 단지 형태의 변화라는 에너지보존의 법칙은?

해답 열역학 제1법칙

해설 열역학 법칙
① 열역학 제0법칙 : 온도가 서로 다른 물질이 접촉하면 고온은 저온이 되고, 저온은 고온이 되어서 결국 시간이 흐르면 두 물질의 온도는 같게 된다. 이것을 열평형이 되었다고 하며, 열평형의 법칙이라 한다.
② 열역학 제1법칙 : 에너지 보존의 법칙이라 하며 기계적 일이 열로 변하거나, 열이 기계적 일로 변할 때 이들의 비는 일정한 관계가 성립된다.
③ 열역학 제2법칙 : 열은 고온도의 물질로부터 저온도의 물질로 옮겨질 수 있지만, 그 자체는 저온도의 물질로부터 고온도의 물질로 옮겨갈 수 없다. 또 일이 열로 바뀌는 것은 쉽지만 반대로 열이 일로 바뀌는 것은 힘을 빌리지 않는 한 불가능한 일이다. 이와 같이 열역학 제2법칙은 에너지 변환의 방향성을 명시한 것으로 방향성의 법칙이라 한다.
④ 열역학 제3법칙 : 어느 열기관에서나 절대온도 0도로 이루게 할 수 없다. 그러므로 100[%]의 열효율을 가진 기관은 불가능하다.

23 500[kcal/h]의 열을 전부 일로 변환하면 몇 [kgf·m/s]인가?

풀이 $W = J \times Q = 427 \times 500 \times \frac{1}{3600} = 59.305 = 59.31\,[\text{kgf} \cdot \text{m/s}]$

해답 59.31[kgf·m/s]

해설 일의 열당량(A) 및 열의 일당량(J)
① 일의 열당량 : 일량[kgf·m]을 열량[kcal]으로 변환할 때 적용하는 것으로 'A'로 표시하며 그 값은 $\frac{1}{427}$[kcal/kgf·m] 이다.
② 열의 일당량 : 열량[kcal]을 일량[kgf·m]으로 변환할 때 적용하는 것으로 'J'로 표시하며, 그 값은 427[kgf·m/kcal] 이다.

24 보일러에서 송풍기 입구의 공기가 15[℃], 100[kPa] 상태에서 공기예열기로 매분 500[m³]가 들어가 일정한 압력하에서 140[℃]까지 온도가 올라갔을 때 출구에서의 공기유량은 몇 [m³/min]인가? (단, 이상기체로 가정한다.)

풀이 보일-샤를의 법칙 $\dfrac{P_1 V_1}{T_1} = \dfrac{P_2 V_2}{T_2}$ 에서 $P_1 = P_2$ 이다.

$$\therefore V_2 = \dfrac{T_2 \times V_1}{T_1} = \dfrac{(273+140) \times 500}{273+15} = 717.013 ≒ 717.01 [\text{m}^3/\text{min}]$$

해답 717.01[m³/min]

25 체적 4[m³], 압력 1[kgf/cm²·g], 온도 32[℃]인 기체를 체적 5[m³], 온도 100[℃]로 변화하였을 때 압력은 게이지 압력으로 몇 [kgf/cm²]인가?

풀이 보일-샤를의 법칙 $\dfrac{P_1 V_1}{T_1} = \dfrac{P_2 V_2}{T_2}$ 에서 변화 후의 압력 P_2를 구한다.

$$\therefore P_2 = \dfrac{P_1 V_1 T_2}{V_2 T_1} = \dfrac{(1+1.0332) \times 4 \times (273+100)}{5 \times (273+32)}$$
$$= 1.9892 [\text{kgf/cm}^2 \cdot \text{a}] - 1.0332 = 0.956 ≒ 0.96 [\text{kgf/cm}^2 \cdot \text{g}]$$

해답 0.96[kgf/cm²·g]

해설 보일-샤를의 법칙에 적용하는 압력은 절대압력이기 때문에 계산된 변화 후의 압력도 절대압력이 되므로 대기압을 적용해 게이지압력으로 계산하여야 한다.

26 온도 27[℃], 압력 5[bar]에서 비체적이 0.168[m³/kg]인 이상기체의 기체상수 [kJ/kg·K]는 얼마인가? (단, 압력은 절대압력으로 가정한다.)

풀이 ① 비체적 $\left(v = \dfrac{V}{G}\right)$은 단위 질량당 체적이다.

② 이상기체 상태방정식 $PV = GRT$에서 기체상수 R을 구하는 식을 유도하며, 여기에 비체적을 적용한다.

$$\therefore R = \dfrac{PV}{GT} = \dfrac{V}{G} \times \dfrac{P}{T} = v \times \dfrac{P}{T}$$

$$= 0.168 \times \dfrac{\dfrac{5}{1.01325} \times 101.325}{273+27} = 0.28 [\text{kJ/kg} \cdot \text{K}]$$

해답 0.28[kJ/kg·K]

해설 ① 1[atm] = 760[mmHg] = 1.0332[kgf/cm²] = 10332[kgf/m²] = 1.01325[bar]
= 1013.25[mbar] = 101325[Pa] = 101.325[kPa] = 0.101325[MPa]

② 압력 환산식 : 환산압력 = $\dfrac{\text{주어진 압력}}{\text{주어진 압력의 표준대기압}} \times$ 구할려 하는 표준대기압

③ 이상기체 상태방정식은 3가지 공식이 있으며 공식의 각 인자에 대한 의미 및 단위는 부록에 수록된 11번 공식을 참고하여 구별하기 바라며, 문제에서 주어진 조건에 따라 하나를 선택하여 풀이에 적용하길 바랍니다. 풀이에 적용하는 공식에 따라 최종값에서 오차가 발생하지만 채점에는 영향이 없습니다.

27 반지름 5[m]인 구형 공간에 내부압력이 100[kPa], 20[℃]의 공기가 있을 때 몰[kmol] 수는 얼마인가?

풀이 ① 구형 용기 내용적 계산

$$\therefore V = \frac{4}{3}\pi r^3 = \frac{4}{3} \times \pi \times 5^3 = 523.598 = 523.60 [\text{m}^3]$$

② 몰[kmol] 수 계산 : 구형 공간의 내부압력은 게이지압력으로 판단하여 이상기체 상태방정식(절대단위) $PV = nRT$에서 몰수 n을 구한다.

$$\therefore n = \frac{PV}{RT} = \frac{\left(\frac{100+101.325}{101.325}\right) \times 523.6}{0.082 \times (273+20)} = 43.301 = 43.30 [\text{kmol}]$$

해답 43.3[kmol]

28 용기 속에 절대압력이 850[kPa], 온도가 52[℃]인 이상기체가 49[kg] 들어 있다. 이 기체의 일부가 누출되어 용기 내 절대압력이 415[kPa], 온도 27[℃]가 되었다면 밖으로 누출된 기체는 몇 [kg]인가?

풀이 ① 처음 상태의 조건으로 기체상수(R) 계산 : 체적에 대한 언급이 없으므로 1[m³]로 하여 이상기체 상태방정식 $PV = GRT$를 이용하여 계산

$$\therefore R = \frac{PV}{GT} = \frac{850 \times 1}{49 \times (273+52)} = 0.053 [\text{kJ/kg} \cdot \text{K}]$$

② 용기 내 잔량 계산 : 415[kPa], 온도 27[℃] 상태

$$\therefore G = \frac{PV}{RT} = \frac{415 \times 1}{0.053 \times (273+27)} = 26.100 = 26.10 [\text{kg}]$$

③ 누출된 기체 계산

$$\therefore 누출량 = 충전량 - 잔량 = 49 - 26.1 = 22.9 [\text{kg}]$$

해답 22.9[kg]

별해 문제에서 제시해준 조건에서 기체상수(R)와 용기 내용적(V)이 없으므로 이상기체 상태방정식을 처음 상태와 나중 상태로 구별하여 계산한다.

① 415[kPa], 27[℃] 상태의 용기 잔량 계산 : $PV = GRT$에서 처음 상태를 $P_1V_1 = G_1R_1T_1$, 나중 상태를 $P_2V_2 = G_2R_2T_2$라 하고 다음의 식을 이용한다.

$$\frac{P_2V_2}{P_1V_1} = \frac{G_2R_2T_2}{G_1R_1T_1}$$이며, 용기의 내용적 $V_1 = V_2$, 기체상수 $R_1 = R_2$이므로 생략한다.

$$\therefore G_2 = \frac{P_2G_1T_1}{P_1T_2} = \frac{415 \times 49 \times (273+52)}{850 \times (273+27)} = 25.917 = 25.92 [\text{kg}]$$

② 누출된 기체의 양 계산

∴ 누출량 = 충전량－잔량 = 49 − 25.92 = 23.08[kg]

※ 풀이에 적용하는 공식, 풀이 방법 등에 따라 최종값에서 오차가 발생하며 채점에는 이상이 없는 사항이니 선택하여 답안을 작성하길 바랍니다.

29 용기에 압력 300[kPa], 온도 31[℃]의 상태로 가스가 충만되어 있다. 그 가스의 일부를 빼내었더니 용기 내의 압력이 100[kPa]이고, 온도는 10[℃]가 되었다면, 빠져나간 가스량은 전체 가스량의 몇 [%]인가? (단, 가스는 이상기체로 간주한다.)

[풀이] SI단위 이상기체 상태방정식 $PV = GRT$를 이용하며, 용기의 내용적(V)이 주어지지 않았으므로 $1[m^3]$로 적용하며, 용기의 압력은 게이지압력으로 판단하여 계산한다.

① 현재 충전된 가스 질량(G_1) 계산

$$\therefore G_1 = \frac{P_1 V}{R T_1} = \frac{(300 + 101.325) \times 1}{\frac{8.314}{M} \times (273 + 31)} = 0.158 M \fallingdotseq 0.16 M [kg]$$

② 잔량 계산

$$\therefore G_2 = \frac{P_2 V}{R T_2} = \frac{(100 + 101.325) \times 1}{\frac{8.314}{M} \times (273 + 10)} = 0.085 M \fallingdotseq 0.09 M [kg]$$

③ 전체 가스량에 대한 빠져나간 가스량[%] 계산

$$\therefore 빠져나간\ 가스량 = \frac{G_1 - G_2}{G_1} \times 100 = \frac{0.16 M - 0.09 M}{0.16 M} \times 100 = 43.75[\%]$$

[해답] 43.75[%]

30 압력용기에 메탄가스 10[kmol]이 0[℃], 5기압으로 저장되었다. 만약 이 용기로부터 1[kmol]의 가스를 빼낸 뒤 용기의 온도가 30[℃]가 되도록 한다면 이 때 용기의 압력 [atm]은 얼마인가?

[풀이] ① 압력용기의 내용적이 주어지지 않았으므로 이상기체 상태방정식 $PV = nRT$를 처음 상태를 $P_1 V_1 = n_1 R_1 T_1$, 나중 상태를 $P_2 V_2 = n_2 R_2 T_2$로 구별하여 계산한다.

② 나중 상태의 압력(P_2)은 $\frac{P_2 V_2}{P_1 V_1} = \frac{n_2 R_2 T_2}{n_1 R_1 T_1}$에서 $V_1 = V_2$, $R_1 = R_2$이므로 생략하고 P_2를 계산한다. 메탄가스 저장량(n_1) 10[kmol]에서 1[kmol]을 빼냈으므로 남아있는 양(n_2)은 9[kmol]이다.

$$\therefore P_2 = \frac{n_2 T_2}{n_1 T_1} \times P_1 = \frac{9 \times 10^3 \times (273 + 30)}{10 \times 10^3 \times 273} \times 5 = 4.994 \fallingdotseq 4.99[atm]$$

[해답] 4.99[기압]

[별해] ① 현재의 조건을 갖고 압력용기 내용적을 계산 : $PV = nRT$에서 n(몰수)의 단위가 [kmol]이므로 내용적은 $[m^3]$가 된다.

$$\therefore V = \frac{nRT}{P} = \frac{10 \times 0.082 \times (273+0)}{5} = 44.772 ≒ 44.77 [\text{m}^3]$$

② 나중 상태의 용기 압력 계산

$$\therefore P = \frac{nRT}{V} = \frac{(10-1) \times 0.082 \times (273+30)}{44.77} = 4.994 ≒ 4.99 [\text{atm}]$$

해설 'atm' 또는 '기압'은 절대압력 개념이므로 절대압력으로 변환 없이 이상기체 상태방정식에 바로 적용하여 계산한다.

31 −30[℃], 200[atm]의 질소를 단열과정을 거쳐서 5[atm]까지 팽창했을 때의 온도[℃]는 얼마인가? (단, 이상기체의 가역과정이고 질소의 비열비는 1.41 이다.)

풀이 가역 단열과정의 온도와 압력과의 관계식 $\frac{T_2}{T_1} = \left(\frac{P_2}{P_1}\right)^{\frac{k-1}{k}}$ 에서 팽창 후의 온도 T_2를 구한다.

$$\therefore T_2 = T_1 \times \left(\frac{P_2}{P_1}\right)^{\frac{k-1}{k}} = (273-30) \times \left(\frac{5}{200}\right)^{\frac{1.41-1}{1.41}}$$
$$= 83.130 [\text{K}] - 273 = -189.87 [℃]$$

해답 −189.87[℃]

해설 팽창 후의 온도 T_2는 절대온도이므로 섭씨온도로 변환하기 위하여 '−273'을 한 것이다.

32 정압비열 20.9[kJ/kmol·K]인 이상기체를 25[℃], 1[atm] 상태에서 가역단열과정으로 10[atm]까지 압축하였을 때 온도는 몇 [℃]인가? (단, 0[K]는 −273.15[℃]를 기준으로 한다.)

풀이 ① 정적비열(C_v) 계산 : 정압비열(C_p), 정적비열(C_v), 기체상수(R)의 관계식 $C_p - C_v = R$에서 정적비열 C_v를 구하며,

SI 단위 기체상수 $R = 8.314 [\text{kJ/kmol·K}] = \frac{8.314}{M} [\text{kJ/kg·K}]$ 이다.

$$\therefore C_v = C_p - R = 20.9 - 8.314 = 12.586 ≒ 12.59 [\text{kJ/kmol·K}]$$

② 비열비(k) 계산 : 비열비는 단위가 없는 무차원수이다.

$$\therefore k = \frac{C_p}{C_v} = \frac{20.9}{12.59} = 1.660 ≒ 1.66$$

③ 압축 후 온도(T_2) 계산 : 가역단열과정의 온도와 압력과의 관계식 $\frac{T_2}{T_1} = \left(\frac{P_2}{P_1}\right)^{\frac{k-1}{k}}$

에서 압축 후 온도 T_2를 계산한다.

$$\therefore T_2 = T_1 \times \left(\frac{P_2}{P_1}\right)^{\frac{k-1}{k}} = (273.15+25) \times \left(\frac{10}{1}\right)^{\frac{1.66-1}{1.66}}$$

$$= 744.755\,[\text{K}] - 273.15 = 471.625 ≒ 471.63\,[℃]$$

해답 ▶ 471.63[℃]

33 압력 100[kPa·a], 온도 20[℃]인 공기 5[kg]이 등엔트로피 과정을 거쳐 온도가 160[℃]로 되었다면 최종압력[kPa·a]은 얼마인가? (단, 공기의 비열비는 1.4이다.)

풀이 ① 등엔트로피 과정은 가역단열과정이고, 온도와 압력과의 관계식

$$\frac{T_2}{T_1} = \left(\frac{P_2}{P_1}\right)^{\frac{k-1}{k}} \text{에서 } \frac{T_2}{T_1} = \frac{273+160}{273+20} = 1.477 ≒ 1.48\text{이고,}$$

$$\left(\frac{P_2}{P_1}\right)^{\frac{k-1}{k}} = \left(\frac{P_2}{P_1}\right)^{\frac{1.4-1}{1.4}} = \left(\frac{P_2}{P_1}\right)^{0.285} ≒ \left(\frac{P_2}{P_1}\right)^{0.29} \text{이다.}$$

② 최종 압력 계산

$$\frac{T_2}{T_1} = \left(\frac{P_2}{P_1}\right)^{\frac{k-1}{k}} \text{에 ①에서 구한 값을 각각 대입하면}$$

$$1.48 = \left(\frac{P_2}{P_1}\right)^{0.29} \text{이고, } \frac{P_2}{P_1} = \sqrt[0.29]{1.48} \text{이다.}$$

$$\therefore P_2 = P_1 \times \sqrt[0.29]{1.48} = 100 \times \sqrt[0.29]{1.48} = 386.464 ≒ 386.46\,[\text{kPa·a}]$$

해답 ▶ 386.46[kPa·a]

해설 풀이 중간 과정에서 발생하는 숫자를 소수점 몇 째자리에서 반올림하여 적용하느냐에 따라 최종값에서 오차는 발생할 수 있고 채점에는 영향이 없습니다.

34 압력이 0.1[MPa], 온도가 27[℃]인 증기 1[kg]이 $PV^n = C$(일정)이고 $n = 1.3$인 폴리트로픽 변화를 거쳐 300[℃]가 되었을 때 압력[MPa]은 얼마인가?
(단, 비열비 $k = 1.4$, 정적비열 $C_v = 0.711$[kJ/kg·K], 압력은 절대압력이다.)

풀이 ① 폴리트로픽 변화(polytropic change) 과정의 P, V, T 관계식

$$\frac{T_2}{T_1} = \left(\frac{V_1}{V_2}\right)^{n-1} = \left(\frac{P_2}{P_1}\right)^{\frac{n-1}{n}} \text{에서 온도와 압력의 값을 구한다.}$$

$$\therefore \frac{T_2}{T_1} = \frac{273+300}{273+27} = 1.91$$

$$\therefore \left(\frac{P_2}{P_1}\right)^{\frac{n-1}{n}} = \left(\frac{P_2}{P_1}\right)^{\frac{1.3-1}{1.3}} = \left(\frac{P_2}{P_1}\right)^{0.230} ≒ \left(\frac{P_2}{P_1}\right)^{0.23}$$

② 최종 압력 계산

$$\frac{T_2}{T_1} = \left(\frac{P_2}{P_1}\right)^{\frac{n-1}{n}} \text{에 ①에서 구한 값을 각각 대입하면}$$

$$1.91 = \left(\frac{P_2}{P_1}\right)^{0.23} \text{이고, } \frac{P_2}{P_1} = \sqrt[0.23]{1.91} \text{이다.}$$

$$\therefore P_2 = P_1 \times \sqrt[0.23]{1.91} = 0.1 \times \sqrt[0.23]{1.91} = 1.666 ≒ 1.67 \,[\text{Mpa}]$$

해답 1.67[MPa]

해설 문제 단서 조항에서 압력은 '절대압력'으로 주어졌으므로 구하는 최종압력도 '절대압력'이 되는 것이므로 최종값에 절대압력을 구별하는 'a'를 포함시켜도 되고, 포함시키지 않아도 채점에는 영향이 없습니다.

35
압력이 0.1[MPa], 온도가 27[℃]인 증기 1[kg]이 $PV^n = C$(일정)이고 $n = 1.3$인 폴리트로피 변화를 거쳐 300[℃]가 되었을 때 엔트로피[kJ/K] 변화를 계산하시오. (단, 비열비 $k = 1.3$, 정적비열 $C_v = 0.711$[kJ/kg·K], 압력은 절대압력이다.)

풀이 $\Delta s = m C_v \dfrac{n-k}{n-1} \ln \dfrac{T_2}{T_1}$

$= 1 \times 0.711 \times \dfrac{1.3-1.4}{1.3-1} \times \ln \dfrac{273+300}{273+27} = -0.153 ≒ -0.15\,[\text{kJ/K}]$

해답 -0.15[kJ/K]

해설 최종값의 '−'부호는 엔트로피가 감소하는 것을 나타내는 것이다.

36
이상기체 5[kg]이 350[℃]에서 150[℃]까지 '$PV^{1.3}$=상수'에 따라 변화하였을 때 엔트로피의 변화량[kJ/K]을 계산하시오. (단, 정적비열은 0.653[kJ/kg·K]이고, 비열비는 1.4이다.)

풀이 '$PV^{1.3}$=상수'는 폴리트로픽 과정이다.

$\therefore \Delta s = m C_v \dfrac{n-k}{n-1} \ln \dfrac{T_2}{T_1}$

$= 5 \times 0.653 \times \dfrac{1.3-1.4}{1.3-1} \times \ln \dfrac{273+150}{273+350} = 0.421 ≒ 0.42\,[\text{kJ/K}]$

해답 0.42[kJ/K]

37
포화액점과 건포화 증기점이 겹치는 점으로 증발과정 없이 포화액으로 됨과 동시에 건포화 증기로 변하여 증발열이 필요 없게 되는 점을 무엇이라 하는가?

해답 임계점

38
포화수가 증발현상 없이 증기로 변화할 때의 상태점을 임계점이라고 하며, 이때의 온도를 임계온도, 압력을 임계압력이라고 한다. 이때 임계점의 특징 3가지를 쓰시오.

해답 ① 증기와 포화수간의 비중량이 같다.
② 증발현상이 없다.
③ 증발잠열은 0이 된다.

39 물의 임계압력은 절대압력으로 몇 [kgf/cm²]인가?

해답 225.65[kgf/cm²]

해설 물의 임계온도, 임계압력
① 임계온도 : 374.15[℃]
② 임계압력 : 225.65[kgf/cm²·a], 22.09[MPa]

40 증기의 건도가 0인 상태는?

해답 포화수

해설 건조도(x) : 증기 속에 함유되어 있는 물방울의 혼용률
① 건조도(x)가 1인 경우 : 건포화증기
② 건조도(x)가 0인 경우 : 포화수
③ 건조도(x)가 $0 < x < 1$ 인 경우 : 습증기

41 1[kg]의 습포화증기 속에 증기상(蒸氣相)이 x[kg], 액상(液相)이 $(1-x)$[kg] 포함되어 있을 때 습도는?

해답 $1-x$

해설 증기 1[kg] 안에 건조증기 x[kg] 있다고 할 때 나머지는 수분이므로 수분은 $(1-x)$[kg]이 된다. 이때의 x를 건도 또는 건조도라 하고 $(1-x)$를 습도라 한다.

42 포화수 1[kg]과 포화증기 4[kg]이 혼합되었을 때 건도는 얼마인가?

풀이 건도 = $\dfrac{포화증기}{습증기} \times 100 = \dfrac{4}{1+4} \times 100 = 80[\%]$

해답 80[%]

43 증기보일러에서 증기의 건조도를 향상시키는 방법 4가지를 쓰시오.

해답 ① 기수분리기, 비수방지관을 설치한다.
② 증기관 내의 드레인을 제거한다.
③ 고압의 증기를 저압으로 감압하여 사용한다.
④ 증기 내에 있는 공기를 제거한다.

44 증기 속에 수분이 많을 때의 영향 4가지를 쓰시오.

해답 ① 건조도(x) 저하 ② 증기 손실 증가
③ 배관 및 장치 부식 초래 ④ 증기 엔탈피 감소
⑤ 수격작용 발생 ⑥ 증기기관 열효율 저하

45 과열증기 사용 시 장점 4가지를 쓰시오.

해답 ① 증기의 마찰저항이 감소된다.
② 수격작용이 방지된다.
③ 같은 압력의 포화증기에 비해 보유열량이 많으므로 증기 소비량이 적어도 된다.
④ 증기 원동소의 이론적 열효율이 좋아진다.

해설 과열증기 사용 시 단점
① 피가열물의 온도분포가 달라져 제품의 질이 저하된다.
② 장치의 온도분포가 일정하지 않아 큰 열응력이 발생할 수 있다.
③ 대기나 공간에 분사가 이루어지면 과열증기가 잠열을 방출하기 전에 대기로 달아나므로 증기의 열손실이 발생할 수 있다.

46 어느 과열증기의 온도가 450[℃]일 때 과열도[℃]는 얼마인가? (단, 이 증기의 포화온도는 573[K]이다.)

풀이 과열도 = 과열증기 온도 − 포화증기 온도 = $450 - (573 - 273) = 150$[℃]

해답 150[℃]

47 포화증기의 온도가 485[K]일 때 과열도가 30[℃]라면 이 증기의 실제 온도는 몇 [℃]인가?

풀이 과열도 = 과열증기온도 − 포화온도
∴ 과열증기온도 = 과열도 + 포화온도 = $30 + (485 - 273) = 242$[℃]

해답 242[℃]

48 물에 대하여 압력이 증가할 때 포화온도 및 증발열은 어떻게 변하는지 설명하시오.

해답 포화온도는 올라가고, 증발열은 감소한다.

49 증기의 압력이 상승할 때 나타나는 현상 4가지를 쓰시오.

해답 ① 포화수의 온도가 상승한다.
② 포화수의 부피가 증가한다.

③ 포화수의 비중이 감소한다.
④ 물의 현열이 증가하고, 증기의 잠열이 감소한다.
⑤ 건포화증기 엔탈피가 증가한다.
⑥ 증기의 비체적이 증가한다.

50 보일러가 고압으로 될수록 보일러 물 순환이 둔화되는 이유를 설명하시오.

해답▶ 증기와 포화수간의 비중량차가 작아지기 때문에

51 압력 10[kgf/cm²], 건도가 0.95인 수증기 1[kg]의 엔탈피는 몇 [kcal/kg]인가?
(단, 10[kgf/cm²]에서 포화수 엔탈피는 181.2[kcal/kg], 포화증기의 엔탈피는 662.9 [kcal/kg]이다.)

풀이▶ $h_2 = h' + (h'' - h')x$
$= 181.2 + \{(662.9 - 181.2) \times 0.95\} = 638.815 ≒ 638.92\,[\text{kcal/kg}]$

해답▶ 638.82[kcal/kg]

해설▶ 습포화증기 엔탈피를 구하는 공식
$$h_2 = h' + \gamma x = h' + (h'' - h')x$$
여기서, h_2 : 습포화증기 엔탈피[kcal/kg 또는 kJ/kg]
h' : 포화수 엔탈피[kcal/kg 또는 kJ/kg]
h'' : 포화증기 엔탈피[kcal/kg 또는 kJ/kg]
γ : 증발잠열[kcal/kg 또는 kJ/kg], x : 건조도

52 보일러로부터 압력 2[MPa]로 공급되는 수증기의 건도가 0.85일 때 이 습증기 1[kg] 당의 엔탈피는 몇 [kJ]인가? (단, 2[MPa]에서 포화수 엔탈피는 1000[kJ/kg], 포화증기의 엔탈피는 3000[kJ/kg]이다.)

풀이▶ $h_2 = h' + (h'' - h') \cdot x = 1000 + (3000 - 1000) \times 0.85 = 2700\,[\text{kJ/kg}]$

해답▶ 2700[kJ/kg]

53 동일한 온도와 압력에서 포화수의 엔탈피가 418[kJ/kg], 건포화증기의 엔탈피가 2674[kJ/kg]이며, 이때 습포화증기의 엔탈피가 2092[kJ/kg]인 경우의 건도는 얼마인가?

풀이▶ $h_2 = h' + x(h'' - h')$ 에서
$\therefore x = \dfrac{h_2 - h'}{h'' - h'} = \dfrac{2092 - 418}{2674 - 418} = 0.742 ≒ 0.74$

해답▶ 0.74

54 절대압력 800[kPa]인 증기의 엔탈피를 측정하니 2724[kJ/kg]이었다. 이때 증기의 건도는 얼마인가? (단, 같은 압력하에서의 건포화증기 엔탈피는 2765[kJ/kg]이고, 포화수 엔탈피는 718.3[kJ/kg]이다.)

풀이 $h_2 = h' + x(h'' - h')$ 에서

$$\therefore x = \frac{h_2 - h'}{h'' - h'} = \frac{2724 - 718.3}{2765 - 718.3} = 0.979 ≒ 0.98$$

해답 0.98

55 218[℃]의 발생증기를 1.5[kgf/cm²·a] 상태로 감압하였더니 온도가 116[℃] 이었다. 주어진 압력기준 포화수증기표를 이용하여 218[℃] 습증기의 건도를 계산하시오. (단, 감압 후 116[℃] 상태의 포화수 엔탈피는 116.77[kcal/kg], 포화증기 엔탈피는 645.17[kcal/kg] 이다.)

압력[kgf/cm²·a]	포화온도[℃]	엔탈피[kcal/kg]	
		포화수	포화증기
20	211.38	215.82	668.5
22	216.23	221.12	668.9
24	220.75	226.13	669.2
26	224.98	230.82	669.5

풀이 ① 218[℃]의 포화수 엔탈피(h') 계산 : 218[℃]는 216.23[℃]와 220.75[℃] 사이에 존재하므로 보간법에 의해 포화수 엔탈피를 계산한다.

∴ 218[℃] 포화수 엔탈피 = 216.23[℃]포화수 엔탈피+{(218[℃]와 216.23[℃] 온도차)

$$\times \frac{220.75[℃]와\ 216.23[℃]포화수\ 엔탈피차}{220.75[℃]와\ 216.23[℃]온도차}\}$$

$$= 221.12 + \left\{(218 - 216.23) \times \frac{226.13 - 221.12}{22075 - 216.23}\right\}$$

$$= 223.081 ≒ 223.08[kcal/kg]$$

② 218[℃]의 포화증기 엔탈피(h'') 계산

∴ 218[℃] 포화증기 엔탈피 = 216.23[℃]포화증기 엔탈피
 + {(218[℃]와 216.23[℃] 온도차)

$$\times \frac{220.75[℃]와\ 216.23[℃]포화증기\ 엔탈피차}{220.75[℃]와\ 216.23[℃]온도차}\}$$

$$= 668.9 + \left\{(218 - 216.23) \times \frac{669.2 - 668.9}{220.75 - 216.23}\right\}$$

$$= 669.017$$

$$≒ 669.02[kcal/kg]$$

③ 218[℃] 습증기의 건도(x) 계산

$$\therefore x_{218} = \frac{116[℃]의\ 포화증기\ 엔탈피 - 218[℃]포화수\ 엔탈피}{218[℃]포화증기\ 엔탈피 - 218[℃]포화수\ 엔탈피}$$

$$= \frac{645.17 - 223.08}{669.02 - 223.08} = 0.946 ≒ 0.95$$

해답 ▶ 0.95

해설 포화증기표의 압력은 절대압력을 기준으로 하므로 제시되는 보일러의 증기압력이 게이지압력이면 대기압을 적용하여 절대압력으로 환산한 후 해당 압력의 '포화온도', '엔탈피'를 찾아 적용한다.

56 압력이 1000[kPa]이고 온도가 400[℃]인 과열증기의 엔탈피는 몇 [kJ/kg]인가? (단, 압력이 1000[kPa]일 때 포화온도는 179.1[℃], 포화증기의 엔탈피는 2775[kJ/kg]이고, 과열증기의 평균비열은 2.2[kJ/kg·K]이다.)

풀이
$$h_3 = h'' + C(T_2 - T_1)$$
$$= 2775 + 2.2 \times \{(273 + 400) - (273 + 179.1)\}$$
$$= 3260.98 [kJ/kg]$$

해답 ▶ 3260.98[kJ/kg]

57 급탕탱크에 시간당 공급되는 물 3000[kg]을 건도가 0.75인 습증기를 이용하여 30[℃]에서 80[℃]로 가열하여 공급할 때 발생되는 응축수량[kg/h]은 얼마인가? (단, 건포화증기 엔탈피는 661[kcal/kg], 포화수 엔탈피는 171.3[kcal/kg], 물의 평균비열은 1.5[kcal/kg·℃]이고, 습증기의 현열은 고려하지 않는다.)

풀이 물을 가열하는데 필요한 열량(급탕에 필요한 열량)은 습증기의 잠열량과 같고 습증기에서 잠열량이 제거되면 포화수 상태의 응축수가 되며, 응축수량은 급탕에 필요한 열량을 습증기의 잠열로 나눈 값이 된다.

$$\therefore 응축수량 = \frac{급탕에\ 필요한\ 열량}{습증기\ 잠열} = \frac{G \times C \times \Delta t}{(h'' - h') \times x}$$
$$= \frac{3000 \times 1.5 \times (80 - 30)}{(661 - 171.3) \times 0.75} = 612.619 ≒ 612.62[kg/h]$$

해답 ▶ 612.62[kg/h]

58 압력 500[kPa], 온도 240[℃]인 과열증기와 압력 500[kPa]의 포화수가 정상상태로 흘러들어와 섞인 후 같은 압력의 포화증기 상태로 흘러나간다. 1[kg]의 과열증기에 대하여 필요한 포화수의 양[kg]은 얼마인가? (단, 과열증기의 엔탈피는 3063[kJ/kg]이고, 포화수의 엔탈피는 636[kJ/kg], 증발열은 2109[kJ/kg] 이다.)

풀이 과열증기와 포화수가 혼합하여 포화증기로 만드는 것이므로 과열증기가 잃은 엔탈피(Q_v)와 포화수가 얻은 열량(Q_w)은 같다.

$\therefore Q_v$ = 과열증기 엔탈피(h_3) − 240[℃] 증기엔탈피($= h' + \gamma$)

$\therefore Q_w$ = 포화수 양(G_w) × 증발잠열(γ)

∴ $Q_v = Q_w$ 이므로 $h_3 - (h' + \gamma) = G_w \times \gamma$ 이다.

∴ $G_w = \dfrac{h_3 - (h' + \gamma)}{\gamma} = \dfrac{3063 - (636 + 2109)}{2109} = 0.150 ≒ 0.15[\text{kg}]$

해답 ▶ 0.15[kg]

59 건조포화증기가 노즐 내를 단열적으로 흐를 때 출구 엔탈피가 입구 엔탈피보다 15[kJ/kg] 만큼 작아진다. 노즐 입구에서의 속도를 무시할 때 노즐 출구에서의 속도[m/s]는 얼마인가?

풀이 노즐 입출구 엔탈피 차($h_1 - h_2$)가 15[kJ/kg]이고, 노즐 출구에서의 속도를 구할 때 엔탈피의 단위는 [J/kg]이다.

∴ $w_2 = \sqrt{2 \times (h_1 - h_2)} = \sqrt{2 \times (15 \times 1000)} = 173.205 ≒ 173.21[\text{m/s}]$

해답 ▶ 173.21[m/s]

해설 노즐에서 증기의 속도
① SI단위

$$w_2 = \sqrt{2 \times (h_1 - h_2)}$$

여기서, w_2 : 노즐 출구에서 유속[m/s]
　　　　h_1 : 노즐 입구에서의 엔탈피[J/kg]
　　　　h_2 : 노즐 출구에서의 엔탈피[J/kg]
※ 입구속도(w_1)를 감안한 경우 $w_2 = \sqrt{2(h_1 - h_2) + w_1^2}$

② 공학단위

$$w_2 = \sqrt{2gJ(h_1 - h_2)}$$

여기서, w_2 : 노즐 출구에서 유속[m/s]
　　　　h_1 : 노즐 입구에서의 엔탈피[kcal/kg]
　　　　h_2 : 노즐 출구에서의 엔탈피[kcal/kg]
　　　　J : 열의 일당량(427[kgf·m/kcal])
※ 입구속도(w_1)를 감안한 경우 $w_2 = \sqrt{2gJ(h_1 - h_2) + w_1^2}$

60 일정한 질량유량으로 수평하게 증기가 흐르는 노즐이 있다. 노즐 입구에서 엔탈피는 3205[kJ/kg]이고, 증기속도는 15[m/s]이다. 노즐 출구에서의 증기 엔탈피가 2994[kJ/kg]일 때 노즐 출구에서의 증기의 속도[m/s]는 얼마인가? (단, 정상상태로서 외부와의 열교환은 없다고 가정한다.)

풀이 $w_2 = \sqrt{2 \times (h_1 - h_2) \times w_1^2}$
　　　　　$= \sqrt{2 \times \{(3205 - 2994) \times 10^3\} + 15^2} = 649.788 ≒ 649.79[\text{m/s}]$

해답 ▶ 649.79[m/s]

61 1[MPa], 150[℃]의 압축공기가 노즐을 통하여 0.5[MPa], 74[℃] 상태로 등엔트로피 팽창을 할 때 출구속도[m/s]를 계산하시오. (단, 공기의 비열비는 1.4, 정압비열은 1.0[kJ/kg·K], 압력은 절대압력이다.)

[풀이] ① 기체상수(R) 계산 : 정압비열, 비열비, 기체상수와의 관계식 $C_p = \dfrac{k}{k-1}R$에서 R[J/kg·K]을 구한다.

$$\therefore R = \dfrac{C_p}{\dfrac{k}{k-1}} = \dfrac{1.0}{\dfrac{1.4}{1.4-1}} \times 10^3 = 285.714 ≒ 285.71 [\text{J/kg·K}]$$

② 노즐 출구속도 계산 : 압력은 [kPa] 단위로 변환하여 적용하며, 1[MPa] = 1000[kPa] 이다.

$$\therefore w_2 = \sqrt{2 \times \dfrac{k}{k-1} \times RT_1 \times \left\{1 - \left(\dfrac{P_2}{P_1}\right)^{\frac{k-1}{k}}\right\}}$$

$$= \sqrt{2 \times \dfrac{1.4}{1.4-1} \times 285.71 \times (273+150) \times \left\{1 - \left(\dfrac{500}{1000}\right)^{\frac{1.4-1}{1.4}}\right\}}$$

$$= 389.864 ≒ 389.86 [\text{m/s}]$$

[해답] 389.86[m/s]

62 다음 그림과 같이 2개의 단열과정과 2개의 등온과정으로 구성되는 사이클의 명칭을 쓰시오.

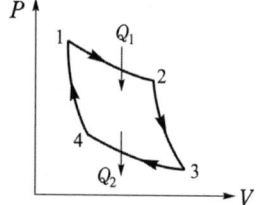

[해답] 카르노 사이클

[해설] 카르노 사이클의 순환과정
① 1 → 2 과정 : 등온(정온)팽창과정(열 공급과정)
② 2 → 3 과정 : 단열팽창과정
③ 3 → 4 과정 : 등온(정온)압축과정(열 방출과정)
④ 4 → 1 과정 : 단열압축과정

63 카르노 사이클(Carnot cycle)이 고온 열원에서 1000[kJ]을 공급받아 일을 한 후 저온 열원에 400[kJ]을 방출할 때 효율[%]은 얼마인가?

[풀이] $\eta = \dfrac{W}{Q_1} \times 100 = \dfrac{Q_1 - Q_2}{Q_1} \times 100 = \dfrac{1000 - 400}{1000} \times 100 = 60 [\%]$

[해답] 60[%]

[해설] 카르노 사이클에서 고온 열원에서 공급받은 열량을 Q_1, 온도를 T_1으로 표시하고 일(W)을 한 후 저온 열원에 방출하는 열량을 Q_2, 온도를 T_2로 표시한다.

제1장 열역학

64 카르노 사이클에서 최고 온도는 600[K]이고, 최저 온도는 250[K]일 때 이 사이클의 효율은 약 몇 [%] 인가?

풀이 $\eta = \dfrac{W}{Q_1} \times 100 = \dfrac{T_1 - T_2}{T_1} \times 100 = \dfrac{600 - 250}{600} \times 100 = 58.333 ≒ 58.33[\%]$

해답 ▶ 58.33[%]

65 온도가 700[℃]인 고온열원과 200[℃]인 저온열원 사이에서 작동하는 카르노 열기관의 효율[%]을 계산하시오.

풀이 $\eta = \dfrac{W}{Q_1} \times 100 = \dfrac{T_1 - T_2}{T_1} \times 100 = \left(1 - \dfrac{T_2}{T_1}\right) \times 100$

$= \left(1 - \dfrac{273 + 200}{273 + 700}\right) \times 100 = 51.387 ≒ 51.39[\%]$

해답 ▶ 51.39[%]

66 800[K]의 고열원과 400[K]의 저열원 사이에서 작동하는 카르노사이클에 공급하는 열량이 사이클 당 400[kJ]이라 할 때 1사이클 당 외부에 하는 일은 몇 [kJ] 인가?

풀이 카르노 사이클 효율 $\eta = \dfrac{W}{Q_1} = \left(1 - \dfrac{T_2}{T_1}\right)$ 에서 일량 W를 구한다.

$\therefore W = Q_1 \times \left(1 - \dfrac{T_2}{T_1}\right) = 400 \times \left(1 - \dfrac{400}{800}\right) = 200[kJ]$

해답 ▶ 200[kJ]

67 카르노 사이클로 작동되는 가역기관에서 650[℃]의 고열원으로부터 18830[kJ/min]의 에너지를 공급받아 일을 하고, 65[℃]의 저열원에 방열시킬 때 방열량은 몇 [kW] 인가?

풀이 ① 효율 계산

$\therefore \eta = \dfrac{W}{Q_1} \times 100 = \dfrac{T_1 - T_2}{T_1} \times 100 = \left(1 - \dfrac{T_2}{T_1}\right) \times 100$

$= \left(1 - \dfrac{273 + 65}{273 + 650}\right) \times 100 = 63.380 ≒ 63.38[\%]$

② 방열량(Q_2) 계산 : 카르노 사이클 효율을 구하는 식 $\eta = \left(1 - \dfrac{Q_2}{Q_1}\right) \times 100$ 에서 방열량 Q_2를 계산하며, 1[kW]=3600[kJ/h]에 해당되고, 효율은 백분율이므로 정수로 대입한다.

$$\therefore Q_2 = (1-\eta) \times Q_1 = (1-0.6338) \times \frac{18830 \times 60}{3600} = 114.925 \fallingdotseq 114.93 [\text{kW}]$$

해답 ▶ 114.93[kW]

별해 왓트[W] = [J/s]이므로 1[kW] = 1[kJ/s] 이다.

$$\therefore Q_2 = (1-\eta) \times Q_1 = (1-0.6338) \times \frac{18830}{60} = 114.925 \fallingdotseq 114.93 [\text{kW}]$$

68 200[℃]의 고열원과 30[℃]의 저열원 사이에서 작동하는 카르노 사이클이 하는 일이 10[kJ]이라면 저온에서 방출되는 열[kJ]은 얼마인가?

풀이 ▶ ① 효율 계산

$$\therefore \eta = \frac{W}{Q_1} \times 100 = \frac{T_1 - T_2}{T_1} \times 100 = \left(1 - \frac{T_2}{T_1}\right) \times 100$$
$$= \left(1 - \frac{273 + 30}{273 + 200}\right) \times 100 = 35.940 \fallingdotseq 35.94 [\%]$$

② 공급되는 열량(Q_1) 계산

$\eta = \frac{W}{Q_1} \times 100$에서 공급열량 Q_1을 계산하며, 효율은 백분율이므로 정수로 대입한다.

$$\therefore Q_1 = \frac{W}{\eta} = \frac{10}{0.3594} = 27.824 \fallingdotseq 27.82 [\text{kJ}]$$

③ 저온에서 방출되는 방열량(Q_2) 계산

카르노 사이클에서 하는 일량 $W = Q_1 - Q_2$에서 방열량 Q_2를 계산한다.

$$\therefore Q_2 = Q_1 - W = 27.82 - 10 = 17.82 [\text{kJ}]$$

해답 ▶ 17.82[kJ]

69 저열원 10[℃], 고열원 600[℃] 범위에서 작동하는 카르노 사이클에서 1사이클 당 방열량이 3.5[kJ]이면 1사이클당 실제 일[kJ]의 양은 얼마인가?

풀이 ▶ ① 효율 계산

$$\therefore \eta = \frac{W}{Q_1} \times 100 = \frac{T_1 - T_2}{T_1} \times 100 = \left(1 - \frac{T_2}{T_1}\right) \times 100$$
$$= \left(1 - \frac{273 + 10}{273 + 600}\right) \times 100 = 67.583 \fallingdotseq 67.58 [\%]$$

② 1사이클당 공급열량(Q_1) 계산

카르노 사이클 효율을 구하는 식 $\eta = \left(1 - \frac{Q_2}{Q_1}\right) \times 100$에서 공급열량 Q_1을 계산하며, 효율은 백분율이므로 정수로 대입한다.

$$\therefore Q_1 = \frac{Q_2}{1-\eta} = \frac{3.5}{1-0.6758} = 10.795 \fallingdotseq 10.80 [\text{kJ}]$$

③ 1사이클당 일의 양 계산
∴ $W = Q_1 - Q_2 = 10.8 - 3.5 = 7.3 [kJ]$

해답▶ 7.3[kJ]

70 온도가 400[℃]인 열원과 300[℃]인 열원 사이에서 작동하는 카르노 열기관이 있다. 이 열기관에서 방출되는 300[℃]의 열은 또 다른 카르노 열기관으로 공급되어 300[℃]의 열원과 100[℃]의 열원 사이에서 작동한다. 이와 같은 복합 카르노 열기관의 전체 효율[%]은 얼마인가?

풀이▶ $\eta = \dfrac{W}{Q_1} \times 100 = \dfrac{T_1 - T_2{'}}{T_1} \times 100 = \left(1 - \dfrac{T_2{'}}{T_1}\right) \times 100$
$= \left(1 - \dfrac{273 + 100}{273 + 400}\right) \times 100 = 44.576 ≒ 44.58 [\%]$

해답▶ 44.58[%]

71 전기점화기관인 가솔린 기관의 이상 사이클로 가열과정은 일정한 체적하에서, 동력이 발생하는 팽창과정은 단열상태에서 이루어지는 사이클 명칭은 무엇인가?

해답▶ 오토 사이클(Otto cycle)

72 오토 사이클(Otto cycle)의 $P-V$ 선도에서 각 과정의 명칭을 쓰시오.
⑴ 1 → 2 과정 :
⑵ 2 → 3 과정 :
⑶ 3 → 4 과정 :
⑷ 4 → 1 과정 :

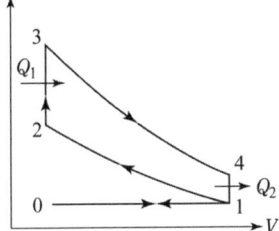

해답▶ ⑴ 단열압축과정   ⑵ 정적가열과정(폭발)
⑶ 단열팽창과정   ⑷ 정적방열과정

해설 오토 사이클 $T-S$ 선도

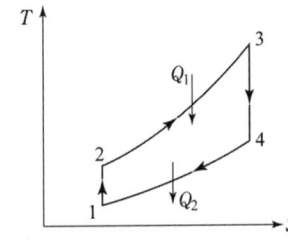

73 오토 사이클에서 동작 가스의 전·후 온도가 600[K], 1200[K]이고, 방열 전·후의 온도가 800[K], 400[K]일 경우의 이론 열효율[%]은 얼마인가?

풀이
$$\eta = \frac{W}{Q_1} \times 100 = \left\{1 - \left(\frac{T_4 - T_1}{T_3 - T_2}\right)\right\} \times 100$$
$$= \left\{1 - \left(\frac{800 - 400}{1200 - 600}\right)\right\} \times 100 = 33.333 ≒ 33.33[\%]$$

해답 ▶ 33.33[%]

74 불꽃 점화기관의 기본 사이클인 오토 사이클에서 압축비가 10이고, 기체의 비열비는 1.4일 때 이 사이클의 효율[%]을 계산하시오.

풀이
$$\eta = \left\{1 - \left(\frac{1}{\gamma}\right)^{k-1}\right\} \times 100 = \left\{1 - \left(\frac{1}{10}\right)^{1.4-1}\right\} \times 100 = 60.189 ≒ 60.19[\%]$$

해답 ▶ 60.19[%]

75 비열비 1.3의 고온 공기를 작동 물질로 하는 압축비 5의 오토 사이클에서 최소압력이 206[kPa], 최고압력이 5400[kPa]일 때 평균 유효압력[kPa]은 얼마인가?

풀이 ① 압축 후의 압력 계산
$$∴ P_2 = P_1 \times \gamma^k = 206 \times 5^{1.3} = 1669.276 ≒ 1669.28[kPa]$$
② 압력비 계산
$$∴ \alpha = \frac{P_3}{P_2} = \frac{5400}{1669.28} = 3.234 ≒ 3.23$$
③ 평균 유효압력 계산
$$∴ P_{me} = P_1 \times \frac{\alpha - 1}{k - 1} \times \frac{\gamma^k - \gamma}{\gamma - 1}$$
$$= 206 \times \frac{3.23 - 1}{1.3 - 1} \times \frac{5^{1.3} - 5}{5 - 1} = 1187.988 ≒ 1187.99[kPa]$$

해답 ▶ 1187.99[kPa]

해설 카르노 사이클 등 관련 사이클에서 압력은 문제에서 주어진 압력을 그대로 적용해도 무방한 상태라 절대압력으로 환산하지 않고 풀이를 하였음

76 정적과정, 정압과정 및 단열과정으로 구성된 사이클은?

해답 ▶ 디젤 사이클(Diesel cycle)

해설 (1) 디젤 사이클(Diesel cycle) : 압축 착화기관인 저속 디젤기관의 기본 사이클로 정적과정 1개, 정압과정 1개, 단열과정 2개로 이루어진다.

(2) 디젤 사이클의 순환과정

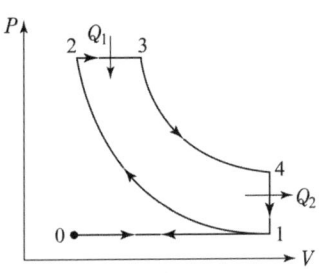
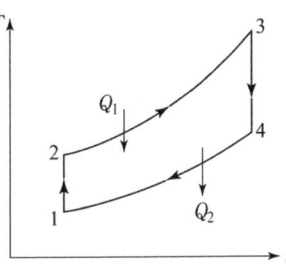

① 0 → 1 : 흡입과정
③ 2 → 3 : 정압가열과정
⑤ 4 → 1 : 정적방열과정
② 1 → 2 : 단열압축과정
④ 3 → 4 : 단열팽창과정
⑥ 1 → 0 : 배기과정

77 비열비 1.4의 공기를 작동유체로 하는 디젤엔진의 최고온도(T_3) 2500[K], 최저온도(T_1) 300[K], 최고압력(P_3) 4[MPa], 최저압력(P_1) 100[kPa]일 때 차단비(cut off ratio)는 얼마인가?

풀이 ① 압축비(ϵ) 계산

$$\therefore \epsilon = \frac{V_1}{V_2} = \left(\frac{P_3}{P_1}\right)^{\frac{1}{k}} = \left(\frac{4 \times 10^3}{100}\right)^{\frac{1}{1.4}} = 13.942 ≒ 13.94$$

② 차단비(σ) 계산

$$\therefore \sigma = \frac{V_3}{V_2} = \frac{T_3}{T_2} = \frac{T_3}{T_1 \times \epsilon^{k-1}} = \frac{2500}{300 \times 13.94^{1.4-1}} = 2.904 ≒ 2.90$$

해답 2.9

해설 ① 차단비(cut off ratio)를 체절비, 단절비로 불려진다.
② 최고압력은 P_2 또는 P_3로 표시하며, 압축비 계산 시 최고압력의 단위를 'MPa'에서 'kPa'로 변환하기 위하여 '1000'을 곱한 것임

78 공기를 작동유체로 하는 Diessel cycle의 온도 범위가 32[℃]~3200[℃]이고, 이 초칠의 최고압력이 6.5[MPa], 최초압력이 160[kPa]일 경우 열효율[%]은 얼마인가? (단, 공기의 비열비는 1.4이다.)

풀이 ① 압축비(ϵ) 계산

$$\therefore \epsilon = \left(\frac{P_2}{P_1}\right)^{\frac{1}{k}} = \left(\frac{6.5 \times 10^3}{160}\right)^{\frac{1}{1.4}} = 14.097 ≒ 14.10$$

② 차단비(σ) 계산

$$\therefore \sigma = \frac{V_3}{V_2} = \frac{T_3}{T_2} = \frac{T_3}{T_1 \times \epsilon^{k-1}} = \frac{273 + 3200}{(273 + 32) \times 14.1^{1.4-1}} = 3.951 ≒ 3.95$$

③ 열효율 계산

$$\therefore \eta_d = \left\{1 - \left(\frac{1}{\epsilon}\right)^{k-1} \times \left(\frac{\sigma^k - 1}{k \times (\sigma - 1)}\right)\right\} \times 100$$

$$= \left\{1 - \left(\frac{1}{14.1}\right)^{1.4-1} \times \left(\frac{3.95^{1.4} - 1}{1.4 \times (3.95 - 1)}\right)\right\} \times 100 = 50.910 \fallingdotseq 50.91[\%]$$

해답 ▶ 50.91[%]

79 다음은 기체동력 사이클에 해당하는 설명이다. 각각의 사이클 명칭을 쓰시오.

(1) 연소과정이 정적가열과정과 정압가열과정의 2단계로 이루어지는 합성연소 사이클로 고속 디젤기관의 기본 사이클에 해당된다.

(2) 동작유체를 단열압축하여 고온, 고압하에서 자연착화 연소시키며 2개의 단열과정과 1개의 정압과정, 1개의 정적과정으로 이루어지는 저속 디젤기관의 기본 사이클에 해당된다.

(3) 전기 점화기관인 내연기관의 이상 사이클이며 정적 사이클이라 한다.

해답 ▶ (1) 사바테 사이클
(2) 디젤 사이클
(3) 오토 사이클

80 수증기를 사용하는 발전소의 열역학 사이클과 가장 관계가 깊은 것으로 2개의 정압변화와 2개의 단열변화로 구성된 증기 원동소의 이상 사이클에 해당되는 것은?

해답 ▶ 랭킨 사이클(Rankine cycle)

해설 (1) 랭킨 사이클 선도

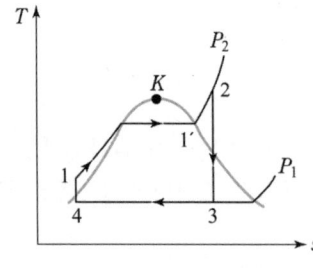 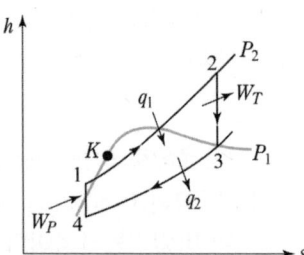

(2) 사이클 과정
① 1 → 2 과정 : 보일러 및 과열기에서의 열 흡수
② 2 → 3 과정 : 터빈에서의 일
③ 3 → 4 과정 : 응축기에서 열 방출
④ 4 → 1 과정 : 펌프의 일

제1장 열역학

81 [보기]는 증기 원동소의 이상 사이클인 랭킨 사이클에서 작동 유체의 흐름을 나타낸 것이다. ( ) 안에 알맞은 내용을 쓰시오.

[보기] 펌프 → (①) → 과열기 → (②) → 응축기

해답▶ ① 보일러 ② 터빈

해설 랭킨 사이클의 공정도

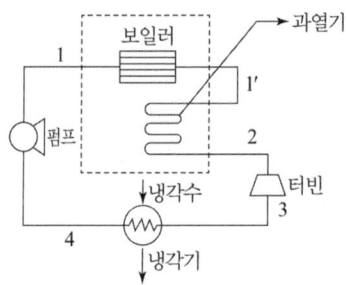

82 랭킨 사이클의 온도-엔트로피$(T-S)$ 선도의 각 점의 엔탈피가 다음과 같을 때 열효율[%]은 얼마인가?
h_1 : 194[kJ/kg] h_2 : 2802[kJ/kg]
h_3 : 2010[kJ/kg] h_4 : 192[kJ/kg]

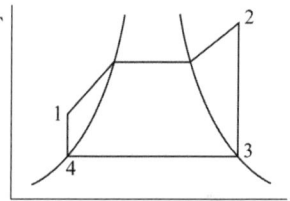

풀이 $\eta = \dfrac{W}{Q_1} \times 100 = \dfrac{W_T - W_P}{Q_1} \times 100 = \left(1 - \dfrac{h_3 - h_4}{h_2 - h_1}\right) \times 100$

$= \left(1 - \dfrac{2010 - 192}{2802 - 194}\right) \times 100 = 30.291 ≒ 30.29[\%]$

해답▶ 30.29[%]

별해 $\eta = \dfrac{W}{Q_1} \times 100 = \dfrac{W_T - W_P}{Q_1} \times 100 = \dfrac{(h_2 - h_3) - (h_1 - h_4)}{h_2 - h_1} \times 100$

$= \dfrac{(2802 - 2010) - (194 - 192)}{2802 - 194} \times 100 = 30.291 ≒ 30.29[\%]$

해설 (1) 랭킨 사이클의 열효율 계산 : $Q_1 = h_2 - h_1$, $Q_2 = h_3 - h_4$에 해당된다.

∴ $\eta = \dfrac{W}{Q_1} \times 100 = \dfrac{W_T - W_P}{Q_1} \times 100 = \dfrac{(h_2 - h_3) - (h_1 - h_4)}{h_2 - h_1} \times 100$

$= \dfrac{(h_2 - h_1) - (h_3 - h_4)}{h_2 - h_1} \times 100 = \left(1 - \dfrac{h_3 - h_4}{h_2 - h_1}\right) \times 100$

(2) 랭킨 사이클의 엔탈피 기호
　① h_1 : 펌프에서 단열압축한 후의 포화수 엔탈피(보일러 입구 엔탈피)

② h_2 : 과열기에서 가열된 후의 과열증기 엔탈피(터빈 입구 엔탈피)
③ h_3 : 터빈에서 팽창 후의 습포화증기 엔탈피(응축기 입구 엔탈피)
④ h_4 : 복수기에서 응축된 후 포화수 엔탈피(펌프 입구 엔탈피)
※ 각 사이클 선도에서 각 지점의 번호는 다르게 제시될 수 있으므로 번호로 공식을 암기하지 말고 선도에서 각 지점이 어느 장치(설비)에 해당되는지 구별하고 공식을 이해하길 바랍니다.

83 랭킨 사이클에서 각 지점의 엔탈피가 [보기]와 같을 때 효율[%]은 얼마인가?

| 보기 |
- 펌프 입구 : 190[kJ/kg]   - 보일러 입구 : 200[kJ/kg]
- 터빈 입구 : 2900[kJ/kg]   - 응축기 입구 : 2000[kJ/kg]

풀이 $\eta = \dfrac{W}{Q_1} \times 100 = \dfrac{W_T - W_P}{Q_1} \times 100 = \left(1 - \dfrac{h_3 - h_4}{h_2 - h_1}\right) \times 100$

$= \left(1 - \dfrac{2000 - 190}{2900 - 200}\right) \times 100 = 32.962 ≒ 32.96\,[\%]$

해답 ▶ 32.96[%]

별해 $\eta = \dfrac{W}{Q_1} \times 100 = \dfrac{W_T - W_P}{Q_1} \times 100 = \dfrac{(h_2 - h_3) - (h_1 - h_4)}{h_2 - h_1} \times 100$

$= \dfrac{(2900 - 2000) - (200 - 190)}{2900 - 200} \times 100 = 32.962 ≒ 32.96\,[\%]$

84 랭킨 사이클로 작동하는 증기 원동소에서 과열증기 엔탈피 660[kcal/kg], 습증기 엔탈피 530[kcal/kg], 포화수 엔탈피 80.87[kcal/kg]일 때 열효율[%]은 얼마인가?

풀이 복수기에서 나온 포화수를 급수펌프에서 단열상태로 압축한 후 엔탈피(h_1)가 제시되지 않았으므로 펌프일(W_P)을 무시한 열효율[%]을 계산한다.

$\therefore \eta = \dfrac{W_T}{Q_1} \times 100 = \dfrac{h_2 - h_3}{h_2 - h_4} \times 100$

$= \dfrac{660 - 530}{660 - 80.87} \times 100 = 22.447 ≒ 22.45\,[\%]$

해답 ▶ 22.45[%]

해설 펌프일(W_P)을 무시한 이론효율 : 펌프일(W_P)은 터빈일(W_T)에 비해 매우 작으므로 무시할 수 있다.

$\therefore \eta = \dfrac{W_T}{Q_1} \times 100 = \dfrac{h_2 - h_3}{h_2 - h_1} \times 100 ≒ \dfrac{h_2 - h_3}{h_2 - h_4} \times 100$

제1장 열역학

85 Rankine cycle로 작동되는 증기원동소에서 터빈 입구의 과열증기 온도는 500[℃], 압력은 2[MPa]이며, 터빈 출구의 압력은 5[kPa]이다. 펌프일을 무시하는 경우 이 cycle의 열효율은 몇 [%]인가? (단, 터빈 입구의 과열증기 엔탈피는 3465[kJ/kg]이고, 터빈 출구의 엔탈피는 2556[kJ/kg]이며, 5[kPa]일 때 급수엔탈피는 135[kJ/kg]이다.)

풀이 $\eta = \dfrac{W_T}{Q_1} \times 100 = \dfrac{h_2 - h_3}{h_2 - h_4} \times 100$

$= \dfrac{3465 - 2556}{3465 - 135} \times 100 = 27.297 \fallingdotseq 27.30[\%]$

해답 27.3[%]

86 랭킨 사이클에서 응축기(steam condenser)의 압력이 낮을 때 나타나는 현상 3가지를 쓰시오.

해답 ① 배출열량이 작아지고, 이론 열효율이 높아진다.
② 응축기의 포화온도가 낮아진다.
③ 터빈 출구의 증기건도가 낮아지며, 습기가 증가한다.

해설 응축기(복수기) 역할 : 터빈에서 나오는 증기를 냉각하여 응축수로 바꾼다.

87 랭킨 사이클로 작동하는 증기 원동소에서 터빈 입구에서 엔탈피가 843.3[kcal/kg], 터빈 출구에서의 엔탈피가 493.3[kcal/kg]인 증기를 이용하여 500000[kWh]의 전력을 발생하는데 필요한 증기량[ton]을 계산하시오.

풀이 터빈에서 소요된 열량과 발생된 전력의 열량은 같으며, 터빈에서 소요된 열량은 터빈 입·출구에서의 엔탈피차에 사용한 증기량을 곱한 값이고, 발생된 전력의 열량은 전기량에 1[kWh]당 열량 860[kcal]을 곱한 값이다.

∴ $(h_2 - h_3) \times m = 860 \times$ 발생된 전력량

∴ $m = \dfrac{860 \times 전력량}{h_2 - h_3} = \dfrac{860 \times 500000}{(843.3 - 493.3) \times 1000} = 1228.571 \fallingdotseq 1228.57[ton]$

해답 1228.57[ton]

88 랭킨 사이클에 의한 증기 원동소에서 2.47[MPa], 220[℃]의 과열증기를 50[kPa]까지 터빈에서 단열팽창시킬 때 다음 증기표를 이용하여 터빈의 출력[kW]을 계산하시오. (단, 터빈 출구의 증기 건도는 0.93, 공급되는 증기는 20[ton/h], 압력은 절대압력이다.)

절대압력[MPa]	엔탈피[kJ/kg]	
	포화수	건포화증기
0.05	338.19	2642.41
2.47	963.05	2800.18

풀이 ① 터빈 입구의 증기 엔탈피(h_2) : 2800.18[kJ/kg]
② 터빈 출구의 증기 엔탈피 계산
$$\therefore h_3 = h' + (h'' - h') \times x$$
$$= 338.19 + (2642.41 - 338.19) \times 0.93$$
$$= 2481.114 \fallingdotseq 2481.11[\text{kJ/kg}]$$
③ 터빈 출력 계산 : 1[kW] = 1[kJ/s] = 3600[kJ/h] 이다.
$$\therefore N_T = \frac{m(h_2 - h_3)}{3600} = \frac{(20 \times 10^3) \times (2800.18 - 2481.11)}{3600}$$
$$= 1772.611 \fallingdotseq 1772.61[\text{kW}]$$

해답 ▶ 1772.61[kW]

89 랭킨 사이클로 작동하는 증기원동소에서 터빈 입구에서 엔탈피가 843.3[kcal/kg], 터빈 출구에서의 엔탈피가 493.3[kcal/kg]인 증기를 이용하여 500000[kWh]의 전력을 발생하는데 필요한 증기량[ton/h]을 계산하시오.

풀이 터빈에서 소요된 열량과 발생된 전력의 열량은 같으며, 터빈에서 소요된 열량은 터빈 입·출구에서의 엔탈피차에 사용한 증기량을 곱한 값이고, 발생된 전력의 열량은 전기량에 1[kw]당 열량 860[kcal]을 곱한 값이다.
$$\therefore (h_2 - h_3) \times m = 860 \times \text{발생된 전력량}$$
$$\therefore m = \frac{860 \times \text{전력량}}{h_2 - h_3} = \frac{860 \times 500000}{(843.3 - 493.3) \times 1000}$$
$$= 1228.571 \fallingdotseq 1228.57[\text{ton/h}]$$

해답 ▶ 1228.57[ton/h]

90 증기원동소 사이클에서 수증기의 내부에너지 및 엔탈피가 터빈 입구에서 각각 2900 [kJ/kg], 3200[kJ/kg]이고, 터빈 출구에서 2300[kJ/kg], 2500[kJ/kg]일 때 터빈의 출력은 몇 [kW]인가? (단, 터빈은 단열되어 있으며 발생되는 수증기의 질량 유량은 2[kg/s]이다.)

풀이 $N_T = \dfrac{m(h_2 - h_3)}{3600} = \dfrac{(2 \times 3600) \times (3200 - 2500)}{3600} = 1400[\text{kW}]$

해답 ▶ 1400[kW]

91 최고압력 1400[kPa], 최고온도 350[℃], 배압이 100[kPa]로 작동되는 증기원동소 랭킨사이클의 증기소비량이 500[kg/h]일 때 터빈의 출력[kW]을 계산하시오.
(단, 1400[kPa], 350[℃]의 과열증기 엔탈피는 3149.5[kJ/kg], 100[kPa]에서의 포화증기 엔탈피는 2675.5[kJ/kg], 포화수 엔탈피는 417.46[kJ/kg]이고, 터빈 출구 증기의 건도는 0.97이다.)

풀이 ① 터빈 출구의 습포화증기 엔탈피(h_3) 계산

$$\therefore h_3 = h' + x(h'' - h')$$
$$= 417.46 + 0.97 \times (2675.5 - 417.46)$$
$$= 2607.758 \fallingdotseq 2607.76 [kJ/kg]$$

② 터빈 출력[kW] 계산

$$\therefore N_T = \frac{m(h_2 - h_3)}{3600} = \frac{500 \times (3149.5 - 2607.76)}{3600} = 75.241 \fallingdotseq 75.24 [kW]$$

해답 75.24[kW]

92 증기 원동소의 이상 사이클인 랭킨 사이클(Rankine cycle)을 개선한 재열 사이클과 재생 사이클을 각각 설명하시오.

해답 ① 재열 사이클 : 증기의 초압을 높이면서 팽창 후의 증기 건조도가 낮아지지 않도록 한 것으로 효율 증대보다는 터빈의 복수 장해를 방지하여 수명 연장에 주안점을 둔 사이클이다.
② 재생 사이클 : 팽창 도중의 증기를 터빈에서 추출하여 급수의 가열에 사용하는 사이클로 열효율이 랭킨 사이클에 비해 증가한다.

93 증기압축식 냉동기에 사용하는 압축기의 종류 3가지를 쓰시오.

해답 ① 왕복동식 ② 원심식(터보형) ③ 스크류식

94 증기 압축식 냉동장치의 냉매 순환 프로세스(process)를 순서대로 나열하시오.
(단, 액압축을 방지하는 장치와 액화된 냉매가 일시 체류하는 설비까지 포함한다.)

해답 증발기 → 액분리기 → 압축기 → 응축기 → 수액기 → 팽창밸브

95 터보형 냉동기의 사이클 순환과정을 쓰시오.

해답 압축과정 → 응축과정 → 팽창과정 → 증발과정

96 냉동기 냉매의 구비조건 4가지를 쓰시오.

해답
① 응고점이 낮고 임계온도가 높으며 응축, 액화가 쉬울 것
② 증발잠열이 크고 기체의 비체적이 적을 것
③ 오일과 냉매가 작용하여 냉동장치에 악영향을 미치지 않을 것
④ 화학적으로 안정하고 분해하지 않을 것
⑤ 금속에 대한 부식성 및 패킹재료에 악영향이 없을 것
⑥ 인화 및 폭발성이 없을 것
⑦ 인체에 무해할 것(비독성가스 일 것)
⑧ 액체의 비열은 작고, 기체의 비열은 클 것
⑨ 경제적일 것(가격이 저렴할 것)
⑩ 비열비가 작을 것(비열비가 작아야 압축기 토출가스 온도가 낮아진다.)

97 1냉동톤이라 함은 물 1톤을 24시간 동안 0[℃]의 물을 0[℃] 얼음으로 냉동시키는 능력으로 정의된다. 물 1[kg]의 융해열이 79.68[kcal/kg]이라면 1냉동톤에 해당하는 열량[kcal/h]은 얼마인가?

해답 3320[kcal/h]

해설 1냉동톤 : 0[℃] 물 1톤(1000[kg])을 0[℃] 얼음으로 만드는데 1일 동안 제거하여야 할 열량으로 3320[kcal/h]에 해당되며, 1[RT]로 표시한다.

$$\therefore Q = G \times \gamma = 1000 \times 79.68 \times \frac{1}{24} = 3320[\text{kcal/h}]$$

98 증기압축 냉동 사이클에서 증발기 입구와 출구에서의 냉매 엔탈피는 각각 122.2[kJ/kg], 1283.9[kJ/kg]이다. 1시간에 1냉동톤 당의 냉매 순환량[kg/h·RT]은 얼마인가? (단, 1냉동톤[RT]은 13894.2[kJ/kg]이다.)

풀이 냉매 순환량 = $\frac{냉동능력}{냉동효과} = \frac{13894.2}{1283.9 - 122.2} = 11.960 ≒ 11.96[\text{kg/h} \cdot \text{RT}]$

해답 11.96[kg/h·RT]

해설 냉동능력과 냉동효과(냉동력)
① 냉동능력 : 단위 시간당의 냉각열량으로 냉동기가 흡수하는 열량이다. 일반적으로 냉동톤[RT]으로 표시한다.
② 냉동효과(냉동력) : 냉매 1[kg]이 흡수하는 열량으로 [kJ/kg], [kcal/kg]으로 표시한다.

99 증발온도 −15[℃], 응축온도 30[℃]로 작동되는 냉동 사이클에 대한 성적계수를 $P-h$ 선도를 이용하여 계산하시오.

제1장 열역학

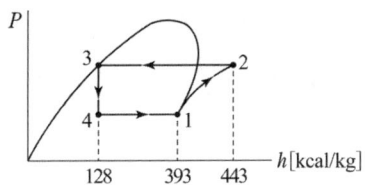

풀이 $COP_R = \dfrac{Q_2}{W} = \dfrac{h_1 - h_4}{h_2 - h_1} = \dfrac{393 - 128}{443 - 393} = 5.3$

해답 5.3

해설 냉동 사이클의 성적계수(COP_R) : 저온측에서 흡수 제거하는 열량(Q_2)과 공급된 일량(W)과의 비를 말한다.

$$\therefore COP_R = \dfrac{Q_2}{W} = \dfrac{Q_2}{Q_1 - Q_2} = \dfrac{T_2}{T_1 - T_2}$$

100 어떤 냉동기의 냉수, 냉각수의 온도 및 유량을 측정하였더니 다음 표와 같이 나타났다. 이 냉동기의 성능계수(COP_R)은 얼마인가?
(단, 냉수 및 냉각수의 비열은 4.2 [kJ/kg·℃] 이다.)

항목	유량[ton/h]	입구 온도[℃]	출구 온도[℃]
냉수	30	12	7
냉각수	47	29	33

풀이 냉동기에서 흡수 제거해야 할 열량(Q_2)은 냉수가 순환되는 현열량과 같고, 고온부에 방출되는 열량(Q_1)은 냉각수가 순환되는 현열량과 같다.

$$\therefore COP_R = \dfrac{Q_2}{W} = \dfrac{Q_2}{Q_1 - Q_2}$$
$$= \dfrac{(30 \times 10^3) \times 4.2 \times (12 - 7)}{\{(47 \times 10^3) \times 4.2 \times (33 - 29)\} - \{(30 \times 10^3) \times 4.2 \times (12 - 7)\}}$$
$$= 3.947 ≒ 3.95$$

해답 3.95

101 스크류 냉동기의 성적계수(COP)를 구하는 공식을 [보기]의 조건을 이용하여 완성하시오.

| 보기 | ① 냉각수량[kg/h]   ② 냉각수 입출구온도[ΔT]
         ③ 입력전원[kWh]   ④ 냉각수 비열[kcal/kg·℃]

해답 $COP = \dfrac{(① \times ④ \times ②) - (③ \times 860)}{③ \times 860}$

해설 냉동기(refrigerator) : 저열원의 열을 흡수 제거하는 것을 주목적으로 하는 기관이고, 성적계수 계산식 $COP_R = \dfrac{Q_2}{W} = \dfrac{Q_2}{Q_1 - Q_2}$ 에서 $W = Q_1 - Q_2$ 이므로 $Q_2 = Q_1 - W$ 이고, 입력 전원 1[kWh]는 860[kcal]에 해당된다.

$$\therefore COP_R = \dfrac{Q_2}{W} = \dfrac{Q_1 - W}{W} = \dfrac{냉각수\,현열량 - 입력전원\,열당량}{입력전원\,열당량}$$

$$= \dfrac{(냉각수량[kg/h] \times 냉각수비열[kcal/kg\cdot℃] \times 온도차[℃]) - (입력전원[kWh] \times 860[kcal/kWh])}{입력전원[kWh] \times 860[kcal/kWh]}$$

102 30[℃]와 100[℃] 사이에서 냉동기를 가동시키는 경우 최대의 성능계수(COP_R)은 얼마인가?

풀이 $COP_R = \dfrac{Q_2}{W} = \dfrac{T_2}{T_1 - T_2} = \dfrac{273 + 30}{(273 + 100) - (273 + 30)} = 4.328 ≒ 4.33$

해답 4.33

103 성능계수가 4.3인 냉동기가 시간당 30[MJ]의 열을 흡수 제거한다. 이 냉동기를 작동하기 위한 동력은 몇 [kW]인가?

풀이 $COP_R = \dfrac{Q_2}{W}$ 에서 1[kW] = 3600[kJ/h] = 3.6[MJ/h] 이다.

$\therefore W = \dfrac{Q_2}{COP_R} = \dfrac{30}{4.3 \times 3.6} = 1.937 ≒ 1.94[kW]$

해답 1.94[kW]

104 역카르노 사이클로 운전되는 냉방장치가 실내온도 26[℃]에서 30[kW]의 열량을 흡수하여 45[℃]의 응축기에서 방열한다. 이때 냉방에 필요한 최소 동력[kW]은 얼마인가?

풀이 $COP_R = \dfrac{Q_2}{W} = \dfrac{Q_2}{Q_1 - Q_2} = \dfrac{T_2}{T_1 - T_2}$ 에서 $\dfrac{Q_2}{W} = \dfrac{T_2}{T_1 - T_2}$ 이므로

여기서 냉방에 필요한 동력 W를 구한다.

$\therefore W = \dfrac{Q_2 \times (T_1 - T_2)}{T_2} = \dfrac{30 \times \{(273 + 45) - (273 + 26)\}}{273 + 26} = 1.906 ≒ 1.91[kW]$

해답 1.91[kW]

105 역카르노 사이클로 작동되는 냉동기가 20[kW]의 일을 받아서 저온체에서 20[kcal/s]의 열을 흡수한다면 고온체로 방출하는 열량[kcal/s]은 얼마인가?

풀이 $COP_R = \dfrac{Q_2}{W} = \dfrac{Q_2}{Q_1 - Q_2}$ 에서 $\dfrac{Q_2}{W} = \dfrac{Q_2}{Q_1 - Q_2}$ 이고,

1[kW]= 860[kcal/h]인 것을 초당 열량[kcal/s]으로 적용한다.

$$\therefore Q_1 = \dfrac{W \times Q_2}{Q_2} + Q_2 = \dfrac{\left(20 \times \dfrac{860}{3600}\right) \times 20}{20} + 20 = 24.777 ≒ 24.78[\text{kcal/s}]$$

해답 24.78[kcal/s]

106 300[℃]의 고열원과 20[℃]의 저열원 사이에서 역카르노 사이클로 작동되는 냉동장치에서 전입열량이 100[kJ]이라면 고온측에 방출되는 열량[kJ]은 얼마인가?

풀이 $COP_R = \dfrac{Q_2}{W} = \dfrac{Q_2}{Q_1 - Q_2} = \dfrac{T_2}{T_1 - T_2}$ 에서 $\dfrac{Q_2}{Q_1 - Q_2} = \dfrac{T_2}{T_1 - T_2}$ 이다.

$$\therefore T_2 \times (Q_1 - Q_2) = Q_2 \times (T_1 - T_2)$$

$$\therefore Q_1 - Q_2 = \dfrac{Q_2 \times (T_1 - T_2)}{T_2}$$ 이다.

$$\therefore Q_1 = \dfrac{Q_2 \times (T_1 - T_2)}{T_2} + Q_2 = \dfrac{100 \times \{(273+300) - (273+20)\}}{273+20} + 100$$

$$= 195.563 ≒ 195.56[\text{kJ}]$$

해답 195.56[kJ]

107 어떤 열기관이 역카르노 사이클로 운전하는 열펌프와 냉동기로 작동될 수 있다. 동일한 고온열원과 저온열원 사이에서 작동될 때 열펌프와 냉동기의 성능계수(COP)는 다음과 같은 관계식으로 표시될 수 있다. ( ) 안에 알맞은 내용을 넣으시오.

$$COP_H = COP_R + (\quad)$$

해답 1

해설 ① 열펌프(heat pump) : 고열원에 열을 공급하는 것이 주목적인 기관이다.

$$\therefore COP_H = \dfrac{\text{고열원에 방출되는 열량}}{\text{외부에서 공급받은 일의 양}} = \dfrac{Q_1}{W} = \dfrac{Q_1}{Q_1 - Q_2} = \dfrac{T_1}{T_1 - T_2}$$

② 냉동기의 성능계수 $COP_R = \dfrac{Q_2}{W}$ 와 열펌프 성능계수 $COP_H = \dfrac{Q_1}{W}$ 에서

$W = Q_1 - Q_2$ 이므로 $Q_1 = W + Q_2$ 이다.

③ 열펌프의 성능계수 식 Q_1에 $W + Q_2$를 대입하여 식을 유도한다.

$$\therefore COP_H = \dfrac{Q_1}{W} = \dfrac{W + Q_2}{W} = \dfrac{W}{W} + \dfrac{Q_2}{W} = 1 + \dfrac{Q_2}{W} = 1 + COP_R$$

제2장 보일러 및 부속장치

1. 보일러의 종류 및 특징

(1) 보일러의 구성

① **본체** : 연료의 연소열을 이용하여 일정압력의 증기 및 온수를 발생시키는 부분

② **연소장치** : 연소실에 공급되는 연료를 연소시키기 위한 장치로써, 고체연료를 사용하는 보일러에서는 화격자, 액체 및 기체연료를 사용하는 보일러에서는 버너가 사용된다.

③ **부속장치 및 기기** : 보일러를 안전하고 경제적인 운전을 하기 위한 장치 및 기기이다.

 (개) **안전장치** : 안전밸브, 저수위 경보기, 방폭문, 가용전, 화염검출기, 증기압력 제한기, 전자밸브 등

 (내) **급수장치** : 급수펌프, 급수관, 급수밸브, 인젝터, 급수내관 등

 (대) **분출장치** : 분출관, 분출 밸브 및 분출 콕 등

 (래) **송기장치** : 증기내관, 비수방지관, 기수분리기, 주증기 밸브, 감압 밸브, 증기헤더, 신축이음 등

 (매) **폐열회수장치** : 과열기, 재열기, 절탄기, 공기예열기 등

 (배) **통풍장치** : 송풍기, 댐퍼, 연도, 연돌, 통풍계통 등

 (새) **자동제어 장치** : 부하에 따른 연료, 공기량 및 급수량을 제어하는 장치

 (애) **기타 장치** : 급수처리 장치, 집진장치, 매연취출장치 등

(2) 원통형 보일러

① **직립형(vertical type) 보일러**

 (개) 특징

  ㉮ 설치면적이 적어 설치가 간단하다.
  ㉯ 전열면적이 작아 효율이 낮다.

ⓒ 증기부가 적고, 건조증기를 얻기가 어렵다.
ⓓ 내부청소 및 점검이 불편하다.
(나) **종류** : 직립 수평관식 보일러, 직립 연관식 보일러, 코크란 보일러

② **수평형(horizontal type) 보일러**
　(가) **노통(flue tube) 보일러** : 원통형 드럼과 양면을 막는 경판으로 구성되며 그 내부에 노통을 설치한 보일러이다. 노통을 한쪽 방향으로 기울어지게 설치하여 물의 순환을 양호하게 한다.
　　㉮ 특징
　　　ⓐ 구조가 간단하고, 제작 및 수리가 용이하다.
　　　ⓑ 내부청소, 점검이 간단하다.
　　　ⓒ 급수처리가 까다롭지 않다.
　　　ⓓ 증발이 늦고, 열효율이 낮다.
　　　ⓔ 보유수량이 많아 폭발 시 피해가 크다.
　　　ⓕ 고압 대용량에 부적당하다.
　　㉯ 종류
　　　ⓐ 코르니쉬(Cornish) 보일러 : 노통이 1개
　　　ⓑ 랭커셔(Lancashire) 보일러 : 노통이 2개
　　㉰ 노통의 종류
　　　ⓐ 평형 노통 : 원통형 구조의 노통으로 저압 보일러에 적합하다.
　　　ⓑ 파형 노통 : 원통형의 노통 표면을 파형으로 제작하여 전열면적 증가와 노통의 신축을 흡수할 수 있다.
　　㉱ 브리징 스페이스(breathing space) : 고온에 의한 노통의 신축작용으로 응력이 발생하고 이로 인하여 평형 경판이 손상되는 것을 방지하기 위하여 가셋트 스테이(gusset stay) 하단부와 노통의 상단부와의 거리로 최소 230[mm] 이상을 유지한다.

▼ 노통 보일러의 브리징 스페이스

경판 두께	브리징 스페이스	경판 두께	브리징 스페이스
13[mm] 이하	230[mm] 이상	19[mm] 이하	300[mm] 이상
15[mm] 이하	260[mm] 이상	19[mm] 초과	320[mm] 이상
17[mm] 이하	280[mm] 이상		

㉮ 아담슨 조인트(Adamson joint) : 평형 노통을 일체형으로 제작하면 강도가 약해지는 결점을 보완하기 위하여 노통을 여러 개로 분할 제작하여 플랜지형으로 연결한 것으로 이 이음부를 아담슨 조인트라 한다.

㉯ 겔로웨이 관(galloway tube) : 노통에 직각으로 2~3개 정도 설치한 관으로 전열면적을 증가시키며 보일러 수(水)의 순환을 좋게 하고 노통을 보강하는 역할을 한다.

㉰ 버팀(stay) : 강도가 약한 부분(주로 경판)의 강도를 보강하기 위하여 사용되는 이음부분으로 가셋트 버팀(gusset stay), 관 버팀(tube stay), 경사 버팀(oblique stay), 나사 버팀(bolt stay), 천장 버팀(girder stay), 봉 버팀(bar stay), 도그 버팀(dog stay) 등이 있다.

㈏ **연관식(smoke tube type) 보일러** : 보일러 동 수부에 다수의 연관을 설치하여 연소가스를 통과시켜 전열면적을 증가시킨 것으로 외분식과 내분식이 있다.

㉮ 특징
ⓐ 전열면적이 크고, 노통 보일러보다 효율이 좋다.
ⓑ 전열면적당 보유수량이 적어 증기발생 소요시간이 짧다.
ⓒ 내부 구조가 복잡하여 청소, 검사, 수리가 어렵고 고장이 많다.
ⓓ 외분식일 경우 연소실 설계가 자유롭고, 연료 선택범위가 넓다.

㉯ 종류 : 기관차 보일러, 케와니 보일러

㈐ **노통 연관(flue smoke tube) 보일러** : 보일러 동체에 노통과 연관을 혼합 설치한 것이다.

㉮ 특징
ⓐ 노통 보일러에 비하여 열효율이 높다.
ⓑ 패키지 형태로 운반, 설치가 용이하다.
ⓒ 구조가 복잡하여 청소, 검사, 수리가 어렵다.
ⓓ 증발속도가 빨라 스케일이 부착되기 쉽다.
ⓔ 양질의 급수를 요한다.
ⓕ 구조상 고압, 대용량 제작이 어렵다.

㉯ 종류 : 스코치 보일러(선박용에 사용), 하우덴 존슨 보일러, 노통 연관 패키지형 보일러

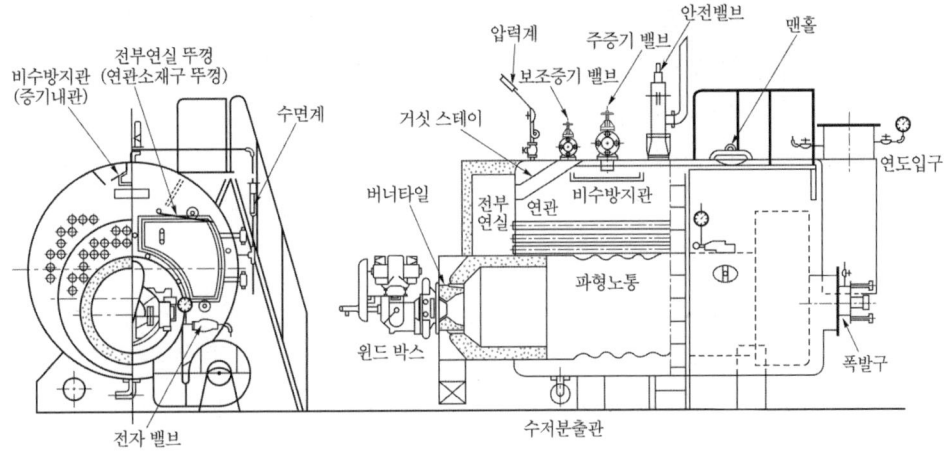

▲ 노통 연관 보일러 구조도

(3) 수관식(water tube) 보일러

① 수관 보일러의 개요

(가) **구조** : 다수의 수관과 드럼으로 구성된 것으로 효율이 좋아 고압, 대용량에 사용된다.

(나) **특징**

㉮ 증기 발생시간이 빠르며, 고압 대용량에 적합하다.

㉯ 외분식이므로 연료 선택범위가 넓고, 연소상태가 양호하다.

㉰ 전열면적이 크고, 열효율이 높다.

㉱ 수관의 배열이 용이하고, 패키지형으로 제작이 가능하다.

㉲ 관수처리에 주의에 요한다.

㉳ 구조가 복잡하여 청소, 검사, 수리가 어렵고 스케일 부착이 쉽다.

㉴ 부하변동에 따른 압력 및 수위변동이 심하다.

(다) **분류**

㉮ 관수의 순환에 의한 분류 : 자연 순환식, 강제 순환식

㉯ 관의 배열 형태에 의한 분류 : 직관식, 곡관식

㉰ 관의 경사도에 의한 분류 : 수평관식, 경사관식, 수직관식

㉱ 동(drum)의 개수에 의한 분류 : 무동형, 단동형(1동형), 2동형, 3동형

(라) **수관(water tube)의 종류**

㉮ 강수관 : 상부에 설치된 기수(氣水) 드럼(drum)의 물이 하부의 수(水) 드럼

(drum) 쪽으로 내려오는 관으로 직접 연소가스에 접촉되지 않도록 하여 가열을 피하여 관수 순환을 잘되도록 하며, 강수관을 승수관과 함께 2중관으로 이루어지도록 한다.

㉯ 승수관 : 하부의 수(水) 드럼(drum)에서 상부 기수 드럼으로 올라가는 관으로 직접 연소가스에 접촉하여 물이 가열되기 때문에 관내 물의 비중이 작게 되어 보일러수를 순환시킨다.

⑭ 수냉노벽

㉮ 설치 목적
ⓐ 전열면적의 증가로 증발량이 많아진다.
ⓑ 연소실내의 복사열을 흡수한다.
ⓒ 연소실 노벽을 보호한다.
ⓓ 연소실 열부하를 높인다.
ⓔ 노벽의 무게를 경감시키기 위하여

㉯ 종류
ⓐ 탄젠셜 배열 : 대용량 수관보일러에 설치하는 것으로 수관을 밀집하여 배열하는 방식이다.
ⓑ 스킨 케이싱 : 노벽의 기밀도를 증가시킨 구조로 내부에도 케이싱을 설치하는 방식이다.
ⓒ 스페이스드 튜브 배열 : 수관과의 사이를 어느 정도 간격을 두어 배열하는 방식으로 소용량 보일러에 설치한다.
ⓓ 핀 패널식 케이싱 : 수관에 달린 핀을 연결하여 멤브레인(membrane) 구조로 하여 내부에 설치되는 케이싱을 생략한 방식이다.

> **참고** ▶ 멤브레인 수냉벽(membrane water-wall)
>
> 연소실벽의 기밀을 유지하기 위하여 판상모양의 핀(fin)을 각 수냉벽관에 완전히 용접하여 폭이 넓은 하나의 벽과 같은 구조의 수관 수냉벽이다.

② **자연순환식 수관 보일러** : 가열에 따른 포화수와 포화증기의 비중량차에 의하여 관수가 자연순환되는 보일러이다.

(가) 자연순환이 양호하게 될 조건
　㉮ 강수관이 가열되지 않도록 한다.
　㉯ 큰 지름의 수관을 사용한다.
　㉰ 수관의 배열을 수직으로 설치한다.
(나) 종류
　㉮ 바브콕(babcock) 보일러 : 수평수관식 보일러라 불리며 상부에 기수드럼 1개와 드럼 아래 연소실 부분에 관모음 헤더를 설치하고 수관을 15°로 배치한 구조로 이루어진 보일러이다. 연소실내에 방해벽(baffle plate)을 설치하여 연소가스의 흐름을 조정하여 열회수와 보일러수의 순환을 양호하게 한다.
　㉯ 다쿠마(dakuma) 보일러 : 상부 기수드럼과 하부 수(水)드럼 사이에 수관을 45°로 경사지게 배열한 보일러이다. 상부드럼은 고정하는데 반하여 하부드럼은 고정하지 않고 어느 정도 간격을 두어 온도변화에 의한 열팽창을 흡수할 수 있게 하였다.
　㉰ 스털링(stirling) 보일러 : 기수드럼 2~3개와 수드럼 1~2개를 갖고 있으며, 곡관이므로 열팽창에 대한 신축이 자유롭고 기수드럼과 수드럼이 거의 수직으로 설치되는 보일러로 물의 순환이 양호하다.
　㉱ 스네기찌 보일러 : 기수드럼과 수드럼의 길이가 짧게 되어 있으며, 수관의 경사는 30°로 경판에 부착되어 있다. 4[t/h] 이하의 소형 난방용에 주로 사용된다.
　㉲ 야로우(yarrow) 보일러 : 기수드럼 1개와 수드럼 2개를 좌우 대칭형으로 설치하고 수관도 45° 정도 경사지게 배열한 보일러이다.
　㉳ 2동 D형 보일러 : 기수드럼과 수드럼으로 이루어진 것으로 수관배열을 영문자 "D"자 모양으로 배열한 것으로 산업용으로 많이 사용되고 있는 보일러이다.
　　ⓐ 수관이 곡관형으로 관의 신축에 의한 영향이 적다.
　　ⓑ 연소실 크기를 자유롭게 할 수 있다.
　　ⓒ 관수 순환방향이 일정하고 증발속도가 빠르다.
　　ⓓ 복사열 흡수량이 많고, 효율이 양호하다.
　　ⓔ 구조가 복잡하여 청소, 검사, 수리가 어렵다.
　　ⓕ 급수처리가 잘 이루어진 양질의 급수가 필요하다.

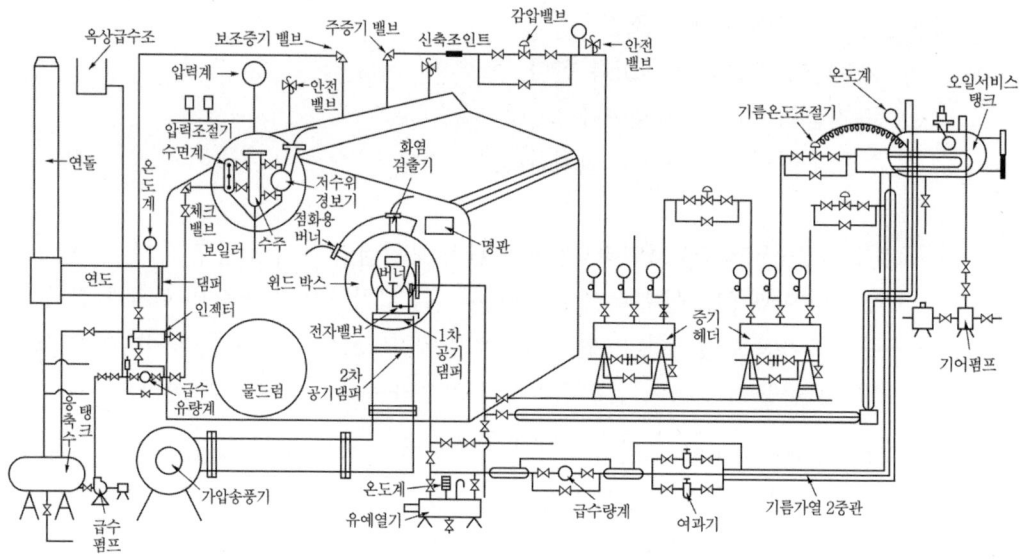

▲ 2동 D형 수관식 보일러 계통도

③ **강제순환식 수관 보일러** : 보일러의 압력이 임계압력에 가까워지면 관수의 비중량과 증기의 비중량 차이가 감소하여 자연 순환이 어렵게 되므로 순환펌프를 설치하여 관수를 강제로 순환시키는 보일러이다.

　(가) **특징**

　　㉮ 동일한 증발량에 대해 소형 경량으로 제작할 수 있다.

　　㉯ 순환펌프를 사용하므로 열전달이 높고 기동이 빠르다.

　　㉰ 수관군의 배열에 신경 쓸 필요가 없으므로 자유로운 설계를 할 수 있다.

　　㉱ 자연순환에 비해 유속이 빠르므로 스케일 부착의 우려가 적다.

　　㉲ 취급이 어렵고, 급수처리를 철저히 하여야 한다.

　　㉳ 순환용 펌프가 있어야 하므로 설비비, 유지비가 많이 소요된다.

　　㉴ 수관의 과열방지를 위해서 각 수관에 물이 균일하게 흘러야 한다.

　(나) **순환비** : 발생 증기발생량에 대한 순환수량과의 비

$$\therefore 순환비 = \frac{순환수량}{발생\ 증기량}$$

　(다) **종류**

　　㉮ 라몽트(lamont) 보일러 : 순환비를 4~10 정도로 하여 압력, 관 배열의 경사, 순서에 제한을 받지 않도록 한 것으로 강제순환식 수관보일러의 대표적인 보일러이다. 펌프의 소요동력을 보일러 출력의 1[%] 이하를 취하며 라몽트 노즐

을 설치하여 송수량을 조절한다.

㉯ 벨록스(velox) 보일러 : 순환비가 10~15 정도로 가압연소(2.5~3[kgf/cm^2])에 의하여 연소가스의 유속을 200~300[m/s] 정도 유지시켜 열전달을 증가시킨 것이다. 시동시간이 6~7분 정도로 짧고 효율이 90[%] 이상으로 높다.

④ **관류(단관식) 보일러** : 급수펌프에 의해 급수를 압입하여 하나로 된 관에서 가열, 증발, 과열시켜 과열증기를 얻는 보일러로 드럼이 없는 강제 순환식 보일러이다.

(가) 특징
  ㉮ 전열면적에 비하여 보유수량이 적으므로 가동시간이 짧다.
  ㉯ 고압 보일러에 적합하다.
  ㉰ 관을 자유로이 배치할 수 있어 구조가 콤팩트하다.
  ㉱ 완벽한 급수처리를 요한다.
  ㉲ 정확한 자동제어 장치를 설치하여야 한다.
  ㉳ 순환비가 1이므로 드럼이 필요 없다.

(나) 종류
  ㉮ 벤슨(benson) 보일러 : 지름 20~30[mm] 정도의 수관을 병렬로 배열한 것으로 수관 내에 관수가 균일하게 흘러야 하며 복사 증발부에서 85[%] 정도 물이 증발한다.
  ㉯ 슬저(sulzer) 보일러 : 원리는 벤슨 보일러와 비슷한 것으로 1개의 긴 연속관으로 이루어지며 증발부에서 95[%] 정도 물이 증발하고 증발부 끝 부분에 기수분리기가 설치되어 있다.
  ㉰ 소형 관류 보일러 : 증발량 200~300[kg/h]에서 수[ton/h]에 이르기까지 사용되며 효율이 80~90[%] 정도로 높고 급수량, 연료량이 자동 조절되어 공장용, 난방용 등에 사용된다.

(4) 주철제 보일러

① **개요** : 주물로 제작한 섹션(section)을 조립한 것으로 주로 난방용이나 급탕용으로 사용된다.
  (가) 증기 보일러 : 최고사용압력이 0.1[MPa] 이하
  (나) 온수 보일러 : 최고사용 수두압이 0.5[kPa](50[mmH$_2$O]) 이하, 온수온도 120[℃] 이하

② 특징
 ㈎ 장점
  ㉮ 주물로 제작하기 때문에 복잡한 구조도 제작이 가능하다.
  ㉯ 전열면적이 크고, 효율이 좋다.
  ㉰ 내식성, 내열성이 우수하다.
  ㉱ 섹션의 증감으로 용량조절이 가능하다.
  ㉲ 조립식이므로 반입 및 해체작업이 용이하다.

 ㈏ 단점
  ㉮ 내압강도가 떨어진다.
  ㉯ 구조가 복잡하여 청소, 검사, 수리가 어렵다.
  ㉰ 부동팽창이 발생하기 쉽다.
  ㉱ 대용량, 고압에는 부적합하다.

(5) 특수 보일러

① **폐열 보일러** : 용광로(고로), 제강로, 가열로 등에서 발생한 연소가스의 폐열을 이용한 보일러로 하이네 보일러, 리 보일러 등이 있다.
 ㈎ 분진 등에 의한 전열면의 오손이 심한 경우가 있다.
 ㈏ 가스의 흐름, 수관의 피치, 노벽의 구조, 매연 분출기의 배치 등을 적절히 할 필요가 있다.
 ㈐ 연료와 연소장치가 필요하지 않다.
 ㈑ 폐열을 이용하므로 연료비가 적게 소요된다.

② **특수 연료 보일러**
 ㈎ 버개스(bagasse) 보일러 : 사탕수수를 짠 찌꺼기 사용
 ㈏ 바크(bark) 보일러 : 펄프 등 나무껍질 사용
 ㈐ 흑액 : 펄프 폐액 사용

③ **특수 열매체 보일러** : 다우섬(dowtherm), 카네크롤액 등을 사용하여 저압에서 고온의 증기를 얻기 위하여 사용되는 보일러이다. 석유공업, 화학공업 등에서 주로 사용되고 있다.

④ **간접가열 보일러** : 급수처리를 하지 않은 물을 사용하여도 스케일 부착에 의한 불순물 장해가 없도록 고안된 보일러로 슈미트 보일러, 레플러 보일러 등이 있다.

⑤ **전기보일러**

2. 부속장치 및 기기

(1) 급수장치

① 급수펌프

(가) 펌프의 구비조건
- ㉮ 고온, 고압에 견딜 것
- ㉯ 작동이 확실하고 조작이 간단할 것
- ㉰ 부하변동에 대응할 수 있을 것
- ㉱ 저부하에도 효율이 좋을 것
- ㉲ 병렬운전에 지장이 없을 것
- ㉳ 회전식은 고속회전에 안전할 것

(나) 급수펌프의 종류

㉮ 원심펌프(centrifugal pump) : 한 개 또는 여러 개의 임펠러를 밀폐된 케이싱 내에서 회전시켜 발생하는 원심력을 이용하여 액체를 이송하거나 압력을 상승시켜 축과 직각방향으로 토출된다. 용량에 비하여 소형이고 설치면적이 작으며, 기동 시 펌프내부에 유체를 충분히 채워야 한다. (프라이밍 작업) 벌류트 펌프(volute pump)와 터빈 펌프(turbine pump)가 있다.

ⓐ 벌류트(volute) 펌프 : 임펠러 바깥둘레에 안내깃(베인)이 없고 바깥둘레에 바로 접하여 와류실이 있는 펌프로 일반적으로 임펠러 1단이 발생하는 양정(揚程)이 낮은 것에 사용된다.

ⓑ 터빈(turbine) 펌프 : 임펠러 바깥둘레에 안내깃(베인)이 있는 것으로 양정(揚程)이 높은 곳에 사용된다.

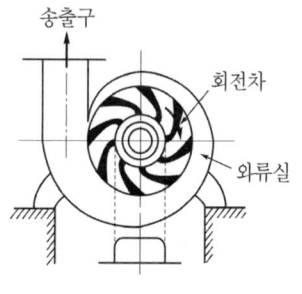
▲ 벌류트 펌프의 구조

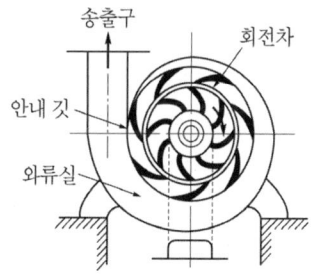
▲ 터빈 펌프의 구조

㉯ 왕복펌프 : 실린더 내의 피스톤 또는 플런저가 왕복 운동으로 액체에 압력을 가해 이송하는 펌프로 송출이 단속적이라 맥동현상이 있고 회전수가 변하여도 토출압력의 변화는 적다. 워싱턴 펌프, 플런저 펌프, 피스톤 펌프 등이 있다.

　　ⓐ 워싱턴 펌프(worthington pump) : 보일러 증기압을 이용하여 증기 피스톤을 작동시켜 물쪽 실린더의 피스톤을 왕복 운동시켜 급수하는 펌프이다.
　　ⓑ 플런저 펌프(plugger pump) : 플런저의 좌우 왕복운동으로 급수하는 것으로 증기를 이용하는 방식과 동력을 이용하는 방식이 있다.

㈐ 급수펌프의 성능

㉮ 축동력 계산

$$PS = \frac{\gamma \cdot Q \cdot H}{75\eta} \qquad kW = \frac{\gamma \cdot Q \cdot H}{102\eta}$$

여기서, γ : 액체의 비중량[kgf/m³]　　Q : 유량[m³/s]
　　　　H : 전양정[m]　　　　　　　　η : 효율

㉯ 마찰손실수두(달시-바이스바하식)

$$H_f = f \times \frac{L}{D} \times \frac{V^2}{2g}$$

여기서, h_f : 손실수두[mH₂O]　　　f : 관마찰계수
　　　　L : 관길이[m]　　　　　　　D : 관지름[m]
　　　　V : 유체의 속도[m/s]　　　　g : 중력가속도(9.8[m/s²])

㉰ 원심펌프의 상사법칙

ⓐ 유량　$Q_2 = Q_1 \times \left(\frac{N_2}{N_1}\right) \times \left(\frac{D_2}{D_1}\right)^3$

ⓑ 양정　$H_2 = H_1 \times \left(\frac{N_2}{N_1}\right)^2 \times \left(\frac{D_2}{D_1}\right)^2$

ⓒ 동력　$L_2 = L_1 \times \left(\frac{N_2}{N_1}\right)^3 \times \left(\frac{D_2}{D_1}\right)^5$

여기서, Q_1, Q_2 : 변경 전, 후의 유량
　　　　H_1, H_2 : 변경 전, 후의 양정
　　　　L_1, L_2 : 변경 전, 후의 동력
　　　　N_1, N_2 : 변경 전, 후의 임펠러 회전수
　　　　D_1, D_2 : 변경 전, 후의 임펠러 지름

㈑ 원심펌프에서 발생하는 현상
  ㉮ 캐비테이션(cavitation) 현상 : 유수 중에 그 수온의 증기압력보다 낮은 부분이 생기면 물이 증발을 일으키고 기포를 다수 발생하는 현상
  ㉯ 수격작용(water hammering) : 펌프에서 물을 압송하고 있을 때 정전 등으로 펌프가 급히 멈춘 경우 관내의 유속이 급변하면 물에 심한 압력변화가 생기는 현상이다.
  ㉰ 서징(surging) 현상 : 맥동현상이라 하며 펌프 운전 중에 주기적으로 운동, 양정, 토출량이 규칙적으로 변동하는 현상으로 압력계의 지침이 일정범위 내에서 움직인다.

② **인젝터(injector)** : 벤투리의 원리를 응용하여 인젝터 노즐에서 증기를 분출시키고, 이때 노즐 출구에서는 고속의 증기에 의해서 대기압보다 낮아지는 압력을 이용하여 급수가 흡입된다. 흡입된 급수는 인젝터에서 분출된 증기와 혼합하면서 증기가 응축하여 물로 되어 급수의 운동에너지를 크게 해준다. 즉 증기의 열에너지를 속도에너지로 변경시키고 다시 압력에너지로 전환하여 보일러에 급수하는 예비 급수장치이다.

㈎ 종류
  ㉮ 메트로폴리탄(metropolitan)형 : 급수온도 65[℃] 이하
  ㉯ 그레샴(gresham)형 : 급수온도 50[℃] 이하

㈏ 특징
  ㉮ 장점
    ⓐ 구조가 간단하고, 가격이 저렴하다.
    ⓑ 급수가 예열되고, 열효율이 좋아진다.
    ⓒ 설치 장소가 적게 필요하다.
    ⓓ 별도의 동력원이 필요 없다.
  ㉯ 단점
    ⓐ 흡입양정이 작고, 효율이 낮다.
    ⓑ 급수 온도가 높으면 급수 불량이 발생한다.
    ⓒ 증기압력이 너무 높거나 낮으면 급수 불량이 발생한다.
    ⓓ 급수량 조절이 어렵다.

㈐ 작동불량(급수불량) 원인
  ㉮ 급수온도가 너무 높은 경우(50[℃] 이상)
  ㉯ 증기압력이 낮은 경우

ⓓ 부품이 마모되어 있는 경우
ⓔ 내부노즐에 이물질이 부착되어 있는 경우
ⓕ 흡입관로 및 밸브로부터 공기유입이 있는 경우
ⓖ 체크밸브가 고장 난 경우
ⓗ 증기가 너무 건조하거나 수분이 많은 경우
ⓘ 인젝터 자체가 과열되었을 때

㈑ **작동순서**

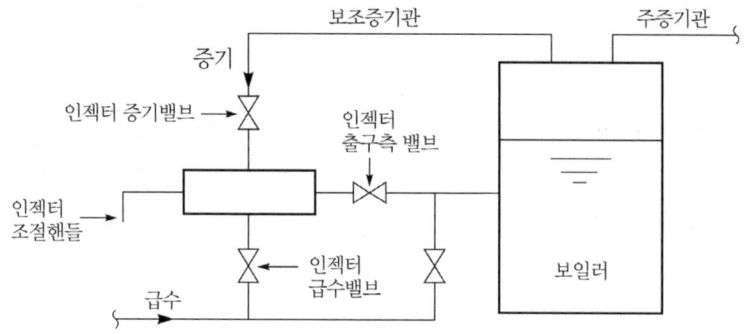

㉮ 급수개시 순서
ⓐ 인젝터 출구측 밸브를 연다.   ⓑ 인젝터 급수밸브를 연다.
ⓒ 인젝터 증기밸브를 연다.   ⓓ 인젝터 조절핸들을 연다.

㉯ 급수정지 순서 : 급수개시 순서의 역순으로 한다.

③ **급수내관(distributing pipe)** : 보일러 급수 시 동판의 국부적 냉각으로 인한 부동팽창의 영향을 줄이기 위하여 동 내부에 설치하는 관이다.

㈎ **설치목적**
㉮ 온도차에 의한 부동팽창 방지   ㉯ 보일러 급수의 예열
㉰ 관내온도의 급격한 변화 방지   ㉱ 관수 순환의 교란 방지

㈏ **설치위치** : 안전저수위 50[mm] 아래
㉮ 설치위치가 높을 때 : 수격작용 발생
㉯ 설치위치가 낮을 때 : 동체 아래 부분의 냉각, 관수 순환 저해

④ **자동 급수 조정장치** : 보일러 부하에 따라 급수량을 자동적으로 조절하여 수위를 안전저수위 이상으로 유지하는 장치로 저수위 안전장치(저수위 경보장치)에 기능이 부가된 것이다.

(2) 안전장치

① **안전밸브(safety valve)** : 보일러의 증기압이 이상 상승 시 증기압을 외부로 분출하여 보일러 파열사고를 사전에 방지하기 위한 장치이다.

㈎ 작동원리에 의한 분류 : 스프링식, 중추식, 지렛대식

㈏ 용도에 의한 분류 : 안전밸브, 릴리프 밸브
　㉮ 스프링식 안전밸브 : 증기 또는 가스장치에 사용
　㉯ 릴리프 밸브 : 액체 배관에 사용

㈐ 안전밸브의 구비조건
　㉮ 밸브 개폐 동작이 신속하고 자유로울 것
　㉯ 밸브의 지름과 양정이 충분할 것
　㉰ 밸브의 작동이 확실하고 증기 누설이 없을 것
　㉱ 증기압력이 정상으로 되면 작동이 정지될 것
　㉲ 밸브의 분출용량이 충분할 것

㈑ 안전밸브의 누설 원인
　㉮ 작동압력이 낮게 조정되었을 때
　㉯ 스프링의 장력이 약할 때
　㉰ 밸브 시트에 이물질이 있을 때
　㉱ 밸브 시트가 불량일 때
　㉲ 밸브 축이 이완되었을 때

② **방출밸브** : 압력 릴리프밸브라 하며 온수발생 보일러에서 압력이 보일러의 최고사용압력(열매체 보일러의 경우에는 최고사용압력 및 최고사용온도)에 달하면 즉시 작동하는 안전밸브 대신 사용하는 것으로 반드시 방출관을 설치하여야 한다.

㈎ 방출밸브의 구조 : 직접 스프링식

㈏ 온수발생 보일러의 방출밸브 크기
　㉮ 액상식 열매체 보일러 및 온도 393[K](120[℃]) 이하의 온수발생 보일러에는 방출밸브를 설치
　㉯ 방출밸브 지름 : 20[mm] 이상
　㉰ 보일러 최고사용압력에 10[%](그 값이 0.035[MPa] 미만인 경우 0.035[MPa]로 한다.)를 더한 값을 초과 하지 않도록 지름과 개수를 정함

(다) 방출관 크기

전열면적	방출관 안지름
10[m²] 미만	25[mm] 이상
10[m²] 이상 15[m²] 미만	30[mm] 이상
15[m²] 이상 20[m²] 미만	40[mm] 이상
20[m²] 이상	50[mm] 이상

③ **가용전(fusible plug)** : 주석(Sn)과 납(Pb)의 합금으로 노통 또는 화실 천장부에 나사를 조립하여 관수의 이상감수 시 과열로 인한 동체의 파열사고를 방지한다.

④ **방폭문(폭발문)** : 연소실내의 미연소 가스의 폭발 및 역화 시 그 내부압력을 외부로 방출시켜 동체의 파열사고를 방지하는 장치로 개방식(스윙식)과 밀폐식(스프링식)이 있다.

⑤ **화염검출기** : 연소실내의 연소상태를 감시하여 실화 및 소화 시 연료 전자밸브를 차단하여 미연소 가스로 인한 폭발사고를 방지하기 위한 장치이다.

  (가) **플레임 아이(flame eye)** : 화염의 발광체를 이용

    ㉮ 황화카드뮴(CdS) 셀 : 경유 버너에 사용

    ㉯ 황화납(PbS) 셀 : 오일, 가스에 사용

    ㉰ 적외선 광전관 : 적외선을 이용

    ㉱ 자외선 광전관 : 오일, 가스에 사용

  (나) **플레임 로드(flame lod)** : 화염의 이온화 현상에 의한 전기 전도성을 이용한 것으로 가스 점화 버너에 사용

  (다) **스택 스위치(stack switch)** : 연도에 바이메탈을 설치하여 연소가스의 발열체를 이용한 것

⑥ **증기압력 제한기** : 증기 압력이 일정압력(최고사용압력) 도달 시 전기적 신호를 보내어 전자밸브를 폐쇄시켜 연료를 차단하여 보일러를 보호하는 장치로서 증기 압력 조절기와 연동시켜 사용한다.

⑦ **증기압력 조절기** : 증기 압력을 검출하여 압력변화에 따라 벨로즈가 신축함으로써 와이퍼의 움직임에 따라 전기저항을 변화시켜 연료량과 함께 공기량을 조절하는 컨트롤 모터를 작동시키는 것이다.

⑧ **저수위 안전장치(저수위 경보장치)** : 동내 수위가 안전저수위가 되기 전에 자동적으로 경보(연료차단 전 50~100초간)를 발하고, 연료 공급을 차단시켜 이상감수로 인

한 안전사고를 방지한다.
- (가) **기계식** : 플로트(float)의 위치 변위를 이용하여 밸브를 작동시켜 경보가 울린다.
- (나) **전기식**
    - ㉮ **플로트식** : 플로트의 위치 변화에 따라 수은 스위치를 작동시키는 맥도널식과 플로트의 위치 변화에 따라 자석의 위치 변위로 수은 스위치를 작동시키는 마그네틱식이 있다.
    - ㉯ **전극식** : 보일러 수(水)의 전기 전도성을 이용한 것이다.

(3) 송기장치

① **주증기 밸브** : 발생증기를 송기 및 정지하기 위하여 보일러 증기부 상단에 설치하는 것으로 일반적으로 글로브 밸브와 앵글밸브가 사용된다.

② **증기내관** : 프라이밍, 포밍 현상 발생으로 증기 속에 수분이 함유되어 배출되는 것을 방지하는 장치이다.
- (가) **비수 방지관** : 원통형 보일러 동체 내부의 증기 취출구에 설치하여 캐리오버 현상을 방지한다. 비수 방지관에 뚫린 구멍의 총면적은 증기 취출구 증기관 면적의 1.5배 이상으로 한다.
- (나) **기수 분리기** : 수관식 보일러의 기수드럼에 부착하여 승수관을 통하여 상승하는 증기 중에 혼입된 수분을 분리하기 위한 장치로 다음의 종류가 있다.
    - ㉮ **사이클론형** : 원심 분리기를 사용
    - ㉯ **스크러버형** : 파형의 다수 강판을 조합한 것
    - ㉰ **건조 스크린형** : 금속망판을 이용한 것
    - ㉱ **배플형** : 급격한 방향 전환을 이용한 것
- (다) **증기내관 설치 시 장점**
    - ㉮ 건조증기 공급
    - ㉯ 수격작용(water hammer) 방지
    - ㉰ 캐리오버(carry over) 방지
    - ㉱ 관내 부식 방지
    - ㉲ 열손실 방지
    - ㉳ 마찰저항 감소

③ **감압밸브** : 보일러에서 발생된 증기의 압력을 내리기 위하여 사용하는 밸브이다.
- (가) **설치 목적**
    - ㉮ 고압의 증기를 저압의 증기로 만들기 위하여
    - ㉯ 부하측의 압력을 일정하게 유지하기 위하여

㉰ 부하 변동에 따른 증기의 소비량을 절감하기 위하여

(나) **저압증기를 이용할 경우 장점**
㉮ 에너지 절약
㉯ 증기의 건도 향상
㉰ 배관설비의 절감
㉱ 특정 온도를 정확히 유지
㉲ 생산성 향상

(다) **종류**
㉮ 작동방법에 따른 분류 : 피스톤식, 다이어프램식, 벨로즈식
㉯ 구조에 따른 분류 : 스프링식, 추식
㉰ 제어방식에 따른 분류 : 자력식(직동식과 파일럿 작동식으로 분류), 타력식

(라) **감압밸브 설치 시 필요 부속품**
㉮ 1차(고압) 측 : 여과기(strainer), 정지밸브, 압력계
㉯ 2차(저압) 측 : 안전밸브, 정지밸브, 압력계

④ **증기 헤더(steam header)** : 보일러 주증기관과 사용측 증기관 사이에 설치하여 사용처에 증기를 공급해 주는 압력용기이다.

(가) **장점**
㉮ 증기 사용처에 증기 공급 및 차단이 용이하다.
㉯ 증기 수요에 대응하기 쉽다.
㉰ 불필요한 배관에 증기가 공급하지 않기 때문에 열손실을 방지할 수 있다.

(나) **크기** : 증기 헤더에 부착되는 지름이 가장 큰 배관의 2배가 되도록 한다.

⑤ **신축이음(expansion joint) 장치** : 열팽창으로 인한 배관의 신축을 흡수 완화시켜 장치 파손 및 고장을 방지하기 위하여 배관 중에 설치하는 것이다.

(가) **루프형(loop type)** : 강관을 원형으로 성형하여 원형부분에서 배관의 신축을 흡수하는 것으로 신축곡관이라고도 한다.

(나) **슬리브형(sleeve type)** : 슬리브와 본체 사이에 패킹을 넣어 저압증기 배관 및 온수배관의 신축을 흡수하는데 사용한다.

(다) **벨로즈형(bellows type)** : 온도 변화에 따른 배관의 신축을 주름통(bellows)에서 흡수하는 것으로 일명 팩리스형(packless type)이라고 한다.

(라) **스위블(swivel) 이음** : 2개 이상의 엘보를 사용하여 이음부 나사의 회전을 이용하여 배관의 신축을 흡수하는 것으로 증기 및 온수난방용 배관에 사용되나, 누설의 우려가 크다.

⑥ **증기트랩(steam trap)** : 증기 사용설비 및 배관내의 응축수를 제거하여 증기의 잠열을 유효하게 이용할 수 있도록 하고, 수격작용을 방지하는 역할을 한다.

(가) 작동 원리에 의한 분류

구 분	작 동 원 리	종 류
기계식 트랩	증기와 응축수의 비중차 이용 (플로트 또는 버킷의 부력 이용)	상향 버킷식, 하향 버킷식, 레버 플로트식, 자유 플로트식
온도조절식 트랩	증기와 응축수의 온도차 이용 (금속의 신축성을 이용)	바이메탈식, 벨로즈식
열역학적 트랩	증기와 응축수의 열역학적, 유체역학적 특성차 이용	오리피스식, 디스크식

(나) **구비조건**
  ㉮ 마찰저항이 적을 것
  ㉯ 내식성, 내구성이 좋을 것
  ㉰ 공기를 빼내기 좋을 것
  ㉱ 응축수의 연속 배출이 용이할 것
  ㉲ 압력과 유량에 따른 작동이 확실할 것

(다) **증기 트랩 사용 시 장점**
  ㉮ 수격작용(water hammer) 방지
  ㉯ 장치 내 부식 방지
  ㉰ 열효율 저하 방지
  ㉱ 관내 마찰저항 감소

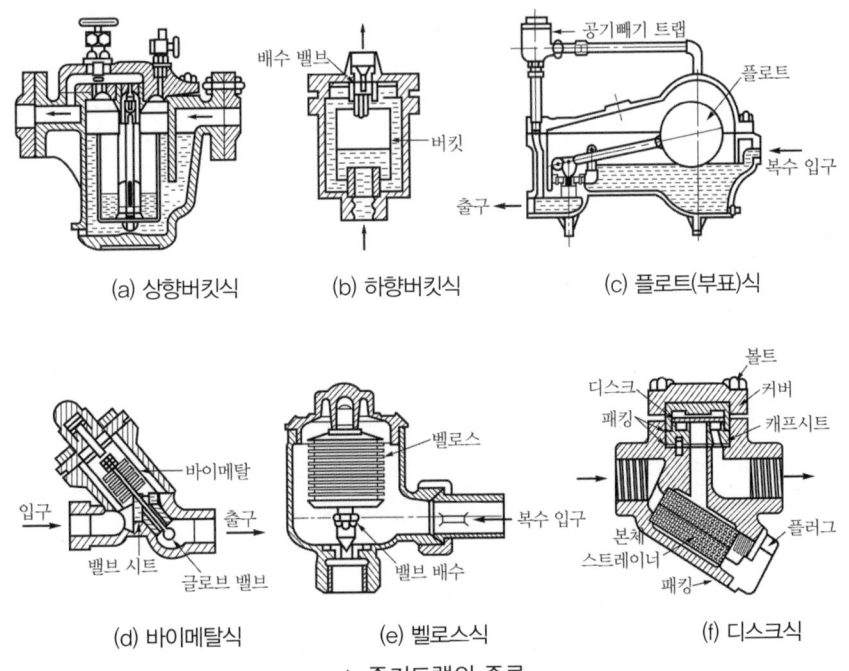

▲ 증기트랩의 종류

(라) 설치 시 주의사항

㉮ 트랩 입구측에 여과기(strainer)를 설치할 것
㉯ 바이패스 라인을 설치하여 고장에 대비할 것
㉰ 증기사용설비와 트랩의 거리는 최단거리를 유지할 것
㉱ 트랩의 위치는 설비의 배수위치보다 낮을 것
㉲ 적당한 배관을 선택하고, 곡선부는 가능한 한 짧게 할 것

⑦ **증기 축열기(steam accumulator)** : 보일러에서 과잉 발생한 증기를 저장하고 부하가 증가하면 증기를 공급하여 증기 부족을 해소하는 장치이다.

㉮ 변압식 : 고압 증기를 물에 통과시키고 응축시켜 저장하고, 부하가 증가하면 저압의 증기상태로 하여 이용하는 형식으로 증기측에 설치한다.
㉯ 정압식 : 부하 감소 시 여분의 관수나 증기로 급수를 예열하고 부하가 증가하면 급수하여 연소량은 일정한 상태가 유지되면서 다량의 고압증기를 얻는 방식으로 급수측에 설치한다.

⑧ **응축수 회수기** : 고온의 응축수를 온도강하 없이 보일러에 급수할 수 있는 장치로서 연료절감, 수처리 비용절감, 급수용의 용수 절감 등의 효과를 얻을 수 있다.

(4) 분출장치

① **분출장치종류**

㉮ 수면 분출장치(연속 분출장치) : 안전 저수위 선상에 설치하여 유지분, 부유물을 제거하여 프라이밍, 포밍 현상을 방지한다.
㉯ 수저 분출장치(단속 분출장치) : 동체 아래 부분에 있는 스케일이나 침전물, 농축된 물 등을 외부로 배출시켜 제거한다.

② **설치 목적**

㉮ 슬러지 생성 및 스케일 방지
㉯ 보일러수의 pH 조절
㉰ 프라이밍, 포밍 현상을 방지
㉱ 보일러수의 농축방지 및 순환을 양호하게 유지
㉲ 고수위 방지
㉳ 세관작업을 후 폐액을 배출시키기 위하여

③ 분출을 행하는 시기
　㈎ 부하가 가장 가벼울 때
　㈏ 보일러 가동 전
　㈐ 프라이밍, 포밍 현상이 발생할 때
　㈑ 고수위일 때

④ 분출 방법 및 주의사항
　㈎ 2인 1조가 되어 분출작업을 할 것
　㈏ 분출량이 많아도 안전저수위 이하로 하지 않을 것
　㈐ 2대의 보일러를 동시에 분출시키지 않을 것
　㈑ 밸브 및 콕은 신속히 개방할 것
　㈒ 분출량은 농도 측정에 의하여 결정할 것
　㈓ 분출 도중 다른 작업을 하지 않을 것

⑤ 분출량 계산
　㈎ 1일 분출량 　$X = \dfrac{W(1-R)d}{\gamma - d}$
　㈏ 응축수 회수율 　$R = \dfrac{응축수\ 회수량}{실제\ 증발량} \times 100$
　㈐ 분출률[%] $= \dfrac{d}{\gamma - d} \times 100$

　　여기서, X : 1일 분출량[kg/day]
　　　　　　W : 1일 급수량[kg/day]
　　　　　　R : 응축수 회수율[%]
　　　　　　d : 급수 중의 허용 고형분[ppm]
　　　　　　γ : 관수의 고형분[ppm]

(5) 폐열 회수 장치

① **과열기(super heater)** : 보일러에서 발생한 습포화증기의 압력을 일정하게 유지하면서 온도만을 높여 과열증기를 만드는 장치이다.
　㈎ 열 가스 접촉(전열방식)에 의한 분류
　　㉮ 접촉 과열기(대류형) : 연도에 설치하여 연소가스의 대류열을 이용한 것
　　㉯ 복사 과열기(방사형) : 연소실 측벽에 설치하여 복사열을 이용한 것
　　㉰ 복사 접촉 과열기(방사 대류형) : 복사열과 대류열을 동시에 이용한 것

(나) 증기와 연소가스 흐름에 의한 분류
  ㉮ 병류식 : 증기와 연소가스의 흐름방향이 같으며, 연소가스에 의한 관의 손상이 적으나 효율이 낮다.
  ㉯ 향류식 : 증기와 연소가스의 흐름방향이 반대이며, 효율이 좋으나 연소가스에 의한 관의 손상이 크다.
  ㉰ 혼류식 : 병류식과 향류식의 혼합형으로 효율도 좋고, 연소가스에 의한 관의 손상도 적다.

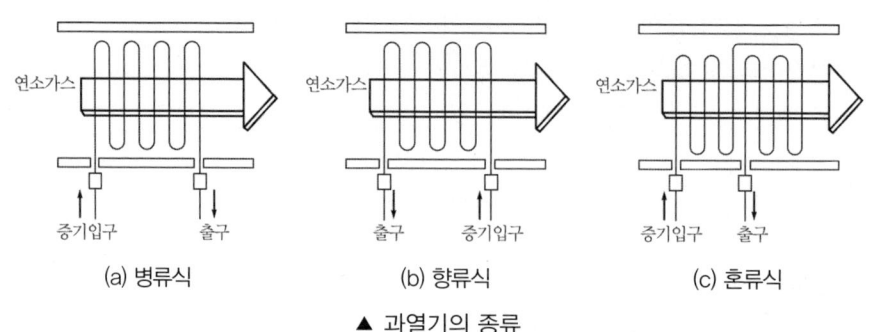

▲ 과열기의 종류

(다) 과열기 사용 시 장점
  ㉮ 열효율 증가   ㉯ 수격작용 방지
  ㉰ 관내 마찰저항 감소   ㉱ 장치 내 부식 방지
  ㉲ 적은 증기로 많은 열을 얻는다.

(라) 과열기 사용 시 단점
  ㉮ 가열 표면의 일정온도 유지 곤란   ㉯ 가열장치에 큰 열응력 발생
  ㉰ 직접 가열 시 열손실 증가   ㉱ 제품의 손상 우려
  ㉲ 과열기 표면에 고온부식 발생

(마) 과열증기 온도 조절 방법
  ㉮ 연소가스량을 가감하는 방법   ㉯ 과열 저감기를 사용하는 방법
  ㉰ 저온가스를 재순환시키는 방법   ㉱ 화염의 위치를 바꾸는 방법

> **참고** ▸ 과열 저감기
> 과열증기 일부를 급수와 열교환시키거나, 과열기 속에 물을 무상으로 분무시키는 장치이다.

② **재열기(reheater)** : 고압 증기터빈에서 일정한 팽창을 하고 포화상태에 가까워진 증

기를 모두 회수하여 재차 열을 가하여 과열증기로 만들어 저압 터빈에서 팽창하도록 하는 장치이다.

③ **급수예열기(economizer)** : 보일러 급수를 연소가스 여열(餘熱)을 이용하여 예열시키는 장치로 절탄기(節炭器)라 한다.

  (가) 절탄기의 분류
    ㉮ 설치방법에 의한 분류 : 부속식, 집중식
    ㉯ 재질에 의한 분류 : 강관제, 주철제
    ㉰ 전열면의 위치에 의한 분류 : 고정식, 회전식
    ㉱ 급수의 가열도에 의한 분류 : 증발식, 비증발식

  (나) 절탄기 사용 시 장점
    ㉮ 열효율 향상
    ㉯ 열응력 발생 방지
    ㉰ 급수 중 불순물의 일부 제거
    ㉱ 연료소비량 감소

  (다) 절탄기 사용 시 단점
    ㉮ 통풍저항 증가
    ㉯ 연돌의 통풍력 저하
    ㉰ 저온부식의 원인
    ㉱ 연도의 청소, 검사, 점검 곤란

  (라) 취급상 주의사항
    ㉮ 열응력을 방지하기 위하여 연소가스 온도와 절탄기 입구의 급수온도차를 적게 한다.
    ㉯ 저온부식을 방지하기 위하여 절탄기 출구측 연소가스를 170[℃] 이상 유지시킨다.
    ㉰ 절탄기 과열을 방지하기 위하여 내부의 물의 유동상태를 확인한다.
    ㉱ 가스에 의한 부식을 방지하기 위하여 절탄기 급수 중의 공기 및 불응축가스를 제거한 후 공급한다.

④ **공기예열기(air preheater)** : 연소가스의 여열을 이용하여 연소실에 공급되는 2차 공기를 예열하는 장치이다.

  (가) 종류
    ㉮ 증기식 : 연소가스 대신 증기를 이용하여 2차 공기를 예열하는 것으로 부식의 우려가 없다.
    ㉯ 전열식 : 열교환기를 이용한 것으로 관형(管形) 공기예열기와 판형(板形) 공기예열기가 있다.
    ㉰ 재생식 : 축열식이라 불리며 연소가스를 통과 시켜 열을 축적한 후 이곳에 2차

공기를 통과시켜 공기를 예열하는 방식으로 회전식, 고정식, 이동식으로 분류된다.

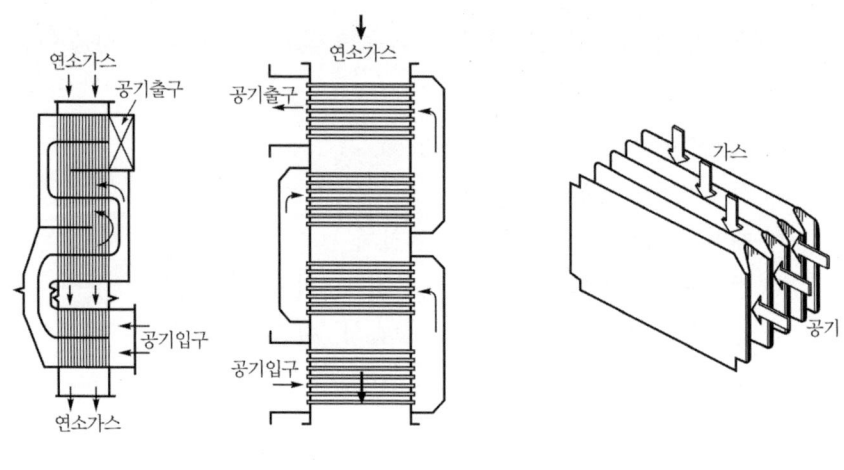

(a) 관형 공기예열기　　　　(b) 판형 공기예열기

▲ 전열식 공기예열기의 종류

(나) **공기예열기 사용 시 장점**

㉮ 전열효율, 연소효율 향상

㉯ 예열공기의 공급으로 불완전 연소가 감소된다.

㉰ 보일러 열효율 향상

㉱ 품질이 낮은 연료도 사용할 수 있다.

(다) **공기예열기 사용 시 단점**

㉮ 통풍저항 증가

㉯ 연돌의 통풍력 저하

㉰ 저온부식의 원인

㉱ 연도의 청소, 검사, 점검 곤란

(라) **취급상 주의사항**

㉮ 저온부식을 방지하기 위하여 공기예열기 출구측 연소가스를 150[℃] 이상 유지시킨다.

㉯ 공기예열기 과열을 방지하기 위하여 입구측 연소가스 온도를 500[℃] 이하로 유지시킨다.

㉰ 부연도를 설치하여 점화초기 및 저부하 운전 시에 사용한다.

㉱ 전열면에 부착한 그을음 청소를 수시로 할 것

㉲ 재생식 중 회전식은 점화전에 가동시켜 국부적인 과열을 방지할 것

(6) 그을음 불어내기(soot blow)

① **그을음 불어내기(soot blow)** : 전열면 외측 또는 수관 주위의 그을음이나 재를 불어 제거하는 방법이다.

② **분류**

(가) 분무매체별 구별 : 증기분사식, 공기분사식

(나) 종류

㉮ 장발형(long retractable type) 슈트 블로어 : 과열기와 같이 고온의 열가스가 통하는 부분에 사용하는 것으로 사용할 때는 분출관을 넣고, 사용하지 않을 때에는 빼어두는 형식이다.

㉯ 단발형(short retractable type) 슈트 블로어 : 분사관이 짧으며 1개의 노즐을 설치하여 연소노벽에 부착되어 있는 이물질을 제거하는데 사용한다.

㉰ 정치 회전형(로터리형) : 전열면이나 절탄기에 고정 설치하여 매연을 제거하는 것으로 정지된 상태로 회전하는 분사관에 다수의 구멍이 뚫려 있고 이곳으로 증기가 분사된다.

㉱ 공기예열기 크리너 : 관형 공기예열기에 사용하는 것으로 자동식과 수동식이 있다.

㉲ 건타입 : 보일러의 연소로벽 등에 부착하는 타고 남은 찌꺼기를 제거하는데 적합하며 특히, 미분탄 연소 보일러 및 폐열보일러 같은 타고 남은 연재가 많이 부착하는 보일러에 사용한다.

③ **사용 시 주의사항**

(가) 부하가 50[%] 이하일 때, 소화 후에는 사용을 금지한다.
(나) 댐퍼를 완전히 열고 통풍력을 크게 한다.
(다) 그을음 제거를 하기 전에 분출기 내부의 응축수를 제거한다.
(라) 그을음 불어내기 관을 동일 장소에서 오래 동안 작용시키지 않는다.
(마) 흡입통풍기가 있을 경우 흡입통풍을 늘려서 한다.

(7) 지시 장치(계측기기)

① **압력계**

(가) 부르동관 압력계의 크기와 눈금 범위

㉮ 크기 : 눈금판 바깥지름 100[mm] 이상

　　　㉯ 최고눈금 범위 : 최고 사용압력의 1.5배 이상 3배 이하
　(나) **압력계 연결관**
　　　㉮ 황동관 및 동관 : 안지름 6.5[mm] 이상 (증기온도가 210[℃]를 넘을 때에는 사용 금지)
　　　㉯ 강관 : 안지름 12.7[mm] 이상
　　　㉰ 사이펀관 : 안지름 6.5[mm] 이상
　(다) **압력계 검사 시기**
　　　㉮ 2개의 압력계가 서로 다르게 지시될 때
　　　㉯ 보일러 운전 중에 포밍, 프라이밍 현상이 발생하는 때
　　　㉰ 압력계의 지시가 정확하지 않다고 판단될 때
　　　㉱ 점화 전이나 압력계 교체 후
　　　㉲ 신설 보일러인 경우 압력이 상승하기 시작할 때

② **수면 측정 장치(수면계[水面計])** : 증기보일러에 설치하는 것으로 동체 내부의 수위를 지시하는 계기이다.
　(가) **종류**
　　　㉮ 원형 유리수면계 : 최고사용압력 10[kgf/cm^2] 이하에 사용
　　　㉯ 평형 반사식 수면계 : 최고사용압력 25[kgf/cm^2] 이하에 사용
　　　㉰ 평형 투시식 수면계 : 최고사용압력 45[kgf/cm^2]용, 75[kgf/cm^2]용이 있고 원형과 타원형이 있다.
　　　㉱ 2색식 수면계 : 평형 투시식과 같으며 증기부는 적색, 수부는 녹색을 나타낸다.
　　　㉲ 멀티 포트식 : 210[kgf/cm^2]까지의 초고압용에 사용
　(나) **부착위치 및 설치수**
　　　㉮ 위치 : 수면계 유리관의 최하부가 안전저수위와 일치하도록 설치
　　　㉯ 설치수 : 유리관식 수면계를 2개 이상 부착
　　　㉰ 부착 방법
　　　　ⓐ 주철제 보일러 : 직접 부착
　　　　ⓑ 강제 보일러 : 수주관을 이용하여 부착
　　　㉱ 수주관 : 고온의 증기 및 보일러 수로부터 수면계를 보호하고, 수위 교란으로 인한 수위를 잘못 인식하는 것을 방지하기 위하여 설치
　　　㉲ 점검 시기 : 1일 1회 이상

(다) 수면계의 기능시험 시기
- ㉮ 보일러를 가동하기 전과 압력이 상승하기 시작했을 때
- ㉯ 2개의 수면계의 수위에 차이가 발생할 때
- ㉰ 수위의 움직임이 없고, 수위 지시가 정확하지 않다고 판단될 때
- ㉱ 보일러 운전 중에 포밍, 프라이밍 현상이 발생할 때

(라) 수면계의 기능시험 방법
- ㉮ 수면계 상하 밸브를 닫고, 드레인 밸브를 열고 수면계 내의 물을 드레인 시킨다.
- ㉯ 물 밸브를 열어 관수를 분출 시킨 후에 닫는다.
- ㉰ 증기밸브를 열어 증기를 분출 시킨 후에 닫는다.
- ㉱ 드레인 밸브를 닫고, 증기밸브를 서서히 연다.
- ㉲ 물 밸브를 열어 수위 상태를 확인한다.

(마) 수면계의 파손 원인
- ㉮ 상하 조임너트를 무리하게 조였을 때
- ㉯ 외부로부터 충격을 받았을 때
- ㉰ 장기간 사용으로 노후되었을 때
- ㉱ 상하의 바탕쇠 중심선이 일치하지 않았을 때

③ 온도계

(가) 공업용 바이메탈식 온도계(KS B 5320) 또는 이와 동등 이상의 성능을 가진 온도계를 설치

(나) 온도계 설치 장소
- ㉮ 급수 입구의 급수온도계
- ㉯ 버너 입구의 급유온도계
- ㉰ 절탄기 또는 공기예열기가 설치된 경우 각 유체의 전후 온도를 측정할 수 있는 온도계
- ㉱ 보일러 본체 배기가스 온도계(단, ㉰항의 규정에 의한 온도계가 있는 경우 생략)
- ㉲ 과열기 또는 재열기가 있는 경우 그 출구 온도계
- ㉳ 유량계를 통과하는 온도를 측정할 수 있는 온도계

④ **유량계** : 용량 1[톤/h] 이상의 보일러에 설치
- (가) **급수 유량계** : 보일러 급수관에 설치

(나) **급유량계** : 기름용 보일러에서 연료의 사용량을 측정

(다) **가스미터** : 가스용 보일러에서 가스의 사용량을 측정

3. 보일러 용량 및 성능계산

(1) 보일러 용량

① **정격용량** : 보일러 최고사용압력, 과열증기온도, 급수온도, 사용연료성상 등이 소정 조건하에서 양호한 상태로 발생할 수 있는 최대의 연속증발량이다.

② **정제용량** : 보일러가 최대효율에 달하여 있을 때의 증발량으로 정격용량의 80[%] 정도이다.

(2) 보일러 성능계산

① **증발량**

(가) **실제 증발량** : 압력과 온도에 관계없이 급수량에 정비례한 증발량

(나) **상당 증발량(환산 증발량)** : 실제 증발량을 기준 증발량으로 환산하였을 때의 증발량. 즉, 100[℃]의 포화수를 100[℃]의 건조포화증기로 발생시킬 수 있는 증발량

$$G_e = \frac{G_a(h_2 - h_1)}{539}$$

여기서, G_e : 상당 증발량[kg/h]

G_a : 실제 증발량[kg/h]

h_2 : 습포화증기 엔탈피[kcal/kg]

h_1 : 급수 엔탈피[kcal/kg]

② **보일러 마력** : 1 보일러 마력이란 1시간에 15.65[kg]의 상당 증발량을 갖는 보일러의 동력. 즉, 100[℃] 물 15.65[kg]을 1시간에 같은 온도의 증기로 변화시킬 수 있는 것으로 8435.35[kcal/h]의 열을 흡수하여 증기를 발생할 수 있는 능력이다.

$$\text{보일러 마력} = \frac{G_e}{15.65} = \frac{G_a(h_2 - h_1)}{539 \times 15.65}$$

③ 전열면 증발률

㈎ **전열면 증발률** : 1시간 동안 보일러 전열면적 $1[m^2]$ 대한 실제 발생 증기량과의 비

$$전열면 증발률[kg/h \cdot m^2] = \frac{G_a}{F}$$

㈏ **전열면 환산 증발률** : 1시간 동안 보일러 전열면적 $1[m^2]$ 대한 상당 증발량과의 비

$$R_e[kg/h \cdot m^2] = \frac{G_e}{F} = \frac{G_a(h_2 - h_1)}{539 \cdot F}$$

여기서, G_e : 상당 증발량[kg/h] G_a : 실제 증발량[kg/h]
F : 전열면적[m^2] h_2 : 습포화증기 엔탈피[kcal/kg]
h_1 : 급수 엔탈피[kcal/kg]

④ 전열면 열부하[kcal/h·m²] : 1시간 동안 보일러 전열면적 $1[m^2]$ 대한 증기 발생에 소요된 열량과의 비

$$H_b = \frac{G_a(h_2 - h_1)}{F}$$

⑤ 매시 연료소비량[kg/h] : 1시간 동안 소비된 연료량

$$G_f = \frac{전연료\ 소비량}{시험시간}$$

⑥ 증발계수 : 상당 증발량과 실제 증발량의 비

$$증발계수 = \frac{G_e}{G_a} = \frac{h_2 - h_1}{539}$$

⑦ 증발배수

㈎ **실제 증발배수** : 1시간 동안 실제 증발량(G_a)과 연료 소비량(G_f)의 비

$$실제 증발배수 = \frac{G_a}{G_f}$$

㈏ **환산 증발배수** : 1시간 동안 환산 증발량(G_e : 상당증발량)과 연료 소비량(G_f)의 비

$$환산 증발배수 = \frac{G_e}{G_f}$$

제1편 열설비 취급실무

⑧ **보일러 부하율** : 1시간 동안 연료의 연소에 의해서 실제로 발생되는 증발량과 최대 연속 증발량과의 비

$$보일러\ 부하율[\%] = \frac{실제\ 증발량}{최대\ 연속\ 증발량} \times 100$$

⑨ **연소실 열부하(열발생률)** : 1시간 동안 발생되는 열량과 연소실 체적 1[m³]의 비

$$연소실\ 열부하[\text{kcal/h} \cdot \text{m}^3] = \frac{G_f(H_l + Q_1 + Q_2)}{연소실\ 체적}$$

여기서, G_f : 시간당 연료사용량[kg/h]
H_l : 연료의 저위발열량[kcal/kg]
Q_1 : 연료의 현열[kcal/kg]
Q_2 : 공기의 현열[kcal/kg]

보일러 효율 계산

(1) 열정산에 의한 효율 계산

① **입출열법에 의한 방법**

(가) 입열 항목
㉮ 연료의 발열량   ㉯ 연료의 현열
㉰ 공기의 현열   ㉱ 노내 취입 증기 또는 온수에 의한 입열

(나) 효율 계산

$$\eta = \frac{유효출열}{입열의\ 합계} \times 100 = \frac{Q_s}{H_h + Q} \times 100$$

여기서, Q_s : 유효출열[kcal/kg]
H_h : 연료의 고위발열량[kcal/kg]
Q : 입열의 합계량[kcal/kg] $(Q = Q_1 + Q_2 + Q_3)$
Q_1 : 연료의 현열[kcal/kg]
Q_2 : 공기의 현열[kcal/kg]
Q_3 : 노내 취입 증기 또는 온수에 의한 입열[kcal/kg]

② 열손실법에 의한 방법

   (가) 출열 항목
   - ㉮ 배기가스 보유열량
   - ㉯ 증기의 보유열량
   - ㉰ 불완전연소에 의한 열손실
   - ㉱ 미연재에 의한 열손실
   - ㉲ 노벽의 흡수열량
   - ㉳ 재의 현열

   (나) 효율 계산

   $$\eta = \left(1 - \frac{\text{열손실 합계}}{\text{입열합계}}\right) \times 100 = \left(1 - \frac{L_i}{H_h + Q}\right) \times 100$$

   여기서, L_i : 열손실 합계[kcal/kg] ($L_i = L_1 + L_2 + L_3 + L_4 + L_5$)
   H_h : 연료의 고위발열량[kcal/kg]
   L_1 : 배기가스에 의한 열손실[kcal/kg]
   L_2 : 노내 취입증기에 의한 배기가스 열손실[kcal/kg]
   L_3 : 불완전 연소에 의한 열손실[kcal/kg]
   L_4 : 연소 잔재물 중의 미연소분에 의한 열손실[kcal/kg]
   L_5 : 방산열에 의한 열손실[kcal/kg]

(2) 보일러 종류별 효율 계산

① 증기 보일러 효율

$$\eta = \frac{G_a(h_2 - h_1)}{G_f \cdot H_l} \times 100 = \frac{539 \cdot G_e}{G_f \cdot H_l} \times 100 = \text{연소효율} \times \text{전열효율}$$

② 온수 보일러 효율

$$\eta = \frac{G_w \cdot C \cdot \Delta t}{G_f \cdot H_l} \times 100$$

③ 열경제 효율

$$\eta = \frac{G_a(h_2 - h_1)}{G_f \cdot H_h} \times 100 = \frac{539 \cdot G_e}{G_f \cdot H_h} \times 100$$

여기서, G_a : 실제 증발량[kg/h]
G_e : 상당 증발량[kg/h]

G_f : 연료소비량[kg/h]

G_w : 온수 발생량[kg/h]

H_l : 연료의 저위발열량[kcal/kg]

H_h : 연료의 고위발열량[kcal/kg]

h_2 : 포화증기 엔탈피[kcal/kg]

h_1 : 급수 엔탈피[kcal/kg]

(3) 효율 종류별 계산

① **연소효율**(η_e) : 연료 1[kg]에 대하여 완전연소를 기준으로 한 이론상의 발열량과 실제 연소했을 때의 발열량과의 비율

$$\eta_e = \frac{Q_r}{H_l} \times 100 = \frac{H_l - (L_e + L_i)}{H_l} \times 100$$

여기서, H_l : 연료의 저위발열량[kcal/kg]

Q_r : 실제 발생열량[kcal/kg]

L_e : 미연탄소에 의한 손실열[kcal/kg]

L_i : 불완전 연소에 의한 손실열[kcal/kg]

② **전열효율**(η_f) : 실제 연소된 연료의 연소열이 전열면을 통하여 유효하게 이용된 열과 연소열과의 비율

$$\eta_f = \frac{Q_e}{Q_r} \times 100 = \frac{H_l - (L_e + L_i + L_1 + L_5)}{H_l - (L_e + L_i)} \times 100$$

여기서, Q_e : 유효열[kcal/kg]

Q_r : 실제 발생열량[kcal/kg]

H_l : 연료의 저위발열량[kcal/kg]

L_e : 미연탄소에 의한 손실열[kcal/kg]

L_i : 불완전 연소에 의한 손실열[kcal/kg]

L_1 : 배기가스에 의한 열손실[kcal/kg]

L_5 : 방산열에 의한 열손실[kcal/kg]

③ **열효율**(η_t) : 장치 및 기기에 투입된 총열량에 대한 실제로 장치 및 기기에 사용된 열량의 비

$$\eta_t = \frac{Q_e}{H_l} \times 100 = \frac{H_l - (L_e + L_i + L_1 + L_5)}{H_l} \times 100 = \eta_e \times \eta_f$$

④ 열효율 향상 대책

㉮ 손실열을 최대한 줄인다.

㉯ 장치에 맞는 설계조건과 운전조건을 선택한다.

㉰ 전열량을 증가시킨다.

㉱ 단속 조업에 따른 열손실을 방지하기 위하여 연속조업을 실시한다.

㉲ 장치에 적당한 연료와 작동법을 채택한다.

5. 보일러 수압시험

(1) 수압시험 방법

① 규정된 시험수압에 도달된 후 30분 경과한 후 검사

② 검정수압시험 압력으로 시험하는 경우 다이얼게이지를 이용하여 압력 및 변형을 측정한다.

③ 수압시험에는 2개 이상의 압력계를 사용

④ 수압시험은 규정된 압력의 6[%] 이상 초과하지 않도록 조치

(2) 강철제 보일러 수압시험 압력

① 보일러의 최고사용압력이 0.43[MPa] 이하일 때에는 그 최고사용압력의 2배의 압력으로 한다. 다만, 그 시험압력이 0.2[MPa] 미만인 경우에는 0.2[MPa]로 한다.

② 보일러의 최고 사용압력이 0.43[MPa] 초과 1.5[MPa] 이하일 때에는 그 최고사용압력의 1.3배에 0.3[MPa]를 더한 압력으로 한다.

③ 보일러의 최고사용압력이 1.5[MPa]를 초과할 때에는 그 최고사용압력의 1.5배의 압력으로 한다.

(3) 주철제 보일러 수압시험 압력

① 보일러의 최고사용압력이 0.43[MPa] 이하일 때는 그 최고사용압력의 2배의 압력으로 한다. 다만, 시험압력이 0.2[MPa] 미만인 경우에는 0.2[MPa]로 한다.

② 보일러의 최고사용압력이 0.43[MPa]를 초과할 때는 그 최고사용압력의 1.3배에 0.3[MPa]을 더한 압력으로 한다.

제1편 열설비 취급실무

예상문제

01 보일러의 3대 구성요소를 쓰시오.

해답 ① 본체   ② 연소장치   ③ 부속장치

02 보일러 본체를 구성하는 것은 수부와 무엇인지 쓰시오.

해답 증기부

03 외부에서 전해진 열을 물과 증기에 전하는 보일러 부위의 명칭을 쓰시오.

해답 전열면

04 관 내부의 물이 외부의 연소가스에 의해 가열되는 관의 명칭을 쓰시오.

해답 수관

해설 연관과 수관
① 연관 : 관의 내부에는 연소가스가 흐르고 외부로는 물이 차있는 관으로 관수의 순환을 양호하게 하기 위해 바둑판 모양으로 배열한다.
② 수관 : 관 내부의 물이 외부의 연소가스에 의해 가열되는 관으로 열가스의 접촉을 양호하게 하기 위해 마름모꼴(다이어몬드형)형태로 배열한다.

05 보일러 연소실에서 발생한 연소가스가 굴뚝까지 이르는 통로의 명칭을 쓰시오.

해답 연도

해설 연돌 : 열교환이 완료된 연소가스를 대기 중으로 배출하기 위한 굴뚝

06 직립형(입형) 보일러의 특징을 3가지 쓰시오.

해답 ① 설치면적이 적어 설치가 간단하다.
② 전열면적이 작아 효율이 낮다.
③ 증기부가 적고, 건조증기를 얻기가 어렵다.
④ 내부청소 및 점검이 불편하다.

07 직립 수평관식 보일러에서 연소실 천정부에 수평관(횡관)을 설치하였을 때의 장점을 3가지 쓰시오.

해답 ① 전열 면적이 증가한다.
② 보일러 수(水) 순환을 양호하게 한다.
③ 연소실 벽과 천장판의 강도를 증가시킨다.

08 원통형 보일러의 종류 4가지를 쓰시오.

해답 ① 직립 횡관식 보일러　② 직립 연관식 보일러
③ 코크란 보일러　　　　④ 노통 보일러
⑤ 연관 보일러　　　　　⑥ 노통 연관 보일러

09 노통 보일러의 종류 2가지를 쓰시오.

해답 ① 코르니쉬(Cornish) 보일러
② 랭커셔(Lancashire) 보일러

해설 노통 수에 의한 노통 보일러 구분
① 코르니쉬(Cornish) 보일러 : 노통이 1개
② 랭커셔(Lancashire) 보일러 : 노통이 2개

10 다음 (　) 안에 적당한 용어 및 숫자를 쓰시오.

노통 보일러 중에서 (①) 보일러는 노통이 (②)개 이므로 교대로 운전이 가능하며, 노통이 (③)개인 (④) 보일러보다 전열면적이 크다.

해답 ① 랭커셔　② 2　③ 1　④ 코르니쉬

11 코르니쉬 보일러(cornish boiler)에서 노통을 편심으로 설치하는 이유는?

해답 보일러수의 순환을 좋게 하기 위함이다.

12 평형노통과 비교한 파형노통의 특징 4가지를 쓰시오.

해답 ① 전열면적이 증가한다.　② 노통의 신축을 흡수할 수 있다.
③ 외압에 대한 강도가 증가한다.　④ 내부 청소 및 검사가 어렵다.
⑤ 통풍저항이 크다.　⑥ 스케일이 부착하기 쉽다.
⑦ 제작이 어렵고, 가격이 비싸다.

13 고온에 의한 노통의 신축작용으로 응력이 발생하고 이로 인하여 평형 경판이 손상되는 것을 방지하기 위하여 가셋트 스테이(gusset stay) 하단부와 노통의 상단부와의 거리를 의미하는 것은?

해답 ▶ 브리징 스페이스(breathing space)

14 노통 보일러 가셋트 스테이(gusset stay) 사이의 공간으로 브리징 스페이스는 몇 [mm] 이상의 간격을 주어야 하는가? (단 경판의 두께는 13[mm] 이하로 한다.)

해답 ▶ 230

해설 노통 보일러의 브리징 스페이스

경판의 두께[mm]	브리징 스페이스[mm]	경판의 두께[mm]	브리징 스페이스[mm]
13 이하	230 이상	19 이하	300 이상
15 이하	260 이상	19 초과	320 이상
17 이하	280 이상		

15 평형 노통에 아담슨 조인트(Adamson joint)를 설치하는 이유를 2가지 설명하시오.

해답 ▶ ① 노통의 이음부 강도를 높일 수 있다.
② 열 영향에 의한 신축을 완화시킬 수 있다.

해설 아담슨 조인트(Adamson joint) : 평형 노통을 일체형으로 제작하면 강도가 약해지는 결점을 보완하기 위하여 노통을 여러 개로 분할 제작하여 플랜지형으로 연결한 것으로 이 이음부를 아담슨 조인트라 한다.

16 노통 보일러에서 노통에 직각으로 설치하여 전열면적을 증가시키며 보일러 수(水)의 순환을 좋게 하고 노통을 보강하는 역할을 하는 것은?

해답 ▶ 겔로웨이 관(galloway tube)

17 노통에 겔로웨이관(galloway tube)을 설치하였을 때의 장점을 3가지 쓰시오.

해답 ▶ ① 전열면적이 증가된다.
② 노통이 보강된다.
③ 동내부의 물 순환이 좋아진다.

18 노통 연관보일러에서 화실 천장부분이 과열되어 압궤현상이 발생하는 것을 방지하기 위한 버팀(stay)을 무엇이라 하는가?

제2장 보일러 및 부속장치

해답 천장 버팀(girder stay : 거더 스테이)

해설 (1) 버팀(stay)의 역할(기능) : 강도가 약한 부분(주로 경판)의 강도를 보강하기 위하여 사용되는 이음부분이다.
(2) 종류
① 가셋트 버팀(gusset stay) : 보강판(gusset)을 동판과 경판을 연결하여 경판의 강도를 보강한다.
② 관 버팀(tube stay) : 연관을 설치한 보일러에 사용되며 연관보다 두께가 두꺼운 관을 이용하여 연관 역할과 버팀 역할을 동시에 할 수 있는 것으로 관판(管板)을 보강한다.
③ 경사 버팀(diagonal stay) : 봉으로 된 것을 동판과 경판에 경사지게 부착시켜 경판, 화실 천장판의 강도를 보강한다.
④ 나사 버팀(bolt stay) : 동판과 화실 측벽을 연결하여 화실벽 강도를 보강하는 것으로 기관차형 보일러 등에 사용한다.
⑤ 천장 버팀(girder stay) : 직립형 보일러 등에서 화실 천장판과 경판을 연결하거나 기관차형 보일러에서 내측 화실 천장판에 사용한다.
⑥ 봉 버팀(bar stsy) : 관 버팀에서 사용하는 관 대신에 연강재 봉을 사용하는 방법이다.

19 연관식 보일러의 특징을 4가지 쓰시오.

해답 ① 전열면적이 크고, 노통 보일러보다 효율이 좋다.
② 전열면적당 보유수량이 적어 증기발생 소요시간이 짧다.
③ 내부 구조가 복잡하여 청소, 검사, 수리가 어렵고 고장이 많다.
④ 외분식일 경우 연소실 설계가 자유롭고, 연료 선택범위가 넓다.

해설 연관식(smoke tube type) 보일러 : 보일러 동 수부에 다수의 연관을 설치하여 연소가스를 통과시켜 전열면적을 증가시킨 것으로 외분식과 내분식이 있다.

20 노통 연관 보일러의 특징을 4가지 쓰시오.

해답 ① 노통 보일러에 비하여 열효율이 높다.
② 패키지 형태로 운반, 설치가 용이하다.
③ 구조가 복잡하여 청소, 검사, 수리가 어렵다.
④ 증발속도가 빨라 스케일이 부착되기 쉽다.
⑤ 양질의 급수를 요한다.
⑥ 구조상 고압, 대용량 제작이 어렵다.

해설 노통 연관(flue smoke tube) 보일러 : 보일러 동체에 노통과 연관을 혼합 설치한 것으로 효율이 80~90[%] 정도이다.

21 수관식 보일러의 장점 4가지를 쓰시오.

해답 ① 증기 발생시간이 빠르며, 고압 대용량에 적합하다.
② 외분식이므로 연료 선택범위가 넓고, 연소상태가 양호하다.
③ 전열면적이 크고, 열효율이 높다.
④ 수관의 배열이 용이하고, 패키지형으로 제작이 가능하다.
⑤ 원통형 보일러에 비해 보유수량이 적어 파열 사고 시 피해가 적다.
⑥ 과열기, 공기예열기 설치가 쉽다.

해설 단점
① 관수처리에 주의에 요한다.
② 구조가 복잡하여 청소, 검사, 수리가 어렵고 스케일 부착이 쉽다.
③ 부하변동에 따른 압력 및 수위변동이 심하다.
④ 압력이 높아지면 비중량차가 적어져 순환이 나쁘다.

22 수관식 보일러의 보일러수 유동방식 3가지를 쓰고 설명하시오.

해답 ① 자연 순환식 : 보일러수의 비중량차에 의하여 자연순환하는 형식이다.
② 강제 순환식 : 순환펌프를 설치하여 보일러수를 강제로 순환시키는 형식이다.
③ 관류식 : 증기드럼 폐지하고 긴 관으로 제작, 구성하여 관의 한 끝에서 펌프로 압송된 물을 가열, 증발, 과열의 과정을 거쳐 증기가 발생되는 형식이다.

23 수관보일러 중 자연 순환식 보일러의 종류를 3가지 쓰시오.

해답 ① 바브콕 보일러 ② 다쿠마 보일러 ③ 스네기찌 보일러
④ 야로우 보일러 ⑤ 2동 D형 보일러

해설 수관 보일러의 분류 및 종류
① 자연 순환식 : 바브콕 보일러, 다쿠마 보일러, 스네기찌 보일러, 야로우 보일러, 2동 D형 보일러
② 강제 순환식 : 베록스 보일러, 라몽트 보일러
③ 관류 보일러 : 벤슨 보일러, 슬저 보일러, 소형 관류 보일러

24 자연순환식 수관보일러에서 관수 순환을 높이기 위하여 할 수 있는 방법 2가지를 쓰시오.

해답 ① 강수관이 가열되지 않도록 한다.
② 큰 지름의 수관을 사용한다.
③ 수관의 배열을 수직으로 설치한다.
④ 방해판(baffle plate)을 적당한 위치에 설치하여 열가스와 수관군의 접촉을 알맞게 한다.

25 수관식 보일러 연소실에 설치하는 배플판(baffle plate)을 설치하는 이유를 설명하시오.

해답 연소가스의 흐름을 조정하여 열회수와 보일러수의 순환을 양호하게 한다.

26 수관보일러에서 강수관과 승수관이 있는데 강수관을 가장 저온부에 설치하고, 관의 주위에 단열재 등으로 피복해 주는 이유를 설명하시오.

해답 직접 연소가스에 접촉되지 않도록 하여 가열을 피하여 관수 순환을 잘되도록 하기 위하여

27 수관식 보일러에서 상부의 기수드럼(steam drum)을 하부의 물드럼(water drum)보다 크게 만드는 이유를 설명하시오.

해답 기수드럼의 아랫부분에는 포화온도에 도달한 포화수와 발생된 증기가 체류할 수 있는 공간이 필요하기 때문에 하부의 물드럼보다 크게 하여야 한다.

28 수관식 보일러의 연소실 벽면에 수냉노벽을 설치하였을 때의 장점 4가지를 쓰시오.

해답 ① 전열면적의 증가로 증발량이 많아진다.
② 연소실내의 복사열을 흡수한다.
③ 연소실 노벽을 보호한다.
④ 연소실 열부하를 높인다.
⑤ 노벽의 무게를 경감시킬 수 있다.

해설 구조에 따른 수냉노벽의 종류 : 탄젠샬 배열, 스페이스드 배열, 스킨 케이싱 배열, 핀 패널식 케이싱

29 자연 순환식 수관 보일러인 2동 D형 보일러의 장점 4가지를 쓰시오.

해답 ① 수관이 곡관형으로 관의 신축에 의한 영향이 적다.
② 연소실 크기를 자유롭게 할 수 있다.
③ 관수 순환방향이 일정하고 증발속도가 빠르다.
④ 복사열 흡수량이 많고, 효율이 양호하다.
⑤ 원통형 보일러에 비해 보유수량이 적어 파열 사고 시 피해가 적다.

해설 단점
① 구조가 복잡하여 청소, 검사, 수리가 어렵다.
② 급수처리가 잘 이루어진 양질의 급수가 필요하다.
③ 부하변동에 따른 압력 및 수위변동이 심하다.

30 수관식 보일러와 노통연관식 보일러의 특징을 비교한 것이다. [보기]에서 알맞은 내용을 찾아 쓰시오.

> |보기| 물, 연소가스, 높다, 낮다, 좋다, 나쁘다.

(1) 수관식 보일러 관 내부에는 (①)이 흐르고, 노통연관식 보일러 관 내부에는 (②)가 흐른다.
(2) 수관식 보일러 사용압력은 (③), 노통연관식 보일러 사용압력은 (④)
(3) 수관식 보일러 부하대응은 (⑤), 노통연관식 보일러 부하대응은 (⑥)

해답 ① 물 ② 연소가스 ③ 높다 ④ 낮다 ⑤ 좋다 ⑥ 나쁘다.

31 강제 순환식 수관보일러 종류 2가지를 쓰시오.

해답 ① 라몽트(lamont) 보일러
② 벨록스(velox) 보일러

32 수관 보일러에서 강제순환식이 자연 순환식보다 유리한 점을 4가지 쓰시오.

해답 ① 동일한 증발량에 대해 소형 경량으로 제작할 수 있다.
② 순환펌프를 사용하므로 열전달이 높고 기동이 빠르다.
③ 수관군의 배열에 신경 쓸 필요가 없으므로 자유로운 설계를 할 수 있다.
④ 자연순환에 비해 유속이 빠르므로 스케일 부착의 우려가 적다.

해설 강제순환식의 단점
① 취급이 어렵고, 급수처리를 철저히 하여야 한다.
② 순환용 펌프가 있어야 하므로 설비비, 유지비가 많이 소요된다.
③ 수관의 과열방지를 위해서 각 수관에 물이 균일하게 흘러야 한다.

33 강제 순환식 수관보일러에서 순환비를 구하는 공식을 완성하시오.

$$순환비 = \frac{(\,①\,)}{(\,②\,)}$$

해답 ① 순환수량   ② 발생 증기량

34 [보기]에서 설명하는 보일러 명칭을 쓰시오.

> |보기| 급수펌프에 의해 급수를 압입하여 하나로 된 관에서 가열, 증발, 과열과정을 거쳐 순환하는 보일러로 벤슨 보일러, 슬저 보일러가 대표적이다.

해답▶ 관류 보일러

35 관류 보일러에 대한 설명에서 ( )안에 알맞은 용어를 쓰시오.

> 관류 보일러는 긴 관의 한쪽 끝에서 급수를 압입하여 차례로 (①), (②), (③)시켜 과열증기를 얻는 보일러이다.

해답▶ ① 가열 ② 증발 ③ 과열

36 관류 보일러의 종류 4가지를 쓰시오.

해답▶ ① 벤슨(benson) 보일러   ② 슬저(sulzer) 보일러
③ 소형 관류 보일러   ④ 강제 순환식 소형 관류보일러

37 관류 보일러의 장점 4가지를 쓰시오.

해답▶ ① 전열면적에 비하여 보유수량이 적으므로 가동시간이 짧다.
② 고압 보일러에 적합하다.
③ 관을 자유로이 배치할 수 있어 구조가 콤팩트하다.
④ 순환비가 1이므로 드럼이 필요 없다.

해설 관류보일러의 단점
① 완벽한 급수처리를 요한다.
② 정확한 자동제어 장치를 설치하여야 한다.
③ 발생증기 중에 포함된 수분을 분리하기 위하여 기수분리기를 설치한다.

38 주철제 보일러의 장점을 4가지 쓰시오.

해답▶ ① 주물로 제작하기 때문에 복잡한 구조도 제작이 가능하다.
② 전열면적이 크고, 효율이 좋다.
③ 내식성, 내열성이 우수하다.
④ 섹션의 증감으로 용량조절이 가능하다.
⑤ 조립식이므로 반입 및 해체작업이 용이하다.

제1편 열설비 취급실무

[해설] 주철제 보일러의 단점
① 내압강도가 떨어진다.
② 구조가 복잡하여 청소, 검사, 수리가 어렵다.
③ 부동팽창이 발생하기 쉽다.
④ 대용량, 고압에는 부적합하다.

39 열매체 보일러의 특징 4가지를 쓰시오.

[해답] ① 열매체의 종류에는 다우삼, 모빌섬, 카네크롤 등이 해당한다.
② 저압에서 고온의 증기를 얻기 위하여 사용되는 보일러이다
③ 타 보일러에 비해 부식의 정도가 적다.
④ 겨울철에도 동결의 우려가 적다.
⑤ 인화성증기를 발생하는 열매체 보일러에서는 안전밸브를 밀폐식구조로 하든가 또는 안전밸브로부터의 배기를 보일러실 밖의 안전한 장소에 방출시키도록 한다.

40 특수 열매체 보일러에 사용하는 열매체의 종류 3가지를 쓰시오.

[해답] ① 다우섬(dowtherm) ② 카네크롤액 ③ 모발섬 ④ 써큐리티 54

41 다우섬(dowtherm)을 사용하는 보일러의 안전밸브 특징을 설명하시오.

[해답] 다우섬(dowtherm)은 인화성 및 자극성이 강한 기체이기 때문에 안전밸브는 밀폐식 구조로 하든가 또는 안전밸브로부터의 배기를 보일러실 밖의 안전한 장소에 방출시키도록 한다.

42 보일러 급수펌프의 구비조건 3가지를 쓰시오.

[해답] ① 고온, 고압에 견딜 것
② 작동이 확실하고 조작이 간단할 것
③ 부하변동에 대응할 수 있을 것
④ 저부하에도 효율이 좋을 것
⑤ 병렬운전에 지장이 없을 것
⑥ 회전식은 고속회전에 안전할 것

43 원심 펌프(centrifugal pump)에 대한 다음 물음에 답하시오.
 (1) 원심 펌프의 특징을 3가지 쓰시오.
 (2) 원심 펌프의 종류를 2가지 쓰시오.

[해답] (1) ① 원심력에 의하여 유체를 압송한다.
② 용량에 비하여 소형이고 설치면적이 작다.

③ 흡입, 토출밸브가 없고 액의 맥동이 없다.
④ 기동 시 펌프내부에 유체를 충분히 채워야 한다.
⑤ 고양정에 적합하다.
⑥ 서징현상, 캐비테이션 현상이 발생하기 쉽다.
(2) ① 벌류트(volute) 펌프
② 터빈(turbine) 펌프

44 원심펌프에서 프라이밍이란 무엇인지 설명하시오.

해답 펌프를 가동하기 전에 케이싱 내에 물을 충만시키는 작업

45 시간당 송출유량이 420[m³]이고 전양정이 10[m], 효율이 80[%]인 펌프의 축동력은 몇 [kW]인가?

풀이 $kW = \dfrac{\gamma \cdot Q \cdot H}{102\eta} = \dfrac{1000 \times 420 \times 10}{102 \times 0.8 \times 3600} = 14.297 ≒ 14.30[kW]$

해답 14.3[kW]

해설 ① 펌프에서 이송하고 있는 유체 명칭과 비중량(γ)이 주어지지 않으면 유체는 물로 판단하고 비중량은 1000[kgf/m³]을 적용한다.
② 축동력을 계산하는 공식에서 유량(Q)의 단위는 'm³/s'이기 때문에 분모에 3600을 적용한 것이다.

46 [보기]와 같은 조건의 펌프에서 필요한 동력[kW]을 계산하시오

| 보기 | – 유량 : 0.96[m³/min]
 – 펌프에서 수면까지 높이 5[m]
 – 펌프에서 필요 높이 : 14[m]
 – 감쇠높이 : 2[m]
 – 펌프의 효율 : 80[%]

풀이 $kW = \dfrac{\gamma \cdot Q \cdot H}{102\eta} = \dfrac{1000 \times 0.96 \times (5 + 14 + 2)}{102 \times 0.8 \times 60} = 4.117 ≒ 4.12[kW]$

해답 4.12[kW]

해설 ① 펌프에서 이송하고 있는 유체의 비중량(γ)이 주어지지 않았으므로 물의 비중량 1000[kgf/m³]을 적용하였음
② 축동력을 계산하는 공식에서 양정(H)은 전양정으로 흡입양정, 토출양정, 마찰손실수두(감쇠높이)를 합산한 것이다.

제1편 열설비 취급실무

47 급수펌프로 보일러에 2[kgf/cm^2] 압력으로 매분 0.18[m^3]의 물을 공급할 때 펌프 축마력[PS]은? (단, 펌프의 효율은 80[%]이다.)

풀이 $PS = \dfrac{\gamma QH}{75\eta} = \dfrac{PQ}{75\eta} = \dfrac{2 \times 10^4 \times 0.18}{75 \times 0.8 \times 60} = 1[\text{PS}]$

해답 1[PS]

해설 ① 비중량 γ[kgf/m^3]에 양정 H[m]의 곱은 압력 P[kgf/m^2]가 된다.
② [kgf/cm^2]을 [kgf/m^2]으로 단위를 변환할 때에는 1만을 곱해준다. 반대의 경우에는 1만으로 나눠주면 단위 환산이 이루어진다.

48 보일러 급수펌프의 전동기(motor)에 고장이 발생하여 교체하고자 한다. [보기]의 펌프 및 전동기 조건을 이용하여 물음에 답하시오.

[보기]	펌프 및 전동기 조건	기성품 전동기 용량
	– 펌프 양수량 : 12000[kg/h] – 전양정 : 15[m] – 펌프 효율 : 75[%] – 전동기 효율 : 95[%] – 전동기 설계안전율 : 2 – 급수 밀도 : 1000[kg/m^3] – 중력가속도 : 9.81[m/s^2]	100[W], 300[W], 500[W], 750[W] 1[kW], 1.5[kW], 2[kW], 3[kW], 5[kW], 7.5[kW], 10[kW]

(1) 교체할 전동기 용량[kW]을 계산하시오. (단, [보기]에서 주어진 급수 밀도와 중력가속도를 적용하여 계산하여야 한다.)
(2) 계산된 전동기 용량으로 [보기]에 제시된 기성품 전동기 중에서 최소 용량의 것을 선택하시오.

풀이 (1) ① 펌프의 축동력 계산 : 질량 유량[kg/h]인 펌프의 양수량을 급수의 밀도를 이용하여 체적유량[m^3/s]으로 환산하여 적용한다.

$\therefore \text{kW} = \dfrac{P \times Q}{\eta_p} = \dfrac{(\gamma \times H) \times Q}{\eta_p} = \dfrac{(\rho \times g \times H) \times Q}{\eta_p}$

$= \dfrac{(1000 \times 9.81 \times 15) \times \left(\dfrac{12000}{1000 \times 3600}\right)}{0.75}$

$= 654[\text{W}] = 0.654[\text{kW}] \fallingdotseq 0.65[\text{kW}]$

② 전동기 용량 계산 : 전동기 설계안전율 2는 펌프 축동력에서 2배 만큼 용량을 더 확보하는 것이다.

$\therefore \text{전동기 용량} = \dfrac{\text{펌프 축동력} \times \alpha}{\eta_m} = \dfrac{0.65 \times 2}{0.95} = 1.368 \fallingdotseq 1.37[\text{kW}]$

(2) 기성품 전동기 용량은 계산된 값보다 큰 것 중에서 최소 용량을 선택해야 하므로 [보기]에서 1.5[kW]를 선택한다.

제2장 보일러 및 부속장치

해답 (1) 1.37 [kW]   (2) 1.5 [kW]

별해 하나의 식으로 전동기 용량 계산

$$\therefore \text{전동기 용량} = \frac{\text{펌프축동력} \times \alpha}{\eta_m} = \frac{(P \times Q) \times \alpha}{\eta_p \times \eta_m}$$

$$= \frac{(1000 \times 9.81 \times 15) \times \left(\frac{12000}{1000 \times 3600}\right) \times 2}{0.75 \times 0.95}$$

$$= 1376.842[\text{W}] = 1.376[\text{kW}] \fallingdotseq 1.38[\text{kW}]$$

해설 ① 단위 환산 : 압력 $P = \gamma \times H$에서 $\gamma = \rho \times g$, N=kg·m/s², J=N·m, W=J/s 이다.

$$\therefore P = (\rho[\text{kg/m}^3] \times g[\text{m/s}^2]) \times H[\text{m}] = \text{kg} \cdot \text{m} \cdot \text{m/m}^3 \cdot \text{s}^2 = \text{N/m}^2$$

$$\therefore P[\text{N/m}^2] \times Q[\text{m}^3/\text{s}] = \text{N} \cdot \text{m}^3/\text{m}^2 \cdot \text{s} = \text{N} \cdot \text{m/s} = \text{J/s} = \text{W}$$

② 1[PS] = 약 0.735[kW]에 해당되므로 [보기]에서 전동기 용량이 [PS] 단위로 주어지면 환산하여 선택합니다.

49 안지름이 250[mm], 길이 50[m]인 배관에 물이 흐르고 있다. 배관 내 물의 평균속도가 9.5[m/s]일 때 마찰손실수두는 몇 [m]인가? (단, 마찰손실계수는 0.016이다.)

풀이 $h_f = f \times \dfrac{L}{D} \times \dfrac{V^2}{2g} = 0.016 \times \dfrac{50}{0.25} \times \dfrac{9.5^2}{2 \times 9.8} = 14.734 \fallingdotseq 14.73[\text{mH}_2\text{O}]$

해답 14.73[mH₂O] (또는 14.73[m])

50 배관 내부에 흐르는 물의 속도가 14[m/s]일 때 수두로는 몇 [m]에 해당하는지 구하시오.

풀이 $V = \sqrt{2gh}$ 에서 수두(水頭) h를 구한다.

$$\therefore h = \dfrac{V^2}{2g} = \dfrac{14^2}{2 \times 9.8} = 10[\text{mH}_2\text{O}]$$

해답 10[mH₂O]

51 원심펌프에서 회전수를 1500[rpm]에서 1800[rpm]으로 변경 시 소요동력은 얼마인가? (단, 1500[rpm]에서 소요동력은 7.5[kW]이다.)

풀이 $L_2 = L_1 \times \left(\dfrac{N_2}{N_1}\right)^3 = 7.5 \times \left(\dfrac{1800}{1500}\right)^3 = 12.96[\text{kW}]$

해답 12.96[kW]

해설 원심펌프 상사의 법칙

① 유량 $Q_2 = Q_1 \times \left(\dfrac{N_2}{N_1}\right) \times \left(\dfrac{D_2}{D_1}\right)^3$

② 양정 $H_2 = H_1 \times \left(\dfrac{N_2}{N_1}\right)^2 \times \left(\dfrac{D_2}{D_1}\right)^2$

③ 동력 $L_2 = L_1 \times \left(\dfrac{N_2}{N_1}\right)^3 \times \left(\dfrac{D_2}{D_1}\right)^5$

52 원심 펌프의 비교회전도를 구하는 공식을 쓰고 설명하시오.

해답▶ $N_s = \dfrac{N\sqrt{Q}}{\left(\dfrac{H}{n}\right)^{\frac{3}{4}}}$

여기서, N_s : 비교회전도(비속도)[rpm · m³/min · m]
N : 회전수[rpm], Q : 유량[m³/min]
H : 양정[m], n : 단수

해설 비교회전도(비속도) : 토출량이 1[m³/min], 양정 1[m]가 발생하도록 설계한 경우의 판상 임펠러의 분당 회전수를 나타낸다.

53 급수펌프에서 흡입양정이 너무 클 때 또는 관내 유체의 이상흐름에 의해 기포가 분리, 진동, 소음을 발생하는 현상을 무엇이라 하는가?

해답▶ 공동(cavitation) 현상

해설 공동현상(cavitation) : 유수 중에 그 수온의 증기압력보다 낮은 부분이 생기면 물이 증발을 일으키고 기포를 다수 발생하는 현상
(1) 발생조건
　　① 흡입양정이 지나치게 클 경우   ② 흡입관의 저항이 증대될 경우
　　③ 과속으로 유량이 증대될 경우   ④ 관로내의 온도가 상승될 경우
(2) 일어나는 현상
　　① 소음과 진동이 발생   ② 깃(임펠러)의 침식
　　③ 특성곡선, 양정곡선의 저하   ④ 양수 불능
(3) 방지법
　　① 펌프의 위치를 낮춘다. (흡입양정을 짧게 한다.)
　　② 수직축 펌프를 사용하여 회전차를 수중에 완전히 잠기게 한다.
　　③ 양흡입 펌프를 사용한다.
　　④ 펌프의 회전수를 낮춘다.
　　⑤ 두 대 이상의 펌프를 사용한다.

54 원심펌프에서 발생하는 캐비테이션(cavitation) 현상을 방지하기 위하여 펌프 선정, 설치 높이 또는 운전방법에 관련된 사항을 4가지로 구분하여 설명하시오.

해답 ① 2대 이상의 펌프를 사용하는 방법이나 양흡입 펌프를 선정한다.
② 펌프의 위치를 낮게 설치하여 흡입양정을 짧게 한다.
③ 펌프의 회전수를 낮추어 흡입되는 유체의 속도를 낮춘다.
④ 수직축 펌프를 사용하여 임펠러(회전차)를 수중에 완전히 잠기게 한다.

55 원심펌프의 이상 현상으로 관내에서 발생된 기포가 유체에 충격을 가하여 진동을 일으키는 현상을 무엇이라 하는가?

해답 서징(surging) 현상

해설 (1) 서징(surging) 현상 : 맥동현상이라 하며 펌프 운전 중에 주기적으로 운동, 양정, 토출량이 규칙 적으로 변동하는 현상으로 압력계의 지침이 일정범위 내에서 움직인다.
(2) 발생원인
① 양정곡선이 산형 곡선이고 곡선의 최상부에서 운전했을 때
② 유량조절 밸브가 탱크 뒤쪽에 있을 때
③ 배관 중에 물탱크나 공기탱크가 있을 때

56 인젝터의 작동원리를 에너지관점에서 설명하시오.

해답 벤투리의 원리를 응용하여 인젝터 노즐에서 증기를 분출시키고, 이때 노즐 출구에서는 고속의 증기에 의해서 대기압보다 낮아지는 압력을 이용하여 급수가 흡입된다. 흡입된 급수는 인젝터에서 분출된 증기와 혼합하면서 증기가 응축하여 물로 되어 급수의 운동에너지를 크게 해준다. 즉 증기의 열에너지를 속도에너지로 변경시키고 다시 압력에너지로 전환하여 보일러에 급수하는 예비 급수장치로 급수가 증기에 의해 예열되어 급수엔탈피가 증가되기 때문에 연료소비량이 감소한다.

57 인젝터(injector) 사용 시 장점을 4가지 쓰시오.

해답 ① 구조가 간단하고, 가격이 저렴하다.
② 급수가 예열되고, 열효율이 좋아진다.
③ 설치 장소가 적게 필요하다.
④ 별도의 동력원이 필요 없다.

해설 단점
① 흡입양정이 작고, 효율이 낮다.
② 급수 온도가 높으면 급수 불량이 발생한다.
③ 증기압력이 너무 높거나 낮으면 급수 불량이 발생한다.
④ 급수량 조절이 어렵다.

58 인젝터로 급수 시 급수 불량 원인에 대하여 4가지 쓰시오.

해답 ① 급수온도가 너무 높은 경우(50[℃] 이상)
② 증기압력이 낮은 경우
③ 부품이 마모되어 있는 경우
④ 내부노즐에 이물질이 부착되어 있는 경우
⑤ 흡입관로 및 밸브로부터 공기유입이 있는 경우
⑥ 체크밸브가 고장 난 경우
⑦ 증기가 너무 건조하거나 수분이 많은 경우
⑧ 인젝터 자체가 과열되었을 때

59 [보기]에 주어진 인젝터 밸브 종류에 따른 급수 작동순서를 쓰시오.

| 보기 | ㉮ 급수밸브 개방 ㉯ 증기밸브 개방 ㉰ 출구정지밸브 개방 ㉱ 핸들 개방

해답 출구정지밸브 개방 - 급수밸브 개방 - 증기밸브 개방 - 핸들 개방
(번호순서 : ㉰ → ㉮ → ㉯ → ㉱)

해설 인젝터 주변 배관도 및 조작 순서

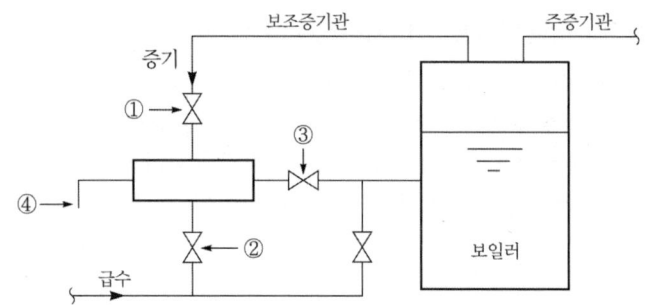

[명칭] ① 인젝터 증기 밸브 ② 인젝터 급수 밸브 ③ 인젝터 출구측 밸브 ④ 인젝터 조절 핸들

(1) 급수 개시 순서 : ③ 인젝터 출구측 밸브 개방 → ② 인젝터 급수 밸브 개방 → ① 인젝터 증기 밸브 개방 → ④ 인젝터 조절 핸들 개방
(2) 급수 정지 순서 : 급수 개시 순서의 역순으로 한다.

60 보일러 급수장치 중 동력을 사용하지 않고 증기를 이용하여 급수하는 장치를 3가지 쓰시오.

해답 ① 워싱턴 펌프   ② 인젝터   ③ 환원기

해설 환원기 : 보일러의 증기압력과 자체의 수두압에 의하여 급수되는 장치로 보일러 상부에서 1[m] 이상 높게 설치하여야 한다.

61 급수내관(distributing pipe)을 설치하였을 때 이점을 3가지 쓰시오.

해답 ① 온도차에 의한 부동팽창을 방지한다.
② 보일러 급수의 예열이 가능하다.
③ 관내온도의 급격한 변화를 방지한다.
④ 관수 순환의 교란 방지

62 급수내관의 설치 위치는 안전 저수위를 기준으로 할 때 어느 위치에 설치하여야 하는가?

해답 안전 저수위 50[mm] 아래

해설 설치 위치가 잘못되었을 때 나타나는 현상
① 높을 때 : 수격작용 발생
② 낮을 때 : 동체 아래 부분의 냉각, 관수 순환 저해

63 보일러에 설치되는 안전장치의 종류를 4가지 쓰시오.

해답 ① 안전밸브   ② 가용전
③ 방폭문   ④ 화염검출기
⑤ 증기압력 제한기 ⑥ 저수위 안전장치(저수위 경보장치)

64 보일러에 안전밸브를 설치하는 목적을 설명하시오.

해답 보일러의 증기압이 이상 상승 시 증기압을 외부로 분출하여 보일러 파열사고를 사전에 방지하기 위하여 설치

65 보일러용 안전밸브를 작동원리에 의한 종류를 3가지 쓰시오.

해답 ① 스프링식   ② 중추식   ③ 지렛대식

66 보일러용 안전밸브의 구비조건을 4가지 쓰시오.

해답 ① 밸브 개폐 동작이 신속하고 자유로울 것
② 밸브의 지름과 양정이 충분할 것
③ 밸브의 작동이 확실하고 증기 누설이 없을 것
④ 증기압력이 정상으로 되면 작동이 정지될 것
⑤ 밸브의 분출용량이 충분할 것

67 보일러 안전밸브의 증기 누설 원인을 4가지 쓰시오.

해답 ① 작동압력이 낮게 조정되었을 때
② 스프링의 장력이 약할 때
③ 밸브 디스크와 밸브 시트에 이물질이 있을 때
④ 밸브 시트가 불량일 때
⑤ 밸브 축이 이완되었을 때

68 보일러에 설치된 스프링식 안전밸브의 미작동 원인 5가지를 쓰시오.

해답 ① 스프링의 탄력이 강하게 조정된 경우
② 밸브 시트의 구경, 밸브 각의 사이 틈이 적은 경우
③ 밸브 시트의 구경, 밸브 각의 사이 틈이 많은 경우
④ 열팽창 등에 의하여 밸브 각이 밀착된 경우
⑤ 밸브 각이 뒤틀리고 고착된 경우

69 온수 보일러에 설치하는 방출밸브와 안전밸브의 설치 구분은 온수온도 몇 [℃]를 기준으로 하는가?

해답 120[℃]

70 주철제 온수보일러의 최고사용압력이 수두압 50[mmAq]이고 용량이 50만[kcal/h]이다. 만일 이 보일러에 안전밸브를 설치하지 않고 방출관을 설치할 경우 방출관의 안지름[mm] 얼마인가? (단, 전열면적은 18[m²] 이다.)

해답 40[mm] 이상

해설 전열면적에 따른 온수발생 보일러(액상식 열매체 보일러 포함) 방출관의 크기

전열면적[m²]	방출관의 안지름[mm]
10 미만	25 이상
10 이상 15 미만	30 이상
15 이상 20 미만	40 이상
20 이상	50 이상

71 보일러 수위가 낮을 때 작동하는 안전장치의 명칭은 무엇인가?

해답 가용전(fusible plug)

72 가용전은 노통 또는 화실 천장부에 조립하여 관수의 이상감수 시 과열로 인한 동체의 파열사고를 방지하는 안전장치이다. 가용전의 재료를 2가지 쓰시오.

해답 ① 주석(Sn) ② 납(Pb)

73 가용전 설치에 있어 다음 온도에 따른 주석과 납의 합금비율을 적으시오.

번호	용융온도	합금비율 [주석(Sn) : 납(Pb)]
(1)	150[℃]	
(2)	200[℃]	
(3)	250[℃]	

해답 (1) 10 : 3 (2) 3 : 3 (3) 3 : 10

74 보일러에서 노내 미연소가스의 폭발 및 역화 시 그 내부압력을 외부로 방출시켜 보일러 손상 및 안전사고를 방지하는 장치의 명칭은 무엇인가?

해답 방폭문

해설 방폭문 종류 및 설치 위치
(1) 종류 : 개방식(스윙식), 밀폐식(스프링식)
(2) 설치 위치 : 연소실 후부 또는 좌, 우측

75 보일러 연소실내의 연소상태를 감시하여 실화 및 소화 시 연료 전자밸브를 차단하여 미연소 가스로 인한 폭발사고를 방지하는 안전장치이다.
(1) 이 장치의 명칭을 쓰시오.
(2) 종류 3가지를 쓰시오.

해답 (1) 화염검출기
(2) ① 플레임 아이 ② 플레임 로드 ③ 스택 스위치

해설 화염 검출기의 종류
① 플레임 아이(flame eye) : 화염이 발광체임을 이용하여 화염의 방사선을 감지하여 화염의 유무를 검출한다.
② 플레임 로드(flame lod) : 화염의 이온화 현상에 의한 전기 전도성을 이용하여 화염의 유무를 검출한다.
③ 스택 스위치(stack switch) : 연도에 바이메탈을 설치하여 연소가스의 발열체를 이용하여 화염유무를 검출한다.

76 증기보일러에서 증기압력 조절기의 설치 목적과 압력 검출방식을 2가지 쓰시오.

해답 ① 설치 목적 : 발생증기 압력을 검출하여 압력변화에 따라 연료량과 함께 공기량을 조절하여 안정적이고 효율적인 연소관리를 하기 위하여
② 압력검출 방식 : 벨로즈식, 부르동관식

77 증기 속에 수분이 섞여 나가는 것을 방지하기 위하여 설치하는 장치 명칭은 무엇인가?

해답 ▶ 증기내관

78 프라이밍을 방지하기 위해 드럼 윗면에 다수의 구멍을 뚫은 대형 관을 증기실 꼭대기에 부착하여 상부로부터 증기를 평균적으로 인출하고, 증기속의 물방울은 하부에 뚫린 구멍으로부터 보일러수 속으로 떨어지도록 한 장치 명칭을 쓰시오.

해답 ▶ 비수방지관

해설 비수 방지관에 뚫린 구멍의 총면적은 증기 취출구 증기관 면적의 1.5배 이상으로 한다.

79 수관식 보일러 기수드럼에 부착하여 승수관을 통하여 상승하는 증기 속에 혼입된 수분을 분리하는 기수분리기의 종류 4가지를 쓰시오.

해답 ▶ ① 사이클론형　② 스크러버형
　　　　③ 건조 스크린형　④ 배플형

해설 기수분리기의 종류 및 원리
① 사이클론형 : 원심 분리기를 사용
② 스크러버형 : 파형의 다수 강판을 조합한 것
③ 건조 스크린형 : 금속망판을 이용한 것
④ 배플형 : 급격한 방향 전환을 이용한 것

80 보일러 설비 중 감압밸브를 이용하여 고압의 증기를 저압의 증기로 감압하여 이용할 경우 장점을 4가지 쓰시오.

해답 ▶ ① 에너지 절약　② 증기의 건도 향상
　　　　③ 배관설비의 절감　④ 특정 온도를 정확히 유지
　　　　⑤ 생산성 향상

81 증기 감압밸브를 작동방법에 따른 종류를 3가지 쓰시오.

해답 ▶ ① 피스톤식
　　　　② 다이어프램식
　　　　③ 벨로즈식

해설 감압밸브의 종류
① 작동방법에 따른 분류 : 피스톤식, 다이어프램식, 벨로즈식
② 구조에 따른 분류 : 스프링식, 추식
③ 제어방식에 따른 분류 : 자력식(직동식과 파일럿 작동식으로 분류), 타력식

82 증기 감압밸브 설치 시 주의사항 5가지를 쓰시오.

해답
① 감압밸브는 가능한 사용처에 가깝게 설치한다.
② 감압밸브 입구측에 반드시 스트레이너를 설치한다.
③ 감압밸브 앞에서 기수분리기 또는 스팀트랩에 의해 응축수가 제거되도록 한다.
④ 감압밸브 앞에 사용되는 리듀서는 편심리듀서를 사용한다.
⑤ 바이패스 배관 및 바이패스 밸브를 설치하여 고장 등에 대비한다.
⑥ 감압밸브 입구 및 출구측에 압력계를 설치하여 입·출구 압력을 확인할 수 있도록 한다.
⑦ 감압밸브 전·후 배관의 관경 선정에 주의하여야 한다.

83 주증기관에 신축이음을 설치하는 이유를 설명하시오.

해답 증기의 온도에 의한 열팽창을 허용(흡수)하기 위하여

84 신축이음(expansion joint)의 종류를 4가지 쓰시오.

해답
① 루프형(loop type)
② 슬리브형(sleeve type)
③ 벨로즈형(bellows type)
④ 스위블형(swivel type)

85 증기 사용설비 및 배관내의 응축수를 제거하여 증기의 잠열을 유효하게 이용할 수 있도록 하고, 수격작용을 방지하는 역할을 하는 기기 명칭은?

해답 증기트랩(steam trap)

86 증기트랩을 작동 원리에 따라 3가지로 분류하고 그 종류를 1가지씩 쓰시오.

해답
① 기계식 트랩 : 버킷식, 플로트식
② 온도조절식 트랩 : 바이메탈식, 벨로즈식
③ 열역학적 트랩 : 오리피스식, 디스크식

해설 작동원리에 의한 증기 트랩의 분류 및 종류

구분	작동원리	종류
기계식 트랩	증기와 응축수의 비중차 이용(플로트 또는 버킷의 부력 이용)	상향 버킷식, 하향 버킷식, 레버 플로트식, 자유 플로트식
온도조절식 트랩	증기와 응축수의 온도차 이용(금속의 신축성을 이용)	바이메탈식, 벨로즈식
열역학적 트랩	증기와 응축수의 열역학적, 유체역학적 특성차 이용	오리피스식, 디스크식

87 증기트랩의 구비조건을 4가지 쓰시오.

> **해답** ① 마찰저항이 적을 것
> ② 내식성, 내구성이 좋을 것
> ③ 공기를 빼내기 좋을 것
> ④ 응축수의 연속 배출이 용이할 것
> ⑤ 압력과 유량에 따른 작동이 확실할 것

88 증기트랩을 사용할 때 장점 2가지를 쓰시오.

> **해답** ① 워터해머(water hammer) 방지 　② 장치 내 부식 방지
> ③ 열효율 저하 방지 　　　　　　　　 ④ 관내 마찰저항 감소

89 증기트랩 설치 시 주의사항을 4가지 쓰시오.

> **해답** ① 트랩 입구측에 여과기(strainer)를 설치할 것
> ② 바이패스 라인을 설치하여 고장에 대비할 것
> ③ 증기사용설비와 트랩의 거리는 최단거리를 유지할 것
> ④ 트랩의 위치는 설비의 배수위치보다 낮을 것
> ⑤ 적당한 배관을 선택하고, 곡선부는 가능한 한 짧게 할 것

90 보일러 부속기기 중 발생 증기량에 비해 소비량이 적을 때 남은 잉여증기를 저장하였다가, 과부하시 긴급히 사용하는 잉여증기의 저장장치 명칭을 쓰시오.

> **해답** 증기 축열기(steam accumulator)
>
> **해설** 증기 축열기의 종류
> ① 변압식 : 고압 증기를 물에 통과시키고 응축시켜 저장하고, 부하가 증가하면 저압의 증기상태로 하여 이용하는 형식으로 증기측에 설치한다.
> ② 정압식 : 부하 감소 시 여분의 관수나 증기로 급수를 예열하고 부하가 증가하면 급수하여 연소량은 일정한 상태가 유지되면서 다량의 고압증기를 얻는 방식으로 급수측에 설치한다.

91 보일러 동 내부 안전저수위보다 약간 높게 설치하여 유지분, 부유물 등을 제거하는 장치로서 연속분출장치에 해당되는 것은?

> **해답** 수면분출장치
>
> **해설** 분출장치의 종류
> ① 수면 분출장치(연속 분출장치) : 안전 저수위 선상에 설치하여 유지분, 부유물을 제거하여 프라이밍, 포밍 현상을 방지한다.

② 수저 분출장치(단속 분출장치) : 동체 아래 부분에 있는 스케일이나 침전물, 농축된 물 등을 외부로 배출시켜 제거한다.

92 보일러에서 보일러수의 분출 목적을 4가지 쓰시오.

해답 ① 슬러지 생성 및 스케일 방지
② 보일러수의 pH 조절
③ 프라이밍, 포밍 현상을 방지
④ 보일러수의 농축방지 및 순환을 양호하게 유지
⑤ 고수위 방지
⑥ 세관작업을 후 폐액을 배출시키기 위하여

93 분출을 하여야하는 시기를 4가지 쓰시오.

해답 ① 부하가 가장 가벼울 때
② 보일러 가동 전
③ 프라이밍, 포밍 현상이 발생할 때
④ 고수위 일 때

94 보일러의 분출 시 주의사항을 4가지 쓰시오.

해답 ① 2인 1조가 되어 분출작업을 할 것
② 분출량이 많아도 안전저수위 이하로 하지 않을 것
③ 2대의 보일러를 동시에 분출시키지 않을 것
④ 밸브 및 콕은 신속히 개방할 것
⑤ 분출량은 농도 측정에 의하여 결정할 것
⑥ 분출 도중 다른 작업을 하지 않을 것

95 1일 8시간 가동하는 보일러의 시간당 급수량이 1000[L]이고 응축수 회수량이 400[L]일 때 급수 중의 고형분의 농도가 20[ppm], 보일러수의 허용고형분이 2000[ppm]일 때 분출량[L/day]을 계산하시오.

풀이 ① 응축수 회수율(R) 계산

$$\therefore R = \frac{응축수\ 회수량}{실제증발량} \times 100 = \frac{400}{1000} \times 100 = 40[\%]$$

② 1일 분출량 계산

$$\therefore X = \frac{W(1-R)d}{\gamma - d} = \frac{(1000 \times 8) \times (1-0.4) \times 20}{2000 - 20} = 48.484 ≒ 48.48[L/day]$$

해답 48.48[L/day]

96 1일 급수량이 36000[L]인 보일러에서 급수 중 염화물의 이온농도를 100[ppm], 보일러수의 허용 이온농도를 2000[ppm]으로 할 때 1일 분출량[L/day]을 계산하시오.

풀이) $X = \dfrac{W(1-R)d}{\gamma - d} = \dfrac{36000 \times 100}{2000 - 100} = 1894.736 ≒ 1894.74[L/day]$

해답) 1894.74[L/day]

97 어떤 보일러의 급수량이 2000[L/h], 관수 중의 허용 고형분이 1100[ppm], 급수 중의 고형분이 200[ppm]일 때 분출률[%]은?

해설) 분출률[%] $= \dfrac{d}{\gamma - d} \times 100 = \dfrac{200}{1100 - 200} \times 100 = 22.222 ≒ 22.22[\%]$

해답) 22.22[%]

98 보일러의 열효율을 증대시키기 위하여 설치하는 폐열회수장치를 4가지 쓰시오.

해답) ① 과열기   ② 재열기   ③ 급수예열기(절탄기)   ④ 공기예열기

99 [보기]는 연도에 설치하는 폐열회수장치의 종류이다. 폐열회수장치를 설치할 때 보일러 본체에서부터 순서를 번호로 나열하시오.

| 보기 | ① 절탄기   ② 과열기   ③ 재열기   ④ 공기예열기

해답) ② → ③ → ① → ④

100 포화증기를 가열하여 온도를 올라가게 하는 장치는?

해답) 과열기(super heater)

101 과열기에 대한 다음 물음에 답하시오.
(1) 전열방식에 따른 종류 3가지를 쓰시오.
(2) 증기와 연소가스의 흐름에 의한 종류 3가지를 쓰시오.

해답) (1) ① 대류형   ② 방사형   ③ 방사 대류형
      (2) ① 병류식   ② 향류식   ③ 혼류식

102 그림은 증기와 연소가스의 흐름에 따른 과열기 종류를 나타낸 것이다. 각각의 명칭을 쓰시오.

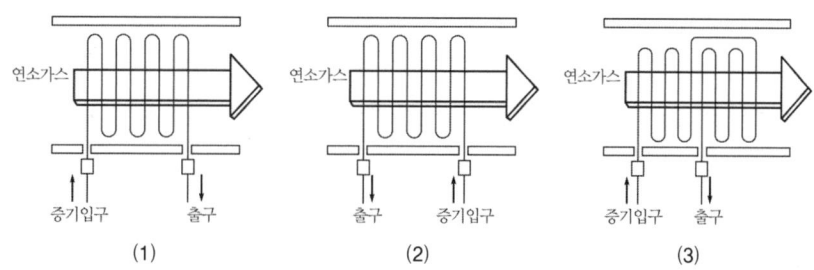

해답 ▶ (1) 병류식   (2) 향류식   (3) 혼류식

103 과열증기 온도 조절방법을 3가지 쓰시오.

해답 ▶ ① 연소가스량을 가감하는 방법
② 과열 저감기를 사용하는 방법
③ 저온가스를 재순환시키는 방법
④ 화염의 위치를 바꾸는 방법

104 보일러에서 발생한 습포화증기를 연소가스 여열(餘熱) 등을 이용하여 압력을 일정하게 유지하면서 온도만을 높여 과열증기를 만드는 장치를 설치, 사용했을 때의 장점 4가지를 쓰시오.

해답 ▶ ① 열효율이 증가한다.
② 수격작용을 방지한다.
③ 관내 마찰저항이 감소한다.
④ 장치 내 부식을 방지한다.
⑤ 적은 증기로 많은 열을 얻을 수 있다.

해설 과열기 사용 시 단점
① 가열 표면의 일정온도를 유지하기 곤란하다.
② 가열장치에 큰 열응력이 발생한다.
③ 직접 가열 시 열손실이 증가한다.
④ 높은 온도로 인하여 제품의 손상 우려가 있다.
⑤ 과열기 표면에 고온부식이 발생할 우려가 있다.

105 보일러 부속장치 중 고온부식이 유발될 수 있는 장치는?

해답 ▶ 과열기

해설 열효율 증대장치의 부식 현상
① 저온부식 발생 : 절탄기, 공기예열기
② 고온부식 발생 : 과열기

106 보일러 배기가스 여열(餘熱)을 이용하여 급수를 예열하면 보일러 열효율이 향상되고 연료가 절감되며, 급수와 관수의 온도차로 인한 열응력을 감소시키는 장치의 명칭을 쓰시오.

해답 급수예열기(또는 절탄기(節炭器), 이코노마이저[economizer])

107 보일러 폐열회수장치인 절탄기(economizer)를 사용하였을 때 장점 4가지를 쓰시오.

해답 ① 보일러 열효율이 향상된다.
② 열응력 발생을 방지한다.
③ 급수 중 불순물을 일부 제거한다.
④ 연료소비량이 감소한다.

108 보일러 연도에 설치된 절탄기에 대한 물음에 답하시오.
(1) 절탄기를 설치하였을 때 장점이 많은 반면 단점도 있는데 이중 3가지를 쓰시오.
(2) 열정산 시 절탄기 입구와 출구 온도계 중 어느 쪽 온도를 사용하는가?

해답 (1) ① 통풍저항 증가로 연돌의 통풍력이 저하된다.
② 연소가스 온도 저하로 인한 저온부식의 우려가 있다.
③ 연도의 청소가 어렵다.
④ 연도의 점검 및 검사가 곤란하다.
(2) 절탄기 입구

109 벙커C유를 사용하는 보일러의 연도에서 배기가스 온도를 측정한 결과 400[℃] 이었다. 여기에 급수예열기를 설치하여 배기가스 온도가 150[℃]까지 내려갔다면 급수예열기에서 회수한 열량[kcal/h]은 얼마인가? (단, 배출되는 배기가스량은 2500[kg/h], 배기가스 비열 0.24[kcal/kg·℃], 급수예열기의 효율은 75[%] 이다.)

풀이 $Q_s = G_s \times C_s \times \Delta t \times \eta$
$= 2500 \times 0.24 \times (400 - 150) \times 0.75 = 112500 [kcal/h]$

해답 112500[kcal/h]

110 LNG 소비량이 50[Sm³/h]인 보일러에 절탄기를 설치하였을 때 조건이 [보기]와 같을 때 물음에 답하시오.

| 보기 |
- 절탄기 입구 배기가스 온도 : 180[℃]
- 절탄기 출구 배기가스 온도 : 100[℃]
- 배기가스 정압비열 : 0.33[kcal/Sm³·℃]
- 이론 공기량 : 10.742[Sm³/Sm³]
- 이론 배기가스량 : 11.853[Sm3/Sm³]
- 공기비 : 1.2

(1) 절탄기 설치로 인하여 회수되는 열량[kcal/h]은 얼마인가?
(2) 배기가스로 인한 열손실을 감소시키기 위하여 공기비를 1.1로 낮추어 조정할 경우 배기가스 손실열량[kcal/h] 감소는 얼마인가? (단, 공기비 조정으로 인한 배기가스 온도는 변함이 없는 것으로 가정한다.)

풀이 (1) ① LNG 1[Sm³/h]에 대한 실제 배기가스량(G) 계산 : 실제 배기가스량은 이론 배기가스량(G_0)에 과잉공기량(B)을 합산한 양이다.

$$\therefore G = G_0 + B = G_0 + \{(m-1) \times A_0\}$$
$$= 11.853 + \{(1.2-1) \times 10.742\} = 14.001 ≒ 14.00[Sm^3/Sm^3]$$

② LNG 50[Sm³/h]가 연소할 때 절탄기에서 회수하는 열량 계산

$$\therefore Q_g = \{G \times C_g \times (t_g - t_g')\} \times G_f$$
$$= \{14 \times 0.33 \times (180 - 100)\} \times 50 = 18480[kcal/h]$$

(2) 공기비가 1.2에서 1.1로 조정될 때 배기가스량이 감소되며, 감소되는 것은 과잉공기량이 감소 되고 이것에 의하여 손실되는 열량이 감소되는 것이다.

$$\therefore 감소되는 과잉공기량(B') = (m - m') \times A_0$$
$$= (1.2 - 1.1) \times 10.742 = 1.0742 ≒ 1.07[Sm^3/Sm^3]$$

$$\therefore 배기가스 손실열량 감소량 = \{G' \times C_g \times (t_g - t_g')\} \times G_f$$
$$= \{1.07 \times 0.33 \times (180 - 100)\} \times 50$$
$$= 1412.4[kcal/h]$$

해답 (1) 18480[kcal/h] (2) 1412.4[kcal/h]

111 온도가 400[℃]인 배기가스가 시간당 2500[kg]이 연도로 배출되면서 연도에 설치된 급수가열기와 열교환하여 0[℃] 급수 180[kg/h]이 포화증기가 되면서 배기가스는 150[℃]로 낮아져 연돌로 배출되고 있다. 이 때 배기가스에서 회수하지 못하고 손실되는 열량[kcal/h]은 얼마인가? (단, 포화증기 엔탈피는 640[kcal/kg], 배기가스 평균비열은 0.24[kcal/kg·℃]이다.)

풀이
① 급수가열기 입구와 출구 사이에서 배기가스가 보유한 총 현열량 계산
∴ $Q_1 = G \times C \times \Delta t = 2500 \times 0.24 \times (400 - 150) = 150000 [\text{kcal/h}]$
② 급수가열기에서 회수한 열량 계산
∴ $Q_2 = G_a \times h'' = 180 \times 640 = 115200 [\text{kcal/h}]$
③ 손실열량 계산 : 급수가열기 입구와 출구 사이에서 배기가스가 보유한 총 현열량에서 급수가열기에서 회수한 열량 차가 회수하지 못하고 손실되는 열량이다.
∴ $Q = Q_1 - Q_2 = 150000 - 115200 = 34800 [\text{kcal/h}]$

해답 ▶ 34800[kcal/h]

112 보일러 연도에 설치된 절탄기의 조건이 [보기]와 같을 때 효율[%]을 구하시오.

| 보기 |
- 절탄기에서 가열된 급수량 : 40000[kg/h]
- 절탄기 입구 급수온도 : 25[℃]
- 절탄기 출구 급수온도 : 55[℃]
- 급수의 비열 : 4.185[kJ/kg·℃]
- 배기가스량 : 50000[kg/h]
- 절탄기 입구 배기가스 온도 : 350[℃]
- 절탄기 출구 배기가스 온도 : 230[℃]
- 배기가스 비열 : 1.05[kJ/kg·℃]

풀이 절탄기 효율 = $\dfrac{\text{급수를 가열하는데 소요된 열량}}{\text{배기가스 손실열량}} \times 100$

$= \dfrac{40000 \times 4.185 \times (55 - 25)}{50000 \times 1.05 \times (350 - 230)} \times 100 = 79.71 [\%]$

해답 ▶ 79.71[%]

113 시간당 30000[kg]의 물을 절탄기를 통해 50[℃]에서 80[℃]로 높여 보일러에 급수한다. 절탄기 입구 배기가스 온도가 350[℃]이면 출구온도는 몇 [℃]인가? (단, 배기가스량은 50000[kg/h], 배기가스 비열 1.045[kJ/kg·℃], 급수 비열 4.184[kJ/kg·℃], 절탄기 효율은 75[%]이다.)

풀이 절탄기에서 물이 흡수한 열량(Q_1)은 배기가스가 전달해준 열량(Q_2)의 75[%]에 해당한다.
∴ $Q_1 = Q_2 \times \eta$
∴ $G_w \times C_w \times (t_{w2} - t_{w1}) = G_f \times C_f \times (t_{f2} - t_{f1}) \times \eta$
∴ $t_{f2} - t_{f1} = \dfrac{G_w \times C_w \times (t_{w2} - t_{w1})}{G_f \times C_f \times \eta}$
∴ $t_{f1} = t_{f2} - \dfrac{G_w \times C_w \times (t_{w2} - t_{w1})}{G_f \times C_f \times \eta} = 350 - \dfrac{30000 \times 4.184 \times (80 - 50)}{50000 \times 1.045 \times 0.75}$
$= 253.908 ≒ 253.91 [℃]$

해답 ▶ 253.91[℃]

114 보일러 배기가스 현열을 이용하여 급수를 예열하는 장치를 (①)라 하며, 공기를 예열하는 장치를 (②)라 한다. ( ) 안에 알맞은 명칭을 쓰시오.

해답 ① 급수예열기 (또는 절탄기)
② 공기예열기

115 공기예열기를 설치하였을 때의 장점 4가지를 쓰시오.

해답 ① 전열효율, 연소효율이 향상된다.
② 예열공기의 공급으로 불완전 연소가 감소된다.
③ 보일러 열효율이 향상된다.
④ 품질이 낮은 연료도 사용할 수 있다.

해설 공기예열기 사용 시 단점
① 통풍저항이 증가된다.　　② 연돌의 통풍력이 저하된다.
③ 저온부식의 원인이 된다.　④ 연도의 청소, 검사, 점검이 곤란하다.

116 히트 파이프식 공기예열기에 대한 물음에 답하시오.
(1) 히트 파이프 내부의 압력은 어떤 상태인가?
(2) 히트 파이프 내부에 봉입하는 열매체 종류 3가지를 쓰시오.

해답 (1) 진공 상태
(2) ① 물(또는 증류수)　② 알코올　③ 프레온

해설 히트 파이프식 공기예열기 : 배관 외표면에 알루미늄 핀튜브를 부착시키고 진공으로 된 배관 내부에 열매체인 증류수를 넣어 봉입한 것을 경사지게 설치한 것이다. (배기가스가 통과하는 부분은 낮고, 연소용 공기가 통과하는 부분은 높다) 히트 파이프 내의 증류수는 배기가스의 열을 흡수하여 증발되어 경사면을 따라 응축부(연소용 공기 통로)로 이동되고 송풍기에서 공급되는 연소용 공기와 열교환하여 응축되어 증발부로 되돌아오는 과정을 반복하여 배기가스 온도를 낮추고 연소용 공기를 예열하는 장치이다.

117 보일러 연도에 설치된 공기예열기에 15[℃] 공기를 시간당 10[m³]를 유입시켜 150[℃]로 상승시킬 때 필요한 열량[kcal/h]은 얼마인가? (단, 공기의 평균비열은 0.172 [kcal/kg·℃], 비체적은 0.02 [m³/kg] 이다.)

풀이 ① 공기의 질량 계산
∴ $m = \dfrac{V}{v} = \dfrac{10}{0.02} = 500[\text{kg}]$
② 소요 열량 계산
∴ $Q = m \times C \times \Delta t = 500 \times 0.172 \times (150 - 15) = 11610[\text{kcal/h}]$

해답 11610[kcal/h]

118 어느 공장에 설치된 보일러를 열정산한 결과, 사용 연료(벙커C유) 1[kg]당 배기가스량이 12.5[Nm³]이고, 그 때의 온도가 340[℃]이었다. 이 보일러에 공기예열기를 설치하여 배기가스 온도를 160[℃]로 낮춘다면 사용 연료 1[kg]당 몇 [kcal]의 배기가스 열손실을 줄일 수 있는가? (단, 배기가스 비열은 0.33[kcal/kg·℃], 공기예열기 효율은 80[%]이다.)

풀이
$Q = G_s \times C_s \times (t_2 - t_1) \times \eta$
$= 12.5 \times 0.33 \times (340 - 160) \times 0.8 = 594 [\text{kcal/kg}]$

해답 ▶ 594[kcal/kg]

119 회수율이 85.3[%]인 폐열회수장치가 있다. 폐열회수 전 연소가스의 온도가 270[℃]에서 폐열회수 후 160[℃]로 낮아졌을 때 연료 1[kg]당 절약되는 열량[kcal]은 얼마인가? (단, 이론 배기가스량 11.24[Sm³/kg], 이론공기량 10.709[Sm³/kg], 공기비 1.2, 배기가스 비열은 0.33[kcal/Sm³·℃]이다.)

풀이
절감열량 = 실제배기가스량 × 배기가스비열 × 온도차 × 회수율
= { 이론배기가스량 + (m − 1) × A_0 } × C × Δt × η
= {11.24 + (1.2 − 1) × 10.709} × 0.33 × (270 − 160) × 0.853
= 414.352 ≒ 414.35[kcal]

해답 ▶ 414.35[kcal]

해설
① '실제배기가스량 = 이론배기가스량 + 과잉공기량'이고
'과잉공기량 = (공기비(m) − 1) × 이론공기량(A_0)' 이다.
② 최종값 단위는 문제에서 '연료 1[kg]당 절약되는 열량[kcal]'으로 묻고 있으므로 답안에 작성하지 않아도 되지만, [kcal/kg] 또는 [kcal]로 작성해도 채점에는 영향이 없습니다.

120 벙커C유를 사용하는 보일러의 연소 배기가스 온도를 측정한 결과 300[℃] 이었다. 여기에 공기예열기를 설치하여 배기가스 온도가 150[℃]까지 낮아졌다면 연료 절감률[%]은 얼마인가? (단, 벙커C유의 발열량 9750[kcal/kg], 배기가스량은 연료 1[kg]당 13.6[Nm³], 배기가스의 비열 0.33[kcal/Nm³·℃], 공기예열기의 효율은 0.75 이다.)

풀이
① 공기예열기에서 회수한 열량 계산
∴ $Q_s = G_s \times C_s \times \Delta t \times \eta$
= 13.6 × 0.33 × (300 − 150) × 0.75 = 504.9[kcal/kg]
② 연료 절감률 계산
∴ 연료 절감률 = $\dfrac{회수열량}{공급열량} \times 100 = \dfrac{504.9}{9750} \times 100 = 5.178 ≒ 5.18[\%]$

해답 ▶ 5.18[%]

121 폐열회수장치를 설치하여 보일러의 효율을 1[%] 정도 향상시키기 위해서는 일반적으로 배기가스 온도는 어느 정도 감소되어야 하는가?

해답 ▶ 20~25[℃]

122 보일러 전열면에 부착된 그을음이나 연소 잔재물 등을 제거하여 연소열 흡수를 양호하게 유지할 수 있도록 해 주는 장치의 명칭을 쓰시오.

해답 ▶ 슈트 블로(soot blow)

해설 ▶ 슈트 블로 사용 시 주의사항
① 부하가 50[%] 이하일 때, 소화 후에는 사용을 금지한다.
② 댐퍼를 완전히 열고 통풍력을 크게 한다.
③ 그을음 제거를 하기 전에 분출기 내부의 응축수를 제거한다.
④ 그을음 불어내기 관을 동일 장소에서 오래 동안 작용시키지 않는다.
⑤ 흡입통풍기가 있을 경우 흡입통풍을 늘려서 한다.

123 압력계 설치기준에 관한 내용에서 ( ) 안에 알맞은 숫자를 넣으시오.

> 증기 보일러의 압력계 부착 시 압력계와 연결된 증기관은 황동관 또는 동관을 사용하면 안지름 (①)[mm] 이상, 강관을 사용할 때는 (②)[mm] 이상이어야 하며, 사이펀관의 안지름은 (③)[mm] 이상이어야 한다.

해답 ▶ ① 6.5　② 12.7　③ 6.5

124 압력계를 검사하여야 할 시기를 4가지 쓰시오.

해답 ▶ ① 2개의 압력계가 서로 다르게 지시될 때
② 보일러 운전 중에 포밍, 프라이밍 현상이 발생하는 때
③ 압력계의 지시가 정확하지 않다고 판단될 때
④ 점화전이나 압력계 교체 후
⑤ 신설 보일러인 경우 압력이 상승하기 시작할 때

125 보일러에 수면계를 부착할 때 수주를 설치하는 목적을 2가지 설명하시오.

해답 ▶ ① 고온의 증기 및 보일러 수로부터 수면계를 보호하기 위하여
② 수위 교란으로 인한 수위를 잘못 인식하는 것을 방지하기 위하여

126 수주관과 보일러를 연락하는 관(연락관)의 최소 호칭지름은 얼마인가?

해답 20[A]

해설 수주관과 보일러를 연결하는 관, 수주관과 수면계를 연결하는 관, 수주관의 분출관은 호칭지름 20[A] 이상으로 하여야 한다.

127 강제 보일러에 수면계를 부착할 때 주의할 사항을 2가지 쓰시오.

해답 ① 동체에 직접 부착하지 않고 수주에 부착한다.
② 수면계 최하단부는 보일러의 안전저수위와 일치하도록 한다.

128 보일러 운전 중 수면계에 고장이 발생하면 큰 위험을 초래하게 되는데, 수면계의 중요성을 감안하여 수시로 검사를 하여야 한다. 이때 수면계를 점검해야할 시기를 5가지 쓰시오.

해답 ① 보일러를 가동하기 전
② 압력이 상승하기 시작할 때
③ 2개의 수면계의 수위에 차이가 발생할 때
④ 수면계의 수위가 의심스러울 때
⑤ 보일러 운전 중에 포밍, 프라이밍 현상이 발생할 때

129 보일러 수면계 유리관의 파손 원인 5가지를 쓰시오.

해답 ① 상하 조임 너트를 무리하게 조였을 때
② 외부로부터 충격을 받았을 때
③ 장기간 사용으로 노후 되었을 때
④ 상하의 바탕쇠 중심선이 일치하지 않았을 때
⑤ 유리관의 재질이 불량할 때

130 어떤 보일러에서 급수의 온도가 60[℃], 증발량이 1시간당 3000[kg], 발생증기의 엔탈피는 660[kcal/kg]이다. 이 보일러의 상당증발량[kg/h]을 계산하시오.

풀이 $G_e = \dfrac{G_a(h_2 - h_1)}{539} = \dfrac{3000 \times (660 - 60)}{539} = 3339.517 ≒ 3339.52[\text{kg/h}]$

해답 3339.52[kg/h]

해설 물의 비열은 1[kcal/kg·℃]이므로 급수온도를 급수 엔탈피(h_1)로 적용한다.

131
실제 증기 발생량이 3000[kg/h]이고, 급수온도가 10[℃], 발생증기의 엔탈피가 653[kcal/kg]인 경우 환산증발량[kg/h]을 계산하시오.

풀이 $G_e = \dfrac{G_a \times (h_2 - h_1)}{539} = \dfrac{3000 \times (653 - 10)}{539} = 3578.849 ≒ 3578.85[kg/h]$

해답 3578.85[kg/h]

해설 '상당증발량'을 '환산증발량'이라 하며, 단위는 [kg/h]이다.

132
[보기]의 조건과 같은 상태로 운전되는 보일러의 상당증발량[kg/h]을 계산하시오.

| 보기 |
- 발생증기량 : 2000[kg/h]
- 급수온도 20[℃] 상태의 엔탈피 : 83.96[kJ/kg]
- 발생증기 엔탈피 : 2860.5[kJ/kg]
- 1기압, 100[℃] 상태의 증발잠열 : 2257[kJ/kg]

풀이 $G_e = \dfrac{G_a(h_2 - h_1)}{2257} = \dfrac{2000 \times (2860.5 - 83.96)}{2257} = 2460.381 ≒ 2460.38[kg/h]$

해답 2460.38[kg/h]

해설 1기압, 100[℃] 상태의 SI단위 증발잠열이 주어지지 않으면 1[kcal]는 약 4.1868[kJ]에 해당되므로 공학단위 증발잠열 539[kcal/kg]에 4.1868을 곱한 값을 적용한다.

133
압력이 2[MPa], 건도가 95[%]인 습포화증기를 시간당 20[ton]을 발생하는 보일러에서 급수온도가 30[℃]일 때 상당증발량[kg/h]을 계산하시오.
(단, 2[MPa]의 포화수와 건포화증기의 엔탈피는 각각 906.44[kJ/kg], 2807.7[kJ/kg]이고, 30[℃] 급수엔탈피는 125.79[kJ/kg], 100[℃] 포화수가 증발하여 건포화증기로 되는데 필요한 열량은 2257[kJ/kg] 이다.)

풀이 ① 습포화증기 엔탈피 계산
$\therefore h_2 = h' + (h'' - h')x = 906.44 + \{(2807.7 - 906.44) \times 0.95\}$
$= 2712.637 ≒ 2712.64[kJ/kg]$
② 상당증발량 계산
$\therefore G_e = \dfrac{G_a(h_2 - h_1)}{2257} = \dfrac{(20 \times 10^3) \times (2712.64 - 125.79)}{2257}$
$= 22922.906 ≒ 22922.91[kg/h]$

해답 22922.91[kg/h]

해설 습포화증기 엔탈피 계산식
$\therefore h_2 = h' + (h'' - h')x$

여기서, h_2 : 습포화증기 엔탈피[kJ/kg] h' : 포화수 엔탈피[kJ/kg]
h'' : 포화증기 엔탈피[kJ/kg] x : 건조도

134 절대압력 5[kgf/cm²]인 상태로 운전되는 보일러의 증발량이 시간당 5000[kg]이었다면 이 보일러의 상당증발량은? (단, 이때 급수온도는 30[℃]이었고, 발생증기의 건도는 98[%]이었으며 증기표 값은 다음과 같다.)

증기압(절대) [kgf/cm²]	포화수엔탈피[kcal/kg]	포화증기엔탈피[kcal/kg]
5	152.1	656

풀이 ① 습포화증기 엔탈피 계산
$$\therefore h_2 = h' + (h'' - h')x = 152.1 + (656.0 - 152.1) \times 0.98$$
$$= 645.922 ≒ 645.92[kcal/kg]$$
② 상당증발량 계산
$$\therefore G_e = \frac{G_a(h_2 - h_1)}{539} = \frac{5000 \times (645.92 - 30)}{539} = 5713.543 ≒ 5713.54[kg/h]$$

해답 5713.54[kg/h]

해설 증기표에서 압력에 따른 엔탈피값을 찾을 때 압력은 절대압력이 되므로 문제에서 주어지는 보일러의 발생증기 압력이 게이지압력인지, 절대압력인지 구별을 해야 하고, 구별이 없이 제시되면 이것은 보일러에 부착된 압력계에서 지시된 압력을 읽고 표시하는 것이므로 게이지압력으로 판단하여야 한다.

135 보일러의 상당증발량이 1.5[t/h], 급수온도가 40[℃], 발생증기의 엔탈피가 689[kcal/kg]일 때 실제 증발량[kg/h]을 구하시오.

풀이 $G_e = \dfrac{G_a(h_2 - h_1)}{539}$ 에서
$$\therefore G_a = \frac{539\, G_e}{h_2 - h_1} = \frac{539 \times (1.5 \times 1000)}{689 - 40} = 1245.762 ≒ 1245.76[kg/h]$$

해답 1245.76[kg/h]

136 1보일러 마력을 시간당 발생 열량[kcal/h]으로 환산하면 얼마인가?

풀이 $Q = 15.65 \times 539 = 8435.35[kcal/h]$

해답 8435.35[kcal/h]

해설 1보일러 마력 : 1시간에 15.65[kg]의 상당증발량을 갖는 것으로 100[℃] 물 15.65[kg]을 1시간에 같은 온도의 증기로 변화시킬 수 있는 능력이다. 열량으로 환산하면 8435.35[kcal/h]에 해당된다.

137 어떤 보일러의 상당증발량이 1800[kg/h]일 때 이 보일러의 보일러 마력을 계산하시오.

풀이 ▶ 보일러 마력 $= \dfrac{G_e}{15.65} = \dfrac{1800}{15.65} = 115.015 ≒ 115.02$[보일러 마력]

해답 ▶ 115.02[보일러 마력]

138 80[℃]의 물을 급수하여 압력 0.85[MPa]의 증기를 3000[kg/h] 발생시키는 보일러의 마력은 얼마인가? (단, 발생증기의 엔탈피는 640[kcal/kg] 이다.)

풀이 ▶ 보일러 마력 $= \dfrac{G_e}{15.65} = \dfrac{G_a(h_2-h_1)}{539 \times 15.65} = \dfrac{3000 \times (640-80)}{539 \times 15.65}$
$= 199.161 ≒ 199.16$[보일러 마력]

해답 ▶ 199.16[보일러 마력]

139 전열면적 50[m²], 증기발생량 3000[kg/h], 사용압력 0.7[MPa]인 보일러의 전열면 증발률[kg/h·m²]은 얼마인가?

풀이 ▶ 전열면 증발률 $= \dfrac{\text{매시 실제증기발생량}}{\text{전열면적}} = \dfrac{3000}{50} = 60[\text{kg/h}\cdot\text{m}^2]$

해답 ▶ $60[\text{kg/h}\cdot\text{m}^2]$

140 실제 증발량 1300[kg/h], 급수온도 35[℃], 전열면적 50[m²]인 연관식 보일러의 전열면 환산 증발율[kg/h·m²]을 계산하시오. (단, 발생 증기 엔탈피는 659.7[kcal/kg] 이다.)

풀이 ▶ 전열면 환산 증발율 $= \dfrac{G_a(h_2-h_1)}{539 F} = \dfrac{1300 \times (659.7-35)}{539 \times 50} = 30.133 ≒ 30.13[\text{kg/h}\cdot\text{m}^2]$

해답 ▶ $30.13[\text{kg/h}\cdot\text{m}^2]$

141 보일러의 증발압력이 5[kgf/cm²]이고, 급수온도가 60[℃]일 때 증발계수를 구하시오. (단, 1시간당 증발량 2000[kg], 발생증기 엔탈피 642.1[kcal/kg]이다.)

풀이 ▶ 증발계수 $= \dfrac{h_2-h_1}{539} = \dfrac{642.1-60}{539} = 1.079 ≒ 1.08$

해답 ▶ 1.08

해설 ▶ 증발계수 : 상당 증발량과 실제 증발량의 비

∴ 증발계수 $= \dfrac{G_e}{G_a} = \dfrac{h_2-h_1}{539}$

142 100[kPa]에서 발생증기량은 10[kg/s], 포화수 엔탈피 420[kJ/kg], 포화증기 엔탈피 3000[kJ/kg], 증기의 건도가 0.9이다. 물의 증발잠열이 2225[kJ/kg]일 때 증발계수를 계산하시오. (단, 급수 엔탈피는 284[kJ/kg]이다.)

풀이 ① 습포화증기 엔탈피 계산
$$\therefore h_2 = h' + (h'' - h')x = 420 + (3000 - 420) \times 0.9 = 2742[\text{kJ/kg}]$$
② 증발계수 계산
$$\therefore 증발계수 = \frac{G_e}{G_a} = \frac{h_2 - h_1}{\gamma} = \frac{2742 - 284}{2225} = 1.104 ≒ 1.10$$

해답 1.1

143 연소실 용적이 2.5[m³], 전열면적이 49.8[m²]인 보일러를 가동하였을 때 연료 사용량이 197[kg/h], 사용연료의 발열량이 9800[kcal/kg], 실제 증발량이 2500[kg/h], 급수온도 40[℃], 발생증기 엔탈피가 662.4[kcal/kg]일 때 환산 증발배수를 계산하시오.

풀이 환산 증발배수 $= \dfrac{G_e}{G_f} = \dfrac{G_a(h_2 - h_1)}{539\,G_f} = \dfrac{2500 \times (662.4 - 40)}{539 \times 197} = 14.653 ≒ 14.65$

해답 14.65

해설 환산 증발배수 : 1시간 동안 환산 증발량(G_e : 상당증발량)과 연료 소비량(G_f)의 비이다.
$$\therefore 환산 증발배수 = \frac{G_e}{G_f} = \frac{G_a(h_2 - h_1)}{539\,G_f}$$

144 어떤 보일러의 최대 연속증발량(정격용량)이 5[ton/h]이고, 실제 보일러의 증발량이 4.5[ton/h]이면 보일러 부하율은 몇 [%]인가?

풀이 보일러 부하율 $= \dfrac{\text{실제 증발량}}{\text{최대 연속 증발량}} \times 100 = \dfrac{4.5}{5} \times 100 = 90[\%]$

해답 90[%]

145 연소실 용적이 25[m³], 전열면적이 240[m²]인 보일러를 6시간 가동하였을 때 연료 사용량이 600[kg], 사용연료의 발열량이 5000[kcal/kg], 급수온도 40[℃], 발생증기 엔탈피가 662.4[kcal/kg]이다. 이때 이 보일러의 연소실 열 발생률[kcal/h·m³]을 구하시오.

풀이 연소실 열 발생률 $= \dfrac{G_f \times H_l}{\text{연소실 용적}} = \dfrac{600 \times 5000}{25 \times 6} = 20000[\text{kcal/h} \cdot \text{m}^3]$

해답 $20000[\text{kcal/h} \cdot \text{m}^3]$

146 저위발열량이 9750[kcal/kg]인 B-C유 350[L/h]를 사용하여 매시간 10[kgf/cm²] 증기를 4.5톤을 발생시키는 보일러의 효율을 계산하시오. (단, 10[kgf/cm²]의 발생증기 엔탈피는 656[kcal/kg], 급수온도는 56[℃], B-C유 비중은 0.96 이다.)

[풀이] $\eta = \dfrac{G_a \times (h_2 - h_1)}{G_f \times H_l} \times 100$

$= \dfrac{(4.5 \times 1000) \times (656 - 56)}{(350 \times 0.96) \times 9750} \times 100 = 82.417 ≒ 82.42[\%]$

[해답] 82.42[%]

[해설] B-C유의 저위발열량이 [kcal/kg]으로 주어졌으므로 사용량 350[L/h]를 [kg/h] 단위로 환산하여야 한다.
∴ B-C유 사용량[kg/h]=체적단위[L/h] × 액비중[kg/L]

147 [보기]와 같은 조건에서 가동되는 보일러 효율을 구하시오.

| 보기 | – 발열량 : 10000[kcal/kg]   – 연료 사용량 : 시간당 2[kg]
        – 발생증기 엔탈피 : 646.1[kcal/kg]   – 발생증기량 : 20[kg/h]
        – 급수온도 : 10[℃]

[풀이] $\eta = \dfrac{G_a \cdot (h_2 - h_1)}{G_f \cdot H_l} \times 100 = \dfrac{20 \times (646.1 - 10)}{2 \times 10000} \times 100 = 63.61[\%]$

[해답] 63.61[%]

148 압력이 20[kgf/cm²], 건도가 95[%]인 습포화증기를 시간당 2000[kg]을 발생하는 보일러에 저위발열량이 9750[kcal/kg]인 연료를 매시간 150[kg]이 공급된다. 이 보일러의 효율[%]은 얼마인가? (단, 20[kgf/cm²]의 포화수 엔탈피는 215.82[kcal/kg], 건포화증기의 엔탈피는 668.5[kcal/kg]이고, 급수온도는 50[℃]이다.)

[풀이] ① 습포화증기 엔탈피 계산
∴ $h_2 = h' + (h'' - h')x$
$= 215.82 + \{(668.5 - 215.82) \times 0.95\} = 645.866 ≒ 645.87 [kcal/kg]$
② 보일러 효율[%] 계산
∴ $\eta = \dfrac{G_a(h_2 - h_1)}{G_f H_l} \times 100 = \dfrac{2000 \times (645.87 - 50)}{150 \times 9750} \times 100 = 81.486 ≒ 81.49[\%]$

[해답] 81.49[%]

149 과열기가 장착된 보일러에서 50분간의 증발량은 37500[kg]이었고, LNG는 시간당 3075[kg] 소비되었다. 이때 보일러의 열효율은 몇 [%]인가? (단, 급수온도는 120[℃], 과열증기온도 290[℃], 증기엔탈피 720[kcal/kg], 연료의 저위발열량 9540[kcal/kg]이다.)

풀이 $\eta = \dfrac{G_a \cdot (h_2 - h_1)}{G_f \cdot H_l} \times 100 = \dfrac{37500 \times (720 - 120)}{\left(3075 \times \dfrac{50}{60}\right) \times 9540} \times 100 = 92.038 ≒ 92.04[\%]$

해답 92.04[%]

해설 보일러에서 50분간의 증발량이 37500[kg]인데 LNG는 1시간 동안 3075[kg]을 소비하였으므로 50분간의 소비된 양을 적용해 계산하여야 한다.

150 상당증발량 2500[kg/h], 매시 연료소비량 150[kg]인 보일러가 있다. 급수온도 28[℃], 증기압력 10[kgf/cm²]일 때, 이 보일러의 효율[%]은 얼마인가 계산하시오. (단, 연료의 저위발열량은 9800[kcal/kg]이다.)

풀이 $\eta = \dfrac{539\, G_e}{G_f \cdot H_l} \times 100 = \dfrac{539 \times 2500}{150 \times 9800} \times 100 = 91.666 ≒ 91.67[\%]$

해답 91.67[%]

151 시간당 증발량이 400[kg]인 보일러가 저위발열량 10000[kcal/kg]인 연료를 사용하여 효율 80[%]로 운전되는 경우 연료소비량[kg/h]은 얼마인가? (단, 발생증기 엔탈피는 670[kcal/kg], 급수온도는 20[℃]이다.)

풀이 $\eta = \dfrac{G_a(h_2 - h_1)}{G_f \cdot H_l} \times 100$ 에서 연료소비량 G_f를 구한다.

$\therefore G_f = \dfrac{G_a \cdot (h_2 - h_1)}{H_l \cdot \eta} = \dfrac{400 \times (670 - 20)}{10000 \times 0.8} = 32.5[\text{kg/h}]$

해답 32.5[kg/h]

152 발생증기 압력 1[MPa]로 운전되는 보일러가 [보기]와 같은 조건일 때 물음에 답하시오.

보기	
– 급수사용량 : 1500[kg/h]	– 연료(중유) 사용량 : 140[kg/h]
– 연료의 저위발열량 : 40950[kJ/kg]	– 발생증기 엔탈피 : 2860.5[kJ/kg]
– 급수 엔탈피 : 83.96[kJ/kg]	– 증발잠열 : 2257[kJ/kg]

(1) 환산증발량[kg/h]을 구하시오.

(2) 보일러 효율[%]을 구하시오.

풀이 (1) $G_e = \dfrac{G_a(h_2 - h_1)}{증발잠열} = \dfrac{1500 \times (2860.5 - 83.96)}{2257} = 1845.285 ≒ 1845.29[kg/h]$

(2) $\eta = \dfrac{G_a(h_2 - h_1)}{G_f \cdot H_l} \times 100 = \dfrac{2257 \cdot G_e}{G_f \cdot H_l} \times 100 = \dfrac{2257 \times 1845.29}{140 \times 40950} \times 100$
$= 72.646 ≒ 72.65[\%]$

해답 (1) 1845.29[kg/h] (2) 72.65[%]

해설 ① 문제의 조건에서 발생증기량이 주어지지 않으면 급수량을 발생증기량(G_a)으로 본다.
② 상당 증발량(환산 증발량) : 실제 증발량을 기준 증발량으로 환산하였을 때의 증발량. 즉, 표준대기압(1기압) 하에서 100[℃]의 포화수를 100[℃]의 건조포화증기로 발생시킬 수 있는 증발량으로 단위는 [kg/h]이다.

$\therefore G_e = \dfrac{G_a(h_2 - h_1)}{증발잠열}$ → 증발잠열은 공학단위일 경우 539[kcal/kg], SI단위일 경우 약 2257[kJ/kg]을 적용할 수 있다.

(공학단위 : $G_e = \dfrac{G_a \cdot (h_2 - h_1)}{539}$, SI 단위 : $G_e = \dfrac{G_a \cdot (h_2 - h_1)}{2257}$)

③ 보일러 효율 : 보일러에 공급된 열량에 대한 증기발생에 유효하게 이용된 열량의 비율이다.

$\therefore \eta = \dfrac{G_a(h_2 - h_1)}{G_f \cdot H_l} \times 100 = \dfrac{증발잠열 \cdot G_e}{G_f \cdot H_l} \times 100 = 연소효율(\eta_c) \times 전열효율(\eta_h)$

153 보일러의 운전 조건이 [보기]와 같을 때 효율[%]을 계산하시오.

| 보기 | – 급수사용량 : 4000[L/h]   – B-C유 소비량 : 300[L/h]
       – 급수온도 : 90[℃]   – 포화증기 엔탈피 : 673.5[kcal/kg]
       – 연료 발열량 : 9800[kcal/kg] – 급수 비체적 : 0.001036[m³/kg]
       – 급유온도 : 65[℃]   – 15[℃]의 B-C유 비중 : 0.965
       – 온도에 따른 체적 보정계수(k) : 0.9754−0.00067(t−50)

풀이 ① 증기발생량[kg/h] 계산 : 증기발생량[kg/h]은 급수량[kg/h]과 같다.

$\therefore G_a = \dfrac{V_w}{v} = \dfrac{4000 \times 10^{-3}}{0.001036} = 3861.003 ≒ 3861.00[kg/h]$

② 연료 소비량[kg/h] 계산
$\therefore G_f = d \times k \times V_t = 0.965 \times \{0.9754 - 0.00067 \times (65 - 50)\} \times 300$
$= 279.468 ≒ 279.47[kg/h]$

③ 보일러 효율[%] 계산
$\therefore \eta = \dfrac{G_a \times (h_2 - h_1)}{G_f \times H_l} \times 100 = \dfrac{3861 \times (673.5 - 90)}{279.47 \times 9800} \times 100 = 82.258 ≒ 82.26[\%]$

해답 82.26[%]

154 저위발열량이 9870[kcal/kg]인 연료를 시간당 300[kg] 사용하는 보일러의 상당증발량[kg/h]을 구하시오. (단, 보일러 효율은 70[%] 이다.)

풀이 $\eta = \dfrac{G_a(h_2 - h_1)}{G_f \cdot H_l} \times 100 = \dfrac{539 \cdot G_e}{G_f \cdot H_l} \times 100$ 이다.

$\therefore G_e = \dfrac{G_f \times H_l \times \eta}{539} = \dfrac{300 \times 9870 \times 0.7}{539} = 3845.454 ≒ 3845.45 [\text{kg/h}]$

해답 ▶ 3845.45[kg/h]

155 열매체 보일러 효율 계산식에서 ( ) 안에 알맞은 내용을 쓰시오.

$$\text{보일러 효율[\%]} = \dfrac{(\ ①\ )[\text{m}^3/\text{h}] \times \text{비열}[\text{kcal/kg} \cdot \text{℃}] \times \text{열매체 입출구 온도차}}{(\ ②\ )[\text{kg/h}] \times (\ ③\ )[\text{kcal/kg}]} \times 100$$

해답 ▶ ① 열매체 사용량
② 연료 소비량
③ 연료의 저위발열량

156 [보기]와 같은 조건으로 운전되는 보일러에 대한 물음에 답하시오.

| 보기 | – 급수 사용량 : 4200[L/h]
– 연료소비 : 276[kg/h]
– 연료의 저위발열량 : 9870[kcal/kg]
– 발생증기 엔탈피 : 673.5[kcal/kg]
– 급수 온도 : 90[℃]
– 90[℃] 상태의 물의 비체적 : 0.001036[m³/kg]

(1) 시간당 증기발생량[kg]을 계산하시오.
(2) 보일러 효율[%]을 계산하시오.

풀이 (1) 증기발생량은 급수량과 같다.

$\therefore G_a = \dfrac{\text{급수량}[\text{m}^3/\text{h}]}{\text{비체적}[\text{m}^3/\text{kg}]} = \dfrac{4200 \times 10^{-3}}{0.001036} = 4054.054 ≒ 4054.05 [\text{kg/h}]$

(2) $\eta = \dfrac{G_a \times (h_2 - h_1)}{G_f \times H_l} \times 100 = \dfrac{4054.05 \times (673.5 - 90)}{276 \times 9870} \times 100 = 86.836 ≒ 86.84 [\%]$

해답 ▶ (1) 4054.05[kg/h]　(2) 86.84[%]

157 발열량 25000[kcal/kg]인 오일을 시간당 100[kg] 사용하는 보일러의 효율이 65[%]일 때 발생 증기량[kg/h]을 계산하시오. (단, 발생증기 엔탈피는 3000[kcal/kg], 급수엔탈피는 80[kcal/kg]이다.)

풀이 $\eta = \dfrac{G_a \times (h_2 - h_1)}{G_f \times H_l} \times 100$ 에서

$\therefore G_a = \dfrac{G_f \times H_l \times \eta}{h_2 - h_1} = \dfrac{100 \times 25000 \times 0.65}{3000 - 80} = 556.506 ≒ 556.51[\text{kg/h}]$

해답 556.51[kg/h]

158 [보기]와 같은 조건을 이용하여 증기 발생량[kg/h]을 계산하시오.
(단, 보일러 열정산 기준을 적용한다.)

| 보기 | – 급수온도 : 50[℃] – 보일러 효율 : 85[%] – 연료의 저위발열량 : 10500[kcal/Nm³] – 고위발열량 : 12000[kcal/Nm³] – 발생증기의 엔탈피 : 663.8[kcal/kg] – 연료 사용량 : 373.9[Nm³/h] – 보일러 전열면적 : 102[m²] |

풀이 $\eta = \dfrac{G_a(h_2 - h_1)}{G_f \cdot H_h} \times 100$ 에서

$\therefore G_a = \dfrac{G_f \times H_h \times \eta}{h_2 - h_1} = \dfrac{373.9 \times 12000 \times 0.85}{663.8 - 50} = 6213.391 ≒ 6213.39[\text{kg/h}]$

해답 6213.39[kg/h]

해설 보일러 열정산 기준에서 발열량은 고위발열량을 적용하도록 규정하고 있음

159 보일러 열정산을 하는 목적을 4가지 쓰시오.

해답 ① 열의 손실을 파악하기 위하여
② 열의 이동 상태를 파악하기 위하여
③ 열 분포상태를 파악하기 위하여
④ 열설비의 성능을 파악하기 위하여

160 보일러 열정산을 할 때 다음 사항의 기준을 쓰시오.
(1) 부하상태 : (2) 발열량 :
(3) 온도 : (4) 증기의 건도 :

해답 (1) 정격부하   (2) 고위발열량(또는 총발열량)
(3) 외기온도   (4) 98[%] 이상

161 보일러 열정산 시 액체연료 사용량 측정에 대한 물음에 답하시오.
(1) 유량계 종류를 2가지 쓰시오.
(2) 측정 허용오차는 원칙적으로 몇 [%]로 하는가?

해답 (1) ① 중량 탱크식 ② 용적식 유량계
(2) ±1.0[%]

162 열정산할 때 기체연료 사용량 측정에 대한 물음에 답하시오.
(1) 사용량을 측정하는 유량계 종류를 2가지 쓰시오.
(2) 사용량 측정의 허용오차는 원칙적으로 몇 [%]로 하는가?
(3) 용적유량 환산의 온도, 압력의 기준에 대하여 쓰시오.

해답 (1) ① 용적식 유량계 ② 오리피스식 유량계
(2) ±1.6[%]
(3) ① 온도 : 0[℃] ② 압력 : 101.3[kPa]

163 보일러 열정산 시 입열(入熱)에 해당하는 항목을 4가지 쓰시오.

해답 ① 연료의 발열량   ② 연료의 현열
③ 공기의 현열   ④ 노내 취입 증기 또는 온수에 의한 입열

164 보일러 연소용 공기를 공기예열기를 이용하여 [보기]의 조건과 같이 예열하여 연소한 경우 공기의 현열[kcal/h]은 얼마인가?

| 보기 | – 연료 소비량 : 50[kg/h]   – 공기 온도 : 20[℃]
       – 공기 소비량 : 8[m³/kg-연료]   – 공기의 예열온도 : 55[℃]
       – 공기의 평균비열 : 5[kcal/Nm³·℃]

풀이 $Q = G \times C \times \Delta t = (8 \times 50) \times 5 \times (55 - 20) = 70000[\text{kcal/h}]$

해답 70000[kcal/h]

해설 연료 1[kg]당 공기 소비량이 8[m³]이므로 연료 50[kg]이 연소할 때 필요한 공기량을 적용한다.

165 보일러 열정산 시 보일러에서 발생하는 열손실(출열)에는 어떠한 것이 있는지 4가지를 쓰시오.

[해답] ① 배기가스 보유열량　② 증기의 보유열량
③ 불완전연소에 의한 열손실　④ 미연분에 의한 열손실
⑤ 노벽의 흡수열량　⑥ 재의 현열

166 일반적으로 보일러의 열손실 중 최대인 것은?

[해답] 배기가스에 의한 열손실

167 연료의 저위발열량이 9750[kcal/kg]인 중유를 연소시켰더니 배기가스량이 3000 [m³/h] 발생되었을 때 배기가스에 의한 손실열[kcal/h]을 구하시오. (단, 배기가스 평균비열 0.33[kcal/m³·℃], 배기가스 평균온도 180[℃], 외기온도 20[℃]이다.)

[풀이] $Q = G \cdot C \cdot \Delta t = 3000 \times 0.33 \times (180 - 20) = 158400 [kcal/h]$

[해답] 158400[kcal/h]

168 시간당 350[L/h]의 중유를 사용하는 보일러에서 배기가스에 의한 손실열량[kcal/h]을 계산하시오. (단, 중유의 비중은 0.967, 배기가스의 평균비열은 0.33[kcal/m³·℃], 배기가스량 0.377[m³/kg], 배기가스 평균온도 350[℃], 실내온도 25[℃], 외기온도 10[℃] 이다.)

[풀이] $Q = G \cdot C \cdot \Delta t$
$= (350 \times 0.967 \times 0.377) \times 0.33 \times (350 - 10)$
$= 14316.231 ≒ 14316.23 [kcal/h]$

[해답] 14316.23[kcal/h]

169 발생증기의 엔탈피는 660[kcal/kg], 급수엔탈피는 60[kcal/kg], 급수량이 5000 [kg/h], 연료 소비량이 400[kg/h]인 증기 보일러를 열정산을 할 때, 발생증기의 흡수열[kcal/kg-연료]을 구하시오.

[풀이] $Q_s = W_2 \times (h_2 - h_1) = \dfrac{G_w}{G_f} \times (h_2 - h_1)$
$= \dfrac{5000}{400} \times (660 - 60) = 7500 [kcal/kg-연료]$

[해답] 7500[kcal/kg-연료]

170 육용 보일러 열정산(KS B 6205) 규정에 따른 보일러 효율을 계산하는 방법 2가지를 계산식과 함께 쓰시오.

해답 ① 입출열법

$$\therefore \eta_1 = \frac{Q_s}{H_h + Q} \times 100$$

여기서, η_1 : 입출열법에 따른 보일러 효율[%], Q_s : 유효 출열
$H_h + Q$: 입열 합계

② 열손실법

$$\therefore \eta_2 = \left(1 - \frac{L_h}{H_h + Q}\right) \times 100$$

여기서, η_2 : 열손실법에 따른 보일러 효율[%], L_h : 열손실 합계

171 [보기]의 조건으로 운전되는 보일러의 효율[%]을 계산하시오.

| 보기 | – 연료의 연소열 : 1200[MJ/kg]
– 배기가스 손실열 : 80[MJ/kg]
– 미연소분에 의한 손실열 : 40[MJ/kg]

풀이 $\eta = \left(1 - \dfrac{\text{열손실 합계}}{\text{입열 합계}}\right) \times 100 = \left(1 - \dfrac{80 + 40}{1200}\right) \times 100 = 90[\%]$

해답 90[%]

172 그림은 어떤 가열로(爐)의 열정산도이다. 발열량이 2000[kcal/Nm³]인 연료를 이 가열로에서 연소시켰을 때 강재가 함유하는 열량[kcal/Nm³]은 얼마인가?

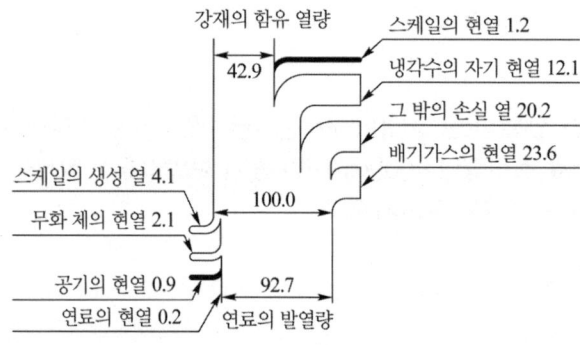

풀이 ① 열정산도에서 강재의 함유열량 비율 계산

$$\therefore \text{강재의 함유열량 비율} = \frac{\text{강재의 함유열량}}{\text{연료의 발열량}} \times 100$$

$$= \frac{42.9}{92.7} \times 100 = 46.278 = 46.28[\%]$$

② 2000[kcal/Nm³]인 연료 연소 시 강재가 함유하는 열량 계산
∴ 강재 함유열량 = 연료발열량 × 함유열량비율
= 2000 × 0.4628 = 925.6[kcal/Nm³]

해답 ▶ 925.6[kcal/Nm³]

173 보일러 배기가스 성분을 분석한 결과 공기비가 1.3이고 이론 배기가스량이 11.4[Nm³/kg], 배기가스 평균비열 0.33[kcal/Nm³·℃], 이론공기량 10.7[Nm³/kg], 배기가스 온도 280[℃], 연소용 공기 공급온도 20[℃]일 때 다음 물음에 답하시오.
(1) 배기가스량[Nm³/kg]을 구하시오.
(2) 배기가스에 의한 손실열량[kcal/kg]을 구하시오.

풀이 (1) $G_w = G_{0w} + \{(m-1) \times A_0\}$
= 11.4 + {(1.3 − 1) × 10.7} = 14.61[Nm³/kg]
(2) $Q = G_w \times C_w \times \Delta t$ = 14.61 × 0.33 × (280 − 20)
= 1253.538 ≒ 1253.54[kcal/kg]

해답 ▶ (1) 14.61[Nm³/kg]   (2) 1253.54[kcal/kg]

174 보일러 운전 중 연소용 공기의 온도를 20[℃] 상승시키면 연료소비량이 1[%] 감소되는 것으로 가정할 경우 10[℃] 외기를 80[℃]로 예열하여 공급할 때 연료의 총 감소율은 몇 [%]인가 계산하시오.

풀이 연료감소율[%] = $1 \times \dfrac{\text{상승된 공기온도}}{20} = 1 \times \dfrac{80-10}{20} = 3.5[\%]$

해답 ▶ 3.5[%]

175 용량 5[ton/h]인 보일러의 급수량이 3700[L/h]이고, 이 중 45[%]가 85[℃] 상태의 응축수이고 나머지는 15[℃]인 시수(수돗물)일 때 물음에 답하시오.
(1) 보일러로 급수되는 물의 온도는 얼마인가? (단, 물의 비열은 1[kcal/kg·℃], 비중은 1 이다.)
(2) 급수온도가 6[℃] 상승할 때 연료소비량이 1[%] 감소되는 것으로 가정할 때 시수로 100[%] 급수할 때와 비교해서 응축수를 혼합하였을 때 연료의 총 감소율은 몇 [%]가 되겠는가?

풀이 (1) 물의 비중이 1이므로 급수량 3700[L/h]은 3700[kg/h] 이며, 이중에서 85[℃] 응축수가 45[%] 이고, 15[℃] 시수가 55[%] 이다.
∴ $t_m = \dfrac{(G_1 \times C_1 \times t_1) + (G_2 \times C_2 \times t_2)}{(G_1 \times C_1) + (G_2 \times C_2)}$

$$= \frac{(3700 \times 0.45 \times 1 \times 85) + (3700 \times 0.55 \times 1 \times 15)}{(3700 \times 0.45 \times 1) + (3700 \times 0.55 \times 1)} = 46.5[℃]$$

(2) 연료감소율 $= 1 \times \dfrac{\text{상승된온도}}{6} = 1 \times \dfrac{46.5 - 15}{6} = 5.25[\%]$

해답 ▶ (1) 46.5[℃] (2) 5.25[%]

176 벙커C유를 사용하는 보일러에서 급수온도를 65[℃]에서 80[℃]로 상승시켰을 때 연료절감률[%]은 얼마인가? (단, 발생증기 엔탈피는 639[kcal/kg] 이고, 보일러 효율은 변함이 없다.)

풀이 발생증기 엔탈피(h_2)와 급수엔탈피(h_1) 차이가 연료를 연소시켜 공급해 주어야 할 열량이고, 발생증기량, 연료사용량, 저위발열량 등은 변함이 없는 것으로 한다.

∴ 연료절감률 $= \dfrac{65[℃] \text{ 상태의 엔탈피 차} - 80[℃] \text{ 상태의 엔탈피 차}}{65[℃] \text{ 상태의 엔탈피 차}} \times 100$

$= \dfrac{(639 - 65) - (639 - 80)}{639 - 65} \times 100 = 2.613 ≒ 2.61[\%]$

해답 ▶ 2.61[%]

177 B-C유를 연료로 사용하는 보일러의 배기가스 성분을 분석한 결과 공기비가 1.30이고 이론 배기가스량이 11.443[Nm³/kg], 배기가스 평균비열 0.33[kcal/Nm³·℃], 이론 공기량 10.709[Nm³/kg], 배기가스온도 225[℃], 연소용 공기 공급온도 25[℃]이었다. 이때에 공기량을 조정하여 공기비를 1.1로 하였을 때 연간 연료절감금액은 얼마인가 계산하시오. (단, B-C유 년간 사용량은 450만[L], 발열량은 9500[kcal/kg], 연료단가는 200[원/L], 공기비 조절 전·후의 조건은 변화가 없는 것으로 한다.)

풀이 ① 공기비 조절 전의 배기가스 손실열량 계산

∴ $Q_1 = G_w \times C_w \times \Delta t = \{G_{0w} + (m-1) \times A_0\} \times C_w \times \Delta t$
$= \{11.443 + (1.3 - 1) \times 10.709\} \times 0.33 \times (225 - 25)$
$= 967.276 ≒ 967.28[\text{kcal/kg}]$

② 공기비 조절 후의 배기가스 손실열량 계산

∴ $Q_2 = G_w{'} \times C_w \times \Delta t = \{G_{0w} + (m'-1) \times A_0\} \times C_w \times \Delta t$
$= \{11.443 + (1.1 - 1) \times 10.709\} \times 0.33 \times (225 - 25)$
$= 825.927 ≒ 825.93[\text{kcal/kg}]$

③ 공기비 조절 후의 연료 절감률 계산

∴ 절감률[%] $= \dfrac{\text{공기비 조절 전후의 배기가스 열손실 차이}}{\text{입열량}} \times 100$

$= \dfrac{967.28 - 825.93}{9500} \times 100 = 1.487 ≒ 1.49[\%]$

④ 연간 연료 절감금액 계산

∴ 연료 절감금액 = 년간연료사용량 × 절감률 × 연료단가

$$= 4500000 \times 0.0149 \times 200 = 13410000 [원/년]$$

해답 ▶ 13410000[원/년]

178 보일러 연소 중 실제 연소열량과 완전 연소열량의 비를 무엇이라 하는가?

해답 ▶ 연소효율

179 어느 보일러에서 저위 발열량이 9700[kcal/kg]인 중유를 연소시킨 결과 연소실에서 발생된 열량이 9000[kcal/kg]이다. 증기발생에 이용된 열량이 8000[kcal/kg]일 때 연소효율과 보일러 열효율을 구하시오.

풀이 ① 연소효율(η_c) 계산
$$\eta_c = \frac{실제\ 발생열량}{연료의\ 저위발열량} \times 100 = \frac{9000}{9700} \times 100 = 92.783 ≒ 92.78[\%]$$
② 보일러 열효율(η) 계산
$$\eta = \frac{유효하게\ 사용된\ 열량}{연료의\ 저위발열량} \times 100 = \frac{8000}{9700} \times 100 = 82.474 ≒ 82.47[\%]$$

해답 ▶ ① 연소효율 : 92.78[%]
② 보일러 열효율 : 82.47[%]

180 보일러의 연소효율을 η_c, 전열효율을 η_f라 할 때, 보일러 열효율 η는 어떻게 나타내어지는지 쓰시오.

해답 ▶ $\eta = \eta_c \times \eta_f$

181 연소효율이 95[%], 전열효율이 85[%]인 보일러 효율은 몇 [%]인가?

풀이 보일러 효율 = (연소효율 × 전열효율) × 100
$$= (0.95 \times 0.85) \times 100 = 80.75[\%]$$

해답 ▶ 80.75[%]

182 열효율 73.6[%]인 보일러를 열효율 86.7[%]로 개선하였다면 몇 [%]의 연료가 절약되는가?

풀이 연료 절감률 $= \frac{\eta_2 - \eta_1}{\eta_2} \times 100 = \frac{86.7 - 73.6}{86.7} \times 100 = 15.109 ≒ 15.11[\%]$

해답 ▶ 15.11[%]

183 어떤 수관식 증기보일러의 증발량이 5000[kg/h], 보일러 효율이 80[%], 연소효율이 95[%]이다. 발열량이 9700[kcal/kg]인 기름을 370[kg] 연소시켰을 때 손실열은 몇 [kcal]이며, 전열 효율은 몇 [%]인지 계산하시오.

풀이 ① 손실열[kcal] 계산 : $\eta = 1 - \dfrac{손실열}{입열}$ 이다.

∴ 손실열 = $(1-\eta) \times 입열 = (1-0.8) \times 9700 \times 370 = 717800$[kcal]

② 전열 효율[%] 계산 : 보일러 효율(η) = 연소효율(η_c) × 전열효율(η_f) 이다.

∴ $\eta_f = \dfrac{\eta}{\eta_c} \times 100 = \dfrac{0.80}{0.95} \times 100 = 84.210 ≒ 84.21$[%]

해답 ① 손실열 : 717800[kcal]
② 전열 효율 : 84.21[%]

184 저위발열량이 10500[kcal/kg]인 연료를 연소시키는 보일러에서 연소가스량이 12[Nm³/kg], 연소가스의 비열이 0.33[kcal/Nm³·℃], 외기온도 5[℃], 배기가스온도 300[℃]일 때 이 보일러 효율[%]은 얼마인가? (단, 기타 입열 및 출열은 없고 연료는 완전 연소하였다.)

풀이 $\eta = \left(1 - \dfrac{손실열}{입열}\right) \times 100 = \left(1 - \dfrac{12 \times 0.33 \times (300-5)}{10500}\right) \times 100$
$= 88.874 ≒ 88.87$[%]

해답 88.87[%]

185 [보기]는 보일러 설치검사 기준에 따른 수압시험 방법을 설명한 것이다. ( )안에 맞는 숫자를 넣으시오.

| 보기 | 보일러 수압시험 시 공기를 빼고 물을 채운 후 천천히 압력을 가하여 규정된 시험 수압에 도달된 후 (①)분 이상 경과된 뒤에 검사를 실시하며, 시험 수압은 규정압력의 (②)[%] 이상을 초과하지 않도록 한다.

해답 ① 30 ② 6

해설 수압시험 방법
① 공기를 빼고 물을 채운 후 천천히 압력을 가하여 규정된 시험 수압에 도달된 후 30분이 경과된 뒤에 검사를 실시하여 검사가 끝날 때까지 그 상태를 유지한다.
② 시험수압은 규정된 압력의 6[%] 이상을 초과하지 않도록 모든 경우에 대한 적절한 제어를 마련하여야 한다.
③ 수압시험 중 또는 시험 후에도 물이 얼지 않도록 하여야 한다.

186. 다음 조건의 강철제 보일러에서 수압시험압력을 구하시오.

최고 사용압력	수압시험압력
0.43[MPa] 이하	①
0.43[MPa] 초과 1.5[MPa] 이하	②
1.5[MPa] 초과	③

해답 ① 최고 사용압력의 2배
② 최고 사용압력의 1.3배에 0.3[MPa]을 더한 압력
③ 최고 사용압력의 1.5배

해설 수압시험 압력
(1) 강철제 보일러
① 보일러의 최고사용압력이 0.43[MPa] 이하일 때에는 그 최고사용압력의 2배의 압력으로 한다. 다만, 그 시험압력이 0.2[MPa] 미만인 경우에는 0.2[MPa]로 한다.
② 보일러의 최고 사용압력이 0.43[MPa] 초과 1.5[MPa] 이하일 때에는 그 최고사용압력의 1.3배에 0.3[MPa]를 더한 압력으로 한다.
③ 보일러의 최고사용압력이 1.5[MPa]를 초과할 때에는 그 최고사용압력의 1.5배의 압력으로 한다.
(2) 가스용 온수보일러 : 강철제인 경우에는 (1)의 ①에서 규정한 압력
(3) 주철제 보일러
① 보일러의 최고사용압력이 0.43[MPa] 이하 일 때는 그 최고사용압력의 2배의 압력으로 한다. 다만, 시험압력이 0.2[MPa] 미만인 경우에는 0.2[MPa]로 한다.
② 보일러의 최고사용압력이 0.43[MPa]를 초과 할 때는 그 최고사용압력의 1.3배에 0.3[MPa]을 더한 압력으로 한다.

187. 강철제 보일러의 최고사용압력에 따른 수압시험압력을 쓰시오.

(1) 0.35[MPa] :   (2) 0.6[MPa] :   (3) 1.8[MPa]

풀이 (1) $0.35 \times 2 = 0.7$[MPa]
(2) $(0.6 \times 1.3) + 0.3 = 1.08$[MPa]
(3) $1.8 \times 1.5 = 2.7$[MPa]

해답 (1) 0.7[MPa]   (2) 1.08[MPa]   (3) 2.7[MPa]

188. 증류탑에 대하여 설명하시오.

해답 액체의 비등점 차이를 이용하여 증류를 행하는 장치의 주체로 탑정으로부터 저비점 성분의 탑정유분(overhead product), 탑 중간으로부터 중간 비점의 측류유분(side draw product), 탑저로부터 고비점 성분의 탑저 유분(bottom product)을 얻는 장치이다.

[해설] 건조, 증발, 증류, 분류
① 건조(drying : 乾燥) : 고체 또는 고체에 가까운 물질의 수분을 증발시켜 제거하는 조작으로 함유된 수분의 양이 적을 때를 건조되었다고 한다.
② 증발(evapration : 蒸發) : 수용액으로부터 수분만을 증발시켜 용액을 농축하거나 결정을 분리하는 것이다.
③ 증류(蒸溜) : 액체를 비등시킬 때 나오는 증기를 응축하여 원액을 정제하는 조작이다.
④ 분류(分溜) : 원액이 2가지 이상의 혼합물인 경우 각 성분의 증기압차를 이용하여 증발시켜 이것을 응축시켜 원액을 각 성분으로 분리하는 조작이다.

189 증류탑에서 액체 종류별로 원액을 정제하는 조작은 어떤 열역학적 특성을 이용한 것인가?

[해답]▶ 액체의 비등점 차이를 이용한 것이다.

제3장 연료 및 연소장치

1. 연료의 종류 및 특징

(1) 연료(燃料)

공기 또는 산소 중에서 지속적으로 산화반응을 일으켜 빛과 열을 발생시키고, 이때 발생된 빛과 열을 경제적으로 이용할 수 있는 물질을 말한다.

① **연료의 구비조건**
  - (가) 공기 중에서 연소하기 쉬울 것
  - (나) 저장 및 취급이 용이할 것
  - (다) 발열량이 클 것
  - (라) 구입하기 쉽고 경제적일 것
  - (마) 인체에 유해성이 없을 것
  - (바) 휘발성이 좋고 내한성이 우수할 것

② **연료의 조성** : 연료의 주성분은 탄소(C), 수소(H), 산소(O)이며 질소(N), 유황(S), 수분(W), 회분(A)이 소량 포함되어 있다.
  - (가) **가연성분(원소)** : 탄소(C), 수소(H), 유황(S)
  - (나) **불순물** : 산소(O), 질소(N), 황(S), 수분(W), 회분(A) 등

(2) 연료의 종류 및 특성

① **고체연료** : 고체상태의 연료로 목재, 석탄, 코크스, 목탄 등이 있다.
  - (가) 특징
    - ㉮ 장점
      - ⓐ 노천 야적이 가능하다.
      - ⓑ 저장 및 취급이 편리하다.
      - ⓒ 구입이 쉽고, 가격이 저렴하다.
      - ⓓ 연소장치가 간단하고, 특수목적에 이용된다.

④ 단점
ⓐ 완전연소가 곤란하다.
ⓑ 연소효율이 낮고 고온을 얻기 곤란하다.
ⓒ 회분이 많고 처리가 곤란하다.
ⓓ 착화 및 소화가 어렵다.
ⓔ 연소조절이 어렵다.

(나) 석탄

㉮ 석탄의 분류 : 발열량(탄화도), 점결성, 입도, 연료비

㉯ 석탄의 탄화도 : 석탄의 성분이 변화되는 진행정도(이탄 → 갈탄(아탄) → 역청탄(유연탄) → 무연탄 → 흑연)를 말하며 탄화도가 증가함에 따라 수분, 휘발분이 감소하고 고정탄소의 성분이 증가한다. 탄화도 증가에 따른 석탄의 일반적인 특성은 다음과 같다.
ⓐ 발열량이 증가한다. ⓑ 연료비가 증가한다.
ⓒ 열전도율이 증가한다. ⓓ 비열이 감소한다.
ⓔ 연소속도가 늦어진다. ⓕ 인화점, 착화온도가 높아진다.
ⓖ 수분, 휘발분이 감소한다.

㉰ 휘발분 : 시료를 로(爐)에 넣어 공기와 차단하고 $925 \pm 20[℃]$에서 7분간 가열했을 때 감소량

㉱ 고정탄소 = 100 − (수분+회분+휘발분)

㉲ 연료비 : 고정탄소와 휘발분의 비

$$\therefore 연료비 = \frac{고정탄소[\%]}{휘발분[\%]}$$

(다) 코크스(cokes) : 역청탄(점결탄)을 1000[℃] 내외에서 건류하여 만들어지는 2차 연료로 제조방법에 따라 다음과 같이 분류된다.

㉮ 제사 코크스 : 코크스 제조가 목적으로 고온 건류로 만들어지며, 제철공업용 및 주물용으로 사용한다.

㉯ 반성 코크스 : 타르 제조목적으로 저온 건류로 만들어지며 휘발분을 10[%] 정도 함유하고 있다.

㉰ 가스 코크스 : 연료용으로 사용할 수 가스를 제조하는 것을 목적으로 하는 것이다.

(라) 목탄(숯) : 목재를 건류하여 얻는 것으로 고정탄소분이 많이 포함되어 있다.

② **액체연료** : 액체상태의 연료로 석유류(가솔린, 등유, 경유, 중유 등)가 대표적이다.

㈎ 특징

㉮ 장점
ⓐ 완전연소가 가능하고 발열량이 높다.
ⓑ 연소효율이 높고 고온을 얻기 쉽다.
ⓒ 연소조절이 용이하고 회분이 적다.
ⓓ 품질이 균일하고 저장, 취급이 편리하다.
ⓔ 파이프라인을 통한 수송이 용이하다.

㉯ 단점
ⓐ 연소온도가 높아 국부과열의 위험이 크다.
ⓑ 화재, 역화의 위험성이 높다.
ⓒ 일반적으로 황성분을 많이 함유하고 있다.
ⓓ 버너의 종류에 따라 연소 시 소음이 발생한다.

㈏ 가솔린(gasoline) : 비점 150[℃] 이하의 탄화수소($C_8 \sim C_{11}$) 혼합물로 휘발성액체이다. 액체는 물보다 가볍고, 증기는 공기보다 무거우며 인화점 −20[℃]~−43[℃], 착화온도 300[℃] 정도이다.

㈐ 등유(kerosene) : 비점 150~300[℃] 정도의 탄화수소($C_9 \sim C_{18}$) 혼합물로 인화점 40[℃]~70[℃], 착화온도 220[℃] 전후이다. 연료용(백등유, 다등유)으로 사용된다.

㈑ 경유(diesel oil) : 비점 200~350[℃] 정도의 탄화수소($C_{15} \sim C_{20}$) 혼합물로 인화점 50~70[℃], 착화점 약 220[℃] 전후로 디젤기관의 연료로 사용된다.

㈒ 중유(heavy oil) : 비점 300[℃] 이상인 갈색 또는 암갈색의 액체로 다음과 같이 분류된다.

㉮ 정제과정에 의한 분류 : 직류 중류, 분해 중유
㉯ 점도에 의한 분류 : A중유, B중유, C중유
㉰ 유황분 함량에 의한 분류 : A급(1호, 2호), B급·C급(1호, 2호, 3호, 4호)의 7종으로 구분
㉱ 유동점은 응고점보다 2.5[℃] 높게, 예열온도는 인화점보다 5[℃] 낮게 조정한다.
㉲ 중유 첨가제의 종류
ⓐ 연소 촉진제 : 분무를 양호하게 하여 연소를 촉진시킨다.

ⓑ 안정제(슬러지 분산제) : 슬러지 생성을 방지한다.
ⓒ 탈수제 : 연료속의 수분을 분리 제거한다.
ⓓ 회분 개질제 : 재(회분)의 융점을 높여 고온부식을 방지한다.
ⓔ 유동점 강하제 : 유동점을 낮추어 저온에서도 유동성을 양호하게 한다.

㈒ 중유 중의 함유 성분의 영향
ⓐ 바나듐(V) : 연소 중에 오산화바나듐(V_2O_5)으로 되어 고온의 전열면에 부착하여 고온부식의 원인이 된다.
ⓑ 황(S) : 황(S)성분이 연소하여 아황산가스(SO_2)가 되고, 일부는 산화해서 무수황산(SO_3)으로 되고 이것이 수분과 반응하여 황산(H_2SO_4)으로 되어 저온 전열면에 부착하여 저온부식의 원인이 된다.
ⓒ 수분(W) : 발열량을 감소시키고, 진동 연소의 원인이 되며 저온 부식을 촉진시킨다.
ⓓ 회분 : 발열량이 감소하며 분진발생으로 공해문제를 유발한다.

③ **기체연료** : 기체상태의 연료로 액화석유가스, 도시가스 등이 있다.

㈎ 특징

㉮ 장점
ⓐ 연소효율이 높고 연소제어가 용이하다.
ⓑ 회분 및 황성분이 없어 전열면 오손이 없다.
ⓒ 적은 공기비로 완전연소가 가능하다.
ⓓ 저발열량의 연료로 고온을 얻을 수 있다.
ⓔ 완전연소가 가능하여 공해문제가 없다.

㉯ 단점
ⓐ 저장 및 수송이 어렵다.
ⓑ 가격이 비싸고 시설비가 많이 소요된다.
ⓒ 누설 시 화재, 폭발의 위험이 크다.

㈏ 액화석유가스

㉮ LP가스의 정의 : Liquefied Petroleum Gas의 약자이다.

㉯ LP가스의 조성 : 석유계 저급탄화수소의 혼합물로 탄소 수가 3개에서 5개 이하의 것으로 프로판(C_3H_8), 부탄(C_4H_{10}), 프로필렌(C_3H_6), 부틸렌(C_4H_8), 부타디엔(C_4H_6) 등이 포함되어 있다.

㉰ LP가스의 일반특징

ⓐ LP가스는 공기보다 무겁다.
ⓑ 액상의 LP가스는 물보다 가볍다.
ⓒ 액화, 기화가 쉽다.
ⓓ 기화하면 체적이 커진다.
ⓔ 기화열(증발잠열)이 크다.
ⓕ 무색, 무취, 무미하다.
ⓖ 용해성이 있다.
ⓗ 정전기 발생이 쉽다.

㉱ LP가스의 연소특징

ⓐ 타 연료와 비교하여 발열량이 크다.
ⓑ 연소 시 공기량이 많이 필요하다.
ⓒ 폭발범위(연소범위)가 좁다.
ⓓ 연소속도가 느리다.
ⓔ 발화온도가 높다.

㈐ 도시가스 : 도시가스의 원료로 사용되는 것의 종류 및 특징은 다음과 같다.

㉮ 천연가스(NG : Natural Gas) : 지하에서 발생하는 탄화수소를 주성분으로 하는 가연성가스이다. 메탄(CH_4), 에탄(C_2H_6), 프로판(C_3H_8), 부탄(C_4H_{10}) 등의 저급탄화수소가 주성분이나 질소(N_2), 탄산가스(CO_2), 황화수소(H_2S)를 포함하고 있으며, 유전가스에서 생산되는 천연가스에는 수분(H_2O)을 포함하고 있다. 황화수소(H_2S)는 연소에 의해 유독한 아황산가스(SO_2)를 생성하기 때문에 탈황시설에서 제거하여야 하며, 탄산가스(CO_2)는 수분 존재 시에 배관을 부식시키므로 탈황공정에서 동시에 제거한다. 특징으로는 다음과 같다.

㉯ 액화천연가스(LNG : Liquefied Natural Gas) : 지하에서 생산된 천연가스를 −161.5[℃] 까지 냉각, 액화한 것이다. 액화 전에 황화수소(H_2S), 탄산가스(CO_2), 중질 탄화수소 등이 정제 제거되었기 때문에 LNG에는 불순물을 전혀 포함하지 않는 청정가스이다. 천연가스의 주성분인 메탄(CH_4)은 액화하면 체적이 약 1/600로 감소하며, 액화된 천연가스는 선박을 이용하여 대량으로 수송할 수 있다.

2. 연소 및 연소장치

(1) 연소(燃燒)

① **연소의 정의** : 연소란 가연성 물질이 공기 중의 산소와 반응하여 빛과 열을 발생하는 화학반응을 말한다.

② **연소의 3요소** : 가연성 물질, 산소 공급원, 점화원

  (가) **가연성 물질** : 산화(연소)하기 쉬운 물질로서 일반적으로 연료로 사용하는 것이다.

  (나) **산소 공급원** : 연소를 도와주거나 촉진시켜 주는 조연성 물질로 공기, 자기연소성 물질, 산화제등이 있다.

  (다) **점화원** : 가연물에 활성화 에너지를 주는 것으로 점화원의 종류에는 전기불꽃(아크), 정전기, 단열압축, 마찰 및 충격불꽃 등이 있다.

③ **연소의 조건**

  (가) 산화반응은 발열반응일 것
  (나) 연소열로 연소물과 연소 생성물의 온도가 상승할 것
  (다) 복사열의 파장이 가시범위에 도달하면 빛을 발생할 것

④ **연소의 종류**

  (가) **표면연소** : 고체 가연물이 열분해나 증발을 하지 않고 표면에서 산소와 반응하여 연소하는 것으로 목탄(숯), 코크스 등의 연소가 이에 해당된다.

  (나) **분해연소** : 충분한 착화에너지를 주어 가열분해에 의해 연소하며 휘발분이 있는 고체연료(종이, 석탄, 목재 등) 또는 증발이 일어나기 어려운 액체연료(중유 등)가 이에 해당된다.

  (다) **증발연소** : 가연성 액체의 표면에서 기화되는 가연성 증기가 착화되어 화염을 형성하고 이 화염의 온도에 의해 액체표면이 가열되어 액체의 기화를 촉진시켜 연소를 계속하는 것으로 가솔린, 등유, 경유, 알코올, 양초 등이 이에 해당된다.

  (라) **확산연소** : 가연성 기체를 대기 중에 분출 확산시켜 연소하는 것으로 기체연료의 연소가 이에 해당된다.

  (마) **자기연소** : 가연성 고체가 자체 내에 산소를 함유하고 있어 공기 중의 산소를 필요로 하지 않고 그 자체의 산소로 연소하는 것으로 셀룰로이드류, 질산에스테르류 등 제5류 위험물이 이에 해당된다.

⑤ 인화점 및 발화점
  (가) **인화점(인화온도)** : 가연성 물질이 공기 중에서 점화원에 의하여 연소할 수 있는 최저의 온도로 위험성의 척도이다.
  (나) **발화점(발화온도)** : 가연성 물질이 공기 중에서 온도를 상승시킬 때 점화원 없이 스스로 연소를 개시할 수 있는 최저의 온도로 착화점, 착화온도라 한다.

(2) 고체 연료 연소장치

① **화격자 연소장치**
  (가) **수분** : 다수의 틈이 있는 화격자 위에 고체연료를 고르게 깔고 연소용 공기를 불어넣어 연소시키는 것으로 연료공급을 인력으로 하는 것이다.
  (나) **기계분** : 스토커(stoker) 연소장치라 하며 석탄의 공급과 재처리를 기계적으로 한 형태로서 화격자 면적을 크게 할 수 있으므로 대용량 보일러에 적당하다.

② **미분탄(米粉炭) 연소장치** : 석탄을 200 메쉬(mesh) 이하로 분쇄하여 연소 표면적을 넓혀 1차 공기와 함께 연소하는 방법이다.
  (가) 미분탄 버너의 종류
    ㉮ **편평류(扁平流) 버너** : 직류형과 교류형으로 구분되며 화염이 길게 형성되고 수관보일러에서 사용된다.
    ㉯ **선회류(旋回流) 버너** : 버너 선단에서 미분탄과 1차 공기가 선회(회전)류를 형성하며 혼합하고, 2차 공기가 공급되면서 연소하는 것으로 중유와 병용해서 사용할 수 있다.
  (나) 특징
    ㉮ 적은 공기비로 완전연소가 가능하다.
    ㉯ 점화, 소화가 쉽고 부하변동에 대응하기 쉽다.
    ㉰ 대용량에 적당하고, 사용연료 범위가 넓다.
    ㉱ 설비비, 유지비가 많이 소요된다.
    ㉲ 회(灰, ash), 분진 등이 많이 발생하여 집진장치가 필요하다.
    ㉳ 연소실 면적이 크고, 폭발의 위험성이 있다.
  (다) 연소방법
    ㉮ **U자형 연소** : 편평류 버너를 사용하여 연소로의 상부로부터 2차 공기와 같이 분사, 연소한다.
    ㉯ **L자형 연소** : 선회류 버너를 사용하여 연소로의 측벽에서 분사, 연소한다.

  ㉰ 모서리 버너 연소 : 장방형의 연소로의 네모퉁이에서 분사, 연소한다.
  ㉱ 특수 연소 : 슬래그탭식, 클레이머식, 사이클론식으로 연소하는 방법이다.
 ③ **유동층 연소** : 위 두 연소방식의 중간 형태로 화격자 하부에서 강한 공기를 송풍기로 불어넣어 화격자 위의 탄층을 유동층에 가까운 상태로 형성하면서 700~900[℃] 정도의 저온에서 연소시키는 방법이다.

(3) 액체 연료 연소장치

 ① **무화(霧化) 연소** : 액체연료를 노즐에서 고속으로 분출, 무화(霧化)시켜 표면적을 크게 하여 공기나 산소와의 혼합을 좋게 하여 연소시키는 것으로 공업적으로 많이 사용되는 방법이다.

  ⑺ 무화의 목적
   ㉮ 단위 중량당의 표면적을 크게 한다.
   ㉯ 주위 공기와 혼합을 양호하게 한다.
   ㉰ 연소효율을 향상시킨다.
   ㉱ 연소실을 고부하로 유지한다.

  ⑻ 무화 방법
   ㉮ 유압 무화식 : 연료 자체에 압력을 주어 무화시키는 방법
   ㉯ 이류체 무화식 : 증기, 공기를 이용하여 무화시키는 방법
   ㉰ 회전 이류체 무화식 : 원심력을 이용하여 무화시키는 방법
   ㉱ 충돌 무화식 : 연료끼리 혹은 금속판에 충돌시켜 무화시키는 방법
   ㉲ 진동 무화식 : 초음파에 의하여 무화시키는 방법
   ㉳ 정전기 무화식 : 고압 정전기를 이용하여 무화시키는 방법

 ② **오일 버너**

  ⑺ 오일 버너 선정 시 고려할 사항
   ㉮ 버너 용량이 보일러 용량에 적합할 것
   ㉯ 부하변동에 대한 유량 조절범위를 고려할 것
   ㉰ 자동제어 방식에 적합한 버너형식을 고려할 것
   ㉱ 가열조건과 연소실 구조에 적합할 것

  ⑻ 종류 : 유압식 버너, 저압 기류식 버너, 고압 기류식 버너, 회전분무식 버너, 건타입 버너, 증발식 버너

③ 오일 버너의 종류 및 특징

(가) **유압식 버너** : 연료유를 가압하여 노즐에서 고속 분사하여 무화시키는 방식이다.
  ㉮ 종류에는 환류형과 비환류형이 있다.
  ㉯ 구조가 비교적 간단하다.
  ㉰ 부하변동에 대한 적응성이 적다.
  ㉱ 무화매체가 필요 없고, 대용량에 적합하다.
  ㉲ 유량은 유압의 평방근에 비례한다.
  ㉳ 소음발생이 거의 없지만, 무화특성이 좋지 않다.
  ㉴ 분무각도 40~90°, 사용유압 5~20[kgf/cm^2](0.5~2[MPa]) 이다.
  ㉵ 유량 조절범위가 좁다. (환류형 1 : 3, 비환류형 1 : 6)

(나) **저압 기류식 버너** : 저압의 공기를 이용하여 무화시키는 방식이다.
  ㉮ 소형설비에 주로 사용한다.
  ㉯ 분무용 공기량은 이론공기량의 30~50[%] 정도 소요된다.
  ㉰ 종류에는 연동형과 비연동형이 있다.
  ㉱ 분무각도 30~60°, 공기압력 0.05~0.2[kgf/cm^2](5~20[kPa]) 이다.
  ㉲ 유량 조절범위가 1 : 5~1 : 6 이다.

(다) **고압 기류식 버너** : 고압의 공기, 증기를 이용하여 무화시키는 방식이다.
  ㉮ 종류에는 증기분무식, 내부혼합식, 외부혼합식, 중간혼합식이 있다.
  ㉯ 분무매체로 공기, 증기(2~7[kgf/cm^2](0.2~0.7[MPa])를 사용한다.
  ㉰ 고점도 연료도 무화가 가능하다.
  ㉱ 연소 시 소음발생이 심하다.
  ㉲ 부하변동이 큰 곳에 적당하다.
  ㉳ 분무용 공기량은 이론공기량의 7~12[%] 정도 소요된다.
  ㉴ 분무각도 30°, 연료 유압은 0.3~6[kgf/cm^2](30~600[kPa]) 이다.
  ㉵ 유량 조절범위가 1 : 10 이다.

(라) **회전분무식(rotary type) 버너** : 분무컵을 고속으로 회전시켜 연료를 분출하고, 1차 공기를 이용하여 무화시키는 방식이다.
  ㉮ 종류에는 직결식(3000~3500[rpm]), 벨트식(7000~10000[rpm])이 있다.
  ㉯ 설비가 간단하고 자동화가 쉽다.
  ㉰ 점도가 작을수록 분무상태가 양호해 진다.
  ㉱ 고점도 연료는 예열이 필요하다.
  ㉲ 청소, 점검, 수리가 간편하다.

　　　㉵ 분무각도 30~80°, 연료 유압은 0.3~0.5[kgf/cm²](30~50[kPa])이다.
　　　㉾ 유량 조절범위가 1 : 5 이다.
　㈑ 건타입(gun type) 버너 : 유압식과 공기 분무식을 혼합한 방식이다.
　　　㉮ 사용연료는 등유, 경유이다.
　　　㉯ 연료 유압은 7[kgf/cm²](0.7[MPa]) 이상이다.
　　　㉰ 소형으로 전자동이 가능하고 연소상태가 양호하다.
　　　㉱ 버너에 송풍기가 장치되어 있어 공기와 연료의 혼합을 촉진한다.
　　　㉲ 오일펌프 내에 있는 유량조절밸브에서 유량을 조절한다.

④ **보염장치(保炎裝置)**
　㈎ 보염장치 설치 목적
　　　㉮ 화염의 형상 조절　　　　㉯ 안정된 착화도모
　　　㉰ 전열효율 촉진　　　　　 ㉱ 공기와 연료의 혼합 촉진
　㈏ 보염장치의 종류
　　　㉮ 윈드박스(wind box) : 압입통풍방식에서 버너를 장치하는 벽면에 설치되어 연소용 공기를 공급하는 밀폐된 상자로서 풍도(風道)에서 공기를 흡입하여 동압의 대부분을 정압으로 노내에 유시키는 역할을 하여 연료와 공기의 혼합을 촉진시키는 것으로 내부에 다수의 안내 날개(guide vane)가 설치되어 있다.
　　　㉯ 보염기(stabilizer) : 버너팁 선단에 부착하여 착화를 원활하게 하고, 화염의 안정된 연소를 도모하는 장치로 선회기를 설치하여 연소용 공기에 선회운동을 주어 원추상으로 분사시켜 내측에 저압부분의 형성으로 저속영역을 만들어 착화를 쉽게 한다. 종류에는 선회기 방식, 보염판 방식으로 구별되며 선회기 방식은 축류식, 반경류식, 혼류식으로 분류된다.
　　　㉰ 버너타일(burner tile) : 연료와 공기를 노내에 분사하기 위하여 노벽에 설치한 목(burner throat)을 구성하는 내화재로 착화와 화염이 안정되도록 한다.

(4) 기체 연료 연소장치

① 가스버너의 특징
　㈎ 연소성능이 좋고, 고부하 연소가 가능하다.
　㈏ 연소량 조절이 간단하고, 그 범위가 넓다.
　㈐ 정확한 온도제어가 가능하다.
　㈑ 버너 구조가 간단하며, 보수가 용이하다.

㈐ 배기가스 중 유해물질이 적어 공해 대책에 유리하다.

② **확산연소(diffusion combustion)방식** : 공기(또는 산소)와 기체연료를 각각 연소실에 공급하고, 연료와 공기의 경계면에서 자연확산으로 연소할 수 있는 적당한 혼합기를 형성한 부분에서 연소가 일어나는 외부 혼합형이다.

㈎ **보일러용 연소장치의 종류**
- ㉮ 건 타입(gun type) 버너 : 센터파이어형(center fire type)이라 하며 파이프 끝에 다수의 분사구를 갖는 가스 분사관을 공기노즐 중심에 설치한 것으로 가스압력이 높은 경우에 사용한다.
- ㉯ 링 타입(ring type) 버너 : 노벽의 버너 입구의 내측 주변에 원형의 연료관을 두고 다수의 분사구멍을 만들어 유입되는 공기 기류 속에 가스를 분사시켜 연소한다.
- ㉰ 스크롤형(scroll type) 버너 : 비교적 구멍이 큰 노즐이 방사형으로 되어 있기 때문에 가스공급압력이 낮은 경우나 발열량이 낮은 가스의 대량 연소에 적합하다. 유류와 가스의 동시 연소가 가능하다.
- ㉱ 다분기관형(mult spot type) 버너 : 다수의 분기관을 설치하여 가스압력이 낮은 경우에도 공기와 혼합이 양호하며 유류와 병용하여 사용할 수 있다.

㈏ **로(爐)용 연소장치 종류**
- ㉮ 직접 가열방식 : 대류 전열을 이용한 것으로 종류에는 고온 로(爐)용 가스버너(제철용 가열로에 사용), 바리에블 플레임 버너(위킹범식 가열로에 사용), 고속 가스버너(강제 가열용), 흡인식 가스버너(석유 정제용 가열로에 사용) 등이 있다.
- ㉯ 간접 가열방식 : 복사열을 이용한 것으로 종류에는 루프 가스버너(스파이널버너), 라디언 튜브 방식 버너 등이 있다.

③ **예혼합 연소(premixed combustion) 방식** : 기체연료와 연소에 필요한 공기 또는 산소를 미리 혼합한 혼합기를 연소시키는 방법으로 화염면이라고 하는 고온의 반응면이 형성되어 자력으로 전파해나가는 특징이 있는 내부 혼합방식이다.

㈎ **저압 버너** : 분젠식 버너라 하며 가스를 노즐로부터 분출시켜 주위의 공기를 1차 공기로 흡입하는 방식으로 일반가스기구에 사용된다.

㈏ **고압 버너** : LPG, 부탄가스 등과 공기를 혼합하여 사용하는 버너로 가스압력이 0.2[MPa] 이상이다.

㈐ **송풍 버너** : 연소용 공기를 가압하여 연소하는 형식의 버너이다.

3. 연료저장 및 공급장치

(1) 고체 연료

① **석탄의 저장방법**
   ㈎ 탄층의 높이는 옥외 저탄 시 4[m] 이하, 옥내 저탄 시 2[m] 이하로 한다.
   ㈏ 탄 종류, 채탄 시기, 인수 시기, 입도별로 구분하여 쌓는다.
   ㈐ 바닥면을 1/100~1/150 기울기(구배)를 주어 배수를 용이하게 한다.
   ㈑ 풍화작용을 억제하기 위해 가급적 수분과 휘발분이 작고 입자가 큰 석탄을 선택한다.
   ㈒ 풍화작용은 외기온도 및 저장기간의 영향을 크게 받으므로 저장일은 30일 이내로 한다.
   ㈓ 지붕을 설치하여 추위와 더위(한서[寒暑])를 방지한다.
   ㈔ 자연발화를 방지하기 위하여 30[m^2] 마다 1개소 이상의 통기구를 마련하여 발열 조치를 한다.
   ㈕ 탄층 1[m] 깊이의 온도를 60[℃] 이하가 되도록 한다.

② **풍화** : 연료 중에 휘발분이 공기 중의 산소화 화합하여 탄의 품질이 저하되는 것으로 휘발분 감소, 발열량 감소, 탄의 품질 저하, 탄 표면의 색이 변색되는 현상이 나타난다.

(2) 액체 연료

① **저장방법** : 옥외, 옥내, 지하에 저장탱크를 설치하여 보관하며, 저장탱크는 위험물안전관리법의 저장탱크 설치 기준을 준용하여 설치한다.
   ㈎ 저장탱크는 보일러 운전에 지장을 주지 않는 용량으로 한다.
   ㈏ 저장탱크에는 유량을 확인할 수 있는 액면계(유면계)를 설치하여야 한다.
   ㈐ 저장탱크에는 경보장치를 설치하여 내부 유량이 정상적인 양보다 초과 또는 부족하지 않도록 관리한다.
   ㈑ 저장탱크 하부에 체류하는 수분이나 슬러지 등 이물질을 배출할 수 있는 드레인밸브를 설치한다.
   ㈒ 저장탱크에서 보일러로 공급되는 배관에는 여과기(strainer)를 설치한다.
   ㈓ 저장탱크에 가열장치를 설치할 경우 다음의 조치를 한다.

㉮ 연료유 온도조절장치를 설치한다.
㉯ 열원은 증기, 온수, 전기를 사용한다.
㉰ 전기식 가열장치에는 과열방지조치를 한다.
㉱ 온수, 증기를 사용하는 경우 겨울철 동결우려가 있을 때 동결방지조치를 한다.
㉲ 유출구 배관에는 온도계를 설치한다.

② **급유계통(이송 순서 : 벙커C유 기준)** : 저장탱크(storage tank) → 여과기 → 연료 이송펌프 → 서비스 탱크(service tank) → 유수 분리기 → 유예열기 → 급유펌프 → 급유 온도계 → 유량계 → 전자밸브 → 버너

③ **저장탱크** : 지상 또는 지하에 설치하여 1~3주 정도 사용할 수 있는 양을 저장한다.

④ **서비스 탱크(service tank)** : 최대 연료 소비량의 2~3시간 정도의 연료를 저장할 수 있는 탱크로 보일러로부터 2[m] 이상, 버너 하단부에서 1.5[m] 이상 높이로 설치된다. 탱크 용량이 적어 오버플로(over flow) 될 수 있으므로 경보장치 및 자동 차단장치를 설치한다.

⑤ **급유 펌프** : 연료의 이송, 분무압을 높이기 위하여 설치한다.
㉮ 급유 펌프는 점성을 가진 기름을 이송하므로 기어펌프나 스크류펌프 등을 사용한다.
㉯ 급유 펌프의 용량은 서비스 탱크를 1시간 내에 급유할 수 있는 것으로 한다.
㉰ 펌프 구동용 전동기는 작동유의 점도를 고려하여 30[%] 정도 여유를 주어 선정한다.
㉱ 종류
　㉮ 수송 펌프(supply pump) : 저장탱크에서 서비스 탱크까지 연료유를 공급하는 펌프이다.
　㉯ 분연 펌프(feeding pump) : 서비스 탱크에서 버너까지 연료유를 공급하는 펌프로 버너 용량의 1.2~1.5배로 한다.

⑥ **여과기(strainer)** : 연료 공급관 중에 설치된 기기의 입구에 설치하여 연료 중에 혼합되어 있는 불순물을 제거하여 유량계, 펌프 등의 기기를 보호하고, 분무효과를 높여 연소를 양호하게 한다. 연료 펌프의 흡입측에 설치되는 것은 펌프를 보호하고, 토출측에 설치되는 것은 유량계 및 버너 등을 보호하는 역할을 한다.
㉮ 종류 : Y형 여과기, U형 여과기, V형 여과기

  (나) 여과망 크기
  ㉮ 중유용 : 흡입측 20~60[mesh], 토출측 60~120[mesh]
  ㉯ 경유, 등유용 : 흡입측 80~120[mesh], 토출측 100~250[mesh]

  (다) 여과기 설치
  ㉮ 여과기 전·후에 압력계를 설치한다.
  ㉯ 압력계의 눈금은 0.02[MPa] 이하의 압력을 구별할 수 있는 것으로 설치한다.
  ㉰ 여과기는 사용압력의 1.5배 이상의 압력에 견딜 수 있는 것으로 설치한다.
  ㉱ 여과기는 입구와 출구의 압력차가 0.02[MPa] 이상일 때 여과망을 점검(청소) 해 주어야 한다.

⑦ **유예열기(oil preheater)** : 중유를 예열하여 점도를 낮추어 유동성과 무화를 양호하게 하여 버너의 연소효율을 좋게 하는 장치이다.

  (가) **열원에 의한 분류** : 증기 또는 온수식, 전기식, 전기 및 증기 혼합식

  (나) **사용목적(연료 예열 목적)**
  ㉮ 점도를 낮춰 유동성을 높인다.
  ㉯ 무화(분무)를 양호하게 유지한다.
  ㉰ 연료 이송을 양호하게 유지한다.
  ㉱ 점화효율 및 연소효율을 증대한다.

  (다) **예열 온도** : 인화점보다 5[℃] 낮게(90±5[℃])

  (라) **예열 온도에 따라 나타나는 현상**
  ㉮ 높을 때 : 관 내부에서 기름의 분해 및 분무상태, 분사각도가 불량해 진다.
  ㉯ 낮을 때 : 불길이 한 쪽으로 치우치고 그을음, 분진이 발생하고 무화상태가 불량해 진다.

  (마) **전기식 유예열기 용량 계산**

  $$\mathrm{kWh} = \frac{G_f \cdot C_f \cdot \Delta t}{860 \cdot \eta}$$

  여기서, G_f : 연료 사용량[kg/h] C_f : 연료의 비열[kcal/kg·℃]
  Δt : 유예열기 입·출구 온도차[℃] η : 유예열기 효율

⑧ **전자밸브(solenoid valve)** : 화염 검출기, 증기압력 제한기, 저수위 경보기, 송풍기와 연결하여 이상 감수, 실화 및 과부하 시 연료를 차단하여 안전사고를 방지한다.

(3) 기체 연료

① **LPG 저장방법**

(개) **용기에 의한 저장** : 가스 소비량이 적은 경우 충전 용기를 여러 개 설치하여 자연기화방식, 강제기화방식에 의해서 사용한다.

(내) **횡형 원통형 저장탱크에 의한 저장** : 대량으로 사용하는 곳에 적당하다.

(대) **구형 저장탱크에 의한 저장** : 소비량이 수백톤 이상의 대량 소비처에 적당하다.

② **도시가스 저장방법** : LNG를 도시가스로 공급하기 위해서는 기화장치가 필요하고, 기화된 가스를 일시 저장하는 시설을 가스홀더(gas holder)라 한다.

4. 통풍 및 통풍장치

(1) 통풍방식

① **통풍방법의 종류 및 특징**

(개) **자연통풍** : 연돌에 의한 통풍방식으로 배기가스와 외부공기와의 비중량차에 의해서 통풍력이 발생되는 것으로 다음과 같은 특징이 있다.
   ㉮ 통풍력은 연돌의 높이, 배기가스의 온도, 외기온도 및 습도의 영향을 받는다.
   ㉯ 노내 압력이 부압으로 형성된다.
   ㉰ 통풍력이 약해 구조가 복잡한 보일러는 부적당하다.
   ㉱ 배기가스 유속이 3~4[m/s] 정도이다.

(내) **강제통풍** : 송풍기를 이용하는 것으로 통풍력이 자유로이 가감되고 배기가스 온도에 영향을 받지 않으므로 연도에 폐열회수 장치를 설치하여 보일러 효율을 증가시킬 수 있는 방법으로 압입, 흡입, 평형통풍의 3종류로 분류할 수 있다.

   ㉮ **압입 통풍** : 송풍기를 연소실 앞에 두고 연소용 공기를 대기압 이상의 압력으로 연소실에 밀어 넣는 방식으로 다음과 같은 특징이 있다.
      ⓐ 연소실 내의 압력이 정압으로 유지된다.
      ⓑ 연소용 공기를 예열할 수 있다.
      ⓒ 송풍기 고장이 적고, 점검 및 보수가 쉽다.
      ⓓ 동력소비가 흡입 통풍식보다 적다.

ⓔ 배기가스 유속은 8[m/s] 이하이다.

④ **흡입 통풍** : 송풍기를 연도 중에 설치하여 연소 배기가스를 직접 흡입하여 강제로 배출시키는 방법으로 다음과 같은 특징이 있다.
  ⓐ 연소실 내의 압력이 부압으로 유지된다.
  ⓑ 연소용 공기를 예열하여 사용하기가 부적당하다.
  ⓒ 송풍기의 수명이 짧고 점검 보수가 어렵다.
  ⓓ 송풍기 소요 동력이 크다.
  ⓔ 배기가스 유속은 8~10[m/s] 정도이다.

④ **평형 통풍** : 압입통풍과 흡입통풍을 병행하는 방식으로 다음과 같은 특징이 있다.
  ⓐ 연소실 내의 압력을 정압이나 부압으로 조절할 수 있다.
  ⓑ 동력소비가 커 유지비가 많이 소요된다.
  ⓒ 초기 설비비가 많이 소요된다.
  ⓓ 강한 통풍력을 얻을 수 있다.
  ⓔ 배기가스 유속은 10[m/s] 이상이다.

② **연돌의 통풍력 계산**

  (가) 연돌의 통풍력이 증가되는 경우
    ㉮ 연돌의 높이가 높을수록
    ㉯ 연돌의 단면적이 클수록
    ㉰ 연돌의 굴곡부가 적을수록
    ㉱ 배기가스 온도가 높을수록
    ㉲ 외기온도가 낮을수록

  (나) 이론통풍력 계산 : 연돌의 이론 통풍력은 배기가스와 대기의 비중량차에 의하여 다음과 같은 식으로 계산할 수 있다.

$$Z = H(\gamma_a - \gamma_g) = 273H\left(\frac{\gamma_a}{T_a} - \frac{\gamma_g}{T_g}\right) = H\left(\frac{353}{T_a} - \frac{367}{T_g}\right)$$

여기서, Z : 이론 통풍력[mmH$_2$O]　　H : 연돌의 높이[m]
　　　　γ_a : 대기 비중량[kgf/m^3]　　γ_g : 배기가스 비중량[kgf/m^3]
　　　　T_a : 대기 절대온도[K]　　T_g : 배기가스 절대온도[K]

㉮ 이론 통풍력 약식

ⓐ 배기가스 비중량을 대기에 대한 비중량으로 주어지는 경우 : 대기(공기)의 비중량을 1로 놓고 배기가스 비중량을 대기의 몇 배 값으로 주어지는 경우

$$Z = 353\,H\left(\frac{1}{T_a} - \frac{\gamma_g}{T_g}\right)$$

ⓑ 표준상태(STP 상태 : 0[℃], 1기압)에서 대기의 비중량은 1.294[kgf/Nm³], 배기가스 비중량은 액체연료가 1.34[kgf/Nm³], 기체연료가 1.25[kgf/Nm³]가 된다. 여기서, 배기가스의 평균 비중량을 1.3[kgf/Nm³]으로 가정하면 1.3×273=355가 된다.

$$\therefore Z = 355\,H\left(\frac{1}{T_a} - \frac{1}{T_g}\right)$$

㉯ 연돌내의 배기가스 온도는 연도길이 또는 연돌높이 1[m]당 0.3~0.5[℃] 정도의 온도강하가 있다.

㉰ 일반적으로 연돌 높이는 주위 건물높이의 2.5배 이상으로 한다.

(다) **실제 통풍력 계산** : 연돌에서의 실제 통풍력은 이론 통풍력으로부터 연도 및 연돌 내의 마찰저항, 곡부저항, 온도강하로 인한 통풍력이 감소된다. 이때 발생되는 통풍력 손실을 제외한 통풍력이 실제 통풍력이 되며 이론 통풍력의 80[%] 정도이다.

(라) **통풍력 손실의 원인**

㉮ 연도의 굴곡부가 많을 때

㉯ 연도의 단면적이 급격히 변할 때

㉰ 연돌 및 연돌 벽면에 의한 마찰저항이 증가할 때

㉱ 연도 및 연돌에 틈이 생겨서 외기가 침입할 때

③ **연돌의 높이 및 단면적 계산**

(가) **연돌 높이** : 통풍력을 계산하는 공식으로부터 계산하면 된다.

$$H = \frac{Z}{\gamma_a - \gamma_g} = \frac{Z}{273\left(\dfrac{\gamma_a}{T_a} - \dfrac{\gamma_g}{T_g}\right)} = \frac{Z}{\left(\dfrac{353}{T_a} - \dfrac{367}{T_g}\right)}$$

(나) **연돌의 상부 단면적 계산** : 연돌의 지름이 작으면 연돌 내의 배기가스 속도가 크게 되며 마찰저항이 증가된다. 반대로 연돌의 지름이 너무 크면 바람이 강할 때 연돌

내로 역류하는 현상이 발생하므로 연돌의 단면적은 적절히 결정하여야 한다.

$$F = \frac{G(1 + 0.0037t)\left(\dfrac{760}{P_g}\right)}{3600\,W}$$

여기서, F : 연돌의 상부 단면적[m²] G : 배기가스량[Nm³/h]
t : 배기가스의 온도[℃] P_g : 배기가스 압력[mmHg]
W : 배기가스의 유속[m/s]

> **참고**
> 연돌의 상부 단면적 계산식은 '연속의 방정식($Q = AV$)'과 '보일-샤를의 법칙'을 이용하여 표준상태(0[℃], 1기압)인 배기가스량을 현재 상태로 환산하여 유도된 공식이다.

(2) 통풍장치

① 송풍기의 종류

⑺ **원심식 송풍기** : 임펠러의 회전에 의한 원심력으로 공기를 공급하는 형식으로 터보형, 다익형(실로코형), 플레이트형으로 분류된다.

㉮ 터보형 : 후향 날개를 16~24개 정도 설치한 형식
 ⓐ 효율이 높다. ⓑ 소요 동력이 적다.
 ⓒ 높은 풍압을 얻을 수 있다. ⓓ 형상이 크고 가격이 비싸다.
 ⓔ 주로 압입송풍기로 사용된다.

㉯ 실로코형 : 전향날개를 많이 설치한 형식
 ⓐ 풍량이 많다. ⓑ 풍압이 낮다.
 ⓒ 소요 동력이 많이 필요하다. ⓓ 효율이 낮다.
 ⓔ 제작비가 저렴하다.

㉰ 플레이트형 : 방사형 날개를 6~12개 정도 설치한 형식
 ⓐ 풍압이 비교적 낮은 편이다.
 ⓑ 효율은 비교적 높다.
 ⓒ 플레이트의 교체가 용이하다.
 ⓓ 흡입 송풍기로 적당하다.

⑻ **축류식 송풍기** : 프로펠러형으로 축 방향으로 공기가 유입되고, 송출되는 형식이다.

㉮ 환기용, 배기용으로 적당하다.
㉯ 풍압이 낮다.
㉰ 소음 발생이 심하다.
㉱ 흡입 송풍기로 적당하다.

㈐ 소요동력 계산

$$PS = \frac{P \cdot Q}{75\eta} \qquad kW = \frac{P \cdot Q}{102\eta}$$

여기서, P : 풍압[mmH$_2$O, kgf/m^2]
$\qquad Q$: 풍량[m^3/s]
$\qquad \eta$: 송풍기 효율[%]

㈑ 원심식 송풍기의 풍량 조절법
㉮ 회전수 제어에 의한 방법
㉯ 토출 베인 각도조절에 의한 방법
㉰ 흡입 베인 각도조절에 의한 방법
㉱ 베인 컨트롤에 의한 방법
㉲ 바이패스에 의한 방법

㈒ 원심식 송풍기 상사의 법칙 : 회전수 변화 및 임펠러 지름의 변화에 따른 풍량(Q), 풍압(P), 동력(L)의 변화 관계를 나타낸 것이다.

㉮ 풍량 $\quad Q_2 = Q_1 \times \left(\dfrac{N_2}{N_1}\right) \times \left(\dfrac{D_2}{D_1}\right)^3$

㉯ 풍압 $\quad P_2 = P_1 \times \left(\dfrac{N_2}{N_1}\right)^2 \times \left(\dfrac{D_2}{D_1}\right)^2$

㉰ 동력 $\quad L_2 = L_1 \times \left(\dfrac{N_2}{N_1}\right)^3 \times \left(\dfrac{D_2}{D_1}\right)^5$

여기서, Q_1, Q_2 : 변화 전후의 풍량[m^3/s]
$\qquad P_1$, P_2 : 변화 전후의 풍압[mmH$_2$O]
$\qquad L_1$, L_2 : 변화 전후의 동력[PS, kW]

② 댐퍼(damper)

㈎ 설치목적
㉮ 통풍력을 조절하여 연소효율을 상승시킨다.
㉯ 배기가스의 흐름을 조절한다.

㉰ 배기가스의 흐름방향을 전환한다.

⑷ **종류**

㉮ 작동상태에 의한 분류 : 회전식 댐퍼, 승강식 댐퍼

㉯ 형상에 의한 분류 : 버터플라이 댐퍼, 다익 댐퍼, 스플릿 댐퍼

5. 매연 및 집진장치

(1) 매연(煤煙)

① **매연 측정**

⑺ **매연 발생원인**

㉮ 통풍이 부족하거나 과대할 때

㉯ 무리한 연소를 할 때

㉰ 연소실 온도가 낮을 때

㉱ 연소실 용적이 적을 때

㉲ 연소장치와 연료가 맞지 않을 때

㉳ 연소장치가 불량한 때

㉴ 공기비가 맞지 않을 때

㉵ 취급자의 취급이 잘못되었을 때

⑻ **링겔만(Ringelmann) 농도표** : №0∼5번 까지 6종으로 구분하고 번호 1의 증가에 따라 매연농도는 20[%]씩 증가한다.

⑼ **바카라치 스모그 테스터(bacharach smoke tester)** : 일정면적을 갖는 여과지에 연도가스를 흡입펌프를 사용하여 통과시켜서 여과지 표면에 부착된 부유탄소입자들의 색농도를 육안(또는 광도계를 사용)으로 표준번호를 붙인 색농도표와 비교하여 매연 농도번호를 표시하는 방법으로 보일러 운전 중 매연농도는 스모크 스케일 4이하 이다.

⑽ **광학식 매연 농도계** : 연돌 한 쪽에 광원을 놓고 반대쪽에 광원으로부터의 광량변화를 측정하는 광전관, 광전지 등을 놓고 빛의 투과율을 측정하여 매연 농도를 측정하는 방법이다.

(2) 집진장치

① 집진장치 선정 시 고려사항
  (가) 분진의 입도 및 분포
  (나) 집진기의 처리효율
  (다) 집진장치에 의한 압력손실
  (라) 제거하여야 할 분진의 양
  (마) 집진시설 관리 및 유지비
  (바) 집진 후 폐기물의 처리문제

② 건식 집진장치의 종류 및 특징
  (가) **중력 집진장치** : 중력에 의하여 배기가스 중의 입자를 자연 침강에 의하여 분리, 포집하는 방식이다.
  (나) **관성력 집진장치** : 기류에 급격한 방향 전환을 주어 배기가스 중의 함진 입자의 관성력에 의하여 분리하는 방식이다.
  (다) **원심력 집진장치** : 함진가스에 선회운동을 주어 입자에 원심력을 작용시켜 입자를 분리하는 방식으로 사이크론식과 멀티크론식이 있다.
  (라) **여과 집진장치** : 함진가스를 여과재(filter)에 통과시켜 입자를 분리, 포집하는 방식으로 백 필터(bag filter)가 대표적이다.

③ 습식 집진장치의 종류 및 특징
  (가) **벤투리 스크러버** : 함진가스를 벤투리관의 목부분에서 유속을 60~90[m/s] 정도로 빠르게 하여 주변의 노즐을 통하여 물이 흡입, 분사되게 하여 액적과 입자가 충돌하여 포집한다.
  (나) **사이클론 스크러버** : 가압한 물을 원심력에 의해 노즐에 분무하여 함진가스 내로 통과시켜 집진하는 방식이다.
  (다) **제트 스크러버** : 이젝터(ejector)를 사용하여 물을 고압으로 분무시켜 먼지를 물방울 속에 접촉 포집하는 방식이다.

④ 전기 집진장치
: 양전극 사이에 코로나 방전이 일어나 방전극 주위의 기체는 이온화되고, -이온화된 가스입자는 강한 전장의 작용으로 +극을 향하여 운동하고, 그 사이를 흐르는 가스 속의 고체 분진은 -로 대전되어 집진극에 모여 표면에 퇴적한다.

예상문제

01 연료의 구비조건을 4가지 쓰시오.

해답 ① 공기 중에서 연소하기 쉬울 것 ② 저장 및 취급이 용이할 것
② 발열량이 클 것 ④ 구입하기 쉽고 경제적일 것
⑤ 인체에 유해성이 없을 것 ⑥ 휘발성이 좋고 내한성이 우수할 것

02 연료의 가연성 원소를 3가지 쓰시오.

해답 ① 탄소(C) ② 수소(H) ③ 유황(S)

03 고체연료의 장점을 4가지 쓰시오.

해답 ① 노천 야적이 가능하다.
② 저장 및 취급이 편리하다.
③ 구입이 쉽고, 가격이 저렴하다.
④ 연소장치가 간단하고, 특수목적에 이용된다.

해설 고체연료의 단점
① 완전연소가 곤란하다.
② 연소효율이 낮고 고온을 얻기 곤란하다.
③ 회분이 많고 처리가 곤란하다.
④ 착화 및 소화가 어렵다.
⑤ 연소조절이 어렵다.

04 고체연료를 생산 형태에 따른 구분에 대한 물음에 답하시오.
(1) 1차 연료의 종류 2가지를 쓰시오.
(2) 2차 연료의 종류 2가지를 쓰시오.

해답 (1) ① 무연탄 ② 역청탄 ③ 갈탄 ④ 목재
(2) ① 코크스 ② 미분탄 ③ 목탄(또는 숯)

해설 연료의 분류
① 상태 : 고체연료, 액체연료, 기체연료
② 생산 형태 : 1차 연료(천연산), 2차 연료(인공 연료)
③ 용도 : 산업용, 운수용, 가정용

05 탄화도 증가에 따른 석탄의 일반적인 특징을 4가지 쓰시오.

해답 ① 발열량이 증가한다.
② 연료비가 증가한다.
③ 열전도율이 증가한다.
④ 비열이 감소한다.
⑤ 연소속도가 늦어진다.
⑥ 인화점, 착화온도가 높아진다.
⑦ 수분, 휘발분이 감소한다.

06 석탄을 분류하는 방법 중에서 연료비를 구하는 공식을 완성하시오.

$$연료비 = \frac{(\ ① \ )}{(\ ② \ )}$$

해답 ① 고정탄소 ② 휘발분

07 석탄의 공업분석 측정항목 중 수분을 정량하는 방법을 설명하시오.

해답 107±2[℃]에서 1시간 건조시켜 시료무게에 대한 건조감량의 비[%]로 표시

$$\therefore 수분[\%] = \frac{건조감량}{시료무게} \times 100$$

해설 석탄의 공업분석 시 측정항목
① 수분 : 107±2[℃]에서 1시간 건조시켜 시료무게에 대한 건조감량의 비[%]로 표시

$$\therefore 수분[\%] = \frac{건조감량}{시료무게} \times 100$$

② 회분 : 공기 중에서 800±10[℃]로 가열하여 회(灰)화한 시료무게에 대한 잔류 회분량의 비[%]로 표시

$$\therefore 회분[\%] = \frac{잔류\ 회분량}{시료무게} \times 100$$

③ 휘발분 : 925±20[℃]에서 7분간 가열하여 시료무게에 대한 가열감량의 비[%]를 구하고 여기에 정량한 수분[%]을 감한 것으로 표시

$$\therefore 휘발분[\%] = \frac{가열감량}{시료무게} \times 100 - 수분[\%]$$

④ 고정탄소 : 시료무게 100[%]에서 수분[%], 회분[%], 휘발분[%]을 제외한 값으로 표시

$$\therefore 고정탄소[\%] = 100 - (수분[\%] + 회분[\%] + 휘발분[\%])$$

※ 회(灰 : ash)는 석탄을 연소한 후 남겨지는 재와 같은 찌꺼기를 지칭한다. (연탄재를 연상해 보기 바랍니다.)

08 석탄을 연료 분석한 결과 다음과 같은 데이터를 얻었다면 고정탄소분[%]은 얼마인가?

> [수분] 시료량 : 1.0030[g], 건조감량 : 0.0232[g]
> [회분] 시료량 : 1.0070[g], 잔류회분량 : 0.2872[g]
> [휘발분] 시료량 : 0.9998[g], 가열감량 : 0.3432[g]

풀이 ① 수분의 함유율 계산

$$\therefore 수분 = \frac{건조감량}{시료무게} \times 100 = \frac{0.0232}{1.0030} \times 100 = 2.313 ≒ 2.31[\%]$$

② 회분의 함유율 계산

$$\therefore 회분 = \frac{잔류회분량}{시료무게} \times 100 = \frac{0.2872}{1.0070} \times 100 = 28.520 = 28.52[\%]$$

③ 휘발분의 함유율 계산

$$\therefore 휘발분 = \left(\frac{가열감량}{시료무게} \times 100\right) - 수분[\%] = \left(\frac{0.3432}{0.9998} \times 100\right) - 2.31$$
$$= 32.016 = 32.02[\%]$$

④ 고정탄소 계산

$$\therefore 고정탄소 = 100 - (수분 + 회분 + 휘발분)$$
$$= 100 - (2.31 + 28.52 + 32.02) = 37.15[\%]$$

해답 37.15[%]

09 회분(灰分)이 연소에 미치는 영향 4가지를 쓰시오.

해답 ① 연료의 발열량이 감소한다.
② 연소상태가 불량해진다.
③ 연소 후 재(ash) 발생량이 증가한다.
④ 보일러 벽이나 내화벽돌에 부착되어 장치를 손상시킨다.
⑤ 용융 온도가 낮은 회분은 클링커(clinker)를 발생시켜 통풍을 방해한다.
⑥ 통풍에 지장을 주어 연소효율을 저하시킨다.

10 석탄의 성분 중에서 휘발분이 연소에 미치는 영향 4가지를 쓰시오.

해답 ① 연소 시 매연(그을음)이 발생된다.
② 점화(착화)가 쉽고, 연소속도가 빠르다.
③ 불꽃이 장염이 되기 쉽다.
④ 역화(back fire)를 일으키기 쉽다.
⑤ 발열량이 감소한다.

11 역청탄(점결탄)을 주성분으로 하는 원료 석탄을 1000[℃] 내외에서 건류하여 만들어지는 2차 연료의 명칭을 쓰시오.

해답 코크스(cokes)

해설 코크스의 건류 온도
① 고온 건류 : 1000~1200[℃]
② 저온 건류 : 500~600[℃]
※ 건류 : 공기의 공급이 없는 상태에서 가열하여 열분해를 시키는 조작을 지칭한다.

12 액체 연료의 장점을 4가지 쓰시오.

해답 ① 완전연소가 가능하고 발열량이 높다.
② 연소효율이 높고 고온을 얻기 쉽다.
③ 연소조절이 용이하고 회분이 적다.
④ 품질이 균일하고 저장, 취급이 편리하다.
⑤ 파이프라인을 통한 수송이 용이하다.

해설 액체 연료의 단점
① 연소온도가 높아 국부과열의 위험이 크다.
② 화재, 역화의 위험성이 높다.
③ 일반적으로 황성분을 많이 함유하고 있다.
④ 버너의 종류에 따라 연소시 소음이 발생한다.

13 A, B, C용 중유는 무엇을 기준으로 분류한 것인가?

해답 점도

14 액체 연료인 중유의 유동점은 응고점 보다 몇 [℃] 정도 더 높은가?

해답 2.5[℃]

해설 중유의 유동점 및 예열온도
① 유동점 : 응고점보다 2.5[℃] 높다.
② 예열온도 : 인화점보다 5[℃] 낮게 조정

15 중유의 점도가 높은 경우 나타나는 현상을 4가지 쓰시오.

해답 ① 오일 공급(송유)이 곤란하다.
② 무화불량으로 불완전연소 발생
③ 버너 선단에 카본이 부착한다.
④ 연소상태가 불량하다.

⑤ 화염에 스파크가 발생한다.

[해설] 점도가 낮은 경우
① 연료소비량 증가
② 불완전 연소 발생
③ 역화의 원인

16 중유에 첨가하는 첨가제의 기능을 설명하시오.

(1) 연소 촉진제 :

(2) 안정제 :

(3) 탈수제 :

(4) 회분 개질제 :

(5) 유동점 강하제 :

[해답] (1) 분무를 양호하게 하여 연소를 촉진시킨다.
(2) 슬러지 분산제라 하며, 슬러지 생성을 방지한다.
(3) 연료 속의 수분을 분리 제거한다.
(4) 재(회분)의 융점을 높여 고온부식을 방지한다.
(5) 유동점을 낮추어 저온에서도 유동성을 양호하게 한다.

17 중유 속에 수분이 있을 때 미치는 영향을 4가지 쓰시오.

[해답] ① 발열량 감소　　② 저온부식 촉진
③ 진동연소의 원인　　④ 퇴적물 생성

18 벙커C유는 점도를 낮추어 유동성과 무화를 양호하게 하여 연소효율을 좋게 하기 위하여 유예열기(oil preheater)를 이용하여 예열한다. 이때 예열온도가 높을 때 연소에 미치는 영향 4가지를 쓰시오.

[해답] ① 관 내부에서 기름이 열분해를 일으킨다.
② 분무상태가 고르지 못하다.
③ 분사각도가 흐트러진다.
④ 탄화물(카본) 생성의 원인이 된다.
⑤ 역화의 원인이 될 수 있다.

[해설] 예열온도가 낮을 때 영향
① 무화상태가 불량해진다.
② 그을음 생성 및 분진이 발생한다.
③ 불길이 한 쪽으로 치우친다.
④ 유동성이 좋지 못하다.

제3장 연료 및 연소장치

19 중유의 C/H비(탄수소비)가 증가하면 발열량은 어떻게 변화되는지 쓰시오.

해답 감소한다.

해설 ① 중유의 탄수소비(C/H) 변화에 따른 성질

구분	C/H비 증가	C/H비 감소
발열량	감소	증가
공기량	감소	증가
비중	증가	감소
화염방사율	증가	감소
배기가스량	감소	증가
인화점	높아진다.	낮아진다.
동점도	증가	감소

② 탄수소비(C/H)가 증가하는 것은 탄소(C)량이 많아지고, 수소(H)량이 적어지는 경우이다.
③ 1[kg]당 저위발열량 비교하면 탄소(C)가 약 8100[kcal/kg], 수소(H_2)가 약 28800 [kcal/kg]이기 때문에 탄수소비가 증가하면 발열량은 감소하는 것이다.
④ 1[kg]당 연소 시 이론공기량을 비교하면 탄소(C)는 1.867[Nm^3], 수소(H_2)는 11.2 [Nm^3]가 필요하므로 탄수소비가 증가하면 공기량은 감소하는 것이다.

20 보일러 연료로서 기체 연료를 사용할 경우의 장점을 3가지 쓰시오.

해답 ① 연소효율이 높고 연소제어가 용이하다.
② 회분 및 황성분이 없어 전열면 오손이 없다.
③ 적은 공기비로 완전연소가 가능하다.
④ 저발열량의 연료로 고온을 얻을 수 있다.
⑤ 완전연소가 가능하여 공해문제가 없다.

해설 기체연료의 단점
① 저장 및 수송이 어렵다.
② 가격이 비싸다.
③ 시설비가 많이 소요된다.
④ 누설 시 화재, 폭발의 위험이 크다.

21 액화석유가스(LPG)의 특징을 5가지 쓰시오.

해답 ① LP가스는 공기보다 무겁다.
② 액상의 LP가스는 물보다 가볍다.
③ 액화, 기화가 쉽고 기화하면 체적이 커진다.
④ 기화열(증발잠열)이 크다.
⑤ 연소시 공기량이 많이 필요하다.
⑥ 폭발범위(연소범위)가 좁다.
⑦ 무색, 무취, 무미하다.

22 LPG의 주성분 2가지를 분자식으로 쓰시오.

해답 ① C_3H_8 ② C_4H_{10}

해설 액화석유가스의 정의(액화석유가스의 안전관리 및 사업법 제2조) : 프로판(C_3H_8)이나 부탄(C_4H_{10})을 주성분으로 한 가스를 액화한 것(기화된 것을 포함)을 말한다.

23 LNG(액화천연가스)의 주성분은 무엇인가?

해답 메탄(CH_4)

해설 LNG(액화천연가스) : 천연가스(NG : Natural Gas)를 액화시킨 것으로 주성분인 메탄(CH_4) 외에 에탄(C_2H_6), 프로판(C_3H_8), 부탄(C_4H_{10}) 등의 저급탄화수소가 소량 포함되어 있다. 천연가스를 액화하면 체적이 1/600로 줄어들기 때문에 LNG는 선박을 이용하여 대량으로 수송할 수 있다.

24 쓰레기 매립장에서 발생되는 가스의 주성분은 무엇인가?

해답 메탄(CH_4)

25 LNG 및 LPG 성분에 대한 설명이다. ( )안에 들어갈 내용을 쓰시오.

> 천연가스의 액화온도는 (①)[℃]이며, 액화천연가스(LNG)의 주성분은 (②), (③)이고, 액화석유가스(LPG)의 주성분은 (④)과 (⑤)이다.

해답 ① -161.5   ② 메탄(CH_4)   ③ 에탄(C_2H_6)   ④ 프로판(C_3H_8)   ⑤ 부탄(C_4H_{10})

26 석유계 기체연료의 종류 3가지를 쓰시오.

해답 ① 액화석유가스   ② LPG 변성가스
③ 나프타 분해가스   ④ 오일 가스
⑤ 대체천연가스

27 도시가스의 호환성을 판단하는데 사용되는 지수는 무엇인가?

해답 웨버지수

해설 웨버지수(Webbe index) : 가스의 발열량을 가스 비중의 제곱근(평방근)으로 나눈 값으로 도시가스의 호환성을 판단하는데 사용한다.

$$\therefore WI = \frac{H_g}{\sqrt{d}}$$

여기서, WI : 웨버지수 H_g : 도시가스의 발열량[kcal/m³]
　　　　d : 도시가스의 비중

28 연소의 3대 요소를 쓰시오.

해답 ① 가연성 물질　② 산소 공급원　③ 점화원

29 점화원의 종류 4가지를 쓰시오.

해답 ① 전기불꽃　② 정전기　③ 단열압축　④ 충격 및 마찰불꽃

30 연료의 연소형태를 5가지로 분류하고 여기에 해당하는 연료 및 물질을 2가지씩 각각 쓰시오.

해답 ① 표면연소 : 목탄(숯), 코크스
② 분해연소 : 종이, 석탄, 목재
③ 증발연소 : 가솔린, 등유, 경유, 알코올, 양초
④ 확산연소 : 프로판, 부탄
⑤ 자기연소 : 셀롤로이드류, 질산에스테르류, 히드라진

31 휘발성이 강한 가연성 물질에서 불씨에 의해 연소가 시작되는 최저온도를 무엇이라 하는가?

해답 인화점

해설 ① 인화점(인화온도) : 가연성 물질이 공기 중에서 점화원에 의하여 연소할 수 있는 최저 온도이다.
② 발화점(발화온도) : 가연성 물질이 공기 중에서 온도를 상승시킬 때 점화원 없이 스스로 연소를 개시할 수 있는 최저의 온도로 착화점, 착화온도라 한다.

32 착화온도가 낮아지는 조건 4가지를 쓰시오.

해답 ① 압력이 높을 때　② 발열량이 높을 때
③ 열전도율이 작을 때　④ 산소와 친화력이 클 때
⑤ 산소농도가 높을 때　⑥ 분자구조가 복잡할수록
⑦ 반응활성도가 클수록

33 착화 지연시간(ignition delay time)에 대하여 설명하시오.

해답 어느 온도에서 가열하기 시작하여 발화에 이르기까지의 시간으로 고온, 고압일수록, 가연성가스와 산소의 혼합비가 완전 산화에 가까울수록 착화 지연시간은 짧아진다.

34 최소 점화 에너지(MIE : Minimun Ignition Energy)에 대한 물음에 답하시오.
  (1) 최소 점화 에너지를 설명하시오.
  (2) 최소 점화 에너지가 낮아지는 조건 4가지를 쓰시오.

  해답▶ (1) 가연성 혼합가스에 전기적 스파크로 점화시킬 때 점화하기 위한 최소한의 전기적 에너지를 말한다.
  (2) ① 연소속도가 클수록 낮아진다.
      ② 열전도율이 적을수록 낮아진다.
      ③ 산소농도가 높을수록 낮아진다.
      ④ 압력이 높을수록 낮아진다.
      ⑤ 가연성 기체의 온도가 높을수록 낮아진다.

35 1차 연소와 2차 연소를 구분하여 각각 설명하시오.

  해답▶ ① 1차 연소 : 연소실 안에서 1차 공기와 가연물이 연소하는 현상을 말한다.
  ② 2차 연소 : 완전 연소되지 않고 불완전 연소가 되어 발생된 미연가스(CO, H_2 등)가 연도 내에서 인화되어 다시 연소하는 현상으로 재연소라 한다.

36 고체연료 중에서 석탄을 연소하는 방법으로 고정층을 만들고 공기를 통하여 연소시키는 방법은?

  해답▶ 화격자 연소

  해설▶ 화격자 연소 : 고체연료 중에서 석탄을 연소하는 방법으로 가장 많이 사용되었던 것으로 연소용 공기가 유통하는 다수의 간극을 갖는 화격자는 연료를 지지하고 화격자 하부에서 1차 공기가 유입되고, 부족분은 연소실 측부에서 2차 공기로 공급된다. 인력으로 석탄을 공급하는 수분(手焚)과 기계를 이용하여 자동연소시키는 스토커(stoker)로 구분한다.

37 기계분(機械焚, stoker) 연소에 대한 물음에 답하시오.
  (1) 형태에 따른 종류를 4가지 쓰시오.
  (2) 특징 4가지를 쓰시오.

  해답▶ (1) ① 산포식 스토커   ② 쇄상식 스토커
           ③ 하입식 스토커   ④ 계단식 스토커
  (2) ① 연소효율이 높다.
      ② 대용량에 적합하며, 인건비가 적게 소요된다.
      ③ 완전 자동화가 가능하다.
      ④ 설비비 및 유지비(운전비)가 많이 소요된다.
      ⑤ 수분(手焚)과 비교하여 부하변동에 대응하기 어렵다.

38 연소 표면적을 넓게 하기 위하여 석탄을 200메쉬(mesh) 이하로 분쇄하여 1차 공기와 혼합하여 연소실에 분사하여 연소하는 방법에 대한 물음에 답하시오.
 (1) 연소장치의 명칭을 쓰시오.
 (2) 장점 3가지를 쓰시오.

해답 (1) 미분탄 연소장치
 (2) ① 적은 공기비로 완전 연소가 가능하다.
  ② 점화, 소화가 쉽고 부하변동에 대응하기 쉽다.
  ③ 대용량에 적당하고, 사용연료 범위가 넓다.

해설 미분탄 연소장치의 단점
 ① 설비비, 유지비가 많이 소요된다.
 ② 회(灰 : ash), 분진 등이 많이 발생하여 집진장치가 필요하다.
 ③ 연소실이 크고, 폭발의 위험성이 있다.

39 미분탄을 연소시키는 방법 4가지를 쓰시오.

해답 ① U자형 연소 ② L자형 연소
 ③ 모서리 버너 연소 ④ 특수 연소

해설 미분탄 연소방법
 ① U자형 연소 : 편평류 버너를 사용하여 연소로의 상부로부터 2차 공기와 같이 분사, 연소한다.
 ② L자형 연소 : 선회류 버너를 사용하여 연소로의 측벽에서 분사, 연소한다.
 ③ 모서리 버너 연소 : 장방형의 연소로 네 모퉁이에서 분사, 연소한다.
 ④ 특수 연소 : 슬래그 탭식, 클레이머식, 사이클론식

40 [보기]의 특징을 가지는 고체연료 연소방법은?

> [보기] – 석탄을 분쇄할 필요가 없다.
>   – 부하변동에 따른 적응력이 좋지 않다.
>   – 연소온도가 낮아 질소산화물의 발생량이 적다.

해답 유동층 연소

해설 (1) 유동층 연소 : 화격자 연소와 미분탄 연소방식을 혼합한 형식으로 화격자 하부에서 강한 공기를 송풍기로 불어 넣어 화격자 위의 탄층을 유동층에 가까운 상태로 형성하면서 700~900[℃] 정도의 저온에서 연소시키는 방법이다.
 (2) 특징
  ① 광범위한 연료에 적용할 수 있다.
  ② 연소 시 화염층이 작아진다.

③ 클링커 장해를 경감할 수 있다.
④ 연소온도가 낮아 질소산화물의 발생량이 적다.
⑤ 화격자 단위면적당 열부하를 크게 얻을 수 있다.
⑥ 부하변동에 따른 적응력이 떨어진다.

41 액체연료 연소방식에서 연료를 무화시키는 목적 4가지를 쓰시오.

해답 ① 단위 중량당 표면적을 크게 한다.
② 주위 공기와 혼합을 양호하게 한다.
③ 연소효율을 향상시킨다.
④ 연소실을 고부하로 유지한다.

42 [보기]에서 설명하는 오일 버너의 명칭을 쓰시오.

[보기]
- 구조가 비교적 간단하다.
- 소음발생이 거의 없다.
- 무화특성이 좋지 않다.
- 무화매체인 증기나 공기가 필요 없다.
- 유량조절 범위가 좁다.

해답 유압분무식 버너

해설 유압분무식 버너의 특징
① 구조가 비교적 간단하다.
② 부하 변동에 대한 적응성이 적다.
③ 무화매체가 필요 없고, 대용량에 적합하다.
④ 유량은 유압의 평방근에 비례한다.
⑤ 소음 발생이 거의 없지만, 무화특성이 좋지 않다.
⑥ 유량 조절범위가 좁다. (환류형 1 : 3, 비환류형 1 : 6)
⑦ 분무각도 40~90°, 사용유압 5~20[kgf/cm^2](0.5~2[MPa])이다.

참고 1[kgf/cm^2]은 약 0.1[MPa], 100[kPa]에 해당되고, 일반적으로 1[kgf/cm^2] 이상의 압력은 [MPa]로, 1[kgf/cm^2] 미만의 압력은 [kPa]로 환산하여 표시한다.

43 5~20[kPa]의 공기를 사용하여 무화시키는 버너로서 연동형과 비연동형으로 구분되는 버너의 명칭을 쓰시오.

해답 저압기류식 버너

해설 저압기류식 버너의 특징
① 소형설비에 주로 사용한다.
② 분무용 공기량은 이론공기량의 30~50[%] 정도 소요된다.

③ 종류에는 연동형과 비연동형이 있다.
④ 분무각도 30~60°, 공기압력 0.05~0.2[kgf/cm²](5~20[kPa]) 이다.
⑤ 유량 조절범위가 1 : 5~1 : 6 이다.

44 분무각도가 30° 정도로 작고 유량 조절범위가 크며 점도가 높은 연료도 무화가 가능한 버너의 명칭을 쓰시오.

해답▶ 고압기류식 버너

해설▶ 고압기류식 버너의 특징
① 종류에는 증기 분무식, 내부 혼합식, 외부 혼합식, 중간 혼합식이 있다.
② 분무매체로 공기, 증기(2~7[kgf/cm²])를 사용한다.
③ 고점도 연료로 무화가 가능하다.
④ 연소 시 소음발생이 심하다.
⑤ 부하 변동이 큰 곳에 적당하다.
⑥ 분무용 공기량은 이론공기량의 7~12[%] 정도 소요된다.
⑦ 분무각도 30°, 연료 유압은 0.3~6[kgf/cm²](30~600[kPa]) 이다.
⑧ 유량 조절범위가 1 : 10 이다.

45 액체연료 연소장치 중 회전식 버너(rotary type burner)의 특징 4가지를 쓰시오.

해답▶ ① 분무컵을 고속으로 회전시켜 연료를 분출하고, 1차 공기를 이용하여 무화시키는 방식이다.
② 종류에는 직결식(3000~3500[rpm]), 벨트식(7000~10000[rpm])이 있다.
③ 설비가 간단하고 자동화가 쉽다.
④ 점도가 작을수록 분무상태가 양호해진다.
⑤ 고점도 연료는 예열이 필요하다.
⑥ 청소, 점검, 수리가 간편하다.
⑦ 분무각도 30~80°, 연료 유압은 0.3~0.5[kgf/cm²](30~50[kPa]) 이다.
⑧ 유량 조절범위가 1 : 5 이다.

46 로터리 버너(rotary burner)로 벙커-C유를 연소시킬 때 분무가 잘될 수 있도록 조치하여야 할 것 3가지를 쓰시오.

해답▶ ① 점도를 낮추기 위하여 벙커-C유를 예열한다.
② 벙커-C유 중의 수분을 분리, 제거한다.
③ 버너 입구 배관부에 스트레이너(strainer)를 설치한다.

47 유압식과 기류식을 병합한 방법으로 연료를 무화시키는 버너의 명칭을 쓰시오.

해답▶ 건타입 버너

[해설] 건타입(gun type) 버너의 특징
① 사용연료는 등유, 경유이다.
② 연료 유압은 7[kgf/cm^2](0.7[MPa]) 이상이다.
③ 소형으로 전자동이 가능하고 연소상태가 양호하다.
④ 버너에 송풍기가 장치되어 있어 공기와 연료의 혼합을 촉진한다.
⑤ 오일펌프 내에 있는 유량조절밸브에서 유량을 조절한다.

48 다음에 설명하는 버너 명칭을 쓰시오.
(1) 유량은 유압의 제곱근에 비례하는 버너로 유량을 1/2로 감소시키려면 압력을 1/4로 조정하여야 한다.
(2) 고속으로 회전하는 분무컵에 송입되는 연료를 원심력을 이용해 분사하는 버너이다.
(3) 고압의 증기나 공기로 연료를 분사하는 버너이다.

[해답] (1) 유압식 버너 (2) 회전식 버너 (3) 고압기류식 버너

49 액체 연료의 일반적인 연소장치인 분무식 버너의 작동원리를 각각 설명하시오.
(1) 가압 분사식 :
(2) 회전식 :
(3) 기류 분무식 :

[해답] (1) 유압 펌프를 이용하여 연료에 압력을 가한 후 연료자체의 압력에 의해 노즐에서 고속으로 분출시켜 미립화(무화)시키는 버너이다.
(2) 고속으로 회전하는 분무컵에 연료 공급관을 통해 연료가 공급되면 이 연료는 분무컵의 원심력에 의해 분무컵 내면에 액막이 형성되고 여기에 1차 공기가 고속으로 분출되면서 미립화(무화) 시키는 버너이다.
(3) 저압의 공기 또는 고압의 공기나 증기 분무매체를 이용하여 연료를 미립화(무화) 시키는 버너로 2유체 버너라고도 한다.

50 초음파 버너는 어떤 형식의 버너인가?

[해답] 진동 무화방식

51 저위발열량이 9750[kcal/kg]인 중유를 연소시키는 10[ton/h]의 증기보일러에 적합한 버너의 용량[L/h]을 계산하시오. (단, 중유의 비중은 0.915, 보일러 효율은 88[%]이다.)

[풀이] 증기 1[kg]을 발생시킬 때 539[kcal/kg]의 열량이 필요하고, 중유의 저위발열량은 비

중을 적용해서 1[L]당의 발열량으로 적용해야 한다.

$$\therefore 버너용량 = \frac{증기발생에\ 필요한\ 열량}{연료의\ 저위발열량 \times 보일러\ 효율}$$

$$= \frac{(10 \times 1000) \times 539}{(9750 \times 0.915) \times 0.88} = 686.562 ≒ 686.56[L/h]$$

[해답] 686.56[L/h]

[해설] 1[ton]은 1000[kg]에 해당되기 때문에 증기 발생량 10[ton]에 1000을 곱해 [kg]단위로 변환한 것이다.

52 보염장치의 설치목적 4가지를 쓰시오.

[해답] ① 화염의 형상 조절 ② 안정된 착화도모
③ 전열효율 촉진 ④ 공기와 연료의 혼합촉진

53 유류 연소용 보일러의 연소실 입구에 설치되는 보염장치의 각 부분에 대한 설명이다. 각각 어떤 장치인지 그 명칭을 쓰시오.

(1) 압입통풍의 경우 버너를 장치하는 벽면에 설치되는 밀폐된 상자로서 풍도에서 공기를 흡입하여 동압의 대부분을 정압으로 노내에 유입시키는 역할을 한다.

(2) 착화를 원활하게 하고 화염의 안정을 도모하는 것이며, 선회기를 설치하여 연소용 공기에 회전운동을 주어 원추상으로 분사키켜 내측에 저압부분의 형성성으로 저속영역을 만들어 착화를 쉽게 한다.

(3) 노내에 설치한 버너 슬롯을 구성하는 내화재로 착화와 화염에 안정을 주는 역할을 한다.

[해답] (1) 윈드박스(wind box)
(2) 보염기(stabilizer)
(3) 버너 타일(burner tile)

54 다음은 액체 연료용 보일러의 부하조절에 관한 내용이다. ( ) 안에 알맞은 용어나 숫자를 쓰시오.

(1) 연소량을 감소시킬 때는 먼저 (①)을[를] 감소시키고 난 다음 (②)을[를] 감소시킨다.

(2) 연소량을 증가시킬 때는 먼저 (①)을[를] 증가시키고 난 다음 (②)을[를] 증가시킨다.

(3) 1개 버너의 연소량은 그 버너의 최대용량의 ( ) 이하로 감소하면 안 된다.

(4) 연소량 조정은 버너수의 ( )에 의하는 것이 좋다.

해답 (1) ① 연료량　② 공기량
(2) ① 공기량　② 연료량
(3) 1/3
(4) 증감

55 가스버너의 특징 4가지를 쓰시오.

해답 ① 연소성능이 좋고, 고부하 연소가 가능하다.
② 연소량 조절이 간단하고, 그 범위가 넓다.
③ 정확한 자동제어(온도제어)가 가능하다.
④ 버너 구조가 간단하며, 보수가 용이하다.
⑤ 배기가스 중 유해물질이 적어 공해 대책에 유리하다.

56 기체연료의 연소방식 중 부하의 조정범위가 넓고 역화의 위험성이 적으며 가스와 공기를 예열할 수 있는 외부 혼합형의 명칭은 무엇인가?

해답 확산 연소방식

57 가스연료를 사용하는 외부 혼합형 버너 중 다음에 설명하는 버너의 명칭을 쓰시오.
(1) 노벽의 버너 입구의 내측 주변에 둥근 형상의 연료관을 두고 다수의 분사 구멍을 만들어 유입되는 공기 기류 속에 가스를 분사시켜 연소하는 방식이다.
(2) 선단에 다수의 분사구를 갖는 가스 분사관을 공기 노즐 중심에 설치한 것으로 보통 가스압력이 높을 경우에 사용하는 방식이다.
(3) 다수의 분기관을 설치하여 가스압력이 낮은 경우에도 공기와 혼합이 양호하며, 오일 버너와 병용하여 사용할 수 있는 방식이다.

해답 (1) 링타입 버너
(2) 건타입 버너(또는 센터 파이어형 버너)
(3) 다분기관형 버너

58 기체연료의 연소방식 중 화염이 짧으며 고온의 화염을 얻을 수 있으나 연소부하가 크고, 역화의 위험성이 있는 내부 혼합형의 명칭을 쓰시오.

해답 예혼합 연소방식

59 보일러에서 연료를 연소할 때 화염의 형태 및 불빛으로 연소공기의 과부족을 판단할 수 있다. 다음 상태의 불빛 색(화염의 색)을 쓰시오.

(1) 공기량이 많은 경우 :

(2) 공기량이 적은 경우 :

(3) 공기량이 적당한 경우 :

해답▶ (1) 회백색 (2) 암적색 (3) 엷은 주황색(또는 오렌지색)

60 석탄을 저장하는 방법 4가지를 쓰시오.

해답▶ ① 탄층 내부온도를 60[℃] 이하로 유지시켜 자연발화를 방지한다.
② 지붕을 설치하여 한서(寒暑 : 추위와 더위)를 방지한다.
③ 높이는 옥외 저탄 시 4[m] 이하, 옥내 저탄 시 2[m] 이하로 한다.
④ 배수가 용이하도록 바닥의 경사를 1/100~1/150 정도로 한다.
⑤ 통풍이 잘되게 하고, 직사광선을 피한다.
⑥ 탄종류, 채탄시기, 인수시기, 입도별로 구분하여 쌓는다.

61 중유(벙커-C유)를 보일러 연료로 사용하는 시설에서 저장탱크부터 버너까지 연료가 이송되는 과정을 나타낸 것에서 (   ) 안에 알맞은 장치 명칭을 쓰시오.

저장탱크(storge tank) → 여과기 → (①) → 서비스 탱크(service tank) → 유수분리기 → 유예열기 → (②) → 급유온도계 → 유량계 → (③) → 버너

해답▶ ① 연료 이송펌프 ② 급유펌프 ③ 전자밸브

62 액체연료(중유)를 사용하는 보일러 시설에서 오일 서비스탱크를 설치하는 목적 4가지를 쓰시오.

해답▶ ① 보일러에 연료공급을 원활히 하기 위하여
② 2~3시간 연소할 수 있는 연료량을 저장하여 가열 열원을 절감하기 위하여
③ 급유펌프까지 자연압에 의한 연료가 공급될 수 있도록 하기 위하여
④ 환류(還流)되는 연료를 재 저장하기 위하여

63 액체연료 이송용으로 사용하는 펌프의 종류 3가지를 쓰시오.

해답▶ ① 기어 펌프 ② 스크류 펌프 ③ 플런저 펌프

64 오일 여과기(oil strainer)에 대한 물음에 답하시오.

(1) 여과기 전후에 설치해야 할 것의 명칭을 쓰시오.

(2) 여과기는 사용압력의 몇 배 이상에서 견딜 수 있어야 하는가?

(3) 여과기는 입구와 출구의 압력차가 몇 [MPa] 이상일 때 여과기를 점검(청소)해 주어야 하는가?

해답 ▶ (1) 압력계   (2) 1.5   (3) 0.02[MPa]

65 중유를 사용하는 보일러에 설치하는 유예열기(oil preheater)에 대한 물음에 답하시오.
   (1) 유예열기를 설치하는 목적을 설명하시오.
   (2) 연료를 예열하는 목적 4가지를 쓰시오.

해답 ▶ (1) 중유(벙커-C유)를 가열하여 점도를 낮게함으로서 연료의 유동성과 무화(미립화)를 양호하게 하여 연소효율 향상시키기 위하여 설치한다.
   (2) ① 한랭 시 연료의 동결방지   ② 연료의 무화를 양호하게 유지
       ③ 연료의 이송을 양호하게 유지   ④ 점화효율 증대

66 시간당 120[kg]의 연료를 사용하는 버너 앞쪽에 오일 프리히터를 설치하려고 한다. 히터 입구 쪽의 연료 온도가 40[℃]이고, 히터 출구의 온도가 85[℃]가 되도록 하려면 히터의 용량은 몇 [kWh]가 되어야 하는지 계산하시오. (단, 연료의 평균비열은 0.45[kcal/kg·℃]이고 히터 효율은 75[%] 이다.)

풀이 ▶ $\mathrm{kWh} = \dfrac{G_f \cdot C_f \cdot \Delta t}{860\eta} = \dfrac{120 \times 0.45 \times (85-40)}{860 \times 0.75} = 3.767 ≒ 3.77[\mathrm{kWh}]$

해답 ▶ 3.77[kWh]

67 보일러 급유계통에서 보일러 가동 중 소화, 압력초과 등 이상 현상 발생 시 긴급히 연료를 차단하는 장치의 명칭은 무엇인가?

해답 ▶ 전자밸브(solenoid valve)

68 도시가스 공급용 가스홀더의 기능 4가지를 쓰시오.

해답 ▶ ① 가스수요의 시간적 변동에 대하여 공급가스량을 확보한다.
   ② 공급설비의 일시적 중단에 대하여 어느 정도 공급량을 확보한다.
   ③ 공급가스의 성분, 열량, 연소성 등의 성질을 균일화한다.
   ④ 소비지역 근처에 설치하여 피크시의 공급, 수송효과를 얻는다.

69 자연통풍의 특징을 4가지 쓰시오.

해답 ▶ ① 통풍력은 연돌의 높이, 배기가스의 온도, 외기온도 및 습도의 영향을 받는다.

② 노내 압력이 부압으로 형성된다.
③ 통풍력이 약해 구조가 복잡한 보일러는 부적당하다.
④ 배기가스 유속이 3~4[m/s] 정도이다.

70 보일러의 자연통풍 방식에서 통풍력을 증가시키기 위한 방법 4가지를 쓰시오.

해답 ① 연돌의 높이를 높게 한다.
② 연돌의 단면적을 크게 한다.
③ 연돌의 굴곡부가 적게 한다.
④ 배기가스 온도를 높게 유지한다.
⑤ 연도의 길이를 짧게 한다.

해설 연돌의 통풍력이 증가되는 경우
① 연돌의 높이가 높을수록
② 연돌의 단면적이 클수록
③ 연돌의 굴곡부가 적을수록
④ 배기가스 온도가 높을수록
⑤ 외기온도가 낮을수록
⑥ 습도가 낮을수록
⑦ 연도의 길이가 짧을수록
⑧ 배기가스의 비중량이 작을수록, 외기의 비중량이 클수록

71 통풍방법에 관한 설명에서 ( ) 안에 알맞은 용어를 쓰시오.

> 통풍방식에는 굴뚝의 통풍력에만 의존하는 (①)과 기계적인 방법에 의하는 강제통풍이 있으며 강제통풍에는 (②), 흡입통풍, (③) 등이 있다.

해답 ① 자연통풍 ② 압입통풍 ③ 평형통풍

72 다음과 같은 특징을 갖고 있는 통풍방식의 명칭을 쓰시오.

> ① 연도의 끝이나 연돌하부에 송풍기를 설치한다.
> ② 연도내의 압력은 대기압보다 낮게 유지된다.
> ③ 매연이나 부식성이 강한 배기가스가 통과하므로 송풍기의 고장이 자주 발생한다.

해답 흡입통풍(또는 흡출통풍, 유인통풍)

73 보일러 굴뚝 높이가 80[m]이고, 외기온도 20[℃], 배기가스 온도 230[℃]일 때 이론 통풍력 [mmAq]은 얼마인가? (단, 공기와 배기가스의 비중량은 1.29[kgf/m³], 1.32 [kgf/m³]이며 소수점 둘째자리에서 반올림하시오.)

풀이 $Z = 273 \times H \times \left(\dfrac{\gamma_a}{T_a} - \dfrac{\gamma_g}{T_g}\right)$

$= 273 \times 80 \times \left(\dfrac{1.29}{273+20} - \dfrac{1.32}{273+230}\right) = 38.84 ≒ 38.8[\text{mmAq}]$

해답 38.8[mmAq]

74 연돌의 높이가 20[m], 배기가스 평균온도가 300[℃], 비중량이 1.34[kgf/m³], 외기의 온도가 10[℃], 비중량이 1.29[kgf/m³]인 경우 자연통풍력[mmAq]은 얼마인가?

풀이 $Z = 273 H \left(\dfrac{\gamma_a}{T_a} - \dfrac{\gamma_g}{T_g}\right) = 273 \times 20 \times \left(\dfrac{1.29}{273+10} - \dfrac{1.34}{273+300}\right)$

$= 12.119 ≒ 12.12[\text{mmAq}]$

해답 12.12[mmAq]

75 어느 건물에 있어서 굴뚝의 지름이 80[cm], 높이 30[m], 외기온도 15[℃], 배기가스 평균온도 300[℃]일 때 굴뚝의 자연통풍력[mmH₂O]은 얼마인가?

해답 $Z = H\left(\dfrac{353}{T_a} - \dfrac{367}{T_g}\right)$

$= 30 \times \left(\dfrac{353}{273+15} - \dfrac{367}{273+300}\right) = 17.556 ≒ 17.56[\text{mmH}_2\text{O}]$

해답 17.56[mmH₂O]

해설 통풍력 단위 [mmAq]와 [mmH₂O]는 변환이 필요 없는 동일한 단위로 사용된다. (H₂O는 물의 분자기호, Aq는 aqua(물)의 약자이다.)

76 굴뚝높이 100[m], 배기가스의 평균온도 200[℃], 외기온도 27[℃], 굴뚝 내 가스의 외기에 대한 비중을 1.05라 할 때 통풍력[mmAq]은?

풀이 $Z = 353 H \left(\dfrac{1}{T_a} - \dfrac{\gamma_g}{T_g}\right)$

$= 353 \times 100 \times \left(\dfrac{1}{273+27} - \dfrac{1.05}{273+200}\right) = 39.305 ≒ 39.31[\text{mmAq}]$

해답 39.31[mmAq]

77 연돌의 높이가 50[m]이고 외기의 비중량이 1.24[kgf/m³], 배기가스의 비중량이 0.87[kgf/m³]일 때 실제 통풍력[mmH₂O]을 계산하시오.

풀이 실제 통풍력(Z')은 이론통풍력(Z)의 80[%]에 해당된다.

제3장 연료 및 연소장치

$$\therefore Z' = H(\gamma_a - \gamma_g) \times 0.8 = 50 \times (1.24 - 0.87) \times 0.8 = 14.8[\text{mmH}_2\text{O}]$$

해답 14.8[mmH$_2$O]

78 배기가스 평균온도가 90[℃], 비중량이 1.34[kgf/m³], 외기의 온도가 10[℃], 비중량이 1.29[kgf/m³]인 경우 실제 통풍력이 2.5[mmAq]일 때 연돌의 높이[m]를 계산하시오. (단, 실제 통풍력은 이론통풍력의 80[%]에 해당된다.)

풀이 실제통풍력(Z')은 이론통풍력(Z)의 80[%]에 해당되므로

$$Z' = 273H\left(\frac{\gamma_a}{T_a} - \frac{\gamma_g}{T_g}\right) \times 0.8 \text{ 이다.}$$

$$\therefore H = \frac{Z'}{273\left(\frac{\gamma_a}{T_a} - \frac{\gamma_g}{T_g}\right) \times 0.8} = \frac{2.5}{273 \times \left(\frac{1.29}{273+10} - \frac{1.34}{273+90}\right) \times 0.8}$$

$$= 13.205 ≒ 13.21[\text{m}]$$

해답 13.21[m]

79 배기가스 평균온도가 200[℃], 비중량이 13.27[N/m³], 외기온도가 20[℃], 비중량이 12.64[N/m³]인 경우 통풍력이 527[Pa]이다. 이 때 연돌의 높이[m]는 얼마인가?

풀이 이론 통풍력 $Z = 273H\left(\dfrac{\gamma_a}{T_a} - \dfrac{\gamma_g}{T_g}\right)$에서 연돌의 높이 H를 구한다.

$$\therefore H = \frac{Z}{273\left(\frac{\gamma_a}{T_a} - \frac{\gamma_g}{T_g}\right)} = \frac{527}{273 \times \left(\frac{12.64}{273+10} - \frac{13.27}{273+200}\right)}$$

$$= 127.968 ≒ 127.98[\text{m}]$$

해답 127.97[m]

해설 통풍력(압력) 단위 [Pa] = [N/m²]이므로 비중량(γ)은 [N/m³] 단위를 적용해야 한다.

80 어느 보일러의 시간당 연료 사용량이 300[kg], 배기가스의 유속이 4[m/s], 연돌 출구의 배기가스 평균온도가 250[℃], 연돌내의 가스압력이 780[mmHg]일 때 연돌의 상부 단면적[m²]을 계산하시오. (단, 연료 1[kg] 연소 시 배기가스량은 20[Nm³] 이다.)

풀이 $F = \dfrac{G(1+0.0037t) \times \left(\dfrac{760}{P_g}\right)}{3600\,W} = \dfrac{300 \times 20 \times (1+0.0037 \times 250) \times \left(\dfrac{760}{780}\right)}{3600 \times 4}$

$$= 0.781 ≒ 0.78[\text{m}^2]$$

해답 0.78[m²]

81 연돌 출구에서 배기가스의 평균온도가 150[℃]이고 출구 가스의 속도가 7.8[m/s]이다. 시간당 12000[Nm³]의 배기가스가 배출되고 있을 때 연돌의 상부 단면적[m²]을 구하시오.

풀이 ▶ 배기가스 압력(P_g)이 주어지지 않았으므로 대기압(760mmHg)과 같은 것으로 하여 계산에서는 생략한다.

$$\therefore F = \frac{G(1+0.0037t) \times \left(\frac{760}{P_g}\right)}{3600\,W} = \frac{12000 \times (1+0.0037 \times 150)}{3600 \times 7.8}$$
$$= 0.664 ≒ 0.66\,[\text{m}^2]$$

해답 ▶ $0.66[\text{m}^2]$

82 5[톤/h]인 수관식 보일러에서 연돌로 배출되는 배기가스가 9100[Nm³/h]이며, 연돌로 배출되는 배기가스 평균온도가 250[℃]이다. 연돌 상부 최소단면적이 0.7[m²]일 때 배기가스 유속은 몇 [m/s]인가?

풀이 ▶ 연돌의 상부 단면적 계산식 $F = \dfrac{G(1+0.0037t)\left(\dfrac{760}{P_g}\right)}{3600\,W}$ 에서

배기가스 압력(P_g)은 주어지지 않았으므로 대기압(760mmHg)과 같은 것으로 하여 계산에서는 생략한다.

$$\therefore W = \frac{G(1+0.0037t)}{3600\,F} = \frac{9100 \times (1+0.0037 \times 250)}{3600 \times 0.7} = 6.951 ≒ 6.95\,[\text{m/s}]$$

해답 ▶ 6.95[m/s]

83 보일러에서 사용되는 원심식 송풍기 종류를 3가지 쓰시오.

해답 ▶ ① 터보형   ② 다익형(실리코형)   ③ 플레이트형

84 후향 날개 형식으로 된 송풍기로 효율이 55~75[%] 정도로 좋으며, 고압 대용량에 적합하고 작은 동력으로도 운전할 수 있는 송풍기 명칭은?

해답 ▶ 터보형 송풍기

85 송풍기에서 전향날개의 대표적인 형태로 실로코형 송풍기라고도 하며 원심송풍기로서 회전차의 지름이 작고 소형, 경량인 송풍기 명칭은?

해답 ▶ 다익 송풍기

제3장 연료 및 연소장치

86 플레이트형 송풍기의 특징 4가지를 쓰시오.

해답 ① 풍압이 비교적 낮은 편이다.
② 효율은 비교적 높다.
③ 플레이트의 교체가 용이하다.
④ 흡입 송풍기로 적당하다.

해설 플레이트형 : 방사형 날개를 6~12개 정도 설치한 원심식 송풍기이다.

87 원심 송풍기에서 풍량 조절방법 3가지를 쓰시오

해답 ① 회전수 제어에 의한 방법 ② 토출 베인의 각도 조절에 의한 방법
③ 흡입 베인의 각도 조절에 의한 방법 ④ 베인 컨트롤에 의한 방법
⑤ 바이패스에 의한 방법

88 어떤 보일러 송풍기의 풍량이 3600[m³/min], 송풍압력이 35[mmH₂O], 효율이 0.62 이면 이 송풍기의 소요동력은 몇 [PS]인가?

풀이 $PS = \dfrac{PQ}{75\eta} = \dfrac{35 \times 3600}{75 \times 0.62 \times 60} = 45.161 = 45.16[PS]$

해답 45.16[PS]

해설 ① 1[atm] = 10332[kgf/m²] = 10332[mmH₂O]이므로 송풍압력 단위 [mmH₂O]는 숫자 변환 없이 [kgf/m²]으로 단위 변환이 가능하다.
② 송풍기(또는 통풍기) 축동력 계산식에서 풍량(Q)의 단위는 [m³/s]이므로 문제에서 제시된 풍량단위 [m³/min]을 [m³/s]로 변환하기 위하여 풀이과정 중 분모 마지막에 '60'을 적용한 것이다.
③ 송풍기(送風機)와 통풍기(通風機)는 보일러에 연소용 공기를 공급하는 역할을 하는 장치를 지칭하는 것이다.

89 통풍압 50[mmAq], 풍량 500[m³/min]이고 통풍기의 효율은 0.5라고 하면 소요동력은 몇 [kW]인가?

풀이 $kW = \dfrac{PQ}{102\eta} = \dfrac{50 \times 500}{102 \times 0.5 \times 60} = 8.169 = 8.17[kW]$

해답 8.17[kW]

90 풍량이 150[m/min]이고 풍압이 6[kPa]인 송풍기가 있다. 송풍기의 전압효율이 60[%]일 때 축동력[kW]은 얼마인가?

풀이 SI단위로 축동력[kW] 계산 : 압력 단위는 [kPa], 풍량 단위는 [m³/s]를 적용한다.

$$\therefore \text{kW} = \frac{PQ}{\eta} = \frac{6 \times 150}{0.6 \times 60} = 25[\text{kW}]$$

해답 ▶ 25[kW]

해설 공학단위로 계산 : 압력 6[kPa]을 [kgf/m²] 단위로 변환하여 적용해야 한다.

$$\therefore \text{kW} = \frac{PQ}{102\eta} = \frac{\left(\frac{6}{101.325} \times 10332\right) \times 150}{102 \times 0.6} = 24.992 \fallingdotseq 24.99[\text{kW}]$$

91 송풍기의 압력이 20[kPa], 연소가스량이 150[m³/min], 효율이 70[%]일 때 실제로 소요되는 축동력[kW]은 얼마인가? (단, 송풍기의 여유율은 10[%]이다.)

풀이 $\text{kW} = \frac{PQ}{\eta} \times \alpha = \frac{20 \times 150}{0.7 \times 60} \times 1.1 = 78.571 \fallingdotseq 78.57[\text{kW}]$

해답 ▶ 78.57[kW]

해설 송풍기의 여유율은 10[%]는 송풍기에 필요한 축동력(이론적인 축동력)에서 10[%]에 해당하는 동력을 더 확보하는 것이므로 실제 소요동력은 필요한 축동력(이론적인 축동력)에 1.1배를 하여야 한다.

92 어느 통풍기에서 공기가 10[Nm³/s]이고 공기의 온도가 150[℃]일 때 풍압이 100 [mmAq]이다. 통풍기의 효율이 65[%]일 때 소요동력[kW]은 얼마인가?

풀이 ① 공기 10[Nm³]은 표준상태(STP : 0[℃], 1기압)의 체적이므로

보일-샤를의 법칙 $\frac{P_1 V_1}{T_1} = \frac{P_2 V_2}{T_2}$ 을 이용하여 150[℃], 100[mmAq] 상태의 체적 V_2를 계산한다.

$$\therefore V_2 = \frac{P_1 V_1 T_2}{P_2 T_1} = \frac{10332 \times 10 \times (273 + 150)}{(100 + 10332) \times (273 + 0)} = 15.345 \fallingdotseq 15.35[\text{m}^3/\text{s}]$$

② 소요동력[kW] 계산

$$\therefore \text{kW} = \frac{PQ}{102\eta} = \frac{100 \times 15.35}{102 \times 0.65} = 23.152 \fallingdotseq 23.15[\text{kW}]$$

해답 ▶ 23.15[kW]

해설 보일-샤를의 법칙에 적용하는 압력은 절대압력이고, 문제에서 제시된 풍압 100 [mmAq]은 게이지압력에 해당되어 대기압 10332[mmAq]를 더해 절대압력을 적용한 것임

93 보일러에 사용되는 원심식 송풍기의 상사법칙에 대한 설명 중 ( ) 안에 들어갈 적합한 용어를 쓰시오.

제3장 연료 및 연소장치

> 풍압은 송풍기 회전수 증가의 (①)승에 비례하며, 풍량은 송풍기 회전수 증가의
> (②)승에 비례하고, 풍마력은 송풍기 회전수 증가의 (③)승에 비례한다.

해답 ① 2 ② 1 ③ 3

해설 원심식 송풍기 상사 법칙
 ① 풍량 : 풍량은 회전수 변화에 비례하고, 임펠러 지름 변화의 3제곱에 비례한다.

$$\therefore Q_2 = Q_1 \times \left(\frac{N_2}{N_1}\right) \times \left(\frac{D_2}{D_1}\right)^3$$

 ② 풍압 : 풍압은 회전수 변화의 제곱에 비례하고, 임펠러 지름 변화의 제곱에 비례한다.

$$\therefore P_2 = P_1 \times \left(\frac{N_2}{N_1}\right)^2 \times \left(\frac{D_2}{D_1}\right)^2$$

 ③ 축동력 : 축동력은 회전수 변화의 3제곱에 비례하고, 임펠러 지름 변화의 5제곱에 비례한다.

$$\therefore L_2 = L_1 \times \left(\frac{N_2}{N_1}\right)^3 \times \left(\frac{D_2}{D_1}\right)^5$$

94 보일러의 통풍장치에 사용되는 원심 송풍기로 풍량을 2배로 얻기 위해서는 회전수를 몇 배로 하면 되는가?

풀이 상사의 법칙에서 $Q_2 = Q_1 \times \frac{N_2}{N_1}$ 이므로 풍량은 회전수에 비례하고, $Q_2 = 2Q_1$ 이다.

$$\therefore \frac{N_2}{N_1} = \frac{Q_2}{Q_1} = \frac{2Q_1}{Q_1} = 2배$$

해답 2배

95 원심식 송풍기에서 회전수 변화에 의하여 풍량이 420[m³/h]에서 500[m³/h]로 변경되는 경우 회전수 변경비과 축동력 변경비을 각각 구하시오.

풀이 ① 회전수와 풍량의 관계 $Q_2 = Q_1 \times \left(\frac{N_2}{N_1}\right)$ 에서 회전수 변경비 $\left(\frac{N_2}{N_1}\right)$ 계산

$$\therefore \frac{N_2}{N_1} = \frac{Q_2}{Q_1} = \frac{500}{420} = 1.190 = 1.19배$$

 ② 회전수와 축동력의 관계식 $L_2 = L_1 \times \left(\frac{N_2}{N_1}\right)^3$ 에 회전수 변경비 $\left(\frac{N_2}{N_1}\right)$ 에는 ①번에서 구한 값을 적용한다.

$$\therefore L_2 = L_1 \times \left(\frac{N_2}{N_1}\right)^3 = L_1 \times 1.19^3 = 1.685 L_1 = 1.69 L_1$$

해답 ① 회전수 변경비 : 1.19배 ② 축동력 변경비 : 1.69배

96 보일러 연소용 공기 공급용으로 사용하는 터보형 송풍기가 풍압이 부족하여 송풍기의 회전수를 1800[rpm]에서 2100[rpm]으로 증가시켰다. 이때 회전수 증가에 의한 풍압 상승률[%]은 얼마인가?

[풀이] ① 풍압 변화비 계산

$$\therefore P_2 = P_1 \times \left(\frac{N_2}{N_1}\right)^2 = P_1 \times \left(\frac{2100}{1800}\right)^2 = 1.361 P_1 ≒ 1.36 P_1$$

※ 회전수 변화(증가)에 의해 풍압은 처음(P_1)보다 1.36배 증가한 것이다.

② 풍압 상승률[%] 계산

$$\therefore 풍압 상승률 = (증가배수 - 1) \times 100 = (1.36 - 1) \times 100 = 36[\%]$$

[해답] 36[%]

---

97 보일러 송풍장치의 회전수 변환을 통한 급기풍량 제어를 위하여 4극 3상 전동기에 인버터를 설치하였다. 주파수가 55[Hz]일 때 전동기의 회전수[rpm]는 얼마인가? (단, 미끄럼률은 2[%] 이다.)

[풀이] $N = \dfrac{120f}{P} \times \left(1 - \dfrac{S}{100}\right) = \dfrac{120 \times 55}{4} \times \left(1 - \dfrac{2}{100}\right) = 1617[\text{rpm}]$

[해답] 1617[rpm]

---

98 연도에 댐퍼를 설치하는 목적을 3가지 쓰시오.

[해답] ① 통풍력을 조절하여 연소효율을 상승시킨다.
② 배기가스의 흐름을 조절한다.
③ 배기가스의 흐름방향을 전환한다.

---

99 연료의 연소과정에서 매연, 슈트, 분진 등이 발생하는 원인 4가지를 쓰시오.

[해답] ① 통풍력이 과대, 과소할 때 ② 무리한 연소를 할 때
③ 연소실의 온도가 낮을 때 ④ 연소실의 크기가 작을 때
⑤ 연료의 조성이 맞지 않을 때 ⑥ 연소장치가 불량할 때
⑦ 운전 기술이 미숙할 때

[해설] 매연, 슈트, 분진
① 매연(煤煙 : smoke) : 연소과정에서 발생하는 미세한 입자상의 물질이다.
② 슈트(soot) : 그을음, 검댕으로 연료가 불완전 연소할 때 발생하는 탄소입자가 뭉쳐진 것이다.
③ 분진(粉塵 : dust) : 미세한 고체입자로 일반적으로 크기가 150[μm] 이하의 것을 말한다.

100 보일러 등의 연소장치에서 질소산화물(NOx) 생성을 억제할 수 있는 연소방법 4가지를 쓰시오.

해답 ▶ ① 저공기비로 연소한다.　　　② 열부하를 감소시킨다.
③ 연소용 공기 온도를 저하시킨다.　④ 2단 연소법을 사용한다.
⑤ 배기가스를 재순환시킨다.　　　⑥ 물이나 증기를 분사한다.
⑦ 저 NOx 버너를 사용한다.　　　⑧ 연료를 전처리하여 사용한다.

101 굴뚝에서 나오는 배기가스의 농도를 측정하는데 쓰이는 농도표로서 굵기가 다른 흑선을 0도에서 5도까지 6종류로 구분하여 연소상황의 좋고 나쁨을 측정할 수 있는 농도표는 무엇인가?

해답 ▶ 링겔만 농도표

102 보일러 배기가스의 매연농도를 측정하는 장치 3가지를 쓰시오.

해답 ▶ ① 링겔만 매연농도표
② 바카라치 스모그 테스터
③ 광학식 매연농도계

103 연돌에서 배출되는 연기와 농도를 1시간 동안 측정한 결과가 [보기]와 같을 때 매연의 농도율[%]은?

| 보기 |　측정결과
　　　－ 농도 4도 : 10분　　　－ 농도 3도 : 15분
　　　－ 농도 2도 : 15분　　　－ 농도 1도 : 20분

풀이 ▶ 농도율[%] = $\dfrac{\text{총 매연값}}{\text{측정시간}} \times 20$

$= \dfrac{(4 \times 10) + (3 \times 15) + (2 \times 15) + (1 \times 20)}{10 + 15 + 15 + 20} \times 20 = 45[\%]$

해답 ▶ 45[%]

104 집진장치 선정 시 고려하여야 할 사항을 4가지 쓰시오.

해답 ▶ ① 분진의 입도 및 분포　　　② 집진기의 처리효율
③ 집진장치에 의한 압력손실　　④ 제거하여야 할 분진의 양
⑤ 집진시설 관리 및 유지비　　　⑥ 집진 후 폐기물의 처리문제

제1편 열설비 취급실무

105 보일러에서 연료를 연소 후 배출되는 배기가스 중에 함유된 분진 등을 제거하는 집진장치를 3가지로 분류하여 쓰시오.

해답 ① 건식 집진장치
② 습식 집진장치
③ 전기식 집진장치

해설 집진장치의 분류 및 종류
① 건식 집진장치 : 중력식, 관성력식, 원심력식(사이클론, 멀티크론), 여과식(백필터) 등
② 습식 집진장치 : 벤투리 스크러버, 제트 스크러버, 사이클론 스크러버, 충전탑(세정탑) 등
③ 전기식 집진장치 : 코트렐 집진기

106 배기가스 중 매연 함유 입자를 중력으로 자연 침강시키는 집진장치의 이름은 무엇인가?

해답 중력 침강식

107 고온 가스의 처리가 간단하여 굴뚝 또는 배관 내에 장착하고 지름이 100[μm]인 입자의 집진에 이용되며 집진효율이 50~70[%]인 장치로 구조가 간단한 함진 가스의 집진장치 명칭은?

해답 관성력식 집진장치

108 집진장치 중 세정식 집진장치의 장점과 단점을 각각 2가지씩 쓰시오.

해답 (1) 장점
① 구조가 간단하고 처리가스량에 비해 장치의 고정면적이 적다.
② 가동부분이 적고 조작이 간단하다.
③ 포집된 분진의 취출이 용이하고 작동 시 큰 동력이 필요하지 않다.
④ 연속 운전이 가능하고 분진의 입도, 습도 및 가스의 종류 등에 의한 영향을 많이 받지 않는다.
⑤ 가연성 함진가스의 세정에도 편리하게 이용할 수 있다.
(2) 단점
① 설비비가 비싸다.
② 다량의 물 또는 세정액이 필요하다.
③ 집진물을 회수할 때 탈수, 여과, 건조 등의 하기 위한 별도의 장치가 필요하다.
④ 한냉 시 세정액의 동결 방지 대책이 필요하다.

해설 세정식 집진장치
(1) 원리 : 분진이 포함된 배기가스를 세정액이나 액막 등에 충돌시키거나 접촉시켜 액체에 의해 포집하는 방식이다.

(2) 종류
① 유수식 : S형, 임펠러형, 회전형, 분수형 및 나선 가이드베인형
② 가압수식 : 가압한 물을 분사시키고 이것이 확산에 의해 배기가스 중의 분진을 포집하는 방식으로 벤투리 스크러버, 제트 스크러버, 사이클론 스크러버, 충전탑(세정탑) 등이 있다.
③ 회전식 : 타이젠 와셔, 충격식 스크러버

109 집진극(양극)과 침상방전극(음극) 사이에 코로나 방전이 일어나게 하고 함진가스를 통과시켜 매진에 전하를 주어 대전된 매진을 전기적으로 분리하는 집진장치로 압력손실이 낮고, 집진효율이 가장 좋으나, 설비비 및 부하변동에 대응하기 어려운 집진장치의 명칭은 무엇인가?

해답▶ 전기식 집진장치

110 전기식 집진장치의 원리에 대한 설명 중 ( ) 안에 알맞은 용어를 쓰시오.

> 판상(板狀) 또는 관상(管狀)으로 이루어진 집진전극을 (①)으로 하고, 집진전극 중앙에 매달린 금속선으로 이루어진 (②) 간에 직류 고전압을 가해서 (③)을 발생하게 하고, 이곳에 분진이 포함된 가스를 통과시키면 전극 주위의 함진가스는 (④)되면서 대전입자가 되어 정전기력에 의해 양극(+극)에 포집(捕集)되어 처리되는 집진장치이다.

해답▶ ① 양극   ② 음극   ③ 코로나 방전   ④ 이온화

111 보일러 집진장치의 입구와 출구의 함진농도를 측정한 결과 각각 50[g/Nm³], 5[g/Nm³]이었다. 집진효율[%]은 얼마인가?

풀이 ◐ $\eta = \left(\dfrac{\text{입구농도} - \text{출구농도}}{\text{입구농도}} \right) \times 100 = \left(\dfrac{50 - 5}{50} \right) \times 100 = 90[\%]$

해답▶ 90[%]

112 95[%] 효율을 가진 집진장치계통을 요구하는 어느 공장에서 35[%] 효율을 가진 전처리 장치를 이미 설치하였다. 주처리 장치는 몇 [%] 효율을 가진 것이어야 하는가?

풀이 ◐ $\eta_t = \eta_1 + \eta_2(1 - \eta_1)$ 에서

∴ $\eta_2 = \dfrac{\eta_t - \eta_1}{1 - \eta_1} \times 100 = \dfrac{0.95 - 0.35}{1 - 0.35} \times 100 = 92.307 ≒ 92.31[\%]$

해답▶ 92.31[%]

113 99[%]의 집진효율로 가동되고 있는 집진장치가 97[%]로 집진효율이 저하되었을 때 집진장치 출구의 함진농도는 어떻게 변화되는지 설명하시오. (단, 집진장치 입구의 함진농도는 일정한 상태를 유지한다.)

풀이 집진효율 $\eta = \dfrac{\text{입구농도}(C_i) - \text{출구농도}(C_o)}{\text{입구농도}(C_i)} = 1 - \dfrac{C_o}{C_i}$ 이다.

① 집진효율 99[%]일 때 $\dfrac{C_o}{C_i}$ 비 계산 : $0.99 = 1 - \dfrac{C_o}{C_i}$ 이다.

∴ $\dfrac{C_o}{C_i} = 1 - 0.99 = 0.01$

② 집진효율 97[%]일 때 $\dfrac{C_o{'}}{C_i}$ 비 계산 : $0.97 = 1 - \dfrac{C_o{'}}{C_i}$ 이다.

∴ $\dfrac{C_o{'}}{C_i} = 1 - 0.97 = 0.03$

③ 출구의 함진농도 변화 설명

∴ $\dfrac{97[\%]\text{일 때 비}}{99[\%]\text{일 때 비}} = \dfrac{0.03}{0.01} = 3$

해답 3배로 증가하였다.

제4장 연소계산

1. 이론산소량 및 이론공기량 계산

(1) 연료 중 가연성분

연료 성분 중 가연성분은 탄소(C), 수소(H), 황(S) 이며 불순물(불연성물질)로는 회분(A), 수분(W) 등이 포함되어 있다. 가연성분 중 황(S) 성분은 연소 시 황화합물을 생성하여 악영향을 미치므로 제거한다.

(2) 완전연소 반응식

완전연소 반응식은 표준상태(STP상태 : 0[℃], 1기압)에서 가연성 물질이 산소(공기)와 반응하여 완전연소 하는 것으로 가정하여 계산한다.

① 고체 및 액체 연료

(가) 탄소(C)

   ⑦ 반응식 : $C \;+\; O_2 \;\rightarrow\; CO_2$

   ④ 중량비 :   12[kg]   32[kg]   44[kg]

   ⑤ 체적비 :   22.4[Nm³]   22.4[Nm³]   22.4[Nm³]

   ⑥ 탄소 1[kg] 당 질량 : 1[kg]   2.67[kg]   3.667[kg]

   ⑦ 탄소 1[kg] 당 체적 : 1[kg]   1.867[Nm³]   1.867[Nm³]

(나) 수소(H_2)

   ⑦ 반응식 : $H_2 \;+\; \frac{1}{2}O_2 \;\rightarrow\; H_2O$

   ④ 중량비 :   2[kg]   16[kg]   18[kg]

   ⑤ 체적비 :   22.4[Nm³]   11.2[Nm³]   22.4[Nm³]

   ⑥ 수소 1[kg] 당 질량 : 1[kg]   8[kg]   9[kg]

   ⑦ 수소 1[kg] 당 체적 : 1[kg]   5.6[Nm³]   11.2[Nm³]

(다) 황(S)

- ㉮ 반응식 : S + O_2 → SO_2
- ㉯ 중량비 : 32[kg]　　32[kg]　　64[kg]
- ㉰ 체적비 : 22.4[Nm^3]　22.4[Nm^3]　22.4[Nm^3]
- ㉱ 황 1[kg] 당 질량 : 1[kg]　　1[kg]　　2[kg]
- ㉲ 황 1[kg] 당 체적 : 1[kg]　　0.7[Nm^3]　0.7[Nm^3]

② **기체 연료(탄화수소)**

(가) 프로판(C_3H_8)

- ㉮ 반응식 : C_3H_8 + $5O_2$ → $3CO_2$ + $4H_2O$
- ㉯ 중량비 : 44[kg]　　5×32[kg]　　3×44[kg]　　4×18[kg]
- ㉰ 체적비 : 22.4[Nm^3]　5×22.4[Nm^3]　3×22.4[Nm^3]　4×22.4[Nm^3]
- ㉱ 프로판 1[kg] 당 질량 : 1[kg]　　3.636[kg]　　3[kg]　　1.636[kg]
- ㉲ 프로판 1[kgg] 당 체적 : 1[kg]　　2.545[Nm^3]　1.527[Nm^3]　2.036[Nm^3]
- ㉳ 프로판 1[Nm^3] 당 체적 : 1[Nm^3]　5[Nm^3]　3[Nm^3]　4[Nm^3]

(나) 부탄(C_4H_{10})

- ㉮ 반응식 : C_4H_{10} + $6.5O_2$ → $4CO_2$ + $5H_2O$
- ㉯ 중량비 : 58[kg]　　6.5×32[kg]　　4×44[kg]　　5×18[kg]
- ㉰ 체적비 : 22.4[Nm^3]　6.5×22.4[Nm^3]　4×22.4[Nm^3]　5×22.4[Nm^3]
- ㉱ 부판 1[kg] 당 질량 : 1[kg]　　3.586[kg]　　3.034[kg]　　1.552[kg]
- ㉲ 부판 1[kg] 당 체적 : 1[kg]　　2.51[Nm^3]　1.545[Nm^3]　1.931[Nm^3]
- ㉳ 부판 1[Nm^3] 당 체적 : 1[Nm^3]　6.5[Nm^3]　4[Nm^3]　5[Nm^3]

(다) 메탄(CH_4)

- ㉮ 반응식 : CH_4 + $2O_2$ → CO_2 + $2H_2O$
- ㉯ 중량비 : 16[kg]　　2×32[kg]　　44[kg]　　2×18[kg]
- ㉰ 체적비 : 22.4[Nm^3]　2×22.4[Nm^3]　22.4[Nm^3]　2×22.4[Nm^3]
- ㉱ 메탄 1[kg] 당 질량 : 1[kg]　　4[kg]　　2.75[kg]　　2.25[kg]
- ㉲ 메탄 1[kg] 당 체적 : 1[kg]　　2.8[Nm^3]　1.4[Nm^3]　2.8[Nm^3]
- ㉳ 메탄 1[Nm^3] 당 체적 : 1[Nm^3]　2[Nm^3]　1[Nm^3]　2[Nm^3]

> **참고** ▶ 탄화수소(C_mH_n)의 완전연소 반응식
>
> $$C_mH_n + \left(m + \frac{n}{4}\right)O_2 \rightarrow mCO_2 + \frac{n}{2}H_2O$$

③ 완전연소의 조건
 ㉮ 적절한 공기 공급과 혼합을 잘 시킬 것
 ㉯ 연소실 온도를 착화온도 이상으로 유지할 것
 ㉰ 연소실을 고온으로 유지할 것
 ㉱ 연소에 충분한 연소실과 시간을 유지할 것

(3) 이론산소량, 이론공기량 계산

공기 중 산소는 체적[Nm^3]으로 21[%], 질량[kg]으로 23.2[%] 존재하므로 완전연소 반응식에서 이론산소량에 체적 및 질량 비율로 나누어주면 이론공기량이 계산된다.

① **이론산소량(O_0), 이론공기량(A_0) 계산방법**
 ㉮ 연료 1[kg]당 이론산소량[kg] 및 이론공기량[kg] 계산 → 단위[kg/kg]
 ㉯ 연료 1[kg]당 이론산소량[Nm^3] 및 이론공기량[Nm^3] 계산 → 단위[Nm^3/kg]
 ㉰ 연료 1[Nm^3]당 이론산소량[kg] 및 이론공기량[kg] 계산 → 단위[kg/Nm^3]
 ㉱ 연료 1[Nm^3]당 이론산소량[Nm^3] 및 이론공기량[Nm^3] 계산 → 단위[Nm^3/Nm^3]

② **고체 및 액체연료**
 ㉮ 연료 1[kg]당 이론산소량[kg] 및 이론공기량[kg] 계산
  ㉠ 이론산소량[kg/kg] 계산
$$O_0[\text{산소kg/연료kg}] = 2.67\,C + 8\left(H - \frac{O}{8}\right) + S$$

  ㉡ 이론공기량[kg/kg] 계산
$$A_0[\text{공기kg/연료kg}] = \frac{O_0}{0.232} = 11.49\,C + 34.5\left(H - \frac{O}{8}\right) + 4.31\,S$$

 ㉯ 연료 1[kg]당 이론산소량[Nm^3] 및 이론공기량[Nm^3] 계산
  ㉠ 이론산소량[Nm^3/kg] 계산
$$O_0[\text{산소}Nm^3/\text{연료kg}] = 1.867\,C + 5.6\left(H - \frac{O}{8}\right) + 0.7\,S$$

  ㉡ 이론공기량[Nm^3/kg] 계산
$$A_0[\text{공기}Nm^3/\text{연료kg}] = \frac{O_0}{0.21} = 8.89\,C + 26.67\left(H - \frac{O}{8}\right) + 3.33\,S$$

> **참고** ▶ 탄화수소(C_mH_n)의 완전연소 반응식
>
> ① C, H, S, O는 연료 1[kg]당 비율[%] 이므로 계산시 $\dfrac{x[\%]}{100}$ 으로 계산한다.
>
> ② $\left(H-\dfrac{O}{8}\right)$: 연료 속에 산소가 함유되어 있을 경우에는 수소중의 일부는 이 산소와 반응하여 결합수(H_2O)를 생성하므로 수소의 전부가 연소하지 않고 이 산소의 상당량만큼의 수소 ($\dfrac{1}{8}O$배)가 연소하지 않는다.

③ **기체연료** : 프로판(C_3H_8)의 이론산소량(O_0) 및 이론공기량(A_0) 계산

(가) 프로판(C_3H_8) 1[kg]당 이론산소량[kg] 및 이론공기량[kg] 계산

$$C_3H_8 \; + \; 5O_2 \; \rightarrow \; 3CO_2 \; + \; 4H_2O$$
$$44[kg] \; : \; 5\times 32[kg] \; = \; 1[kg] \; : \; x(O_0)[kg]$$

㉮ 이론산소량(O_0) 계산 : $x = \dfrac{1\times 5\times 32}{44} = 3.636[kg/kg]$

㉯ 이론공기량(A_0) 계산 : $A_0[kg/kg] = \dfrac{O_0}{0.232} = \dfrac{3.636}{0.232} = 15.672[kg/kg]$

(나) 프로판(C_3H_8) 1[kg]당 이론산소량[Nm³] 및 이론공기량[Nm³] 계산

$$C_3H_8 \; + \; 5O_2 \; \rightarrow \; 3CO_2 \; + \; 4H_2O$$
$$44[kg] \; : \; 5\times 22.4[Nm^3] \; = \; 1[kg] \; : \; x(O_0)[Nm^3]$$

㉮ 이론산소량(O_0) 계산 : $x(O_0) = \dfrac{1\times 5\times 22.4}{44} = 2.545[Nm^3/kg]$

㉯ 이론공기량(A_0) 계산 : $A_0[Nm^3/kg] = \dfrac{O_0}{0.21} = \dfrac{2.545}{0.21} = 12.12[Nm^3/kg]$

(다) 프로판(C_3H_8) 1[Nm³]당 이론산소량[kg] 및 이론공기량[kg] 계산

$$C_3H_8 \; + \; 5O_2 \; \rightarrow \; 3CO_2 \; + \; 4H_2O$$
$$22.4[Nm^3] \; : \; 5\times 32[kg] \; = \; 1[Nm^3] \; : \; x(O_0)[kg]$$

㉮ 이론산소량(O_0) 계산 : $x[kg/Nm^3] = \dfrac{1\times 5\times 32}{22.4} = 7.143[kg/Nm^3]$

㉯ 이론공기량(A_0) 계산 : $A_0[kg/Nm^3] = \dfrac{O_0}{0.232} = \dfrac{7.143}{0.232} = 30.79[kg/Nm^3]$

제4장 연소계산

㈑ 프로판(C_3H_8) 1[Nm^3]당 이론산소량[Nm^3] 및 이론공기량[Nm^3] 계산

$$C_3H_8 \quad + \quad 5O_2 \quad \rightarrow \quad 3CO_2 \quad + \quad 4H_2O$$
$$22.4[Nm^3] \ : \ 5 \times 22.4[Nm^3] \ = \ 1[Nm^3] \ : \ x(O_0)[Nm^3]$$

㉮ 이론산소량(O_0) 계산 : $x[Nm^3/Nm^3] = \dfrac{1 \times 5 \times 22.4}{22.4} = 5[Nm^3/Nm^3]$

㉯ 이론공기량(A_0) 계산 : $A_0[Nm^3/Nm^3] = \dfrac{O_0}{0.21} = \dfrac{5}{0.21} = 23.81[Nm^3/Nm^3]$

2. 공기비 및 실제공기량 계산

(1) 공기비

실제 연료의 연소 시 연료의 가연성분과 공기 중 산소와의 접촉이 원활하게 이루어지지 못하기 때문에 이론공기량만으로는 완전연소가 어렵다. 따라서 이론공기량보다 더 많은 공기를 공급하여 가연성분과 공기 중 산소와의 접촉이 원활하게 이루어지도록 해야 한다. 즉, 실제연소에 있어서 연료를 완전연소 시키기 위해 실제적으로 공급하는 공기량을 실제공기량(A)이라 하며, 실제공기량(A)과 이론공기량(A_0)의 비를 공기비(m) 또는 과잉공기계수라 하며 다음과 같은 식이 성립된다.

$$m = \frac{A}{A_0} = \frac{A_0 + B}{A_0} = 1 + \frac{B}{A_0} \qquad \therefore \ A = m \cdot A_0$$

여기서, m : 공기비(과잉공기계수) A : 실제공기량
A_0 : 이론공기량 B : 과잉공기량

① 배기가스 분석에 의한 공기비 계산

㉮ 완전연소의 경우 : 배기가스 중 일산화탄소(CO)가 포함되어 있지 않다.

$$m = \frac{N_2}{N_2 - 3.76 O_2}$$

㉯ 불완전연소의 경우 : 배기가스 중 일산화탄소(CO)가 포함되어 있다.

$$m = \frac{N_2}{N_2 - 3.76(O_2 - 0.5CO)}$$

여기서, N_2 : 배기가스 중 질소 함유율[%]
O_2 : 배기가스 중 산소 함유율[%]
CO : 배기가스 중 일산화탄소 함유율[%]

② 공기비와 관계된 사항

  (가) 공기비(m) : 실제공기량과 이론공기량의 비

  $$\therefore m = \frac{A}{A_0} = \frac{A_0 + B}{A_0} = 1 + \frac{B}{A_0}$$

  (나) 과잉공기량(B) : 실제공기량과 이론공기량의 차

  $$\therefore B = A - A_0 = (m-1)A_0$$

  (다) 과잉공기율[%] : 과잉공기량과 이론공기량의 비율[%]

  $$\therefore 과잉공기율[\%] = \frac{B}{A_0} \times 100 = \frac{A - A_0}{A_0} \times 100 = (m-1) \times 100$$

  (라) 과잉공기비 : 과잉공기량과 이론공기량의 비

  $$\therefore 과잉공기비 = \frac{B}{A_0} = \frac{A - A_0}{A_0} = (m-1)$$

③ 연료에 따른 공기비

  (가) 기체연료 : 1.1~1.3
  (나) 액체연료 : 1.2~1.4 (미분탄 포함)
  (다) 고체연료 : 1.5~2.0 (수분식), 1.4~1.7 (기계식)

④ 공기비의 특성

  (가) 공기비가 클 경우

   ㉮ 연소실 내의 온도가 낮아진다.
   ㉯ 배기가스로 인한 손실열이 증가한다.
   ㉰ 연료 소비량이 증가한다.
   ㉱ 배기가스 중 질소화합물(NO_x)이 많아져 대기오염을 초래한다.

  (나) 공기비가 작을 경우

   ㉮ 불완전연소가 발생하기 쉽다.
   ㉯ 연소효율이 감소한다.
   ㉰ 열손실이 증가한다.
   ㉱ 미연소 가스로 인한 역화의 위험이 있다.

(2) 실제 공기량 계산

실제연소에 있어서 연료를 완전연소 시키기 위해 실제적으로 공급하는 공기량을 실제공기량(A)이라 하며 이론공기량(A_0)에다 과잉공기량(B)을 합한 것이다.

$$\therefore A = m \cdot A_0 = A_0 + B$$

3. 연소 가스량 계산

(1) 이론 연소 가스량 계산

이론 공기량으로 연료를 완전 연소할 때 발생하는 연소 가스량으로 가연성분이 연소 시 공급되는 공기 중에는 질소가 포함되어 있다. 그러나 질소 성분은 불연성 성질의 기체로 공기와 함께 연소실에 들어가 아무런 반응 없이 그대로 배기가스와 함께 배출된다. 공기 속의 산소와 질소의 체적비[%]는 21 : 79이므로 체적으로 연소가스 속의 질소량은 산소량의 79/21배, 3.76배를 함유하게 된다.

① 고체 및 액체 연료

(가) 이론 습연소 가스량(G_{0w}) : 이론 연소 가스 중 수증기가 포함된 가스량이다.

$$G_{0w}[\text{Nm}^3/\text{kg}] = 8.89\,\text{C} + 32.3\left(\text{H} - \frac{\text{O}}{8}\right) + 3.33\,\text{S} + 0.8\,\text{N} + 1.244\,\text{W}$$

(나) 이론 건연소 가스량(G_{0D}) : 이론 연소 가스 중 수증기가 포함되지 않은 가스량이다.

$$G_{0d}[\text{Nm}^3/\text{kg}] = 8.89\,\text{C} + 35.5\left(\text{H} - \frac{\text{O}}{8}\right) + 3.33\,\text{S} + 0.8\,\text{N}$$

② 기체연료

(가) 프로판(C_3H_8) 1[kg]당 이론 습연소 가스량[Nm³] 계산

$$C_3H_8 + 5O_2 + (N_2) \rightarrow 3CO_2 + 4H_2O + (N_2)$$

$$44[\text{kg}] : (3 \times 22.4 + 4 \times 22.4 + 5 \times 22.4 \times 3.76)[\text{Nm}^3] = 1[\text{kg}] : x[\text{Nm}^3]$$

$$\therefore x = \frac{1 \times (3 \times 22.4 + 4 \times 22.4 + 5 \times 22.4 \times 3.76)}{44} = 13.13[\text{Nm}^3/\text{kg}]$$

⑷ 프로판(C_3H_8) 1[kg]당 이론 건연소 가스량[Nm^3] 계산

$$C_3H_8 + 5O_2 + (N_2) \rightarrow 3CO_2 + 4H_2O + (N_2)$$

$$44[kg] : (3 \times 22.4 + 5 \times 22.4 \times 3.76)[Nm^3] = 1[kg] : x[Nm^3]$$

$$\therefore x = \frac{1 \times (3 \times 22.4 + 5 \times 22.4 \times 3.76)}{44} = 11.1[Nm^3/kg]$$

⑸ 프로판(C_3H_8) 1[Nm^3]당 이론 습연소 가스량[Nm^3] 계산

$$C_3H_8 + 5O_2 + (N_2) \rightarrow 3CO_2 + 4H_2O + (N_2)$$

$$22.4[Nm^3] : (3 \times 22.4 + 4 \times 22.4 + 5 \times 22.4 \times 3.76)[Nm^3] = 1[Nm^3] : x[Nm^3]$$

$$\therefore x = \frac{1 \times (3 \times 22.4 + 4 \times 22.4 + 5 \times 22.4 \times 3.76)}{22.4} = 25.8[Nm^3/Nm^3]$$

⑹ 프로판(C_3H_8) 1[Nm^3]당 이론 건연소 가스량[Nm^3] 계산

$$C_3H_8 + 5O_2 + (N_2) \rightarrow 3CO_2 + 4H_2O + (N_2)$$

$$22.4[Nm^3] : (3 \times 22.4 + 5 \times 22.4 \times 3.76)[Nm^3] = 1[Nm^3] : x[Nm^3]$$

$$\therefore x = \frac{1 \times (3 \times 22.4 + 5 \times 22.4 \times 3.76)}{22.4} = 21.8[Nm^3/Nm^3]$$

(2) 실제 연소 가스량 계산

실제공기량으로 연료를 완전 연소할 때 발생하는 연소 가스량이다.

① 고체 및 액체 연료

⑴ 실제 습연소 가스량(G_w)

$$G_w[Nm^3/kg] = (m - 0.21)A_0 + 1.867C + 0.7S + 0.8N + 1.224(9H + W)$$

⑵ 실제 건연소 가스량(G_d)

$$G_d[Nm^3/kg] = (m - 0.21)A_0 + 1.867C + 0.7S + 0.8N$$

② 기체연료

⑴ 실제 습연소 가스량(G_w) = 이론 습연소 가스량 + 과잉공기량
  = 이론 습연소 가스량 + $\{(m - 1) \cdot A_0\}$

⑵ 실제 건연소 가스량(G_d) = 이론 건연소 가스량 + 과잉공기량
  = 이론 건연소 가스량 + $\{(m - 1) \cdot A_0\}$

제4장 연소계산

4. 발열량 및 연소온도 계산

(1) 발열량 계산

연료의 단위질량[kg] 또는 단위체적[m³]당 연료가 연소할 때 발생하는 열량을 말한다. 고위 발열량은 수증기의 증발잠열을 포함한 것이고, 저위 발열량은 수증기의 증발잠열을 제외한 것이다.

① **고체 및 액체 연료**

  ㈎ 연료의 성분으로부터 계산(원소분석에 의한 방법)

    ㉮ 고위 발열량(총 발열량)

$$H_h = 8100\,C + 34000\left(H - \frac{O}{8}\right) + 2500\,S\,[\text{kcal/kg}]$$

$$= 33.9\,C + 144\left(H - \frac{O}{8}\right) + 10.5\,S\,[\text{MJ/kg}]$$

    ㉯ 저위 발열량(진 발열량, 참 발열량)

$$H_l = 8100\,C + 28800\left(H - \frac{O}{8}\right) + 2500\,S - 600\,W\,[\text{kcal/kg}]$$

$$= 33.9\,C + 119.6\left(H - \frac{O}{8}\right) + 10.5\,S - 2.5\,W\,[\text{MJ/kg}]$$

  ㈏ 간이식으로부터 계산

    ㉮ 고위 발열량(총 발열량)

$$H_h = H_l + 600\,(9H + W)\,[\text{kcal/kg}]$$

$$= H_l + 2.5\,(9H + W)\,[\text{MJ/kg}]$$

    ㉯ 저위 발열량(진 발열량, 참 발열량)

$$H_l = H_h - 600\,(9H + W)\,[\text{kcal/kg}]$$

$$= H_h - 2.5\,(9H + W)\,[\text{MJ/kg}]$$

  ※ 발열량을 공학단위[kcal]에서 SI단위[MJ]로 변환할 때 숫자(1[kcal]=4.1868[kJ])를 어떻게 적용하느냐에 따라 오차는 발생할 수 있음

② **기체연료** : 프로판(C_3H_8)의 발열량 계산

$$C_3H_8 + 5O_2 \rightarrow 3CO_2 + 4H_2O + 530\,[\text{kcal/mol}]$$

  ㈎ 1[Nm³]당 발열량 계산

    $22.4[\text{Nm}^3] : 530 \times 1000[\text{kcal}] = 1[\text{Nm}^3] : x\,[\text{kcal}]$

$$\therefore x = \frac{1 \times 530 \times 1000}{22.4} = 23660[\text{kcal/Nm}^3] ≒ 24000[\text{kcal/Nm}^3]$$

(나) 1[kg]당 발열량 계산

$$44[\text{kg}] : 530 \times 1000[\text{kcal}] = 1[\text{kg}] : x\ [\text{kcal}]$$

$$\therefore x = \frac{1 \times 530 \times 1000}{44} = 12045[\text{kcal/kg}] ≒ 12000[\text{kcal/kg}]$$

(2) 연소온도 계산

① **이론 연소온도 계산** : 연료를 연소 시 이론공기량만을 공급하여 완전 연소시킬 때의 최고온도를 말하며, $H_l = G \times C_p \times t$ 에서

$$\therefore t = \frac{H_l}{G \times C_p}$$

여기서, H_l : 연료의 저위발열량[kcal]

G : 이론 연소가스량[Nm^3]

C_p : 연소가스의 정압비열[kcal/Nm$^3 \cdot$ ℃]

t : 이론 연소온도[℃]

② **실제 연소온도** : 연료를 연소 시 실제공기량으로 연소할 때의 최고 온도를 말한다.

$$t_2 = \frac{H_l + 공기현열 - 손실열량}{G_s \times C_p} + t_1$$

여기서, t_2 : 실제연소온도[℃]

G_s : 실제 연소가스량[Nm^3]

C_p : 연소가스의 정압비열[kcal/Nm$^3 \cdot$ ℃]

t_1 : 기준온도[℃]

제4장 연소계산

예상문제

01 탄소(C) 6[kg]을 완전연소 시키는데 필요한 산소량[kg]은 얼마인가?

풀이 ① 탄소(C)의 완전연소 반응식
  $C + O_2 \rightarrow CO_2$
② 이론 산소량 계산
  [C]   [O_2]
  12[kg] : 32[kg]
  6[kg] : $x(O_0)$[kg]
  $\therefore x(O_0) = \dfrac{6 \times 32}{12} = 16$[kg]

해답 ▶ 16[kg]

02 중량비 조성이 C : 86[%], H : 4[%], O : 8[%], S : 2[%]인 석탄을 연소시킬 경우 필요한 이론산소량[Nm³/kg]을 계산하시오.

풀이 $O_0 = 1.867C + 5.6\left(H - \dfrac{O}{8}\right) + 0.7S$

$= 1.867 \times 0.86 + 5.6 \times \left(0.04 - \dfrac{0.08}{8}\right) + 0.7 \times 0.02$

$= 1.787 ≒ 1.79[Nm^3/kg]$

해답 ▶ 1.79[Nm³/kg]

03 탄소 2[kg]을 완전연소 시키는데 필요한 이론 공기량[Nm³]은 얼마인가?

풀이 ① 탄소(C)의 완전연소 반응식
  $C + O_2 \rightarrow CO_2$
② 이론 공기량 계산 : 탄소(C)의 분자량은 12이다.
  [C]   [O_2]
  12[kg] : 22.4[Nm³]
  2[kg] : $x(O_0)$[Nm³]
  $\therefore A_0 = \dfrac{x(O_0)}{0.21} = \dfrac{2 \times 22.4}{12 \times 0.21} = 17.777 ≒ 17.78[Nm^3]$

해답 ▶ 17.78[Nm³]

제1편 열설비 취급실무

04 수소 1[kg]을 완전 연소시키는데 필요한 공기량[kg]을 계산하시오. (단, 공기 중의 산소 중량 백분율은 23.2[%] 이다.)

풀이 ① 수소(H_2)의 완전연소 반응식

$$H_2 + \frac{1}{2}O_2 \rightarrow H_2O$$

② 이론 공기량 계산 : 수소(H_2)의 분자량은 2이고, 산소(O_2)의 분자량은 32이다.

```
[H₂]          [O₂]
2[kg]         32[kg]

1[kg]        x(O₀)[kg]
```

$$\therefore A_0 = \frac{x(O_0)}{0.232} = \frac{1 \times \frac{1}{2} \times 32}{2 \times 0.232} = 34.482 ≒ 34.48[kg]$$

해답 34.48[kg]

05 [보기]와 같은 조성을 가진 석탄의 완전연소에 필요한 이론공기량[kg/kg]을 계산하시오.

| 보기 | C : 64.0%, H : 5.3%, S : 0.1%, O : 8.8%, N : 0.8%, ash : 12.0%, water : 9.0%

풀이 $A_0 = 11.49C + 34.5\left(H - \frac{O}{8}\right) + 4.31S$

$= 11.49 \times 0.64 + 34.5 \times \left(0.053 - \frac{0.088}{8}\right) + 4.31 \times 0.001$

$= 8.806 ≒ 8.81[kg/kg]$

해답 8.81[kg/kg]

06 [보기]와 같은 조성을 가진 액체 연료를 완전 연소시키기 위해 필요한 이론공기량[Sm^3/kg]을 계산하시오.

| 보기 | C : 0.70[kg], H : 0.10[kg], O : 0.05[kg], S : 0.05[kg]
N : 0.09[kg], ash : 0.01[kg]

풀이 ① 연료 조성으로 주어진 것을 합산하면 1[kg]이 되므로 각 조성의 연료량이 질량비율이 된다.

제4장 연소계산

② 이론공기량 계산

$$\therefore A_0 = 8.89C + 26.67\left(H - \frac{O}{8}\right) + 3.33S$$
$$= 8.89 \times 0.70 + 26.67 \times \left(0.10 - \frac{0.05}{8}\right) + 3.33 \times 0.05$$
$$= 8.889 ≒ 8.89[Sm^3/kg]$$

해답 ▶ $8.89[Sm^3/kg]$

해설 $[Nm^3]$와 $[Sm^3]$ 단위 : 표준상태(0[℃], 1기압)의 체적으로 N은 'normal', S는 'standard'를 의미하는 것으로 혼용하여 사용한다.

07 액체연료 조성이 C 85[%], H 11[%], W 4[%]일 때 이론공기량$[Sm^3/kg]$을 계산하시오.

풀이 $A_0 = 8.89C + 26.67\left(H - \frac{O}{8}\right) + 3.33S$
$= 8.89 \times 0.85 + 26.67 \times 0.11 = 10.490 ≒ 10.49[Sm^3/kg]$

해답 ▶ $10.49[Sm^3/kg]$

해설 연료 조성 중에 산소(O)와 황(S) 성분은 포함되지 않았으므로 풀이 과정에서는 생략한 것임

08 중유의 조성이 C 78[%], H 15[%], O 2[%], 기타 5[%]일 때 이론 공기량$[Nm^3/kg]$을 구하시오.

풀이 $A_0 = 8.89C + 26.67\left(H - \frac{O}{8}\right) + 3.33S$
$= 8.89 \times 0.78 + 26.67 \times \left(0.15 - \frac{0.02}{8}\right)$
$= 10.868 ≒ 10.87[Nm^3/kg]$

해답 ▶ $10.87[Nm^3/kg]$

09 프로판(C_3H_8)과 부탄(C_4H_{10})의 완전연소 반응식이다. (   ) 안에 알맞은 숫자를 넣으시오

$C_3H_8 + 5O_2 \rightarrow$ (①)$CO_2 +$ (②)H_2O
$C_4H_{10} + 6.5O_2 \rightarrow$ (③)$CO_2 +$ (④)H_2O

해답 ▶ ① 3   ② 4   ③ 4   ④ 5

해설 탄화수소(C_mH_n)의 완전연소 반응식
$C_mH_n + \left(m + \frac{n}{4}\right)O_2 \rightarrow mCO_2 + \frac{n}{2}H_2O$

10 메탄(CH_4) 64[kg]을 완전연소시킬 때 이론적으로 필요한 산소량 몇 [kmol]인가?

풀이 ① 메탄(CH_4)의 완전연소 반응식
$$CH_4 + 2O_2 \rightarrow CO_2 + 2H_2O$$
② 이론 산소량 계산 : 메탄(CH_4)의 분자량은 16이고, 메탄 1[kmol]이 완전연소할 때 산소는 2[kmol]이 필요하다.

$$
\begin{array}{cc}
[CH_4] & [O_2] \\
16[kg] & 2[kmol] \\
64[kg] & x[kmol]
\end{array}
$$

$$\therefore x = \frac{2 \times 64}{16} = 8[kmol]$$

해답 8[kmol]

11 프로판 1[Nm^3]의 완전연소에 필요한 이론산소량[Nm^3]은 얼마인가?

풀이 ① 프로판(C_3H_8)의 완전연소 반응식
$$C_3H_8 + 5O_2 \rightarrow 3CO_2 + 4H_2O$$
② 이론산소량 계산

$$
\begin{array}{cc}
[C_3H_8] & [O_2] \\
22.4[Nm^3] & 5 \times 22.4[Nm^3] \\
1[Nm^3] & x[Nm^3]
\end{array}
$$

$$\therefore x(O_0) = \frac{1 \times 5 \times 22.4}{22.4} = 5[Nm^3]$$

해답 5[Nm^3]

해설 ① 기체 연료인 탄화수소(C_mH_n) 1[Nm^3]에 대한 체적[Nm^3]으로 이론산소량은 완전연소 반응식에서 몰(mol)수에 해당된다.
② 기체 연료인 탄화수소(C_mH_n)의 연소계산을 하기 위해서는 완전연소 반응식을 만들 수 있어야 하므로 대표적인 기체연료 메탄(CH_4), 프로판(C_3H_8), 부탄(C_4H_{10}) 등은 분자기호와 함께 완전연소 반응식을 기억하길 바랍니다.
③ 아보가드로의 법칙 : 모든 기체 1몰[mol]은 표준상태(0℃, 1기압)에서 22.4L의 부피를 차지하며, 그 속에는 6.02×10^{23}개의 분자가 들어 있다. (1[kmol]의 부피는 22.4[Nm^3]이다.)
④ 기체 1몰[mol]의 질량[g]은 각 기체 고유분자량에 해당되며, 메탄(CH_4) 16[g/mol], 프로판(C_3H_8) 44[g/mol], 부탄(C_4H_{10}) 58[g/mol] 이다.

12 기체연료를 완전 연소시켰을 때 필요한 산소의 질량[kg]을 구하는 공식은 아래와 같다.

$$O_o = 2.667\text{C} + 7.950\text{H} + 3.283\text{S} - \text{O}$$

메탄 1[kg]을 연소시킬 때 필요한 산소의 질량[kg]을 계산하시오.
(단, C_mH_n일 때 $C = \dfrac{12.032\,m}{12.032\,m + 1.008\,n}$, $H = \dfrac{1.008\,n}{12.032\,m + 1.008\,n}$ 이다.)

풀이 ① 메탄(CH_4)의 분자기호에서 탄소수 m는 1, 수소수 n는 4이므로 문제에서 주어진 공식을 이용하여 탄소량과 수소량 계산한다.

$$\therefore C = \dfrac{12.032\,m}{12.032\,m + 1.008\,n} = \dfrac{12.032 \times 1}{(12.032 \times 1) + (1.008 \times 4)} = 0.749 ≒ 0.75$$

$$\therefore H = \dfrac{1.008\,n}{12.032\,m + 1.008\,n} = \dfrac{1.008 \times 4}{(12.032 \times 1) + (1.008 \times 4)} = 0.251 ≒ 0.25$$

② 산소 질량[kg] 계산

$$\therefore O_o = 2.667\text{C} + 7.950\text{H} + 3.283\text{S} - \text{O}$$
$$= (2.667 \times 0.75) + (7.950 \times 0.25) = 3.987 ≒ 3.99[\text{kg}]$$

해답 3.99[kg]

별해 ① 메탄(CH_4)의 완전연소 반응식
$$CH_4 + 2O_2 \rightarrow CO_2 + 2H_2O$$
② 이론산소량[kg] 계산
$$16[\text{kg}] : 2 \times 32[\text{kg}] = 1[\text{kg}] : x[\text{kg}]$$
$$\therefore x = \dfrac{1 \times 2 \times 32}{16} = 4[\text{kg}]$$

13 탄화수소(C_mH_n) 1[Nm^3]가 완전연소할 때 이론공기량[Nm^3/Nm^3]을 구하는 식을 완성하시오.

풀이 ① 탄화수소(C_mH_n)의 완전연소반응식
$$C_mH_n + \left(m + \dfrac{n}{4}\right)O_2 \rightarrow mCO_2 + \dfrac{n}{2}H_2O$$
② 이론공기량(Nm^3/Nm^3) 계산식
$$\therefore A_0(Nm^3/Nm^3) = \dfrac{O_0}{0.21} = \dfrac{m + \dfrac{n}{4}}{0.21} = \dfrac{1m}{0.21} + \dfrac{\dfrac{1}{4}n}{0.21} = \dfrac{1m}{0.21} + \dfrac{0.25n}{0.21}$$
$$= \dfrac{1}{0.21}m + \dfrac{0.25}{0.21}n = 4.761m + 1.190n ≒ 4.76m + 1.19n$$

해답 4.76m + 1.19n

14 프로판가스 1[Nm^3]를 연소시키는데 필요한 이론공기량은 몇 [Nm^3]인가?

풀이 ① 프로판(C_3H_8)의 완전연소 반응식
$$C_3H_8 + 5O_2 \rightarrow 3CO_2 + 4H_2O$$
② 이론공기량 계산

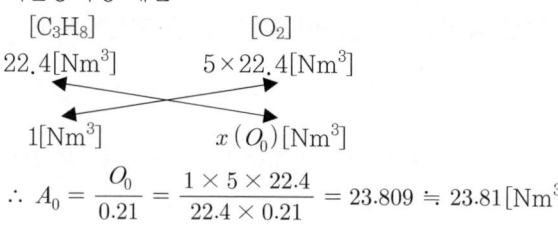

$$\therefore A_0 = \frac{O_0}{0.21} = \frac{1 \times 5 \times 22.4}{22.4 \times 0.21} = 23.809 ≒ 23.81[Nm^3]$$

해답 $23.81[Nm^3]$

해설 ① 이론공기량 계산하는 과정을 비례식으로 놓고, '내항의 곱과 외항의 곱은 같다'라는 것을 이용하여 계산해도 무방합니다.
$$22.4[Nm^3] : 5 \times 22.4[Nm^3] = 1[Nm^3] : x(O_0)[Nm^3]$$
$$\therefore A_0 = \frac{O_0}{0.21} = \frac{1 \times 5 \times 22.4}{22.4 \times 0.21} = 23.809 ≒ 23.81[Nm^3]$$
② 공기 중 산소의 체적비가 21[%]이므로 이론산소량$[Nm^3]$을 체적비로 나눠주면 이론공기량$[Nm^3]$이 구해진다.

15 분자기호가 $C_{1.16}H_{4.32}$로 표시되는 기체연료 $1[Nm^3]$가 완전 연소할 때 필요한 공기량 $[Nm^3]$을 계산하시오.

풀이 탄화수소(C_mH_n)의 완전 연소반응식
$$C_mH_n + \left(m + \frac{n}{4}\right)O_2 \rightarrow mCO_2 + \frac{n}{2}H_2O \text{ 을 이용하여}$$
완전 연소반응식을 완성한다.
$$\therefore C_{1.16}H_{4.32} + \left(1.16 + \frac{4.32}{4}\right)O_2 \rightarrow 1.16CO_2 + \frac{4.32}{2}H_2O$$
$$\therefore C_{1.16}H_{4.32} + 2.24O_2 \rightarrow 1.16CO_2 + 2.16H_2O$$
$$\therefore 22.4[Nm^3] : 2.24 \times 22.4[Nm^3] = 1[Nm^3] : x(O_0)[Nm^3]$$
$$\therefore A_0 = \frac{O_0}{0.21} = \frac{1 \times 2.24 \times 22.4}{22.4 \times 0.21} = 10.666 ≒ 10.67[Nm^3/Nm^3]$$

해답 $10.67[Nm^3/Nm^3]$

16 메탄 $3[Nm^3]$를 연소시키는데 필요한 이론공기량은 몇 $[Nm^3]$ 인가?

풀이 ① 메탄(CH_4)의 완전연소 반응식
$$CH_4 + 2O_2 \rightarrow CO_2 + 2H_2O$$
② 이론공기량 계산
$$22.4[Nm^3] : 2 \times 22.4[Nm^3] = 3[Nm^3] : x(O_0)[Nm^3]$$

$$\therefore A_0 = \frac{O_0}{0.21} = \frac{3 \times 2 \times 22.4}{22.4 \times 0.21} = 28.571 ≒ 28.57[Nm^3]$$

해답▶ $28.57[Nm^3]$

17 부탄(C_4H_{10}) 2[Nm^3]를 완전연소하는데 필요한 이론공기량[Nm^3]은 얼마인가?

풀이 ① 부탄(C_4H_{10})의 완전연소 반응식
  $C_4H_{10} + 6.5O_2 \rightarrow 4CO_2 + 5H_2O$
② 이론공기량 계산
  $22.4[Nm^3] : 6.5 \times 22.4[Nm^3] = 2[Nm^3] : x(O_0)[Nm^3]$
  $$\therefore A_0 = \frac{O_0}{0.21} = \frac{2 \times 6.5 \times 22.4}{22.4 \times 0.21} = 61.904 ≒ 61.90[Nm^3]$$

해답▶ $61.9[Nm^3]$

18 CH_4와 C_3H_8이 각각 체적으로 50[%]씩 혼합된 기체연료 1[Nm^3]을 완전연소시키는데 필요한 이론공기량[Nm^3]은 얼마인가?

풀이 ① 메탄(CH_4)과 프로판(C_3H_8)의 완전연소 반응식
  $CH_4 + 2O_2 \rightarrow CO_2 + 2H_2O$, $C_3H_8 + 5O_2 \rightarrow 3CO_2 + 4H_2O$
② 이론공기량 계산 : 혼합 기체연료 1[Nm^3] 중에 메탄과 프로판의 체적비율이 각각 50[%] 이므로 0.5[Nm^3]가 각각 연소하는 것이고, 이것을 비례식으로 작성하면 다음과 같다.
  메탄 → $22.4[Nm^3] : 2 \times 22.4[Nm^3] = 1 \times 0.5[Nm^3] : x(O_0)[Nm^3]$
  프로판 → $22.4[Nm^3] : 5 \times 22.4[Nm^3] = 1 \times 0.5[Nm^3] : y(O_0)[Nm^3]$
  $$\therefore A_0 = \frac{O_0}{0.21} = \frac{x(O_0)}{0.21} + \frac{y(O_0)}{0.21}$$
  $$= \left(\frac{1 \times 0.5 \times 2 \times 22.4}{22.4 \times 0.21}\right) + \left(\frac{1 \times 0.5 \times 5 \times 22.4}{22.4 \times 0.21}\right) = 16.666 ≒ 16.67[Nm^3]$$

해답▶ $16.67[Nm^3]$

19 프로판 가스 1[kg]을 완전연소시킬 때 필요한 이론공기량[Sm^3/kg]은 얼마인가? (단, 공기 중 산소는 21[vol%]이다.)

풀이 ① 프로판(C_3H_8)의 완전연소 반응식
  $C_3H_8 + 5O_2 \rightarrow 3CO_2 + 4H_2O$
② 이론공기량 계산
  $44[kg] : 5 \times 22.4[Sm^3] = 1[kg] : x(O_0)[Sm^3]$
  $$\therefore A_0 = \frac{O_0}{0.21} = \frac{1 \times 5 \times 22.4}{44 \times 0.21} = 12.121 ≒ 12.12[Sm^3]$$

해답▶ 12.12[Sm³/kg]

해설▶ 이론공기량의 단위 [Sm³/kg]는 연료 1[kg]이 연소할 때 필요한 이론공기량[Sm³]이다.

20 부탄 가스 10[kg]을 완전연소시키는데 필요한 이론공기량[Nm³]은 얼마인가?

풀이▶ ① 부탄(C_4H_{10})의 완전연소 반응식
$$C_4H_{10} + 6.5O_2 \rightarrow 4CO_2 + 5H_2O$$
② 이론공기량 계산
58[kg] : 6.5×22.4[Nm³] = 10[kg] : $x(O_0)$[Nm³]
$$\therefore A_0 = \frac{O_0}{0.21} = \frac{10 \times 6.5 \times 22.4}{58 \times 0.21} = 119.540 ≒ 119.54[Nm^3]$$

해답▶ 119.54[Nm³]

해설▶ 문제에서 부탄 10[kg]이 연소할 때 필요한 이론공기량을 구하는 것이므로 단위를 [Nm/kg]으로 작성하면 부탄 1[kg]이 연소할 때 이론공기량이 되어 오답으로 채점될 수 있으므로 주의하여야 합니다.

21 상온, 상압에서 프로판–공기의 가연성 혼합기체를 완전연소시킬 때 프로판 1[kg]을 연소시키기 위하여 공기는 몇 [kg]이 필요한가? (단, 공기 중 산소는 23.15[wt%] 이다.)

풀이▶ ① 프로판(C_3H_8)의 완전연소 반응식
$$C_3H_8 + 5O_2 \rightarrow 3CO_2 + 4H_2O$$
② 이론공기량 계산
44[kg] : 5×32[kg] = 1[kg] : $x(O_0)$[kg]
$$\therefore A_0 = \frac{O_0}{0.2315} = \frac{1 \times 5 \times 32}{44 \times 0.2315} = 15.707 ≒ 15.71[kg]$$

해답▶ 15.71[kg]

해설▶ 함유율(비율) 표시방법
① [wt%] : 무게(weight) 백분율을 의미한다.
② [vol%] : 체적(volume) 백분율을 의미한다.

22 옥탄(C_8H_{18}) 1[kg]이 연소할 때 이론적인 공기의 질량은 옥탄의 몇 배인가? (단, 공기의 분자량은 29, 공기 중 산소는 21[vol%]이다.)

풀이▶ ① 옥탄(C_8H_{18})의 완전연소 반응식
$$C_8H_{18} + 12.5O_2 \rightarrow 8CO_2 + 9H_2O$$
② 공기 중 산소의 질량 비율 계산 : 공기 중 산소의 질량 비율은 별도의 언급이 없으면 23.2[%]이지만 문제에서 주어진 공기의 분자량과 산소의 체적비를 이용하여

질량 비율을 계산한다.

$$\therefore O_2[wt\%] = \frac{\text{공기 중 산소의 질량}}{\text{공기의 분자량}} \times 100$$

$$= \frac{32 \times 0.21}{29} \times 100 = 23.172 ≒ 23.17[wt\%]$$

③ 옥탄 1[kg]에 대한 공기의 질량[kg] 계산 : 옥탄(C_8H_{18})의 분자량은 114이고, 옥탄 114[kg]이 연소할 때 산소는 12.5[kmol]×32[kg/kmol] 필요하고 공기 중 산소의 질량비율은 23.17[%]이므로 산소량을 질량비율로 나누어 주면 공기 질량이 된다.

$$114[kg] : \frac{12.5 \times 32}{0.2317}[kg] = 1[kg] : x(A_0)[kg]$$

$$\therefore x = \frac{\left(1 \times \frac{12.5 \times 32}{0.2317}\right)}{114} = 15.143 ≒ 15.14[kg]$$

∴ 옥탄 1[kg]에 공기 15.14[kg]이 필요하므로 공기의 무게는 옥탄의 15.14배에 해당된다.

해답▶ 15.14배

23 보일러 연소에서 이론공기량과 과잉공기량을 알고 있을 때 공기비를 구하는 식을 완성하고, 각 인자에 대하여 설명하시오.

해답▶ $m = \dfrac{A_0 + B}{A_0}$

여기서, m : 공기비, A_0 : 이론공기량, B : 과잉공기량

해설▶ '실제공기량(A) = 이론공기량(A_0) + 과잉공기량(B)' 이므로
'과잉공기량 = 실제공기량 − 이론공기량' 이다.

24 연료 1[kg]을 연소시키는데 이론적으로 2.5[Nm³]의 산소가 소요된다. 이 연료 1[kg]을 공기비 1.2로 연소시킬 때 필요한 실제공기량[Nm³/kg]은 얼마인가?

풀이▶ $A = m \times A_0 = m \times \dfrac{O_0}{0.21} = 1.2 \times \dfrac{2.5}{0.21} = 14.285 ≒ 14.29[Nm^3/kg]$

해답▶ 14.29[Nm³/kg]

25 천연가스의 성분이 모두 메탄(CH_4)으로 이루어진 도시가스 100[Sm³]를 공기비 1.2로 완전 연소시킬 때 소요되는 공기량[Sm³]을 계산하시오.

풀이▶ ① 메탄(CH_4)의 완전연소 반응식
$CH_4 + 2O_2 \rightarrow CO_2 + 2H_2O$
② 실제공기량 계산 : 메탄(CH_4) 1[Sm³]가 연소할 때 필요한 산소량은 연소반응식에서 산소몰[mol]수와 같다.

$$\therefore A = m \times A_0 = m \times \frac{O_0}{0.21} = \left(1.2 \times \frac{2}{0.21}\right) \times 100 = 1142.857 ≒ 1142.86[Sm^3]$$

해답 ▶ 1142.86[Sm³]

26 질량 조성비가 탄소(C) 60[%], 질소(N) 13[%], 황(S) 0.8[%], 수분(W) 5[%], 수소(H) 8.6[%], 산소(O) 5[%], 회분(ash) 7.6[%]인 고체연료 5[kg]을 공기비 1.3으로 완전 연소시키고자 할 때의 실제공기량[Nm³]을 구하시오.

풀이 ▶ ① 이론공기량 계산

$$\therefore A_0 = 8.89C + 26.67\left(H - \frac{O}{8}\right) + 3.33S$$
$$= \left\{8.89 \times 0.6 + 26.67 \times \left(0.086 - \frac{0.05}{8}\right) + 3.33 \times 0.008\right\} \times 5$$
$$= 37.437 ≒ 37.44[Nm^3]$$

② 실제공기량 계산

$$\therefore A = m \times A_0 = 1.3 \times 37.44 = 48.672 ≒ 48.67[Nm^3]$$

해답 ▶ 48.67[Nm³]

27 액체 연료의 성분이 C 80[%], H 10[%], O 5[%], S 5[%]이었다. 이 연료를 연소시키는데 실제공기량이 13[Nm³/kg]이라면 공기비(m)는 얼마인가?

풀이 ▶ ① 이론공기량 계산

$$\therefore A_0 = \frac{O_0}{0.21} = \frac{1.867C + 5.6\left(H - \frac{O}{8}\right) + 0.7S}{0.21}$$
$$= \frac{1.867 \times 0.8 + 5.6 \times \left(0.1 - \frac{0.05}{8}\right) + 0.7 \times 0.05}{0.21}$$
$$= 9.779 ≒ 9.78[Nm^3/kg]$$

② 공기비 계산

$$\therefore m = \frac{A}{A_0} = \frac{13}{9.78} = 1.329 ≒ 1.33$$

해답 ▶ 1.33

별해 이론공기량[Nm³/kg]을 구하는 식을 적용하여 풀이

$$\therefore A_0 = 8.89C + 26.67\left(H - \frac{O}{8}\right) + 3.33S$$
$$= 8.89 \times 0.8 + 26.67 \times \left(0.1 - \frac{0.05}{8}\right) + 3.33 \times 0.05$$
$$= 9.778 ≒ 9.78[Nm^3/kg]$$

28 보일러 배기가스를 분석한 결과 CO_2 14[%], O_2 6[%], N_2 80[%]이었다면 공기비는 얼마인가?

풀이 $m = \dfrac{N_2}{N_2 - 3.76 O_2} = \dfrac{80}{80 - 3.76 \times 6} = 1.392 \fallingdotseq 1.39$

해답 1.39

해설 연소가스(연도가스, 배기가스) 함유율에 의한 공기비 계산식
① 완전연소의 경우 : 연소가스 중 일산화탄소(CO)가 포함되지 않은 경우
$$\therefore m = \dfrac{N_2}{N_2 - 3.76 O_2}$$
② 불완전연소의 경우 : 연소가스 중 일산화탄소(CO)가 포함된 경우
$$\therefore m = \dfrac{N_2}{N_2 - 3.76(O_2 - 0.5 CO)}$$

29 보일러 연소 배출가스 중 CO_2 함량을 분석하는 이유를 설명하시오.

해답 연소 배출가스 중 CO_2 함량으로 공기비를 계산하여 연소상태를 파악하고, 적정 공기비를 유지시켜 열효율을 증가시키기 위하여 분석한다.

30 중유를 연소하는 가열로의 연소가스를 분석했을 때 체적비로 CO_2가 15.0[%], O_2가 8.0[%], CO가 1.2[%]이고, 나머지가 N_2인 결과를 얻었다. 이 경우의 공기비를 계산하시오. (단, 연료 중에는 질소가 포함되어 있지 않고, 공기 중 질소와 산소의 부피비는 79 : 21 이다.)

풀이 ① 연소가스 중 질소 함유율[%] 계산
$\therefore N_2[\%] = 100 - (CO_2 + CO + O_2)$
$= 100 - (15 + 1.2 + 8) = 75.8[\%]$
② 공기비 계산 : 연소가스 중 일산화탄소(CO)가 포함된 것은 불완전연소가 된 것이다.
$\therefore m = \dfrac{N_2}{N_2 - 3.76(O_2 - 0.5 CO)} = \dfrac{75.8}{75.8 - 3.76 \times (8 - 0.5 \times 1.2)}$
$= 1.579 \fallingdotseq 1.58$

해답 1.58

31 $(CO_2)max$ 18[%], CO_2 14.5[%]일 때 공기과잉계수는 얼마인가?

풀이 $m = \dfrac{(CO_2)_{max}}{CO_2} = \dfrac{18}{14.5} = 1.241 \fallingdotseq 1.24$

해답 1.24

32 고체연료의 연소가스를 오르사트 분석장치로 분석한 결과 CO_2 14.5[%], O_2 5.0[%]일 때 공기비는 얼마인가?

풀이 $m = \dfrac{21}{21 - O_2} = \dfrac{21}{21 - 5.0} = 1.312 ≒ 1.31$

해답 1.31

33 어떤 연도가스의 조성을 조사하였더니 CO_2 11.9[%], CO 1.6[%], O_2 4.1[%], N_2 82.4[%]이었다. 이 때 과잉공기 백분율[%]은 얼마인가? (단, 공기 중 질소와 산소의 부피비는 79 : 21 이고, 과잉공기계수는 소수 5째자리에서 반올림하여 4째자리까지 구한 값을 적용한다.)

풀이 ① 과잉공기계수(공기비) 계산

$\therefore m = \dfrac{N_2}{N_2 - 3.76(O_2 - 0.5\,CO)} = \dfrac{82.4}{82.4 - 3.76 \times (4.1 - 0.5 \times 1.6)}$

$= 1.17727 ≒ 1.1773$

② 과잉공기 백분율[%] 계산

$\therefore$ 과잉공기율 $= \dfrac{B}{A_0} \times 100 = (m - 1) \times 100$

$= (1.1773 - 1) \times 100 = 17.73[\%]$

해답 17.73[%]

해설 배기가스, 연소가스, 연도가스는 모두 같은 의미로 통용되는 용어이다.

34 보일러 연소에서 공기비가 클 때 나타나는 현상 4가지를 쓰시오.

해답 ① 연소실내의 온도가 낮아진다.
② 배기가스로 인한 손실열이 증가한다.
③ 연료 소비량이 증가한다.
④ 배기가스 중 질소화합물(NO_x)이 많아져 대기오염을 초래한다.

해설 공기비가 작을 경우 나타나는 현상
① 불완전연소가 발생하기 쉽다.
② 연소효율이 감소한다.
③ 열손실이 증가한다.
④ 미연소 가스로 인한 역화의 위험이 있다.

35 수소(H_2)가 많은 연료를 사용할 때 배기가스 중 어떤 성분이 많이 증가하는가?

해답 수증기(H_2O)

해설 수소(H_2)가 산소(O_2)와 연소반응을 하면 수증기(H_2O)가 발생한다.
※ 반응식 : $2H_2 + O_2 \rightarrow 2H_2O$

36 기체연료를 이론공기량으로 완전연소하였을 때 연소 배기가스 중 가장 많이 포함된 것은?

해답 질소(N_2)

해설 기체연료가 이론공기량으로 완전연소할 때 공기 중 질소는 79[vol%]를 차지하고, 질소는 불연성 가스이므로 연소과정에서 아무런 역할을 하지 않고 그대로 배기가스로 배출되므로 연소 배기가스 중에 가장 많이 포함된 것은 질소(N_2)가 해당된다.

37 황(S) 1[kg/s]을 연소시켰을 때 배기가스량[Nm^3/s]을 계산하시오.

풀이 ① 이론 공기량에 의한 황(S)의 완전연소 반응식
$S + O_2 + (N_2) \rightarrow SO_2 + (N_2)$
② 이론 공기량[Nm^3/kg] 계산
$32[kg] : 22.4[Nm^3] = 1[kg] : x(O_0)[Nm^3]$
$\therefore A_0 = \dfrac{O_0}{0.21} = \dfrac{1 \times 22.4}{32 \times 0.21} = 3.333 ≒ 3.33[Nm^3/kg]$
③ SO_2량[Nm^3/kg] 계산
$32[kg] : 22.4[Nm^3] = 1[kg] : x(SO_2)[Nm^3]$
$\therefore SO_2량 = \dfrac{1 \times 22.4}{32} = 0.7[Nm^3/kg]$
④ 배기가스량[Nm^3/s] 계산 : 공기의 체적비는 산소(O_2) 21[%], 질소(N_2) 79[%] 이다.
$\therefore G_0 = 질소\ 가스량 + SO_2량 = \{(1-0.21) \times A_0\} + SO_2량$
$= \{(1-0.21) \times 3.33\} + 0.7 = 3.330 ≒ 3.33[Nm^3/s]$

해답 $3.33[Nm^3/s]$

38 [보기]와 같은 중량 비율을 갖는 액체연료를 완전연소할 때의 물음에 답하시오.

| 보기 | 탄소(C) : 75[%], 수소(H) : 15[%], 산소(O) : 5[%], 황(S) : 3[%], 기타 : 2[%]

(1) 이론공기량[Nm^3/kg]을 계산하시오.
(2) 이론습배기 가스량[Nm^3/kg]을 계산하시오.

풀이 (1) $A_0 = 8.89C + 26.67\left(H - \dfrac{O}{8}\right) + 3.33S$
$= 8.89 \times 0.75 + 26.67 \times \left(0.15 - \dfrac{0.05}{8}\right) + 3.33 \times 0.03$
$= 10.601 ≒ 10.60[Nm^3/kg]$

(2) $G_{0w} = 8.89C + 32.3H - 2.63O + 3.33S + 0.8N + 1.244W$
$= 8.89 \times 0.75 + 32.3 \times 0.15 - 2.63 \times 0.05 + 3.33 \times 0.03$
$= 11.480 ≒ 11.48[Nm^3/kg]$

해답 (1) $10.6[Nm^3/kg]$ (2) $11.48[Nm^3/kg]$

별해 이론 습배기 가스량$[Nm^3/kg]$을 다른 공식으로 계산

① $G_{ow} = 8.89C + 32.3\left(H - \dfrac{O}{8}\right) + 3.33S + 0.8N + 1.244W$
$= 8.89 \times 0.75 + 32.3 \times \left(0.15 - \dfrac{0.05}{8}\right) + 3.33 \times 0.03$
$= 11.410 ≒ 11.41[Nm^3/kg]$

② $G_{ow} = (1 - 0.21)A_0 + 1.867C + 11.2H + 0.7S + 0.8N + 1.244W$
$= (1 - 0.21) \times 10.6 + 1.867 \times 0.75 + 11.2 \times 0.15 + 0.7 \times 0.03$
$= 11.475 ≒ 11.48[Nm^3/kg]$

※ 적용하는 공식에 따라 최종값에서 오차가 발생할 수 있으며, 채점에는 영향이 없으니 여러 가지의 공식이 있을 때는 하나를 선택하여 답안을 작성하길 바랍니다.

해설 이론 습배기 가스량은 "생성가스량 + 질소량"에 의하여 계산하는 방법도 있음
① $G_{0w}[Nm^3/kg] = (1 - 0.21)A_0 + 1.867C + 11.2H + 0.7S + 0.8N + 1.244W$
② $G_{0w}[kg/kg] = (1 - 0.232)A_0 + 3.667C + 9H + 2S + N + W$

39 탄소 87[%], 수소 10[%], 황 3[%]의 조성을 가지는 연료를 이론공기량으로 완전연소 시켰을 때 건연소 가스량$[Nm^3/kg]$을 계산하시오.

풀이 $G_{0d} = 8.89C + 21.1\left(H - \dfrac{O}{8}\right) + 3.33S + 0.8N$
$= 8.89 \times 0.87 + 21.1 \times 0.1 + 3.33 \times 0.03$
$= 9.944 ≒ 9.94[Nm^3/kg]$

해답 $9.94[Nm^3/kg]$

별해 ① 이론 공기량을 구하여 계산
∴ $A_0 = 8.89C + 26.67\left(H - \dfrac{O}{8}\right) + 3.33S$
$= 8.89 \times 0.87 + 26.67 \times 0.1 + 3.33 \times 0.03$
$= 10.501 ≒ 10.50[Nm^3/kg]$
∴ $G_{0d} = 0.79A_0 + 1.867C + 0.7S + 0.8N$
$= 0.79 \times 10.5 + 1.86 \times 0.87 + 0.7 \times 0.03$
$= 9.934 ≒ 9.93[Nm^3/kg]$

② 이론 습연소 가스량을 구하여 계산
∴ $G_{0w} = 8.89C + 32.3H - 2.63O + 3.33S + 0.8N + 1.244W$
$= 8.89 \times 0.87 + 32.3 \times 0.1 + 3.33 \times 0.03$
$= 11.064 ≒ 11.06[Nm^3/kg]$

$$\therefore G_{0d} = G_{0w} - 1.244\,(9\text{H} + \text{W})$$
$$= 11.06 - 1.244 \times (9 \times 0.1)$$
$$= 9.940 \fallingdotseq 9.94[\text{Nm}^3/\text{kg}]$$

40 프로판 1[Sm^3]를 공기 중에서 완전 연소 시 수증기를 포함한 이론 연소가스량 [Sm^3/Sm^3]을 계산하시오. (단, 공기 조성은 체적으로 질소 79[%], 산소 21[%]이다.)

풀이 ① 이론공기량에 의한 프로판(C_3H_8)의 완전연소 반응식
$$C_3H_8 + 5O_2 + (N_2) \rightarrow 3CO_2 + 4H_2O + (N_2)$$
② 이론 습연소가스량 계산
$$\therefore G_{0w} = N_2\,량 + CO_2\,량 + H_2O\,량$$
$$= \{(1-0.21) \times A_0\} + CO_2\,량 + H_2O\,량$$
$$= \left\{(1-0.21) \times \frac{O_0}{0.21}\right\} + CO_2\,량 + H_2O\,량$$
$$= \left\{(1-0.21) \times \frac{5}{0.21}\right\} + 3 + 4$$
$$= 25.809 \fallingdotseq 25.81[\text{Sm}^3/\text{Sm}^3]$$

해답 25.81[Sm^3/Sm^3]

해설 프로판 1[Sm^3]가 연소할 때 체적으로 필요한 산소량[Sm^3], 발생되는 이산화탄소량 [Sm^3] 및 수증기량[Sm^3]은 완전 연소반응식에서 몰수에 해당된다.

41 프로판(C_3H_8) 1[Nm^3]가 완전연소할 때 발생하는 건연소 가스량[Nm^3]은 얼마인가? (단, 공기 중 산소는 21[vol%]이다.)

풀이 ① 공기 중 프로판(C_3H_8)의 완전연소 반응식 : 공기는 산소 21[vol%]와 질소 79 [vol%]로 이루어져 있다.
$$C_3H_8 + 5O_2 + (N_2) \rightarrow 3CO_2 + 4H_2O + (N_2)$$
② 건연소 가스량 계산 : 문제 조건에서 산소의 체적비율이 주어졌으므로 프로판은 공기 중에서 이론공기량으로 연소하는 것이고, 건연소 가스량은 연소가스 중 수분(H_2O)을 포함하지 않은 가스량이므로 이산화탄소(CO_2)와 질소(N_2) 양을 합산한 것이다. 질소는 산소량의 $\frac{79}{21}$배, 즉 3.76배에 해당된다.
$$\therefore G_{od} = CO_2\,량 + N_2\,량 = 3 + (5 \times 3.76) = 21.8[\text{Nm}^3]$$

해답 21.8[Nm^3]

해설 프로판 1[Nm^3]가 연소할 때 발생되는 이산화탄소량[Nm^3]은 완전 연소반응식에서 몰수에 해당되고, 질소량[Nm^3]은 산소량[Nm^3]의 3.76배에 해당된다.

42 [보기]와 같은 부피 조성을 가진 코크스로 가스 100[Nm³]을 이론공기량으로 연소할 때 다음 물음에 답하시오.

> | 보기 | CO_2 3[%], CO 8[%], CH_4 30[%], C_2H_4 4[%], H_2 50[%], N_2 5[%]

(1) 습연소 가스량[Nm³]은 얼마인가?
(2) 건연소 가스량[Nm³]은 얼마인가?

풀이 (1) $G_{0w} = CO_2 + N_2 + 2.88(H_2 + CO) + 10.5\,CH_4 + 15.3\,C_2H_4 - 3.76\,O_2 + W$
$= \{0.03 + 0.05 + 2.88 \times (0.5 + 0.08) + 10.5 \times 0.3 + 15.3 \times 0.04\} \times 100$
$= 551.24[Nm^3]$

(2) $G_{0d} = CO_2 + N_2 + 1.88\,H_2 + 2.88\,CO + 8.52\,CH_4 + 13.3\,C_2H_4 - 3.76\,O_2$
$= (0.03 + 0.05 + 1.88 \times 0.5 + 2.88 \times 0.08 + 8.52 \times 0.3 + 13.3 \times 0.04) \times 100$
$= 433.84[Nm^3]$

해답 (1) $551.24[Nm^3]$ (2) $433.84[Nm^3]$

해설 기체연료가 여러 가지 성분으로 혼합된 경우에 불연성인 CO_2, N_2 등은 부피비에 해당하는 양이 배기가스로 그대로 배출되고, 가연성 성분은 각 성분이 이론공기량으로 완전연소할 때 발생하는 배기가스 성분을 합산하는 것을 하나의 식으로 만들어 풀이에 적용한 것이다.

43 프로판(C_3H_8) 1[Nm³]를 과잉공기비 1.1로 완전연소시켰을 때 습연소 가스량[Nm³]을 계산하시오. (단, 공기 조정은 체적으로 질소 79[%], 산소 21[%]이다.)

풀이 ① 실제 공기량에 의한 프로판(C_3H_8)의 완전연소 반응식 : 문제에서 과잉공기비가 주어졌으므로 실제공기량으로 연소하는 것으로 판단한 것이고, 실제공기량(A)은 이론공기량($O_2 + N_2$)에 과잉공기량(B)을 합산한 것이다.
$C_3H_8 + 5O_2 + (N_2) + B \rightarrow 3CO_2 + 4H_2O + (N_2) + B$

② 실제 습연소 가스량 계산
$\therefore G_w = G_{0w} + B = (CO_2 + H_2O + N_2) + \left\{(m-1) \times \dfrac{O_0}{0.21}\right\}$
$= \{3 + 4 + (5 \times 3.76)\} + \left\{(1.1 - 1) \times \dfrac{5}{0.21}\right\}$
$= 28.180 ≒ 28.18[Nm^3]$

해답 $28.18[Nm^3]$

해설 과잉공기량(B)에 해당하는 공기는 이론적으로 연소반응에 관여하지 않고 그대로 배기가스로 배출된다.

44 보일러에서 과잉공기 10[%]로 연료를 완전연소할 경우 실제 건연소가스량[Nm³/kg]은 얼마인가? (단, 연료의 이론공기량 및 이론 건연소가스량은 각각 10.5[Nm³/kg], 9.9[Nm³/kg]이다.)

풀이 $G_d = G_{0d} + B = G_{0d} + \{(m-1)A_0\}$
$= 9.9 + \{(1.1-1) \times 10.5\} = 10.95 [\text{Nm}^3/\text{kg}]$

해답 $10.95 [\text{Nm}^3/\text{kg}]$

45 질량 기준으로 C 85[%], H 12[%], S 3[%]의 조성으로 되어 있는 중유를 공기비 1.3으로 연소할 때에 대한 물음에 답하시오.
(1) 실제 공기량[Nm³/kg]을 계산하시오.
(2) 건연소 가스량[Nm³/kg]을 계산하시오.

풀이 (1) ① 이론 공기량[Nm³/kg] 계산

$\therefore A_0 = 8.89\text{C} + 26.67\left(\text{H} - \dfrac{\text{O}}{8}\right) + 3.33\text{S}$
$= 8.89 \times 0.85 + 26.67 \times 0.12 + 3.33 \times 0.03$
$= 10.856 ≒ 10.86 [\text{Nm}^3/\text{kg}]$

② 실제 공기량[Nm³/kg] 계산

$\therefore A = m \times A_0 = 1.3 \times 10.86 = 14.118 ≒ 14.12 [\text{Nm}^3/\text{kg}]$

(2) $G_d = (m - 0.21)A_0 + 1.867\text{C} + 0.7\text{S} + 0.8\text{N}$
$= \{(1.3 - 0.21) \times 10.86\} + (1.867 \times 0.85 + 0.7 \times 0.03)$
$= 13.445 ≒ 13.45 [\text{Nm}^3/\text{kg}]$

해답 (1) $14.12 [\text{Nm}^3/\text{kg}]$ (2) $13.45 [\text{Nm}^3/\text{kg}]$

별해 (2) 실제 건연소가스량[Nm³/kg] 계산
① 이론 건연소가스량 계산

$\therefore G_{0d} = 0.79A_0 + 1.867\text{C} + 0.7\text{S} + 0.8\text{N}$
$= 0.79 \times 10.86 + 1.867 \times 0.85 + 0.7 \times 0.03$
$= 10.187 ≒ 10.19 [\text{Nm}^3/\text{kg}]$

② 실제 건연소가스량 계산

$\therefore G_d = G_{0d} + B = G_{0d} + \{(m-1)A_0\}$
$= 10.19 + \{(1.3-1) \times 10.86\}$
$= 13.448 ≒ 13.45 [\text{Nm}^3/\text{kg}]$

46 이론 습배기가스량 G_{ow}, 공기비 $a\,(a>1)$, 이론공기량 A_0일 때 실제 습배기가스량 (G_w) 계산식을 완성하시오.

해답 $G_w = G_{ow} + \{(a-1) \times A_0\}$

해설 "실제 습배기가스(G_w) = 이론 습배기가스량(G_{ow}) + 과잉공기량(B)"이고
"과잉공기량(B) = {공기비(a) − 1} × 이론공기량(A_0)" 이다.

47 연료 1[kg]당 소요 이론공기량이 10.5[Nm³], 이론 배기가스량이 11.5[Nm³], 공기비가 1.4일 때 실제 배기가스량은 몇 [Nm³/kg] 인가?

풀이 G_d = 이론배기가스량 + 과잉공기량
= 이론배기가스량 + $(m-1) \times A_0$
= $11.5 + (1.4-1) \times 10.5 = 15.7 [\text{Nm}^3/\text{kg}]$

해답 $15.7 [\text{Nm}^3/\text{kg}]$

48 수소 4[kg]을 과잉공기계수 1.4의 공기로 완전연소시킬 때 발생하는 연소가스 중의 산소량은 몇 [kg]인가?

풀이 ① 실제 공기량에 의한 수소(H_2)의 완전연소 반응식

$H_2 + \dfrac{1}{2} O_2 + (N_2) + B \rightarrow H_2O + (N_2) + B$

② 이론 산소량[kg] 계산

$2[\text{kg}] : \dfrac{1}{2} \times 32[\text{kg}] = 4[\text{kg}] : x(O_0)[\text{kg}]$

$\therefore x(O_0) = \dfrac{\dfrac{1}{2} \times 32 \times 4}{2} = 32[\text{kg}]$

③ 과잉공기량(B) 계산 : 공기 중 산소는 23.2[wt%] 이다.

$\therefore B = (m-1) \times A_0 = (m-1) \times \dfrac{O_0}{0.232}$

$= (1.4-1) \times \dfrac{32}{0.232} = 55.172 ≒ 55.17[\text{kg}]$

④ 연소가스 중 산소량[kg] 계산

$\therefore O_2 = B \times 0.232 = 55.17 \times 0.232 = 12.799 ≒ 12.80[\text{kg}]$

해답 12.8[kg]

49 연도가스 분석결과 CO₂ 13.5[%], O₂ 7.04[%], CO 0.0[%]이라면 [CO₂]max는 몇 [%]인가?

풀이 $[CO_2]_{max} = \dfrac{21\,CO_2}{21 - O_2} = \dfrac{21 \times 13.5}{21 - 7.04} = 20.308 ≒ 20.31[\%]$

해답 20.31[%]

해설 배기가스 중에 일산화탄소(CO)가 포함된 불완전연소 시 [CO₂]max 계산식

$$\therefore [CO_2]_{max} = \frac{21(CO_2 + CO)}{21 - O_2 + 0.395\,CO}$$

50 [보기]와 같은 중량 비율을 갖는 액체 연료가 완전연소되었을 때 물음에 답하시오.

| 보기 | 탄소(C) : 81[%], 수소(H) : 15[%], 황(S) : 4[%]

(1) 이론공기량[Nm³/kg]을 계산하시오.
(2) 이론 건배기가스량[Nm³/kg]을 계산하시오.
(3) [CO₂]max는 몇 [%]인가 계산하시오.

풀이 (1) $A_0 = 8.89C + 26.67\left(H - \dfrac{O}{8}\right) + 3.33S$

$= 8.89 \times 0.81 + 26.67 \times 0.15 + 3.33 \times 0.04$

$= 11.334 ≒ 11.33[Nm^3/kg]$

(2) $G_{0d} = 8.89C + 21.1\left(H - \dfrac{O}{8}\right) + 3.33S + 0.8N$

$= 8.89 \times 0.81 + 21.1 \times 0.15 + 3.33 \times 0.05$

$= 10.532 ≒ 10.53[Nm^3/kg]$

(3) $[CO_2]max = \dfrac{CO_2량}{G_{0d}} \times 100 = \dfrac{1.867C + 0.7S}{G_{0d}} \times 100$

$= \dfrac{1.867 \times 0.81 + 0.7 \times 0.05}{10.53} \times 100 = 14.693 ≒ 14.69[\%]$

해답 (1) 11.33[Nm³/kg]   (2) 10.53[Nm³/kg]
(3) 14.69[%]

해설 ① 이론건배기가스량[Nm³/kg]의 별해

$\therefore G_{0d} = (1 - 0.21)A_0 + 1.867C + 0.7S + 0.8N$

$= (1 - 0.21) \times 11.34 + 1.867 \times 0.81 + 0.7 \times 0.05$

$= 10.505 ≒ 10.51[Nm^3/kg]$

※ 연소계산에 적용할 수 있는 공식은 여러 가지가 있으며 적용하는 공식에 따라 최종값에서 오차는 발생하며 채점에는 영향이 없으니 적당한 공식을 선택하여 답안을 작성하길 바랍니다.

② [CO₂]max 값을 계산하는 공식에 '0.7S'는 황(S) 1[kg]이 완전연소할 때 생성되는 SO₂량으로 이것을 반영하는 이유는 분석법에서 CO₂ 흡수 시 SO₂도 같이 흡수되기 때문에 포함시켜 산출하는 것입니다.

51 압력 120[kPa·a], 온도가 40[℃]인 배기가스를 분석한 결과 N₂ 70[vol%], CO₂ 15[vol%], O₂ 11[vol%], CO 4[vol%]로 측정되었을 때 배기가스 0.2[m³]의 질량[kg]은 얼마인가?

제1편 열설비 취급실무

풀이 ① 배기가스 각 성분의 분자량은 질소(N_2) 28, 이산화탄소(CO_2) 44, 산소(O_2) 32, 일산화탄소(CO) 28이다.
② 배기가스 평균 분자량 계산 : 각 성분의 분자량에 체적비를 곱한 값의 합이다.
∴ $M = (28 \times 0.7) + (44 \times 0.15) + (32 \times 0.11) + (28 \times 0.04) = 30.84$
③ 배기가스 $0.2[m^3]$의 질량[kg] 계산 : SI단위 이상기체 상태방정식 $PV = GRT$를 이용하여 120[kPa·a], 40[℃] 상태의 조건으로 계산한다.
∴ $G = \dfrac{PV}{RT} = \dfrac{120 \times 0.2}{\dfrac{8.314}{30.84} \times (273 + 40)} = 0.284 ≒ 0.28[kg]$

해답 0.28[kg]

해설 이상기체 상태방정식 3가지 공식의 각 기호 의미와 단위는 부록에 수록된 '간추린 공식' 11번을 참고하여 숙지하길 바랍니다.

52 연료를 완전 연소시키기 위한 필요 조건 4가지를 쓰시오.

해답 ① 적절한 공기 공급과 혼합을 잘 시킬 것
② 연소실 온도를 착화온도 이상으로 유지할 것
③ 연소실을 고온으로 유지할 것
④ 연소에 충분한 연소실과 시간을 유지할 것
⑤ 연료와 연소용 공기를 적당히 예열할 것

53 수소가 완전연소할 때의 고위발열량과 저위발열량의 차이는 몇 [kJ/kmol]인가? (단, 물의 증발열은 0[℃] 포화상태에서 2501.6[kJ/kg]이다.)

풀이 ① 고위발열량과 저위발열량의 차이는 수소(H_2) 성분에 의한 것이고, 수소 1[kmol]이 완전연소하면 $H_2O(g)$ 18[kg]이 생성되며, 여기에 물의 증발잠열 2501.6[kJ/kg]에 해당하는 열량의 차이가 발생한다.
② 수소(H_2)의 완전연소 반응식 : $H_2 + \dfrac{1}{2}O_2 \rightarrow H_2O(g)$
∴ 18[kg/kmol]×2501.6[kJ/kg]=45028.8[kJ/kmol]

해답 45028.8[kJ/kmol]

해설 수소(H_2)의 완전연소 반응식에서 H_2O에 괄호로 표시된 'g'는 기체상태의 수증기를 의미하는 것이다.

54 연료의 발열량을 측정하는 방법 3가지를 쓰시오.

해답 ① 열량계에 의한 방법
② 원소 분석치에 의한 방법
③ 공업 분석치에 의한 방법

55 탄소(C)를 완전연소시키면 [보기]의 반응식과 같이 탄산가스와 함께 높은 열이 발생한다. 이를 참고하여 탄소 1[kg]을 완전 연소시켰을 때 발생하는 열량[kcal/kg]은 얼마인가?

| 보기 | C + O_2 → CO_2 + 97200[kcal/kmol]

풀이 탄소(C) 1[kmol]의 질량은 12[kg]이다.

∴ $H_h = \dfrac{97200\,[\text{kcal/kmol}]}{12\,[\text{kg/kmol}]} = 8100\,[\text{kcal/kg}]$

해답 8100[kcal/kg]

56 탄소 72.0[%], 수소 5.3[%], 황 0.4[%], 산소 8.9[%], 질소 1.5[%], 수분 0.9[%], 회분 11.0[%]의 조성을 갖는 석탄의 고위 발열량[kcal/kg]은 얼마인가?

풀이 $H_h = 8100\,\text{C} + 34000\left(\text{H} - \dfrac{\text{O}}{8}\right) + 2500\,\text{S}$

$= 8100 \times 0.72 + 34000 \times \left(0.053 - \dfrac{0.089}{8}\right) + 2500 \times 0.004$

$= 7265.75\,[\text{kcal/kg}]$

해답 7265.75[kcal/kg]

해설 연료 조성(원소 분석치)에 의한 고체 및 액체 연료 발열량 계산식

① 고위발열량 : $H_h = 8100\,\text{C} + 34000\left(\text{H} - \dfrac{\text{O}}{8}\right) + 2500\,\text{S}\,[\text{kcal/kg}]$

$= 33.9\,\text{C} + 144\left(\text{H} - \dfrac{\text{O}}{8}\right) + 10.5\,\text{S}\,[\text{MJ/kg}]$

② 저위발열량 : $H_l = 8100\,\text{C} + 28800\left(\text{H} - \dfrac{\text{O}}{8}\right) + 2500\,\text{S} - 600\,\text{W}$

$= 33.9\,\text{C} + 119.6\left(\text{H} - \dfrac{\text{O}}{8}\right) + 10.5\,\text{S} - 2.5\,\text{W}\,[\text{MJ/kg}]$

③ 수소의 발열량

$H_2 + \dfrac{1}{2}O_2 \rightarrow H_2O\,(액체) + 68000[\text{kcal/kmol}]\ (34000\,[\text{kcal/kg}])$

$H_2 + \dfrac{1}{2}O_2 \rightarrow H_2O\,(기체) + 57200[\text{kcal/kmol}]\ (28600\,[\text{kcal/kg}])$

57 탄소 55.0[%], 수소 4.0[%], 황 2.0[%], 산소 10.0[%], 질소 5.0[%], 나머지 성분은 회분인 조성을 갖는 석탄의 고위발열량[kJ/kg]을 계산하시오. (단, 탄소의 발열량 33858[kJ/kg], 수소의 발열량 142120[kJ/kg], 황의 발열량 10450[kJ/kg]이다.)

풀이 $H_h = 33858\,C + 142120\left(H - \dfrac{O}{8}\right) + 10450\,S$

$= 33858 \times 0.55 + 142120 \times \left(0.04 - \dfrac{0.1}{8}\right) + 10450 \times 0.02$

$= 22739.25\,[\text{kJ/kg}]$

해답 $22739.25\,[\text{kJ/kg}]$

해설 석탄의 성분인 각 원소의 발열량이 주어졌으므로 고위발열량 계산식과 관계없이 주어진 발열량을 적용하여 계산한다.

58
[보기]와 같이 1[kg]당 무게 조성을 가진 중유의 저위발열량[kcal/kg]은 얼마인가?

| 보기 | C : 84[%], H : 13[%], O : 0.5[%], S : 2[%], W : 0.5[%]

풀이 $H_l = 8100\,C + 28600\left(H - \dfrac{O}{8}\right) + 2500\,S - 600\,W$

$= 8100 \times 0.84 + 28600 \times \left(0.13 - \dfrac{0.005}{8}\right) + 2500 \times 0.02 - 600 \times 0.005$

$= 10551.125 ≒ 10551.13\,[\text{kcal/kg}]$

해답 $10551.13\,[\text{kcal/kg}]$

59
고위발열량이 9000[kcal/kg]인 연료 3[kg]이 연소할 때 저위발열량[kcal] 총량은 얼마인가? (단, 이 연료 1[kg]당 수소분은 15[%], 수분은 1[%]의 비율로 함유하고 있다.)

풀이 $H_l = H_h - 600(9H + W)$

$= \{9000 - 600 \times (9 \times 0.15 + 0.01)\} \times 3 = 24552\,[\text{kcal}]$

해답 $24552\,[\text{kcal}]$

해설 연료 3[kg]이 연소하였을 때 저위발열량 전체량(총량)을 계산하는 것이기 때문에 풀이과정 마지막에 '3'을 곱한 것이다.

60
중유 1[kg] 속에 수소 0.18[kg], 수분 0.004[kg]이 함유하고 있는 것의 고발열량이 10000[kcal/kg]이라면 2[kg]의 저발열량[kcal] 총량은 얼마인가?

풀이 $H_l = H_h - 600(9H + W)$

$= \{10000 - 600 \times (9 \times 0.18 + 0.004)\} \times 2 = 18051.2\,[\text{kcal}]$

해답 $18051.2\,[\text{kcal}]$

제4장 연소계산

해설 ① 중유 1[kg] 속에 수소(H) 0.18[kg], 수분(W) 0.004[kg] 함유하고 있는 것은 질량 비 18[%], 0.4[%]와 같은 것이다.
② 중유 2[kg]에 대한 저발열량 총량은 계산하는 것이기 때문에 풀이과정 마지막에 '2'를 곱한 것이다.
③ 고위발열량을 '고발열량'으로, 저위발열량을 '저발열량'으로 표현할 수 있고 통용되고 있다.

61 프로판 가스를 완전연소 시킬 때 고위발열량과 저위발열량의 차이는 몇 [kcal/kg]인가? (단, 물의 증발잠열은 539[cal/g·H₂O] 이다.)

풀이 ① 프로판(C_3H_8)의 완전연소 반응식
$C_3H_8 + 5O_2 \rightarrow 3CO_2 + 4H_2O$
② 프로판 1[kg] 연소 시 발생되는 수증기량 계산 : 프로판 44[kg]이 완전 연소할 때 수증기는 4×18[kg]이 생성되므로 프로판 1[kg]이 완전 연소할 때 생성되는 수증기량[kg]을 계산한다.
∴ 44[kg] : 4×18[kg] = 1[kg] : x[kg]
∴ $x = \dfrac{4 \times 18 \times 1}{44} = 1.636 ≒ 1.64$[kg]
③ 고위발열량과 저위발열량의 차이 계산 : 고위발열량과 저위발열량의 차이는 물의 증발잠열에 해당하므로 프로판 1[kg]이 연소할 때 생성되는 수증기량[kg]에 물의 증발잠열[kcal/kg]을 곱하면 되고, 문제에서 주어진 물의 증발잠열 539[cal/g]은 539[kcal/kg]와 같다.
∴ $\Delta H = G_w \times \gamma = 1.64 \times 539 = 883.96$[kcal/kg]

해답 883.96[kcal/kg]

62 저위발열량이 50000[kJ/kg]인 메탄을 공기 중에서 연소시키면 고위발열량[kJ/kg]은 얼마인가? (단, 물의 증발잠열은 2480[kJ/kg]이다.)

풀이 ① 메탄(CH_4)의 완전연소 반응식
$CH_4 + 2O_2 \rightarrow CO_2 + 2H_2O$
② 메탄 1[kg] 연소 시 발생되는 수증기량[kg] 계산 : 메탄(CH_4)의 분자량 16, 수증기(H_2O)의 분자량 18이다.
16[kg] : 2×18[kg] = 1[kg] : x[kg]
∴ $x = \dfrac{1 \times 2 \times 18}{16} = 2.25$[kg/kg]
③ 고위발열량 계산 : 메탄 연소 시 발생되는 수증기량과 물의 증발잠열을 곱한 수치를 저위발열량에 합산한 것이 고위발열량이다.
∴ $H_h = H_l$ +(발생수증기량×증발잠열)
$= 50000 + (2.25 \times 2480) = 55580$[kJ/kg]

해답 55580[kJ/kg]

63 체적비로 메탄(CH_4) 90[%], 일산화탄소(CO) 10[%]인 혼합기체 5[Sm^3]를 연소시킬 때 발생열량[MJ]을 계산하시오. (단, 메탄의 발열량은 39.75[MJ/Sm^3], 일산화탄소는 12.64[MJ/Sm^3]이다.)

풀이 H = (메탄의 발열량 + 일산화탄소 발열량) × 연료량
 = {(39.75 × 0.9) + (12.64 × 0.1)} × 5 = 185.195 ≒ 185.20[MJ]

해답 185.2[MJ]

해설 혼합기체의 발열량은 각 성분기체의 고유 발열량에 체적비를 곱한값을 합산한 것이다.

64 도시가스를 20[℃] 상태에서 공급압력 230[mmH_2O]로 250[m^3/h] 사용하였을 때 총 연소열량[kcal/h]을 계산하시오. (단, 도시가스의 저위발열량은 9550[$kcal/Nm^3$], 대기압은 10332[mmH_2O]이다.)

풀이 ① 도시가스 저위발열량이 표준상태(0[℃], 1기압)의 조건이므로 현재 20[℃], 230[mmH_2O] 상태의 도시가스량을 동일한 조건인 표준상태의 체적으로 계산하여야 한다.

② 보일-샤를의 법칙 $\dfrac{P_0 V_0}{T_0} = \dfrac{P_1 V_1}{T_1}$에서 아래첨자 0번을 표준상태, 1번을 현재 상태로 하여 도시가스 사용량 250[m^3/h]를 표준상태의 체적(V_0)으로 계산한다.

$$\therefore V_0 = \dfrac{P_1 V_1 T_0}{P_0 T_1} = \dfrac{(230+10332) \times 250 \times (273+0)}{10332 \times (273+20)}$$
$$= 238.120 ≒ 238.12 [Nm^3/h]$$

③ 총 연소열량 계산
∴ 총 연소열량 = 표준상태의 사용량 × 저위발열량
 = 238.12 × 9550 = 2274046[kcal/h]

해답 2274046[kcal/h]

65 옥탄(g)의 연소 엔탈피는 반응물 중의 수증기가 응축되어 물이 되었을 때 25[℃]에서 −48220[kJ/kg]이다. 이 상태에서 옥탄(g)의 저위발열량[kJ/kg]은 얼마인가?
(단, 25[℃] 물의 증발 엔탈피(h_{f_g})는 2441.8[kJ/kg]이고, 옥탄의 분자기호는 C_8H_{18}이다.)

풀이 ① 옥탄(C_8H_{18})의 완전연소 반응식
 $C_8H_{18} + 12.5O_2 \rightarrow 8CO_2 + 9H_2O$

② 옥탄 1[kg] 연소 시 발생되는 수증기량 계산 : 옥탄(C_8H_{18})의 분자량은 114, 수증기(H_2O)의 분자량은 18이다.
 114[kg] : 9 × 18[kg] = 1[kg] : x[kg]
 $\therefore x = \dfrac{1 \times 9 \times 18}{114} = 1.421 ≒ 1.42 [kg]$

제4장 연소계산

③ 옥탄(g)의 저위발열량[kJ/kg] 계산 : 옥탄의 연소 엔탈피 −48220[kJ/kg]은 수증기가 응축되었을 때이므로 고위발열량이 48220[kJ/kg]이라는 것이고, 옥탄 연소 시 발생되는 수증기량과 증발잠열을 곱한 수치를 고위발열량에서 뺀 값이 저위발열량이 된다.

∴ H_l = 옥탄의 고위발열량 − 수증기 응축잠열총량
= $48220 - (1.42 \times 2441.8) = 44752.644 ≒ 44752.64[kJ/kg]$

해답 ▶ 44752.64[kJ/kg]

해설 옥탄의 연소 엔탈피에서 "−"부호는 수증기를 응축시키기 위해 열을 제거하였다는 것을 표시한 것이다.

66 [보기]의 반응식을 이용하여 CH_4의 생성열량[kJ]을 구하시오.

| 보기 |
$C + O_2 \rightarrow CO_2 + 400[kJ]$
$H_2 + \dfrac{1}{2}O_2 \rightarrow H_2O + 280[kJ]$
$CH_4 + 2O_2 \rightarrow CO_2 + 2H_2O + 800[kJ]$

풀이 ① 탄소(C), 수소(H_2), 메탄(CH_4)의 반응식에 주어진 열량은 발생열량이다. 각각의 발생열량은 생성열량과 절댓값이 갖고 부호가 반대이며, 발생열량을 이용하여 계산한 값이 생성열량이다.

② 메탄(CH_4)의 생성열량 계산 : 메탄의 완전연소 반응식을 이용하여 계산한다.

$CH_4 + 2O_2 \rightarrow CO_2 + 2H_2O + Q[kJ]$
↓   ↓   ↓   ↓
800 = 400 + (280×2) + Q

∴ $Q = 800 - 400 - (280 \times 2) = -160[kJ]$

∴ 생성열량은 −160[kJ] 이다.

해답 ▶ −160[kJ]

67 다음 반응식을 이용하여 CO 1[kg]이 완전연소하였을 때의 발열량[MJ/kg]을 구하시오.

$C + O_2 \rightarrow CO_2 + 405[MJ/kmol]$
$C + 0.5O_2 \rightarrow CO + 283[MJ/kmol]$

풀이 헤스의 법칙에 의하여 탄소가 완전연소하였을 때 발생하는 발열량과 탄소가 불완전연소 하였을 때 발생하는 발열량과의 차이가 일산화탄소가 완전연소하였을 때 발열량이 된다.

$$\therefore \text{CO 발열량} = \frac{\text{탄소의 완전연소 발열량} - \text{탄소의 불완전연소 발열량}}{\text{일산화탄소 1[kmol]의 질량}}$$

$$= \frac{405 - 283}{28} = 4.357 ≒ 4.36[\text{MJ/kg}]$$

[해답] 4.36[MJ/kg]

[해설] 헤스(Hess)의 법칙 : 총열량 불변의 법칙이라 하며 임의의 화학반응에서 발생(또는 흡수)하는 열은 변화 전과 변화 후의 상태에 의해서 정해지며 그 경로는 무관하다.

$C + \frac{1}{2}O_2 \to CO + Q_1[\text{MJ/kg}]$

$CO + \frac{1}{2}O_2 \to CO_2 + Q_2[\text{MJ/kg}]$

$C + O_2 \to CO_2 + Q_3[\text{MJ/kg}]$

$\therefore Q_1 + Q_2 = Q_3[\text{MJ/kg}] \to Q_2 = Q_3 - Q_1[\text{MJ/kg}]$

68 보일러에서 화염온도를 높이려고 할 때 조작방법 4가지를 쓰시오.

[해답]
① 발열량이 높은 연료를 사용한다.
② 연료를 완전 연소시킨다.
③ 가능한 한 적은 과잉공기를 사용한다.
④ 연료, 공기를 예열하여 사용한다.
⑤ 노 벽 등에서의 열손실을 차단한다.
⑥ 복사 전열을 감소시키기 위해 연소속도를 빨리 한다.

69 연소가스량이 10[Nm³/kg], 연소가스의 정압비열 1.34[kJ/Nm³·℃]인 연료의 저위발열량이 27200[kJ/kg]이었다면 이론 연소온도[℃]는 얼마인가? (단, 연소용 공기 및 연료 온도는 5[℃]이다.)

[풀이] $t = \dfrac{H_l}{G_s \times C_p} + t_1 = \dfrac{27200}{10 \times 1.34} + 5 = 2034.850 ≒ 2034.85[℃]$

[해답] 2034.85[℃]

[해설] 정압비열 단위에서 온도가 절대온도로 [kJ/Nm³·K]와 같이 주어지면 공기 및 연료 온도 5[℃]를 절대온도로 변환하여 풀이에 적용해야 하고 계산된 온도는 절대온도이므로 섭씨온도로 다시 변환해 주어야 한다.

70 메탄 1[Nm³]를 공기를 사용하여 연소시킬 때 연소온도는 몇 [℃]인가? (단, 대기 온도는 15[℃], 메탄의 고발열량은 39767[kJ/Nm³], 물의 증발잠열은 2017.7[kJ/Nm³], 연소가스의 평균 정압비열은 1.423[kJ/Nm³·℃] 이다.)

풀이 ① 이론 공기량에 의한 메탄(CH_4)의 완전연소 반응식
  $CH_4 + 2O_2 + (N_2) \rightarrow CO_2 + 2H_2O + (N_2)$
② 메탄 1[Nm^3]가 연소할 때 발생되는 이산화탄소(CO_2)량은 1[Nm^3], 수증기(H_2O)량은 2[Nm^3], 질소(N_2)량은 산소(O_2)량 2[Nm^3]의 3.76배 이다.
③ 메탄의 저위발열량 계산
  $\therefore H_l = H_h -$ 물의 증발잠열
  $= 39767 - (2 \times 2017.7) = 35731.6 [kJ/Nm^3]$
④ 연소온도 계산
  $\therefore t_2 = \dfrac{H_l}{G_s \times C_p} + t_1 = \dfrac{35731.6}{\{1 + 2 + (2 \times 3.76)\} \times 1.423} + 15$
  $= 2401.886 ≒ 2401.89 [℃]$

해답 2401.89[℃]

71 저위발열량 93766[kJ/Nm^3]의 C_3H_8을 공기비 1.2로 연소시킬 때 이론연소온도는 몇 [K]인가? (단, 배기가스의 평균비열은 1.653[$kJ/Nm^3 \cdot K$]이고, 다른 조건은 무시한다.)

풀이 ① 실제 공기량에 의한 프로판(C_3H_8)의 완전연소 반응식
  $C_3H_8 + 5O_2 + (N_2) + B \rightarrow 3CO_2 + 4H_2O + (N_2) + B$
② 저위발열량이 프로판 1[Nm^3]의 발열량이므로 프로판 1[Nm^3]가 실제공기량으로 완전연소하면 배기가스에는 CO_2 3[Nm^3], H_2O 4[Nm^3], N_2 5×3.76[Nm^3]와 과잉공기량(B)이 함유되어 있다.
③ 과잉공기량(B) 계산
  $\therefore B = (m-1) \times A_0 = (m-1) \times \dfrac{O_0}{0.21}$
  $= (1.2 - 1) \times \dfrac{5}{0.21} = 4.761 ≒ 4.76 [Nm^3]$
④ 연소가스량 계산
  $\therefore G_s = CO_2 + H_2O + N_2 + B$
  $= 3 + 4 + (5 \times 3.76) + 4.76 = 30.56 [Nm^3]$
⑤ 이론 연소온도 계산 : 기준온도(T_1)는 언급이 없으므로 무시한다.
  $\therefore T = \dfrac{H_l}{G_s \times C_p} + T_1 = \dfrac{93766}{30.56 \times 1.653} = 1856.176 ≒ 1856.18 [K]$

해답 1856.18[K]

72 298.15[K], 0.1[MPa] 상태의 일산화탄소(CO)를 같은 온도의 이론 공기량으로 정상유동 과정으로 연소시킬 때 생성물의 단열 화염온도를 주어진 표를 이용하여 구하면 몇 [K]인가? (단, 이 조건에서 CO 및 CO_2의 생성엔탈피는 각각 −110529[kJ/kmol], −393522[kJ/kmol]이다.)

[표] CO_2의 기준상태에서 각각의 온도까지 엔탈피차

온도[K]	엔탈피 차[kJ/kmol]
4800	266500
5000	279295
5200	292123

[풀이] ① 일산화탄소(CO)의 완전연소 반응식을 이용하여 엔탈피 계산

$$CO + \frac{1}{2}O_2 \rightarrow CO_2 + Q$$
$$\downarrow \qquad\qquad \downarrow \qquad \downarrow$$
$$-110529 \quad = \quad -393522 + Q$$

∴ $Q = 393522 - 110529 = 282993 [kJ/kmol]$
→ [표]에서 5000[K]와 5200[K] 사이에 존재한다.

② 보간법에 의한 온도차 계산
'표 온도차 : 표 엔탈피차 = 구하는 온도차 : 구하는 엔탈피차'와 같다.

∴ 구하는 온도차 $= \dfrac{\text{표 온도차} \times \text{구하는 엔탈피차}}{\text{표 엔탈피차}}$

$$= \frac{(5200 - 5000) \times (282993 - 279295)}{292123 - 279295}$$
$$= 57.655 ≒ 27.66[K]$$

③ 생성물의 단열 화염온도 계산
∴ 생성물의 단열 화염온도 $= 5000 + 57.65 = 5057.65[K]$

[해답] 5057.65[K]

73 가연성 가스의 위험도 정의를 설명하시오.

[해답] 가연성 가스의 폭발범위 상한값과 하한값의 차를 폭발범위 하한값으로 나눈 것으로 위험도 값이 클수록 위험성이 크다.

$$H = \frac{U - L}{L}$$

여기서, H : 위험도, U : 폭발범위 상한값, L : 폭발범위 하한값

74 수소의 연소하한계는 4[v%]이고, 연소상한계는 75[v%] 이다. 수소 가스의 위험도는 얼마인가?

[풀이] $H = \dfrac{U - L}{L} = \dfrac{75 - 4}{4} = 17.75$

[해답] 17.75

75 메탄 50[v%], 에탄 25[v%], 프로판 25[v%]이 섞여 있는 혼합 기체의 공기 중에서의 연소하한계는 몇 [%]인가? (단, 메탄, 에탄, 프로판의 연소하한계는 각각 5[v%], 3[v%], 2.1[v%]이다.)

풀이 르샤틀리에의 혼합가스 폭발범위 계산식

$\dfrac{100}{L} = \dfrac{V_1}{L_1} + \dfrac{V_2}{L_2} + \dfrac{V_3}{L_3}$ 에서 연소하한계 L을 구한다.

$\therefore L = \dfrac{100}{\dfrac{V_1}{L_1} + \dfrac{V_2}{L_2} + \dfrac{V_3}{L_3}} = \dfrac{100}{\dfrac{50}{5} + \dfrac{25}{3} + \dfrac{25}{2.1}} = 3.307 ≒ 3.31[v\%]$

해답 3.31[v%]

76 부피로 헥산 8[%], 메탄 7[%], 공기 85[%]로 구성된 혼합가스의 폭발범위 하한값은 얼마인가? (단, 헥산, 메탄의 폭발범위 하한값은 각각 1.1[%], 5.0[%]이다.)

풀이 혼합가스의 폭발범위를 구하는 르샤틀리에식

$\dfrac{100}{L} = \dfrac{V_1}{L_1} + \dfrac{V_2}{L_2}$ 에서 가연성가스가 차지하는

체적비율은 15[%]이므로 혼합가스 폭발범위 하한값은 다음과 같다.

$\therefore L = \dfrac{15}{\dfrac{V_1}{L_1} + \dfrac{V_2}{L_2}} = \dfrac{15}{\dfrac{8}{1.1} + \dfrac{7}{5.0}} = 1.729 ≒ 1.73[\%]$

해답 1.73[%]

해설 르샤틀리에 공식에서 '100'은 가연성가스의 체적비율을 합산한 값이 100[%]일 때 적용하는 것이고, 문제와 같이 100[%]가 되지 않을 경우에는 실제 합산 체적비율을 적용해야 합니다.

제5장 열설비 재료

1. 내화물, 단열재, 보온재

(1) 내화물

① **내화재의 정의** : 고온에 사용되는 불연성, 난연성 재료로 용융온도 1580℃(SK26) 이상의 내화도를 가진 비금속 무기재료를 말한다.

② **내화재의 구비조건**
  ㈎ 고온에서 팽창, 수축이 적을 것
  ㈏ 사용온도에서 연화, 변형되지 않을 것
  ㈐ 상온, 사용온도에서 충분한 압축강도가 있을 것
  ㈑ 내마멸성, 내침식성이 우수할 것
  ㈒ 사용 용도에 맞는 열전도율을 가질 것
  ㈓ 스폴링(spalling) 현상이 작을 것

③ **내화재의 분류**
  ㈎ 원료의 종류에 의한 분류 : 규석질, 반규석질, 샤모트질, 마그네시아질, 알루미나질
  ㈏ 광물 조성에 의한 분류 : 뮬라이트, 실미나이트질
  ㈐ 화학조성에 의한 분류 : 산성, 중성, 염기성
    ㉮ 산성 내화물 : 규석질 내화물, 반규석질 내화물, 납석질 내화물, 샤모트질 내화물
    ㉯ 염기성 내화물 : 마그네시아 내화물, 불소성 마그네시아 내화물, 개량 마그네시아 내화물, 포스 체라이트 내화물, 마그크로질 내화물, 돌로마이트질 내화물
    ㉰ 중성 내화물 : 고알루미나질 내화물, 탄화 규소질 내화물, 크롬질 내화물, 탄소질 내화물
  ㈑ 내화도에 의한 분류 : 저급(SK26~SK30), 중급(SK31~SK33), 고급(SK34 이상)
  ㈒ 용도에 의한 분류 : 전로용, 평로용, 전기로용, 천정용

(바) 형상에 의한 분류 : 성형 내화물, 부정형 내화물

㉮ 부정형 내화물 : 캐스터블 내화물, 플라스틱 내화물, 레밍믹스, 내화 피복제, 내화 몰타르

(사) 가열 처리에 의한 분류 : 소성 내화물, 불소성 내화물, 용융 내화물

(아) 특수 내화물 : 지르콘 내화물, 지르코니아질 내화물, 베릴리아 내화물, 토리아 내화물

④ 내화재의 성질

㉮ 내화도(耐火度) : 용융(용도) 온도를 말하며 연화 변화되는 온도이다.

㉯ 표시방법

㉮ SK cone : 제겔콘으로 측정한 것으로 SK26번(1580℃) 이상을 기준으로 한다.

㉯ PCE cone : 오튼콘으로 측정한 것으로 PCE 15번(1430℃) 이상을 기준으로 한다.

▼ SK번호에 따른 온도

SK No	온도[℃]	SK No	온도[℃]
26	1580	35	1770
27	1610	36	1790
28	1630	37	1825
29	1650	38	1850
30	1670	39	1880
31	1690	40	1920
32	1710	41	1960
33	1730	42	2000
34	1750		

(다) 내화물의 열적 성질

㉮ 열팽창성

ⓐ 일시적 팽창 : 열간 팽창률로 스폴링 현상과 관계가 깊다.

ⓑ 영구 팽창 : 잔존 팽창 수축률로 소성 불충분에서 온다.

㉯ 스폴링(spalling) 현상 : 박락현상이라 하며 내화물이 사용하는 도중에 갈라지든지, 떨어져 나가는 현상을 말한다.

ⓐ 열적 스폴링 : 온도 급변에 의한 열응력

ⓑ 기계적 스폴링 : 기계적 압력 등이 고르지 않아 구조의 불균형
ⓒ 조직적 스폴링 : 화학적 슬래그 등에 의한 침식 및 열적인 변질

㈐ 하중연화점 : 내화물을 축요 하였을 때 일정한 하중을 받는 조건하에서 연화 변형하는 온도로 측정(시험방법)은 하중을 일정하게 하고 온도를 높이면서 그 하중에 견디지 못하고 변형하는 온도를 측정한다.

㈑ 화학적 성질 : 고열에 직접 접촉하고 내용물과 화학적인 변화를 일으켜 침식 및 마멸이 발생하여 수명이 단축되는 성질이다.

㈒ 기계적 성질 : 내화벽돌의 소결 정도를 표시

㈓ 기타 성질
  ㉮ 슬래킹(slacking) 현상 : 수증기를 흡수하여 체적변화를 일으켜 균열이 발생하거나 떨어져 나가는 현상
  ㉯ 버스팅(bursting) 현상 : 크롬 철광을 원료로 하는 내화물이 1600[℃] 이상에서 산화철을 흡수하여 표면이 부풀어 오르고 떨어져 나가는 현상으로 크롬질 내화물에서 발생한다.

⑤ 내화물의 제조 공정

㈎ 기본 공정 : 분쇄 → 혼련(混練) → 성형 → 건조 → 소성

㈏ 각 공정의 특징
  ㉮ 분쇄 : 표면적 증가, 이물질 분리, 균일한 혼합을 위하여 분쇄
  ㉯ 혼련 : 물이나 기타 첨가제를 배합하여 고루 분포가 되도록 잘 섞고 이기는 과정
  ㉰ 성형 : 혼련 된 배토를 일정한 형상을 가질 수 있도록 만드는 과정
  ㉱ 건조 : 수분을 제거하는 과정
  ㉲ 소성 : 원료에 열화학적 변화를 일으켜 내화물로서 필요한 모양과 강도를 가지게 하는 과정

(2) 단열재

① **단열재의 정의** : 고온의 가마에서 열효율을 높이기 위하여 열전도율이 적은 물질을 이용하여 가마 밖으로 방산되는 열손실을 차단하는 것이다.

② **종류(사용온도에 의한 분류)**
  ㈎ 저온용 : 900~1200[℃]로 규조토질 단열 벽돌이 해당
  ㈏ 고온용 : 1300~1500[℃]로 점토질 내화 단열 벽돌이 해당

(3) 보온재

① 보온재 일반

(가) 보온재의 분류

㉮ 재질에 의한 분류
ⓐ 유기질 보온재 : 펠트, 코르크, 기포성 수지
ⓑ 무기질 보온재 : 석면, 암면, 규조토, 탄산마그네슘, 유리섬유
ⓒ 금속질 보온재 : 알루미늄 박(泊)

㉯ 안전 사용온도에 의한 분류
ⓐ 저온용 : 100~150[℃] 정도로 유기질 보온재가 해당된다.
ⓑ 일반용 : 200~600[℃] 정도로 무기질 보온재 중 유리섬유, 규조토, 석면, 암면, 탄산마그네슘 등이 해당된다.
ⓒ 고온용 : 600~800[℃] 정도로 무기질 보온재 중 규산칼슘, 펄라이트, 세라믹 파이버 등이 해당된다.

(나) 구비조건

㉮ 열전도율이 작을 것
㉯ 흡습, 흡수성이 작을 것
㉰ 적당한 기계적 강도를 가질 것
㉱ 시공성이 좋을 것
㉲ 부피, 비중(밀도)이 작을 것
㉳ 경제적일 것

(다) 보온재의 열전도율에 영향을 미치는 요소

㉮ 온도 : 온도가 상승하면 열전도율이 커진다.
㉯ 밀도(비중) : 밀도가 커지면 열전도율이 커진다.
㉰ 흡습성(흡수성) : 흡습성(흡수성)이 증가하면 열전도율이 커진다.
㉱ 기공 : 기공의 크기가 작고 균일할수록 열전도율은 작아진다.

② 보온재의 종류 및 특성

(가) 펠트(felt)

㉮ 양모 펠트와 우모 펠트가 있다.
㉯ 아스팔트를 방습한 것은 -60[℃]까지의 보냉용에 사용이 가능하다.
㉰ 곡면 시공에 편리하다.
㉱ 열전도율 : 0.046[kcal/h·m·℃]

㉒ 최고 안전사용온도 : 100[℃]

(나) 탄화코르크(cork)
  ㉮ 액체 및 기체를 쉽게 침투시키지 않아 보랭, 보온재로 우수하다.
  ㉯ 냉수, 냉매배관, 냉각기, 펌프 등의 보냉용에 주로 사용한다.
  ㉰ 방수성을 향상시키기 위하여 아스팔트를 결합하는 것을 탄화 코르크라 한다.
  ㉱ 열전도율 : 0.045~0.05[kcal/h·m·℃]
  ㉲ 최고 안전사용온도 : 130[℃]

(다) 기포성 수지
  ㉮ 합성수지 또는 고무질 재료를 사용하여 다공질 제품으로 만든 것이다.
  ㉯ 가벼우며 수분을 흡수하여도 원형이 파손되는 경우가 없다.
  ㉰ 굽힘성이 풍부하며 불연소성이며 시공면이 부식되지 않는다.
  ㉱ 방로재, 보냉재로 우수하다.
  ㉲ 열전도율 : 0.035[kcal/h·m·℃]

(라) 텍스류
  ㉮ 톱밥, 목재, 펄프를 원료로 해서 압축판 모양으로 제작한 것이다.
  ㉯ 습기가 있으면 부식, 충해를 받을 우려가 있으므로 방습처리가 필요하다.
  ㉰ 열전도율 : 0.057~0.058[kcal/h·m·℃]
  ㉱ 최고 안전사용온도 : 120[℃]

(마) 석면
  ㉮ 아스베스토질 섬유로 되어 있다.
  ㉯ 진동을 받는 장치의 보온재로 사용된다.
  ㉰ 400[℃] 이하의 관이나 탱크, 노벽 등의 보온재로 적합하다.
  ㉱ 800[℃]에서는 강도와 보온성을 상실할 수 있다.
  ㉲ 열전도율 : 0.045~0.055[kcal/h·m·℃]
  ㉳ 최고 안전사용온도 : 550[℃]

(바) 암면(rock wool)
  ㉮ 안산암, 현무암, 석회석 등을 원료로 섬유상으로 제조한다.
  ㉯ 흡수성이 적고, 풍화 염려가 없다.
  ㉰ 가격이 저렴하고 섬유가 거칠며 꺾어지기 쉽다.
  ㉱ 알칼리에는 강하나, 강산에는 약하다.
  ㉲ 열전도율 : 0.045~0.065[kcal/h·m·℃]
  ㉳ 최고 안전사용온도 : 600[℃]

(사) 규조토
  ㉮ 열전도율이 다른 보온재에 비해 크다.
  ㉯ 시공 후 건조시간이 길며 접착성이 좋다.
  ㉰ 500[℃] 이하의 파이프, 탱크, 노벽 등의 보온용으로 사용한다.
  ㉱ 진동이 있는 곳에서 사용이 부적합하다.
  ㉲ 열전도율 : 0.08~0.095[kcal/h·m·℃]
  ㉳ 최고 안전사용온도 : 석면사용(500[℃]), 삼여물 사용(250[℃])

(아) 유리섬유(glass wool)
  ㉮ 용융 유리를 압축공기나 원심력을 이용하여 섬유형태로 제조한다.
  ㉯ 흡습성이 크기 때문에 방수처리를 하여야 한다.
  ㉰ 보온, 보냉재로 일반건축의 벽체, 덕트 등에 사용한다.
  ㉱ 열전도율 : 0.035~0.057[kcal/h·m·℃]
  ㉲ 최고 안전사용온도 : 300[℃] (단, 방수처리 시 600[℃])

(자) 탄산마그네슘
  ㉮ 염기성 탄산마그네슘(85[%])과 석면(15[%])으로 이루어져 있다.
  ㉯ 석면 혼합비율에 따라 열전도율이 달라진다.
  ㉰ 물반죽 또는 보온판, 보온통 형태로 사용된다.
  ㉱ 열전도율 : 0.05~0.07[kcal/h·m·℃]
  ㉲ 최고 안전사용온도 : 250[℃]

(차) 규산칼슘
  ㉮ 규산질, 석회질, 암면 등을 혼합하여 만든 결정체 보온재이다.
  ㉯ 압축강도가 크며 반영구적이다.
  ㉰ 내수성, 내구성이 우수하며 시공이 편리하다.
  ㉱ 고온 공업용에 가장 많이 사용된다.
  ㉲ 열전도율 : 0.055~0.07[kcal/h·m·℃]
  ㉳ 최고 안전사용온도 : 650[℃]

(카) 펄라이트
  ㉮ 진주암, 흑석 등을 소성, 팽창시켜 다공질로 하여 접착제와 3~15[%]의 석면 등과 같은 무기질 섬유를 배합하여 판이나 통으로 성형한 것이다.
  ㉯ 수분 및 습기를 흡수하는 성질(흡수성)이 작다.
  ㉰ 경량이며 열전도율이 작고, 내열도는 높다.
  ㉱ 열전도율 : 0.055~0.065[kcal/h·m·℃]

㉹ 최고 안전사용온도 : 650[℃]

㈀ **스티로폼(폴리스틸렌 폼)**
  ㉮ 냉수, 온수배관 등에 가장 쉽게 시공할 수 있다.
  ㉯ 내수성이 우수하여 많이 사용한다.
  ㉰ 화기에 약하다.
  ㉱ 열전도율 : 0.03[kcal/h·m·℃]
  ㉲ 최고 안전사용온도 : 70[℃]

㈁ **세라믹 파이버**
  ㉮ 용융석영을 방사하여 만든 것으로 실리카 울이나 고석회질의 규산유리로 융점이 높고 내약품성이 우수하여 고온용 단열재로 사용한다.
  ㉯ 열전도율 : 0.05~0.24[kcal/h·m·℃]
  ㉰ 최고 안전사용온도 : 1000[℃]~1300[℃]

㈂ **금속질 보온재** : 금속질 보온재로는 알루미늄 박(泊)이 주로 사용되며 보온효과는 복사열의 차단이 주목적이다.

▼ 각종 보온재의 특성

종 류			밀도[g/cm³]	열전도율 [kcal/h·m·℃]	최고안전사용온도 [℃]
저온용	우모펠트		0.10~0.15	0.046	100
	플라스틱 폼	염화비닐폼	0.03	0.035	60
		폴리스틸렌폼	0.03	0.03	70
		폴리우레탄폼	0.03	0.032	130
	탄화코르크		0.13~0.18	0.045~0.05	130
일반용	탄산마그네슘		0.22~0.35	0.05~0.07	250
	유리섬유		0.01~0.10	0.035~0.057	300
	폼 글라스		0.16~0.18	0.05~0.06	300
	규 조 토		0.5~0.6	0.08~0.095	500
	석 면		0.1~0.40	0.045~0.055	550
	암 면		0.2~0.45	0.045~0.065	600
고온용	펄라이트		0.2~0.3	0.055~0.065	650
	규산칼슘		0.2~0.35	0.055~0.07	650
	세라믹 파이버		0.05~0.15	0.05~0.24	1000~1300
	퍼어미큘라이트		0.45~0.60	0.1~0.2	1000

※ KPI 압력용기 설치기술규격 154쪽 발췌

2. 배관재 및 밸브

(1) 배관

① 강관(steel pipe)

⑺ 특징
- ㉮ 인장강도가 크고, 내충격성이 크다.
- ㉯ 배관작업이 용이하다.
- ㉰ 비철금속관에 비하여 경제적이다.
- ㉱ 부식이 발생하기 쉽다.
- ㉲ 배관수명이 짧다.

⑻ 강관의 분류
- ㉮ 재질에 의한 분류 : 탄소강 강관, 합금강 강관, 스테인리스관 등
- ㉯ 제조방법에 의한 분류 : 이음매 없는 관, 이음매 있는 관(단접관, 가스용접관, 전기저항 용접관, 아크 용접관)
- ㉰ 표면처리에 의한 분류 : 흑관, 백관(아연도금강관)
- ㉱ 제조방법 분류

기 호	제조 방법	기 호	제조 방법
-E	전기저항 용접관	-E-C	냉간 완성 전기저항 용접관
-B	단 접 관	-B-C	냉간 완성 단접관
-A	아크 용접관	-A-C	냉간 완성 아크 용접관
-S-H	열간가공 이음매 없는 관	-S-C	냉간 완성 이음매 없는 관

⑼ 스케줄 번호(schedule number) : 유체의 사용압력(P)과 그 상태에 있어서 재료의 허용응력(S)과의 비에 의해서 파이프 두께의 체계를 표시하는 것이다.

$$Sch\ № = 10 \times \frac{P}{S}$$

여기서, P : 사용압력[kgf/cm^2]

S : 재료의 허용응력[kgf/mm^2] $\left(S = \dfrac{\text{인장강도\,[kgf/mm}^2\text{]}}{\text{안전율}}\right)$

※ 안전율은 주어지지 않으면 4를 적용한다.

② 동관(copper pipe)

  (개) 장점
    ㉮ 담수(淡水)에 대한 내식성이 우수하다.
    ㉯ 열전도율이 좋고, 가공성이 좋아 배관시공이 용이하다.
    ㉰ 아세톤, 프레온 가스 등 유기약품에 침식되지 않는다.
    ㉱ 관 내부에서 마찰저항이 적다.

  (나) 단점
    ㉮ 연수(軟水)에는 부식된다.
    ㉯ 외부의 기계적 충격에 약하다.
    ㉰ 가격이 비싸다.
    ㉱ 암모니아(NH_3), 초산, 진한황산(H_2SO_4)에는 심하게 부식된다.

(2) 밸브

① **글로브 밸브(globe valve)** : 스톱 밸브(stop valve)라 하며 구조상 디스크와 시트가 원추상으로 접촉되어 폐쇄하는 밸브로서 유체는 디스크 부근에서 상하방향으로 평행하게 흐르므로 근소한 디스크의 리프트라도 예민하게 유량에 관계되므로 유량조절에 사용된다.

  (개) **앵글 밸브(angle valve)** : 엘보와 글로브 밸브를 조합한 것으로 직각으로 굽어지는 장소에 사용하며, 유체의 압력손실이 많이 발생한다.

  (나) **니들 밸브(needle valve)** : 밸브 디스크 모양을 원뿔 모양으로 만들어 유량조절을 정확히 할 목적으로 사용된다.

② **슬루스 밸브(sluice valve)** : 게이트 밸브(gate valve), 사절밸브라 하며 유량조절용으로 부적합하나 구조상 퇴적물이 체류하지 않는 장점이 있고 유체의 차단을 주목적으로 사용된다. 밸브를 완전히 개방하면 배관 안지름과 같은 단면적이 되므로 유체의 압력손실이 적으나 유량조절용으로 사용하면 와류현상이 생겨 유체의 저항이 커지고, 밸브 디스크의 마모가 발생하므로 부적합하다. 현재 배관용으로 가장 많이 사용되고 있다.

③ **체크 밸브(check valve)** : 역류방지밸브라 하며 유체를 한 방향으로만 흐르게 하고 역류를 방지하는 목적에 사용하는 밸브이다.

  (개) **스윙식(swing type)** : 수평, 수직배관에 사용
  (나) **리프트식(lift type)** : 수평배관에 사용

(다) 풋 밸브(foot valve) : 펌프 흡입관 하부에 사용되는 체크 밸브의 일종으로 펌프 정지 시 흡입관 내부의 물이 빠져나가는 것을 방지하여 펌프를 보호하는 역할을 한다.

(라) 해머리스 체크 밸브(hammerless check valve) : 스모렌스키 체크밸브라 하며 펌프 출구측의 체크 밸브용으로 사용되며, 워터해머(water hammer)의 방지와 바이패스 밸브의 기능을 함께 한다.

④ **볼 밸브(ball valve)** : 콕(cock)이라 하며 핸들을 90° 회전시켜 유로를 급속히 개폐할 수 있으며, 유체의 저항이 적은 반면 기밀유지가 어렵다.

⑤ **버터플라이 밸브(butterfly valve)** : 원통형 몸체 속에 밸브 봉을 축으로 하여 원형 평판이 회전함으로써 개폐동작이 이루어지는 구조이다.

⑥ **다이어프램밸브(diaphragm valve)** : 산(酸) 등의 화학약품을 차단하는 데 주로 사용하는 밸브로서 내약품성, 내열성의 고무로 만든 것을 밸브시트에 밀어붙여서 유량을 조절, 차단하는 용도로 사용된다.

(3) 신축이음

① **설치 목적** : 열팽창으로 인한 배관의 신축을 흡수 완화시켜 장치 파손 및 고장을 방지하기 위하여 배관 중에 설치하는 기기이다.

② **종류**

(가) 슬리브형(sleeve type) : 신축에 의한 자체 응력이 발생되지 않고 설치장소가 필요하며 단식과 복식이 있다. 슬리브와 본체와의 사이에는 패킹을 다져 넣고 그랜드로 밀착시켜 온수 또는 증기의 누설을 방지한다.

(나) 벨로즈형(bellows type) : 팩리스(packless)형이라 하며, 설치장소에 구애받지 않고 가스, 증기, 물 배관 등의 축 방향 신축흡수에 사용되며 단식과 복식 2종류가 있다.

(다) 루프형(loop type) : 곡관으로 만들어진 관의 가요성(可撓性)을 이용한 것으로 구조가 간단하고 내구성이 좋아 고온, 고압배관이나 옥외배관에 주로 사용한다. 곡률 반지름은 관지름의 6배 이상으로 한다.

(라) 스위블형(swivel type) : 2개 이상의 엘보를 사용하여 관의 신축을 흡수하는 것으로 신축방향이 큰 배관에서는 누설의 우려가 있다. 주로 증기 및 온수 난방용 배관에 사용되며 지블이음, 지웰이음 또는 회전이음이라고도 한다.

㉺ 볼 조인트(ball joint) : 볼 조인트와 오프셋 배관을 이용해서 신축을 흡수하는 방법으로 설치공간이 적고, 평면상의 변위뿐만 아니라 입체적인 변위까지도 안전하게 흡수하므로 어떤 현상에 의한 신축에도 배관이 안전한 신축이음이다.

(4) 관 지지구

① **행거(hanger)** : 배관계 중량을 위에서 걸어 당겨 지지할 목적으로 사용한다.
  ㈎ 리지드 행거(rigid hanger) : 수직방향의 변위가 없는 곳에 사용한다.
  ㈏ 스프링 행거(spring hanger) : 변위가 적은 곳에 사용하며 스프링식과 중추식이 있다.
  ㈐ 콘스턴트 행거(constant hanger) : 관의 상하 방향 이동을 허용하면서 변위가 큰 곳에 사용한다.

② **서포트(support)** : 배관계 중량을 아래에서 위로 지지할 목적으로 사용한다.
  ㈎ 스프링 서포트 : 상하 이동이 자유롭고 파이프의 하중을 스프링이 완충작용을 한다.
  ㈏ 롤러 서포트 : 배관의 신축을 자유롭게 하면서 롤러가 관을 받치면서 지지한다.
  ㈐ 파이프 슈 : 배관의 엘보 부분과 수평부분에 영구히 고정, 배관의 이동을 구속한다.
  ㈑ 리지드 서포트 : H빔으로 만든 것으로 옥외 등에 종류가 다른 여러 배관을 한 번에 지지한다.

③ **리스트레인트(restraint)** : 배관의 신축으로 인한 배관의 상하, 좌우 이동을 제한하고 구속하는 목적에 사용한다.
  ㈎ 앵커(anchor) : 이동 및 회전을 방지하기 위하여 지지부분에 완전히 고정하여 사용한다.
  ㈏ 스톱(stop) : 회전 및 배관 축과 직각방향의 이동을 구속하고 나머지 방향의 이동은 자유롭다.
  ㈐ 가이드(guide) : 신축이음(루프형, 슬리브형) 등에 설치하는 것으로 축과 직각방향의 이동은 구속하고, 축 방향의 이동은 허용 및 안내하는 역할을 한다.

④ **브레이스(brace)** : 펌프, 압축기 등에서 발생하는 진동을 흡수하여 배관계통에 전달되는 것을 방지하는 역할을 한다.
  ㈎ 방진구 : 진동을 방지하거나 완화시키는 역할을 한다.
  ㈏ 완충기 : 배관 내의 수격작용, 안전밸브 분출반력 등 충격을 완화하는 역할을 한다.

⑤ **기타 지지물** : 이어(ears), 슈즈(shoes), 러그(lugs), 스커트(skirts) 등이 있다.

예상문제

01 내화물이란 얼마 이상의 온도에서 견디는 재료를 말하는가?

해답 ▶ 1580[℃]

해설 ▶ 내화물의 정의 : 고온에 사용되는 불연성, 난연성 재료로 용융온도 1580[℃](SK 26) 이상의 내화도를 가진 비금속 무기재료이다.

02 내화물의 구비조건 4가지를 쓰시오.

해답 ▶ ① 상온 및 사용온도에서 충분한 압축강도를 가질 것
② 고온에서 수축, 팽창이 적을 것
③ 사용 용도에 맞는 열전도율을 가질 것
④ 스폴링(spalling) 현상이 적을 것
⑤ 온도급변에서도 충분히 견딜 것
⑥ 내마모성 및 내침식성을 가질 것
⑦ 재가열 시 수축이 적을 것
⑧ 사용온도에서 연화변형하지 않을 것
⑨ 화학적으로 침식되지 않을 것

03 내화물의 분류 방법 중 화학적 조성에 의한 분류 3가지를 쓰시오.

해답 ▶ ① 산성 내화물
② 중성 내화물
③ 염기성 내화물

해설 ▶ 화학조성에 의한 내화물 분류 및 종류
① 산성 내화물 : 규석질 내화물, 반규석질 내화물, 납석질 내화물, 샤모트질 내화물
② 염기성 내화물 : 마그네시아 내화물, 불소성 마그네시아 내화물, 개량 마그네시아 내화물, 포스 체라이트 내화물, 마그크로질 내화물, 돌로마이트질 내화물
③ 중성 내화물 : 고알루미나질 내화물, 탄화 규소질 내화물, 크롬질 내화물, 탄소질 내화물

04 부정형 내화물의 종류 3가지를 쓰시오.

해답 ▶ ① 캐스터블 내화물　② 플라스틱 내화물　③ 레밍믹스
④ 내화 피복제　⑤ 내화 몰타르

05 우리나라에서 내화도 측정에 표준으로 삼고 있는 것은?

해답 제겔콘

해설 ① 제겔콘(Seger cone) : 점토, 규석질 등 내연성의 금속산화물로 만든 것으로 벽돌의 내화도 측정 등에 사용한다.
② 내화도(耐火度) : 불에 타지 않고 고온에 견디는 성질을 의미하는 것으로 제겔콘 번호(SK)로 SK 26번부터 SK 42번까지 표시한다.
③ SK번호에 따른 온도

SK No	온도[℃]	SK No	온도[℃]
26	1580	35	1770
27	1610	36	1790
28	1630	37	1825
29	1650	38	1850
30	1670	39	1880
31	1690	40	1920
32	1710	41	1960
33	1730	42	2000
34	1750		

06 SK번호에 따른 내화벽돌의 최고사용온도를 쓰시오.
(1) SK-32번 :
(2) SK-34번 :

해답 (1) 1710[℃]　　(2) 1750[℃]

07 내화물의 기본 제조공정을 5단계로 쓰시오.

해답 ① 분쇄　② 혼련　③ 성형　④ 건조　⑤ 소성

해답 각 공정의 특징
① 분쇄 : 표면적 증가, 이물질 분리, 균일한 혼합을 위하여 분쇄
② 혼련 : 물이나 기타 첨가제를 배합하여 고루 분포가 되도록 잘 섞고 이기는 과정
③ 성형 : 혼련 된 배토를 일정한 형상을 가질 수 있도록 만드는 과정
④ 건조 : 수분을 제거하는 과정
⑤ 소성 : 원료에 열화학적 변화를 일으켜 내화물로서 필요한 모양과 강도를 가지게 하는 과정

08 급격한 열응력에 의하여 내화물 및 캐스터블이 떨어지는 현상을 무엇이라 하는가?

해답 스폴링(spalling) 현상

해설 (1) 내화물에서 나타나는 현상
① 스폴링(spalling) 현상 : 박락현상이라 하며 내화물이 사용하는 도중에 갈라지든지, 떨어져 나가는 현상을 말한다.
② 슬래킹(slacking) 현상 : 수증기를 흡수하여 체적변화를 일으켜 균열이 발생하거나 떨어져 나가는 현상으로 염기성 내화물에서 공통적으로 일어난다.
③ 버스팅(bursting) 현상 : 크롬철광을 원료로 하는 내화물이 1600[℃] 이상에서 산화철을 흡수하여 표면이 부풀어 오르고 떨어져 나가는 현상으로 크롬질 내화물에서 발생한다.
(2) 스폴링(spalling) 현상의 종류 및 발생원인
① 열적 스폴링 : 온도 급변에 의한 열응력
② 기계적 스폴링 : 기계적 압력 등이 고르지 않아 구조의 불균형
③ 조직적 스폴링 : 화학적 슬래그 등에 의한 침식 및 열적인 변질

09 내화물에 대한 물음에 답하시오.
(1) 내화물이란 고온에 사용되는 불연성, 난연성 재료로 용융온도 (①)[℃] 이상, SK (②)번 이상의 내화도를 가진 비금속 무기재료이다.
(2) 급격한 열응력에 의하여 내화물이 떨어지는 현상인 스폴링(spalling) 현상을 원인에 따른 종류 3가지를 쓰시오.

해답 (1) ① 1580[℃]   ② 26
(2) ① 열적 스폴링   ② 기계적 스폴링   ③ 조직적 스폴링

10 마그네시아 또는 돌로마이트를 원료로 하는 내화물이 수증기의 작용을 받아 $Ca(OH)_2$ 나 $Mg(OH)_2$ 를 생성하는데 이 때 큰 비중변화에 의하여 체적변화를 일으키기 때문에 노벽에 균열이 발생하거나 붕괴하는 현상을 무엇이라고 하는가?

해답 슬래킹 현상

11 내화재, 단열재 및 보온재 등은 무엇을 기준으로 분류하는가?

해답 안전 사용온도

해설 내화재, 단열재, 보온재 및 보냉재의 구분

구분	온도범위
내화재	내화도가 SK26(1580[℃]) 이상에서 사용
내화단열재	내화재와 단열재의 중간으로 SK10(1300[℃]) 이상에 견디는 것
단열재	내화벽과 외벽의 사이에 끼워 단열효과를 얻는 것으로 800~1200[℃]에 견디는 것
무기질 보온재	300~800[℃] 정도까지 사용
유기질 보온재	100~300[℃] 정도까지 사용
보냉재	100[℃] 이하에서 보냉을 목적으로 사용

12 보냉제, 보온재, 단열재, 내화 단열재, 내화물을 구분하는 온도를 각각 쓰시오.

해답 ① 보냉제 : 100[℃] 이하
② 보온재 : 무기질 보온재 300~800[℃], 유기물 보온재 100~300[℃]
③ 단열재 : 800~1200[℃]
④ 내화 단열재 : 1300[℃] 이상
⑤ 내화물 : 1580[℃] 이상

13 공업용 요로에 단열재를 사용하였을 때 나타나는 단열효과 4가지를 쓰시오.

해답 ① 축열 및 전열 손실이 적어진다.
② 노내 온도가 균일해진다.
③ 노벽의 온도구배를 줄여 스폴링현상을 방지한다.
④ 노벽의 내화물의 내구력이 증가한다.
⑤ 열손실을 방지하여 연료 사용량을 줄일 수 있다.

14 [보기]의 ( ) 안에 알맞은 내용을 넣으시오.

| 보기 | 보온재는 일반적으로 상온(20[℃])에서 열전도율이 ( )[kJ/m·h·℃] 이하인 열차단재를 통칭한다.

해답 0.42

15 보온재의 구비조건 5가지를 쓰시오.

해답 ① 열전도율이 작을 것
② 흡습, 흡수성이 작을 것
③ 적당한 기계적 강도를 가질 것
④ 시공성이 좋고, 경제적일 것
⑤ 부피, 비중(밀도)이 작을 것
⑥ 내열, 내약품성이 있을 것
⑦ 안전 사용온도 범위에 적합할 것

16 보온재의 열전도율이 작아질 수 있도록 할 수 있는 방법 4가지를 쓰시오.

해답 ① 보온재의 두께를 두껍게 한다.
② 보온재의 비중(밀도)을 작게 한다.
③ 내부와 외부의 온도차를 줄인다.
④ 보온재 내부의 수분을 제거한다.

해설 열전도율에 영향을 주는 요소
① 온도 : 온도가 상승되면 열전도율은 직선적으로 상승한다.
② 수분 및 습기 : 수분이나 습기를 함유(흡습)하면 열전도율은 상승한다.
③ 비중(밀도) : 보온재의 비중(밀도)이 크면 열전도율이 증가한다.

17 다음 ( ) 안에 '증가' 또는 '감소'를 쓰시오.
(1) 보온재의 열전도율은 기공이 클수록 ( ) 한다.
(2) 보온재의 열전도율은 습도가 높을수록 ( ) 한다.
(3) 보온재의 열전도율은 밀도가 작으면 ( ) 한다.
(4) 보온재의 열전도율은 온도가 상승하면 ( ) 한다.

해답 (1) 증가   (2) 증가   (3) 감소   (4) 증가

해설 보온재 열전도율과 기공 및 기공률의 관계 : 기공은 보온재 중의 공기와 같은 기체가 체류할 수 있는 공간이므로 기공(구멍)이 작고 많을수록 열전도율이 낮아지고, 기공률은 공기와 같은 기체가 체류할 수 있는 기공이 얼마만큼 많은가의 비율이므로 기공률이 클수록 열전도율은 낮아진다.

18 유기질 보온재와 비교한 무기질 보온재의 특성 5가지를 쓰시오.

해답 ① 무기질 물질을 원료로 사용하므로 불연성이고 안전사용온도가 높다.
② 기계적 강도가 크고, 변형이 적다.
③ 내수성, 내구성이 우수하다.
④ 기공이 균일하고 열전도율이 낮다.
⑤ 가격이 비싸지만 수명이 길다.

19 [보기]의 보온재 중 최고 안전사용온도가 높은 것에서 낮은 순서로 나열하시오.

| 보기 | ① 암면 ② 탄화코르크 ③ 폼글라스 ④ 세라믹 파이버

해답 ④ → ① → ③ → ②

해설 각 보온재의 최고안전사용온도

명 칭	최고안전사용온도
암면	600[℃]
탄화코르크	130[℃]
폼글라스	300[℃]
세라믹 파이버(ceramic fiber)	1000~1300[℃]

20 석면, 염화비닐폼, 규산칼슘 보온재가 두께를 동일하게 시공하였을 때 보온효과가 좋은 순서대로 나열하시오.

해답 ▶ 염화비닐폼 > 석면 > 규산칼슘

해설 ① 열전도율이 작을수록 외부로 전달되는 열량이 작으므로 보온효과는 좋아진다.
② 각 보온재의 열전도율

보온재 명칭	열전도율[kcal/h·m·℃]
석면	0.045 ~ 0.055
염화비닐폼	0.035
규산칼슘	0.055 ~ 0.07

21 용융 석영을 방사하여 만든 실리카 물이나 고석회질의 규산유리로 융점이 높고, 내약품성이 우수하여 고온용 단열재로 사용되며 최고 사용온도는 1100[℃] 정도인 무기질 보온재의 종류를 쓰시오.

해답 ▶ 세라믹 파이버

22 알루미늄박(箔)과 같은 금속 보온재는 어떤 특성을 이용하여 보온효과를 얻는가?

해답 ▶ 복사열에 대한 반사 특성

23 보온재를 시공할 때 보온두께를 결정하는 요인 3가지를 쓰시오.

해답 ▶ ① 표면온도가 규정치 이하로 되도록 하는 경우
② 열손실량이 규정치 이하로 되도록 하는 경우
③ 보온시공에 소요되는 비용과 열손실로 인한 연료비의 증대면에서 경제적인 것을 요구하는 경우

24 판상 보온재를 시공하는 경우 소정의 두께 보온판을 철사로 묶어서 밀착시킨다. 보온재의 두께가 어느 정도를 넘을 경우 2층으로 나누어 시공하는가?

해답 ▶ 75[mm]

해설 보온재 시공방법
① 물 반죽 시공을 할 경우 보호망을 25[mm] 마다 설치하고, 70[%] 이상 건조되었을 때 2차 시공을 한다.
② 관이나 판상의 보온재를 시공할 경우 75[mm]를 넘으면 2층으로 시공한다.
③ 고온에 접촉하는 부분에는 보온재를 2중으로 시공한다.
④ 고온부에는 내열성이 우수한 재료를 사용하고, 다음에는 보냉 효과가 우수한 보온재를 사용한다.

25 보온면의 방산열량이 48[kJ/m²], 나면(裸面)의 방산열량이 147[kJ/m²]일 때 보온재의 보온효율[%]은 얼마인가?

풀이 $\eta = \dfrac{Q_1 - Q_2}{Q_1} \times 100 = \dfrac{147 - 48}{147} \times 100 = 67.346 ≒ 67.35[\%]$

해답 67.35[%]

해설 나면(裸面)은 보온재가 시공되지 않은, 배관 외면이 노출되어 있는 상태를 지칭하는 것이다.

26 단열재를 사용하지 않는 경우의 방출열량이 1250[kJ/h]이고, 단열재를 사용한 경우의 방출열량이 0.1[kW]라 하면 이 때의 보온효율[%]은 얼마인가?

풀이 ① 단열재를 사용한 경우의 방출열량 1[kW]는 3600[kJ/h]에 해당된다.
② 보온효율[%] 계산
$\eta = \dfrac{Q_1 - Q_2}{Q_1} \times 100 = \dfrac{1250 - (0.1 \times 3600)}{147} \times 100 = 71.2[\%]$

해답 71.2[%]

27 그림의 배관에서 보온되지 않은 것의 표면 열전달율(α)이 14.3[W/m²·℃]이었다. 여기에 글라스울 보온통으로 시공하여 방산열량이 32.55[W/m]가 되었다면 보온효율[%]은 얼마인가? (단, 외기온도는 20[℃]로 일정하다.)

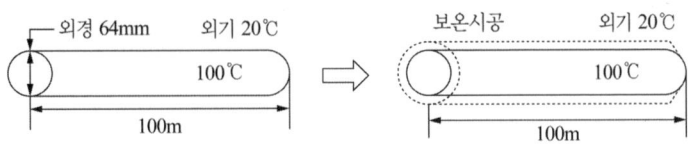

배관에서의 열손실(보온되지 않은 것)   배관에서의 열손실(보온된 것)

풀이 ① 보온 전 방산열량(Q_1) 계산

$\therefore Q_1 = K \times F \times \Delta t = \dfrac{1}{\dfrac{1}{\alpha}} \times F \times \Delta t = \dfrac{1}{\dfrac{1}{\alpha}} \times (\pi \times D \times L) \times \Delta t$

$= \dfrac{1}{\dfrac{1}{14.3}} \times (\pi \times 0.064 \times 100) \times (100 - 20)$

$= 23001.484 ≒ 23001.48[\text{W}]$

② 보온효율[%] 계산 : 보온효율은 보온으로 차단된 열량($Q_1 - Q_2$)과 보온 전 나관(裸管)에서 방산열량(Q_2)의 비율이고, 보온 후 방산열량이 배관 1[m]에 대하여 32.55[W]이므로 100[m]에 대한 방산열량을 계산하여야 한다.

$$\therefore \eta = \frac{Q_1 - Q_2}{Q_1} \times 100 = \frac{23001.48 - (32.55 \times 100)}{23001.48} \times 100 = 85.848 ≒ 85.85[\%]$$

해답 ▶ 85.85[%]

28 강관의 특징 4가지를 쓰시오.

해답 ▶ ① 인장강도가 크고, 내충격성이 크다.
② 배관작업이 용이하다.
③ 비철 금속관에 비해 경제적이다.
④ 부식이 발생하기 쉽다.
⑤ 배관 수명이 짧다.

29 강관의 스케줄 번호가 의미하는 것은?

해답 ▶ 강관의 두께

해설 스케줄 번호(schedule number) : 사용압력과 배관 재료의 허용응력과의 비에 의하여 강관 두께의 체계를 표시한 것이다.

30 압력배관용 탄소강관(SPPH)의 사용압력이 40[kgf/cm²], 인장강도가 20[kgf/mm²]일 때 스케줄 번호는 얼마인가? (단, 안전율은 4로 한다.)

풀이 ▶ $Sch\,No = 10 \times \dfrac{P}{S} = 10 \times \dfrac{40}{\dfrac{20}{4}} = 80$

해답 ▶ 80

해설 ① '허용응력 $(S) = \dfrac{\text{인장강도}\,[kgf/mm^2]}{\text{안전율}}$'으로 안전율이 제시되지 않으면 '4'를 적용합니다.
② 스케줄 번호를 구하는 공식은 단위 정리가 이루어지지 않는 공식에 해당됩니다.

31 다음은 강관과 비교한 동관의 특징을 설명한 것이다. ( ) 속에 단어 중 옳은 것을 선택하여 표시하시오.

> 동관은 강과에 비하여 유연성이 (① 크고, 작고), 유체 흐름에 대한 마찰저항이 (② 크다, 작다). 또한 내식성이 (③ 작으며, 크며), 열전도율이 (④ 크고, 작고), 같은 호칭경으로 비교할 경우 무게가 (⑤ 가볍다, 무겁다).

해답 ▶ ① 크고 ② 작다 ③ 크며 ④ 크고 ⑤ 가볍다

32 수동 롤러(로타리형)로 강관을 180° 굽힘 작업을 하였는데 강관의 탄성 때문에 벤딩이 약간 펴지는 현상이 발생하였다. 이를 고려하여 굽힘각도 180°보다 3~5°를 더 구부려 작업하는데 이렇게 펴지는 현상을 무엇이라고 하는가?

해답 ▶ 스프링 백(spring back)

33 다음 설명에 해당하는 밸브의 명칭을 쓰시오.
 (1) 밸브의 리프트(lift)가 작아 개폐시간이 짧고 누설이 적으며 유량 조절에 적당하나 유체의 흐름이 급격히 변화하여 유체의 저항이 많이 작용하는 밸브로 일명 스톱밸브라 불리는 것은 무엇인지 쓰시오.
 (2) 일명 게이트 밸브라 하며 유량 조절이 부적당하고 완전히 개방하면 유체의 저항이 작게 걸리는 밸브의 명칭을 쓰시오.
 (3) 유체를 한 쪽 방향으로만 흐르게 하며 유체의 압력 또는 중력에 의하여 유로를 폐쇄하는 밸브의 명칭을 쓰시오.

해답 ▶ (1) 글로브 밸브
　　　 (2) 슬루스 밸브
　　　 (3) 역류방지 밸브(check valve)

34 산(酸) 등의 화학약품을 차단하는데 주로 사용하는 밸브로서 내약품성, 내열성의 고무로 만든 것을 밸브 시트에 밀어 붙여서 금속 부분이 부식될 염려가 없고, 유량을 조절하는 것으로 사용하는 밸브 명칭을 쓰시오.

해답 ▶ 다이어프램 밸브(diaphragm valve)

35 급수펌프 후단(토출측)에 설치하는 것으로 급수가 반대로 흐르는 것을 방지하는 것의 명칭과 종류 2가지를 쓰시오.

해답 ▶ ① 명칭 : 역류방지밸브(또는 체크밸브)
　　　 ② 종류 : 스윙식 체크밸브, 해머리스 체크 밸브(hammerless check valve)
　　　　　　　 (또는 스모렌스키 체크밸브)

36 증기사용 설비의 온도를 일정하게 유지시키기 위한 것으로 열교환기나 가열기 등에 사용하는 자동제어밸브의 명칭은?

해답 ▶ 자동온도 조절밸브

37 배관의 열팽창, 신축 등으로 발생되는 사고를 미연에 방지하기 위하여 배관 도중에 설치하는 신축이음장치의 종류를 5가지 쓰시오.

해답 ① 루프형 ② 슬리브형 ③ 벨로즈형 ④ 스위블형 ⑤ 볼조인트

38 배관의 신축이음 종류 중 고온, 고압용의 옥외배관에 많이 사용되며, 응력이 크게 작용하는 것은?

해답 루프형

39 신축이음쇠 중 설치공간이 적고, 평면상의 변위뿐만 아니라 입체적인 변위까지도 안전하게 흡수하므로 어떤 현상에 의한 신축에도 배관이 안전한 신축이음의 명칭은 무엇인가?

해답 볼 조인트

40 온도 10[℃], 길이 15[m]인 강관 내에 온수가 통과하면서 강관의 온도가 85[℃]가 되었다면 온도변화(열팽창)에 의해 관이 늘어난 길이[mm]는 얼마인가? (단, 강관의 평균 선팽창계수는 0.0002[mm/mm·℃] 이다.)

풀이 $\Delta L = L \times \alpha \times \Delta t = (15 \times 1000) \times 0.0002 \times (85 - 10) = 225[\text{mm}]$

해답 225[mm]

해설 ① 배관 길이는 열팽창에 의하여 늘어나는 길이와 같은 단위를 적용한다.
② 선팽창계수(α)는 0.0002[/℃]와 같은 단위로 주어지는 경우도 있다.

41 배관의 하중을 위에서 걸어 당겨 지지하는 부품인 행거(hanger)의 종류를 3가지 쓰시오.

해답 ① 리지드 행거 ② 스프링 행거 ③ 콘스턴트 행거

해설 행거(hanger)의 종류 및 역활
① 리지드 행거(rigid hanger) : 수직방향의 변위가 없는 곳에 사용한다.
② 스프링 행거(spring hanger) : 변위가 적은 곳에 사용하며 스프링식과 중추식이 있다.
③ 콘스턴트 행거(constant hanger) : 관의 상하 방향 이동을 허용하면서 변위가 큰 곳에 사용한다.

42 배관의 지지구인 서포트(support)의 종류 3가지를 쓰시오.

해답 ① 스프링 서포트 ② 롤러 서포트 ③ 파이프 슈 ④ 리지드 서포트

[해설] 서포트(support) : 배관계 중량을 아래에서 위로 지지할 목적으로 사용한다.
① 스프링 서포트 : 상하 이동이 자유롭고 파이프의 하중을 스프링이 완충작용을 한다.
② 롤러 서포트 : 배관의 신축을 자유롭게 하면서 롤러가 관을 받치면서 지지한다.
③ 파이프 슈 : 배관의 엘보 부분과 수평부분에 영구히 고정, 배관의 이동을 구속한다.
④ 리지드 서포트 : H빔으로 만든 것으로 옥외 등에 종류가 다른 여러 배관을 한 번에 지지한다.

43 관지지 금속 중 배관의 열팽창에 의한 좌우, 상하 이동을 구속하고 제한하는 장치는?

[해답] ▶ 리스트레인트

[해설] 리스트레인트(restraint)의 종류 및 역할
① 앵커(anchor) : 이동 및 회전을 방지하기 위하여 지지부분에 완전히 고정하여 사용한다.
② 스톱(stop) : 회전 및 배관 축과 직각방향의 이동을 구속하고 나머지 방향의 이동은 자유롭다.
③ 가이드(guide) : 신축이음(루프형, 슬리브형) 등에 설치하는 것으로 축과 직각방향의 이동은 구속하고, 축 방향의 이동은 허용 및 안내하는 역할을 한다.

44 펌프 입구 및 토출 측 배관에 플렉시블 조인트(flexible joint)를 설치하는 이유를 쓰시오.

[해답] ▶ 펌프에서 발생하는 진동을 흡수하여 배관에 전달되지 않도록 하고, 온도변화에 따른 배관의 열팽창을 흡수하여 고장이 발생하는 것을 방지하기 위하여 설치한다.

45 보일러 배관에서 순환펌프, 유량계, 수량계, 감압밸브 등의 설치 위치에 고장, 보수 등에 대비하여 설치하는 회로(배관)의 명칭은 무엇인가?

[해답] ▶ 바이패스(by-pass) 회로(또는 바이패스 배관)

제6장 보일러 안전관리

1. 보일러 급수처리

(1) 급수 중 불순물의 영향

① **불순물의 종류 및 영향**

㈎ **용존가스** : 산소(O_2), 탄산가스(CO_2), 암모니아(NH_3) 등으로 점식의 원인이 된다.

㈏ **염류** : 칼슘(Ca), 마그네슘(Mg) 등 염류를 말하며 농축되어 스케일이나 슬러지 생성이 되고 부식의 발생 원인이 된다.

　㉮ **중탄산칼슘[$Ca(HCO_3)_2$]** : 급수 용존 염류 중 가장 일반적인 슬러지 성분으로 온도가 낮은 상태에서 발생한다.

　㉯ **중탄산마그네슘[$Mg(HCO_3)_2$]** : 보일러수 중에 열분해 되어 탄산마그네슘, 수산화마그네슘 슬러지가 된다.

　㉰ **황산칼슘($CaSO_4$)** : 고온에서 석출하므로 주로 증발관에서 스케일화 되는 것으로 보일러 내처리가 불충분한 경우에 생성되기 쉽고 대단히 악질 스케일이 된다.

　㉱ **황산마그네슘($MgSO_4$)** : 용해도가 커서 그 자체로는 스케일 생성이 잘 안되나 탄산칼슘과 작용해서 황산칼슘과 수산화마그네슘의 경질 스케일이 발생한다.

　㉲ **염화마그네슘($MgCl_2$)** : 보일러수가 적당한 pH로 유지되는 경우 가수분해에 의해 수산화마그네슘의 슬러지가 되며, 블로다운시에 배출시킬 수 있다.

　㉳ **기타** : 염화칼슘($CaCl_2$), 규산염($CaSiO_3$, $MgSiO_3$, $NaSiO_3$) 등이 스케일 생성의 원인이 된다.

㈐ **고형 협잡물** : 흙탕, 유지분 및 규산염 등으로 프라이밍, 포밍 발생의 원인

㈑ **기타** : 산분, 알칼리분, 유지분, 가스분 등

② **불순물 장해**

㈎ **스케일(scale) 생성** : 보일러 수중의 용해고형물로부터 생성되어 증발관, 관벽, 드럼, 기타 전열면에 부착해서 단단하게 굳어지는 관석으로 다음과 같은 피해가 발생한다.

　㉮ 전열면에 부착하여 전열을 방해한다.

㉯ 보일러 효율이 저하하고, 연료소비량이 증가한다.
㉰ 전열면의 국부과열로 인한 파열사고의 우려가 있다.
㉱ 보일러수의 순환을 방해하고, 수면계 등 연락관을 폐쇄시킨다.

(나) 슬러지(sludge) 생성 : 부착되지 않고 드럼, 헤더 등의 밑바닥에 침적되어 있는 연질의 침전물로 보일러수의 순환을 방해하고 보일러 효율을 저하한다.

(다) 부유물(현탁물) : 보일러 수중에 부유되어 있는 불용성의 현탁물로 캐리오버 발생의 원인이 된다.

(라) 가성취화의 원인 : 보일러 수중에서 분해되어 생긴 가성소다(NaOH)가 과도하게 농축되면 수산이온(OH^-)이 많아져서 알칼리도가 높아진다. 이것이 강재와 작용해서 생기는 나트륨(Na)이 강재의 결정입계를 침해하여 재질을 열화 시킨다.

(마) 캐리오버 발생 : 관수 농축 시 프라이밍, 포밍현상을 일으켜 증기 중에 물방울이 섞여서 운반되는 현상의 발생 원인이 된다.

(2) 보일러 수질 관리 목적

① 급수

(가) pH : 급수계통의 부식을 방지하는 것을 주목적으로 하고, 급수의 pH 는 8.0~9.0 정도이다.

(나) 경도 : 스케일 생성 및 슬러지 침전을 방지하기 위하여 관리한다.

(다) 유지류 : 포밍의 원인이 되고, 전열면에 스케일 생성의 원인이 되기 때문에 관리한다.

(라) 용존산소 : 부식 중 공식의 원인이 되므로 급수단계에서 제한한다.

(마) 탈산소제 : 탈기기에서 누설되는 용존산소를 히드라진을 이용하여 제거하는 경우에 잔류하는 히드라진이 열분해하여 암모니아를 생성하여 동 및 동합금을 부식시키므로 급수 중의 히드라진 상한농도를 관리한다.

② 보일러 수(水)

(가) pH : 보일러 내부의 부식 방지 및 캐리오버를 방지하기 위하여 pH10.5~11.5 정도의 범위를 유지시킨다.

(나) P-알칼리도 및 M-알칼리도 : P-알칼리도가 높으면 실리카 스케일 생성이 억제되고, 급수 중 M-알칼리도가 높으면 보일러수의 pH가 높게 되어 캐리오버가 억제된다.

(다) 전 고형물(증발 잔류물) : 부식이 방지되고 캐리오버가 억제되므로 상한농도를 관

리한다.
- ㈘ **염화물 이온** : 부식 방지와 전 고형물 농도를 측정하기 위하여 상한농도를 관리한다.
- ㈙ **인산 이온** : 보일러수 pH 조절과 스케일 방지를 위하여 조절, 관리한다.
- ㈚ **실리카 이온** : 실리카 스케일 생성방지 및 캐리오버를 방지하기 위하여 농도를 관리한다.
- ㈛ **아황산 이온** : 아황산염은 열분해하여 SO_2 가스를 발생시켜 응축수의 pH를 저하시킨다.

(3) 보일러 용수 처리

① **용수처리(급수관리)의 목적**
- ㈎ 스케일, 슬러지가 고착되는 것을 방지하기 위하여
- ㈏ 보일러수가 농축되는 것을 방지하기 위하여
- ㈐ 보일러 부식을 방지하기 위하여
- ㈑ 가성취화현상을 방지하기 위하여
- ㈒ 캐리오버현상을 방지하기 위하여

② **용수처리 방법**
- ㈎ 외처리(1차 처리) : 급수 중에 포함되어 있는 고체 협잡물, 용해 고형물, 용존가스 등을 보일러 외부에서 처리하는 방법을 총칭하는 것이다.
  - ㉮ 고체 협잡물 처리 : 침강법(침전법), 여과법, 응집법
  - ㉯ 용해 고형물 처리 : 이온교환 수지법, 증류법, 약품 처리법(약품 첨가법)
  - ㉰ 용존가스 처리 : 기폭법(폭기법), 탈기법
- ㈏ 내처리(2차 처리) : 내처리제(청관제)를 급수에 첨가하거나 보일러 드럼 내의 물에 첨가하여 보일러수 중에 포함되어 있는 불순물로 인한 장해를 방지하는 방법으로 보일러 내에서 행하여진다.
  - ㉮ 내처리제(청관제) 선정 시 주의사항
    - ⓐ 수질을 정확히 분석, 파악한다.
    - ⓑ 스케일의 화학적 조성을 분석한다.
    - ⓒ 내처리제의 주요 성분을 파악한다.
    - ⓓ 가열 후 슬러지 생성을 파악한다.
    - ⓔ pH 변화 측정, 인산염 농도를 측정한다.
    - ⓕ 관석을 함께 첨가, 용해현상을 검토한다.

㈏ 청관제의 역할
   ⓐ 보일러수의 pH 조정
   ⓑ 보일러수의 연화
   ⓒ 슬러지의 조정
   ⓓ 보일러수의 탈산소
   ⓔ 가성취화 방지
   ⓕ 포밍(foaming) 방지

㈐ 내처리제의 종류와 작용
   ⓐ pH 및 알칼리 조정제 : 급수 및 보일러수의 pH 및 알칼리도를 조절하여 스케일 부착을 방지하고 부식을 방지한다. 종류에는 수산화나트륨(가성소다 : NaOH), 탄산나트륨(Na_2CO_3), 인산나트륨(Na_3PO_4), 인산(H_3PO_4), 암모니아(NH_3) 등이 있다.
   ⓑ 연화제 : 보일러수 중의 경도성분을 불용성으로 침전시켜 슬러지로 하여 스케일 부착을 방지한다. 종류에는 수산화나트륨(NaOH), 탄산나트륨(Na_2CO_3), 인산나트륨(Na_3PO_4) 등이 있다.
   ⓒ 슬러지 조정제 : 슬러지가 보일러의 전열면에 부착하여 스케일로 되는 것을 방지하기 위하여 보일러수 중에 분산, 현탁시켜 분출에 의해 쉽게 배출할 수 있도록 하는 것으로 종류에는 탄닌($C_{76}H_{52}O_{46}$), 리그린, 전분($C_6H_{10}O_5$) 등이 있다.
   ⓓ 탈산소제 : 급수 중의 용존산소를 제거하여 부식(점식)을 방지하기 위한 것으로 종류에는 아황산나트륨(Na_2SO_3), 히드라진(N_2H_4), 탄닌 등이 있다.
   ⓔ 가성취화 방지제 : 가성취화 현상을 방지하기 위하여 사용하는 것으로 종류에는 황산나트륨(Na_2SO_4), 인산나트륨(Na_3PO_4), 질산나트륨, 탄닌, 리그린 등이 있다.
   ⓕ 기포방지제(포밍 방지제) : 포밍현상을 방지하기 위한 것으로 고급 지방산 폴리아민, 고급 지방산 폴리알콜 등이 있다.

2. 보일러 가동 전 점검

(1) 신설 보일러

① 내부 점검

⑺ 동 내부 점검

㉮ 내부의 비수방지관, 기수분리기 등 기기의 부착상태를 점검하고 공구나 기타 물건 등이 남아 있는지 확인한다.

㉯ 맨홀, 청소구, 검사구 등을 점검하고 개방되어 있는 것은 뚜껑을 닫고 밀폐시 킨다.

㉰ 급수를 하면서 저수위경보기, 연료차단장치 등의 인터록이 정상 작동하는지 확인한다.

㉱ 만수 후 정상사용압력보다 10[%] 이상의 수압을 가하여 누설유무를 확인한다.

⑻ 연소실 및 연도 점검

㉮ 연소실, 연도, 노벽 등에 불필요한 물건 등이 남아 있는지 확인한다.

㉯ 연소용 공기 및 연도의 댐퍼 개폐 및 작동상태를 점검한다.

㉰ 매연제거 장치의 이상유무를 점검한다.

⑼ 노벽 및 내화재 건조 상태 점검 : 자연건조 시에는 10~15일 정도, 화염에 의한 건조 시에는 약한 불로 72시간 정도 건조시킨다.

⑽ 플러싱 : 알칼리 세정과 소다 끓이기를 하기 전의 처리방법으로, 물이나 히드라진 100[ppm] 정도를 첨가한 세정수로 펌핑하는 것이다.

⑾ 소다 끓이기(soda boiling) : 제작 시에 내부에 부착된 유지분, 페인트류, 녹 등을 제 거하기 위한 것으로 저압보일러에서는 0.2~0.3[MPa]의 압력을 유지하면서 2~ 3일 간 끓인 다음 취출과 급수를 반복적으로 실시하면서 서서히 냉각시킨다. 완전 히 냉각된 후 블로다운을 실시하면서 깨끗한 물로 내부를 충분히 세척한 후 정상 수위까지 급수를 한다.

▼ 보일러수 1000[kg]에 대한 약품 사용량

사용약품	사용량[kg]
제3 인산나트륨(Na_3PO_4)	2~5
탄산나트륨(Na_2CO_3)	2
가성소다(NaOH)	2
계면활성제	0.1

② **외부 점검** : 급수를 행하면서 저수위 경보기, 연료차단장치 등 인터록 장치의 작동상태와 급수장치, 연소 보조계통, 통풍장치, 계측기 및 밸브 상태를 점검한다.

(2) 사용 중인 보일러
① 수면계 수위를 점검한다.
② 수면계, 압력계 및 각종 계기류와 자동제어장치를 점검한다.
③ 연료 계통 및 급수 계통을 점검한다.
④ 중유 연소의 경우 연료 펌프 및 유예열기를 작동시킨다.
⑤ 각 밸브의 개폐상태를 확인 점검한다.
⑥ 댐퍼를 완전히 개방하고 프리퍼지를 행한다.

3. 보일러 운전 중 점검 및 조작

(1) 점화 전 점검 사항

① **급수계통의 점검**
- ㈎ 보일러 수위 확인 및 조정
- ㈏ 급수장치의 점검
- ㈐ 분출장치의 점검
- ㈑ 공기빼기 밸브의 점검

② **연소계통의 점검**
- ㈎ 연소실 및 연도내의 환기의 실시
- ㈏ 연소장치의 점검

③ **계측 및 제어장치의 점검**
- ㈎ 압력계의 점검
- ㈏ 자동제어장치의 점검

(2) 보일러의 점화

① 유류 보일러의 점화

(가) **자동점화** : 점화전의 점검사항을 확인한 후 보일러 제어반의 점화스위치를 자동(auto)으로 설정하고 기동 메인 스위치를 작동시키면 시퀀스 제어와 인터로크에 의하여 자동적으로 착화가 되며 순서는 다음과 같다.

> 송풍기 기동 → 연료펌프 기동 → 노내 환기(프리퍼지) → 노내압 조정 → 점화용 버너 착화 → 화염 검출 → 전자밸브 열림 → 주버너 착화 → 공기 댐퍼 작동 → 저 연소 → 고 연소

(나) **수동 점화**
  ㉮ 프리퍼지를 정확히 실시하여 연소실내의 미연소 가스를 배출한다.
  ㉯ 댐퍼 개도치를 낮추어 노내압을 조절한다.
  ㉰ 점화봉에 불을 붙여 연소실내 버너 끝의 전방하부 10[cm] 정도에 둔다.
  ㉱ 연료압력을 확인한다.
  ㉲ 버너의 기동 스위치를 넣는다.
  ㉳ 투시구로 점화상태를 확인하며, 연료밸브를 서서히 개방시킨다.
  ㉴ 공기 댐퍼 개도치를 증가시킨 후 연료량을 증가시키는 방법으로 저연소에서 고연소로 조정해 나간다.

② 가스보일러의 점화
점화전의 준비사항, 점화방법은 유류 보일러와 동일하지만 가스보일러는 폭발의 위험성이 크므로 다음 사항을 주의하여야 한다.

  ㉮ 가스배관 계통에 누설유무를 비눗물을 이용하여 점검한다.
  ㉯ 연소실 내의 용적 4배 이상의 공기로 충분한 프리퍼지를 행한다. 이때 댐퍼는 완전히 개방하고 행하여야 한다.
  ㉰ 화력이 좋은 가스를 이용하여 점화는 1회로 착화될 수 있도록 한다.
  ㉱ 갑작스런 실화시에는 연료 공급을 즉시 차단하고 원인을 조사한다.
  ㉲ 긴급차단밸브의 작동이 불량하면 점화시의 역화 또는 가스 폭발의 원인이 되므로 사전 점검을 철저히 한다.
  ㉳ 점화용 버너의 스파크는 정상인가 확인하며 이물질(카본) 부착시에는 청소를 행한다.
  ㉴ 공급 가스압력이 적당한가를 확인한다.

(3) 증기압력 상승시의 운전관리

① 연소 초기의 취급
  ㈎ 연소량을 급격히 증가시키지 않을 것 : 연소량을 급격히 증가시키면 전열면의 부동팽창, 내화물의 스폴링 현상, 그루빙 및 균열의 원인이 된다.
  ㈏ 증기압력 상승 시 주의사항
    ㉮ 본체의 온도차가 크게 되지 않도록 주의한다.
    ㉯ 국부적인 과열, 균열, 누설 등이 발생하지 않도록 충분한 시간을 갖고 연소시킨다.
    ㉰ 초기의 가동시간은 1~2시간 정도로 서서히 하여 정상 압력에 도달하도록 한다.

② 증기압이 오르기 시작할 때의 취급
  ㈎ 공기빼기 밸브에서 증기가 나오기 시작하면 공기빼기 밸브를 닫는다.
  ㈏ 수면계, 압력계, 분출장치, 부속품 연결부에서 누설을 확인한 후 완벽하게 더 조인다.
  ㈐ 맨홀, 청소구, 검사구 등 뚜껑설치 부분은 누설유무에 관계없이 완벽하게 더 조인다.
  ㈑ 압력계의 감시와 압력상승 정도에 따라 연소상태를 조정한다.
  ㈒ 보일러 수위가 정상수위를 유지하는지 확인한다.
  ㈓ 급수장치, 급수밸브, 급수체크밸브의 기능을 확인한다.
  ㈔ 분출장치의 기능을 확인한다.
  ㈕ 급수예열기, 공기예열기는 부연도를 이용한다.

③ 증기압이 올랐을 때의 취급
  ㈎ 증기압력이 75[%] 이상 될 때 안전밸브 분출 시험을 한다.
  ㈏ 보일러 수위를 일정하게 유지, 관리한다.
  ㈐ 보일러내의 압력을 일정하게 유지, 관리한다.
  ㈑ 연소상태를 확인하여 정상적인 연소가 이루어지도록 한다.
  ㈒ 분출밸브, 수면계, 드레인 밸브의 누설유무를 확인한다.
  ㈓ 자동제어 장치의 작동상태를 점검한다.

④ 송기시의 취급
  ㈎ 캐리오버, 수격작용이 발생하지 않도록 한다.
  ㈏ 주증기 밸브는 3분 이상 서서히 개방할 것
  ㈐ 항상 일정한 압력을 유지하고, 부하측의 압력이 정상적으로 유지되고 있는지 확인한다.
  ㈑ 연소상태를 확인하여 정상적인 연소가 이루어지도록 한다.

4. 보일러 정지

(1) 정상 정지시의 주의사항
① 증기 사용처에 확인을 하여 작업 종료 시 까지 필요한 증기를 남기고 운전을 정지한다.
② 벽돌을 쌓은 부분이 많은 보일러는 벽돌에 남은 열로 인한 증기 압력 상승을 확인하고 주증기 밸브를 폐쇄한다.
③ 노벽 및 전열면의 급냉을 방지할 수 있는 조치를 한다.
④ 보일러의 압력을 급격히 내려가지 않도록 조치를 한다.
⑤ 보일러 수위는 정상수위보다 약간 높게 급수시켜 놓는다. 급수 후에는 급수밸브, 주증기 밸브를 폐쇄하고 주증기관 및 증기 헤더에 설치된 드레인 밸브를 개방하여 놓는다.
⑥ 다른 보일러와 증기관이 연결되어 있는 경우에는 그 연결밸브를 폐쇄하여 놓는다.
⑦ 정지 후에는 노내 환기를 충분히 한 후 댐퍼를 닫는다.

(2) 일반적인 운전정지 순서
① 연료 공급을 정지한다.
② 공기 공급을 정지한다.
③ 급수를 행하고, 압력을 떨어뜨리며 급수밸브를 닫고 급수펌프를 정지시킨다.
④ 주증기 밸브를 닫고 드레인(배수) 밸브를 개방시킨다.
⑤ 댐퍼를 닫는다.

(3) 정지 후의 조치사항
① 버너 팁의 이물질을 제거한다.
② 각종 밸브의 누설 유무를 점검한다.
③ 노벽의 열로 인한 압력 상승은 없는지 확인한다.
④ 보일러 수위를 확인하다.
⑤ 각종 배관의 누설 유무를 확인한다.

(4) 비상 정지 순서
① 연료 공급을 정지한다.
② 공기 공급을 정지한다.
③ 급수를 행한다.

④ 다른 보일러와 연락을 차단한다.
⑤ 자연적으로 냉각된 후 사고 원인을 조사한다.
⑥ 전열면을 확인하여 변형 유무를 조사한다.
⑦ 이상이 없으면 급수 후 재 점화하여 사용한다.

5. 보일러 손상 및 사고 방지

(1) 보일러 손상

① 과열

  (가) 과열의 원인
   ㉮ 이상 감수 현상이 발생하였을 때
   ㉯ 동 내면에 스케일이 생성되어 전열이 불량한 경우
   ㉰ 보일러 수가 농축되어 순환이 불량한 때
   ㉱ 전열면에 국부적으로 심한 열을 받았을 때
   ㉲ 연소실 열부하가 지나치게 큰 경우

  (나) 과열의 방지 대책
   ㉮ 적정 보일러수위를 유지한다.
   ㉯ 동 내면에 스케일 생성을 방지하고 고착되지 않도록 한다.
   ㉰ 보일러 수가 농축되지 않도록 하고, 순환을 교란시키지 않도록 한다.
   ㉱ 전열면에 국부적인 과열을 방지한다.
   ㉲ 연소실 열부하가 너무 높지 않도록 한다.

  (다) **팽출 및 압궤** : 370[℃] 이상 과열이 되었을 때 강도가 약해져 발생하는 현상이다.
   ㉮ **팽출(bulge)** : 동체, 수관, 겔로웨이관 등과 같이 인장응력을 받는 부분이 압력에 견디지 못하고 바깥쪽으로 부풀어 나오는 현상이다.
   ㉯ **압궤(collapse)** : 노통, 연소실, 연관, 관판 등과 같이 압축응력을 받는 부분이 압력에 견디지 못하고 안쪽으로 들어가는 현상이다.

② 보일러 판의 손상

  (가) **균열(crack)** : 보일러는 증기압력과 온도에 의하여 수축과 팽창이 반복적으로 일어나며, 이와 같은 부분에는 반복응력이 지속적으로 발생하여 금이 발생하거나 갈

라지는 현상을 말한다.
- ㉮ 균열이 발생하기 쉬운 부분 : 이음부분, 리벳의 구멍부분, 스테이를 갖고 있는 부분
- ㉯ 심 립스(seam lips) : 리벳이음에서 리벳구멍에서 다음 리벳구멍으로 연속해서 균열이 생기는 현상

㈏ 라미네이션(lamination) 및 블라스터(blister) : 압연 강판이나 관의 두께 내부에 가스가 존재한 상태로 가공을 하였을 때 판이나 관이 2장의 층을 형성하며 분리되는 현상을 라미네이션(lamination)이라 하며 이 부분이 가열로 인하여 부풀어 오르는 현상을 블라스터(blister)라 한다.

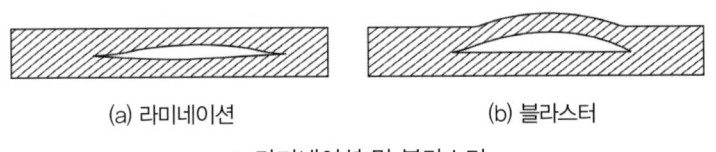

(a) 라미네이션   (b) 블라스터

▲ 라미네이션 및 블라스터

㈐ 가성취화 : 보일러 수중에서 분해되어 생긴 가성소다(NaOH)가 과도하게 농축되면 수산이온(OH^-)이 많아져서 알칼리도가 높아진다. 이것이 강재와 작용해서 생기는 나트륨(Na)이 강재의 결정입계를 침해하여 재질을 열화, 취화 시키는 것으로 보일러판의 국부 리벳 연결부 등에서 발생하며, 균열이 발생하는 것으로 알 수 있다.

③ 부식

㈎ **외부 부식**

- ㉮ 고온부식 : 중유를 연소하는 보일러에서 중유 중에 포함되어 있는 바나듐(V)이 연소용 공기 중의 산소와 반응하여 오산화바나듐(V_2O_5)을 생성하고, 이것이 고온의 전열면에 부착하여 부식작용을 일으키는 현상이다.
- ㉯ 저온부식 : 황성분이 많은 연료가 연소되어 아황산가스(SO_2)가 되고, 일부는 과잉공기와 반응하여 무수황산(SO_3)으로 된다. 이 무수황산은 다시 연소가스 중의 수증기(H_2O)와 반응하여 황산(H_2SO_4)이 되어 저온의 전열면 등에 응축되어 심한 부식을 일으키는 현상이다.

> 📖 **참고**
>
> 반응식 : $S + O_2 \rightarrow SO_2$
> $2SO_2 + O_2 \rightarrow 2SO_3$
> $SO_3 + H_2O \rightarrow H_2SO_4$

㉰ 산화부식 : 보일러를 구성하는 금속재료와 연소가스가 반응하여 표면에 산화피막을 형성하는 것으로 금속재료의 표면온도가 높을수록, 금속재료의 표면이 거칠수록 크게 나타난다.

㈏ 내부 부식

㉮ 부식이 발생하기 쉬운 장소
ⓐ 물에 접촉하는 수면 및 수면 이하의 곳
ⓑ 침전물이 퇴적하기 쉬운 곳
ⓒ 과열이 발생하기 쉬운 곳
ⓓ 점검 및 청소가 곤란한 곳
ⓔ 반복 응력을 많이 받는 곳
ⓕ 산화피막이 파괴된 곳
ⓖ 강재표면이 불균일한 곳

㉯ 부식의 형태
ⓐ 점식(點蝕 : pitting) : 보일러수가 접하는 내면에 좁쌀알, 살알, 콩알 크기의 점 상태(點狀)로 생기는 부식으로 공식 또는 점형부식이라 한다.
ⓑ 국부부식(局部腐蝕) : 내면이나 외면에 얼룩 모양으로 생기는 국부적인 부식을 말한다.
ⓒ 전면부식 : 표면적이 넓은 부분 전체에 같은 모양으로 발생하는 부식을 말한다.
ⓓ 구상부식(grooving) : 단면의 형상이 U자형, V자형으로 홈이 깊게 파인 것과 같이 선형으로 부식되는 현상을 말한다. 노통의 애덤슨 조인트의 플랜지 부분이나 평경판의 거싯 스테이(gusset stay) 부분에 많이 발생한다.
ⓔ 알칼리부식 : 보일러 급수 중에 알카리(NaOH)의 농도가 너무 높아지면 $Fe(OH)_2$가 용해되고 강은 알칼리에 의해서 부식되는 현상이다.

(2) 보일러 운전 중 이상 현상

① 기수공발(carry over) : 프라이밍(priming), 포밍(foaming)에 의하여 발생된 물방울이 증기 속에 섞여 관내를 흐르는 현상으로 비수현상이라 한다.

> 참고
> ▶ 프라이밍(priming) 현상 : 급격한 증발현상으로 동수면에서 작은 입자의 물방울이 증기와 혼입하여 튀어 오르는 현상
> ▶ 포밍(foaming) 현상 : 동저부에서 작은 기포들이 수면상으로 오르면서 물거품이 발생하여 수면에 달걀 모양의 기포가 덮이는 현상

(가) 기수공발(carry over)의 발생원인
　㉮ 보일러 관수의 농축　　　　　㉯ 유지분, 알칼리분, 부유물 함유
　㉰ 주증기 밸브의 급격한 개방　　㉱ 부하의 급격한 변화
　㉲ 증기발생 속도가 빠를 때　　　㉳ 청관제 사용이 부적합
　㉴ 보일러 관수 수위가 높음

(나) 기수공발(carry over)의 피해
　㉮ 수위 오인으로 저수위 사고　　㉯ 계기류 연락관의 막힘
　㉰ 송기되는 증기의 불순　　　　㉱ 증기의 열량 감소
　㉲ 배관의 부식 초래　　　　　　㉳ 배관, 기관 내에서 수격작용 발생

(다) 기수공발(carry over) 방지방법
　㉮ 비수 방지관을 설치한다.　　　㉯ 주증기 밸브를 서서히 연다.
　㉰ 관수 중에 불순물, 농축수 제거　㉱ 수위를 고수위로 하지 않는다.

(라) 기수공발(carry over) 발생 시 조치
　㉮ 연료를 차단(줄인다.)
　㉯ 공기를 차단(줄인다.)
　㉰ 주증기 밸브를 닫고, 수위를 안정시킴
　㉱ 급수 및 분출작업 반복
　㉲ 계기류 점검

② **수격작용(water hammer)** : 배관 내부에 체류하는 응축수가 송기시에 고온 고압의 증기에 의해 배관을 심하게 타격하여 소음을 발생하는 현상으로 배관 및 밸브류가 파손될 수 있다.

(가) 수격작용 발생원인
　㉮ 기수공발(carry over) 현상 발생 시
　㉯ 주증기 밸브를 급개(急開)할 때
　㉰ 배관에서의 손실열량이 과대할 때
　㉱ 배관 구배(기울기) 선정의 잘못
　㉲ 부하변동이 심할 때

(나) 수격작용 방지법
　㉮ 기수공발(carry over) 현상 발생을 방지할 것
　㉯ 주증기 밸브를 서서히 개방할 것
　㉰ 증기배관의 보온을 철저히 할 것

㉣ 응축수가 체류하는 곳에 증기트랩을 설치할 것
㉤ 드레인 빼기를 철저히 할 것
㉥ 송기 전에 소량의 증기로 배관을 예열할 것

③ **이상감수**
 (가) 원인
  ㉮ 급수장치의 능력 및 기능저하   ㉯ 급수탱크 수량 부족
  ㉰ 수면계 기능 불량   ㉱ 수위제어장치의 기능 불량
  ㉲ 분출장치에서의 누설

 (나) 조치 방법
  ㉮ 연료 공급 차단
  ㉯ 연소용 공기 공급정지
  ㉰ 주증기 밸브 차단
  ㉱ 보일러수위 유지, 확인
  ㉲ 댐퍼를 개방한 상태로 강제통풍 실시

④ **이상 증발**
 (가) 원인
  ㉮ 주증기 밸브를 급개할 때   ㉯ 고수위 운전 시
  ㉰ 증기 부하가 과대할 때   ㉱ 보일러수에 불순물 다량 함유 시
  ㉲ 보일러수의 농축 시   ㉳ 증기압력을 급격히 강하시킨 경우

 (나) 영향
  ㉮ 수면계 수위 확인이 곤란해진다.
  ㉯ 안전밸브 오염의 원인이 된다.
  ㉰ 증기의 오염 및 과열도 저하
  ㉱ 수격작용(water hammer)의 원인
  ㉲ 저수위 사고의 원인

⑤ **연소장치의 운전 중 고장과 원인**
 (가) 점화 불량의 원인
  ㉮ 연료가 분사되지 않는다.   ㉯ 배관 속에 물, 슬러지가 유입되었다.
  ㉰ 연료의 온도가 너무 높다.   ㉱ 연료의 점도가 너무 낮다.
  ㉲ 버너 유압이 맞지 않는다.   ㉳ 버너 노즐이 폐쇄되었다.
  ㉴ 연소용 공기 압력이 맞지 않다.   ㉵ 통풍력이 부족한 경우

㈏ 진동연소(가마울림)의 원인
　㉮ 연소실 온도가 낮을 때　㉯ 버너의 조립이 불량한 때
　㉰ 통풍력이 부적당할 때　㉱ 노내압이 너무 높을 때
　㉲ 버너타일 형상이 맞지 않을 때　㉳ 연도 이음부분이 불량한 때

㈐ 매연발생의 원인
　㉮ 통풍력이 과대, 과소할 때　㉯ 무리한 연소를 할 때
　㉰ 연소실의 온도가 낮을 때　㉱ 연소실의 크기가 작을 때
　㉲ 연료의 조성이 맞지 않을 때　㉳ 연소장치가 불량할 때
　㉴ 운전 기술이 미숙할 때

㈑ 연소실 내에서 불안정한 연소의 원인
　㉮ 연료 중 이물질의 혼입　㉯ 연료의 점도가 너무 높을 때
　㉰ 분무량이 과대할 때　㉱ 공기와 연료의 압력이 불안정할 때
　㉲ 오일 배관 속에 공기, 증기가 혼입　㉳ 오일 예열온도가 높을 때

㈒ 역화(逆火)의 원인
　㉮ 프리퍼지가 불충분한 경우　㉯ 점화 시 착화시간이 지연된 경우
　㉰ 댐퍼의 개도가 너무 적은 경우　㉱ 공기보다 연료가 먼저 공급된 경우
　㉲ 연료의 인화점이 낮을 때　㉳ 1차 공기압력이 부족할 때
　㉴ 유압이 과대할 때

(3) 보일러 사고 방지

① 보일러 사고

㈎ 보일러 사고의 종류
　㉮ 동체나 드럼의 폭발 및 파열
　㉯ 노통, 연소실판, 수관, 연관 등의 파열
　㉰ 전열면의 팽출 및 압궤
　㉱ 부속장치 및 부속기기 등의 파열
　㉲ 벽돌 쌓음의 붕괴 및 파손
　㉳ 노내부 및 연도에서의 가스폭발
　㉴ 역화(back fire)

㈏ 구조적 원인
　㉮ 설계 및 재료 불량
　㉯ 제작 및 가공 불량

㈐ 취급상 원인
  ㉮ 압력 초과 : 안전장치의 고장 또는 능력부족
  ㉯ 과열 : 스케일의 부착, 저수위 사고 등으로 인한 판의 강도저하
  ㉰ 부식 : 급수처리 불량에 의한 내부부식 및 연소가스 중의 부식성 가스로 인한 외부부식
  ㉱ 급냉 및 급열에 의한 균열 및 구상부식 발생
  ㉲ 연소조작, 운전조작의 미숙 또는 오조작
  ㉳ 송기장치의 불량 또는 오조작

② 보일러 사고 방지 대책

㈎ 설비의 구입 : 제조업 허가를 받은 사업장에서 형식승인을 취득하고 제조된 것이어야 하며, 검사기관으로부터 검사를 받은 후에 구입하여야 하고, 설치자는 설치검사를 받은 후에 사용하여야 한다.

㈏ 연소 관리
  ㉮ 연료의 점도는 적정 점도를 유지할 수 있도록 연료의 예열온도를 유지하고, 연료는 일정유량이 계속적으로 공급되도록 한다.
  ㉯ 프리퍼지와 포스트 퍼지를 행하고 송풍기를 조작할 때에는 댐퍼 조작순서와 열림에 주의하여야 한다.
  ㉰ 점화 후에는 화염감시를 철저히 한다. 소화현상이 있는 경우는 반드시 그 원인을 제거한 후 다시 점화한다.
  ㉱ 저수위 현상이 있다고 판단될 때에는 즉시 연소를 중지한다.
  ㉲ 연소량의 급격한 증대와 감소의 가동은 억제한다.
  ㉳ 점화, 소화작업의 빈도가 적게 가동을 한다.

㈐ 수위 관리
  ㉮ 한번에 많은 양의 급수를 피하고 연속적으로 일정량씩 급수를 하여 일정 수위를 유지시키고, 수면계 수위가 50~60[%] 정도 되게 한다.
  ㉯ 급수장치 및 급수 조절장치 기능을 완전하게 유지한다.
  ㉰ 수면계와 압력계는 항상 감시의 대상이 되어야 하고 2개의 수면계 수위 또는 압력계 지시도가 다른 경우가 생긴다면 즉시 그 원인을 제거한다.
  ㉱ 관수 분출작업과 저수위 경보장치 계통의 장애물 제거, 분출 작업 시는 각종 밸브의 조작에 주의한다.
  ㉲ 관수 분출작업은 2인이 동시에 실시하되, 1인은 전면의 수위를 감시한다.
  ㉳ 연소기 및 연소상태의 음향, 송풍기 및 급수펌프의 작동음에 이상이 있다면 그

제1편 열설비 취급실무

　　　　원인을 찾아 제거한다.
　　㉯ 부하변동은 사용처와 사전에 연락이 되도록 한다.
　　㉰ 자동장치에 의존하여 조종자가 정위치에서 이탈해서는 안 된다.

㈑ 용수 관리 : 보일러 급수는 순수 혹은 연수로 처리된 처리수를 사용하여야 하며, 불순물 농도를 허용농도 이하로 유지하도록 수질검사 및 점검을 하고 적당한 시기에 적정량의 관수와 분출작업을 행한다.

㈒ 급수와 관수 한계치 유지 : 보일러 종류 및 사용압력별 급수와 관수의 허용한계치를 유지시킨다.

㈓ 정기 점검실시 : 급수계통, 연소계통, 안전장치 계통의 점검을 실시하고 그 결과를 기록 유지한다.

6. 보일러 보존

(1) 보일러 청소

① **보일러 청소의 목적**
　㈎ 전열효율 저하 방지　　㈏ 과열원인 제거 및 부식 방지
　㈐ 관수 순환 저해 방지　　㈑ 보일러 수명 연장
　㈒ 통풍 저항 방지　　　　㈓ 연료 절감 및 열효율 향상

② **내부 청소방법** : 보일러수 및 증기가 접촉되는 부분의 스케일 등을 청소하는 방법으로 기계적인 방법과 화학적인 방법이 있다.

　㈎ **기계적 청소법**(mechanical cleaning method) : 청소용 공구를 사용하여 수(手)작업으로 하는 방법과 튜브 클리너 등 기계를 사용하여 내면의 부착물을 제거하는 청소방법이다.

　㈏ **화학적 세관법**(chemical cleaning method) : 보일러 내면의 부착물을 기계적 청소법으로 제거하기 곤란할 때 산(酸), 알칼리, 유기산 등을 사용하여 부착물을 용해 제거하는 방법이다.

　　㉮ **산세관**(acid cleaning) : 내면의 스케일과 산과의 화학반응에 의해 스케일을 용해 제거하는 방법으로 일반적으로 5~10[%] 염산 수용액을 사용한다. 부식

을 방지하기 위해 부식억제제(inhibiter)를 적당량(0.2~0.6[%]) 첨가한다.
- ⓐ 산의 종류 : 염산(HCl), 황산(H_2SO_4), 인산(H_3PO_4), 설파민산(NH_2SO_3H)
- ⓑ 보일러수의 온도 : 60±5[℃]
- ⓒ 중화 방청제 종류 : 가성소다(NaOH), 암모니아(NH_3), 탄산나트륨(Na_2CO_3), 인산나트륨(Na_3PO_4), 히드라진(N_2H_4)
- ⓓ 처리공정 : 전처리 → 수세 → 산 세척 → 산액처리 → 수세 → 중화방청 처리

㉯ 알칼리 세관 : 보일러 제조 후 내면의 유지류, 규산계 스케일(실리카) 제거에 사용하는 방법이다.
- ⓐ 알칼리 종류 : 가성소다(NaOH), 암모니아(NH_3), 탄산나트륨(Na_2CO_3), 인산나트륨(Na_3PO_4)
- ⓑ 알칼리 농도 : 0.1~0.5[%]
- ⓒ 보일러수의 온도 : 약 70[℃]
- ⓓ 가성취화 방지제 : 질산나트륨($NaNO_3$), 인산나트륨(Na_3PO_4) 등을 첨가

㉰ 유기산 세관 : 오스테나이트계 스테인리스강이나 동 및 동합금 세관에 사용하며 유기산은 유기물이므로 보일러 운전 시 고온에서 분해하여 산이 남아 있어도 부식될 가능성이 희박하다.
- ⓐ 종류 : 구연산, 개미산
- ⓑ 구연산의 농도 : 3[%] 정도
- ⓒ 보일러수의 온도 : 90±5[℃]

㈐ 부식억제제(inhibiter) : 산세관시에 산과 금속재료가 직접 접촉하여 부식이 발생하는 방지 및 억제하는 것이다.

㉮ 구비조건
- ⓐ 부식억제 능력이 클 것
- ⓑ 점식이 발생되지 않을 것
- ⓒ 세관액의 온도, 농도에 대한 영향이 적을 것
- ⓓ 물에 대한 용해도가 크고, 화학적으로 안정할 것

㉯ 종류 : 수지계 물질, 알코올류, 알데히드류, 케톤류, 아민유도체, 함질소 유기화합물

㉰ 부식억제제 농도 : 0.3~0.5[%] 정도

④ **외부 청소방법** : 화염 및 연소가스가 접촉되는 노통이나 연관을 청소하는 방법이다.

㈎ **수공구 사용법** : 스크레이퍼(scraper), 와이어 브러시(wire brush) 등 사용

㈏ **그을음 불어내기(soot blow)** : 전열면 외측 또는 수관 주위의 그을음이나 재를 불어

제거하는 방법이다.
㉮ 분무매체별 구별 : 증기분사식, 공기분사식
㉯ 종류 : 장발형(long retractable type) 슈트 블로어, 단발형(short retractable type) 슈트 블로어, 정치 회전형(로터리형), 공기예열기 크리너, 건타입
㉰ 사용 시 주의사항
ⓐ 댐퍼를 완전히 열고 통풍력을 크게 한다.
ⓑ 그을음 제거를 하기 전에 반드시 응축수를 제거한다.
ⓒ 그을음 불어내기 관을 동일 장소에서 오래 동안 작용시키지 않는다.
ⓓ 흡입통풍기가 있을 경우 흡입통풍을 늘려서 한다.

㈐ 샌드 브라스트(sand blast) : 압축공기로 모래를 전열면의 그을음에 불어 날려서 제거하는 방법이다.
㈑ 스팀 소킹(steam soaking)법 : 증기로 그을음 층에 습기를 주어 제거하는 방법이다.
㈒ 워터 소킹(water soaking)법 : 분무수로 그을음 층에 뿌려서 물기를 포함시켜서 제거하는 방법이다.
㈓ 수세(washing)법 : pH8~9의 물을 대량으로 사용하는 방법이다.
㈔ 스틸 숏 클리닝(steel shot cleaning)법 : 강으로 된 구슬을 이용하는 방법이다.

(2) 보일러 보존

① **보일러의 보존 필요성** : 보일러 가동을 중지하고 일정기간 방치하면 내외부에서 부식이 발생되어 안전성 저하, 수명단축 등의 악영향을 미친다. 이러한 영향을 줄이기 위하여 보일러 중지 목적, 보일러의 구조 및 종류, 중지 기간, 장소, 계절 등을 고려하여 적절한 보존방법을 강구하여야 한다.

② **건조 보존법** : 보일러수를 완전히 배출한 후 동 내부를 완전히 건조시킨 후 흡습제, 산화방지제, 기화성 방청제 등을 넣고 밀폐시켜 보존하는 방법으로, 다음과 같은 방법이 있다.

㈎ **석회 밀폐건조법** : 보존 기간이 6개월 이상으로 보일러 내·외부를 청소한 다음 완전히 건조시킨 후 생석회나 실리카겔 등의 흡습제(건조제)를 내부에 넣은 후 밀폐시켜 보존하는 방법이다.
㉮ 흡습제의 종류 : 생석회, 실리카겔, 염화칼슘, 활성알루미나, 오산화인 등
㉯ 보일러 내용적 1[m³] 당 흡습제의 양
ⓐ 생석회 : 0.25[kg]
ⓑ 실리카겔, 염화칼슘, 활성알루미나 : 1~1.3[kg]

(나) **질소가스 봉입법** : 고압 대용량 보일러에 적합하며, 질소가스를 0.06[MPa] 정도로 압입하여 보일러 내부의 산소를 배제시켜 부식을 방지하는 방법이다. 질소가스의 압력이 0.015[MPa] 이하가 되면 질소가스를 압입하여 0.06[MPa] 정도의 압력을 유지시켜야 한다.

(다) **기화성 부식억제제(VCI : volatile corrosion inhibitor) 투입법** : 보일러 내부를 건조시킨 후 기화성 부식억제제를 투입하고 밀폐시켜 보존하는 방법이다.

③ **만수(滿水) 보존법** : 보일러 구조상 건식 보존법이 곤란한 경우, 동결의 우려가 없는 경우에 보일러 내부에 관수를 충만시켜 보존하는 방법으로 다음과 같은 방법이 있다.

(가) **보통 만수 보존법** : 보존 기간이 보통 2~3개월 정도인 경우에 적용하는 방법으로 보일러 내부를 청소한 후 보일러수를 만수로 한 후에 압력이 약간 오를 정도로 관수를 비등시켜 공기와 탄산가스를 제거한 후 서서히 냉각시켜 보존시키는 방법이다.

(나) **소다 만수 보존법** : 관수를 배출한 후 보일러 내·외부를 청소한 후에 가성소다($NaOH$), 아황산소다(Na_2SO_4) 등의 알칼리성 물로 채우고 보존시키는 방법이다.

④ **보존기간의 구분**

(가) **장기보존법** : 휴지기간이 2~3개월 이상 되는 경우로 석회 밀폐 건조법, 질소가스 봉입법, 기화성 부식억제제(VCI)투입 건조법, 소다 만수 보존법이 해당된다.

(나) **단기 보존법** : 휴지기간이 2주일에서 1개월 이내인 경우로 가열건조법과 보통 만수 보존법이 해당된다.

예상문제

01 다음은 보일러 급수의 수질에 대한 용어 설명이다. 각 설명에 적합한 용어를 쓰시오.
(1) 점토 등의 현탁성 물질에 의해 물이 탁해진 정도를 나타내는 값
(2) 수중에 함유하고 있는 칼슘(Ca) 및 마그네슘(Mg)의 농도를 나타낼 때의 척도로서 편의상 [ppm]으로 환산하여 나타낸 값
(3) 수중에 함유하고 있는 수소(H^+)의 농도지수를 나타내는 것으로 물이 산성인지 알칼리성인지를 나타내는 척도
(4) 수중에 함유하고 있는 강산, 탄산, 유기산 등의 산분을 중화하는 알칼리분을 [epm] 또는 이것이 대응하는 탄산칼슘 [ppm]으로 표시한 값
(5) 수중에 녹아있는 탄산수소염, 탄산염, 수산화물 및 그의 알칼리성염을 중화시키는 데 필요한 산의 소비량을 [epm] 또는 탄산칼슘 [ppm]으로 표시한 값

해답 ▶ (1) 탁도 (2) 경도 (3) 수소이온지수 (4) 알칼리도 (5) 산도

02 원통보일러의 pH(수소이온농도 지수) 값은 얼마인가?
(1) 급수 :
(2) 보일러 수 :

해답 ▶ (1) 7.0~9.0   (2) 11.0~11.8

해설 보일러 급수 및 보일러수 수질(pH) 기준

구 분	수관식 보일러		원통형 보일러
	1[MPa] 이하	1[MPa] 초과 2[MPa] 이하	
급수	pH7~9	pH8~9.5	pH7~9
보일러수	pH11~11.8	pH11~11.8	pH11~11.8

03 보일러용 급수를 리트머스지로 확인한 결과에 대한 물음에 답하시오.
(1) 급수 pH가 7 이하일 때 문제점은 무엇인가?
(2) 급수 pH가 7을 초과할 때 문제점은 무엇인가?

해답 ▶ (1) 강으로부터 용출되는 철의 양이 많아져 부식이 발생한다.
(2) 알칼리 부식의 원인이 된다.

04 급수 중에 함유되어 있는 불순물의 종류 5가지와 이것이 미치는 영향을 간단히 설명하시오.

> **해답** ① 용존가스 : 부식
> ② 염류 : 스케일 생성 및 과열
> ③ 유지류 : 과열 및 포밍
> ④ 알칼리 성분 : 가성취화 및 크랙
> ⑤ 산류 : 부식

> **해설** 스케일 생성 원인
> ① 보일러수(水)의 농축(濃縮)
> ② 온도상승에 따른 용해도의 감소
> ③ 분해에 의한 난용성 물질의 생성
> ④ 부식 생성물

05 보일러 수에 함유되어 있는 물질 중 스케일 생성 성분을 4가지 쓰시오.

> **해답** ① 중탄산칼슘[$Ca(HCO_3)_2$], 중탄산마그네슘[$Mg(HCO_3)_2$]
> ② 황산칼슘($CaSO_4$), 황산마그네슘($MgSO_4$)
> ③ 규산염($CaSiO_3$, $MgSiO_3$, $NaSiO_3$)
> ④ 염화칼슘($CaCl_2$), 염화마그네슘($MgCl_2$)

06 다음은 스케일 특성을 설명한 것이다. 설명을 읽고 해당되는 스케일 원인물질을 [보기]에서 찾아 쓰시오.

| 보기 | ① 황산칼슘 ② 실리카 ③ 황산마그네슘 ④ 중탄산마그네슘 ⑤ 중탄산칼슘

(1) 고온에서 석출하므로 주로 증발관에서 스케일화 되는 것으로 보일러 내처리가 불충분한 경우에 생성되기 쉽고 대단히 악질 스케일이 된다.
(2) 급수 용존염류 중 가장 일반적인 슬러지 성분으로 온도가 낮은 상태에서 발생한다.
(3) 보일러수 중에 열분해 되어 탄산마그네슘, 수산화마그네슘 슬러지가 된다.
(4) 용해도가 커서 그 자체로는 스케일 생성이 잘 안되나 탄산칼슘과 작용해서 황산칼슘과 수산화마그네슘의 경질 스케일이 발생한다.
(5) 급수 중의 칼슘성분과 결합하여 규산칼슘을 생성하고 알루미늄이온과 결합해서 여러 가지 형태의 스케일을 생성하고, 이것의 함유량이 많은 스케일은 아주 단단한 경질이다.

> **해답** (1) 황산칼슘 (2) 중탄산칼슘 (3) 중탄산마그네슘 (4) 황산마그네슘 (5) 실리카

제1편 열설비 취급실무

07 보일러의 내면이나 관벽 및 전열면에 스케일이 부착하였을 때의 발생되는 현상(장애) 3가지를 쓰시오.

해답 ① 전열면에 부착하여 전열을 방해한다.
② 보일러 효율이 저하하고, 연료소비량이 증가한다.
③ 전열면의 국부과열로 인한 파열사고의 우려가 있다.
④ 보일러수의 순환을 방해하고, 수면계 등 연락관을 폐쇄시킨다.
⑤ 연료의 연소열량을 보일러수에 전달하지 못하므로 배기가스 온도가 상승된다.

08 보일러 내 스케일(scale) 생성 방지대책 2가지를 쓰시오.

해답 ① 급수 중의 염류, 불순물을 되도록 제거한다.
② 보일러 수의 농축을 방지하기 위하여 적절히 분출시킨다.
③ 보일러 수에 약품을 넣어서 스케일 성분이 고착하지 않도록 한다.
④ 수질분석을 하여 급수 한계치를 유지하도록 한다.

09 급수관리의 목적을 4가지 쓰시오.

해답 ① 스케일, 슬러지가 고착되는 것을 방지하기 위하여
② 보일러수가 농축되는 것을 방지하기 위하여
③ 보일러 부식을 방지하기 위하여
④ 가성취화현상을 방지하기 위하여
⑤ 캐리오버현상을 방지하기 위하여

10 보일러 급수의 외처리 방법 중 물리적 처리 방법을 3가지 쓰시오.

해답 ① 여과법 ② 침강법 ③ 기폭법 ④ 탈기법

해설 외처리 방법 분류
① 물리적 방법 : 여과법, 침강법, 기폭법, 탈기법
② 화학적 방법 : 약제 첨가법, 이온교환법, 응집법

11 보일러 급수처리에 대한 다음 물음에 답하시오
(1) 고체 협잡물(현탁물) 처리방법을 3가지 쓰시오.
(2) 용해 고형물 처리방법을 3가지 쓰시오.

해답 (1) ① 침강법(침전법) ② 여과법 ③ 응집법
(2) ① 이온교환수지법 ② 증류법 ③ 약품첨가법

제6장 보일러 안전관리

12 급수의 외처리 방법 중 응집법에서 사용하는 응집제의 종류를 2가지 쓰시오.

해답 ① 황산알루미늄   ② 폴리 염화알루미늄

해설 응집법 : 침강법이나 여과법 등으로 분리가 되지 않는 미세한 입자를 응집제(황산알루미늄, 폴리 염화알루미늄)를 주입하여 불용성의 수산화알루미늄의 플록(flock)에 미세입자를 흡착 응집시켜 슬러리로 만들어 제거하는 방법이다.

13 보일러 급수 중의 용존산소 및 용존가스를 제거하여 부식을 방지하는 급수처리방식 명칭을 쓰시오.

해답 ① 기폭법(폭기법)
② 탈기법

14 보일러 수처리 중 순환계통 외 처리과정에 대한 물음에 답하시오.

(1) [보기]의 처리과정 순서에서 ( ) 안에 알맞은 용어를 넣으시오.

| 보기 | 원수 → (①) → (②) → 여과 → (③) → 급수

(2) 순환계통 외 처리과정에서 불순물로 제거되는 것 5가지를 쓰시오.

해답 (1) ① 응집   ② 침전   ③ 탈염 연화
(2) ① 현탁고형물   ② 용해고형물   ③ 용존산소   ④ 경도성분
⑤ 실리카(SiO_2)   ⑥ 알칼리분   ⑦ 유지류   ⑧ 유기물

15 청관제 선정 시 고려하여야 할 사항을 4가지 쓰시오.

해답 ① 수질을 정확히 분석, 파악한다.
② 스케일의 화학적 조성을 분석한다.
③ 내처리제의 주요 성분을 파악한다.
④ 가열 후 슬러지 생성을 파악한다.
⑤ pH 변화 측정, 인산염 농도를 측정한다.
⑥ 관석을 함께 첨가, 용해현상을 검토한다.

16 보일러 급수 내처리제인 청관제를 사용하는 목적 4가지를 쓰시오.

해답 ① 보일러수의 pH 조정   ② 보일러수의 연화
③ 슬러지의 조정   ④ 보일러수의 탈산소
⑤ 가성취화 방지   ⑥ 포밍(foaming) 방지

17 다음 보일러 내처리용 청관제의 역할을 설명하고 종류를 각각 2가지씩 쓰시오.

(1) pH 및 알칼리 조정제 :

(2) 연화제 :

(3) 슬러지 조정제 :

(4) 탈산소제 :

(5) 가성취화 방지제 :

(6) 기포 방지제(포밍 방지제) :

해답 (1) ① 역할 : 급수 및 보일러수의 pH 및 알칼리도를 조절하여 스케일 부착을 방지하고 부식을 방지한다.
　　　② 종류 : 수산화나트륨(가성소다 : NaOH), 탄산나트륨(Na_2CO_3), 인산나트륨(Na_3PO_4), 인산(H_3PO_4), 암모니아(NH_3)
(2) ① 역할 : 보일러수 중의 경도성분을 불용성으로 침전시켜 슬러지로 하여 스케일 부착을 방지한다.
　　　② 종류 : 수산화나트륨(NaOH), 탄산나트륨(Na_2CO_3), 인산나트륨(Na_3PO_4)
(3) ① 역할 : 슬러지가 보일러의 전열면에 부착하여 스케일로 되는 것을 방지하기 위하여 보일러수 중에 분산, 현탁시켜 분출에 의해 쉽게 배출할 수 있도록 한다.
　　　② 종류 : 탄닌($C_{76}H_{52}O_{46}$), 리그린, 전분($C_6H_{10}O_5$)
(4) ① 역할 : 급수 중의 용존산소를 제거하여 부식(점식)을 방지한다.
　　　② 종류 : 아황산나트륨(Na_2SO_3), 히드라진(N_2H_4), 탄닌
(5) ① 역할 : 가성취화 현상을 방지하기 위하여 사용한다.
　　　② 종류 : 황산나트륨(Na_2SO_4), 인산나트륨(Na_3PO_4), 질산나트륨, 탄닌, 리그린
(6) ① 역할 : 포밍현상을 방지하기 위하여 사용한다.
　　　② 종류 : 고급 지방산 폴리아민, 고급 지방산 폴리알콜

18 급수 중의 용존산소를 제거하여 점식과 같은 부식을 방지하는 목적으로 사용하는 탈산소제의 종류 3가지를 쓰시오.

해답 ① 아황산나트륨(Na_2SO_3) ② 히드라진(N_2H_4) ③ 탄닌

19 보일러 급수 관리에 관한 물음에 답하시오.

(1) 가성소다, 탄산소다, 생석회 등을 사용하여 보일러수 중의 경도성분을 불용성의 화합물인 슬러지로 만들어 스케일 생성을 방지하는 내처리제 명칭을 쓰시오.

(2) 경도성분을 제거하여 연수로 만드는 방법으로 고체의 이온 교환체 입자층에 처리하여야 할 급수를 통하게에 하여 이온교환체의 특정이온과 처리하여야 할 급수 중의 이온과 교환하는 방법으로 급수를 처리하는 외처리법의 명칭을 쓰시오.

해답 (1) 연화제　(2) 이온교환법

20 신설보일러의 사용 전 내부점검 사항을 4가지 쓰시오.

해답 ① 기수분리기, 기타 부품의 부착상황을 확인하고 공구나 볼트, 너트, 헝겊조각 등이 보일러에 들어 있는지 점검한다.
② 내부에 이상이 없는지 확인하고 맨홀, 검사구 등에 수압시험에 사용한 맹판 등이 제거되어 있는지 각 구멍을 점검한 후 개방되어 있는 것은 뚜껑을 닫고 밀폐시킨다.
③ 내부의 공기를 빼고 밸브를 열어 놓은 상태로 급수하고 수위가 상승할 때 저수위 경보기 또는 연료차단장치 등의 인터로크가 정확하게 작동하는지 확인한다.
④ 만수시킨 후 공기가 완전히 빠졌는지 확인한 뒤 공기빼기 밸브를 닫고 정상사용압력보다 10[%] 이상의 수압을 가하여 각부가 새지 않는지 확인한다.

21 신설 보일러에서 알칼리 세정과 소다 끓임을 하기 전의 처리방법으로, 물이나 히드라진 100[ppm] 정도를 첨가한 세정수로 펌핑하는 것을 무엇이라 하는가?

해답 플러싱

22 신설 보일러에서 내부에 부착된 유지분, 페인트류, 녹 등을 제거하기 위하여 실시하는 작업을 무엇이라 하는가?

해답 소다 끓이기(또는 소다 보링)

해설 소다 끓이기에 사용되는 약품 : 가성소다($NaOH$), 제3 인산나트륨(Na_3PO_4), 탄산나트륨(Na_2CO_3)

23 사용 중인 보일러의 점화 전 일반적인 점검사항 5가지를 쓰시오.

해답 ① 수면계 수위를 점검한다.
② 수면계, 압력계 및 각종 계기류와 자동제어장치를 점검한다.
③ 연료 계통 및 급수 계통을 점검한다.
④ 중유 연소의 경우 연료 펌프 및 유예열기를 작동시킨다.
⑤ 각 밸브의 개폐상태를 확인 점검한다.
⑥ 댐퍼를 완전히 개방하고 프리퍼지를 행한다.

24 장기 휴지보일러의 사용 전 준비사항으로 연소계통의 점검 사항을 4가지 쓰시오.

해답 ① 기름탱크의 유량, 가스압력을 확인하여 연료공급에 차질이 생기지 않도록 한다.
② 연료배관은 연료가 누설되지 않은지 점검하고 연료밸브를 열어 놓는다.
③ 화염검출기의 오염 여부를 확인하고 유리면을 깨끗이 닦는다.
④ 연도 댐퍼가 잠겨 있는지 확인하고 열어 놓는다.

해설 장기 휴지(休止) 보일러란 '오랜 기간 동안 가동을 하지 않는 보일러'란 뜻이다.

25 가스보일러 점화 시 주의사항이다. ( ) 안에 알맞은 용어 및 숫자를 쓰시오.

> 가스보일러 점화 시 연소실 내의 체적 (①)배 이상의 공기로 충분한 프리퍼지를 행한다. 이때, 댐퍼는 (②) 행하여야 한다.

해답 ① 4 ② 완전히 열고

26 보일러 및 연소기에는 점화 및 착화하기 전에 반드시 프리퍼지(pre-purge)를 실시하는데 그 이유를 설명하시오.

해답 보일러를 가동하기 전에 노 내와 연도에 체류하고 있는 가연성 가스를 배출시켜 점화 및 착화 시에 폭발을 방지하여 안전한 가동을 위한 것이다.

해설 포스트 퍼지(post-purge) : 보일러 운전이 끝난 후, 노 내와 연도에 체류하고 있는 가연성 가스를 배출시키는 작업이다.

27 보일러에서 연료를 연소할 때 화염의 형태 및 불빛으로 연소공기의 과부족을 판단할 수 있다. 다음의 공기량별 불빛 색(화염의 색)을 쓰시오.
 (1) 공기량이 많은 경우 :
 (2) 공기량이 적은 경우 :
 (3) 공기량이 적당한 경우 :

해답 (1) 회백색
 (2) 암적색
 (3) 엷은 주황색(오렌지색)

28 점화 시 급격히 압력을 증가시키면 안 되는 이유를 2가지 쓰시오.

해답 ① 전열면의 부동팽창의 원인
 ② 내화물의 스폴링 현상의 원인
 ③ 그루빙 및 균열의 원인

29 보일러 과열의 원인을 3가지 쓰시오.

해답 ① 이상 감수 현상이 발생하였을 때
 ② 동 내면에 스케일이 생성되어 전열이 불량한 경우
 ③ 보일러 수가 농축되어 순환이 불량한 때
 ④ 전열면에 국부적으로 심한 열을 받았을 때
 ⑤ 연소실 열부하가 지나치게 큰 경우

해설 과열의 방지 대책
① 적정 보일러수위를 유지한다.
② 동 내면에 스케일 생성을 방지하고 고착되지 않도록 한다.
③ 보일러 수가 농축되지 않도록 하고, 순환을 교란시키지 않도록 한다.
④ 전열면에 국부적인 과열을 방지한다.
⑤ 연소실 열부하가 너무 높지 않도록 한다.

30 보일러 동체, 수관, 겔로웨이관 등에서 370[℃] 이상 과열되었을 때 강도가 약해져 인장응력을 받는 부분이 압력에 견디지 못하고 바깥쪽으로 부풀어 나오는 현상의 명칭을 쓰시오.

해답 팽출 현상

해설 팽출 및 압궤 : 370[℃] 이상 과열이 되었을 때 강도가 약해져 발생하는 현상이다.
① 팽출(bulge) : 동체, 수관, 겔로웨이관 등과 같이 인장응력을 받는 부분이 압력에 견디지 못하고 바깥쪽으로 부풀어 나오는 현상이다.
② 압궤(collapse) : 노통, 연소실, 연관, 관판 등과 같이 압축응력을 받는 부분이 압력에 견디지 못하고 안쪽으로 들어가는 현상이다.

31 보일러가 과열되었을 때 강도가 약해져 발생하는 이상 현상 중 팽출(bulge)이 발생하는 부분을 3곳 쓰시오.

해답 ① 동체   ② 수관   ③ 겔로웨이관

32 보일러의 노통이나 화실과 같은 원통이 외측에서의 압력에 의해 함몰되는 현상을 무엇이라 하는가?

해답 압궤

33 보일러 강판이나 강관을 제조할 때 재질 내부에 가스체 등이 함유되어 두 장의 층을 형성하고 있는 상태의 결함을 무엇이라 하는가?

해답 라미네이션

34 보일러 판에서 발생하는 현상 중 라미네이션과 블라스터에 대하여 설명하시오.

해답 ① 라미네이션(lamination) : 압연 강판이나 관의 두께 내부에 가스가 존재한 상태로 가공을 하였을 때 판이나 관이 2장의 층을 형성하며 분리되는 현상
② 블라스터(blister) : 라미네이션 부분이 가열로 인하여 부풀어 오르는 현상

35 가성취화에 대하여 설명하시오.

> **해답** 보일러 수중에서 분해되어 생긴 가성소다(NaOH)가 과도하게 농축되면 수산이온 (OH^-)이 많아져서 알칼리도가 높아진다. 이것이 강재와 작용해서 생기는 나트륨(Na)이 강재의 결정입계를 침해하여 재질을 열화, 취화 시키는 것으로 보일러판의 국부 리벳 연결부 등에서 발생하며, 균열이 발생하는 것으로 알 수 있다.

36 보일러 외부부식에 대한 물음에 답하시오.
  (1) 고온부식을 일으키는 원인 성분은 무엇인가?
  (2) 고온부식의 방지대책 4가지를 쓰시오.

> **해답** (1) 바나듐
> (2) ① 연료를 전처리하여 바나듐 성분을 제거할 것
>   ② 전열면의 온도가 높아지지 않도록 설계할 것
>   ③ 전열면의 표면에 보호피막 형성 또는 내식성 재료를 사용한다.
>   ④ 연료에 첨가제를 사용하여 바나듐의 융점을 높인다.
>   ⑤ 부착물의 성상을 바꾸어 전열면에 부착하지 못하도록 한다.

> **해설** 외부부식의 원인 성분
> ① 고온부식 : 바나듐(V)
> ② 저온부식 : 황(S)

37 연소가스에 의한 장해 중 저온부식에 대하여 설명하시오.

> **해답** 연료 속에 함유된 유황분이 연소되어 아황산가스(SO_2)가 되고, 이것이 다시 오산화바나듐(V_2O_5) 등의 촉매작용에 의하여 과잉공기와 반응해서 일부분이 무수황산(SO_3)으로 되며 이것은 연소가스 속의 수증기와 화합하여 황산(H_2SO_4)이 되어 보일러 저온 전열면에 부착하여 그 부분을 부식시키는 것이다.

> **해설** (1) 각 과정의 반응식
>   ① 황성분이 아황산가스(SO_2)가 되는 반응 : $S + O_2 \rightarrow SO_2$
>   ② 아황산가스가 산소와 반응하여 무수황산(SO_3)이 되는 반응
>   : $SO_2 + \frac{1}{2}O_2 \rightarrow SO_3$
>   ③ 무수황산(SO_3)이 황산(H_2SO_4)이 되는 반응 : $SO_3 + H_2O \rightarrow H_2SO_4$
> (2) 저온부식 방지 대책
>   ① 연료 중의 황분(S)을 제거한다.
>   ② 연료에 첨가제를 사용하여 황산 증기의 노점온도를 낮춘다.
>   ③ 무수황산을 다른 생성물로 변경시킨다.
>   ④ 배기가스의 온도를 노점온도 이상으로 유지한다.
>   ⑤ 배기가스 온도가 황산증기의 노점까지 저하되기 전에 배출시킨다.
>   ⑥ 연료가 완전 연소할 수 있도록 연소방법을 개선한다.

38 다음은 외부부식에 관한 설명이다. ( ) 안에 알맞은 용어를 쓰시오.

(1) 고온부식이란 중유를 연소하는 보일러에서 중유 중에 포함되어 있는 (①)이 연소용 공기 중의 (②)와 반응하여 (③)을 생성하고, 이것이 (④)의 전열면에 부착하여 부식작용을 일으키는 현상이다.

(2) 저온부식은 (①)성분이 많은 연료가 연소되어 (②)가 되고, 일부는 과잉공기와 반응하여 (③)으로 된다. 이것이 다시 연소가스 중의 (④)와 반응하여 (⑤)이 되어 (⑥)의 전열면 등에 응축되어 심한 부식을 일으키는 현상이다.

해답
(1) ① 바나듐(V) ② 산소 ③ 오산화바나듐(V_2O_5) ④ 고온
(2) ① 황(S) ② 아황산가스(SO_2) ③ 무수황산(SO_3)
  ④ 수증기(H_2O) ⑤ 황산(H_2SO_4) ⑥ 저온

39 부식의 분류 중 균열을 동반하지 않는 국부부식의 종류 5가지를 쓰시오.

해답 ① 점식 ② 틈새부식 ③ 입계부식 ④ 이종금속 접촉부식 ⑤ 탈성분부식

해설 국부부식의 분류
(1) 습식
  ① 전면부식
    ㉮ 피막을 수반하는 부식 : 균일부식
    ㉯ 피막을 수반하지 않는 부식 : 알칼리부식, 황산노점부식(저온부식)
  ② 국부부식
    ㉮ 균열을 동반하는 부식 : 응력부식균열, 부식피로, 수소취화
    ㉯ 균열을 동반하지 않는 부식 : 점식, 틈새부식, 입계부식, 이종금속 접촉부식, 탈성분부식
  ③ 물리적 작용을 수반하는 부식 : 침식부식, 캐비테이션손상, 마모부식
(2) 건식 : 고온산화, 고온부식, 황화부식

40 보일러에서 발생하는 일반부식에 대한 내용에서 ( ) 안에 알맞은 용어를 쓰시오.

보일러 물의 pH가 낮게 유지되어 약산성이 되면 약알칼리성의 (①)은 철(Fe)과 물(H_2O)로 중화 용해되면서 그 양이 감소하면 보일러 드럼의 철(Fe)이 물과 반응하여 그 감소량을 보충하는 방향으로 반응이 진해되기 때문에 강으로부터 용출되는 철이 양이 많아져 부식이 발생하게 된다. 보일러 물에 용존산소가 존재하고 물의 온도가 고온이 되면 (①)은 용존산소와 반응하여 (②)로 산화된다.

해답 ① 수산학 제1철[$Fe(OH)_2$]
② 수산화 제2철[$Fe(OH)_3$]

해설 (1) pH가 낮을 때 수산화 제1철의 용해 반응식
$Fe(OH)_2 + 2H^+ \rightarrow Fe + 2H_2O$
(2) 수중에 용존산소가 있을 때 반응식
$4Fe(OH)_2 + O_2 + 2H_2O \rightarrow 4Fe(OH)_3$
(3) 보일러 물의 pH가 낮으면 부식 생성물인 수산화 제2철[$Fe(OH)_3$] 및 일부 산화가 안 된 수산화 제1철[$Fe(OH)_2$] 등의 불용성 물질이 강재 표면에 부착하여 적색을 띠는 녹이 발생한다.

41 보일러에서 그루빙(grooving)은 어느 부분에 많이 발생하는가?

해답 ① 노통의 애덤슨 조인트의 플랜지 부분
② 평경판의 거싯 스테이(gusset stay) 부분

해설 구상부식(grooving) : 단면의 형상이 U자형, V자형으로 홈이 깊게 파인 것과 같이 선형으로 부식되는 현상을 말한다. 노통의 애덤슨 조인트의 플랜지 부분이나 평경판의 거싯 스테이(gusset stay) 부분에 많이 발생한다.

42 그루빙 발생 방지법을 3가지 쓰시오.

해답 ① 열응력을 적게 한다.
② 만곡부의 반지름을 크게 한다.
③ 브리징 스페이스를 설치한다.

43 보일러의 부식속도 측정 방법을 3가지 쓰시오.

해답 ① Tafel 외삽법　② 선형 분극법
③ 임피던스법　④ 무게 감량법
⑤ 용액 분석법

해설 부식속도 측정법
① 전기 화학적인 방법 : 자연전위 근처에서는 전위와 전류사이에 선형적인 관계가 존재하는 분극특성을 이용하여 분극량을 조정하여 전류의 크기를 측정하는 방법으로 Tafel 외삽법, 선형 분극법, 임피던스법이 있다.
② 비전기 화학적 방법 : 금속을 부식매체 속에 일정시간 동안 방치한 후에 금속의 무게감량이나 용액 속으로 용출된 금속이온의 양을 정량하는 방법이 있다.

44 보일러 운전 중 발생하는 캐리오버 현상에 대하여 설명하시오.

해답 프라이밍(priming), 포밍(foaming)현상에 의하여 발생된 물방울이 증기 속에 섞여 관내를 흐르는 현상으로 기수공발, 비수현상이라 한다.

45 보일러에서 발생하는 이상 현상에 대하여 설명하시오.

(1) 프라이밍(priming) 현상 :

(2) 포밍(foaming) 현상 :

(3) 캐리오버(carry over) 현상 :

해답 ▶ (1) 급격한 증발현상으로 동수면에서 작은 입자의 물방울이 증기와 혼입하여 튀어 오르는 현상
(2) 동저부에서 작은 기포들이 수면상으로 오르면서 물거품이 발생하여 수면에 달걀 모양의 기포가 덮이는 현상
(3) 프라이밍(priming), 포밍(foaming)현상에 의하여 발생된 물방울이 증기 속에 섞여 관내를 흐르는 현상으로 기수공발, 비수현상이라 한다.

46 보일러에서 비수[기수공발(carry over)] 발생원인 5가지를 쓰시오.

해답 ▶ ① 보일러 관수의 농축
② 유지분, 알칼리분, 부유물 함유
③ 주증기 밸브의 급격한 개방
④ 부하의 급격한 변화
⑤ 증기발생 속도가 빠를 때
⑥ 청관제 사용이 부적합
⑦ 보일러 관수 수위가 높음

47 프라이밍(priming) 현상의 발생원인 4가지를 쓰시오.

해답 ▶ ① 보일러 관수가 농축되었을 때
② 보일러 수위가 높을 때
③ 송기 시 주증기 밸브를 급개하였을 때
④ 보일러 증발능력에 비하여 보일러수의 표면적이 작을 때
⑤ 부하의 급격한 변화 및 증기발생 속도가 빠를 때
⑥ 청관제 사용이 부적합할 때

48 보일러 운전 중 발생하는 비수현상(carry over)의 방지대책 4가지를 쓰시오.

해답 ▶ ① 보일러수를 농축시키지 않는다.
② 보일러수 중의 불순물을 제거한다.
③ 과부하가 되지 않도록 한다.
④ 비수방지관을 설치한다.
⑤ 주증기 밸브를 급격히 개방하지 않는다.
⑥ 수위를 고수위로 하지 않는다.

제1편 열설비 취급실무

49 보일러 운전 중 프라이밍 및 포밍이 발생하였을 때 조치사항 4가지를 쓰시오.

해답 ① 연료를 차단한다.(줄인다)
② 공기를 차단한다.(줄인다)
③ 주증기 밸브를 닫고, 수위를 안정시킨다.
④ 급수 및 분출작업 반복한다.
⑤ 계기류를 점검한다.

해설 프라이밍 및 포밍 방지대책
① 보일러수를 농축시키지 않는다.
② 보일러수 중의 불순물을 제거한다.
③ 과부하가 되지 않도록 한다.
④ 비수방지관을 설치한다.
⑤ 주증기 밸브를 급격히 개방하지 않는다.
⑥ 수위를 고수위로 하지 않는다.

50 증기를 송기할 때 발생하는 수격작용(water hammer)에 대한 물음에 답하시오.
 (1) 수격작용의 정의를 쓰시오.
 (2) 수격작용 방지대책 3가지를 쓰시오.

해답 (1) 배관 내부에 체류하는 응축수가 송기 시에 고온 고압의 증기에 의해 배관을 심하게 타격하여 소음을 발생하는 현상으로 배관 및 밸브류가 파손될 수 있다.
 (2) ① 기수공발(carry over) 현상 발생을 방지할 것
  ② 주증기 밸브를 서서히 개방할 것
  ③ 증기배관의 보온을 철저히 할 것
  ④ 응축수가 체류하는 곳에 증기트랩을 설치할 것
  ⑤ 드레인 빼기를 철저히 할 것
  ⑥ 송기 전에 소량의 증기로 배관을 예열할 것(난관[暖管]조작)

해설 수격작용 발생원인
① 기수공발(carry over) 현상 발생 시
② 주증기 밸브를 급개(急開)할 때
③ 배관에서의 손실열량이 과대할 때
④ 배관 구배(기울기) 선정의 잘못
⑤ 부하변동이 심할 때

51 보일러 내 수위가 이상고수위로 운전할 때 발생하는 장해 3가지를 쓰시오.

해답 ① 캐리오버 현상이 발생한다.
② 증기배관 등에서 수격작용이 발생한다.
③ 수분 중에 함유된 불순물이 과열기 관벽에 부착되어 과열손상의 원인이 된다.
④ 터빈 등 증기원동기를 작동시키는 경우 효율저하 및 부식이 발생된다.

⑤ 보일러 수위가 만수상태가 되면 보일러 압력이 급상승되어 파열사고의 원인이 될 수 있다.

해설 이상감수 원인 및 조치 방법
(1) 원인
① 급수장치의 능력 및 기능저하
② 급수탱크 수량 부족
③ 수면계 기능 불량
④ 수위제어장치의 기능 불량
⑤ 분출장치에서의 누설
(2) 조치 방법
① 연료 공급 차단
② 연소용 공기 공급정지
③ 주증기 밸브 차단
④ 보일러수위 유지, 확인
⑤ 댐퍼를 개방한 상태로 강제통풍 실시

52 보일러에서 이상증발을 초래하는 원인 중 운전방법에 따른 이상증발의 원인을 4가지 쓰시오.

해답 ① 주증기 밸브를 급개할 때
② 고수위 운전 시
③ 증기 부하가 과대할 때
④ 보일러수에 불순물 다량 함유 시
⑤ 보일러수의 농축 시
⑥ 증기압력을 급격히 강하시킨 경우

53 보일러 운전 시 이상증발을 발생시킬 수 있는 보일러의 구조적 및 설계적인 문제점을 4가지 쓰시오.

해답 ① 보일러의 증발능력에 비해 보일러 수면의 면적이 작은 경우
② 표준수위와 증기 배출구의 거리가 너무 가까운 경우
③ 보일러 능력에 비해 연소장치의 능력이 너무 큰 경우
④ 비수방지장치가 잘못 설치되었거나 불충분한 경우
⑤ 보일러수의 순환이 불량한 경우

54 보일러 가동을 시작할 때 점화가 불량한 경우 그 원인 5가지를 쓰시오.

해답 ① 점화버너의 공기비 조정이 나쁠 때
② 점화전극의 클리어런스가 맞지 않을 때
③ 점화용 트랜스의 전기스파크가 불량할 때
④ 연료의 유출속도가 너무 빠르거나 늦을 경우
⑤ 연소실의 온도가 낮을 때
⑥ 연료(오일)의 온도가 너무 높을 때
⑦ 버너의 유압이 맞지 않을 때

⑧ 통풍이 적당하지 않을 때
⑨ 화염검출기의 기능이 불량할 때
⑩ 점화봉의 삽입 위치가 불량할 때

55 가마울림 현상의 방지대책 4가지를 쓰시오.

해답 ① 연료 속에 함유된 수분이나 공기는 제거한다.
② 연료량과 공급되는 공기량의 밸런스를 맞춘다.
③ 무리한 연소와 연소량의 급격한 변동은 피한다.
④ 연도의 단면이 급격히 변화하지 않도록 한다.
⑤ 노 내와 연도 내에 불필요한 공기가 누입되지 않도록 한다.
⑥ 2차 연소를 방지한다.
⑦ 2차 공기를 가열하여 통풍조절을 적정하게 한다.
⑧ 연소실내에서 완전 연소시킨다.
⑨ 연소실이나 연도를 연소가스가 원활하게 흐르도록 개량한다.

56 보일러 연소 중에 발생하는 역화의 원인 4가지를 쓰시오.

해답 ① 연도댐퍼의 개도를 너무 좁힌 경우
② 연도댐퍼가 고장이 나서 폐쇄된 경우
③ 연소량을 증가시킬 경우는 공급공기량을 증가시키고 나서 연료량을 증가시키고, 반대로 연소량을 감소시킬 경우에는 우선 연료량을 감소시키고 나서 공급공기량을 감소시켜야 하는데 그 반대로 조작한 경우
④ 압입통풍이 너무 강한 경우
⑤ 흡입통풍이 부족한 경우
⑥ 평형통풍인 경우 압입, 흡입의 두 통풍 밸런스가 유지되지 못하는 경우
⑦ 불완전 연소의 상태가 두드러진 경우
⑧ 보일러 용량 이상으로 연소량을 증가시키는 무리한 연소를 한 경우
⑨ 연료공급량 조절장치의 고장 등으로 인하여 분무량이 급격히 증가한 경우
⑩ 연소실벽이나 노상 또는 버너타일에 카본이 다량으로 부착된 경우

해설 역화의 원인
(1) 점화 시의 역화의 원인
  ① 프리퍼지의 불충분이나 또는 하지 않은 경우
  ② 착화가 지연되거나 또는 불착화를 발견하지 못하고 연료를 노내에 분무한 경우
  ③ 점화봉, 점화용 전극, 점화용 버너 등의 점화원을 사용하지 않고 노의 잔열로 점화한 경우
  ④ 연료 공급밸브를 필요 이상 급개하여 다량으로 분무한 경우
  ⑤ 점화원을 가동하기 전에 연료를 분무해 버린 경우
(2) 연도의 구성 결함 등으로 인한 역화의 원인
  ① 연도의 굴곡이 심한 경우
  ② 연도가 너무 긴 경우

③ 연도에 가스포켓이 있는 경우
④ 연도가 지하수 등이 용출되기 쉬운 장소에 위치하고 있어 습기가 차기 쉬운 경우
(3) 기타 역화의 원인
① 중유의 인화점이 너무 낮은 경우
② 수분이나 협잡물의 함유비율이 높은 경우 또는 공기가 들어 있는 경우
③ 유압이 과대한 경우
④ 분사공기(또는 증기)의 압력이 불안정한 경우

57 버너출구에서 가연성 기체의 유출 속도가 연소속도보다 큰 경우 불꽃이 노즐에 정착되지 않고 꺼져버리는 현상을 무엇이라 하는가?

해답 ▶ 블로 오프(blow off) 현상

58 벙커C유를 사용하는 보일러를 장시간 사용하였을 때 노벽에 카본이 부착되는 원인 4가지를 쓰시오.

해답 ▶ ① 유류의 분무상태 또는 공기와의 혼합이 불량하거나 1차 공기량이 부족한 경우
② 버너가 버너 타일 및 노와 구조적으로 부적합 경우
③ 단속적인 운전이 지속되는 경우
④ 잔류탄소가 많은 오일을 사용하는 경우
⑤ 중유를 장시간 고온으로 예열하는 경우
⑥ 화염이 노벽에 직접 닿으면서 연소하는 경우

해설 카본 생성 방지조치
① 연료의 분무를 원활히 하여 공기와의 혼합상태를 양호하게 한다.
② 증기의 사용을 평균화하여 가능한 한 보일러를 연속적으로 운전한다.
③ 연소 휴지 중에는 버너의 분무구 등을 완전히 청소한다.
④ 버너의 유압은 항상 소정의 범위로 제한한다.
⑤ 연료의 예열온도를 필요 이상으로 가열하지 않는다.
⑥ 보일러 구조에 적합한 버너와 버너타일을 설치한다.

59 보일러 연도에 설치된 배기가스 온도계에서 온도가 크게 올라가는 이유 2가지를 쓰시오.

해답 ▶ ① 전열면 내부에 스케일이 과다하게 부착되었을 때.
② 전열면 외부에 그을음이 과다하게 부착되었을 때
③ 과부하 상태로 연소되고 있을 때

60 노후 열화된 보일러 튜브 교체시기 3가지를 쓰시오.

해답 ▶ ① 심하게 과열되어 튜브가 소손 되었을 때
② 스케일 생성이 많이 되었을 때

③ 배기가스 온도 상승이 급격히 증가할 때
④ 열효율이 낮아질 경우

61 보일러 사고의 원인 중 구조적 원인을 3가지 쓰시오.

해답 ① 재료불량
② 구조 및 설계불량
③ 제작 및 가공 불량
④ 용접불량

62 보일러 사고의 원인 중 보일러 취급상의 사고 원인을 3가지 쓰시오.

해답 ① 사용압력초과 운전
② 저수위 운전
③ 급수처리 불량
④ 과열
⑤ 연소조작, 운전조작의 미숙

63 보일러 분출사고 시 긴급조치 사항을 5가지 쓰시오.

해답 ① 보일러 부근에 있는 사람을 우선 안전한 곳으로 긴급히 대피시켜야 한다.
② 연도 댐퍼를 전개한다.
③ 연소를 정지시킨다.
④ 압입 통풍기를 정지시킨다.
⑤ 다른 보일러와 증기관이 연결되어 있는 경우에는 증기밸브를 닫고 증기관의 연결을 끊는다.
⑥ 급수를 계속하여 수위의 저하를 막고 보일러의 수위유지에 노력한다.
⑦ 노내나 보일러의 자연냉각을 기다려 원인을 조사해서 그 사후 대책을 강구한다.
⑧ 찢어진 부위가 커서 분출하는 기수로 인하여 인명의 위험이 염려되는 경우에는 급수를 정지하는 동시에 동체 하부의 분출밸브를 열어 보일러수를 배출시켜야 한다.

64 노 내 가스폭발원인중 가연성가스와 미연소가스가 노 내에 발생하는 경우를 4가지 쓰시오.

해답 ① 심한 불완전 연소를 하는 경우
② 연소정지 중에 연료가 노 내에 유입된 경우
③ 점화조작에 실패한 경우
④ 노 내에 다량의 그을음이 쌓여 있는 경우
⑤ 연소 중에 실화가 되었을 때

해설 미연소가스가 노 내에 정체하거나 정체하기 쉬운 경우

① 연소실이나 연도 내에 가스가 흐르지 않고 체류되는 가스포켓이 있는 경우
② 연도 내에 화교(fire bridge), 내화 충전물의 파손 등으로 연소가스가 단락되는 경우
③ 연도의 굴곡이 심한 경우
④ 연도가 너무 긴 경우
⑤ 연도가 낮아서 습기가 잘 생기는 경우

65 보일러 내부 청소 중 화학적 세관의 특징을 4가지 쓰시오.

해답 ① 기계적 청소법으로 청소가 불가능한 곳의 청소가 가능하다.
② 기계적 세관에 비하여 청소시간이 짧다.
③ 마무리 작업이 불완전하면 부식의 우려가 있다.
④ 스케일 등의 화학분석을 사전에 하여야 한다.

66 다음은 화학세관 방법 중 산(酸)세관에 대한 설명이다. ( ) 안에 알맞은 용어를 쓰시오.

화학세관에는 일반적으로 산세관을 사용한다. 산(酸) 종류는 무기산과 유기산으로 구분되며 무기산에는 염산 (①), (②), (③) 등이 있고, 이중에서 (④)이 가장 널리 사용되고 있다.

해답 ① 황산(H_2SO_4) ② 인산(H_3PO_4) ③ 설파민산(NH_2SO_3H) ④ 염산(HCl)

해설 유기산
① 종류 : 구연산, 개미산
② 용도 : 오스테나이트계 스테인리스강, 동 및 동합금

67 보일러에서 산세관을 하는 경우 일반적으로 염산을 사용하는데 염산의 특징을 4가지 쓰시오.

해답 ① 가격이 싸서 경제적이다.   ② 물에 대한 용해도가 크다.
③ 스케일 용해 능력이 크다.   ④ 취급상 위험성이 비교적 적다.

68 알칼리 세관에 사용되는 약품 종류 3가지를 쓰시오.

해답 ① 가성소다(NaOH)   ② 암모니아(NH_3)
③ 탄산나트륨(Na_2CO_3)   ④ 인산나트륨(Na_3PO_4)

69 산(酸)세관에 대한 다음 물음에 답하시오.
(1) 산세관에 사용되는 약품 4가지를 쓰시오.
(2) 산세관을 할 때 사용되는 부식억제제의 종류 4가지를 쓰시오.

해답 (1) ① 염산(HCl) ② 황산(H_2SO_4) ③ 인산(H_3PO_4) ④ 설파민산(NH_2SO_3H)
(2) ① 수지계 물질 ② 알코올류 ③ 알데히드류 ④ 케톤류
⑤ 아민유도체 ⑥ 함질소 유기화합물

70 부식억제제(inhibiter)의 구비조건을 4가지 쓰시오.

해답 ① 부식억제 능력이 클 것
② 점식이 발생되지 않을 것
③ 세관액의 온도, 농도에 대한 영향이 적을 것
④ 물에 대한 용해도가 크고, 화학적으로 안정할 것

71 보일러의 외부청소 방법을 4가지 쓰시오.

해답 ① 슈트 블로(soot blow) ② 샌드 브라스트(sand blast)
③ 스팀 소킹(steam soaking)법 ④ 워터 소킹(water soaking)법
⑤ 수세(washing)법 ⑥ 스틸 숏 클리닝(steel shot cleaning)법

72 수관식 보일러에서 연소가 연소할 때 발생하는 그을음이 전열면 외측에 부착하면 증기를 고속 분사시켜 그을음이나 재 등을 불어 제거하는 장치 명칭은?

해답 그을음 불어내기(soot blow)

73 슈트 블로(soot blow) 사용 시 주의사항 4가지를 쓰시오.

해답 ① 부하가 50[%] 이하일 때, 소화 후에는 사용을 금지한다.
② 댐퍼를 완전히 열고 통풍력을 크게 한다.
③ 그을음 제거를 하기 전에 반드시 응축수를 제거한다.
④ 그을음 불어내기 관을 동일 장소에서 오래 동안 작용시키지 않는다.
⑤ 흡입통풍기가 있을 경우 흡입통풍을 늘려서 한다.

74 보일러를 6개월 이상 장기간 휴지하는 경우 어떤 보존 방법이 좋은가?

해답 건조 보존법

75 보일러 보존법 중 건조 보존법의 종류를 2가지를 쓰시오.

해답 ① 석회 밀폐건조법
② 질소가스 봉입법
③ 기화성 부식억제제(VCI) 투입법

76 보일러 건조 보존 시에 흡습제로 사용할 수 있는 물질 종류 3가지를 쓰시오.

해답 ▶ ① 생석회   ② 실리카겔   ③ 염화칼슘   ④ 활성알루미나   ⑤ 오산화인

77 보일러를 건식 보존할 때 보일러 채워 두는 가스로 가장 적합한 것은?

해답 ▶ 질소(N_2)

78 보일러 내부를 완전히 청소한 후 공기를 빼면서 급수를 계속하여 보일러 내부에 공기가 없이 물이 가득 찬 상태로 한 다음 물에 용해된 용존기체를 제거하여 밀폐한다. 다음으로 내부에 약품을 처리하여 2~3개월 단기 보존하는 보일러 보존방법은 무엇인가?

해답 ▶ 만수보존법

79 보일러 만수(滿水) 보존법 중 소다 만수 보존법에 사용되는 약품 종류를 2가지 쓰시오.

해답 ▶ ① 가성소다(NaOH)
      ② 아황산소다(Na_2SO_4)

제7장 열전달

1. 열의 이동

(1) 열의 이동방법

열의 이동은 고온 물체에서 저온 물체로 이동하는 것으로서, 열의 이동방법에는 전도, 대류, 복사의 3가지 방법이 있으며 온도차가 클수록 열의 이동속도는 빠르다.

① **전도(conduction)** : 고체 내부에서의 열 이동현상으로 물체는 움직이지 않고 열이 고온에서 저온으로 이동하는 현상이다.

② **대류(convection)** : 유체에서의 열 이동현상으로 열을 갖는 유체 자신이 직접 열을 갖고 이동하는 현상이다.

③ **복사(radiation)** : 고온 물체와 저온 물체와의 사이에 복사선(열선)에 의해 고온부에서 저온부로 열이 이동하는 현상이다.

(2) 열전도율, 열전달율, 열관류율

① **열전도율[kcal/h·m·℃]** : 물체 안을 전도에 의해 열이 이동하는 비율로서 고체의 양쪽면 온도차가 1[℃]일 때 1시간에 1[m²] 단면을 지나 길이 1[m]의 거리에 전달한 열량이다.

② **열전달율[kcal/h·m²·℃]** : 고체면과 유체와의 사이의 열의 이동으로서, 단위면적 1[m²]당 고체면과 유체면 사이의 온도차가 1[℃]일 때 1시간에 이동하는 열량이다.

$$Q = \alpha \cdot F \cdot \Delta t$$

여기서, Q : 열전달량[kcal/h]
α : 열전달율[kcal/h·m²·℃]
F : 표면적[m²]
Δt : 온도차[℃]

③ **열관류율[kcal/h·m²·℃]** : 열이 한 유체에서 벽을 통하여 다른 유체로 전달되는 현상을 말하며 열통과라고도 한다. 이 경우 전도, 대류, 복사의 작용이 이루어진다.

$$Q = K \cdot F \cdot \Delta t \qquad K = \frac{1}{R} = \frac{1}{\frac{1}{\alpha_1} + \frac{b}{\lambda} + \frac{1}{\alpha_2}}$$

여기서, Q : 열통과량[kcal/h]
K : 열관류율[kcal/h·m²·℃]
R : 열저항[h·m²·℃/kcal]
λ : 각 벽의 열전도율[kcal/h·m·℃]
b : 벽의 두께[m]
F : 표면적[m²]
Δt : 온도차[℃]
α_1 : 저온면 경막계수[kcal/h·m²·℃]
α_2 : 고온면 경막계수[kcal/h·m²·℃]

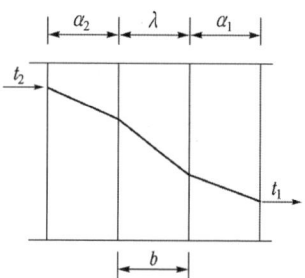

(3) 전도 열전달

① **평판 열전도** : 열이 고체 및 정지유체의 내부를 지나 온도구배에 따른 열의 전달로 단층벽에 적용한다.

② **다층벽**

㈎ **열전도 계산** : 벽의 재질과 두께 및 열전도율이 각각 다른 것이 벽면을 형성하고 있을 때 전도에 의한 손실열량은 감소한다. 이 때 손실되는 전도 전열량은 다음과 같이 된다.

$$Q = \frac{1}{\frac{b_1}{\lambda_1} + \frac{b_2}{\lambda_2} + \frac{b_3}{\lambda_3}} \cdot F \cdot (t_2 - t_1)$$

여기서, Q : 전도 전열량[kcal/h]
λ : 각 벽의 열전도율[kcal/h·m·℃]
b : 벽의 두께[m]
F : 전열면적[m²]
t_2 : 고온[℃]
t_1 : 저온[℃]

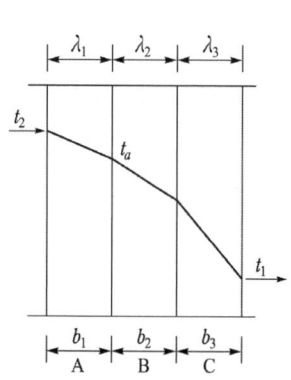

(나) A와 B벽 사이의 중간온도 계산식

$$t_a = t_2 - \left(\frac{Q}{F} \times R_a\right) = t_2 - \left(\frac{Q}{F} \times \frac{b_1}{\lambda_1}\right)$$

여기서, t_a : a점의 온도

R_a : a점의 열저항[h·m²·℃/kcal]

③ **원통의 열전도 계산** : 배관과 같은 원통에서 전열이 될 때에는 그 내면과 외면의 면적이 중심에서 거리에 따라 다르기 때문에 대수평균면적을 적용한다.

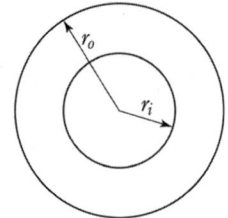

(가) 중공 원통

㉮ 대수평균면적

$$F_m = \frac{2\pi L(r_o - r_i)}{\ln \dfrac{r_o}{r_i}}$$

㉯ 열전도량 : 바깥 반지름에서 안쪽 반지름을 뺀 값$(r_o - r_i)$이 원통의 두께(b)에 해당된다.

$$Q = K \cdot F_m \cdot \Delta t = \frac{1}{\dfrac{b}{\lambda}} \times \frac{2\pi L(r_o - r_i)}{\ln \dfrac{r_o}{r_i}} \times (t_i - t_o)$$

$$= \frac{1}{\dfrac{1}{\lambda}} \times \frac{2\pi L}{\ln \dfrac{r_o}{r_i}} \times (t_i - t_o) = \frac{2\pi L(t_i - t_o)}{\dfrac{1}{\lambda} \times \ln \dfrac{r_o}{r_i}}$$

여기서, F_m : 대수평균면적[m²], L : 원통 길이[m], t_i : 내부온도[℃]

t_o : 외부온도[℃], r_i : 안쪽 반지름[m], r_o : 바깥쪽 반지름[m]

b : 두께[m] ($b = r_o - r_i$)

(나) 다층 원형관

$$Q = \frac{2\pi L(t_1 - t_3)}{\dfrac{1}{\lambda_1}\ln\dfrac{r_2}{r_1} + \dfrac{1}{\lambda_2}\ln\dfrac{r_3}{r_2}}$$

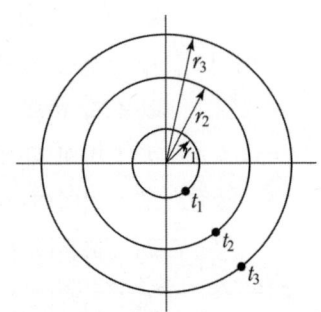

여기서, Q : 열전달량[kcal/h]

L : 관 길이[m]

t_1 : 내부온도[℃]

t_3 : 외부온도[℃]

λ_1, λ_2 : 다층 원형관의 열전도율[kcal/h·m·℃]

r_1, r_2, r_3 : 다층 원형관의 반지름[m]

④ 구형 용기의 열전도

$$Q = \lambda \frac{4\pi(t_i - t_o)}{\dfrac{1}{r_i} - \dfrac{1}{r_o}}$$

여기서, Q : 열전달량[kcal/h]

λ : 열도전율[kcal/m·h·℃]

t_i : 내부온도[℃]

t_o : 외부온도[℃]

r_i : 안쪽 반지름[m]

r_o : 바깥 반지름[m]

(4) 대류 열전달

고체 표면에 접하는 유체(액체 또는 기체) 사이의 열전달로 보일러나 열교환기 등에서 나타난다.

① 연소가스가 노벽 A에 전달하는 대류 열전달량

$$Q_1 = \alpha_1 F(t_1 - t_{\alpha 1})$$

② 노벽 B가 외부 공기에 전달하는 열전달량

$$Q_2 = \alpha_2 F(t_{\alpha 2} - t_2)$$

여기서, Q_1, Q_2 : 대류 열전달량[kcal/h]

α_1, α_2 : 대류 열전달계수(또는 경막계수)[kcal/h·m²·℃]

F : 대류 전열면적[m²]

t_1, t_2 : 내부 및 외부 온도(또는 고온 및 저온)[℃]

$t_{\alpha 1}$, $t_{\alpha 2}$: 내부 및 외부 표면온도[℃]

(5) 복사 열전달

물체 표면에서의 방사에너지는 다른 물체에 접촉하여 그 일부는 흡수되고 다른 일부는 반사되고 나머지는 투과한다. 이 비율을 흡수율 α, 반사율 γ, 투과율 t라 하면 $\alpha + \gamma + t = 1$의 관계가 성립하며 기체의 경우 반사율(γ)은 0에 가깝고, 흡수율(α)도 아주 적어 투과율(t)이 1에 가깝다. 고체의 경우는 투과율(t)은 0이고, 불투명체는 흡수율(α)은 1에 가깝다. 특히 흡수율(α)이 1인 경우 도달된 복사에너지를 전부 흡수하고 반사 및 투과를 하지 않는 물체를 흑체라 한다.

① **복사 전열량** : 온도 T_1, T_2, 표면적 F_1, F_2인 물체가 방사에 의하여 고온물체에서 저온물체로 전해지는 열량

$$Q = \epsilon \cdot C_b \cdot \left\{ \left(\frac{T_1}{100} \right)^4 - \left(\frac{T_2}{100} \right)^4 \right\} \cdot F_1$$

> **참고** ▶ 스테판-볼츠만 상수
>
> 스테판-볼츠만 상수(σ)가 5.67×10^{-8}[W/m²·K⁴], 4.88×10^{-8}[kcal/h·m²·K⁴]로 주어지면 다음 식을 적용한다.
> $$\therefore Q = \epsilon \times \sigma \times (T_1^4 - T_2^4) \times F$$

② **복사 열전달률** : 전열면 사이에 연소가스가 흐르는 경우 전열은 열전달과 열방사에 의해 이루어진다.

$$\alpha_R = \frac{\epsilon \cdot C_b \cdot \left\{ \left(\frac{T_1}{100} \right)^4 - \left(\frac{T_2}{100} \right)^4 \right\}}{T_1 - T_2}$$

여기서, Q : 복사 전열량[kcal/h]
 ϵ : 흑도(방사도)
 C_b : 스테판-볼츠만 상수(4.88 [kcal/h·m²·K⁴])
   (SI단위일 경우 5.67[W/m²·K⁴])
 α_R : 복사 열전달률[kcal/m²·h·K]
 F : 복사전열면적[m²]
 T_1 : 방사체의 절대온도[K]
 T_2 : 입사체의 절대온도[K]

2. 열교환기

(1) 열교환기(heat exchanger) 개요

두 유체 사이의 열관류에 의해서 열을 한 유체로부터 다른 유체로 전달하는 장치이다. 일반적으로 가열이나 냉각을 하기 위한 역할을 하고 비등이나 응축은 일어나지 않으며 보일러 분야에 사용되는 열교환기에는 비기가스 여열을 이용하는 과열기, 재열기, 절탄기, 공기예열기와 벙커-C유를 예열하는 오일프리히터, 온수를 만드는 온수가열기 등이 있다.

(2) 유체의 흐름에 의한 분류

① **병류(竝流)식** : 고온 유체와 저온 유체의 흐름이 같은 방향인 형식
② **향류(向流)식** : 고온 유체와 저온 유체의 흐름이 반대 방향인 형식

(3) 형태에 의한 분류

① **쉘 앤 튜브식(shell and tube type)** : 다수의 튜브(tube)를 원통형의 쉘(shell) 내부에 삽입시켜 튜브 내에는 열매를, 쉘 내부에는 가열할 유체를 통과시켜 열교환의 목적을 이루는 것이다. 고정두부, 동체부, 후두부의 모양에 따라 고정관판식, 유동두식, U자관식 등으로 세분화하여 분류한다.

② **이중관식(double pipe type) 열교환기** : 지름이 작은 관을 지름이 큰 관에 끼워 넣은 형태로 각각의 관에 가열 유체와 열매를 통과시켜 열교환의 목적을 이루는 것이다. 구조가 간단하고 고압에도 사용이 가능하고, 전열면의 증감이 자유롭지만 내관에서 누설이 발생하면 보수가 어렵다.

③ **판형(plate type) 열교환기** : 여러 개의 전열판을 조립하여 한 쪽면은 열매를, 다른 쪽면은 가열할 유체를 통과시켜 열교환의 목적을 이루는 것이다. 분해 및 보수점검, 청소 등이 용이하고 전열판 증감에 의하여 용량조절이 가능하고 컴팩트하여 설치공간을 적게 차지하므로 널리 사용되고 있다.

④ **스파이럴형(spiral type) 열교환기** : 일정한 간격을 유지하고 있는 2장의 전열판을 시계의 태엽 모양으로 감아 나간 것으로 오염저항 및 저유량에서 난류가 심하게 발생

하는 곳에서 사용된다.

⑤ **코일형(coil type) 열교환기** : 전열관을 스프링과 같은 모양으로 감은 관다발을 원통형 압력용기에 넣어 전열관 내의 열매와 압력용기 내의 유체 사이에 열교환을 시키는 형식이다.

(4) 열교환기 전열량

① **대수평균 온도차(LMTD : Δt_m)** : 고온 유체와 저온 유체가 전열면을 사이에 두고 흐르면서 열교환을 할 때 두 유체의 온도차를 산술적으로 계산했을 경우 정확한 유체의 온도차를 정할 수 없어 대수평균 온도차(LMTD : logarithmic mean temperature difference)를 구하여 열전달량을 계산한다.

(가) 병류식 : Δt_1 = 고온 유체 입구온도 − 저온 유체 입구온도

Δt_2 = 고온 유체 출구온도 − 저온 유체 출구온도

(나) 향류식 : Δt_1 = 고온 유체 입구온도 − 저온 유체 출구온도

Δt_2 = 고온 유체 출구온도 − 저온 유체 입구온도

$$\therefore \Delta t_m = \frac{\Delta t_1 - \Delta t_2}{\ln\left(\dfrac{\Delta t_1}{\Delta t_2}\right)}$$

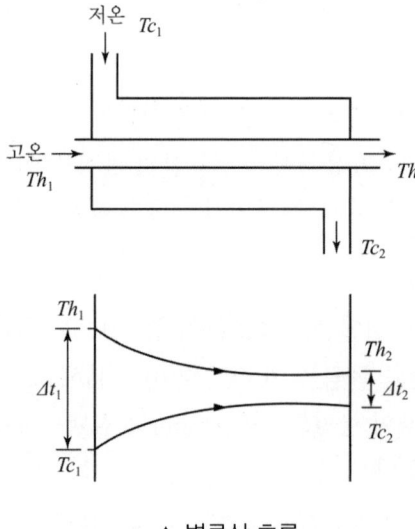
▲ 병류식 흐름

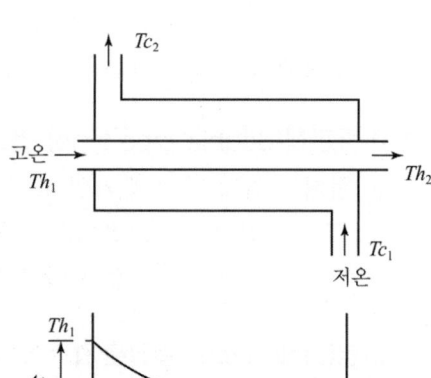
▲ 향류식 흐름

② **전열량 계산**

$$Q = K \cdot F \cdot \Delta t_m$$

여기서, Q : 전열량[kcal/h]
F : 전열면적[m²]
Δt_m : 대수평균온도차[℃]

③ **열교환기 효율을 향상시키는 방법**
  ㈎ 유체의 유속을 빠르게 한다.
  ㈏ 유체의 흐름 방향을 향류로 한다.
  ㈐ 열전도율이 높은 재료를 사용한다.
  ㈑ 두 유체의 온도차를 크게 한다.
  ㈒ 전열면적을 크게 한다.

제1편 열설비 취급실무

예상문제

01 열의 이동방법 3가지를 쓰시오.

해답 ① 전도　② 대류　③ 복사

02 하나의 물체를 구성하고 있는 물질부분을 차례차례로 열이 전해지던가 또는 직접 접촉하고 있는 2개의 물체의 하나에서 다른 것으로 열이 전해지는 현상을 무엇이라 하는가?

해답 열전도

03 실내에서 실외로 열이 이동하는 경우 열의 저항 층이 여러 층 있을 경우 열의 이동을 무엇이라 하는가?

해답 열관류(열통과)

04 열전달에 적용되는 법칙을 쓰시오.

(1) 전도 :　　　　　(2) 대류 :　　　　　(3) 복사 :

해답 (1) 푸리에 법칙　(2) 뉴턴의 냉각법칙　(3) 스테판-볼츠만 법칙

해설 ① 푸리에(Fourier) 법칙 : 정상상태에서 고체 및 정지 유체에서 전달되는 열량은 물체의 열전도율(λ)과 전도 전열면적(F) 및 온도차(dT)의 곱에 비례하고, 거리(dx)에 반비례한다.

$$\therefore Q = \lambda F \frac{dT}{dx}$$

② 뉴턴(Newton)의 냉각법칙 : 고온(t_2)의 물체를 저온(t_1)의 유체 중에 방치하면 냉각이 되며, 이 때 유체로 이동하는 열량은 온도차($t_2 - t_1$)와 그 물체의 표면적(A)에 비례한다. (α는 비례상수로 열전달율[kcal/m²·h·℃]이라 한다.)

$$\therefore Q = \alpha A (t_w - t)$$

③ 스테판-볼츠만(Stefan-Boltzmann) 법칙 : 완전 흑체의 단위 표면적당 복사되는 에너지는 절대온도의 4승에 비례한다.

$$\therefore Q = \sigma \dot{T}^4 = C_b \left(\frac{T}{100}\right)^4$$

05 다음 단위를 공학단위와 SI단위로 구별하여 각각 쓰시오.

항목	공학단위	SI단위
(1) 열전도율	①	②
(2) 열관류율	③	④
(3) 벽체의 열저항	⑤	⑥

해답 ① kcal/h·m·℃ ② W/m·℃
③ kcal/h·m²·℃ ④ W/m²·℃
⑤ h·m²·℃/kcal ⑥ m²·℃/W

해설 열전도율 및 열관류율 단위에서 분모에 있는 시간(h), 두께(m), 면적(m²), 온도(℃)의 순서가 바뀌어도 이상이 없는 사항입니다.
① 열전도율 : [kcal/h·m·℃] = [kcal/m·h·℃]
② 열관류율 : [kcal/h·m²·℃] = [kcal/m²·h·℃]

06 수관식 보일러에서 전열면 외측에 부착되는 그을음의 열전도율[kcal/m·h·℃]는 얼마인가?

해답 0.06~0.1[kcal/m·h·℃]

07 그림과 같이 벽의 좌측 고온 유체로부터 우측의 저온 유체로 열이 통과하고 있다. 다음 기호를 사용하여 열관류율[W/m²·K]을 구하는 공식을 쓰시오.

K : 열관류율[W/m²·K]
α_1 : 고온 유체와 벽과의 열전달률[W/m²·K]
α_2 : 저온 유체와 벽과의 열전달률[W/m²·K]
λ : 벽 내부의 열전도율[W/m·K]
b : 벽의 두께[m]

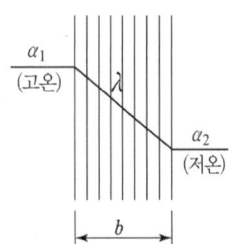

해답 $K = \dfrac{1}{\dfrac{1}{\alpha_1} + \dfrac{b}{\lambda} + \dfrac{1}{\alpha_2}}$

08 그림과 같이 3겹층으로 되어 있는 평면벽의 평균 열전도율[W/m·℃]은 얼마인가? (단, 열전도율 $\lambda_A=1.16$[W/m·℃], $\lambda_B=2.33$[W/m·℃], $\lambda_C=1.16$[W/m·℃]이다.)

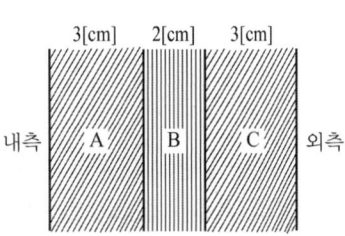

풀이 $\lambda_m = \dfrac{b_A + b_B + b_C}{\dfrac{b_A}{\lambda_A} + \dfrac{b_B}{\lambda_B} + \dfrac{b_C}{\lambda_C}} = \dfrac{0.03 + 0.02 + 0.03}{\dfrac{0.03}{1.16} + \dfrac{0.02}{2.33} + \dfrac{0.03}{1.16}} = 1.326 ≒ 1.33[\text{W/m} \cdot ℃]$

해답 $1.33[\text{W/m} \cdot ℃]$

해설 벽체의 두께는 '미터[m]' 단위로 적용하므로 3[cm] = 0.03[m], 2[cm] = 0.02[m] 이다.

09 그림과 같은 구조체의 열관류율[W/m²·℃]를 구하시오. (단, 외측 및 내측 표면 열전달률이 각각 8.72[W/m²·℃], 23.25[W/m²·℃] 이다.)

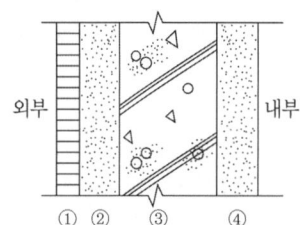

① 타일 – 두께 : 5[mm], 열전도율 : 1.28[W/m·℃]
② 모르타르 – 두께 : 15[mm], 열전도율 : 1.08[W/m·℃]
③ 콘크리트 – 두께 : 150[mm], 열전도율 : 1.64[W/m·℃]
④ 모르타르 – 두께 : 15[mm], 열전도율 : 1.08[W/m·℃]

풀이 $K = \dfrac{1}{\dfrac{1}{\alpha_1} + \dfrac{b_1}{\lambda_1} + \dfrac{b_2}{\lambda_2} + \dfrac{b_3}{\lambda_3} + \dfrac{b_4}{\lambda_4} + \dfrac{1}{\alpha_2}}$

$= \dfrac{1}{\dfrac{1}{8.72} + \dfrac{0.005}{1.28} + \dfrac{0.015}{1.08} + \dfrac{0.15}{1.64} + \dfrac{0.015}{1.08} + \dfrac{1}{23.25}}$

$= 3.554 ≒ 3.55[\text{W/m}^2 \cdot ℃]$

해답 $3.55[\text{W/m}^2 \cdot ℃]$

10 두께 250[mm], 열전도율이 1.45[kcal/h·m·℃]인 노벽의 열관류율[kcal/h·m²·℃]은 얼마인가? (단, 내부의 열저항은 0.125[h·m²·℃/kcal], 외부의 공기 열저항은 0.015[h·m²·℃/kcal]이다.)

풀이 $K = \dfrac{1}{R_1 + \dfrac{b}{\lambda} + R_2} = \dfrac{1}{0.125 + \dfrac{0.25}{1.45} + 0.015} = 3.200 ≒ 3.20[\text{kcal/h} \cdot \text{m}^2 \cdot ℃]$

해답 $3.2[\text{kcal/h} \cdot \text{m}^2 \cdot ℃]$

11 보일러 관의 내경이 2.5[cm], 외경이 3.34[cm]인 강관(λ=54[W/m·℃])의 외부벽면(외경)을 기준으로한 열관류율[W/m²·℃]은 얼마인가? (단, 관 내부의 열전달계수는 1800[W/m²·℃]이고, 관 외부의 열전달계수는 1250[W/m²·℃] 이다.)

풀이 ① 내측 반지름(r_1) 및 외측 반지름(r_2) 계산

$$\therefore r_1 = \frac{D_1}{2} = \frac{2.5}{2} = 1.25[\text{cm}] = 0.0125[\text{m}]$$

$$\therefore r_2 = \frac{D_2}{2} = \frac{3.34}{2} = 1.67[\text{cm}] = 0.0167[\text{m}]$$

② 원통벽에서의 열관류율 계산

$$\therefore K = \frac{1}{\frac{1}{\alpha_2} + \left(\frac{r_2}{\lambda} \times \ln\frac{r_2}{r_1}\right) + \left(\frac{1}{\alpha_1} \times \frac{r_2}{r_1}\right)}$$

$$= \frac{1}{\frac{1}{1250} + \left(\frac{0.0167}{54} \times \ln\frac{0.0167}{0.0125}\right) + \left(\frac{1}{1800} \times \frac{0.0167}{0.0125}\right)}$$

$$= 612.817 \fallingdotseq 612.82[\text{W/m}^2 \cdot \text{℃}]$$

해답 612.82[W/m²·℃]

해설 내경 및 외경의 단위가 센티미터(cm) 단위로 주어졌고 최종값 오차를 줄이기 위해 내측 및 외측 반지름을 미터(m) 단위로 변환 시 반올림하지 않고 소수점 이하의 자리 수를 그대로 적용했음.

12 두께 25.4[mm]인 노벽의 안쪽 온도가 352.7[K]이고, 바깥쪽 온도는 297.1[K]이며 이 노벽의 열전도도가 0.048[W/m·K]일 때 손실되는 열량[W/m²]은 얼마인가?

풀이 벽면(F) 1[m²]당 손실열량을 구하는 것이므로 계산과정에서는 생략한다.

$$\therefore Q = K \times F \times \Delta T = \frac{1}{\frac{b}{\lambda}} \times \Delta T = \frac{1}{\frac{0.0254}{0.048}} \times (352.7 - 297.1)$$

$$= 105.070 \fallingdotseq 105.07[\text{W/m}^2]$$

해답 105.07[W/m²]

13 두께 150[mm]인 콘크리트에 두께 5[mm]의 석고판을 부착한 면적 15[m²]의 벽체가 있다. 외기온도가 −5[℃], 실내온도가 20[℃]라면, 이 벽체로 부터의 손실열량은? (단, 실내외측 표면의 열전달률은 각각 7.2[kcal/h·m²·℃]와 20[kcal/h·m²·℃]이며, 재료의 열전도도는 콘크리트 1.4[kcal/h·m·℃], 석고판 0.18[kcal/h·m·℃]이다.)

풀이 ① 열관류율(K) 계산

$$\therefore K = \frac{1}{\frac{1}{\alpha_1} + \frac{b_1}{\lambda_1} + \frac{b_2}{\lambda_2} + \frac{1}{\alpha_2}} = \frac{1}{\frac{1}{7.2} + \frac{0.15}{1.4} + \frac{0.005}{0.18} + \frac{1}{20}}$$

$$= 3.088 \fallingdotseq 3.09[\text{kcal/h·m}^2 \cdot \text{℃}]$$

② 손실열량 계산

$$\therefore Q = K \cdot F \cdot \Delta t = 3.09 \times 15 \times (20+5) = 1158.75 [\text{kcal/h}]$$

해답 ▶ 1158.75[kcal/h]

별해 하나의 식으로 손실열량 계산

$$\therefore Q = K \times F \times \Delta t = \cfrac{1}{\cfrac{1}{\alpha_1} + \cfrac{b_1}{\lambda_1} + \cfrac{b_2}{\lambda_2} + \cfrac{1}{\alpha_2}} \times F \times \Delta t$$

$$= \cfrac{1}{\cfrac{1}{7.2} + \cfrac{0.15}{1.4} + \cfrac{0.005}{0.18} + \cfrac{1}{20}} \times 15 \times \{20 - (-5)\}$$

$$= 1158.088 \fallingdotseq 1158.09 [\text{kcal/h}]$$

해설 열관류율(K)을 별도로 구하지 않고 별해와 같이 하나의 계산과정으로 답안을 작성할 수 있으며, 최종값의 오차는 채점에 영향이 없으니 선택하여 답안을 작성하길 바랍니다.

14 두께 160[mm]의 내화벽돌, 85[mm]의 단열벽돌, 190[mm]의 보통벽돌로 된 노의 평면벽에서 내벽면의 온도가 1000[℃]이고 외벽면의 온도가 50[℃]일 때 노벽 1[m²]당 열손실은 매 시간당 몇 [kcal] 인가? (단, 내화벽돌의 열전도도는 0.111[kcal/m·h·℃], 단열벽돌의 열전도도는 0.0487[kcal/m·h·℃], 보통벽돌의 열전도도는 1.24[kcal/m·h·℃]이다.)

풀이 $Q = K \times F \times \Delta t = \cfrac{1}{\cfrac{b_1}{\lambda_1} + \cfrac{b_2}{\lambda_2} + \cfrac{b_3}{\lambda_3}} \times F \times \Delta t$

$$= \cfrac{1}{\cfrac{0.16}{0.111} + \cfrac{0.085}{0.0487} + \cfrac{0.19}{1.24}} \times 1 \times (1000 - 50) = 284.427 \fallingdotseq 284.43 [\text{kcal/h}]$$

해답 ▶ 284.43[kcal/h]

15 노내의 온도 1000[℃], 외기온도 0[℃]인 노에 열전도율이 0.5[kcal/m·h·K]인 내화벽돌을 두께 0.2[m]로 구축되어 있다. 노내의 연소가스와 노벽사이의 열전달률 1200 [kcal/m²·h·K], 노벽과 외기와의 열전달률 10[kcal/m²·h·K]일 때 노벽 5[m²]에서 1일 동안 손실되는 열량[kcal]을 계산하시오.

풀이 $Q = K \times F \times \Delta T = \cfrac{1}{\cfrac{1}{\alpha_1} + \cfrac{b}{\lambda} + \cfrac{1}{\alpha_2}} \times F \times \Delta T$

$$= \left[\cfrac{1}{\cfrac{1}{1200} + \cfrac{0.2}{0.5} + \cfrac{1}{10}} \times 5 \times \{(273+1000) - (273+0)\} \right] \times 24$$

$$= 239600.665 ≒ 239600.67 [\text{kcal/day}]$$

해답 239600.67[kcal/day]

해설 열전도율 및 열전달률의 온도단위가 절대온도[K] 이므로 온도변화차(ΔT)도 절대온도를 적용한 것임. (섭씨온도로 적용해도 온도차가 같기 때문에 결과값은 동일하게 계산됨)

16 실내온도 20[℃], 실외온도 10[℃]일 때 두께 4[mm]인 유리를 통한 단위면적 1[m²]당 이동열량[W]을 구하시오. (단, 유리의 열전도율은 0.76[W/m·℃], 내면과 외면의 열저항은 10[m²·℃/W], 50[m²·℃/W]이다.)

풀이 $Q = K \cdot F \cdot \Delta t = \dfrac{1}{R_1 + \dfrac{b}{\lambda} + R_2} \times F \times \Delta t$

$= \dfrac{1}{10 + \dfrac{0.004}{0.76} + 50} \times 1 \times (20 - 10) = 0.166 ≒ 0.17[\text{W}]$

해답 0.17[W]

17 보온재의 통한 전달열량이 1000[W]일 때 두께를 2배, 온도차가 2배, 열전도율이 4배 증가시키면 통과하는 열량[W]은 얼마인가? (단, 보온재의 면적은 동일하다.)

풀이 $Q = \dfrac{1}{\dfrac{b}{\lambda}} \times F \times \Delta t = \dfrac{\lambda}{b} \times F \times \Delta t$

에서 처음상태를 1, 변경된 상태로 2로 놓고 식을 세우면

$\dfrac{Q_2}{Q_1} = \dfrac{\dfrac{\lambda_2}{b_2} \times F_2 \times \Delta t_2}{\dfrac{\lambda_1}{b_1} \times F_1 \times \Delta t_1}$ 이고, $F_1 = F_2$ 이므로 생략한다.

$\therefore Q_2 = \dfrac{\dfrac{\lambda_2}{b_2} \times \Delta t_2}{\dfrac{\lambda_1}{b_1} \times \Delta t_1} \times Q_1 = \dfrac{\dfrac{4\lambda_1}{2b_1} \times 2\Delta t_1}{\dfrac{\lambda_1}{b_1} \times \Delta t_1} \times 1000 = 4 \times 1000 = 4000[\text{W}]$

해답 4000[W]

18 두께 3[cm], 면적 2[m²]인 강판의 열전도량을 6000[kcal/h]로 하려면 강판 양면의 필요한 온도차는? (단, 열전도율 $\lambda = 45$[kcal/h·m·℃] 이다.)

해설 ① 열관류율 계산

$$\therefore K = \frac{1}{\frac{b}{\lambda}} = \frac{1}{\frac{0.03}{45}} = 1500 [\text{kcal/h} \cdot \text{m}^2 \cdot ℃]$$

② 온도차 계산

$Q = K \cdot F \cdot \Delta t$ 에서

$$\therefore \Delta t = \frac{Q}{K \cdot F} = \frac{6000}{1500 \times 2} = 2[℃]$$

해답 2[℃]

19 열관류율이 15[kcal/m²·h·℃]인 전열면의 내·외부 온도차가 65.5[℃]이고 전열량이 117700[kcal/h]일 때 전열면적[m²]을 계산하시오.

풀이 $Q = K \times F \times \Delta t$ 이다.

$$\therefore F = \frac{Q}{K \times \Delta t} = \frac{117700}{15 \times 65.5} = 119.796 ≒ 119.80 [\text{m}^2]$$

해답 119.8[m²]

20 두께 40[cm]의 벽체에서 고온측 면의 온도가 220[℃], 저온측 면의 온도가 20[℃]일 때 열전달량이 20[W/m²]일 때 이 벽체의 열전도율[W/m·K]을 구하시오.

풀이 단위면적 1[m²] 당 전열량 $Q = \frac{1}{\frac{b}{\lambda}} \times \Delta T$ 에서 $\frac{b}{\lambda} = \frac{\Delta T}{Q}$ 이다.

$$\therefore \lambda = \frac{Q \times b}{\Delta T} = \frac{20 \times 0.4}{(273 + 220) - (273 + 20)} = 0.04 [\text{W/m} \cdot \text{K}]$$

해답 0.04[W/m·K]

21 두께 40[cm]의 벽체로 차단된 곳의 내부온도가 220[℃], 외부 벽체 표면온도가 20[℃], 외부의 대류 열전달률이 20[W/m²·K]인 경우 0[℃]에 노출되었다. 이 경우 벽체의 열전도율[W/m·K]을 구하시오.

풀이 벽체를 통한 열전달량 $Q_1 = \frac{1}{\frac{b}{\lambda}} \times F \times \Delta T_1 = \frac{\lambda}{b} \times F \times \Delta T_1$ 이고,

외부 표면에서의 대류에 의한 전열량 $Q_2 = \alpha \times F \times \Delta T_2$ 이다.
여기서 $Q_1 = Q_2$ 이고 전열면적은 1[m²]에 대한 전열량이다.

$$\therefore \frac{\lambda}{b} \times F \times \Delta T_1 = \alpha \times F \times \Delta T_2$$

$$\therefore \lambda = b \times \frac{\alpha \times F \times \Delta T_2}{F \times \Delta T_1}$$

$$= 0.4 \times \frac{20 \times 1 \times \{(273+20)-(273+0)\}}{1 \times \{(273+220)-(273+20)\}} = 0.8 [\text{W/m} \cdot \text{K}]$$

해답 $0.8[\text{W/m} \cdot \text{K}]$

별해 벽체를 통한 열전달량(Q_1)과 외부 표면에서의 대류에 의한 열전달량(Q_2)이 같으므로 Q_2를 계산한 후 벽체의 열전도율(λ)을 계산한다.

① 대류에 의한 열전달량 계산

$$\therefore Q_2 = \frac{1}{\frac{1}{\alpha}} \times F \times \Delta T_2 = \alpha \times F \times \Delta T_2$$

$$= 20 \times 1 \times \{(273+20)-(273+0)\} = 400[\text{W}]$$

② 벽체의 전체 열전달량에서 열전도율 계산:

$Q = \dfrac{1}{\dfrac{1}{\alpha}+\dfrac{b}{\lambda}} \times F \times \Delta T$에서 열전도율 λ를 구하는 식을 유도한다.

$$\therefore \lambda = \frac{b}{\dfrac{F \times \Delta T}{Q} - \dfrac{1}{\alpha}} = \frac{0.4}{\left[\dfrac{1 \times \{(273+220)-(273+0)\}}{400} - \dfrac{1}{20}\right]}$$

$$= 0.8[\text{W/m} \cdot \text{K}]$$

22 두께 25[cm], 열전도율이 6[W/m·K]인 내화벽돌이 1500[℃]의 고온에 접하고, 그 외측에 안전사용온도가 900[℃], 열전도율이 0.65[W/m·K]인 단열재를 시공하여 10[℃] 외기와 접할 때 단열재의 두께는 몇 [cm]로 시공하여야 하는가? (단, 외벽표면의 열전달률은 40[W/m²·K] 이다.)

풀이 노벽의 단면도 및 상태

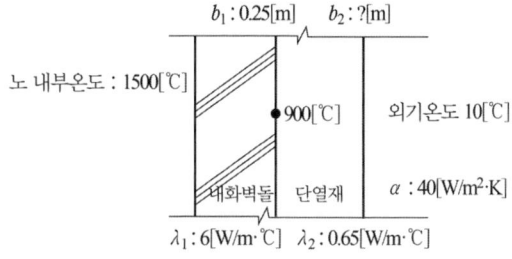

① 노 내부에서 내화벽돌을 거쳐 단열재 내측면까지 노벽 1[m²]에 대하여 전달되는 열량 계산 : 단열재의 안전사용온도 900[℃]를 기준으로 계산

$$\therefore Q_1 = K \times F \times \Delta T_1 = \frac{1}{\dfrac{b_1}{\lambda_1}} \times F \times \Delta T_1$$

$$= \frac{1}{\dfrac{0.25}{6}} \times 1 \times \{(273+1500)-(273+900)\} = 14400[\text{W}]$$

② 단열재의 두께 계산 : 내화벽돌부터 단열재 내면까지 전달되는 열량(Q_1)과 단열재 내면부터 외기까지 전달되는 열량(Q_2)은 같다.

$$\therefore Q_2 = \frac{1}{\frac{b_2}{\lambda_2} + \frac{1}{\alpha}} \times F \times \Delta T_2 \text{ 에서 } \frac{b_2}{\lambda_2} + \frac{1}{\alpha} = \frac{1 \times F \times \Delta T_2}{Q_2} \text{ 이고,}$$

$$\frac{b_2}{\lambda_2} = \frac{1 \times F \times \Delta T_2}{Q_2} - \frac{1}{\alpha} \text{ 이다.}$$

$$\therefore b_2 = \lambda_2 \times \left\{ \frac{1 \times F \times \Delta T_2}{Q_2} - \frac{1}{\alpha} \right\}$$

$$= \left[0.65 \times \left\{ \frac{1 \times 1 \times ((273 + 900) - (273 + 10))}{14400} - \frac{1}{40} \right\} \right] \times 100$$

$$= 2.392 ≒ 2.39 [\text{cm}]$$

해답 ▶ 2.39[cm]

해설 단열재 두께를 구하는 풀이과정 마지막에 곱해준 '100'은 미터[m] 단위에서 센티미터 [cm]로 변환하는 숫자이다.

23 열전도율이 0.1[W/m·K]인 내화벽돌의 두께가 20[cm]일 때 온도차가 200[℃]인 곳에 열전도율이 0.2[W/m·K]인 단열벽돌을 시공하였더니 온도차 400[℃]로 나타났다. 내화벽돌과 단열벽돌의 손실열량이 같을 때 단열벽돌의 두께는 몇 [cm]인지 계산하시오. (단, 기타 손실되는 열량은 없는 것으로 한다.)

풀이● 내화벽돌(Q_1)과 단열벽돌(Q_2)의 손실이 같으므로 $Q_1 = Q_2$이고,

손실열량 $Q = \frac{1}{\frac{b}{\lambda}} \times F \times \Delta T$, 온도차 200[℃]와 400[℃]는 200[K], 400[K] 이다.

$$\therefore \frac{1}{\frac{b_1}{\lambda_1}} \times F_1 \times \Delta T_1 = \frac{1}{\frac{b_2}{\lambda_2}} \times F_2 \times \Delta T_2 \text{ 이고}$$

$$\frac{\lambda_1}{b_1} \times F_1 \times \Delta T_1 = \frac{\lambda_2}{b_2} \times F_2 \times \Delta T_2 \text{ 이다.}$$

$$\therefore b_2 = \frac{\lambda_2 \times F_2 \times \Delta T_2}{\lambda_1 \times F_1 \times \Delta T_1} \times b_1 = \left(\frac{0.2 \times 1 \times 400}{0.1 \times 1 \times 200} \times 0.2 \right) \times 100 = 80 [\text{cm}]$$

해답 ▶ 80[cm]

24 노를 설계할 때 노벽을 내화벽돌, 단열벽돌, 적색벽돌의 3중 구조로 하고자 한다. 내화벽돌은 두께 150[mm], 열전도율 1.2[W/m·K], 단열벽돌은 열전도율 0.05[W/m·K], 적색벽돌은 두께 100[mm], 열전도율 0.25[W/m·K]이며 단열벽돌과 적색벽돌 사이 온도는 200[℃]이다. 노 벽을 평면벽이라 할 때 단열벽돌의 두께[mm]를 구하시오. (단, 노 내의 온도는 1500[℃], 외기온도 20[℃]이며, 외기와 적색벽돌 외표면과의 열

전달률은 23.2[W/m²·K] 이다.)

풀이 ① 적색벽돌 표면적 1[m²]에서 배출되는 열량 계산

$$\therefore Q_1 = K \times F \times \Delta T = \frac{1}{\frac{b}{\lambda} + \frac{1}{\alpha}} \times F \times \Delta T$$

$$= \frac{1}{\frac{0.1}{0.25} + \frac{1}{23.2}} \times 1 \times \{(273+200) - (273+20)\}$$

$$= 406.225 ≒ 406.23[W/h]$$

② 단열벽돌의 두께 계산 : 적색벽돌 표면에서 배출되는 열량(Q_1)과 3중 구조의 벽체를 통해 배출되는 열량(Q_2)은 같다.

$$\therefore Q_2 = \frac{1}{\frac{b_1}{\lambda_1} + \frac{b_2}{\lambda_2} + \frac{b_3}{\lambda_3} + \frac{1}{\alpha}} \times F \times \Delta T \text{ 에서}$$

$$\frac{b_1}{\lambda_1} + \frac{b_2}{\lambda_2} + \frac{b_3}{\lambda_3} + \frac{1}{\alpha} = \frac{1 \times F \times \Delta T}{Q_2} \text{ 이다.}$$

$$\therefore \frac{b_2}{\lambda_2} = \frac{1 \times F \times \Delta T}{Q_2} - \left(\frac{b_1}{\lambda_1} + \frac{b_3}{\lambda_3} + \frac{1}{\alpha}\right) \text{ 이므로}$$

$$\therefore b_2 = \lambda_2 \times \left\{\frac{1 \times F \times \Delta T}{Q_2} - \left(\frac{b_1}{\lambda_1} + \frac{b_3}{\lambda_3} + \frac{1}{\alpha}\right)\right\}$$

$$= 0.05 \times \left\{\frac{1 \times 1 \times ((273+1500) - (273+20))}{406.23} - \left(\frac{0.15}{1.2} + \frac{0.1}{0.25} + \frac{1}{23.2}\right)\right\}$$

$$= 0.153757[m] \times 1000 = 153.757 ≒ 153.76[mm]$$

해답 153.76[mm]

25
두께 20[mm] 강관에 스케일이 3[mm] 부착하였을 때 열전도저항은 초기상태인 강관의 몇 배에 해당되는가? (단, 강관의 열전도율은 40[W/m·K], 스케일의 열전도율은 2[W/m·K]이다.)

풀이 ① 강관의 열전도저항 계산

$$\therefore R_1 = \frac{b_1}{\lambda_1} = \frac{0.02}{40} = 0.0005[m^2 \cdot K/W]$$

② 스케일의 열전도저항 계산

$$\therefore R_2 = \frac{b_2}{\lambda_2} = \frac{0.003}{2} = 0.0015[m^2 \cdot K/W]$$

③ 강관에 비교한 열전도 저항비 계산

$$\therefore 열전도\ 저항비 = \frac{강관의\ 열저항 + 스케일의\ 열저항}{강관의\ 열저항}$$

$$= \frac{0.0005 + 0.0015}{0.0005} = 4배$$

해답 4배

26 내벽은 내화벽돌로 두께 220[mm], 열전도율 1.1[kcal/m·h·℃], 중간벽은 단열벽돌로 두께 9[cm], 열전도율 0.12[kcal/m·h·℃], 외벽은 붉은 벽돌로 두께 20[cm], 열전도율 0.8[kcal/m·h·℃]로 되어 있는 노벽이 있다. 내벽표면의 온도가 1000[℃]일 때 외벽의 표면온도는 몇 [℃]인가? (단, 외벽 주위온도는 20[℃], 외벽표면의 열전달률은 7[kcal/m²·h·℃]로 한다.)

풀이 ① 벽면 1[m²]당 1시간 동안 손실열량 계산

$$\therefore Q = K(t_2 - t_1) = \left(\frac{1}{\frac{b_1}{\lambda_1} + \frac{b_2}{\lambda_2} + \frac{b_3}{\lambda_3} + \frac{1}{\alpha_o}} \right) \times (t_2 - t_1)$$

$$= \left(\frac{1}{\frac{0.22}{1.1} + \frac{0.09}{0.12} + \frac{0.2}{0.8} + \frac{1}{7}} \right) \times (1000 - 20)$$

$$= 729.787 ≒ 729.79 [\text{kcal/m}^2 \cdot \text{h}]$$

② 외벽 표면의 온도 계산

$$\therefore t_0 = t_2 - \left\{ Q \times \left(\frac{b_1}{\lambda_1} + \frac{b_2}{\lambda_2} + \frac{b_3}{\lambda_3} \right) \right\}$$

$$= 1000 - \left\{ 729.79 \times \left(\frac{0.22}{1.1} + \frac{0.09}{0.12} + \frac{0.2}{0.8} \right) \right\} = 124.252 ≒ 124.25 [℃]$$

해답 124.25[℃]

27 내벽은 내화벽돌로 두께 20[cm], 열전도율이 1.3[W/m·℃], 외벽은 플라스틱 절연체로 두께 10[cm], 열전도율이 0.58[W/m·℃]로 되어 있는 노벽이 있다. 노 내부의 온도가 500[℃], 외부의 온도가 100[℃]일 때 물음에 답하시오.
(1) 단위 면적당 전열량[W]을 구하시오.
(2) 내화벽돌과 플라스틱 절연체가 접촉되는 부분의 온도[℃]를 구하시오.

풀이 (1) 벽면 1[m²]당 1시간 동안 손실열량 계산

$$\therefore Q = K \times F \times \Delta t = \frac{1}{\frac{b_1}{\lambda_1} + \frac{b_2}{\lambda_2}} \times F \times \Delta t$$

$$= \frac{1}{\frac{0.2}{1.3} + \frac{0.1}{0.58}} \times 1 \times (500 - 100) = 1226.016 ≒ 1226.02[W]$$

(2) 접촉면까지 전달되는 열량은 (1)번에서 계산된 손실열량과 같고 접촉면의 온도를 t_0라 하면

$$Q = \frac{1}{\frac{b_1}{\lambda_1}} \times F \times (t_2 - t_0) \text{ 이고, } t_2 - t_0 = \frac{Q \times \frac{b_1}{\lambda_1}}{F} \text{ 이다.}$$

$$\therefore t_0 = t_2 - \frac{Q \times \frac{b_1}{\lambda_1}}{F} = 500 - \frac{1226.02 \times \frac{0.2}{1.3}}{1} = 311.381 ≒ 311.38[℃]$$

해답 (1) 1226.02[W]
(2) 311.38[℃]

해설 벽면 1[m²]당 계산하는 것이므로 풀이과정 중에 벽체 면적 F는 생략해도 무방함

28 두께가 5[mm]이며 열전도율이 56[kcal/m·h·℃], 내부온도가 150[℃], 외부온도가 15[℃]인 벽면에 두께 15[mm], 열전도율이 0.05[kcal/m·h·℃]인 단열재를 부착하였더니 외부온도가 10[℃]로 되었을 때 물음에 답하시오.
(1) 벽면 1[m²]당 절감되는 열량[kcal/h]은 얼마인가?
(2) 단열효율은 얼마인가?

풀이 (1) ① 단열 전 손실열량 계산

$$\therefore Q_1 = K \times F \times \Delta t_1 = \frac{1}{\frac{b}{\lambda}} \times F \times \Delta t_1$$

$$= \frac{1}{\frac{0.005}{56}} \times 1 \times (150 - 15) = 1512000[kcal/h]$$

② 단열 후 손실열량 계산

$$\therefore Q_2 = K \times F \times \Delta t_2 = \frac{1}{\frac{b_1}{\lambda_1} + \frac{b_2}{\lambda_2}} \times F \times \Delta t_2$$

$$= \frac{1}{\frac{0.005}{56} + \frac{0.015}{0.05}} \times 1 \times (150 - 10)$$

$$= 466.527 ≒ 466.53[kcal/h]$$

③ 절감되는 열량 계산

$$\therefore Q = Q_1 - Q_2 = 1512000 - 466.53 = 1511533.47[kcal/h]$$

(2) $\eta = \frac{Q_1 - Q_2}{Q_1} \times 100 = \frac{Q}{Q_1} \times 100 = \frac{1511533.47}{1512000} \times 100 = 99.969 ≒ 99.97[\%]$

해답 (1) 1511533.47[kcal/h]
(2) 99.97[%]

29 배관 외경이 30[mm], 길이 15[m]의 증기관에 열전도율이 0.05[kcal/m·h·℃]인 보온재를 두께 15[mm]로 시공하였다. 관 표면온도 100[℃], 보온재 외부온도가 20[℃]일 때 보온재를 통한 손실열량[kcal/h]은 얼마인가?

풀이 보온을 하는 배관의 외경이 30[mm] 이므로 반지름은 15[mm]가 되며 보온재를 기준으로 r_i는 0.015[m]가 된다. 여기에 두께 15[mm]인 보온재를 피복하였으므로 r_o는 0.015[m] + 0.015[m] = 0.03[m]로 계산된다.

① 보온관 대수평균면적 계산

$$\therefore F_m = \frac{2\pi L(r_o - r_i)}{\ln\frac{r_o}{r_i}} = \frac{2 \times \pi \times 15 \times (0.03 - 0.015)}{\ln\frac{0.03}{0.015}} = 2.039 ≒ 2.04[m^2]$$

② 방열량 계산

$$\therefore Q = KF_m \Delta t = \frac{1}{\frac{0.015}{0.05}} \times 2.04 \times (100 - 20) = 544[kcal/h]$$

해답 544[kcal/h]

별해 하나의 식으로 계산

$$\therefore Q = \frac{1}{\frac{1}{\lambda}} \times \frac{2\pi L}{\ln\frac{r_o}{r_i}} \times (t_i - t_o) = \frac{2\pi L(t_i - t_o)}{\frac{1}{\lambda} \times \ln\frac{r_o}{r_i}}$$

$$= \frac{2 \times \pi \times 15 \times (100 - 20)}{\frac{1}{0.05} \times \ln\frac{0.03}{0.015}} = 543.883 ≒ 543.88[kcal/h]$$

30 배관 외경이 30[mm]인 길이 15[m]의 증기관에 두께 15[mm]의 보온재를 시공하였다. 관 표면온도 100[℃], 보온재 외부온도 20[℃]일 때 단위 시간당 손실열량은 몇 [kJ] 인가? (단, 보온재의 열전도율은 0.2093[kJ/m·h·℃] 이다.)

풀이 ① 보온관 표면적 계산(대수평균면적)

$$\therefore F_m = \frac{2\pi L(r_o - r_i)}{\ln\frac{r_o}{r_i}} = \frac{2 \times \pi \times 15 \times (0.03 - 0.015)}{\ln\frac{0.03}{0.015}} = 2.039 ≒ 2.04[m^2]$$

② 방열량 계산

$$\therefore Q = KF_m \Delta t = \frac{1}{\frac{0.015}{0.2093}} \times 2.04 \times (100 - 20) = 2277.184 ≒ 2277.18[kJ/h]$$

해답 2277.18[kJ/h]

별해 하나의 식으로 계산

$$\therefore Q = \frac{1}{\frac{1}{\lambda}} \times \frac{2\pi L}{\ln\frac{r_o}{r_i}} \times (t_i - t_o) = \frac{2\pi L(t_i - t_o)}{\frac{1}{\lambda} \times \ln\frac{r_o}{r_i}} = \frac{2 \times \pi \times 15 \times (100 - 20)}{\frac{1}{0.2093} \times \ln\frac{0.03}{0.015}}$$

$$= 2276.695 ≒ 2276.70[kJ/h]$$

31 배관 외경이 40[mm]인 길이 15[m]의 증기관에 두께 20[mm]의 보온재를 시공하였다. 관 표면온도 100[℃], 보온재 외부 표면온도 20[℃]일 때 손실열량[W]을 구하시오. (단, 보온재의 열전도율은 0.058[W/m·℃]이다.)

풀이 ① 배관 외측 반지름(r_i) 및 보온재 피복 후 외측 반지름(r_o) 계산 : 배관 외경 40[mm]는 0.04[m]이고, 보온재 두께 20[mm]는 0.02[m]이다.

$$\therefore r_i = \frac{0.04}{2} = 0.02[\text{m}]$$

$$\therefore r_o = \frac{0.04}{2} + 0.02 = 0.04[\text{m}]$$

② 보온관 표면적 계산(대수평균면적)

$$\therefore F_m = \frac{2\pi L(r_o - r_i)}{\ln\frac{r_o}{r_i}} = \frac{2 \times \pi \times 15 \times (0.04 - 0.02)}{\ln\frac{0.04}{0.02}} = 2.719 \fallingdotseq 2.72[\text{m}^2]$$

③ 방열량 계산

$$\therefore Q = KF_m \Delta t = \frac{1}{\frac{0.02}{0.058}} \times 2.72 \times (100 - 20) = 631.04[\text{W}]$$

해답 631.04[W]

별해 하나의 식으로 계산

$$\therefore Q = \frac{1}{\frac{1}{\lambda}} \times \frac{2\pi L}{\ln\frac{r_o}{r_i}} \times (t_i - t_o) = \frac{2\pi L(t_i - t_o)}{\frac{1}{\lambda} \times \ln\frac{r_o}{r_i}} = \frac{2 \times \pi \times 15 \times (100 - 20)}{\frac{1}{0.058} \times \ln\frac{0.04}{0.02}}$$

$$= 630.904 \fallingdotseq 630.90[\text{W}]$$

해설 29번, 30번, 31번에서 열전도율 단위가 다른 것을 숙지하여 계산과정을 학습하길 바랍니다.

32 바깥 반지름이 150[mm], 안쪽 반지름이 50[mm]인 중공원관(中空圓管)의 열전도도가 0.04[W/m·h·℃]이다. 내면의 온도가 300[℃], 외기온도가 30[℃]일 경우 이 중공원관 1[m]당 손실열량[W]를 구하고 중간지점의 온도[℃]를 구하시오.

풀이 ① 손실열량 계산

$$\therefore Q = \frac{2\pi L(t_i - t_o)}{\frac{1}{\lambda} \times \ln\frac{r_o}{r_i}} = \frac{2 \times \pi \times 1 \times (300 - 30)}{\frac{1}{0.04} \times \ln\frac{0.15}{0.05}} = 61.767 \fallingdotseq 61.77[\text{W}]$$

② 중간지점의 온도 계산 : 중간지점은 중공원관의 두께 중간에 해당하는 지점의 온도이다.

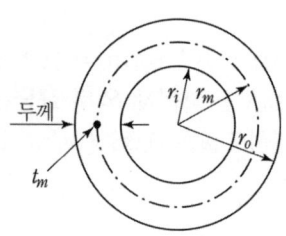

㉮ 두께 중간지점의 반지름 계산 : 관두께는 바깥 반지름과 안쪽 반지름 차이에 해당된다.

$$\therefore r_m = 안쪽\ 반지름 + \frac{두께}{2} = 50 + \frac{150-50}{2} = 100[\text{mm}]$$

또는 $r_m = 바깥\ 반지름 - \frac{두께}{2}$ 로 계산할 수 있다.

㉯ 중간지점의 온도 계산 : 손실되는 열량은 중간지점에서도 동일하다.

$$Q = \frac{2\pi L(t_i - t_m)}{\frac{1}{\lambda} \times \ln\frac{r_m}{r_i}} \text{에서}\quad t_i - t_m = \frac{Q \times \left(\frac{1}{\lambda} \times \ln\frac{r_m}{r_i}\right)}{2\pi L} \text{이다.}$$

$$\therefore t_m = t_i - \frac{Q \times \left(\frac{1}{\lambda} \times \ln\frac{r_m}{r_i}\right)}{2\pi L} = 300 - \frac{61.77 \times \left(\frac{1}{0.04} \times \ln\frac{0.1}{0.05}\right)}{2 \times \pi \times 1}$$
$$= 129.641 ≒ 129.64[℃]$$

해답 ① 손실열량 : 61.77[W]
② 중간지점 온도 : 129.64[℃]

33 안쪽 반지름 55[cm], 바깥 반지름 90[cm]인 구형 고압 반응용기(K = 41.87[W/m·K]) 내외의 표면온도가 각각 551[K], 543[K]일 때 열손실은 몇 [kW]인가?

풀이 $Q = K\dfrac{4\pi(T_i - T_o)}{\dfrac{1}{r_i} - \dfrac{1}{r_o}} = 41.87 \times 10^{-3} \times \dfrac{4 \times \pi \times (551-543)}{\dfrac{1}{0.55} - \dfrac{1}{0.9}}$
$= 5.953 ≒ 5.95[\text{kW}]$

해답 5.95[kW]

34 노 내의 온도가 900[℃]에 달했을 때 300×600[mm]의 노 문을 열었다. 이 때 노 문을 통한 방사전열 손실 열량은 몇 [kcal/h] 인가? (단, 실내온도는 25[℃], 화염의 방사율은 0.9, 스테판-볼츠만 상수(C_b)는 4.88[kcal/h·m²·K⁴] 이다.)

풀이 $Q = \epsilon\, C_b \left\{\left(\dfrac{T_1}{100}\right)^4 - \left(\dfrac{T_2}{100}\right)^4\right\} F$

$$= 0.9 \times 4.88 \times \left\{ \left(\frac{273+900}{100}\right)^4 - \left(\frac{273+25}{100}\right)^4 \right\} \times (0.3 \times 0.6)$$
$$= 14904.383 \fallingdotseq 14904.38 [\text{kcal/h}]$$

해답 ▶ 14904.38[kcal/h]

35 방사율이 0.8, 물체의 표면온도가 300[℃], 실내 온도가 25[℃]일 때 공간에 방출하는 단위 면적당 방사에너지는 몇 [W/m²]인가? (단, 스테판-볼츠만 상수(C_b)는 5.69 [W/m²·K⁴]이다.)

풀이
$$Q = \epsilon \, C_b \left\{ \left(\frac{T_1}{100}\right)^4 - \left(\frac{T_2}{100}\right)^4 \right\}$$
$$= 0.8 \times 5.69 \times \left\{ \left(\frac{273+300}{100}\right)^4 - \left(\frac{273+25}{100}\right)^4 \right\}$$
$$= 4548.075 \fallingdotseq 4548.08 [\text{W/m}^2]$$

해답 ▶ 4548.08[W/m²]

해설 방사에너지를 1[m²]에 대하여 구하는 것이라 표면적(F)은 계산과정에서 생략하였음

36 외경 20[mm]이고 표면온도가 65[℃]인 증기배관이 20[℃] 상태의 실내에 노출되어 있을 때 배관 길이 1[m]에서 방사되는 열량[W]을 계산하시오. (단, 방사율은 0.65이고, 스테판 볼츠만 상수는 5.67[W/m²·K⁴] 이다.)

풀이
$$Q = \epsilon \times C_b \times \left\{ \left(\frac{T_1}{100}\right)^4 - \left(\frac{T_2}{100}\right)^4 \right\} \times F$$
$$= 0.65 \times 5.67 \times \left\{ \left(\frac{273+65}{100}\right)^4 - \left(\frac{273+20}{100}\right)^4 \right\} \times (\pi \times 0.02 \times 1)$$
$$= 13.156 \fallingdotseq 13.16 [\text{W}]$$

해답 ▶ 13.16[W]

해설 스테판 볼츠만 상수가 5.67×10^{-8} [W/m²·K⁴]로 주어졌으면 다음 식을 적용한다.
$$\therefore Q = \epsilon \times \sigma \times (T_1^4 - T_2^4) \times F$$
$$= 0.65 \times 5.67 \times 10^{-8} \times \{(273+65)^4 - (273+20)^4\} \times (\pi \times 0.02 \times 1)$$
$$= 13.156 \fallingdotseq 13.16 [\text{W}]$$

37 1500[K]의 완전 방사체 표면으로부터 방출되는 전방사에너지[W/cm²]는 얼마인가? (단, 스테판-볼츠만 상수는 5.67×10^{-12} [W/cm²·K] 이다.)

풀이 방사(복사) 에너지는 절대온도의 4승에 비례한다.
$$\therefore E = \sigma \times T^4 = (5.67 \times 10^{-12}) \times 1500^4 = 28.704 \fallingdotseq 28.70 [\text{W/cm}^2]$$

해답 ▶ 28.7[W/cm²]

38 연소 시 100[℃]에서 500[℃]로 온도가 상승하였을 경우 500[℃]의 열복사 에너지는 100[℃]에서의 열복사 에너지의 몇 배가 되겠는가? (단, 스테판-볼츠만 상수는 변함이 없다.)

풀이 방사(복사) 에너지는 절대온도의 4승에 비례하고, 온도 변화에 따른 스테판-볼츠만 상수(σ)는 변함이 없으므로 생략할 수 있다.

$$\therefore \frac{E_2}{E_1} = \frac{\sigma_2 T_2^4}{\sigma_1 T_1^4} = \frac{T_2^4}{T_1^4} = \left(\frac{T_2}{T_1}\right)^4 = \left(\frac{273+500}{273+100}\right)^4 = 18.445 ≒ 18.45배$$

해답 18.45배

39 외기온도 27[℃]일 때 표면온도 227[℃]인 관 표면에서 방사에 의한 전열량은 자연대류에 의한 전열량의 몇 배가 되는지 계산하시오. (단, 방사율은 0.9, 스테판-볼츠만 상수는 5.67×10⁻⁸[W/m²·K⁴], 대류 열전달률은 5.56[W/m²·K]이다.)

풀이 ① 관 표면적 1[m²]당 방사 전열량 계산

$$\therefore Q_1 = \epsilon \sigma (T_1^4 - T_2^4)$$
$$= 0.9 \times 5.67 \times 10^{-8} \times \{(273+227)^4 - (273+27)^4\}$$
$$= 2776.032 ≒ 2776.03[W/m^2]$$

② 관 표면적 1[m²]당 대류 전열량 계산

$$\therefore Q_2 = \alpha \times (T_1 - T_2)$$
$$= 5.56 \times \{(273+227) - (273+27)\} = 1112[W/m^2]$$

③ 전열량 비교

$$\therefore 전열량비 = \frac{방사 전열량}{자연대류 전열량} = \frac{2776.03}{1112} = 2.496 ≒ 2.50배$$

해답 2.5배

40 외기온도가 20[℃]일 때 표면온도 70[℃]인 관표면에서의 복사에 의한 열전달률 [kcal/m²·h·K]은 얼마인가? (단, 복사율은 0.8 이다.)

풀이
$$\alpha_R = \frac{\epsilon \cdot C_b \cdot \left\{\left(\frac{T_1}{100}\right)^4 - \left(\frac{T_2}{100}\right)^4\right\}}{T_1 - T_2}$$

$$= \frac{4.88 \times 0.8 \times \left\{\left(\frac{273+70}{100}\right)^4 - \left(\frac{273+20}{100}\right)^4\right\}}{(273+70) - (273+20)}$$

$$= 5.052 ≒ 5.05[kcal/m^2 \cdot h \cdot K]$$

해답 5.05[kcal/m²·h·K]

제7장 열전달

41 노 내의 연소불꽃의 온도가 1000[℃], 복사능 0.5이고 노 내벽의 평균온도 500[℃], 복사능 0.9일 때 연소불꽃으로부터 복사에 의하여 노벽에 전해지는 열량[W/m²]은 얼마인가? (단, 노벽은 평면이 평행한 면으로 보고, 스테판 볼츠만 상수 σ는 5.61×10^{-8} [W/m²·K⁴]이다.)

풀이 $Q = \sigma \times F \times \dfrac{1}{\dfrac{1}{\epsilon_1} + \dfrac{1}{\epsilon_2} - 1} \times (T_1^4 - T_2^4)$

$= 5.61 \times 10^{-8} \times \dfrac{1}{\dfrac{1}{0.5} + \dfrac{1}{0.9} - 1} \times \{(273 + 1000)^4 - (273 + 500)^4\}$

$= 60297.638 ≒ 60297.64 [\text{W/m}^2]$

해답 $60297.64 [\text{W/m}^2]$

해설 노벽 1[m²]에 전해지는 열량[W]을 계산하는 것이므로 노벽 면적(F)은 풀이에서 생략하였음

42 열교환기에 대한 물음에 답하시오.
(1) 쉘 앤 튜브식(shell & tube type) 열교환기에 스파이럴 튜브(spiral tube)를 사용하였을 때 장점 2가지를 쓰시오.
(2) 열교환기의 효율을 향상시키는 방법 4가지를 쓰시오.

해답 (1) ① 튜브의 전열면적이 증가된다.
② 유체의 흐름이 난류가 되어 전열효과가 우수하다.
(2) ① 유체의 유속을 빠르게 한다.
② 유체의 흐름 방향을 향류로 한다.
③ 열전도율이 높은 재료를 사용한다.
④ 두 유체의 온도차를 크게 한다.
⑤ 전열면적을 크게 한다.

43 판형 열교환기의 장점 4가지를 쓰시오.

해답 ① 고난류 유동에 의한 열교환 능력을 향상시킨다.
② 판의 매수 조절이 가능하여 전열면적 증감이 용이하다.
③ 전열면의 청소나 조립이 간단하다.
④ 고점도의 유체에도 적용할 수 있다.
⑤ 내식성, 내구성이 우수하다.

44 대향류식 공기예열기에 240[℃]의 배기가스가 들어가서 160[℃]로 나오고, 연소용 공기는 20[℃]로 들어가서 90[℃]로 나올 때 이 공기예열기의 대수 평균온도차[℃]를

계산하시오.

[풀이] ① 대향류이므로 고온유체와 저온유체의 흐름이 반대 방향이 된다.
∴ Δt_1 = 가열유체 입구온도 − 수열유체 출구온도 = 240 − 90 = 150[℃]
∴ Δt_2 = 가열유체 출구온도 − 수열유체 입구온도 = 160 − 20 = 140[℃]
② 대수 평균온도차 계산
$$\therefore \Delta t_m = \frac{\Delta t_1 - \Delta t_2}{\ln\left(\dfrac{\Delta t_1}{\Delta t_2}\right)} = \frac{150 - 140}{\ln\left(\dfrac{150}{140}\right)} = 144.942 ≒ 144.94[℃]$$

[해답] 144.94[℃]

45 대향류 열교환기에서 가열유체는 125[℃]로 들어가서 70[℃]로 나오고 수열유체는 20[℃]로 들어가서 40[℃]로 나온다. 이 열교환기의 대수 평균온도차[℃]를 계산하시오.

[풀이] ① 향류이므로 고온유체와 저온유체의 흐름이 반대 방향이 된다.
∴ Δt_1 = 가열유체 입구온도 − 수열유체 출구온도 = 125 − 40 = 85[℃]
∴ Δt_2 = 가열유체 출구온도 − 수열유체 입구온도 = 70 − 20 = 50[℃]
② 대수 평균온도차 계산
$$\therefore \Delta t_m = \frac{\Delta t_1 - \Delta t_2}{\ln\left(\dfrac{\Delta t_1}{\Delta t_2}\right)} = \frac{85 - 50}{\ln\left(\dfrac{85}{50}\right)} = 65.959 ≒ 65.96[℃]$$

[해답] 65.96[℃]

46 이중 열교환기의 총괄전열계수가 69[kcal/m²·h·℃]일 때, 더운 액체와 찬 액체를 향류로 접속시켰더니 더운 면의 온도가 65[℃]에서 25[℃]로 내려가고 찬 면의 온도가 20[℃]에서 53[℃]로 올라갔다. 단위면적당의 열교환량[kcal/m²·h]을 구하시오.

[풀이] ① 향류이므로 고온유체와 저온유체의 흐름이 반대 방향이 된다.
∴ Δt_1 = 고온유체 입구온도 − 저온유체 출구온도 = 65 − 53 = 12[℃]
∴ Δt_2 = 고온유체 출구온도 − 저온유체 입구온도 = 25 − 20 = 5[℃]
② 대수평균온도차 계산
$$\therefore \Delta t_m = \frac{\Delta t_1 - \Delta t_2}{\ln\left(\dfrac{\Delta t_1}{\Delta t_2}\right)} = \frac{12 - 5}{\ln\left(\dfrac{12}{5}\right)} = 7.995 ≒ 8.00[℃]$$
③ 열교환량 계산
∴ $Q = k\Delta t_m = 69 \times 8 = 552[\text{kcal/m}^2 \cdot \text{h}]$

[해답] 552[kcal/m²·h]

47 원단을 제조하는 공장에서 [보기]와 같은 조건의 연도에 설치하는 열교환기의 전열면적[m²]은 얼마인가?

> |보기| – 배기가스 온도 : 120[℃]
> – 배기가스량 : 12000[m³/h]
> – 열교환기 열회수량 : 117800[kcal/h]
> – 대수평균 온도차 : 65.5[℃]
> – 전열면 총괄계수 : 15[kcal/m²·h·℃]

풀이 $Q = kF\Delta t_m$ 에서

$$\therefore F = \frac{Q}{k\Delta t_m} = \frac{117800}{15 \times 65.5} = 119.898 = 119.90[\text{m}^2]$$

해답 $119.9[\text{m}^2]$

48 어느 병류 열교환기에서 [그림]과 같이 고온 유체가 90[℃]로 들어가 50[℃]로 나오고, 이와 열교환되는 유체는 20[℃]에서 40[℃]까지 가열되었다. 열관류율이 50[kcal/m²·h·℃]이고, 시간당 전열량이 8000[kcal]일 때 이 열교환기의 전열면적 [m²]은 얼마인가?

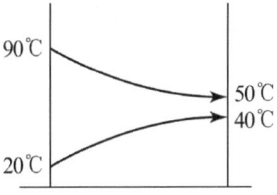

풀이 ① 병류이므로 고온유체와 저온유체의 흐름이 같은 방향이 된다.

$\therefore \Delta t_1$ = 가열유체 입구온도 – 수열유체 입구온도 = 90 – 20 = 70[℃]

$\therefore \Delta t_2$ = 고온유체 출구온도 – 저온유체 출구온도 = 50 – 40 = 10[℃]

② 대수평균온도 계산

$$\therefore \Delta t_m = \frac{\Delta t_1 - \Delta t_2}{\ln \frac{\Delta t_1}{\Delta t_2}} = \frac{70 - 10}{\ln \frac{70}{10}} = 30.833 = 30.83[\text{℃}]$$

③ 전열면적 계산
$Q = KF\Delta t_m$ 에서

$$\therefore F = \frac{Q}{K\Delta t_m} = \frac{8000}{50 \times 30.83} = 5.189 = 5.19[\text{m}^2]$$

해답 $5.19[\text{m}^2]$

49 대향류 열교환기에서 가열유체는 260[℃]에서 120[℃]로 나오고 수열유체는 70[℃]에서 110[℃]로 가열될 때 전열면적[m²]을 구하시오. (단, 열관류율은 125[W/m²·℃]이고, 총 열부하는 160000[W]이다.)

해설 ① 대향류이므로 고온유체와 저온유체의 흐름이 반대 방향이 된다.

∴ Δt_1 = 가열유체 입구온도 − 수열유체 출구온도 = 260 − 110 = 150[℃]

∴ Δt_2 = 고온유체 출구온도 − 저온유체 입구온도 = 120 − 70 = 50[℃]

② 대수평균온도 계산

$$\therefore \Delta t_m = \frac{\Delta t_1 - \Delta t_2}{\ln \frac{\Delta t_1}{\Delta t_2}} = \frac{150 - 50}{\ln \frac{150}{50}} = 91.023 ≒ 91.02[℃]$$

③ 전열면적 계산

$Q = KF\Delta t_m$ 에서

$$\therefore F = \frac{Q}{K\Delta t_m} = \frac{160000}{125 \times 91.023} = 14.062 ≒ 14.06[m^2]$$

해답 ▶ 14.06[m²]

50
냉각수를 이용하여 오일을 냉각시키는 [보기]와 같은 조건의 대향류 열교환기에서 오일을 냉각시키는 전열면적[m²]을 계산하시오. (단, 열교환기 전열벽의 열관류율은 69.78[W/m²·℃]이다.)

유체명칭	유량[kg/h]	비열[kJ/kg·℃]	입구온도[℃]	출구온도[℃]
냉각수	200	4.186	20	x
오일	100	2.09	70	30

풀이 ① 오일을 냉각시키는데 제거한 열량 계산

∴ $Q_o = G_o \times C_o \times \Delta t_o = 100 \times 2.09 \times (70 - 30) = 8360[kJ/h]$

② 냉각수 출구온도 계산 : 오일을 냉각시키는데 제거한 열량(Q_o)과 냉각수에 취득한 열량(Q_w)은 같다.

∴ $Q_w = G_w \times C_w \times \Delta t_w = G_w \times C_w \times (t_2 - t_1)$

$$\therefore t_2 = \frac{Q_w}{G_w \times C_w} + t_1 = \frac{8360}{200 \times 4.186} + 20 = 29.985 ≒ 29.99[℃]$$

③ 대수평균온도차 계산

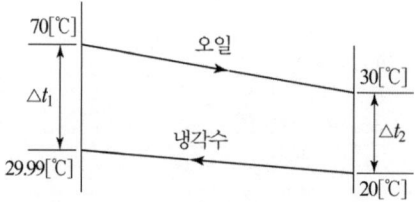

∴ Δt_1 = 오일 입구온도 − 냉각수 출구온도 = 70 − 29.99 = 40.01[℃]

∴ Δt_2 = 오일 출구온도 − 냉각수 입구온도 = 30 − 20 = 10[℃]

$$\therefore \Delta t_m = \frac{\Delta t_1 - \Delta t_2}{\ln\left(\dfrac{\Delta t_1}{\Delta t_2}\right)} = \frac{40.01 - 10}{\ln\left(\dfrac{40.01}{10}\right)} = 21.643 ≒ 21.64[℃]$$

④ 오일 냉각면적 계산 : 1[W] = 1[J/s] = 3600[J/h]에 해당된다.
$Q = KF\Delta t_m$ 에서

$$\therefore F = \frac{Q}{K\Delta t_m} = \frac{8360 \times 1000}{(69.78 \times 3600) \times 21.64} = 1.537 ≒ 1.54[m^2]$$

해답 ▶ $1.54[m^2]$

제8장 계측기기 및 자동제어

1. 연소가스 분석기기

(1) 연소가스 분석기기 구분

① **화학적 분석기기** : 연속측정 및 정확한 측정이 가능하고, 자동제어장치와 연결하여 사용할 수 있으며 종류는 다음과 같다.
   (개) 용액 흡수제를 이용한 것
   (내) 고체 흡수제를 이용한 것
   (대) 연소열을 이용한 것

② **물리적 분석기기** : 화학적 분석기기보다 정도가 낮지만, 자동제어장치와 연결이 용이하고 단일가스 성분을 분석하는데 많이 이용되고 취급이 비교적 간단하며, 종류는 다음과 같다.
   (개) 가스의 열전도율을 이용한 것
   (내) 가스의 밀도, 점성을 이용한 것
   (대) 빛(光)의 간섭을 이용한 것
   (래) 가스의 자기적 성질을 이용한 것
   (매) 가스의 반응성을 이용한 것
   (배) 적외선 흡수를 이용한 것
   (새) 흡수용액의 전기전도도를 이용한 것

③ **연소가스 분석기기의 일반적인 특징**
   (개) 선택성에 대한 고려가 필요하다.
   (내) 다른 계기에 비하여 복잡하고 설치조건이나 보수가 필요하다.
   (대) 계기 교정에는 표준시료 가스가 이용된다.
   (래) 적당한 시료 채취장치가 필요하다.
   (매) 가스의 온도, 압력, 유속변화는 오차의 원인이 된다.

(2) 시료채취

① **장치 구성**
  ㈎ 흡수병 또는 포집병을 사용할 때 : 채취관 → 도입관 → 포집부
  ㈏ 연속 분석기기를 사용할 때 : 채취관 → 도입관 → 연속 분석기기

② **여과제의 종류**
  ㈎ 1차 필터용(고온 접촉부) : 소결금속, 카보런덤
  ㈏ 2차 필터용(분석계 입구) : 유리솜, 솜

③ **시료채취 방법** : 불량가스의 채취는 분석기기의 작동불량, 오차 발생 등의 원인이 되므로 항상 평균 시료를 채취할 수 있도록 하여야 한다.

④ **시료 채취 위치** : 연도의 굴곡부분이나 단면의 형상이 급격히 변화하는 부분(수축부분)을 피하여 배기가스 흐름이 안정되고, 유속변동이 적은 곳을 선택하여야 한다.

⑤ **시료채취 장치 취급 시 주의사항**
  ㈎ 시료가스 채취구 위치에 주의해야 한다.
  ㈏ 공기 유입방지 및 연도 중심부의 시료 채취가 필요하다.
  ㈐ 가스성분과 반응하는 배관은 사용을 금지해야 한다.
  ㈑ 장치 내에서 시료가스의 시간지연을 적게 하고 배관은 짧게 한다.
  ㈒ 배관에는 경사를 두고 최하단에는 드레인 장치가 필요하다.
  ㈓ 보수가 용이한 장소에 설치해야 한다.

(3) 화학적 가스분석기

① **흡수분석법** : 흡수 분석법은 채취된 시료기체를 분석기 내부의 성분 흡수제에 흡수시켜 체적변화를 측정하는 방식이다.

  ㈎ **오르사트(Orsat)법** : 연소 배기가스 중에 함유되어 있는 탄산가스(CO_2), 산소(O_2), 일산화탄소(CO) 3가지 성분을 이 순서대로 측정하는 방법이다

   ㉮ 분석 순서 및 흡수제의 종류
     ⓐ CO_2 : 수산화칼륨(KOH) 30[%] 수용액
     ⓑ O_2 : 알칼리성 피로갈롤 용액
     ⓒ CO : 암모니아성 염화제1구리($CuCl_2$) 용액
     ⓓ N_2 : 전부 흡수되고 남는 것을 질소로 계산한다.

㈏ 성분 계산법

ⓐ $CO_2[\%] = \dfrac{CO_2의\ 체적감량}{시료\ 채취량} \times 100$

ⓑ $O_2[\%] = \dfrac{O_2의\ 체적감량}{시료\ 채취량} \times 100$

ⓒ $CO[\%] = \dfrac{CO의\ 체적감량}{시료\ 채취량} \times 100$

ⓓ $N_2[\%] = 100 - (CO_2 + O_2 + CO)$

㈏ 헴펠(Hempel)법 분석 순서 및 흡수제의 종류

㉮ CO_2 : 수산화칼륨(KOH) 30[%] 수용액

㉯ C_mH_n : 무수황산을 25[%] 포함한 발연황산

㉰ O_2 : 알칼리성 피로갈롤 용액

㉱ CO : 암모니아성 염화제1구리($CuCl_2$) 용액

㈐ 게겔(Gockel)법 분석 순서 및 흡수제의 종류

㉮ CO_2 : 33[%] KOH 수용액

㉯ 아세틸렌 : 요오드수은(옥소수은) 칼륨 용액

㉰ 프로필렌, $n-C_4H_8$: 87[%] H_2SO_4

㉱ 에틸렌 : 취화수소(HBr) 수용액

㉲ O_2 : 알칼리성 피로갈롤 용액

㉳ CO : 암모니아성 염화 제1구리 용액

② **자동화학식 CO_2계** : 오르사트 가스 분석계의 조작을 자동화한 것으로 CO_2를 흡수액에 흡수시켜 이것에 시료가스의 용적감소를 측정하여 CO_2 농도를 지시한다.

③ **연소식 O_2계(과잉공기계)** : 일정량의 시료가스와 H_2 등의 가연성 가스를 혼합하여 촉매반응에 의하여 연소시켜 이때 발생한 연소열이 산소농도에 따라 변화하는 것을 이용하여 O_2 농도를 측정한다.

④ **연소열법(미연소 가스계)** : 연소식 O_2계와 같은 원리로서 연소반응에 의한 미연성분, H_2, CO를 측정한다.

(4) 물리적 가스분석기

① **가스 크로마토그래피(gas chromatography)** : 흡착제를 충전한 관속에 혼합시료

를 넣고, 용제를 유동시켜 흡수력 차이(시료의 확산속도)에 따라 성분의 분리가 일어나는 것을 이용한 것이다.

⑺ 특징
  ㉮ 여러 종류의 가스분석이 가능하다.
  ㉯ 선택성이 좋고 고감도로 측정한다.
  ㉰ 미량성분의 분석이 가능하다.
  ㉱ 응답속도가 늦으나 분리 능력이 좋다.
  ㉲ 동일가스의 연속측정이 불가능하다.

⑷ 장치 구성요소 : 캐리어가스, 압력조정기, 유량조절밸브, 압력계, 분리관(컬럼), 검출기, 기록계 등
  ㉮ 3대 구성요소 : 분리관(column), 검출기, 기록계
  ㉯ 캐리어가스(전개제)의 종류 : 수소(H_2), 헬륨(He), 아르곤(Ar), 질소(N_2)
  ㉰ 캐리어가스의 구비조건
    ⓐ 시료와 반응성이 낮은 불활성 기체여야 한다.
    ⓑ 기체 확산을 최소로 할 수 있어야 한다.
    ⓒ 순도가 높고 구입이 용이해야(경제적) 한다.
    ⓓ 사용하는 검출기에 적합해야 한다.

⑸ 검출기의 종류
  ㉮ 열전도형 검출기(TCD : Thermal Conductivity Detector) : 캐리어가스(H_2, He)와 시료성분 가스의 열전도도차를 금속 필라멘트 또는 서미스터의 저항변화로 검출한다.
  ㉯ 수소염 이온화 검출기(FID : Flame Ionization Detector) : 불꽃속에 탄화수소가 들어가면 시료 성분이 이온화됨으로써 불꽃 중에 놓여 진 전극간의 전기 전도도가 증대하는 것을 이용한 것이다.
  ㉰ 전자포획 이온화 검출기(ECD : Electron Capture Detector) : 방사선 동위원소로부터 방출되는 β선으로 캐리어가스가 이온화되어 생긴 자유전자를 시료 성분이 포획하면 이온전류가 감소하는 것을 이용한 것이다.
  ㉱ 염광 광도형 검출기(FPD : Flame Photometric Detector) : 수소염에 의하여 시료성분을 연소시키고 이때 발생하는 광도를 측정하여 인 또는 유황 화합물을 선택적으로 검출할 수 있다.
  ㉲ 알칼리성 이온화 검출기(FTD : Flame Thermionic Detector) : FID에 알칼리 또는 알칼리토 금속염 튜브를 부착한 것으로 유기질소 화합물 및 유기

인 화합물을 선택적으로 검출할 수 있다. 불꽃 열 이온화 검출기라고도 불린다.
        ㉯ 기타 검출기 : 방전이온화 검출기(DID), 원자방출 검출기(AED), 열이온 검출기(TID)

② **열전도형 CO_2계** : CO_2는 공기보다 열전도율이 낮다는 것을 이용하여 분석하는 것으로 장치가 간단하고, 취급이 용이하며 N_2, O_2, CO 농도 변화에 대한 CO_2 지시오차 거의 없다. 열전도율이 대단히 큰 H_2가 혼입되면 오차가 발생한다.

③ **밀도식 CO_2계** : CO_2는 공기에 비하여 밀도가 크다는 것을 이용한 것으로 비중식 CO_2계라 한다.

④ **적외선 가스 분석계** : 각 가스마다 적외선 흡수 스펙트럼의 차이를 이용하여 분석하는 것으로 단원자 분자(He, Ne, Ar 등) 및 대칭 2원자 분자(H_2, O_2, N_2, Cl_2 등)는 적외선을 흡수하지 않으므로 분석할 수 없다.

⑤ **자기식 O_2계** : O_2가 다른 가스에 비하여 강한 상자성체이기 때문에 자장에 대하여 흡입되는 특성을 이용한 것이다.

⑥ **세라믹식 O_2 분석기(지르코니아식 O_2 분석기)** : 지르코니아(ZrO_2)를 주원료로 한 특수세라믹은 온도 850[℃] 이상에서 산소이온만 통과시키는 특수한 성질을 이용한 것으로 산소이온이 통과할 때 발생되는 기전력을 측정하여 산소농도를 측정하는 것이다.

⑦ **용액 도전율 가스 분석계** : 측정가스를 적당한 반응액으로 반응시키거나 용해시켜 그 용액의 도전율 변화를 액중에 투입된 전극간의 저항치를 측정하여 가스농도를 측정하는 방식이다.

2. 계측기기

(1) 압력계

① **1차 압력계**
  ㈎ 1차 압력계의 종류
    ㉮ 액주식 압력계(manometer) : 단관식 압력계, U자관식 압력계, 경사관식 압

력계 등

ⓑ 침종식 압력계 : 아르키메데스의 원리 이용한 것, 단종식과 복종식으로 구분

ⓒ 자유 피스톤형 압력계 : 부르동관 압력계의 교정용으로 사용

(나) 액주식 액체의 구비조건

㉮ 점성이 적을 것

㉯ 열팽창계수가 적을 것

㉰ 항상 액면은 수평을 만들 것

㉱ 온도에 따라서 밀도변화가 적을 것

㉲ 증기에 대한 밀도변화가 적을 것

㉳ 모세관 현상 및 표면장력이 적을 것

㉴ 화학적으로 안정할 것

㉵ 휘발성 및 흡수성이 적을 것

㉶ 액주의 높이를 정확히 읽을 수 있을 것

(다) 특징

㉮ U 자관 압력계

ⓐ 가장 간단한 기준 압력계이다.

ⓑ 액주의 높이차에 의한 압력 또는 차압을 측정한다.

ⓒ 압력 계산은 다음의 식을 사용한다.

$$P_2 = P_1 + \gamma \cdot h \text{ (절대압력 = 대기압 + 게이지압력)}$$

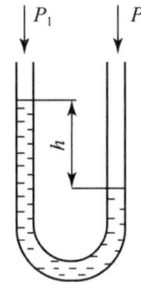

여기서, P_2 : 측정 절대압력[mmH$_2$O, kgf/m^2]

P_1 : 대기압[mmH$_2$O, kgf/m^2]

γ : 액체의 비중량[kgf/m^3]

h : 액주 높이[m]

㉯ 단관식 압력계

ⓐ U자관 압력계의 변형용으로 상형 압력계라 한다.

ⓑ 기준압력계로 각종 압력 측정 및 차압계로 사용된다.

㉰ 경사관식 압력계

ⓐ 단관식의 원리를 이용한 것으로 단면적이 작은 관을 비스듬히 경사지게 한 것이다.

ⓑ 작은 압력을 정확하게 측정할 수 있어 실험실 등에서 사용된다.

ⓒ 압력은 다음의 식에 의하여 계산한다.

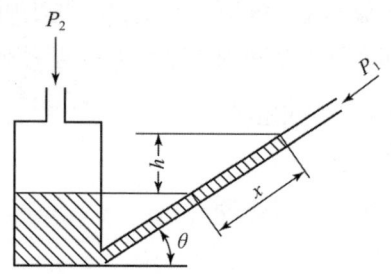

$$P_2 = P_1 + \gamma x \sin \theta$$

여기서, P_2 : 경사관으로부터 작용하는 절대압력[mmH$_2$O, kgf/m^2]
　　　　P_1 : 대기압[mmH$_2$O, kgf/m^2]
　　　　γ : 액체의 비중량[kgf/m^3]
　　　　x : 경사관의 액주 길이[m]
　　　　θ : 관의 경사각

㉣ 자유 피스톤형 압력계 : 부유 피스톤형 압력계, 표준 분동식 압력계

$$P = \left\{\frac{W + W'}{a}\right\} + P_1$$

여기서, P : 압력[kgf/cm^2·a]
　　　　W : 추의 무게[kg]
　　　　W' : 피스톤의 무게[kg]
　　　　a : 피스톤의 단면적[cm^2]
　　　　P_1 : 대기압[kgf/cm^2]

② **2차 압력계**

㈎ 2차 압력계의 종류

㉮ 탄성 압력계 : 부르동관 압력계, 벨로즈식 압력계, 다이어프램압력계, 캡슐식
㉯ 전기식 압력계 : 전기저항 압력계, 피에조 전기 압력계, 스트레인 게이지

㈏ 특징

㉮ 부르동관(bourdon tube) 압력계 : 2차 압력계중 대표적인 것으로 고압측정이 가능하다.
　ⓐ 항상 검사를 받고, 지시의 정확성을 확인할 것

ⓑ 진동, 충격, 온도 변화가 적은 장소에 설치할 것
　　　　ⓒ 안전장치(사이펀관, 스톱밸브)을 사용할 것
　　　　ⓓ 압력계에 가스를 넣거나 빼낼 때는 조작을 서서히 할 것
　　　　ⓔ 측정범위 : 0~3000[kgf/cm²]
　　㈏ 다이어프램식 압력계
　　　　ⓐ 응답속도가 빠르나 온도의 영향을 받는다.
　　　　ⓑ 극히 미세한 압력 측정에 적당하다.
　　　　ⓒ 부식성 유체의 측정이 가능하다.
　　　　ⓓ 압력계가 파손되어도 위험이 적다.
　　　　ⓔ 측정범위 : 20~5000[mmH₂O]
　　㈐ 벨로즈식 압력계
　　　　ⓐ 벨로즈 재질 : 인청동, 스테인리스강
　　　　ⓑ 압력변동에 적응성이 떨어진다.
　　　　ⓒ 유체내의 먼지 등의 영향을 적게 받는다.
　　㈑ 전기저항 압력계 : 금속의 전기저항이 압력에 의해 변화하는 것을 이용한 것으로 초고압 측정에 적합하다.
　　㈒ 피에조 전기 압력계 : 가스폭발이나 급격한 압력변화 측정에 사용
　　㈓ 스트레인 게이지 : 급격한 압력변화 측정에 사용

(2) 유량계

① 유량의 측정 방법
　㈎ 직접법 : 유체의 부피나 질량을 직접 측정하는 방법
　㈏ 간접법 : 유속을 측정하여 유량을 계산하는 방법으로 베르누이 정리를 응용한 것이다.
　　㈎ 체적 유량 : $Q = A \cdot V$
　　㈏ 질량 유량 : $M = \rho \cdot A \cdot V$
　　㈐ 중량 유량 : $G = \gamma \cdot A \cdot V$
　　　여기서, Q : 체적 유량[m³/s]　　M : 질량 유량[kg/s]
　　　　　　　G : 중량 유량[kgf/s]　ρ : 밀도[kg/m³]
　　　　　　　γ : 비중량[kgf/m³]　A : 단면적[m²]
　　　　　　　V : 유속[m/s]

② **직접식 유량계**

(가) **종류** : 오벌 기어식, 루츠식, 로터리 피스톤식, 로터리 베인식, 습식 가스미터, 왕복피스톤식

(나) **특징**
- ㉮ 정도가 높아 상거래용으로 사용된다.
- ㉯ 고점도 유체나 점도 변화가 있는 유체의 측정에 적합하다.
- ㉰ 맥동의 영향을 적게 받는다.
- ㉱ 이물질의 유입을 차단하기 위하여 입구측에 여과기를 설치한다.
- ㉲ 회전자의 재질로 포금, 주철, 스테인리스강이 사용된다.

③ **간접식 유량계**

(가) **차압식 유량계(조리개 기구식)**
- ㉮ 측정원리 : 베르누이 정리로 유량을 계산
- ㉯ 종류 : 오리피스미터, 플로노즐, 벤투리미터
- ㉰ 특징
  - ⓐ 유체의 압력손실이 크고 저유량 측정은 곤란하다.
  - ⓑ 유량계 전후에 동일한 지름의 직관이 필요하다.
  - ⓒ 고온 고압의 액체, 기체, 증기의 측정에 적합하다.
  - ⓓ 규격품으로 정도가 높다.
- ㉱ 유량계산

$$Q = C \times A \times \frac{1}{\sqrt{1-m^2}} \times \sqrt{2 \times g \times \frac{P_1 - P_2}{\gamma}}$$

$$= C \times A \times \frac{1}{\sqrt{1-m^2}} \times \sqrt{2 \times g \times h \times \frac{\gamma_m - \gamma}{\gamma}}$$

여기서, Q : 유량[m³/s] C : 유량계수
A : 조리개부분 단면적[m²] g : 중력가속도(9.8[m/s²])
m : 교축비 $\left\{ \dfrac{D_2^2}{D_1^2} = \left(\dfrac{D_2}{D_1} \right)^2 \right\}$
h : 마노미터(액주계) 높이차[m]
P_1 : 교축기구 입구측 압력[kgf/m²]
P_2 : 교축기구 출구측 압력[kgf/m²]

γ_m : 마노미터 액체 비중량[kgf/m³]

γ : 유체의 비중량[kgf/m³]

※ 유량은 차압(ΔP)의 평방근에 비례한다.

(나) 면적식 유량계

㉮ 종류 : 부자식(플로트식), 로터미터

㉯ 특징

ⓐ 고점도 유체나 작은 유체에 대해서도 측정이 가능하다.

ⓑ 차압이 일정하면 오차의 발생이 적다.

ⓒ 압력손실이 적다.

(다) 유속식 유량계

㉮ 임펠러식 유량계 : 관로에 임펠러를 설치하여 유속변화를 이용한 것으로 접선식(수도미터)과 축류식(터빈식 가스미터)이 있다.

㉯ 피토관 유량계 : 전압과 정압의 차, 즉 동압을 측정하여 유속을 구하고 그 값에 관 단면적을 곱하여 유량을 계산한다.

ⓐ 피토관을 유체의 흐름방향과 평행하게 설치한다.

ⓑ 유속이 5[m/s] 이하인 유체에는 측정이 불가능하다.

ⓒ 슬러지, 분진 등 불순물이 많은 유체에는 측정이 불가능하다.

ⓓ 피토관은 유체의 압력에 대한 충분한 강도를 가져야 한다.

ⓔ 비행기의 속도 측정, 수력발전소의 수량 측정, 송풍기의 풍량 측정에 사용한다.

ⓕ 유량계산

$$Q = CA\sqrt{2g \times \frac{P_t - P_s}{\gamma}} = CA\sqrt{2gh \times \frac{\gamma_m - \gamma}{\gamma}}$$

여기서, Q : 유량[m³/s] C : 유량계수

A : 단면적[m²] g : 중력가속도(9.8[m/s²])

P_t : 전압[kgf/m²] P_s : 정압[kgf/m²]

γ_m : 마노미터 액체 비중량[kgf/m³]

γ : 유체의 비중량[kgf/m³]

h : 마노미터(액주계) 높이차[m]

㉰ 열선식 유량계 : 관로에 전열선을 설치하여 유체의 유속변화에 따른 온도변화로 순간유량을 측정한다.

㈑ 기타 유량계
  ㉮ 전자식 유량계 : 패러데이의 전자유도법칙을 이용한 것으로 도전성 액체의 유량을 측정
  ㉯ 와류(vortex)식 유량계 : 와류(소용돌이)를 발생시켜 그 주파수의 특성이 유속과 비례관계를 유지하는 것을 이용한 것으로 슬러리가 많은 유체에는 사용이 불가능하다.
  ㉰ 초음파 유량계 : 도플러 효과를 이용한 것이다.

(3) 온도계

① 접촉식 온도계의 종류 및 특징

㈎ 유리제 봉입식 온도계
  ㉮ 수은 온도계
    ⓐ 모세관내의 수은의 열팽창을 이용
    ⓑ 사용 온도범위 : -35~350[℃]
    ⓒ 정도 : 1/100
  ㉯ 알코올 유리온도계
    ⓐ 주로 저온용에 사용
    ⓑ 사용 온도범위 : -100~200[℃]
    ⓒ 정도 : ±0.5~1.0[%]
  ㉰ 베크만 온도계 : 모세관에 남은 수은의 양을 조절하여 측정하며 미소한 범위의 온도 변화를 정밀하게 측정할 수 있다.
  ㉱ 유점 온도계 : 체온계로 사용

㈏ 바이메탈 온도계 : 열팽창률이 서로 다른 2종의 얇은 금속판을 밀착시킨 것이다.
  ㉮ 유리온도계보다 견고하다.
  ㉯ 구조가 간단하고, 보수가 용이하다.
  ㉰ 히스테리시스(hysteresis) 오차가 발생되기 쉽다.
  ㉱ 측정범위 : -50~500[℃]

㈐ 압력식 온도계 : 액체나 기체의 체적 팽창을 이용
  ㉮ 종류 : 액체 압력식 온도계, 기체 압력식 온도계
  ㉯ 특징
    ⓐ 진동이나 충격에 강하다.
    ⓑ 연속기록, 자동제어 등이 가능하며 연속사용이 가능하다.

ⓒ 금속의 피로에 의한 이상변형과 유도관이 파열될 우려가 있다.
ⓓ 원격 온도측정은 가능하나 외기온도에 영향을 받을 수 있다.(지시가 느리다.)
ⓔ 구성 : 감온부, 도압부, 감압부

㈑ 전기식 온도계
㉮ 저항 온도계 : 전기저항이 온도에 따라 변화하는 것을 이용
ⓐ 측온 저항체의 종류 : 백금 측온 저항체(-200~500[℃]), 니켈 측온 저항체(-50~150[℃]), 동 측온 저항체(0~120[℃])
ⓑ 원격 측정에 적합하고, 자동제어 기록 조절이 가능하다.
ⓒ 비교적 낮은 온도(500[℃] 이하)의 정밀측정에 적합하다.
ⓓ 검출시간이 지연될 수 있다.
ⓔ 측온 저항체가 가늘어 진동에 단선되기 쉽다.
ⓕ 구조가 복잡하고 취급이 어려워 숙련이 필요하다.
㉯ 서미스터(thermistor) : 니켈(Ni), 코발트(Co), 망간(Mn), 철(Fe), 구리(Cu) 등의 금속산화물을 이용하여 반도체로 만든 것으로 감도가 크고 응답성이 빠르며, 흡습에 의한 열화가 발생할 수 있다.

㈒ 열전대 온도계
㉮ 원리 : 제베크(Seebeck) 효과
㉯ 열전대의 종류

종류	사용금속		측정온도	특징
	+극	-극		
백금-백금로듐 R(P-R)	Rh (Rh : 13[%], Pt : 87[%])	Pt	0~1600[℃]	산화성 분위기에는 침식되지 않으나 환원성에 약함. 정도가 높고 안정성이 우수, 고온측정 적합
크로멜-알루멜 K(C-A)	C (Ni : 90[%], Cr : 10[%])	A (Ni : 94[%], Al : 3[%], Mn : 2[%], Si : 1[%])	-20~1200[℃]	기전력이 크고, 특성이 안정적이다.
철-콘스탄트 J(I-C)	I (순철)	C (Cu : 55[%], Ni : 45[%])	-20~800[℃]	환원성 분위기에 강하나 산화성에 약함. 가격이 저렴하다.
동-콘스탄트 T(C-C)	Cu	C	-180~350[℃]	저항 및 온도계수가 작아 저온용에 적합

　　　㉰ 특징
　　　　ⓐ 고온 측정에 적합하다.
　　　　ⓑ 냉접점이나 보상도선으로 인한 오차가 발생되기 쉽다.
　　　　ⓒ 전원이 필요하지 않으며 원격지시 및 기록이 용이하다.
　　　　ⓓ 온도계 사용한계에 주의하고, 영점보정을 하여야 한다.
　　㈐ **제겔콘(Seger kone) 온도계** : 점토, 규석질 등 내연성의 금속산화물로 만든 것으로 벽돌의 내화도 측정에 사용
　　㈑ **서모컬러(thermo color)** : 온도 변화에 따른 색이 변하는 성질을 이용

② **비접촉식 온도계의 종류 및 특징**
　㈎ 광고온도계
　　㉮ 원리 : 피측온 물체에서 방사되는 빛과 표준전구에서 나오는 필라멘트의 휘도를 같게 하여 표준전구의 전류 또는 저항을 측정하여 온도를 측정
　　㉯ 특징
　　　ⓐ 700~3000[℃]의 고온도 측정에 적합하다. (700[℃] 이하는 측정이 곤란하다.)
　　　ⓑ 구조가 간단하고 휴대가 편리하다.
　　　ⓒ 빛의 흡수 산란 및 반사에 따라 오차가 발생한다.
　　　ⓓ 원거리 측정, 경보, 자동기록, 자동제어가 불가능하다.
　　　ⓔ 개인 오차가 발생할 수 있다.
　㈏ 광전관식 온도계
　　㉮ 원리 : 사람 눈 대신 광전지 혹은 광전관을 사용하여 자동으로 측정(광고온도계를 자동화 시킨 것)
　　㉯ 특징
　　　ⓐ 700~3000[℃]의 고온도 측정에 적합하다. (700[℃] 이하는 측정이 곤란하다.)
　　　ⓑ 온도의 자동기록, 자동제어가 가능하다.
　　　ⓒ 응답시간이 빠르다.
　　　ⓓ 구조가 복잡하다.
　㈐ 방사 온도계
　　㉮ 원리 : 스테판-볼츠만 법칙 이용

㈏ 특징
ⓐ 측정범위 : 50~3000[℃]
ⓑ 측정시간 지연이 적고, 연속 측정, 기록, 제어가 가능하다.
ⓒ 측정거리 제한을 받고 오차가 발생되기 쉽다.
ⓓ 광로에 먼지, 연기 등이 있으면 정확한 측정이 곤란하다.
ⓔ 방사율에 의한 보정량이 크고 정확한 보정이 어렵다.
ⓕ 수증기, 탄산가스의 흡수에 주의하여야 한다.

㈑ 색 온도계
㈎ 물체가 가열로 인하여 발생하는 빛의 밝고 어두움을 이용
㈏ 특징
ⓐ 연속 지시가 가능하다.
ⓑ 휴대 및 취급이 간편하나, 측정이 어렵다.
ⓒ 연기와 먼지 등의 영향을 받지 않는다.
ⓓ 측정범위 : 600~2500[℃]

(4) 습도계

① 습도

㈎ **절대습도** : 습공기 중에서 건조공기 1[kg]에 대한 수증기 중량의 비율로서 절대습도는 온도에 관계없이 일정하게 나타난다.

$$X[\text{kg/kg} \cdot \text{DA}] = \frac{G_w}{G_a} = \frac{G_w}{G - G_w}$$

여기서, G_w : 수증기 중량[kg]
G_a : 건공기 중량[kg]
G : 습공기 전중량[kg]

㈏ **상대습도** : 현재의 온도상태에서 현재 포함하고 있는 수증기의 양과 포화수증기량의 비를 백분율[%]로 표시한 것으로 온도에 따라 변화한다.

$$\phi[\%] = \frac{P_w}{P_s} \times 100, \quad P = P_a + P_w$$

여기서, P_w : 수증기 분압(노점에서의 포화증기압, 현재온도에서의 수증기량)

P_s : $t[℃]$에서 포화증기압(포화습공기의 수증기 분압, 현재온도 에서의 포화수증기량)

P : 습공기 전압, P_a : 건공기 분압

　(다) 비교습도 : 습공기의 절대습도와 그 온도와 동일한 포화공기의 절대습도와의 비

② **노점(露店 : 이슬점)** : 습공기를 압력이 일정한 상태에서 냉각하면 상대습도는 점점 증가하여 포화상태에 도달하는데 이때의 온도를 노점이라 하며, 습도를 측정하는 가장 간단한 방법이다.

③ **습도계의 종류 및 특징**

　(가) 건습구 습도계 : 2개의 수은 온도계를 사용하여 습도를 측정하는 것으로 통풍형 건습구 습도계와 간이 건습구 습도계가 있다.

　　㉮ 장점
　　　ⓐ 구조가 간단하고 취급이 쉽다.
　　　ⓑ 휴대하기 편리하고, 가격이 경제적이다.
　　　ⓒ 저항 온도계나 서미스터 온도계를 사용하여 자동제어용으로 사용할 수 있다.

　　㉯ 단점
　　　ⓐ 헝겊이 감긴 방향, 바람에 따라 오차가 발생한다.
　　　ⓑ 물이 항상 필요로 한다.
　　　ⓒ 상대습도를 바로 나타내지 않는다.
　　　ⓓ 3~5[m/s]의 바람이 필요하다.

　(나) 모발(毛髮) 습도계 : 모발(머리카락)은 상대습도에 따라 수분을 흡수하면 신축하는 성질을 이용한 것으로 재현성이 좋기 때문에 상대습도계의 감습(感濕)소자로 사용되며 실내의 습도조절용으로도 많이 이용된다.

　　㉮ 장점
　　　ⓐ 구조가 간단하고 취급이 쉽다.
　　　ⓑ 추운 지역에서 사용하기 편리하다.
　　　ⓒ 재현성이 좋고, 상대습도가 바로 나타난다.

　　㉯ 단점
　　　ⓐ 히스테리시스 오차가 있다.
　　　ⓑ 시도가 틀리기 쉽고, 정도가 좋지 않다.
　　　ⓒ 모발의 유효작용기간이 2년 정도이다.

㈐ **전기 저항식 습도계** : 염화리튬(LiCl₂) 용액을 절연판 위에 바르고 전기(교류)를 통하면 상대습도에 따라 저항치를 변화하는 것을 이용하여 습도를 측정하는 것이다.
　㉮ 장점
　　ⓐ 상대습도와 저온도의 측정이 가능하다.
　　ⓑ 감도가 크며, 응답이 빠르다.
　　ⓒ 연속 기록, 원격 측정, 자동제어에 이용된다.
　　ⓓ 전기 저항의 변화가 쉽게 측정된다.
　㉯ 단점
　　ⓐ 고습도 중에 장시간 방치하면 감습막(感濕膜)이 유동한다.
　　ⓑ 다소의 경년변화가 있어 온도계수가 비교적 크다.

㈑ **광전관식 노점계** : 거울의 표면에 이슬 또는 서리가 부착되어 있는 상태를 거울에서의 반사광을 광전관으로 받아서 검출하고 거울의 온도를 조절해서 노점의 상태를 유지하여 열전대 온도계로 온도를 측정하여 습도를 측정한다.
　㉮ 장점
　　ⓐ 저습도의 측정이 가능하다.
　　ⓑ 상온 또는 저온에서는 상점의 정도가 좋다.
　　ⓒ 연속기록, 원격측정, 자동제어에 이용된다.
　㉯ 단점
　　ⓐ 노점과 상점의 육안 판정이 필요하다.
　　ⓑ 냉각장치가 필요하며, 기구가 복잡하다.

㈒ **가열식 노점계(Dewcel 노점계)** : 염화리튬이 공기 수증기압과 평형을 이룰 때 생기는 온도저하를 저항온도계로 측정하여 습도를 측정한다.
　㉮ 장점
　　ⓐ 고압상태에서도 측정이 가능하다.
　　ⓑ 상온 또는 저온에서도 정도가 좋다.
　　ⓒ 연속 기록, 원격 측정, 자동제어에 이용된다.
　㉯ 단점
　　ⓐ 저습도에서 응답시간이 늦다.
　　ⓑ 다소의 경년 변화가 있다.
　　ⓒ 교류전원 및 가열이 필요하다.

3. 보일러 자동제어

(1) 제어의 개요

① **제어의 정의** : 목적에 따라 조작이나 동작 등에 의해 상태를 일정하게 유지 및 변화시키거나 양을 증감시키는 조작을 하는 것이다.

② **제어의 구분**
　(가) 수동제어 : 사람이 직접 행하는 제어이다.
　(나) 자동제어 : 기계장치를 이용하여 자동적으로 행하는 제어이다.
　　㉮ 피드백 제어(feedback control : 폐[閉]회로) : 제어량의 크기와 목표값을 비교하여 그 값이 일치하도록 되돌림 신호(피드백 신호)를 보내어 수정동작을 하는 제어방식이다.
　　㉯ 시퀀스 제어(sequence control : 개[開]회로) : 미리 순서에 입각해서 다음 동작이 연속 이루어지는 제어로 자동판매기, 보일러의 점화 등이 있다.

(2) 인터록(interlock)

① **인터록** : 어떤 일정한 조건이 충족되지 않으면 다음 단계의 동작이 작동하지 못하도록 저지하는 것으로 보일러의 안전한 운전을 위하여 반드시 필요한 것이다.

② **보일러 인터록의 종류**
　(가) 압력초과 인터록 : 증기압력이 일정압력에 도달할 때 전자밸브를 닫아 보일러의 가동을 정지시키는 것으로 증기압력 제한기가 해당된다.
　(나) 저수위 인터록 : 보일러 수위가 안전 저수위에 도달할 때 전자밸브를 닫아 보일러 가동을 정지시키는 것으로 저수위 경보기가 해당된다.
　(다) 불착화 인터록 : 버너 착화 시 점화되지 않거나 운전 중 실화가 될 경우 전자밸브를 닫아 연료 공급을 중지하여 보일러 가동을 정지시키는 것으로 화염검출기가 해당된다.
　(라) 저연소 인터록 : 보일러 운전 중 연소상태가 불량하거나 저연소 상태로 유량조절 밸브가 조절되지 않으면 전자밸브를 닫아 보일러 가동을 정지시킨다.
　(마) 프리퍼지 인터록 : 점화 전 일정시간 동안 송풍기가 작동되지 않으면 전자밸브가 열리지 않아 점화가 되지 않는다.

(2) 보일러 각부의 자동제어

① 보일러 자동제어의 명칭

(가) A·B·C(automatic boiler control) : 보일러 자동제어

(나) A·C·C(automatic combustion control) : 자동 연소제어

(다) F·W·C(feed water control) : 급수제어

(라) S·T·C(steam temperature control) : 증기 온도제어

▼ 보일러 자동제어

명 칭	제어량	조작량
자동연소제어(ACC)	증기압력, 노내압	공기량, 연료량, 연소가스량
급수제어(FWC)	보일러 수위	급수량
증기온도제어(STC)	증기온도	전열량
증기압력제어(SPC)	증기압력	연료공급량, 연소용 공기량

② 수위제어 장치
: 보일러 급수를 일정량씩 단속 또는 연속 공급하여 드럼 내의 수위를 항상 일정하게 유지하도록 하는 제어장치이다.

(가) **제어방법의 종류**

㉮ **단요소식(1 요소식)** : 가장 간단한 수위제어 방식으로 보일러 드럼 내의 수위만을 검출하고 그 변화에 대하여 급수량을 조절하는 방식으로 잔류편차(off set)가 발생된다.

㉯ **2 요소식** : 드럼 내의 수위 외에 증기 유량을 검출하여 부하변동이 없어도 급수 조절밸브의 개도를 조절하여 잔류편차(off set)를 줄이는 방법이다.

㉰ **3 요소식** : 드럼 내의 수위, 증기 유량 이외에 급수량을 검출하여 목표치에 대한 편차에 따른 동작신호를 연산 조절하는 방식이나 구성이 복잡하고 보전관리에 기술을 요구함으로 고온, 고압, 대용량 보일러 이외에는 사용되지 않는다.

(나) **수위 검출기의 종류**

㉮ **부자식(플로트식)** : 부자실(float chamber) 상부는 증기부에, 하부는 수부에 연결하고 부자가 보일러 수위의 상승, 하강에 따라 상, 하로 움직여 수은 스위치를 작동시켜 수위를 감시, 조절하며 맥도널식, 자석식 등이 있다.

㉯ **전극식** : 물이 전기가 통하는 전도성을 이용한 것으로 전극봉을 수중에 삽입하고 전극에 흐르는 전류의 유무에 따라서 수위를 감시하고 수위를 조절하는 것이다.

㉰ 열팽창관식 : 금속관 온도의 변화에 의한 신축을 이용한 것으로 코프스식 자동급수 조절장치가 있으며, 전기 등 동력을 사용하지 않아 자력식 제어장치라 한다.

③ **화염검출 장치** : 연소실내의 연소상태를 감시하여 화염의 유무를 전기적인 신호로 바꾸어 프로텍터 릴레이(protect relay)로 전송하는 역할을 하며, 실화 및 소화 시 연료 전자밸브를 차단하여 미연소 가스로 인한 폭발사고를 방지하는 장치이다.

㈎ 플레임 아이(flame eye) : 화염의 발광체를 이용
 ㉮ 황화카드뮴(CdS) 셀 : 경유 버너에 사용
 ㉯ 황화납(PbS) 셀 : 오일, 가스에 사용
 ㉰ 적외선 광전관 : 적외선을 이용
 ㉱ 자외선 광전관 : 오일, 가스에 사용

㈏ 플레임 로드(flame lod) : 화염의 이온화 현상을 이용한 것으로 가스 점화 버너에 사용

㈐ 스택 스위치(stack switch) : 연도에 바이메탈을 설치하여 연소가스의 발열체를 이용한 것

④ **연료차단장치** : 버너 가까이에 설치된 밸브로 압력상승, 저수위, 불착화 및 실화 등 정상적인 상태가 유지되지 않을 때 밸브를 차단하여 사고를 사전에 방지하는 장치이다.

㈎ 종류
 ㉮ 전동식 밸브
 ㉯ 전자밸브(solenoid valve)

㈏ 연료차단장치가 작동되는 경우
 ㉮ 버너의 연소상태가 정상이 아닌 경우
 ㉯ 저수위 안전장치가 작동하였을 때
 ㉰ 증기압력제한기가 작동하였을 때
 ㉱ 액체연료의 공급압력이 낮을 때
 ㉲ 관류보일러, 가스용 보일러에서 급수가 부족한 경우
 ㉳ 송풍기가 작동되지 않을 때

⑤ **공연비 제어장치** : 보일러 부하변동에 따라 공기와 연료량을 조절하여 적정공기비가 유지될 수 있도록 하는 장치이다.

⑥ **연소제어장치** : 발생증기의 압력에 따라 공급 연료의 양을 조절하고, 이와 함께 공연비제어도 함께 이루어지도록 한 장치이다.

⑺ **제어방법**
　㉮ 위치제어 : 2위치 제어(on – off 제어), 3위치 제어(high – low – off)
　㉯ 전자식 : 비례제어, PID제어, 피드포워드(feed forward) 제어

⑻ **모듈레이팅(modulating) 제어** : 공기와 연료비 조절기를 이용하여 적절한 공연비를 유지하는 시스템으로 연소용 공기 덕트에 설치된 유량계에 의해 유량을 측정한 후 부하변동에 맞추어 공기 조절기를 제어한다. 부하가 증가할 때 연료조절밸브는 공기량에 맞추어 연료량을 제어하며, 부하가 감소하면 반대로 연료량에 따라 공기량을 맞춘다.

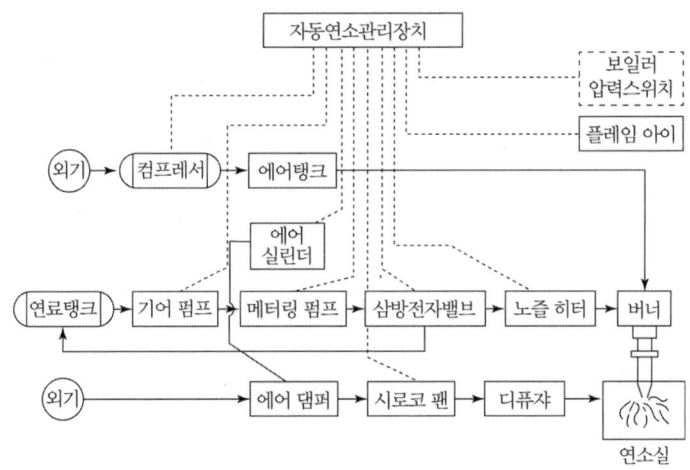

▲ 보일러 자동연소 제어장치 계통도

예상문제

01 표준원기가 갖추어야 할 구비조건 4가지를 쓰시오.

해답 ① 정도가 높고 단위의 현시가 가능할 것
② 외부의 물리적 조건에 대한 변형이 적을 것
③ 경년변화가 적을 것
④ 안정성이 있을 것

02 가스분석계 중 화학적 가스분석기의 종류를 3가지 쓰시오.

해답 ① 흡수분석법 ② 자동화학식 CO_2계
③ 연소식 O_2계(과잉공기계) ④ 연소열법(미연소 가스계)

03 물리적 가스분석기 종류 5가지를 쓰시오.

해답 ① 가스 크로마토그래피 ② 열전도형 CO_2계
③ 밀도식 CO_2계 ④ 적외선 가스분석계
⑤ 자기식 O_2계 ⑥ 세라믹 O_2계

04 연소 배기가스를 분석하는 목적을 4가지 쓰시오.

해답 ① 연소상태를 파악하기 위해서
② 연소가스의 조성을 파악하기 위해서
③ 열정산의 기초 자료로 활용하기 위해서
④ 공기비를 알기 위해서

05 배기가스 채취에서 아스피레이터를 이용한 장치를 사용하였다. 1차 필터와 2차 필터로 사용하는 재료를 각각 2가지씩 쓰시오.

해답 ① 1차 필터 : 소결금속, 카보런덤
② 2차 필터 : 유리솜, 솜

06 배기가스 시료 채취장치 취급 시 주의사항을 4가지 쓰시오.

해답 ① 시료가스 채취구 위치에 주의해야 한다.
② 공기 유입방지 및 연도 중심부의 시료 채취가 필요하다.

③ 가스성분과 반응하는 배관은 사용을 금지해야 한다.
④ 장치 내에서 시료가스의 시간지연을 적게 하고 배관은 짧게 한다.
⑤ 배관에는 경사를 두고 최하단에는 드레인 장치가 필요하다.
⑥ 보수가 용이한 장소에 설치해야 한다.

07 가스분석법 중 흡수분석법의 종류를 3가지 쓰시오.

해답 ▶ ① 오르사트법 ② 헴펠법 ③ 게겔법

08 오르사트 분석법에 대한 물음에 답하시오.
(1) 분석순서를 나열하시오.
(2) 각 가스의 흡수제를 쓰시오.

해답 ▶ (1) 이산화탄소(CO_2) → 산소(O_2) → 일산화탄소(CO)
(2) ① 이산화탄소(CO_2) : KOH 30[%] 수용액
② 산소(O_2) : 알칼리성 피롤갈롤 용액
③ 일산화탄소(CO) : 암모니아성 염화 제1구리 용액

09 배기가스를 100[cc] 채취하여 KOH 30[%] 용액에 흡수된 양이 15[cc]이었고, 이것을 알칼리성 피로갈롤 용액에 통과한 후 70[cc]가 남았으며, 암모니아성 염화 제1구리에 흡수된 양은 1[cc]이었다. 이때 가스 중 CO_2, O_2, CO는 각각 몇 [%]인가?

풀이 ▶ 오르사트 분석법에서 성분 계산 : 성분율[%] = $\dfrac{체적감량}{시료가스량} \times 100$

① $CO_2 = \dfrac{15}{100} \times 100 = 15[\%]$

② $O_2 = \dfrac{85-70}{100} \times 100 = 15[\%]$

③ $CO = \dfrac{1}{100} \times 100 = 1[\%]$

해답 ▶ ① CO_2 : 15[%]   ② O_2 : 15[%]   ③ CO : 1[%]

해설 흡수분석법(오르사트법)에서 체적 감량 계산
① 배기가스(시료기체) 100[cc]를 이산화탄소 흡수제인 KOH 30[%] 수용액을 통과한 후 흡수된 양이 15[cc]이므로 체적감량은 15[cc]이고, 남은 시료기체는 85[cc]이다.
② 시료기체 85[cc]를 산소(O_2) 흡수제인 알칼리성 피롤갈롤용액을 통과한 후 남은 양이 70[cc]이므로 체적감량은 85[cc]와 70[cc]의 차이인 15[cc]이다.
③ 시료기체 70[cc]를 일산화탄소(CO) 흡수제인 암모니아성 염화제1구리용액을 통과한 후 흡수된 양이 1[cc]이므로 체적감량은 1[cc]이다.

10 가스보일러의 배기가스를 50[mL]를 채취하여 오르사트 분석기의 흡수 피펫을 통과한 후 남은 시료의 부피가 각각 CO_2 40[mL], O_2 20[mL], CO 17[mL]이었다. 이 배기가스 중 N_2의 조성은 몇 [%]인가?

풀이 N_2 조성 = $\dfrac{\text{전체시료량} - (CO_2, O_2, CO \text{ 흡수 피펫에서 체적감량 합})}{\text{전체시료량}} \times 100$

$= \dfrac{50 - (10 + 20 + 3)}{50} \times 100 = 34[\%]$

해답 34[%]

별해 보일러 배기가스를 오르사트 분석기 흡수 피펫 3개소에 차례대로 통과시킨 후 남은 최종 시료량 17[mL]가 질소(N_2)의 양이다.

∴ N_2 조성 = $\dfrac{\text{최종적으로 남은 시료량}}{\text{전체 시료량}} \times 100 = \dfrac{17}{50} \times 100 = 34[\%]$

해설 흡수분석법(오르사트법)에서 체적 감량 계산
① 시료 50[mL]를 CO_2 흡수 피펫을 통과한 후 남은 시료가 40[mL]이므로 체적감량은 50−40 = 10[mL]이다.
② 남은 시료 40[mL]를 O_2 흡수 피펫을 통과한 후 남은 시료가 20[mL]이므로 체적 감량은 40−20 = 20[mL]이다.
③ 남은 시료 20[mL]를 CO 흡수 피펫을 통과한 후 남은 시료가 17[mL]이므로 체적 감량은 20−17 = 3[mL]이다.

11 가스크로마토그래피의 특징을 4가지 쓰시오.

해답 ① 여러 종류의 가스분석이 가능하다.
② 선택성이 좋고 고감도로 측정한다.
③ 미량성분의 분석이 가능하다.
④ 응답속도가 늦으나 분리 능력이 좋다.
⑤ 동일가스의 연속측정이 불가능하다.

12 가스크로마토그래피의 3대 구성요소를 쓰시오.

해답 ① 분리관(컬럼)   ② 검출기   ③ 기록계

13 가스크로마토그래피의 운반기체(carrier gas) 종류를 4가지 쓰시오.

해답 ① 수소(H_2)   ② 헬륨(He)   ③ 아르곤(Ar)   ④ 질소(N_2)

14 가스크로마토그래피에서 사용되는 검출기 종류를 3가지 쓰시오.

제8장 계측기기 및 자동제어

해답 ① 열전도형 검출기(TCD)
② 수소염 이온화 검출기(FID)
③ 전자포획 이온화 검출기(ECD)
④ 염광 광도형 검출기(FPD)
⑤ 알칼리성 이온화 검출기(FTD)

15 가스분석계 중에서 수소(H_2)의 영향을 가장 많이 받는 가스 분석계 명칭을 쓰시오.

해답 열전도율형 CO_2계

16 적외선 가스분석기로 측정할 수 없는 가스를 3가지 쓰시오.

해답 ① 수소(H_2) ② 산소(O_2) ③ 질소(N_2) ④ 염소(Cl_2)

해설 적외선 가스분석기 : 대칭 2원자 분자인 수소(H_2), 산소(O_2), 질소(N_2), 염소(Cl_2) 등은 적외선을 흡수하지 않기 때문에 분석(측정)할 수 없다.

17 다음 설명에 알맞은 가스 분석기의 명칭을 쓰시오.
(1) 지르코니아(ZrO_2)를 주원료로 한 특수세라믹은 850[℃] 이상에서 산소이온만 통과시키는 성질을 이용한 것으로 기전력을 측정하여 가스를 분석한다.
(2) 가스들은 강알칼리에 흡수가 잘되는 점을 이용한 것으로 가스 분석순서는 CO_2, O_2, CO 순으로 한다.
(3) O_2가 다른 가스에 비하여 강한 상자성체이기 때문에 자장에 대하여 끌리는 특성을 이용한 것이다.
(4) CO_2는 공기보다 열전도율이 낮다는 점을 이용하여 분석한다.

해답 (1) 세라믹 O_2계   (2) 오르사트 가스 분석기
(3) 자기식 O_2계   (4) 열전도형 CO_2계

18 개방형 마노미터(manometer)로 측정한 용기의 압력이 2000[mmH$_2$O]일 때 용기의 절대압력[MPa]은 얼마인가?

풀이 ① 개방형 마노미터 2000[mmHO]는 액주계에 사용하는 액체가 물(H_2O)이고, 높이차가 2000[mm] 발생한 것이고, 높이차 2000[mm]는 2[m] 이다.
② 물의 비중량은 1000[kgf/m^3]이고, 대기압은 0.101325[MPa], 10332[kgf/m^2] 이다.
③ 절대압력 계산 : 액주계에서 게이지압력[kgf/m^2]은 액주계 액체의 비중량 γ [kgf/m^3]에 높이차 h[m]의 곱이다.

∴ 절대압력 = 대기압 + 게이지압력
$$= 0.101325 + \left(\frac{1000 \times 2}{10332} \times 0.101325\right) = 0.120 ≒ 0.12[\text{MPa} \cdot \text{a}]$$

해답 ▶ 0.12[MPa · a]

해설 (1) 절대압력, 대기압, 게이지압력, 진공압력의 관계
∴ 절대압력 = 대기압 + 게이지압력 = 대기압 − 진공압력
(2) 절대압력, 대기압, 게이지압력, 진공압력의 구분
① 절대압력(absolute pressure) : 완전진공 상태를 기준으로 측정한 압력으로 단위에 'a' 또는 'abs'를 붙여 구별한다.
② 대기압(atmospheric pressure) : 대기에 작용하는 중력에 의해 지표에 생긴 압력으로 0[℃], 위도 45° 해수면을 기준으로 하며, 'atm'으로 표시한다.
③ 게이지압력(gauge pressure) : 대기압을 기준으로 측정한 압력으로 단위에 'g'를 붙이거나 생략한다.
④ 진공압력(vacuum pressure) : 대기압보다 낮은 압력으로 단위에 'v'를 붙여 구별하거나 압력 숫자 앞에 '−'부호를 붙여 사용한다. 완전진공 상태는 −760[mmHg]이다.

19 펌프로 물을 양수할 때, 흡입관의 압력이 진공 압력계로 50[mmHg · v]를 지시하고 있을 때 절대압력[kPa]은 얼마인가? (단, 대기압은 750[mmHg]로 가정한다.)

풀이 절대압력 = 대기압 − 진공압력
$$= \left(\frac{750}{760} \times 101.325\right) - \left(\frac{50}{760} \times 101.325\right) = 93.325 ≒ 93.33[\text{kPa} \cdot \text{a}]$$

해답 ▶ 93.33[kPa · a]

해설 ① 압력 환산하는 공식
$$∴ 환산압력 = \frac{주어진 압력}{주어진 압력 단위의 표준대기압} \times 구하려고 하는 압력단위의 표준대기압$$
② 표준대기압
1[atm] = 760[mmHg] = 76[cmHg] = 0.76[mHg] = 29.9[inHg] = 760[torr]
= 10332[kgf/m²] = 1.0332[kgf/cm²] = 10.332[mH₂O]
= 10332[mmH₂O] = 101325[N/m²] = 101325[Pa] = 101.325[kPa]
= 0.101325[MPa] = 1.01325[bar] = 1013.25[mbar] = 14.7[lb/in²]
= 14.7[psi]

20 액주식 압력계에 사용하는 액체의 구비조건 4가지를 쓰시오.

해답 ▶ ① 점성이 적을 것　　　　② 열팽창계수가 적을 것
③ 밀도변화가 적을 것　　　④ 모세관 현상 및 표면장력이 적을 것
⑤ 화학적으로 안정할 것　　⑥ 휘발성 및 흡수성이 적을 것
⑦ 항상 액면은 수평을 만들고 높이를 정확히 읽을 수 있을 것

21 1차 압력계의 종류를 3가지 쓰시오.

해답 ① 액주식 압력계 ② 침종식 압력계 ③ 자유 피스톤식 압력계

22 액주식 압력계의 종류를 3가지 쓰시오.

해답 ① U자관 압력계 ② 단관식 압력계
③ 경사관식 압력계 ④ 2액 마노미터

23 액주식 압력계 중에서 정도(精度)가 가장 높아 미세압 측정용이나 실험실 등에서 사용하는 것은?

해답 경사관식 압력계

24 램, 실린더, 기름탱크, 가압펌프 등으로 구성되며 탄성식 압력계의 일반 교정용으로 사용되는 압력계의 명칭을 쓰시오.

해답 분동식 압력계(또는 기준 분동식 압력계, 자유 피스톤식 압력계)

해설 분동식 압력계의 사용유체에 따른 측정범위
① 경유 : 40~100[kgf/cm^2]
② 스핀들유, 피마자유 : 100~1000[kgf/cm^2]
③ 모빌유 : 3000[kgf/cm^2] 이상
④ 점도가 큰 오일을 사용하면 5000[kgf/cm^2]까지도 측정이 가능하다.

25 그림에서와 같은 수은을 사용한 U자관 압력계에서 h가 300[mm]일 때 P_2의 압력은 절대압력[kgf/cm^2]으로 얼마인가? (단, P_1은 대기 중에 개방된 상태이며 대기압은 1[kgf/cm^2]으로 하고 수은의 비중은 13.6×10^{-3}[kgf/cm^3] 이다.)

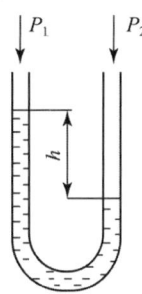

풀이 $P_2 = P_1 + \gamma \cdot h$
$= 1 + \{(13.6 \times 10^3) \times 0.3\} \times 10^{-4}$
$= 1.408 \fallingdotseq 1.41 [\text{kgf/cm}^2 \cdot a]$

해답 1.41[kgf/cm^2·a]

해설 ① 수은의 비중[kgf/cm^3]를 [kgf/m^3] 단위로 환산 : 1[m^3] = 1000[L]이고, 1[L] = 1000[cm^3] 이므로 1[m^3] = 10^6 [cm^3] 이다.
∴ 13.6×10^{-3}[kgf/cm^3] × 10^6 [cm^3/m^3] = 13.6×10^3 [kgf/m^3]
※ 수은(Hg)의 비중 13.6[kgf/L], 비중량 13600[kgf/m^3]은 상수개념으로 기억하길 바랍니다.

② 풀이의 게이지압력 계산에 '10^{-4}'은 $\gamma[kgf/m^3] \times h[m] = [kgf/m^2]$이므로 $[kgf/m^2]$ 단위를 $[kgf/cm^2]$ 단위로 변환하기 위하여 적용된 숫자임
($1[atm] = 10332[kgf/m^2] = 1.0332[kgf/cm^2]$의 관계를 참고하여 이해하기 바랍니다.)

26 [그림]과 같은 경사관식 압력계에서 P_2는 50 $[kgf/m^2]$일 때 측정압력 P_1은 약 몇 $[kgf/m^2]$인가? (단, 액체의 비중은 1이다.)

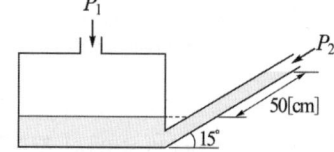

해설 $P_1 = P_2 + \gamma l \sin\theta$
$= 50 + (1000 \times 0.5 \times \sin 15)$
$= 179.409 ≒ 179.41 [kgf/m^2]$

해답 $179.41 [kgf/m^2]$

27 자유 피스톤식 압력계에서 추와 피스톤의 무게가 15.7[kgf]일 때 실린더 내의 액압과 균형을 이루었다면 게이지 압력은 몇 $[kgf/cm^2]$이 되겠는가? (단, 피스톤의 지름은 4[cm] 이다.)

해설 $P = \dfrac{W + W'}{a} = \dfrac{15.7}{\dfrac{\pi}{4} \times 4^2} = 1.249 ≒ 1.25 [kgf/cm^2]$

해답 $1.25 [kgf/cm^2]$

28 증기보일러에 부르동관 압력계를 부착할 때 사용되는 사이펀관 속에 물을 넣는 이유를 설명하시오.

해답 고온의 증기로부터 부르동관을 보호하기 위해서

29 2차 압력계 중에서 탄성체의 변형을 이용한 압력계의 종류를 3가지 쓰시오.

해답 ① 부르동관식 압력계 ② 다이어프램식 압력계
③ 벨로즈식 압력계 ④ 캡슐식 압력계

30 2차 압력계 중 대표적인 것으로 보일러의 증기압 측정 등 공업용으로 많이 사용되는 압력계로 고압 측정이 가능하지만 정도가 낮은 압력계는?

해답 부르동관 압력계

해설 부르동관(bourdon tube) 압력계 : 2차 압력계 중 가장 대표적인 것으로 부르동관의 탄성을 이용한 것으로 곡관에 압력이 가해지면 곡률 반지름이 증대되고, 압력이 낮아

지면 수축하는 원리를 이용한 것이다. 부르동관의 종류에는 C자형, 스파이럴형 (spiral type), 헬리컬형(helical type), 버튼형 등이 있다.

31 보일러 연소가스의 통풍계(draft gauge)로 사용되는 탄성 압력계는?

해답▶ 다이어프램식 압력계

해설 다이어프램식 압력계의 특징
① 응답속도가 빠르나 온도의 영향을 받는다.
② 극히 미세한 압력 측정에 적당하다.
③ 부식성 유체의 측정이 가능하다.
④ 압력계가 파손되어도 위험이 적다.
⑤ 연소가스의 통풍계로 사용된다.
⑥ 다이어프램의 재료로는 고무, 인청동, 스테인리스 등의 박판이 사용된다.
⑦ 측정범위는 20~5000[mmH$_2$O]이다.

32 벨로즈식 압력계에서 압력측정 시 벨로즈 내부에 압력이 가해질 경우 원래 위치로 돌아가지 않는 현상 때문에 발생하는 오차를 무엇이라 하는가?

해답▶ 히스테리시스(hysteresis) 오차

해설 히스테리시스(hysteresis)오차 : 계측기의 톱니바퀴 사이의 틈이나 운동부의 마찰 또는 탄성변형 등에 의하여 생기는 오차

33 수정이나 전기석 또는 로셀염 등의 결정체의 특정 방향에 압력이나 충격을 가하면 기전력이 발생하고, 이때 발생한 기전력은 압력에 비례하는 현상을 무엇이라 하는가?

해답▶ 압전현상(또는 압전효과)

34 전기식 압력계의 장점 3가지를 쓰시오.

해답▶ ① 초고압 측정에 사용된다.
② 가스폭발 압력을 측정할 수 있다.
③ 급격한 압력 변화 측정에 사용된다.

해설 전기식 압력계의 종류 : 전기저항 압력계, 피에조 전기압력계, 스트레인 게이지

35 다음 압력계에 관한 물음에 답하시오.
(1) 2차 압력계 중 탄성식 압력계의 교정용에 사용되는 압력계의 명칭은?
(2) 연소로의 드래프트 게이지(draft gauge)에 사용되는 압력계 명칭은?
(3) 급격한 압력변화 측정에 사용되는 압력계 명칭은?

해답 (1) 분동식 압력계(또는 기준 분동식 압력계, 자유 피스톤식 압력계)
(2) 다이어프램식 압력계
(3) 피에조 전기 압력계

36 지름 20[cm]인 원관속을 속도 7.3[m/s]로 유체가 흐를 때 유량[m³/s]을 계산하시오.

풀이 $Q = A \cdot V = \dfrac{\pi}{4} \times 0.2^2 \times 7.3 = 0.229 ≒ 0.23 [\text{m}^3/\text{s}]$

해답 $0.23[\text{m}^3/\text{s}]$

37 안지름이 500[mm]인 관속을 매초 2[m]의 속도로 유체가 흐를 때 단위 시간당의 유량[m³/h]을 계산하시오.

풀이 $Q = A \cdot V = \dfrac{\pi}{4} \times 0.5^2 \times 2 \times 3600 = 1413.716 ≒ 1413.72 [\text{m}^3/\text{h}]$

해답 $1413.72[\text{m}^3/\text{h}]$

38 24.2[℃] 상태에서 풍속계로 측정된 공기 유속이 1[m/s]일 때 단면적 1[m²]를 통과하는 풍량[Nm³/h]은 얼마인가 계산하시오.

풀이 ① 24.2[℃] 현재 상태의 풍량 계산
∴ $Q_1 = A \times V = 1 \times 1 = 1 [\text{m}^3/\text{s}]$
② 풍량의 단위 [Nm³/h]은 표준상태(0[℃], 1기압)에서 1시간 동안 통과하는 공기량이다. 그러므로 24.2[℃] 상태의 온도를 0[℃] 상태로 환산하여 풍량을 계산하여야 한다.
$\dfrac{P_1 \times Q_1}{T_1} = \dfrac{P_0 \times Q_0}{T_0}$ 에서 압력은 대기압 상태로 일정한 것이므로 생략할 수 있다.
∴ $Q_0 = \dfrac{Q_1 \times T_0}{T_1} = \dfrac{1 \times 273}{273 + 24.2} \times 3600 = 3306.864 ≒ 3306.86 [\text{Nm}^3/\text{h}]$

해답 $3306.86[\text{Nm}^3/\text{h}]$

39 유량이 5000[L/min], 관지름이 10[cm]일 때 유속[m/s]은 얼마인가?

풀이 $Q = A \cdot V$ 에서
∴ $V = \dfrac{Q}{A} = \dfrac{Q}{\dfrac{\pi}{4} D^2} = \dfrac{5}{\dfrac{\pi}{4} \times 0.1^2 \times 60} = 10.610 ≒ 10.61 [\text{m/s}]$

해답 $10.61[\text{m/s}]$

40 가동 중인 보일러의 연돌 내 연소가스의 속도를 4.3[m/s]로 하고, 유량을 18[m³/s]라 하면, 이 경우 연돌(굴뚝)의 지름은 몇 [m]로 하면 되는가?

풀이 $Q = A \cdot V = \dfrac{\pi}{4} \cdot D^2 \cdot V$ 에서

$$\therefore D = \sqrt{\dfrac{4Q}{\pi \cdot V}} = \sqrt{\dfrac{4 \times 18}{\pi \times 4.3}} = 2.308 ≒ 2.31[m]$$

해답 2.31[m]

41 평균유속이 5[m/s]인 원형관에서 20[kg/s]의 물이 흐르도록 하려면 관의 지름은 몇 [mm]로 해야 하는가?

풀이 질량유량 계산식 $M = \rho \cdot A \cdot V = \rho \cdot \dfrac{\pi}{4} \cdot D^2 \cdot V$ 에서 물의 밀도(ρ)는 언급이 없으므로 1000[kg/m³]을 적용한다.

$$\therefore D = \sqrt{\dfrac{4M}{\pi \cdot \rho \cdot V}} = \sqrt{\dfrac{4 \times 20}{\pi \times 1000 \times 5}} \times 1000$$
$$= 71.364 ≒ 71.36[mm]$$

해답 71.36[mm]

42 유속을 일정하게 하고 관의 직경을 2배로 증가시켰을 때 유량은 어떻게 변하는가?

풀이 $Q = A \times V = \dfrac{\pi}{4} \times D^2 \times V$ 에서 처음의 상태를 '1', 변경 상태를 '2'로 구분하고 관의 직경(D)을 2배로 증가한 것은 $D_2 = 2D_1$인 상태이다.

$$\therefore \dfrac{Q_2}{Q_1} = \dfrac{\dfrac{\pi}{4} \times D_2^2 \times V_2}{\dfrac{\pi}{4} \times D_1^2 \times V_1}$$ 이고, $V_1 = V_2$ 이다.

$$\therefore Q_2 = \dfrac{\dfrac{\pi}{4} \times D_2^2 \times V_2}{\dfrac{\pi}{4} \times D_1^2 \times V_1} \times Q_1 = \dfrac{\dfrac{\pi}{4} \times (2D_1)^2 \times V_2}{\dfrac{\pi}{4} \times D_1^2 \times V_1} \times Q_1$$

$$= \dfrac{\dfrac{\pi}{4} \times 2^2 \times D_1^2 \times V_2}{\dfrac{\pi}{4} \times D_1^2 \times V_1} \times Q_1 = 2^2 \times Q_1 = 4Q_1$$

∴ 유량은 4배로 증가한다.

해답 4배로 증가

43 지름 400[mm]인 관속을 5[kg/s]로 공기가 흐르고 있다. 관속의 압력은 200[kPa·a], 온도는 23[℃]로 일정하고, 공기의 기체상수 R은 287[J/kg·K]라 할 때 공기의 평균 유속[m/s]은 얼마인가?

[풀이] ① 200[kPa·a], 23[℃] 상태의 공기 밀도[kg/m³] 계산 :
이상기체 상태방정식 $PV = GRT$에서 기체상수 R의 단위는 [kJ/kg·K]이고, 밀도[kg/m³]는 단위 체적당 질량이다.
$$\therefore \rho = \frac{G}{V} = \frac{P}{RT} = \frac{200}{0.287 \times (273 + 23)} = 2.354 = 2.35[kg/m^3]$$

② 공기의 평균 유속[m/s] 계산 : $m = \rho \times A \times V = \frac{\pi}{4} \times D^2 \times V$ 에서 속도 V를 구한다.
$$\therefore V = \frac{m}{\rho \times \frac{\pi}{4} \times D^2} = \frac{5}{2.35 \times \frac{\pi}{4} \times 0.4^2} = 16.931 = 16.93[m/s]$$

[해답] 16.93[m/s]

44 용적식(직접식) 유량계의 종류를 4가지 쓰시오.

[해답] ① 오벌 기어식　　② 루츠식
③ 로터리 피스톤식　　④ 로터리 베인식
⑤ 습식 가스미터　　⑥ 왕복피스톤식

45 용적식 유량계의 특징을 4가지 쓰시오.

[해답] ① 정도가 높아 상거래용으로 사용된다.
② 고점도 유체나 점도 변화가 있는 유체의 측정에 적합하다.
③ 맥동의 영향을 적게 받는다.
④ 이물질의 유입을 차단하기 위하여 입구측에 여과기를 설치한다.
⑤ 회전자의 재질로 포금, 주철, 스테인리스강이 사용된다.

46 차압식 유량계에 해당하는 오리피스미터는 (　)을[를] 측정하여 유량을 측정하는 간접식 유량계이다. (　) 안에 알맞은 용어를 쓰시오.

[해답] 차압

[해설] 차압식 유량계
① 측정원리 : 베르누이 방정식
② 종류 : 오리피스미터, 플로 노즐, 벤투리미터
③ 측정방법 : 조리개 전후에 연결된 액주계의 압력차를 이용하여 유량을 측정

47 오리피스미터의 측정원리를 설명하시오.

해답▶ 유체가 흐르는 일정한 단면을 갖는 배관 중에 조리개 기구(Orifice)를 삽입하고, 유체를 통과시키면 조리개 전후에 연결된 U자형 액주계에서 압력차에 의한 높이차가 발생하고 이것을 측정하여 유량을 계산하는 간접식 유량계 중 차압식 유량계에 해당된다. 측정원리는 베르누이 방정식이다.

48 차압식 유량계 중에서 오리피스미터의 장점 3가지를 쓰시오.

해답▶ ① 구조가 간단하고 제작이 쉬워 가격이 저렴하다.
② 협소한 장소에 설치가 가능하다.
③ 유량계수의 신뢰도가 크다.
④ 오리피스 교환이 용이하다.

해설 (1) 오리피스 미터의 단점
① 차압식 유량계에서 압력손실이 제일 크다.
② 침전물의 생성 우려가 많다.
③ 유량계 전후에 동일한 지름의 직관이 필요하다.
(2) 플로노즐(flow nozzle)의 특징
① 고속, 고압의 유량측정에 적당하다.
② 레이놀즈수가 높을 때 사용한다.
③ 레이놀즈수가 낮아지면 유량계수가 감소한다.
④ 오리피스보다 구조가 복잡하고, 설계 및 가공이 어렵다.
⑤ 침전물의 영향이 오리피스보다 적은편이다.
⑥ 가격, 압력손실이 차압식 유량계 중 중간정도이다.
(3) 벤투리(Venturi) 미터의 특징
① 압력차가 적고, 압력손실이 적다.
② 내구성이 좋고, 정밀도가 높다.
③ 대형으로 제작비가 비싸다.
④ 구조가 복잡하고 교환이 어렵다.

49 차압식 유량계의 압력손실의 크기를 큰 것에서 작은 순서로 나열하시오.

해답▶ 오리피스 > 플로 노즐 > 벤투리관

50 차압식 유량계에서 차압을 취출하는 탭(tap) 방식 3가지를 설명하시오.

해답▶ ① 베나 탭(vena tap) : 유입측은 배관 안지름만큼의 거리, 유출측은 가장 낮은 압력이 걸리는 거리(0.2~0.8D)에 설치한다.
② 플랜지 탭(flange tap) : 교축기구 25.4[mm] 전후 거리로 75[mm] 이하의 관에 사용한다.
③ 코너 탭(corner tap) : 교축기구 직전, 직후에 설치한다.

51 입구의 지름이 40[cm], 벤투리목의 지름이 20[cm]인 벤투리미터기로 공기의 유량을 측정하여 물-공기 시차액주계가 300[mmH₂O]를 나타냈다. 이때 유량[m³/s]은 얼마인가 계산하시오. (단, 물의 비중량은 1000[kgf/m³], 공기의 비중량은 1.5[kgf/m³], 유량계수는 1이다.)

풀이 ① 교축비(m) 계산

$$\therefore m = \left(\frac{D_2}{D_1}\right)^2 = \left(\frac{0.2}{0.4}\right)^2 = 0.25$$

② 유량 계산

$$\therefore Q = C \times A \times \frac{1}{\sqrt{1-m^2}} \times \sqrt{2gh \times \frac{\gamma_m - \gamma}{\gamma}}$$

$$= 1 \times \frac{\pi}{4} \times 0.2^2 \times \frac{1}{\sqrt{1-0.25^2}} \times \sqrt{2 \times 9.8 \times 0.3 \times \frac{1000 - 1.5}{1.5}}$$

$$= 2.029 ≒ 2.03 [\text{m}^3/\text{s}]$$

해답 2.03[m³/s]

해설 ① 교축비(m)를 지름비$\left(\frac{D_2}{D_1}\right)$로 계산하여 적용할 수도 있고, 유량을 계산하는 공식을 다르게 유도하여 적용하면 최종값에서 오차가 발생하며 채점에는 영향이 없음
② 풀이과정 중 '파이(π)' 대신에 '3.14'를 적용할 수 있으며, 적용하는 것에 따라 오차가 발생하며 채점에는 영향이 없으니 선택하여 적용하기 바랍니다.(단, '3.14'를 적용할 경우 풀이과정에 반드시 '3.14'로 기록해야 함)

52 지름 80[mm]인 배관에 지름 20[mm]인 오리피스를 설치하여 공기의 유량을 측정하려 한다. 오리피스 전후의 차압이 120[mmH₂O] 발생하였을 때 유량[L/min]을 계산하시오. (단, 물의 밀도는 1000[kg/m³], 공기의 밀도는 1.5[kg/m³], 유동계수는 0.66이다.)

풀이 ① 교축비 계산

$$\therefore m = \left(\frac{D_2}{D_1}\right)^2 = \left(\frac{0.02}{0.08}\right)^2 = 0.0625$$

② 유량 계산

$$\therefore Q = C \times A \times \frac{1}{\sqrt{1-m^2}} \times \sqrt{2 \times g \times h \times \frac{\gamma_m - \gamma}{\gamma}}$$

$$= 0.66 \times \frac{\pi}{4} \times 0.02^2 \times \frac{1}{\sqrt{1-0.0625^2}} \times \sqrt{(2 \times 9.8 \times 0.12) \times \frac{1000 - 1.5}{1.5}}$$

$$\times 60 \times 1000$$

$$= 493.221 ≒ 493.22 [\text{L/min}]$$

해답 493.22[L/min]

해설 ① 문제에서 오리피스 전후의 차압이 120[mmH₂O] 발생한 것은 오리피스미터에 설치한 U자형 액주계의 높이차가 120[mm] 발생하고, 액주계에는 물이 들어 있다는 것을 설명한 것이다.
② 문제에서 주어진 물과 공기의 밀도는 풀이에 비중량으로 적용하였음
③ 유량을 계산한 단위가 [m³/s]인 것을 분[min]당 유량으로 계산하기 위해 60을 곱하였고, 체적단위를 [L]로 계산하기 위해 1000을 곱한 것임
※ 교축비를 소수점 셋째자리에서 반올림한 값을 적용하면 최종값에서 오차가 발생하며, 채점에는 영향이 없으니 교재 풀이 또는 반올림 한 값 중에서 선택해서 적용하기 바랍니다.

53 안지름 100[mm]인 배관에 지름 50[mm]인 오리피스가 설치되어 있는 관로를 상온의 질소기체가 일정한 속도로 흐르고 있다. 오리피스 전후의 압력차가 0.3[kgf/cm²]이었을 때 유량[m³/h]을 계산하시오. (단, 질소는 비압축성 기체로 가정하고 단위 체적당 중량은 1.2[kgf/m³], 유량계수는 0.62이다.)

풀이 ① 교축비 계산

$$\therefore m = \left(\frac{D_2}{D_1}\right)^2 = \left(\frac{0.05}{0.1}\right)^2 = 0.25$$

② 유량 계산 : 압력차($P_1 - P_2$) 단위는 [kgf/m²] 또는 [mmH₂O]이므로 0.3[kgf/cm²]을 단위 변환을 하기 위하여 10^4을 곱한다.

$$\therefore Q = C \times A \times \frac{1}{\sqrt{1-m^2}} \times \sqrt{2 \times g \times \frac{P_1 - P_2}{\gamma}}$$

$$= 0.62 \times \frac{\pi}{4} \times 0.05^2 \times \frac{1}{\sqrt{1-0.25^2}} \times \sqrt{2 \times 9.8 \times \frac{0.3 \times 10^4}{1.2}} \times 3600$$

$$= 1001.927 ≒ 1001.93[m^3/h]$$

해답 1001.93[m³/h]

해설 풀이과정 마지막에 '3600'을 적용한 것은 초당 유량[m³/s]을 시간당 유량[m³/h]으로 변환하기 위하여 곱한 것이다.

54 차압식 유량계에서 차압이 18972[Pa]일 때 유량이 22[m³/h]이었다. 차압이 10035[Pa]일 때의 유량은 몇 [m³/h]인가?

해설 차압식 유량계에서 유량은 차압의 평방근에 비례한다.

$$\therefore Q_2 = \sqrt{\frac{\Delta P_2}{\Delta P_1}} \times Q_1 = \sqrt{\frac{10035}{18972}} \times 22 = 16[m^3/h]$$

해답 16[m³/h]

55 면적식 유량계의 장점 2가지를 쓰시오.

해답 ① 고점도 유체나 작은 유체에 대해서도 측정이 가능하다.
② 차압이 일정하면 오차의 발생이 적다.
③ 압력손실이 적고, 균등 유량을 얻을 수 있다.
④ 슬러리나 부식성 유체의 측정이 가능하다.

해설 면적식 유량계의 특징
① 유량에 따라 직선 눈금이 얻어진다.
② 유량계수는 레이놀즈수가 낮은 범위까지 일정하다.
③ 고점도 유체나 작은 유체에 대해서도 측정할 수 있다.
④ 차압이 일정하면 오차의 발생이 적다.
⑤ 측정하려는 유체의 밀도를 미리 알아야 한다.
⑥ 압력손실이 적고 균등 유량을 얻을 수 있다.
⑦ 슬러리나 부식성 액체의 측정이 가능하다.
⑧ 정도는 ±1~2[%] 정도로 정밀측정에는 부적당하다.

56 피토관(Pito tube)의 측정원리를 설명하시오.

해답 배관 내에 흐르는 유체의 전압과 정압을 측정하여 그 차이인 동압을 이용하여 베르누이 방정식에 의해 속도수두에서 유속을 구하고 그 값에 관로 단면적을 곱하여 유량을 측정하는 것이다.

해설 피토관 측정에 이용된 원리(법칙) : 베르누이 방정식

57 유량계에 관한 설명 중 ( ) 안에 알맞은 용어 또는 숫자를 쓰시오.

> 차압식 유량계에서 유량은 차압의 (①)에 비례하며, 피토관식 유량계는 관로 내를 흐르는 유체의 (②)을 측정하고 그 값에 관로의 (③)을 곱하여 유량을 측정한다.

해답 ① 평방근(제곱근)   ② 유속   ③ 단면적

58 물속에 피토관을 설치하였더니 전압이 12[mH₂O], 정압이 6[mH₂O]이었다. 이때 유속[m/s]은 얼마인가?

풀이 $1[mH_2O] = 1000[mmH_2O] = 1000[kgf/m^2]$ 이고, 물의 비중량은 $1000[kgf/m^3]$ 이다.

$$\therefore V = \sqrt{2g\frac{P_t - P_s}{\gamma}} = \sqrt{2 \times 9.8 \times \frac{12 \times 10^3 - 6 \times 10^3}{1000}} = 10.844 = 10.84[m/s]$$

해답 10.84[m/s]

제8장 계측기기 및 자동제어

59 물이 흐르는 배관에 피토관을 설치하여 측정한 전압이 128[kPa], 정압이 120[kPa]일 때 유속을 구하시오.

풀이 물의 밀도는 $1000[kg/m^3]$을 적용하여 SI단위로 계산하며, 피토관 계수(C)는 주어지지 않았으므로 생략한다.

$$\therefore V = C\sqrt{2 \times \frac{P_t - P_s}{\rho}} = \sqrt{2 \times \frac{(128-120) \times 10^3}{1000}} = 4[m/s]$$

해답 4[m/s]

해설 SI단위 유속 계산식

$$\therefore V = C\sqrt{2 \times \frac{P_t - P_s}{\rho}}$$

여기서, V : 유체의 유속[m/s] C : 피토관 상수
P_t : 전압[Pa 또는 N/m^2] P_s : 정압[Pa 또는 N/m^2]
ρ : 유체의 밀도[kg/m^3]

60 상온, 상압 상태에서 공기가 흐르고 있는 원형관 내부에 피토관을 설치하여 유속을 측정하였더니 동압이 980[Pa] 이었다. 공기를 비압축성 흐름으로 가정할 때 속도[m/s]는 얼마인가? (단, 공기 비중량은 12.7[N/m^3] 이다.)

풀이 피토관에서 전압(P_t)과 정압(P_s)의 차가 동압이다.

$$\therefore V = C\sqrt{2 \times g \times \frac{P_t - P_s}{\gamma}} = \sqrt{2 \times 9.8 \times \frac{980}{12.7}} = 38.890 ≒ 38.89[m/s]$$

해답 38.89[m/s]

61 압력 101.325[kPa], 온도 15[℃]에서 공기의 밀도가 1.225[kg/m^3]이며, 피토관에 설치된 시차 액주계에서 높이차가 330[mmHg]일 때 공기의 유속[m/s]은 얼마인가?

풀이
$$V = \sqrt{2gh \times \frac{\gamma_m - \gamma}{\gamma}}$$
$$= \sqrt{2 \times 9.8 \times 0.33 \times \frac{13600 - 1.225}{1.225}} = 267.958 ≒ 267.96[m/s]$$

해답 267.96[m/s]

62 온도 15[℃], 기압 760[mmHg]인 대기 속의 풍속을 피토관으로 측정하였더니 전압(全壓)이 대기압보다 52[mmH₂O] 높았다. 이 때 풍속[m/s]은 얼마인가? (단, 피토관의 속도계수 C는 0.9, 공기의 기체상수 R은 29.27[kgf·m/kg·K] 이다.)

[풀이] ① 이상기체 상태방정식 $PV=GRT$를 이용하여 15[℃], 대기압(760[mmHg] = 10332 [kgf/m²]) 상태의 공기의 비중량[kgf/m³] 계산

$$\therefore \gamma = \frac{G}{V} = \frac{P}{RT} = \frac{10332}{29.27 \times (273+15)} = 1.225 = 1.23 [\text{kgf/m}^3]$$

② 풍속 계산 : 전압 52[mmH₂O]는 52[kg/m²]과 같다.

$$\therefore V = C\sqrt{2g\frac{P}{\gamma}} = 0.9 \times \sqrt{2 \times 9.8 \times \frac{52}{1.23}} = 25.907 = 25.91 [\text{m/s}]$$

[해답] 25.91[m/s]

63 유량계수가 1인 피토 튜브를 공기가 흐르는 직경 400[mm]의 배관 중심부에 설치하였더니 전압이 80[mmAq], 정압이 40[mmAq]로 지시되었을 때 평균 유량[m³/s]을 계산하시오. (단, 공기의 비중량은 1.25[kgf/m³], 물의 비중량은 1000[kgf/m³], 평균 유속은 배관 중심부 유속의 $\frac{3}{4}$에 해당된다.)

[풀이] ① 액주계 높이차 계산

∴ 높이차 = 전압 − 정압 = 80 − 40 = 40[mmAq]

② 중심부 유속계산

$$\therefore V = C \times \sqrt{2 \times g \times \frac{P_t - P_s}{\gamma}} = C \times \sqrt{2 \times g \times h \times \frac{\gamma_m - \gamma}{\gamma}}$$

$$= 1 \times \sqrt{2 \times 9.8 \times 0.04 \times \frac{1000 - 1.25}{1.25}} = 25.028 = 25.03 [\text{m/s}]$$

③ 평균 유량 계산

$$\therefore \overline{Q} = A \times \overline{V} = \frac{\pi}{4} \times D^2 \times \left(V \times \frac{3}{4}\right)$$

$$= \frac{\pi}{4} \times 0.4^2 \times \left(25.03 \times \frac{3}{4}\right) = 2.359 = 2.36 [\text{m}^3/\text{s}]$$

[해답] 2.36[m³/s]

[별해] 액주계 높이차를 이용하여 동압을 적용하는 방법

$$\therefore V = C \times \sqrt{2 \times g \times \frac{P_t - P_s}{\gamma}} = 1 \times \sqrt{2 \times 9.8 \times \frac{80-40}{1.25}} = 25.043 = 25.04 [\text{m/s}]$$

$$\therefore \overline{Q} = A \times \overline{V} = \frac{\pi}{4} \times 0.4^2 \times \left(25.04 \times \frac{3}{4}\right) = 2.359 = 2.36 [\text{m/s}]$$

64 피토관으로 측정된 공기의 유속이 11.71[m/s], 전압이 12[mH₂O]일 때 정압[kPa]을 계산하시오.

[풀이] ① 동압 계산

$$\therefore 동압 = \frac{V^2}{2g} = \frac{11.71^2}{2 \times 9.8} = 6.996 = 7.0 [\text{mH}_2\text{O}]$$

② 정압 계산 : "전압 = 동압 + 정압"이므로 "정압 = 전압 - 동압" 이고,
1[atm] = 10.332[mHO] = 101.325[kPa]에 해당된다.

∴ 정압 = $\frac{12-7}{10.332} \times 101.325 = 49.034 ≒ 49.03$[kPa]

해답▶ 49.03[kPa]

65 물속에 피토관을 설치하여 측정한 전압이 12[mH₂O], 유속이 11.71[m/s] 이었다. 이때 정압[kPa]은 얼마인가?

풀이▶ ① 정압 계산 : $V = \sqrt{2g\frac{P_t - P_s}{\gamma}}$ 에서 $V^2 = 2g\frac{P_t - P_s}{\gamma}$ 이고
물의 비중량은 1000[kgf/m³] 이다.

∴ $P_s = P_t - \frac{\gamma V^2}{2g} = (12 \times 1000) - \left(\frac{1000 \times 11.71^2}{2 \times 9.8}\right)$
= 5003.872 ≒ 5003.87[mmH₂O]

② 단위 변환 : 1[atm] = 760[mmHg] = 10332[mmH₂O] = 101.325[kPa] 이다.

∴ kPa = $\frac{5003.87}{10332} \times 101.325 = 49.072 ≒ 49.07$[kPa]

해답▶ 49.07[kPa]

66 유속 10[m/s]의 물속에 피토관을 세울 때 수주의 높이는 몇 [m]인가?

풀이▶ $h = \frac{V^2}{2g} = \frac{10^2}{2 \times 9.8} = 5.102 ≒ 5.10$[m]

해답▶ 5.1[m]

67 유량계의 측정원리에 대한 설명 중 해당되는 유량계를 [보기]에서 찾아 쓰시오.

| 보기 | - 차압식 유량계   - 임펠러식 유량계   - 면적식 유량계
         - 전자식 유량계   - 용적식 유량계   - 초음파 유량계

(1) 일정 용적을 유량을 적산에 의하여 측정하는 유량계
(2) 조리개 기구를 설치하여 그 전후의 압력차를 이용하는 유량을 측정하는 유량계
(3) 페러데이(Faraday)의 전자유도법칙을 이용한 유량계
(4) 차압을 일정하게 유지하면서 조리개의 면적을 변화시켜 유량을 측정하는 유량계
(5) 도플러 효과를 이용한 유량계

해답▶ (1) 용적식 유량계   (2) 차압식 유량계   (3) 전자식 유량계
        (4) 면적식 유량계   (5) 초음파 유량계

68 접촉식 온도계의 종류 4가지를 쓰시오.

해답 ① 유리제 봉입식 온도계 ② 바이메탈 온도계 ③ 압력식 온도계
④ 열전대 온도계 ⑤ 저항 온도계 ⑥ 서미스터

해설 측정원리에 따른 온도계 분류 및 종류
(1) 접촉식 온도계
① 열팽창을 이용 : 유리제 봉입식 온도계, 바이메탈 온도계, 압력식 온도계
② 열기전력 이용 : 열전대 온도계
③ 저항변화 이용 : 저항 온도계, 서미스터
④ 상태변화 이용 : 제게르콘, 서머컬러
(2) 비접촉식 온도계
① 단파장 에너지 이용 : 광고온도계, 광전관 온도계, 색온도계
② 방사에너지 이용 : 방사 온도계

69 다음 온도계의 측정 원리를 설명하시오.
(1) 바이메탈 온도계 :
(2) 전기저항식 온도계 :
(3) 방사온도계 :

해답 (1) 선팽창계수(열팽창률)가 다른 2종류의 얇은 금속판을 결합시켜 온도변화에 따라 구부러지는 정도가 다른 점을 이용한 것이다.
(2) 온도가 올라가면 금속제의 저항이 증가하는 원리를 이용한 것이다.
(3) 측정대상 물체에서의 전방사에너지(복사에너지)를 렌즈 또는 반사경으로 열전대와 측온접점에 모아 열기전력을 측정하여 온도를 측정하는 것이다.

70 금속이나 반도체의 전기저항은 온도에 따라 변화하는 것을 이용한 온도계의 측온 저항체의 종류를 3가지 쓰시오.

해답 ① 백금 측온 저항체
② 니켈 측온 저항체
③ 동 측온 저항체

71 50[℃]에서의 저항이 100[Ω]인 저항 온도계를 로(爐) 안에 삽입하였을 때 온도계의 저항이 200[Ω]을 가리키고 있었다. 이때 로 안의 온도[℃]는 얼마인가? (단, 저항 온도계의 저항 온도계수는 0.0025 이다.)

풀이 ① 0[℃] 저항값 계산 : $R = R_0(1+\alpha t)$에서 0[℃] 저항값 R_0를 구한다.
$$\therefore R_0 = \frac{R}{1+\alpha t} = \frac{100}{1+0.0025 \times 50} = 88.888 ≒ 88.89[\Omega]$$

② 로(爐) 안의 온도계산

$$\therefore t = \frac{R - R_0}{\alpha R_0} = \frac{200 - 88.89}{0.0025 \times 88.89} = 499.988 ≒ 499.99[℃]$$

해답▶ 499.99[℃]

72 저항 온도계의 하나로 온도변화에 따라 저항값이 변화하는 반도체의 성질을 이용한 것으로 온도계수가 크고 응답속도가 빠르며, 국부적인 온도측정이 가능한 온도계는?

해답▶ 서미스터 온도계

73 서미스터(thermistor) 온도계에 대한 설명 중 ( ) 안에 알맞은 내용을 쓰시오.

> 서미스터 재질은 Ni, Mn, (①), (②), Cu 등의 금속산화물을 소결시켜 만든 반도체로 특징은 (③)이[가] 빠르며, 상온에서의 (④)는[은] 금속에 비하여 크고, 측정온도 범위는 (⑤)~300[℃] 이다.

해답▶ ① Fe ② Co ③ 응답 ④ 온도계수 ⑤ -100

해설 (1) 서미스터(thermistor) 재질 : 금속산화물을 사용하여 압축, 소결시켜 만든 것으로 사용 원료는 니켈(Ni), 망간(Mn), 철(Fe), 코발트(Co), 구리(Cu) 등이다.
(2) 특징
① 감도가 크고, 응답이 빨라 온도변화가 작은 부분 측정에 적합하다.
② 온도상승에 따라 저항치가 감소한다. (저항 온도계수가 부특성(負特性)이다.)
③ 소형으로 협소한 장소의 측정에 유리하다.
④ 소자의 균일성 및 재현성이 없다.
⑤ 흡습에 의한 열화가 발생할 수 있다.
⑥ 측정범위는 -100~300[℃]이다.

74 2종의 금속선 양 끝에 접점을 만들어 주어 온도차를 주면 기전력이 발생하는데 이 기전력을 이용하여 온도를 표시하는 온도계 명칭은?

해답▶ 열전대 온도계

해설 열전대 온도계의 측정원리 : 제베크(Seebeck) 효과

75 열전대(thermocouple)의 구비조건 4가지를 쓰시오.

해답▶ ① 열기전력이 크고, 온도상승에 따라 연속적으로 상승할 것
② 열기전력의 특성이 안정되고 장시간 사용해도 변형이 없을 것
③ 기계적 강도가 크고 내열성, 내식성이 있을 것

④ 재생도가 크고 가공이 용이할 것
⑤ 전기저항, 온도계수와 열전도율이 낮을 것
⑥ 재료의 구입이 쉽고(경제적이고) 내구성이 있을 것

76 고온 측정을 위한 열전대의 약호를 쓰시오.
(1) 백금 – 백금·로듐 :
(2) 크로멜 – 알루멜 :
(3) 철 – 콘스탄탄 :
(4) 동 – 콘스탄탄 :

해답 ▶ (1) P-R 열전대　　(2) C-A 열전대
　　　 (3) I-C 열전대　　 (4) C-C 열전대

77 열기전력이 작으며, 산화성 분위기에 강하나 환원성 분위기에는 약하고, 고온 측정에 적당한 열전대 온도계의 명칭은?

해답 ▶ 백금-백금·로듐(P-R) 열전대

78 열전대 온도계에서 발생하는 오차에 대한 물음에 답하시오.
(1) 열적 오차의 종류 4가지를 쓰시오.
(2) 전기적 오차의 종류 4가지를 쓰시오.

해답 ▶ (1) ① 삽입 전이에 의한 오차
　　　　　② 열복사에 의한 오차
　　　　　③ 열저항 증가에 의한 오차
　　　　　④ 냉각작용에 의한 오차
　　　　　⑤ 열전도에 의한 오차
　　　　　⑥ 측정 지연에 의한 오차
　　　 (2) ① 열전대의 열기전력 오차
　　　　　② 보상도선의 열기전력 오차
　　　　　③ 계기 단독의 오차
　　　　　④ 열전대와 계기의 조합 오차
　　　　　⑤ 회로의 절연 불량으로 인한 오차

79 열전대 온도계의 취급상 주의할 점을 4가지 쓰시오.

해답 ▶ ① 충격을 피하고 습기, 먼지, 직사광선 등에 주의할 것
　　　② 온도계 사용 한계에 주의할 것
　　　③ 사용 전에 지시계로서 도선 접촉선에 영점보정을 할 것
　　　④ 표준계기와 정기적으로 비교 검정하여 지시차를 교정할 것
　　　⑤ 눈금을 읽을 때 시차에 유의할 것

제8장 계측기기 및 자동제어

80 물질의 상태변화를 이용하여 내화물의 내화도 측정에 사용되는 온도계의 명칭은?

해답▶ 제겔콘

81 특정파장을 온도계 내에 통과시켜 온도계 내의 전구 필라멘트의 휘도를 육안으로 직접 비교하여 온도를 측정하므로 정도는 높지만 측정인력이 필요한 비접촉 온도계는?

해답▶ 광고온도계

82 [보기]에서 설명하는 온도계의 명칭을 쓰시오.

| 보기 |
- 이동물체의 온도측정이 가능하다.
- 응답시간이 매우 빠르다.
- 온도의 연속 기록 및 자동제어가 가능하다.
- 비교 증폭기가 부착되어 있다.

해답▶ 광전관식 온도계

83 방사온도계에 대한 물음에 답하시오.
(1) 측정원리에 적용되는 법칙은 무엇인가?
(2) 측정원리에 적용되는 법칙을 설명하시오.

해답▶ (1) 스테판-볼츠만 법칙(Stefan-Boltzman's law)
(2) 단위 표면적당 복사되는 에너지는 절대온도의 4승(제곱)에 비례한다.

84 보일러 후면의 투시구를 통하여 연소실에서 연료가 연소할 때의 연소온도를 측정할 때 사용되는 것으로 물체에서의 전방사에너지를 렌즈 또는 반사경으로 열전대와 측온접점에 모아 열기전력을 측정하여 온도를 구하는 비접촉식 온도계의 명칭을 쓰시오.

해답▶ 방사온도계

85 다음 계측기기에 대한 설명 중 ( ) 안에 알맞은 숫자 및 용어를 넣으시오.
(1) 열전대 온도계의 기준접점(냉접점)은 열전대와 도선 또는 보상도선과 접합점으로 얼음통 속에 넣어 항상 (①)[℃]로 유지시켜야 한다.
(2) 열선식 유량계는 저항선에 (②)를 흐르게 하여 (③)을 발생시키고 여기에 직각으로 (④)를 흐르게 하면 온도가 변화하는 변화로부터 유속을 측정하는 방식과 유체의 온도를 전열선으로 일정온도 상승시키는데 필요한 전기량을 측정하여 유

량을 측정하는 방식으로 분류된다.

해답 ▶ (1) ① 0
(2) ② 전류   ③ 열   ④ 유체

86 수분 흡수법에 의해 습도를 측정할 때 흡수제로 사용하는 물질 3가지를 쓰시오.

해답 ▶ ① 황산   ② 염화칼슘   ③ 실리카겔   ④ 오산화인

87 공기와 수증기의 혼합물인 습공기를 일정한 압력상태에서 냉각하면 상대습도는 증가하여 포화상태에 도달할 때의 온도를 무엇이라 하는가?

해답 ▶ 노점온도

88 25[℃]에서 포화수증기압은 23.8[mmHg]이다. 이 온도에서의 절대습도[kg/kg·DA]는 얼마인가?

풀이 ▶ $X = 0.622 \times \dfrac{P_w}{760 - P_w} = 0.622 \times \dfrac{23.8}{760 - 23.8} = 0.020 ≒ 0.02 [\text{kg/kg} \cdot \text{DA}]$

해답 ▶ $0.02[\text{kg/kg} \cdot \text{DA}]$

해설 ▶ 절대습도를 계산하는 공식 중 '0.622'는 공기에 대한 수증기의 질량비이다.

$\therefore \dfrac{\text{수증기}(H_2O) \text{ 분자량}}{\text{공기의 분자량}} = \dfrac{18}{28.96} = 0.6215 ≒ 0.622$

89 방안의 온도가 25[℃] 상태인데 온도를 낮추어 20[℃]에 도달하니 물방울이 생성되었다고 하면 방안의 온도가 25[℃]일 때의 상대습도[%]는 얼마인가? (단, 20[℃], 25[℃]에서의 포화수증기압은 2.23[kPa], 3.15[kPa]이다.)

풀이 ▶ $\phi = \dfrac{P_w}{P_s} \times 100 = \dfrac{2.23}{3.15} \times 100 = 70793 ≒ 70.79[\%]$

해답 ▶ 70.79[%]

90 다음 물음에 답하시오.
(1) 습도계의 종류 3가지를 쓰시오.
(2) 온도 20[℃], 노점 15[℃]인 공기의 상대습도는 얼마인가? (단, 20[℃] 및 15[℃]에서 포화증기압은 각각 19.82[mmHg] 및 15.47[mmHg] 이다.)

풀이 ▶ (2) $\phi = \dfrac{P_w}{P_s} \times 100 = \dfrac{15.47}{19.82} \times 100 = 78.052 ≒ 78.05[\%]$

해답 ▶ (1) ① 건습구 습도계   ② 모발 습도계   ③ 전기 저항식 습도계
         ④ 광전관식 노점계   ⑤ 가열식 노점계(듀셀 노점계)
     (2) 78.05[%]

91
통풍 건습구 습도계로 대기 중의 습도를 측정하였다. 건구온도가 26[℃], 포화수증기 분압 19.82[mmHg], 습구온도가 20[℃], 포화수증기 분압 15.47[mmHg]일 때 상대습도를 계산하시오. (단, 대기압은 760[mmHg] 이다.)

풀이 ▶ ① 대기 중의 수증기 분압(P_w) 계산

$$\therefore P_w = P_{ws} - \frac{P}{1500} \times (t - t') = 15.47 - \frac{760}{1500} \times (26 - 20) = 12.43[\text{mmHg}]$$

② 상대습도(ϕ) 계산

$$\therefore \phi = \frac{P_w}{P_s} \times 100 = \frac{12.43}{19.82} \times 100 = 62.714 ≒ 62.71[\%]$$

해답 ▶ 62.71[%]

92
보일러 자동제어 장치를 설계 및 작동 시 주의할 점 4가지를 쓰시오.

해답 ▶ ① 제어동작이 신속하게 이루어지도록 할 것
     ② 제어동작이 불규칙한 상태가 되지 않도록 할 것
     ③ 잔류편차(offset)가 허용되는 범위를 초과하지 않도록 할 것
     ④ 응답의 신속성과 안정성이 있도록 할 것

93
자동제어에서 다음 제어를 간단히 설명하시오.
(1) 시퀀스 제어 :
(2) 피드백 제어 :

해답 ▶ (1) 미리 순서에 입각해서 다음 동작이 연속 이루어지는 제어로 자동판매기, 보일러의 점화 등이 있다.
     (2) 제어량의 크기와 목표값을 비교하여 그 값이 일치하도록 되돌림 신호(피드백 신호)를 보내어 수정동작을 하는 제어방식이다.

94
되먹임 제어(피드백 제어)를 보일러 자동제어에 적용하는 궁극적인 목적을 설명하시오.

해답 ▶ 제어량의 크기와 목표값을 비교하여 그 값이 일치하도록 되돌림 신호(피드백 신호)를 보내어 수정동작을 하는 제어방식으로 급수제어, 연소제어, 압력제어 등에 적용하여 부하에 대응하는 보일러 가동을 할 수 있다.

제1편 열설비 취급실무

95 보일러에 적용하는 자동제어 중 인터록(interlock)에 대하여 설명하시오.

[해답] 어떤 일정한 조건이 충족되지 않으면 다음 단계의 동작이 작동하지 못하도록 저지하는 것으로 보일러의 안전한 운전을 위하여 반드시 필요한 것이다.

[해설] 보일러 인터록의 종류
① 압력초과 인터록 : 증기압력이 일정압력에 도달할 때 전자밸브를 닫아 보일러의 가동을 정지시키는 것으로 증기압력 제한기가 해당된다.
② 저수위 인터록 : 보일러 수위가 안전 저수위에 도달할 때 전자밸브를 닫아 보일러 가동을 정지시키는 것으로 저수위 경보기가 해당된다.
③ 불착화 인터록 : 버너 착화 시 점화되지 않거나 운전 중 실화가 될 경우 전자밸브를 닫아 연료 공급을 중지하여 보일러 가동을 정지시키는 것으로 화염검출기가 해당된다.
④ 저연소 인터록 : 보일러 운전 중 연소상태가 불량하거나 저연소 상태로 유량조절밸브가 조절되지 않으면 전자밸브를 닫아 보일러 가동을 정지시킨다.
⑤ 프리퍼지 인터록 : 점화 전 일정시간 동안 송풍기가 작동되지 않으면 전자밸브가 열리지 않아 점화가 되지 않는다.

96 보일러 자동제어에서 제어량 및 조작량 항목을 각각 쓰시오.

명칭	제어량	조작량
급수제어(FWC)	보일러 수위	(1)
증기온도제어(STC)	증기온도	(2)
자동연소제어(ACC)	노내압, (3)	연소가스량, (4), 연료량

[해답] (1) 급수량　(2) 전열량　(3) 증기압력　(4) 공기량

[해설] 보일러 자동제어(A·B·C)의 종류

명 칭	제 어 량	조 작 량
자동연소제어(ACC)	증기압력	공기량, 연료량
	노내압	연소가스량
급수제어(FWC)	보일러 수위	급수량
증기온도제어(STC)	증기온도	전열량
증기압력제어(SPC)	증기압력	연료공급량, 연소용 공기량

97 보일러 자동제어에 대한 물음에 답하시오.
(1) 자동연소제어에서 제어량 2가지를 쓰시오.
(2) 증기압력을 제어할 때 조작하여야 하는 것 2가지를 쓰시오.

[해답] (1) ① 증기압력　② 노내압력
(2) ① 연료량　② 공기량

98 보일러 급수제어 방식 중 2요소식의 검출대상 2가지는?

해답 ① 수위   ② 증기량

해설 급수제어방법의 종류 및 검출대상(요소)

명칭	검출대상
1요소식	수위
2요소식	수위, 증기량
3요소식	수위, 증기량, 급수유량

99 보일러에 사용하는 급수조절장치로 수위 제어 방식에 적용되는 방식 3가지를 쓰시오.

해답 ① 플로트식(또는 부자(浮子)식)
② 전극식(또는 전극봉식)
③ 열팽창식(또는 열팽창관식)

해설 급수조절장치(수위제어방식, 저수위 경보장치) 종류
① 플로트식(부자식) : 부자실(float chamber) 상부는 증기부에, 하부는 수부에 연결하고 부자가 보일러 수위의 상승, 하강에 따라 상·하로 움직여 수은 스위치를 작동시켜 수위를 감시, 조절하며 맥도널식, 자석식 등이 있다.
② 전극식(전극봉식) : 보일러수가 전기의 양도체인 것을 이용하여 서로 길이가 다른 전극봉을 보일러 수중에 삽입하고 전압을 가하여 전극에 흐르는 전류의 유무에 의하여 수위를 검출하고, 조절한다.
③ 열팽창식(열팽창관식) : 급속관 온도의 변화에 의한 신축(열팽창)을 이용한 것으로 코프스식 자동급수 조절장치가 있으며, 전기 등 동력원을 사용하지 않아 자력식 제어장치라 한다.

100 저수위 차단장치(저수위 경보장치)의 기능 3가지를 쓰시오.

해답 ① 급수의 자동조절
② 저수위 경보
③ 연료의 차단신호 발신

101 전극식 저수위 차단장치(저수위 경보장치) 본체 부분에는 트랜지스터 등의 전자부품, 전자 릴레이 등의 전기부품 등으로 구성된 제어회로가 포함된다. 전극식 저수위 차단장치의 사용 환경에 대하여 3가지를 설명하시오.

해답 ① 주위온도 55[℃] 이하, 상대습도 85[%] 이하이어야 한다.
② 변압기 등의 코일에서의 발열이 큰 기구와 근접시키지 않도록 한다.
③ 습도가 높은 장소나 부식성 가스의 분위기 속에서 사용을 피한다.

102 다음 블록선도는 3요소식 수위제어 계통도이다. 해당되는 용어를 [보기]에서 찾아 쓰시오.

| 보기 | 수위 조절기, 수위 발신기, 급수유량 발신기, 수면 스위치, 급수 조작부, 증기유량 발신기, 급수 조절 밸브

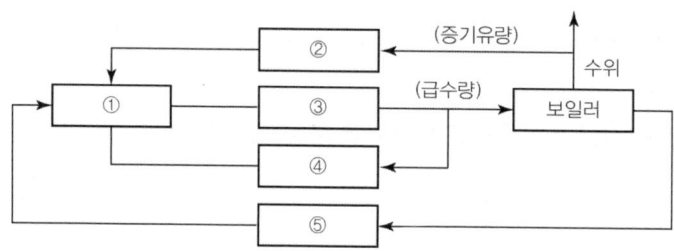

해답 ① 수위 조절기 ② 증기유량 발신기 ③ 급수 조절 밸브
④ 급수유량 발신기 ⑤ 수위 발신기

103 다음에 설명하는 화염검출기의 명칭을 쓰시오.
(1) 화염 중에는 양성자와 중성자가 전리되어 있음을 알고 버너에 그랜드로드를 부착하여 화염 중에 삽입하여 전기적 신호를 전자밸브에 보내어 화염을 검출한다.
(2) 연소 중에 발생되는 연소가스의 열에 의하여 바이메탈의 신축작용으로 전기적 신호를 만들어 전자밸브로 그 신호를 보내면서 화염을 검출한다.
(3) 연소 중에 발생하는 화염 빛을 검지부에서 전기적 신호로 바꾸어 화염 유무를 검출한다.

해답 (1) 플레임 로드   (2) 스택 스위치   (3) 플레임 아이

104 버너 입구의 가장 인접한 위치에 설치하는 전자기적 특성에 의해 밸브가 개폐되는 전자밸브(solenoid valve)는 어떤 경우에 연료공급 차단 동작을 하는지 3가지를 쓰시오.

해답 ① 버너의 연소상태가 정상이 아닌 경우
② 저수위 안전장치가 작동하였을 때
③ 증기압력제한기가 작동하였을 때
④ 액체연료의 공급압력이 낮을 때
⑤ 관류보일러, 가스용 보일러에서 급수가 부족한 경우
⑥ 송풍기가 작동되지 않을 때

105 보일러 연소제어를 위한 자동제어장치의 종류 3가지를 쓰시오.

해답 ① 증기압력 제한기 및 증기압력 조절기
② 온수온도 제어기 및 온수온도 조절기
③ 연료차단 밸브 및 연료조절 밸브
④ 연소공기 댐퍼 및 컨트롤 모터
⑤ 주안전 제어장치(본체, 보조릴레이, 타이머, 전자접촉기 등)

106 다음은 보일러 자동연소 제어장치에 대한 설명이다. ( ) 안에 가장 적합한 용어를 쓰시오.

> 모듈레이팅(modulating) 연소제어 시스템은 공기와 연료비 조절기를 이용하여 적절한 (①)을[를] 유지한다. 이 시스템은 연소용 공기 덕트에 설치된 유량계에 의해 유량을 측정한 후 (②)에 맞추어 공기 조절기를 제어한다. 부하가 증가할 때 연료조절 밸브는 (③)에 맞추어 (④)을[를] 제어하여, 부하가 감소하면 반대로 (⑤)에 따라 공기량을 맞춘다.

해답 ① 공연비 ② 부하변동 ③ 공기량 ④ 연료량 ⑤ 연료량

107 다음은 보일러 자동연소제어 장치의 계통도이다. ①~⑤에 알맞은 기기를 [보기]에서 찾아 쓰시오.

| 보기 | - 기어펌프 - 노즐히터 - 삼방전자밸브 - 에어탱크 - 시로코팬

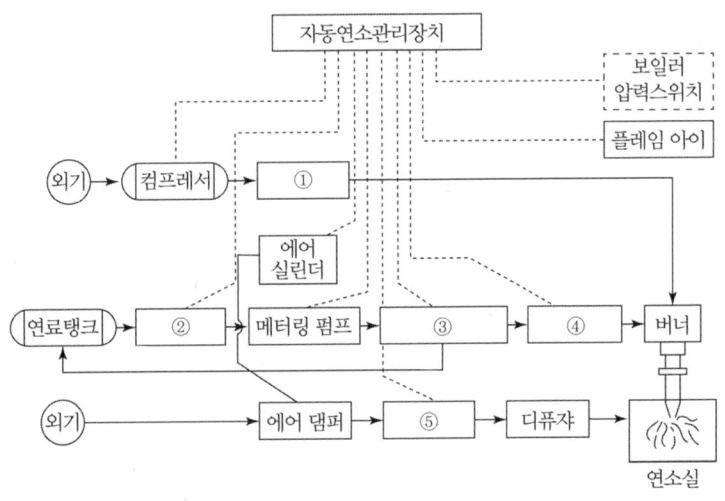

해답 ① 에어탱크 ② 기어펌프 ③ 삼방전자밸브 ④ 노즐히터 ⑤ 시로코팬

제1편 열설비 취급실무

108 보일러 배기가스 중 산소 농도를 검출하여 적정 공기비를 제어하는 방식을 무엇이라 하는가?

해답▶ 산소(O_2) 트리밍(trimming) 제어

해설▶ 산소(O_2) 트리밍(trimming) 제어 : 배기가스 중의 산소농도를 연속적으로 분석하여 어떤 원인에 의해서 적정 공기비가 유지되지 못할 경우에도 이를 판단하여 적정 공기비가 유지되도록 연소용 공기량을 자동 조절하는 제어 방식이다.

109 유류연소 온수보일러 자동제어 장치의 설치위치를 쓰시오.
(1) 스택 릴레이 :
(2) 콤비네이션 릴레이 :
(3) 프로텍터 릴레이 :

해답▶ (1) 연도 (2) 보일러 본체 (3) 버너

해설▶ ① 프로텍터 릴레이(protector relay) : 오일 버너 주안전 제어장치로 버너에 설치한다.
② 아쿠아스탯(aqua stat) : 스택 릴레이와 프로텍터 릴레이를 함께 사용하는 자동온도 조절기로 하이리미트 컨트롤이라 하며 보일러 본체에 설치한다.
③ 콤비네이션 릴레이(combination relay) : 버너 주 안전 제어장치로 프로텍터 릴레이와 아쿠아 스탯 기능을 합한 제어장치로 보일러 본체에 설치한다.
④ 스택 릴레이(stack relay) : 화염검출기의 하나로 보일러 연소가스 배출구 300[mm] 상단의 연도에 부착되어 연소가스 열에 의하여 신축되는 바이메탈의 접점을 이용하여 버너의 작동 및 정지를 시킨다. 연소가스와 직접 접촉하므로 바이메탈이 손상되기 쉽고 280[℃] 이상의 온도에는 사용이 불가능하다.

110 간접가열 방식의 급탕탱크 내의 온수온도를 감지하여 증기와 같은 열매체의 양을 조절하여 급탕탱크의 온도를 일정하게 유지하는 자동 온도조절기의 명칭을 쓰시오.

해답▶ 서모스탯(thermostat)

111 다음은 보일러 자동제어에 대한 설명이다. ( ) 안에 알맞은 내용을 쓰시오.

> 보일러 자동제어의 요소 중 검출부에서 검출한 제어량과 목표치를 비교하여 나타낸 그 오차를 (①)[이]라고 하며, 편차의 정(+), 부(-)에 의하여 조작신호가 최대·최소가 되는 제어 동작을 (②)동작이라고 한다.

해답▶ ① 제어편차
② 2위치 동작(또는 ON-OFF 동작)

112 P동작의 비례이득이 4일 때 비례대는 몇 [%]에 해당되는가?

풀이 비례대 = $\dfrac{1}{\text{비례이득(비례감도)}} \times 100 = \dfrac{1}{4} \times 100 = 25[\%]$

해답 25[%]

해설 비례대 : 비례제어(P) 동작에 의하여 출력이 전 범위를 변화하는데 필요한 입력의 변화량을 퍼센트[%]로 표시한 것으로 비례대가 넓으면 응답이 덜 민감하고, 비례대가 좁으면 더 민감하게 반응한다.

113 보일러 제어 및 조작 판넬 내부는 기기의 발열, 보일러 본체에서 열방사에 의해 판넬 전체가 과열하고 온도가 상승하는 경우가 있다. 그 결과 판넬 내 부품 고장이나 변형 등의 장해를 일으킬 우려가 있어 판넬 내부 온도는 몇 [℃]를 넘지 않도록 하는가?

해답 60[℃]

해설 보일러 제어 및 조작판넬 내부 점검(KBI 보일러 설치기술 규격) : 판넬 내부는 기기의 발열 및 보일러 본체에서의 열방사에 의해 판넬 전체가 과열하고 판넬 내부 온도가 상승하는 경우가 있다. 그 결과 판넬 내 기기나 변압기 코일의 소손, 전자부품의 저항, 콘덴서, 다이오드, 트랜지스터, 집적 회로 등의 고장이나 노화, 기판(PCB)의 변형 등의 장해를 일으킬 우려가 있어 일반적으로 판넬 내부 온도는 60[℃]를 넘지 않도록 한다.

제9장 신재생에너지 및 에너지진단

1. 신에너지 및 재생에너지

(1) 신에너지 : 신에너지 및 재생에너지 개발 이용 보급 촉진법 제2조

기존의 화석연료를 변환시켜 이용하거나 수소·산소 등의 화학반응을 통하여 전기 또는 열을 이용하는 에너지로서 다음의 어느 하나에 해당하는 것을 말한다.
① 수소에너지
② 연료전지
③ 석탄을 액화·가스화한 에너지 및 중질잔사유(重質殘渣油)를 가스화한 에너지로서 대통령령으로 정하는 기준 및 범위에 해당하는 에너지
④ 그 밖에 석유, 석탄, 원자력 또는 천연가스가 아닌 에너지로서 대통령령으로 정하는 에너지

> **참고** ▶ 중질잔사유(重質殘渣油)
>
> 원유를 정제하고 남은 최종 잔재물로서 감압증류 과정에서 나오는 감압잔사유, 아스팔트와 열분해 공정에서 나오는 코크, 타르 및 피치 등을 말한다. [신에너지 및 재생에너지 개발 이용 보급 촉진법 시행령 별표1]

(2) 재생에너지 : 신에너지 및 재생에너지 개발 이용 보급 촉진법 제2조

햇빛, 물, 지열(地熱), 강수(降水), 생물유기체 등을 포함하는 재생 가능한 에너지를 변환시켜 이용하는 에너지로서 다음 어느 하나에 해당하는 것을 말한다.
① 태양에너지
② 풍력
③ 수력
④ 해양에너지
⑤ 지열에너지
⑥ 생물자원을 변환시켜 이용하는 바이오에너지로서 대통령령으로 정하는 기준 및 범위에 해당하는 에너지

⑦ 폐기물에너지로서 대통령령으로 정하는 기준 및 범위에 해당하는 에너지
⑧ 그 밖에 석유·석탄·원자력 또는 천연가스가 아닌 에너지로서 대통령령으로 정하는 에너지

(3) 바이오 에너지

① **기준** : 신에너지 및 재생에너지 개발 이용 보급 촉진법 시행령 별표1
　(개) 생물유기체를 변환시켜 얻어지는 기체, 액체 또는 고체의 연료
　(내) (개)호의 연료를 연소 또는 변환시켜 얻어지는 에너지

> (개)호 또는 (내)호의 에너지가 신·재생에너지가 아닌 석유제품 등과 혼합된 경우에는 생물유기체로부터 생산된 부분만을 바이오 에너지로 본다.

② **범위**
　(개) 생물유기체 변환시킨 바이오가스, 바이오에탄올, 바이오 액화유 및 합성가스
　(내) 쓰레기 매립장의 유기성 폐기물을 변환시킨 매립지가스
　(대) 동물, 식물의 유지(油脂)를 변환시킨 바이오디젤
　(래) 생물유기체를 변환시킨 땔감, 목재칩, 펠릿 및 목탄 등의 고체연료

(4) 신·재생에너지 설비 : 신에너지 및 재생에너지 개발 이용 보급 촉진법 시행규칙 제2조

① **태양에너지 설비**
　(개) **태양열 설비** : 태양의 열에너지를 변환시켜 전기를 생산하거나 에너지원으로 이용하는 설비
　(내) **태양광 설비** : 태양의 빛에너지를 변환시켜 전기를 생산하거나 채광에 이용하는 설비

② **바이오에너지 설비** : 바이오에너지를 생산하거나 이를 에너지원으로 이용하는 설비

③ **풍력 설비** : 바람의 에너지를 변환시켜 전기를 생산하는 설비

④ **수력 설비** : 물의 유동 에너지를 변환시켜 전기를 생산하는 설비

⑤ **연료전지 설비** : 수소와 산소의 전기화학 반응을 통하여 전기 또는 열을 생산하는 설비

제1편 열설비 취급실무

⑥ **석탄을 액화·가스화한 에너지 및 중질잔사유를 가스화한 에너지설비** : 석탄 및 중질잔사유의 저급 연료를 액화 또는 가스화시켜 전기 또는 열을 생산하는 설비

⑦ **해양에너지 설비** : 해양의 조수, 파도, 해류, 온도차 등을 변환시켜 전기 또는 열을 생산하는 설비

⑧ **폐기물에너지 설비** : 폐기물을 변환시켜 연료 및 에너지를 생산하는 설비

⑨ **지열에너지 설비** : 물, 지하수 및 지하의 열 등의 온도차를 변환시켜 에너지를 생산하는 설비

⑩ **수소에너지 설비** : 물이나 그 밖에 연료를 변환시켜 수소를 생산하거나 이용하는 설비

2. 에너지진단

(1) 에너지진단 등

① **에너지진단 대상** : 에너지다소비 사업자

② **에너지진단 주기**

연간 에너지사용량	에너지진단주기
20만 티오이(TOE) 이상	1. 전체진단 : 5년 2. 부분진단 : 3년
20만 티오이(TOE) 미만	5년

③ **에너지진단 비용 지원 대상** : 다음 각 호의 요건을 모두 갖추어야 함
　(가) 중소기업기본법에 따른 중소기업
　(나) 연간 에너지사용량이 1만 티오이(TOE) 미만일 것

④ **에너지진단 전문기관의 지정 절차 등**
　(가) 진단기관 지정 : 산업통상자원부장관
　(나) 진단기관 지정 신청서
　　㉮ 에너지진단업무 수행계획서
　　㉯ 보유장비 명세서
　　㉰ 기술인력 명세서 : 자격증 사본, 경력증명서, 재직증명서 포함

01 신에너지 및 재생에너지 개발 이용 보급 촉진법에 따른 신에너지의 의미와 종류 3가지를 쓰시오.

해답 (1) 신에너지 의미 : 기존의 화석연료를 변환시켜 이용하거나 수소·산소 등의 화학반응을 통하여 전기 또는 열을 이용하는 에너지
(2) 종류
① 수소에너지
② 연료전지
③ 석탄을 액화·가스화한 에너지 및 중질잔사유(重質殘渣油)를 가스화한 에너지로서 대통령령으로 정하는 기준 및 범위에 해당하는 에너지
④ 그 밖에 석유, 석탄, 원자력 또는 천연가스가 아닌 에너지로서 대통령령으로 정하는 에너지

해설 신에너지 및 재생에너지(신에너지 및 재생에너지 개발 이용 보급 촉진법 제2조)
(1) 신에너지 : 기존의 화석연료를 변환시켜 이용하거나 수소·산소 등의 화학반응을 통하여 전기 또는 열을 이용하는 에너지로서 다음 어느 하나에 해당하는 것을 말한다.
① 수소에너지
② 연료전지
③ 석탄을 액화·가스화한 에너지 및 중질잔사유(重質殘渣油)를 가스화한 에너지로서 대통령령으로 정하는 기준 및 범위에 해당하는 에너지
④ 그 밖에 석유, 석탄, 원자력 또는 천연가스가 아닌 에너지로서 대통령령으로 정하는 에너지
(2) 재생에너지 : 햇빛, 물, 지열(地熱), 강수(降水), 생물유기체 등을 포함하는 재생 가능한 에너지를 변환시켜 이용하는 에너지로서 다음 어느 하나에 해당하는 것을 말한다.
① 태양에너지
② 풍력
③ 수력
④ 해양에너지
⑤ 지열에너지
⑥ 생물자원을 변환시켜 이용하는 바이오에너지로서 대통령령으로 정하는 기준 및 범위에 해당하는 에너지
⑦ 폐기물에너지로서 대통령령으로 정하는 기준 및 범위에 해당하는 에너지
⑧ 그 밖에 석유·석탄·원자력 또는 천연가스가 아닌 에너지로서 대통령령으로 정하는 에너지

02 다음 물음에 답하시오.

(1) 신에너지의 종류 2가지를 쓰시오.
(2) 재생에너지의 종류 4가지를 쓰시오.

해답 ▶ (1) ① 수소에너지
② 연료전지
③ 석탄을 액화·가스화한 에너지 및 중질잔사유(重質殘渣油)를 가스화한 에너지로서 대통령령으로 정하는 기준 및 범위에 해당하는 에너지
④ 그 밖에 석유, 석탄, 원자력 또는 천연가스가 아닌 에너지로서 대통령령으로 정하는 에너지

(2) ① 태양에너지 　② 풍력 　③ 수력
④ 해양에너지 　⑤ 지열에너지
⑥ 생물자원을 변환시켜 이용하는 바이오에너지로서 대통령령으로 정하는 기준 및 범위에 해당하는 에너지
⑦ 폐기물에너지로서 대통령령으로 정하는 기준 및 범위에 해당하는 에너지
⑧ 그 밖에 석유·석탄·원자력 또는 천연가스가 아닌 에너지로서 대통령령으로 정하는 에너지

03 바이오 매스(Biomass)에 대하여 설명하시오.

해답 ▶ 바이오매스(biomass)는 유기체가 에너지원이 되어, 열에너지, 전기에너지를 비롯하여 액체 및 가스연료나 화학연료로 변환될 수 있어 활용도가 높은 신재생 에너지의 하나이다.

04 신재생 에너지 및 재생에너지 개발·이용·보급촉진법 제2조 및 시행령 제2조에 규정한 바이오에너지의 범위 4가지를 쓰시오.

해답 ▶ ① 생물유기체를 변환시킨 바이오가스, 바이오에탄올, 바이오액화유 및 합성가스
② 쓰레기 매립장의 유기성 폐기물을 변환시킨 매립지가스
③ 동물·식물의 유지(油脂)를 변환시킨 바이오디젤
④ 생물유기체를 변환시킨 땔감, 목재칩, 펠릿 및 목탄 등의 고체연료

해설 바이오에너지의 기준 및 범위

기준	① 생물유기체를 변환시켜 얻어지는 기체, 액체 또는 고체의 연료 ② ①의 연료를 연소 또는 변환시켜 얻어지는 에너지 ※ ① 또는 ②의 에너지가 신·재생에너지가 아닌 석유제품 등과 혼합된 경우에는 생물유기체로부터 생산된 부분만을 바이오에너지로 본다.
범위	① 생물유기체를 변환시킨 바이오가스, 바이오에탄올, 바이오액화유 및 합성가스 ② 쓰레기 매립장의 유기성 폐기물을 변환시킨 매립지가스 ③ 동물·식물의 유지(油脂)를 변환시킨 바이오디젤 ④ 생물유기체를 변환시킨 땔감, 목재칩, 펠릿 및 목탄 등의 고체연료

제9장 신재생에너지 및 에너지진단

※ 바이오에너지의 기준 및 범위는 신재생 에너지 및 재생에너지 개발·이용·보급촉진법 시행령 별표1에 규정된 사항임

05 해양에너지에 관련된 신·재생에너지 종류 2가지를 쓰시오.

해답 ① 조수 ② 파도 ③ 해류 ④ 온도차

06 신재생에너지 중 연료전지의 재료 4가지를 쓰시오.

해답 ① 수소 ② 천연가스 ③ 나프타 ④ 메탄올

해설 연료전지 : 물에 전기에너지를 공급하여 전기분해하면 수소(H_2)와 산소(O_2)로 분해되고, 반대로 수소와 산소를 결합시키면(반응시키면) 물이 생성되면서 열이 발생하는데 이때 발생하는 열을 전기 에너지로 바꿔 동력원으로 사용하는 것으로 연료전지의 재료로 수소, 천연가스(도시가스), 나프타, 메탄올 등이 사용된다.

07 도시가스를 원료(재료)로 사용하여 에너지를 발생시키는 가스용 연료전지의 원리를 설명하시오.

해답 도시가스를 연료처리 모듈에서 개질반응시켜 수소로 변환하고, 변환된 수소는 발전모듈에서 산소와 전기화학적인 반응을 시켜 전기를 생산하여 계통에 공급하고, 추가적으로 발생하는 열은 열저장 모듈에 저장하고, 저장된 열은 열저장 모듈에 내장된 열교환기를 이용하여 온수로 공급한다. 처리가 완료된 폐가스는 배기통을 이용하여 실외로 강제 배출시킨다.

해설 (1) 가스용 연료전지 시스템 구성 : ㈜하젠이엔지 가스용 연료전지 카다록 발췌

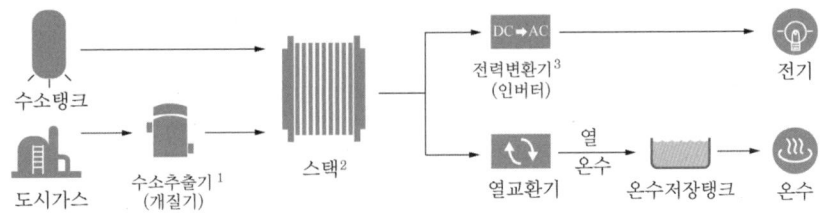

① 수소 추출기(개질기) : 연료전지(LNG, LPG 등)를 수소로 변환하는 장치
② 스택(stack) : 수소와 공기 중 산소를 이용하여 전기 및 열을 발생시키는 장치
③ 전력변환기(인버터) : 스택에서 발생되는 직류전력을 교류전력으로 변환하는 장치

(2) 연료전지의 장점
① 발전효율이 높다.
② 도심지 설치가 용이하다.
③ 사용 원료가 고갈될 염려가 없고 친환경적이다.
④ 난방과 온수 사용이 가능하다.

08 천연가스, 석탄, 바이오매스 등을 열분해해 제조한 화합물로 6기압 −25[℃]에서 액화할 수 있어 운송과 저장이 용이하고, LPG와 물성이 비슷해 혼합이 가능하여 기존의 배관을 이용하여 사용할 수 있으며 자동차 연료로 사용할 수 있는 차세대 연료의 명칭을 쓰시오.

해답 ▶ 디메틸에테르(DME)

09 수소를 생산방식에 따라 4가지로 구분하여 쓰시오.

해답 ▶ ① 그린 수소 ② 그레이 수소 ③ 브라운 수소 ④ 블루 수소

해설 ① 그린 수소(green hydrogen) : 태양광, 풍력 등 재생에너지에서 생산된 전기로 물을 전기분해(수전해)하여 생산한 수소이다. 수소를 생산하는 과정에서 오염물질이 배출되지 않으며, 전기에너지를 수소로 변환하여 쉽게 저장하므로 생산량이 고르지 않은 재생에너지의 단점을 보완할 수 있는 장점이 있는 반면 생산단가가 높고 전력 사용량이 많아 상용화에 어려움이 있다.
② 그레이 수소(gray hydrogen) : 천연가스를 고온·고압의 수증기와 반응시켜 물에 함유된 수소된 추출하는 개질 방식(반응식 : $CH_4 + 2H_2O \rightarrow CO_2 + 4H_2$)과 석유화학이나 철강 공정 등에서 부수적으로 발생하는 부생수소도 포함된다. 수소 생산 과정에서 이산화탄소가 가장 많이 발생한다.
③ 브라운 수소(brown hydrogen) : 석탄이나 갈탄을 고온·고압하에서 가스화하여 수소가 주성분인 합성가스를 만드는 방식이다.
④ 블루 수소(blue hydrogen) : 그레이 수소를 만드는 과정에서 발생한 이산화탄소를 포집·저장하여 탄소 배출을 줄인 수소를 말한다. 블루 수소는 그레이, 브라운 수소에 비해 친환경적인 생산 방식으로 그린 수소에 비해 경제성이 뛰어나다.

10 태양에너지 설비를 2가지로 구분하여 각각 설명하시오.

해답 ▶ ① 태양열 설비 : 태양의 열에너지를 변환시켜 전기를 생산하거나 에너지원으로 이용하는 설비
② 태양광 설비 : 태양의 빛에너지를 변환시켜 전기를 생산하거나 채광에 이용하는 설비

11 사막에서 태양열을 이용한 냉방을 계획할 때 실현 가능한 시스템을 설명하시오.

해답 ▶ 태양열 집열기의 집열효율은 높이기 위해 진공관형 집열기를 이용하여 취득한 열을 축열조에 온수로 저장한다. 축열조에 저장된 온수는 흡수식 냉동기의 열원으로 공급하며 흡수식 냉동기에서 만들어진 냉수를 공조기 및 팬코일 유닛에 순환시켜 냉방을 하는 시스템을 구축할 수 있다.

12 태양광 에너지를 직접 전기에너지로 변환하는 발전방식으로 광기전효과를 이용하여 발전하는 방식은?

해답▶ 태양광발전 시스템

13 태양광발전 시스템에서 태양전지를 구성하는 기기를 순서대로 나열하시오.

해답▶ 태양전지 셀(cell) → 태양전지 모듈(module) → 태양전지 어레이(array)

해설 태양광발전 시스템 구성기기
① 태양전지 셀(photovoltaic cell) : 태양광을 직접 직류전기로 변환하는 기본적인 소자이다.
② 태양전지 모듈(photovoltaic module) : 수십 장의 태양전지 셀을 직렬로 연결하여 태양광을 받아 발전하는 것으로 평판형의 태양전지 셀과 그것을 보호 유지하는 기자재이다. 제작소재에 따라 단결정 실리콘, 다결정 실리콘, 화합물 반도체 등으로 구분된다.
③ 태양전지 어레이(photovoltaic array) : 태양전지 모듈을 조합한 태양전지 전체로 태양전지 패널, 지지구조체, 기초, 그 외 태양 추적장치 등 필요한 부품을 최대한 작은 모양으로 조립한 것이다.

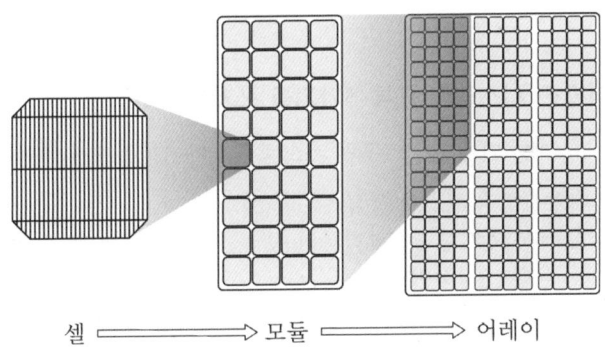

셀 ⟹ 모듈 ⟹ 어레이

14 태양광을 이용하는 태양전지 종류 3가지를 쓰시오.

해답▶ ① 결정질 실리콘 태양전지
② 박막 실리콘 태양전지
③ 화합물 반도체 태양전지

해설 태양전지의 종류 및 특징
(1) 결정질 실리콘 태양전지
① 단결정 실리콘 태양전지 : 오래 전부터 널리 사용되는 태양전지의 주요 재료로 전력 변환효율(15~19[%])이 높지만 생산비용이 높다.
② 다결정 실리콘 태양전지 : 반도체 제조공정에서 발생한 단재나 불량품의 실리콘을 재료로 재사용하여 생산단가가 낮지만 단결정 실리콘 태양전지에 비해 상

대적으로 전력 변환효율(13~18[%])이 약간 낮다.
(2) 박막 실리콘 태양전지
① 아몰퍼스 실리콘 태양전지 : 0.5[μm] 이하의 두께로 빛을 흡수하며 결정질 실리콘 태양전지와 비교해 발전효율이 낮은 편이다. 온도 저하에 따른 출력특성 저하가 적은 편이다.
② 텐덤형 박막 실리콘 태양전지 : 태양광 스펙트럼을 폭넓게 이용하여 변환효율을 향상시킨 것으로 다접형 태양전지라 한다.
(3) 화합물 반도체 태양전지
① 갈륨 비소(Ga·As)계·인듐인(In·P)계 태양전지 : 실리콘계열의 태양전지에 비해 변환효율(40[%] 초과)이 높고 내열성, 내방사성 특성이 우수하지만 가격이 매우 높은 편이다.
② CIGS 박막 태양전지 : 두께가 수 [μm] 정도로 얇고 구리(Cu), 인듐(In), 갈륨(Ga), 셀렌(Se) 화합물 등을 사용한 것으로 변환효율이 높다.
③ 카드뮴 텔루르(Cd·Te) 태양전지 : 카드뮴(Cd) 사용으로 기피되지만 고효율 소자이다.
④ 염료감응형 태양전지 : 태양광을 흡수한 색소에서 전자가 발생하며 산화티탄을 사이에 끼워 전류가 흐르게 한다. 색이나 형상의 자유도가 높으며 셀구조가 간단하여 저렴한 태양전지를 제작할 수 있는 반면 변환효율이 낮다.
⑤ 유기 박막 태양전지 : 유기 재료를 사용하여 가격이 저렴하다. 염료감응형 태양전지처럼 액체를 사용하지 않아 변환효율을 높일 수 있다.

15 태양광발전 시스템의 종류 3가지를 쓰시오.

해답 ① 계통 연계형 ② 독립 시스템 ③ 하이브리드 시스템

해설 태양광발전 시스템 종류
① 계통 연계형 : 전력회사의 공급선이 들어오는 주택, 빌딩, 대규모 발전시스템에 사용하는 방식이다.
② 독립 시스템 : 전력회사의 공급선이 들어오지 않는 등대, 중계소, 도서, 산간, 벽지 등에 사용하는 방식이다.
③ 하이브리드 시스템 : 풍력발전 등 다른 에너지원에 의한 발전방식과 결합된 방식이다.

16 태양광발전 시스템을 구성하는 장치 3가지를 쓰시오.

해답 ① 모듈 ② 축전지 ③ 인버터

17 태양광발전 시스템을 구축하기 위한 부지선정 조건 4가지를 쓰시오.

해답 ① 일사량이 좋은 남향지역
② 바람이 잘 통하는 부지

③ 안개 발생이 적은 지역
④ 부지의 가격이 저렴한 지역
⑤ 토목공사비가 적게 소요되는 부지
⑥ 발전용량에 충분한 면적을 확보한 부지

18 열병합 발전시스템을 일반 발전 시스템과 비교했을 때 단점 3가지를 쓰시오.

해답 ① 환경기술 개발이 요구된다.
② 기기효율 및 신뢰도 향상 대책이 필요하다.
③ 진동, 소음 등의 방지 대책이 필요하다.
④ 일반전력 계통과 병렬운전 시 제어시스템 개발이 필요하다.

해설 열병합 발전시스템의 장점
① 발전 원가가 저렴하다.
② 수요지 근처에 설치하면 송전손실이 감소한다.
③ 에너지 이용효율이 증대한다.
④ 양질의 전기 및 열을 공급하므로 생산성이 향상된다.
⑤ 지역난방을 겸용하면 공해방지 및 재해감소에 기여한다.

19 저탄소 녹색성장 기본법에서 정의하는 온실가스에 해당되는 것 4가지를 쓰시오.

해답 ① 이산화탄소(CO_2)
② 메탄(CH_4)
③ 아산화질소(N_2O)
④ 수소불화탄소(HFCs)
⑤ 과불화탄소(PFCs)
⑥ 육불화황(SF_6)

해설 온실가스[저탄소 녹색성장 기본법 제2조] : 이산화탄소(CO_2), 메탄(CH_4), 아산화질소(N_2O), 수소불화탄소(HFCs), 과불화탄소(PFCs), 육불화황(SF_6) 및 그 밖에 대통령으로 정하는 것으로 적외선 복사열을 흡수하거나 재방출하여 온실효과를 유발하는 대기 중의 가스 상태의 물질을 말한다.

20 교토 의정서에 대하여 설명하시오.

해답 1997년 12월 일본 교토에서 개최된 유엔기후변화협약 제3차 당사국 총회에서 채택되고 2005년 2월 16일 공식 발효됐다. 선진국 38개국은 1990년을 기준으로 2008~2012년까지 평균 5.2[%]의 온실가스를 감축하여야 한다. 지구 온난화를 유도하는 온실가스는 이산화탄소(CO_2), 메탄(CH_4), 아산화질소(N_2O), 과불화탄소(PFCs), 수소불화탄소(HFCs), 육불화황(SF_6) 등 6가지로 배출량을 감축해야 하며, 배출량을 줄이지 않는 국가에 대해서는 비관세 장벽을 적용하게 된다.

제1편 열설비 취급실무

21 교토의정서에는 당사자국들이 온실가스 배출감축요구량에 대한 잠재적인 경제영향을 줄일 수 있도록 한 유연성 체제인 교토 메커니즘(kyoto mechanism)에 해당되는 사항 3가지를 쓰시오.

해답 ① 공동이행제도(제6조, JI)
② 청정개발체제(제12조, CDM)
③ 배출권거래제도(제17조, ET)

해설 교토 메커니즘(kyoto mechanism) : 선진국들이 온실가스 감축의무를 자국내에서 모두 이행하는데 한계가 있다고 판단될 때 효과적으로 온실가스를 감축하기 위한 수단으로 배출권의 거래나 공동사업을 통한 감축분의 이전 등을 통하여 협약국에 의무이행에 유연성을 부여하는 제도이다.
① 공동이행제도(JI : Joint Implementation) : 온실가스를 의무적으로 감축해야하는 국가들 사이에서 온실가스감축사업을 공동으로 수행하는 것을 인증하는 제도로 한 국가가 다른 국가에 투자하여 감축한 온실가스량의 일부분을 투자국의 감축실적으로 인증하는 것이다.
② 청정개발체제(CDM : Clean Development Mechanism) : 온실가스 감축의무가 있는 선진국이 감축의무가 없는 개발도상국에서 온실가스 감축사업을 수행하여 얻어진 탄소 배출권을 선진국의 의무감축량에 포함시킬 수 있게 한 것이다.
③ 탄소배출권거래제도(ET : Emission Trading) : 교토의정서에 정한 의무감축량을 초과 달성한 경우 그 초과분을 다른 감축의무국가와 거래할 수 있게 한 것이다. 반대로 의무감축량을 달성하지 못한 경우 다른 국가로부터 부족분을 구입하여 의무이행하도록 허용하는 제도로 온실가스도 일반상품처럼 매매할 수 있는 시장성을 가지게 된다.

22 에스코(ESCO) 사업에 대하여 설명하시오.

해답 ESCO(Energy Service Company) 사업은 에너지 절약 전문기업이 빌딩, 공장, 병원, 숙박시설 등을 대상으로 에너지 사용 현황을 분석하여 설비 개조, 운용, 보수 등 에너지 절약에 관련된 용역을 실시하여 에너지절약 시설을 시공한 후 에너지 절감분 중에서 일부를 투자비로 회수하는 사업이다.

23 발열량이 9050[kcal/L]인 경유 200[L]에 대한 TOE를 계산하시오. (단, 경유의 석유환산계수는 0.905[TOE/kL]이다.)

풀이 $TOE = \dfrac{200}{1000} \times 0.905 = 0.181 ≒ 0.18[TOE]$

해답 0.18[TOE]

24 유리공장이 1994년도에 세워졌고 유리병 생산량이 연 158[톤]으로 가동 시 연료로 벙커C유 2130000[L], 경유 256000[L], 프로판 가스 45000[kg], 전기 7850000 [kWh]를 사용할 때 에너지사용 현황 및 원단위 현황을 작성하시오. (단, 석유환산계수는 벙커C유 0.99, 경유 0.92, 프로판 가스 1.2이며, 전기는 0.25이다.)

(1) 에너지 사용 현황

구분	벙커C유	경유	프로판	연료 합계	전기	합계
사용량[TOE]	①	②	③	④	⑤	⑥

(2) 원단위 현황

제품명	완제품 생산실적[톤/년]	연료원단위 [TOE/TON]	전기원단위 [TOE/TON]	에너지원단위 [TOE/TON]
유리병	158	①	②	③

풀이 (1) 에너지 사용량(TOE) 계산

① 벙커C유 : $\dfrac{2130000}{1000} \times 0.99 = 2108.7$[TOE]

② 경유 : $\dfrac{256000}{1000} \times 0.92 = 235.52$[TOE]

③ 프로판 : $\dfrac{45000}{1000} \times 1.2 = 54$[TOE]

④ 연료 합계 $= 2108.7 + 235.52 + 54 = 2398.22$[TOE]

⑤ 전기 : $\dfrac{7850000}{1000} \times 0.25 = 1962.5$[TOE]

⑥ 합계 $= 2398.22 + 1962.5 = 4360.72$[TOE]

(2) 원단위 현황 계산

① 연료 원단위 계산

$$\therefore 연료\ 원단위 = \dfrac{연료\ 사용량\ 합계[TOE]}{완제품\ 생산실적}$$

$$= \dfrac{2398.22}{158} = 15.178 ≒ 15.18 [TOE/TON]$$

② 전기 원단위 계산

$$\therefore 전기\ 원단위 = \dfrac{전기\ 사용량[TOE]}{완제품\ 생산실적}$$

$$= \dfrac{1962.5}{158} = 12.420 ≒ 12.42 [TOE/TON]$$

③ 합계 원단위 계산

$$\therefore 합계\ 원단위 = 연료\ 원단위 + 전기\ 원단위$$
$$= 15.18 + 12.42 = 27.6 [TOE/TON]$$

해답 (1) ① 2108.7[TOE]   ② 235.52[TOE]   ③ 54[TOE]
         ④ 2398.22[TOE]   ⑤ 1962.5[TOE]   ⑥ 4360.72[TOE]
     (2) ① 15.18[TOE/TON]   ② 12.42[TOE/TON]   ③ 27.6[TOE/TON]

25 어느 공장에서 연간 처리하는 물량이 2300[kg]으로 사용하는 연료로 벙커C유 3400[kL/년], 경유 1500[kL/년]을 사용하고, 전기 1500[MWh/년]을 사용할 때 에너지사용 현황 및 원단위 현황을 작성하시오. (단, 석유환산계수는 벙커C유 0.995, 경유 0.901, 전기는 0.23 이다.)

(1) 에너지 사용 현황

구분	벙커C유	경유	연료 소계	전기	합계
사용량[TOE]	①	②	③	④	⑤

(2) 원단위 현황

제품명	완제품 생산실적[kg/년]	연료원단위 [TOE/kg]	전기원단위 [TOE/kg]	에너지원단위 [TOE/kg]
완제품	2300	①	②	③

[풀이] (1) 에너지 사용량(TOE) 계산 : 벙커 C유, 경유의 단위가 [kL]이고, 전기는 [MWh]이기 때문에 에너지원별 사용량을 1000으로 나누지 않고 계산한다.
① 벙커C유 : $3400 \times 0.995 = 3383$[TOE]
② 경유 : $1500 \times 0.901 = 1351.5$[TOE]
③ 연료 합계 $= 3383 + 1351.5 = 4734.5$[TOE]
④ 전기 : $1500 \times 0.23 = 345$[TOE]
⑤ 합계 $= 4734.5 + 345 = 5079.5$[TOE]

(2) 원단위 현황 계산 : 원단위가 [kg]당 'TOE'이므로 완제품 생산실적 [kg]을 그대로 적용한다.
① 연료 원단위 계산

$$\therefore 연료\ 원단위 = \frac{연료\ 사용량\ 합계[TOE]}{완제품\ 생산실적} = \frac{4734.5}{2300} = 2.058 ≒ 2.06[TOE/kg]$$

② 전기 원단위 계산

$$\therefore 전기\ 원단위 = \frac{전기\ 사용량[TOE]}{완제품\ 생산실적} = \frac{345}{2300} = 0.15[TOE/kg]$$

③ 합계 원단위 계산

$$\therefore 합계\ 원단위 = 연료\ 원단위 + 전기\ 원단위 = 2.06 + 0.15 = 2.21[TOE/kg]$$

[해답] (1) ① 3383[TOE] ② 1351.5[TOE] ③ 4734.5[TOE] ④ 345[TOE] ⑤ 5079.5[TOE]
(2) ① 2.06[TOE/kg] ② 0.15[TOE/kg] ③ 2.21[TOE/kg]

26 염직물을 생산하는 공장에서 연간 95000[톤]을 생산하는데 사용된 연료로 벙커C유 5400[kL], 도시가스(LNG) 1450000[Nm^3], 전기 57500[MWh]일 때 에너지사용 현황 및 원단위 현황을 작성하시오. (단, 석유환산계수는 벙커C유 0.995, LNG 1.043이며, 전기는 0.230 이다.)

(1) 에너지 사용 현황

구분	벙커C유	도시가스(LNG)	연료합계	전기	에너지 합계
사용량[TOE]	①	②	③	④	⑤

(2) 원단위 현황

제품명	완제품 생산실적[톤/년]	연료원단위 [kgOE/TON]	전기원단위 [kWh/TON]	에너지원단위 [kgOE/TON]
염직물	95000	①	②	③

풀이 (1) 에너지 사용량(TOE) 계산 : 벙커 C유의 단위가 [kL]이고, 전기는 [MWh]이므로 1000으로 나누지 않고 계산하며, 도시가스(LNG)는 [Nm³]이므로 1000으로 나눠서 계산한다.

① 벙커C유 : $5400 \times 0.995 = 5373$ [TOE]

② 도시가스(LNG) : $\dfrac{1450000}{1000} \times 1.043 = 1512.35$ [TOE]

③ 연료합계 : $5373 + 1512.35 = 6885.35$ [TOE]

④ 전기 : $57500 \times 0.230 = 13225$ [TOE]

⑤ 에너지 합계 : $6885.35 + 13225 = 20110.35$ [TOE]

(2) 원단위 현황 계산

① 연료 원단위 계산

$\therefore$ 연료 원단위 $= \dfrac{\text{연료 사용량 합계[TOE]}}{\text{연간 제품 생산실적}}$

$= \dfrac{6885.35}{95000} \times 1000 = 72.477 ≒ 72.48$ [kgOE/TON]

② 전기 원단위 계산

$\therefore$ 전기 원단위 $= \dfrac{\text{전기사용량[kWh]}}{\text{연간 제품 생산실적}}$

$= \dfrac{57500 \times 1000}{95000} = 605.263 ≒ 605.26$ [kWh/TON]

③ 합계 원단위 계산

$\therefore$ 합계 원단위 = 연료 원단위 + 전기 원단위

$= 72.48 + \dfrac{57500 \times 1000 \times 0.230}{95000}$

$= 211.690 ≒ 211.69$ [kgOE/TON]

해답 (1) ① 5373[TOE] ② 1512.35[TOE] ③ 6885.35[TOE]
　　　④ 13225[TOE] ⑤ 20110.35[TOE]

(2) ① 72.48[kgOE/TON]
　　② 605.26[kWh/TON]
　　③ 211.69[kgOE/TON]

27 철근을 제조하는 공장의 생산량이 188000[m/년]일 때 [보기]와 같은 에너지원을 사용하고 있다. 완제품의 무게가 0.55[kg/m]인 경우 다음 사항에 대하여 계산하시오.

| 보기 | 1. 에너지원 사용량
 - B-C유 : 3500[kL/년]
 - LNG : 2340[m³/년]
 - 전력 : 7426000[kWh/년]

2. 석유환산 계수
 - B-C유 : 0.99   - 경유 : 0.92
 - LNG : 1.05   - 전력 : 0.25

(1) 연료원단위[kgOE/kg]를 계산하시오.
(2) 전력원단위[kgOE/kg]를 계산하시오.
(3) 에너지원단위[kgOE/kg]를 계산하시오.

풀이 1) 에너지 사용량 계산 : 벙커 C유의 단위가 [kL]이므로 1000으로 나누지 않고 계산하며, LNG는 [m³], 전력은 [kWh]이므로 1000으로 나눠서 계산한다.
① B-C유 : $3500 \times 0.99 = 3465$[TOE]
② LNG : $\dfrac{2340}{1000} \times 1.05 = 2.457$[TOE]
③ 전력 : $\dfrac{7426000}{1000} \times 0.25 = 1856.5$[TOE]

2) 년간 생산된 완제품 무게 계산
∴ 완제품 무게[kg] = 년간 생산 총 길이×1[m] 당 무게
= 188000[m/년]×0.55[kg/m] = 103400[kg/년]

3) 원단위 계산
(1) 원료원단위[kgOE/kg] = $\dfrac{(① + ②) \times 1000}{완제품 무게}$

= $\dfrac{(3465 + 2.457) \times 1000}{103400}$ = 33.534 ≒ 33.53[kgOE/kg]

(2) 전력원단위[kgOE/kg] = $\dfrac{전력 사용량 [TOE] \times 1000}{완제품 무게}$

= $\dfrac{1856.5 \times 1000}{103400}$ = 17.954 ≒ 17.95[kgOE/kg]

(3) 에너지원단위[kgOE/kg] = 연료원단위 + 전력원단위
= 33.53 + 17.95 = 51.48[kgOE/kg]

해답 (1) 33.53[kgOE/kg]
(2) 17.95[kgOE/kg]
(3) 51.48[kgOE/kg]

제9장 신재생에너지 및 에너지진단

28 어떤 공장의 년간 제품 생산능력이 9430000[톤]인데 완제품 5392500[톤/년]을 생산하기 위하여 B-C유 7426000[L/년], 경유 118500[L/년]을 사용하였고, 전력은 4347000[kWh/년]을 소비하였다. 이와 같은 조건에서의 에너지 원단위[kgOE/톤]를 계산하시오. (단, 석유환산계수는 벙커C유 0.99, 경유 0.92, 전기는 0.25 이다.)

풀이 (1) 에너지 사용량(kgOE) 계산 : 에너지 사용량 단위가 'kgOE'이므로 B-C유(벙커-C유), 경유는 리터[L], 전력은 [kWh] 단위를 사용한다.
① 벙커C유 : $7426000 \times 0.99 = 7351740$[kgOE]
② 경유 : $118500 \times 0.92 = 109020$[kgOE]
③ 전기 : $4347000 \times 0.25 = 1086750$[kgOE]
④ 합계 = $7351740 + 109020 + 1086750 = 8547510$[kgOE]

(2) 에너지 원단위 계산

$$\therefore 에너지\ 원단위 = \frac{에너지\ 사용량\ 합계[kgOE]}{완제품\ 생산량\ [톤]}$$

$$= \frac{8547510}{5392500} = 1.585 ≒ 1.59[kgOE/톤]$$

해답 1.59[kgOE/톤]

29 경유 1000[L]를 연소시킬 때 발생하는 탄소량은 얼마인가? (단, 경유의 석유환산계수는 0.92[TOE/kL], 탄소배출계수는 0.837[TC/TOE]이다.)

풀이 탄소배출량 = 경유사용량[kL] × 경유의 석유환산계수 × 경유의 탄소 배출계수
$= 1 \times 0.92 \times 0.837 = 0.770 ≒ 0.77$[TC]

해답 0.77[TC]

30 B-C유 100[L]에서 발생하는 이산화탄소 배출량[t_{CO_2}]은 얼마인가? (단, B-C유의 석유환산계수는 0.935[TOE/kL]이며, 중유의 탄소 배출계수는 0.875[TC/TOE]이다.)

해설 ① 발생 탄소량 계산
$\therefore$ 탄소량 = B-C유 사용량(kL) × B-C유 석유환산계수 × 중유의 탄소 배출계수
$= 0.1 \times 0.935 \times 0.875 = 0.0818$[TC]

② 이산화탄소 배출량 계산

$$\therefore 이산화탄소\ 배출량 = 발생탄소량 \times \frac{CO_2\ 분자량}{탄소(C)\ 분자량}$$

$$= 0.0818 \times \frac{44}{12} = 0.299 ≒ 0.3\ [t_{CO_2}]$$

해답 0.3[t_{CO_2}]

해설 발생 탄소량을 계산한 값의 소수점을 반올림하여 적용하면 최종값이 다르게 계산되며, 채점에는 영향이 없으니 선택하여 적용하길 바랍니다.

31 열수송 및 저장설비 평균 표면온도의 목표치는 주위온도에 몇 [℃]를 더한 값 이하로 하여야 하는가?

해답 30[℃]

해설 열수송 및 저장설비 관리표준의 설정 : 에너지관리기준 제18조(에너지관리기준 : 에너지이용합리화법 제32조제1항에 따라 에너지다소비사업자가 에너지를 효율적으로 관리하기 위하여 필요한 기준으로 산업통상자원부장관 고시 제2018-135호로 고시된 사항임)

① 증기 등의 열매체를 수송하거나 저장을 위한 배관 및 그밖에 부속설비에 있어서 열손실 방지를 위한 관리표준의 설정하여 이행한다.
② 표준 보온관의 방산열량은 그림1, 나관의 방열손실은 그림2와 같다.
③ 열수송 및 저장설비 평균 표면온도의 목표치는 주위온도에 30[℃]를 더한 값 이하로 한다.

※ 그림 1은 관경[mm]에 따른 관 1[m]당 방산열손실[kJ/m·h] 그래프, 그림 2는 관내경[mm]에 따른 관 1[m]당 방열손실[kJ/m·h]를 나타내는 그래프임

제10장 난방설비 설계

1. 소형 온수보일러

(1) 소형 온수보일러 분류

① **적용범위(에너지이용 합리화법 시행규칙 별표1)** : 전열면적 14[m²] 이하이며 최고 사용압력이 0.35[MPa] 이하의 온수를 발생시키는 것. 다만, 구멍탄용 온수보일러, 축열식 전기보일러, 가정용 화목보일러 및 가스사용량이 17[kg/h](도시가스는 232.6[kW]) 이하인 가스용 온수보일러를 제외한다.

② **분류**

  (개) 형식에 따른 분류

  ㉮ 원통형 보일러 : 직립형, 연관식, 노통연관식 보일러

  ㉯ 수관식 보일러 : 자연순환식, 강제순환식, 관류보일러

  ㉰ 기타 보일러 : 섹션보일러, 특수형 보일러

  (내) 사용연료에 따른 분류 : 유류용, 가스용, 석탄용, 목재용, 폐열용, 특수연료용, 겸용(2종류 이상의 연료를 개별로 연소시킬 수 있는 구조의 것), 혼소용(연료를 혼합 사용하는 것)

  (대) 가열방법에 따른 분류

  ㉮ 1회로식 : 보일러 본체에 보일러수를 저장하거나 통과시켜서 직접 가열하는 방법

  ㉯ 2회로식 : 1회로식 보일러의 본체 내부 또는 본체와 접속하여 다시 별개의 간접가열부를 설치하여 가열하는 방법

  (라) 연소방식에 따른 분류

  ㉮ 유류용 보일러

  ⓐ 압력분무식 : 연료 또는 공기 등을 가압하여 노즐로부터 분무, 연소시키는 방식

  ⓑ 회전분무식 : 연료를 회전체의 원심력으로 비산시켜 분무하여 연소시키는 방식

ⓒ 기화식 : 연료를 예열하여 기화시켜 기화된 가스를 노즐로 분무하여 연소시키는 방식
㉯ 가스용 보일러
ⓐ 확산 연소식 : 연료와 공기를 각각 연소실에 공급하여 연소실에서는 연료와 공기가 혼합되면서 연소하는 방식
ⓑ 예혼합 연소식 : 연료와 공기를 미리 혼합한 혼합기를 연소실에 공급하여 연소하는 방식
ⓒ 부분 예혼합 연소식 : 연료와 공기를 미리 혼합한 혼합기를 연소실에 공급하고, 나머지 공기를 연소실에 함께 공급하여 연소하는 방식

(2) 소형 온수보일러 구조

① 일반사항
㉮ 보일러에 온도조절장치를 붙여서 온수의 온도를 조절할 수 있는 구조이어야 한다.
㉯ 보일러 본체는 아래 부분의 물을 배출할 수 있는 구조이어야 한다. 이때 배수구는 급수구(난방환수구)와 겸할 수 없다.
㉰ 보일러의 온수온도가 상한값 이상으로 상승하였을 때 최고사용압력 이하에서 작동하는 릴리프밸브를 설치하든가 또는 전열면적에 따라 방출관을 연결시킬 수 있는 구조이어야 한다.

전열면적	방출관 안지름
10[m²] 미만	25[mm] 이상
10[m²] 이상	80[mm] 이상

㉱ 2회로식의 간접가열부는 내부의 압력이 상승하였을 때에 최고사용압력 이하에서 작동하는 릴리프밸브를 설치하든가 또는 방출관을 연결할 수 있는 구조이어야 한다.
㉲ 유류용 또는 가스용 보일러는 온도조절기가 고장 등으로 이상이 있을 때 373[K] 미만에서 작동하는 수동 복귀의 온도식 안전장치가 작동하여 연소를 차단하든가 또는 파일럿 연소가 되는 구조이어야 한다.
㉳ 유류용 또는 가스용 보일러는 보일러에 물을 넣지 않고 운전하였을 때 확실하게 버너가 시동불능이 되든가 또는 수동 복귀의 온도식 안전장치가 작동하여 위험이 생기기 전에 연소가 차단되든가 또는 파일럿 연소가 되는 구조이어야 한다.

(사) 온수보일러는 사용 중에 정전되었을 경우에 연소를 차단하든가 또는 파일럿 연소가 되어야 하며, 다시 전기가 들어왔을 때에 위험이 따르지 않는 구조이어야 한다.

(아) 보일러 전기부품 기준
- ㉮ 정격전압의 상하 10[%]의 변화가 있을 때에도 사용상 지장이 없는 것일 것
- ㉯ 금속부분을 관통하는 위치의 전선류는 전선피복이 손상되지 않도록 보호조치를 할 것
- ㉰ 사용온도에 충분히 견딜 수 있는 것일 것
- ㉱ 보일러의 정격전압은 110[V] 전용이어서는 안 된다.

(자) 유류용 보일러의 연료배관
- ㉮ 접속부는 확실히 부착되어 기름이 새지 않아야 하며 분리할 수 있을 것
- ㉯ 연료배관 및 접속부는 용이하게 변형되거나 분리 염려가 없을 것
- ㉰ 기름탱크와 버너사이의 연료배관에는 분리 가능한 오일필터를 설치할 것

(차) 본체에 부착되어 있는 기름탱크 구조
- ㉮ 기름탱크는 KS B 8009(석유연소 기구용 기름탱크)의 구조일반 및 가공방법에 적합 또는 이와 동등 이상의 것일 것
- ㉯ 기름탱크 사용량은 90[L] 이하로 하고 내용적은 100[L]를 초과하지 않을 것
- ㉰ 버너보다 기름탱크가 위에 있는 것은 연소 중에도 연료의 공급을 정지시킬 수 있는 밸브를 부착할 것
- ㉱ 급유구는 사용 중 실온보다 25[℃] 이상 높아질 가능성이 있는 부분에 설치하지 않을 것

② **본체의 구조**
- (가) 보일러 본체의 이음은 강판 재질성능에 적합한 용접으로 하여야 한다.
- (나) 보일러 본체의 배관 접속구는 나사체결식의 경우 확실하게 나사냄이 되어 있으며 다듬질이 양호하여야 한다.
- (다) 배관 연결구의 장치는 보일러 본체 측에 대하여 수평 또는 수직이이어야 한다.
- (라) 각부의 다듬질은 양호하여야 한다.
- (마) 연소가스 통과부분은 용이하게 청소할 수 있고 연소가스가 정체되지 않는 구조이어야 한다.
- (바) 연소가스 통로에 칸막이판(baffle plate)을 설치하는 경우에는 연소가스에 의해 칸막이판이 변형, 열화되지 않는 구조이어야 한다.
- (사) 연소실 내부 중 수실관이 전열이 이루어지지 않는 부위에는 적절한 단열처리를 하여야 한다.

③ 성능

(가) 사용성능

㉮ 유류용 및 가스용 보일러는 점화 및 조작이 용이할 것

㉯ 정상적인 조작 중에 용이하게 변형되거나 손잡이 핸들 등이 작동에 이상이 없을 것

㉰ 작동이 원활, 확실하고 사용상 해로운 결함이 없을 것

㉱ 유류용 및 가스용 보일러의 소화조작은 이상 연소의 경우에도 신속하고 확실하게 할 수 있는 것일 것

(나) 과부하 성능 : 보일러는 표시한 연료소비량에 대해서 10[%] 더 많이 연소시켰을 때에도 사용성능 및 품질성능의 각 항목에 적합한 것이어야 한다.

④ 시험방법

(가) 내압 시험 : 보일러 본체 내에 최고사용압력의 2배(단, 그 값이 0.2[MPa] 미만일 때는 0.2[MPa])의 압력을 5분간 가하여 변형 및 누설의 유무를 조사한다. 다만, 2회로식에 있어서는 간접 가열부에 대해서도 같은 시험을 한다.

(나) 연료 누설시험

㉮ 통상의 운전 상태에서 연료계통의 모든 부분의 연료 누설을 조사한다. 이 경우 기름이 스며 나오는 것도 기름 누설로 간주한다.

㉯ 본체와 붙은 기름탱크의 기름 누설시험은 KS B 8009(석유연소 기구용 기름탱크)의 누설시험에 따른다.

(3) 소형 온수보일러 용량

① 소형 온수보일러 용량 결정

(가) 온수 보일러 용량 계산 : 온수 보일러 용량은 난방부하(H_1)를 기준으로 급탕부하(H_2), 배관부하(H_3), 예열부하(H_4) 등을 고려하여 보일러 용량을 결정하여야 한다.

(나) 각 부하 계산

㉮ 난방부하 : 난방부하 계산 내용 참고

㉯ 급탕부하 : 급탕용 온수를 가열하는데 소요되는 열량이다.

$$H_2 = G \cdot C \cdot (t_2 - t_1)$$

여기서, G : 시간당 급탕량[kg/h]

C : 온수의 비열[kcal/kg·℃]

t_2 : 급탕온도[℃]

t_1 : 급수온도[℃]

> ※ 온수의 비열이 제시되지 않으면 공학단위는 1[kcal/kg·℃], SI 단위는 4.2[kJ/kg·℃]를 적용한다.

㉰ 배관부하 : 난방 및 급탕배관의 손실열이다.

$$H_3 = K_1 \cdot F_1 \cdot \Delta t \cdot (1-\eta) = Q_1 \cdot (1-\eta)$$

여기서, K_1 : 나관(裸管 : 보온하기 전의 배관)의 열관류율[kcal/m²·h·℃]

F_1 : 나관의 표면적[m²]

Δt : 관내 온수온도와 관에 접한 외기의 온도차[℃]

Q_1 : 나관의 손실열량[kcal/h]

η : 보온효율[%]

※ 나관의 표면적 $F_1 = \pi \cdot D(외경) \cdot L(길이)$로 계산한다.

㉱ 예열부하(시동부하) : 보일러에 관련된 장치(본체, 방열기, 방열관, 배관 등)를 운전온도까지 가열 및 보일러수 예열에 필요한 열량이다.

$$H_4 = (G \cdot C_1 + W \cdot C_2) \cdot \Delta t$$

여기서, G : 장치 내 전철량[kg] C_1 : 철의 비열[kcal/kg·℃]

W : 장치 내 전수량[kg] C_2 : 물의 비열[kcal/kg·℃]

Δt : 운전 전후의 온도차[℃]

② 소형 온수보일러 용량 계산

㈎ 하나의 식으로부터 계산

$$H_m = \frac{(H_1 + H_2) \times (1+\alpha) \times \beta}{k}$$

여기서, H_1 : 난방부하[kcal/h]

H_2 : 급탕부하[kcal/h]

α : 배관부하율(0.25~0.35 정도를 적용함)

β : 여력계수(시동부하)

k : 출력저하계수(석탄의 경우에 적용되며, 액체연료의 경우 1이다.)

(나) 예열에 필요한 시간

$$예열시간 = \frac{H_4}{H_m - \frac{1}{2}(H_1 + H_3)}$$

여기서, $\frac{1}{2}(H_1 + H_3)$는 예열시간 중 평균열손실을 말한다.

2. 난방부하

(1) 난방부하 계산 시 고려사항

① 건축물 조건

(가) 건축물의 위치 : 건축물의 방위, 인근 건물, 지형·지물의 차폐 또는 반사에 의한 영향

(나) 천장 높이 : 실내 바닥에서 천장까지의 높이

(다) 건축구조 : 벽, 지붕, 천장, 바닥, 칸막이벽 등의 두께 및 보온상태, 이들 상호간의 배치관계

(라) 주위 환경조건 : 벽, 지붕 등의 색상, 주위의 열 발생원의 존재 여부

(마) 유리창 및 문 : 크기, 위치 및 사용재료와 사용빈도 수

(바) 공간 : 마루, 계단 및 기타 공간의 난방 유무

② 온도 조건

(가) 실내온도 : 바닥에서 1[m], 외벽으로부터 1[m] 이상 떨어진 장소

(나) 외기온도 : 해당 지방의 최저온도 평균온도보다 약간 높은 온도(일반적으로 현재 외기온도를 기준)

(다) 천장 높이에 따른 온도 : 천장 높이가 3[m] 이상일 때 실내평균온도(Δt_m)를 적용한다.

$$\Delta t_m = 호흡선\ 실내온도 + (0.5H + 2)$$

여기서, Δt_m : 실내평균온도[℃]

H : 실내 천장 높이[m]

(라) 지중온도 : 지하실의 난방부하 계산 시 지표면 아래 10[m] 지점의 지중온도를 적용

(2) 난방부하 계산

① **난방부하** : 실내를 적당한 온도로 유지하기 위하여 공급되는 열량으로 벽체, 천장, 바닥이나 환기로 인하여 손실되는 열량만큼 계속적으로 공급하여야 한다.

② **난방부하 계산 방법**

㈎ **방열기 방열량으로부터 계산** : 손실되는 열량만큼 공급해 주는 열량이 방열기에서 방출되는 열량과 같은 것으로 보고 계산한다.

$$\begin{aligned}
\text{난방부하(방열기 방열량)} &= EDR \times \text{방열기 표준 방열량} \\
&= \text{방열기 소요면적} \times \text{방열기 방열량} \\
&= \text{방열기 방열계수} \times \text{평균온도차} \\
&= \text{방열량 보정계수} \times \text{표준 방열량}
\end{aligned}$$

여기서, EDR(equivalent direct radiation : 상당방열면적) : 표준방열량(온수 $450[kcal/h \cdot m^2]$, 증기 $650[kcal/h \cdot m^2]$)을 방열하는 방열기 $1[m^2]$를 1EDR 이라 한다.

$$\text{평균온도차} = \frac{\text{방열기 입구온도} + \text{출구온도}}{2} - \text{실내온도}$$

㈏ **손실열량으로부터 계산** : 벽체, 천장, 바닥, 유리창, 중간벽 및 환기 등에 의한 총열손실을 난방부하라 보고 계산한다.

㉮ **벽체를 통한 열손실 계산**

ⓐ 벽면(벽, 천장, 바닥 등)으로부터 외부로 손실되는 열량

$$H_l = K_l \cdot F_l \cdot \Delta t \cdot Z$$

여기서, H_l : 벽면의 손실열량[kcal/h]
K_l : 외벽, 천장, 바닥의 열관류율[$kcal/h \cdot m^2 \cdot ℃$]
F_l : 외벽, 천장, 바닥의 방열면적[m^2]
Δt : 실내와 외기 온도차[℃]
Z : 방위계수

ⓑ 지면에 접하는 바닥의 손실열량

$$H_e = K_e \cdot F_e \cdot \Delta t$$

여기서, H_e : 지면의 손실열량[kcal/h]

K_e : 방열관 중심으로부터 지하 1[m]까지의 열관류율 [kcal/h·m²·℃]

F_e : 지면에 접하는 바닥면적[m²]

Δt : 온수온도(평균 50[℃])와 지하 1[m] 지중 온도와의 온도차[℃]

ⓒ 중간벽인 경우 손실열량

$$H_i = K_i \cdot F_i \cdot \frac{\Delta t}{2}$$

여기서, H_i : 중간벽의 열손실[kcal/h]

K_i : 중간벽의 열관류율[kcal/h·m²·℃]

F_i : 난방되지 않는 실내와 접하는 면적[m²]

Δt : 난방되지 않는 실내와 외기 온도차[℃]

㈑ 환기에 의한 열손실 계산

$$H_d = V \cdot n \cdot C_v \cdot \Delta t$$

여기서, H_d : 환기에 의한 손실열량[kcal/h]

V : 환기량[m³/h]

n : 환기횟수

C_v : 공기의 정적비열[kcal/Nm³·℃]

Δt : 실내와 외기 온도차[℃]

㈐ 간이식으로부터 계산

$$H_1 = u \cdot A_h$$

여기서, H_1 : 난방부하[kcal/h]

u : 열손실 지수[kcal/h·m²]

A_h : 난방면적[m²]

3. 난방설비

(1) 증기난방

① **증기난방 개요** : 증기가 갖는 잠열을 방열기 내에서 방출시켜 실내 난방을 하는 것이다. 방열기 내에서 방출된 잠열은 대류작용에 의하여 실내공기 전체의 온도를 높이고, 발생된 응축수는 환수배관을 통하여 응축수 탱크에 모아 보일러에서 재사용한다.

② **특징**
  (가) 장점
    ㉮ 예열시간이 온수난방에 비해 짧고, 증기순환이 빠르다.
    ㉯ 방열면적을 온수난방에 비하여 적게 할 수 있고, 배관이 가늘어도 된다.
    ㉰ 열의 운반능력이 크고, 유지와 시설비가 저렴하다.
    ㉱ 건물 높이에 제한이 없고, 대규모 건물에 적합하다.

  (나) 단점
    ㉮ 초기 통기 시 주관 내 응축수를 배수할 대 열이 손실된다.
    ㉯ 소음이 발생하고, 실내의 방열량을 조절하기 어렵다.
    ㉰ 보일러 취급이 어렵고, 환수관에 부식의 우려가 있다.
    ㉱ 방열기 표면온도가 높아 화상의 우려가 있고, 실내 쾌감도가 낮다.

③ **분류**
  (가) 증기압력에 의한 분류
    ㉮ 저압식 : 증기압력 $0.15 \sim 0.35[\text{kgf/cm}^2]$ 정도로서, 일반건물에 사용된다.
    ㉯ 고압식 : 증기압력 $1[\text{kgf/cm}^2]$ 이상이고 공장 건물, 지역난방에 사용된다.

  (나) 배관방식에 의한 분류
    ㉮ 단관식 : 응축수와 증기가 동일관 속을 흐르는 방식으로 소규모 난방에서만 사용된다.
    ㉯ 복관식 : 송수와 환수를 각각 배관하는 방식으로 단관식에 비해 배관길이가 길어지며 관지름이 작다.

  (다) 공급방식에 의한 분류
    ㉮ 상향 공급식 : 증기주관이 최하부에 있고, 증기관을 위로 세워 올려서 각 방열기에 공급하는 방식이다.

㉯ 하향 공급식 : 증기주관을 최상부에 배관하고, 증기관을 아래로 내려서 각 방열기에 공급하는 방식이다.

㈑ 환수관 배관방식에 의한 분류
㉮ 건식 환수관식 : 환수주관의 위치가 보일러 수면보다 높게 배관하는 방식으로 생증기의 유출을 방지하기 위하여 증기트랩을 설치해야 한다.
㉯ 습식 환수관식 : 환수주관의 위치가 보일러 수면보다 아래에 있고, 응축수가 관내를 만수(滿水) 상태로 흐른다.

㈒ 응축수 환수방법에 의한 분류
㉮ 중력 환수식 : 환수관 내의 응축수를 중력에 의해 보일러로 환수시키는 방식으로 저압 보일러에 주로 사용한다.
㉯ 기계 환수식 : 중력에 의하여 환수된 응축수를 탱크에 모아서 펌프로 보일러에 보내는 방식으로 응축수 탱크는 가장 낮은 방열기보다도 낮은 곳에 설치하여야 한다.
㉰ 진공 환수관식 : 환수관 마지막 끝부분에 진공펌프를 설치하고, 이에 의해 방열기 및 배관 내의 공기를 흡입하여 응축수를 환수시키는 방식이다. 진공펌프는 100~250[mmHg·v]의 일정한 진동도를 유지함과 동시에 탱크 속의 수위 상승에 따라 자동적으로 급수펌프가 작동하여 응축수를 환수시킨다. 배관이 보일러 수위보다 낮아도 무방하고 도중에 낮은 수직관을 세워도 환수가 가능하다. 특징으로는 다음과 같다.
ⓐ 다른 방법과 비교하여 증기의 순환이 빠르다.
ⓑ 방열기 설치장소에 제한을 받지 않는다.
ⓒ 환수관의 지름을 적게 할 수 있다.
ⓓ 방열기 방열량 조절을 광범위하게 할 수 있다.
ⓔ 배관 기울기(구배)에 큰 제한이 없다.

④ 증기난방의 설계
㈎ 각 실의 난방부하(손실열량)을 계산하고 각 실마다 필요로 하는 방열면적을 구한다.

$$A = \frac{H_1}{650}$$

여기서, A : 필요 방열면적[m^2]
H_1 : 난방부하[kcal/h]
650 : 증기 방열기의 표준 방열량[kcal/m^2·h]

※ SI 단위 증기 방열기 표준 방열량 : 2721.42[kJ/m²·h], 0.756[W/m²]

㈏ 배관방법을 결정하고 실내의 창밑, 기타 열손실이 많은 벽면에 방열기를 배치하고, 방열면적 'A'를 각 방열기에 배분한다. 이때 방열기 1개의 방열면적은 10[m²] 이하가 되도록 한다.

㈐ 각 배관에 흐르는 증기량을 구한다.

$$G = \frac{650 \cdot A}{539}$$

여기서, G : 필요 증기량[kg/h]
 A : 방열면적[m²]
 650 : 증기 방열기의 표준 방열량[kcal/m²·h]
  (SI단위 : 2721.42[kJ/m²·h], 0.756[W/m²])
 539 : 증기의 응축잠열[kcal/kg] (SI단위 : 2257[kJ/kg])

㈑ ㈐의 증기량이 배관을 통과할 때 생기는 마찰저항손실이 배관의 허용손실(허용압력강하) 이하가 되도록 관지름을 계산한다.

$$H_f = \lambda \cdot \frac{L}{D} \cdot \frac{V^2}{2g} \cdot \rho$$

여기서, H_f : 허용압력강하[mmH₂O] λ : 마찰저항계수
 D : 관지름[m] L : 배관길이[m]
 g : 중력가속도(9.8[m/s²]) V : 유속[m/s]
 ρ : 증기의 밀도[kg/m³]

㈒ 배관 각 부분에 신축이음, 공기빼기 밸브, 감압밸브, 관말 트랩, 리프트 이음 등의 취부 위치를 정하여 용량을 결정한다.

㈓ 보일러 용량을 결정하고 굴뚝의 크기를 결정한다.

㈔ 응축수 펌프 또는 진공펌프의 용량과 설치방법을 결정한다.

⑤ **증기난방의 시공**

㈎ **배관 기울기(구배) 및 시공**

㉮ 단관 중력 환수식에서 상향 공급식은 1/100~1/200, 하향 공급식은 1/50~1/100 정도의 하향 기울기로 한다.

㉯ 복관 중력 환수식에서 건식은 1/200 정도의 하향 기울기로 보일러까지 배관한다.

㉣ 진공 환수관식의 증기 주관은 1/200~1/300 정도의 하향 기울기로 한다.
㉤ 증기 지관을 분기할 때는 수직 또는 45° 이상으로 분기한다.
㉥ 지름이 다른 관을 접할 때에는 편심리듀서를 사용하여 응축수가 고이는 것을 방지한다.
㉦ 콘크리트 매설배관은 가급적 피하고, 부득이 할 때는 표면에 내산도료를 바르든가, 슬리브를 사용하여 매설한다.
㉧ 암거 내 배관 시에는 기기는 맨홀 근처에 집결시키고 습기에 의한 관 부식에 주의한다.
㉨ 벽, 마루 등을 관통하는 배관에는 강관제 슬리브를 미리 끼워 그 속에 관통시켜 배관 신축에 대응하며 나중에 관 교체, 수리 등에 대비한다.
㉩ 증기관의 고정 지지물은 신축이음이 있을 때에는 배관의 양 끝을, 없을 때에는 중앙부를 고정하며 주관에 분기관이 접속되었을 때에는 그 분기점을 고정한다.

(나) 보일러 주변의 배관
㉮ 하트포드 연결법(hartford connection) : 저압증기 난방장치에 있어서 환수주관을 보일러 하단에 직접 접속하면 보일러 내의 수면이 안전저수위 이하로 내려간다. 또 환수관의 일부가 파손하여 누수 될 때에 보일러 내의 물이 유출하여 안전저수위 이하가 되어 보일러는 빈 상태가 된다. 이와 같은 위험을 방지하기 위하여 그림과 증기관과 환수관 사이에 밸런스관(균형관)을 설치하여 안전저수위 보다 높은 위치에 환수관을 접속하는 배관방법을 말한다.
㉯ 특징 : 보일러수의 역류를 방지할 수 있으며, 환수주관 내에 침전된 찌꺼기를 보일러에 유입시키지 않는다.

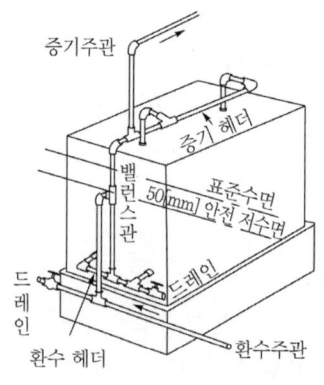

▲ 하트포드 연결법

㈐ **리프트 이음(lift fitting)** : 진공 환수관식에서 보일러보다 방열기가 아래쪽에 설치되는 경우 이음방법으로 수직 입상관은 환수주관보다 1~2 단계 낮은 관을 사용하며 1단의 최고 흡상 높이는 1.5[m] 이내로 한다. 흡입 높이가 높을 경우에는 여러 개를 조합하여 설치할 수 있다.

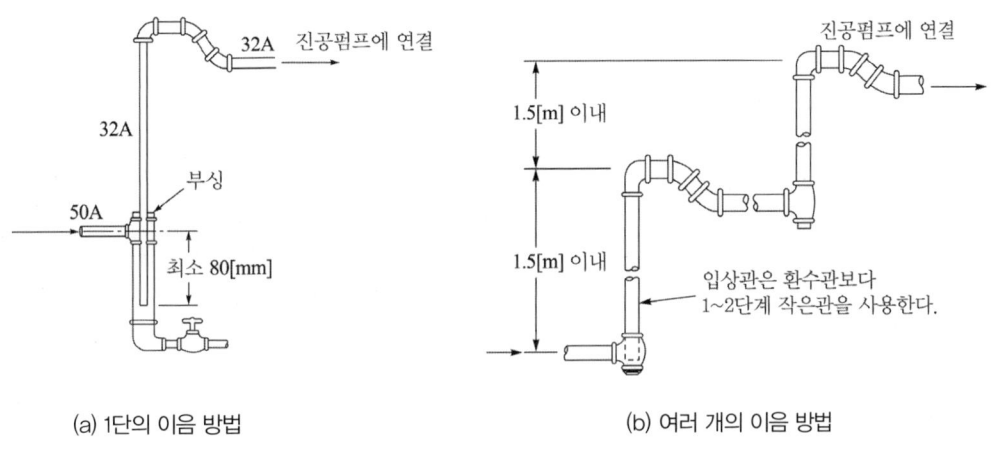

(a) 1단의 이음 방법　　　　　　　　(b) 여러 개의 이음 방법

▲ 리프트 이음 배관

㈑ **증기트랩의 설치** : 방열기에서 열교환 후 발생된 응축수를 배출하기 위하여 설치되는 것으로 증기 공급관의 마지막 부분에서 분기된 이후부터 트랩에 이르는 배관에는 다음 배관도와 같이 여분의 증기가 충분히 냉각되어 응축수가 될 수 있도록 보온을 하지 않는 냉각 레그(cooling leg)를 1.5[m] 이상 설치하여야 한다.

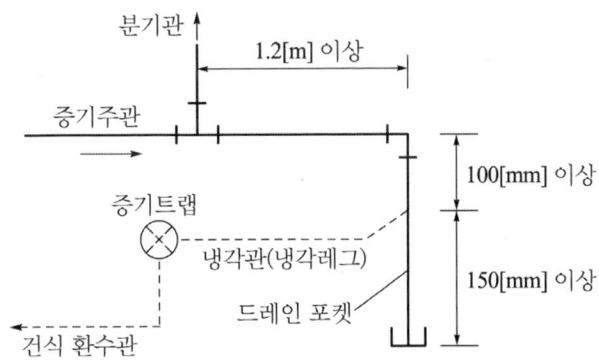

▲ 관말 트랩 주위 배관도

(마) **장애물 넘기 배관(루프형 배관)** : 증기공급관 및 환수관이 설치될 때 장애물(障碍物)이 있어 배관을 하기 곤란할 경우에는 다음 그림과 같이 루프 배관을 하여 위로는 공기, 아래는 응축수가 흐르게 배관한다.

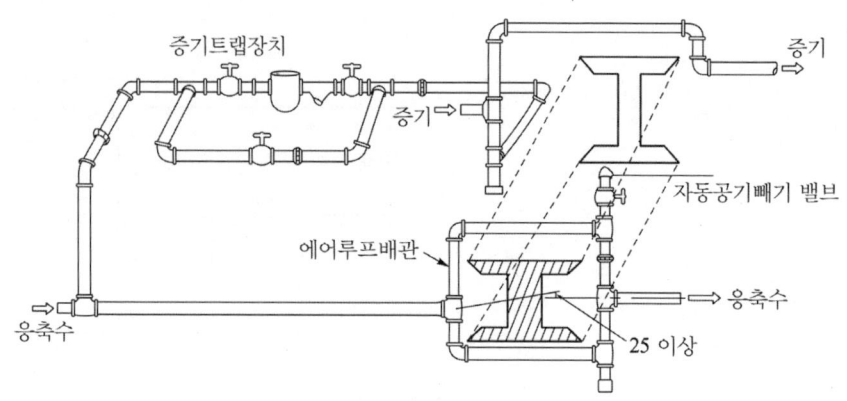

▲ 장애물 넘기 배관 방법

(바) **증발탱크 설치** : 환수관 내부에 재증발되는 양이 많은 경우에 그림과 같이 재증발 증기를 분리하여 사용하는 증발탱크를 설치한다.

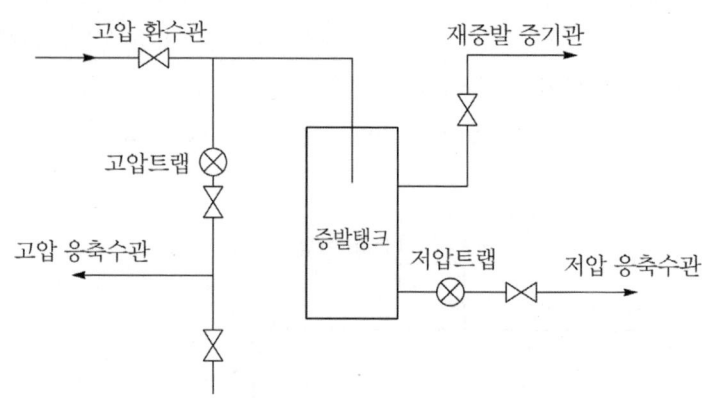

▲ 증발탱크 주위 배관도

(사) **방열기 주변의 배관**
  ㉮ 열팽창에 의한 배관의 신축이 방열기에 전달되지 않도록 신축흡수장치를 설치한다.
  ㉯ 증기의 유입과 응축수의 유출에 대한 배관 구배의 방향이 합리적일 것
  ㉰ 방열기 출구측 상단 가장 높은 곳에 공기빼기밸브를 부착한다.

㉣ 응축수의 배출을 용이하게 하기 위하여 관말 트랩을 설치한다.

(아) **감압밸브 설치**

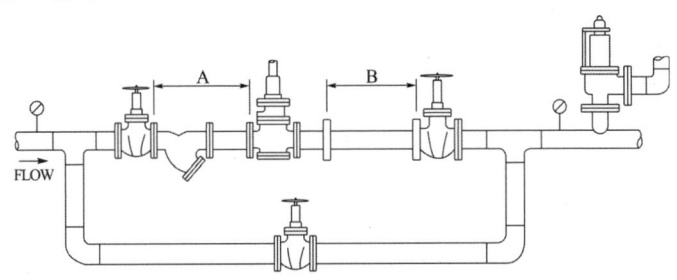

▲ 감압밸브 설치 방법

㉮ 감압밸브 본체의 화살표 방향과 유체방향을 일치시켜 수평으로 설치한다.
㉯ 바이패스 배관을 설치하여 고장시를 대비한다.
㉰ 배관을 보온하여 응결수 발생을 최소로 하고, 장시간 사용하지 않을 때에는 응결수를 제거하여 부식 및 동파를 방지하여야 한다.
㉱ 감압밸브 전·후에 압력계를 설치하여 작동상태를 확인할 수 있어야 한다.
㉲ 감압밸브 전·후에 충분한 직관부를 유지하여 유체의 난류현상을 방지한다.
㉳ 2차측에 안전밸브를 설치하여 감압밸브의 오동작으로 인한 기기 및 배관을 보호할 수 있게 한다.
㉴ 비체적을 계산하여 저압측(2차측) 배관을 고압측(1차측) 배관보다 크게 한다.

(2) 온수난방

① **온수난방 개요** : 온수보일러 또는 열교환기에서 가열된 온수를 순환하여 온수가 갖는 현열을 방열기 내에서 방출시켜 실내의 난방을 하는 방법이다.

② **특징**
(가) 장점
㉮ 난방부하의 변동에 대응하기 쉽다.

㉯ 가열시간은 길지만, 잘 식지 않으므로 증기난방에 비해 배관의 동결우려가 적다.
㉰ 방열기의 표면온도가 낮으므로 실내 쾌감도가 높고 화상의 위험이 없다.
㉱ 온수보일러 취급이 용이하며, 소규모 주택 등에 적당하다.

(나) 단점
㉮ 한랭지역에서는 동결의 위험이 있다.
㉯ 방열면적과 배관지름이 커져 시설비가 증가한다.
㉰ 예열시간이 길어 예열부하가 크다.

③ **분류**
(가) 온수온도에 의한 분류
㉮ 저온수식 : 60~90[℃]의 온수를 사용하고, 개방식 팽창탱크를 사용한다.
㉯ 보통온수식 : 85~90[℃]의 온수를 사용하고, 개방식 팽창탱크를 사용한다.
㉰ 고온수식 : 100~150[℃]의 온수를 사용하고, 밀폐식 팽창탱크를 사용한다.
※ 온수온도 100[℃]를 기준으로 하여 100[℃] 이하를 저온수 난방, 100[℃] 이상을 고온수 난방으로 분류하는 경우도 있다.

(나) 온수순환 방법에 의한 분류
㉮ 중력 순환식 : 온수의 온도차(밀도차)에 의한 대류작용의 순환력을 이용하여 자연순환시키는 방법이다.
㉯ 강제 순환식 : 관내 온도를 순환펌프를 이용하여 강제적으로 순환시키는 방법이다.

(다) 배관방식에 의한 분류
㉮ 단관식 : 송수관과 환수관이 하나의 관으로 이루어지는 방식이다.
㉯ 복관식 : 송수관과 환수관이 각각인 방식으로 운전이 확실하고 온도변화의 불확실성이 없다.

(라) 온수공급 방법에 의한 분류
㉮ 상향 순환식 : 송수주관을 방열기 아래쪽에 배관하고 여기서 상향 기울기로 배관하는 방식이다.
㉯ 하향 순환식 : 송수주관을 최상부층까지 입상배관하여 주관을 방열기보다 높은 쪽에 오게하여 온수를 하향으로 공급하는 방식이다.

(마) 온수 환수방법에 의한 분류
㉮ 직접 환수방식(direct return system) : 방열기에서 열교환한 온수가 순차

적으로 보일러로 귀환되는 방식으로 보일러에 가까운 방열기는 온수순환이 잘 이루어지는 반면, 먼 쪽의 방열기는 온수순환이 잘 이루어지지 않는다.

ⓒ 역 귀환방식(reversed return system) : 각 방열기에 공급되는 온수의 양을 일정하게 배분하기 위하여 공급 및 환수관의 길이가 같도록 배관하는 방식으로 환수관의 길이가 길어지는 단점이 있다.

④ **온수난방 설계**

(개) 난방부하를 결정한다.

(내) 온수의 순환방법을 결정한다.

(대) 방열기의 입출구 온도차를 결정하고 방열량 및 온수 순환량을 계산한다.

(래) 각 실마다 소요방열면적을 구하고 방열기를 실내에 배치한다.

(매) 배관방법을 결정하고 순환수두를 구한다.

(배) 배관의 허용압력강하(마찰손실수두)를 계산하다.

(새) 온수 순환량과 허용압력강하를 사용하여 강관 관지름표에서 관지름을 결정한다.

(애) 각 구간에서 온수 순환량과 관지름으로부터 계산한 순환수두와 전체 마찰손실의 합계가 일치하도록 관지름을 보정한다.

(재) 팽창탱크의 용량을 결정하고 동절기에 동파되지 않도록 조치한다.

(채) 보일러 용량을 결정하고 부속기기를 결정한다.

⑤ **온수난방 시공**

(개) **관지름 결정** : 온수난방에 있어서 배관은 관내를 흐르는 온수를 원활히 순환시키고, 각 방열기에 필요한 온수량을 순환시키는 것이다. 따라서 배관 내 마찰저항은 중력순환식에 있어서는 자연순환수두와 같고, 강제순환식의 경우에는 순환펌프의 수두와 동일하게 하여야 한다.

(내) **온수 순환량 계산**

$$G = \frac{Q_r}{C \cdot (t_2 - t_1)}$$

여기서, G : 온수 순환량[kg/h]

Q_r : 방열기 방열량[kcal/h]

C : 온수의 비열[kcal/kg·℃]

t_2 : 방열기 입구 온수온도[℃]

t_1 : 방열기 출구 온수온도[℃]

(다) 배관저항(허용압력강하) 계산

$$R = \frac{H_w}{L \cdot (1+k)} = \frac{H_w}{L + L'}$$

여기서, R : 배관저항[mmAq]

H_w : 이용할 수 있는 순환수두[mmAq]

L : 보일러에서 가장 멀리 있는 방열기까지의 왕복배관길이[m]

L' : 왕복배관에 있는 국부저항 상당관 길이[m]

k : 국부저항과 직관의 비(주택, 소형 건축물 : 1.0~1.5, 사무소 건축, 기타 건축 : 0.5~1.9, 지역난방 : 0.2~0.5)

㉮ 순환수두 : 중력식 온수난방에 있어서 순환수두 H_w[mmAq]는 다음과 같이 계산한다.

$$H_w = (\gamma_c - \gamma_h) \cdot h$$

여기서, γ_c : 방열기 출구 온수의 비중량[kgf/m^3]

γ_h : 방열기 입구 온수의 비중량[kgf/m^3]

h : 보일러 중심에서 방열기 중심까지의 높이[m]

㉯ 관 상당장(관 상등관장) : 밸브 및 배관부속의 저항을 동일지름의 직관 길이로 환산한 것이다.

㉰ 관 마찰저항 : 온수가 관 내부를 흐를 때 마찰에 의한 손실이 발생하는데 다음의 식에 의하여 계산한다.

$$H_f = \lambda \cdot \frac{L}{D} \cdot \frac{V^2}{2g}$$

여기서, H_f : 허용압력강하[mAq] λ : 마찰저항계수

D : 관지름[m] L : 배관길이[m]

g : 중력가속도(9.8[m/s^2]) V : 유속[m/s]

⑥ 팽창탱크

(가) 설치목적

㉮ 운전 중 장치 내의 온도상승에 의한 체적팽창 및 그 압력을 흡수한다.

㉯ 팽창된 온수의 넘침을 방지하여 열손실을 방지한다.

㉰ 운전 중 장치 내의 압력을 소정의 압력으로 유지하고, 온수온도를 유지한다.

㉱ 장치 내 보충수 공급 및 공기침입을 방지한다.

(나) 팽창탱크의 종류
  ㉮ 개방식 : 대기에 개방된 통기관을 팽창탱크 상부에 부착하여 팽창압력을 대기로 직접 배출하는 형식으로 저온수 난방의 일반주택에 주로 사용한다.
  ㉯ 밀폐식 : 주로 고온수 난방에 사용되며 설치위치에 관계없지만 팽창압력을 압축공기, 질소 등으로 흡수해야 하므로 부대시설이 필요하다.

(다) 팽창탱크 용량
  ㉮ 온수 보일러 시공 기준 : 보일러 및 배관 내의 보유수량 200[L]까지는 20[L], 보유수량이 200[L]를 초과하는 경우 그 초과량 100[L]마다 10[L]씩 가산한 용량 이상이어야 한다.

  $$팽창탱크용량[L] = 보유수량[L] \times 0.1 \geq 20[L]$$

  ㉯ 온수 팽창량 계산에 의한 방법 : 가열전후의 전수량 차이를 온수팽창량이라 하고, 이 팽창량에 안전율을 감안하여 탱크용량을 계산한다.

  $$\Delta V = \left(\frac{1}{\rho_h} - \frac{1}{\rho_c} \right) \cdot V = \alpha \cdot V \cdot \Delta t$$

  여기서, ΔV : 온수 팽창량[L]
  V : 전수량
  ρ_h : 가열 후의 물의 밀도[kg/m^3]
  ρ_c : 가열 전의 물의 밀도[kg/m^3]
  α : 물의 체적 팽창계수(0.5×10^{-3}[℃$^{-1}$])
  Δt : 가열 전후의 온도차[℃]

  ⓐ 개방식 팽창탱크 용량 계산

   $ET[L] = \Delta V \times 안전율$

  ⓑ 밀폐식 팽창탱크 용량 계산

   $$ET[L] = \frac{\Delta V}{\dfrac{P_a}{P_a - 0.1h} - \dfrac{P_a}{P_t}}$$

  여기서, ET : 팽창탱크 용량[L] ΔV : 온수 팽창량[L]
  P_a : 대기압[kgf/cm^2]
  P_t : 보일러 최고 허용압력[kgf/cm$^2 \cdot$a]
  h : 팽창탱크로부터 최고부위까지의 높이[m]

(라) **팽창탱크 설치 시 주의사항**
㉮ 100[℃]의 온수에도 충분히 견딜 수 있으며, 수위를 쉽게 알아볼 수 있어야 한다.
㉯ 밀폐식의 경우 배관계통 내의 압력이 제한압력 이상으로 되면 자동적으로 과잉수를 배출시킬 수 있도록 방출밸브를 설치하여야 한다.
㉰ 개방식의 경우 팽창탱크 높이는 방열면보다 1[m] 이상 높은 곳에 설치하여야 하며, 동파되지 않도록 적절한 보온을 하여야 한다.
㉱ 팽창탱크의 용량은 규정량 이상으로 하여야 한다.
㉲ 팽창관의 끝부분은 팽창탱크 바닥면보다 25[mm] 정도 높게 배관되어야 한다.
㉳ 팽창탱크에 물이 부족할 때 이를 자동적으로 보충할 수 있는 장치를 하여야 한다.
㉴ 팽창탱크에는 물의 팽창 등에 대비하여 오버 플로워관을 설치하여야 한다.
㉵ 팽창탱크 상부에는 통기관을 설치하여야 한다.
㉶ 수도관, 급수관이 보일러나 배관 등에 직결되지 않도록 한다.

(마) **팽창관 및 방출관 설치 시 주의사항**
㉮ 팽창관은 팽창된 내부의 물을 팽창탱크에 전달하는 관으로 환수주관에 설치하고, 방출관은 보일러 최상부 또는 송수주관에 설치한다.
㉯ 다음의 조건에 만족하는 팽창관 및 방출관을 설치한다(소형온수보일러 기준).

▼ 전열면적 기준

구 분	전열면적	배관 규격
팽창관	5[m²] 미만	호칭 25[A] 이상
	5[m²] 이상	호칭 30[A] 이상
방출관	10[m²] 미만	안지름 25[mm] 이상
	10[m²] 이상	안지름 30[mm] 이상

▼ 용량 기준

용량[kcal/h]	팽창관 및 방출관의 크기
30000 이하	호칭지름 15[mm] 이상
30000 초과 150000 이하	호칭지름 25[mm] 이상
150000 초과	호칭지름 30[mm] 이상

㉰ 팽창관 및 방출관에는 물 또는 발생증기의 흐름을 차단하는 장치(밸브, 체크밸브)가 있어서는 안 된다.

㈘ 팽창관은 가능한 한 굽힘이 없고 동결을 방지할 수 있는 조치(보온조치 등)를 한다.

㈙ 강제순환식의 경우 팽창관 및 방출관의 설치위치는 순환펌프에 의하여 폐쇄 또는 차단되지 않는 위치에 설치한다.

㈚ 팽창관을 탱크에 접속할 때 수평부분은 상향 기울기로 한다.

(바) **팽창탱크 구조**

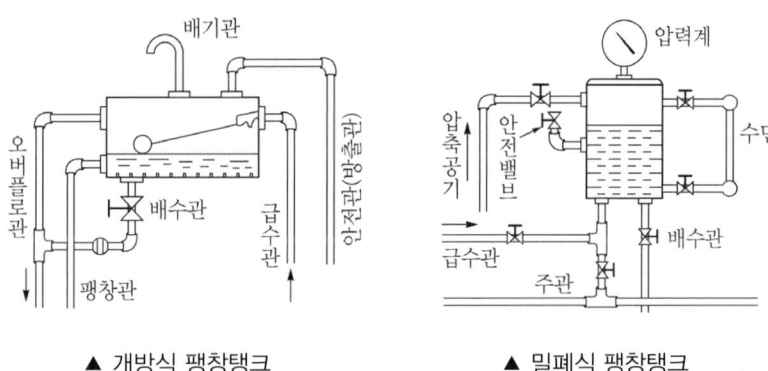

▲ 개방식 팽창탱크   ▲ 밀폐식 팽창탱크

⑦ **순환펌프 설치 시 주의사항**

㈎ 순환펌프는 보일러 본체, 연도 등에 의해 영향을 받을 우려가 없는 곳에 설치한다.

㈏ 순환펌프에는 바이패스회로를 설치하여 고장 시에 대비한다.

㈐ 순환펌프와 전원 콘센트 간의 거리는 가능한 최소로 하고, 누전 등의 위험이 없도록 한다.

㈑ 순환펌프 흡입측에는 여과기(strainer)를 설치하며, 펌프 전후에는 밸브를 설치한다.

㈒ 순환펌프는 팽창관 및 방출관의 작용을 방해하거나 차단하여서는 안되며, 환수주관에 설치함을 원칙으로 한다.

㈓ 순환펌프의 모터 부분은 수평으로 설치한다.

⑧ **배관 시공법**

㈎ 배관 기울기(구배) : 일반적으로 1/250 이상으로 한다.

㈏ 배관 방법

㉮ 배관 중의 저항을 적게 하기 위하여 관절단면에 생기는 거스러미를 제거한다.

㉯ 수평배관(횡주관)에서 관지름을 변경할 때에는 편심리듀서를 사용한다.

㉰ 밸브는 게이트 밸브(슬루스 밸브)를 사용한다.
㉱ 배관 중 적당한 간격으로 신축이음(expansion joint)을 한다.
㉲ 열손실 및 동파를 방지하기 위하여 보온을 철저히 한다.
㉳ 배관 중간에 공기가 체류할 부분에는 공기빼기 밸브(air vent valve)를 설치한다.

㈐ 보일러 주변의 배관 : 온수보일러에서 팽창탱크에 이르는 팽창관, 방출관에는 원칙적으로 체크밸브나 스톱밸브를 설치해서는 안 된다. 강제 순환에 있어서는 팽창관 접속위치는 순환펌프 출구측 가까이 설치한다.

(3) 복사난방

① **복사난방 개요** : 실내의 바닥, 천장 또는 벽면에 증기나 온수가 통과하는 패널(pannel)을 매설하여 이곳에서 발생되는 복사열을 이용하여 난방하는 방법이다.

② **특징**

㈎ 장점
㉮ 실내온도 분포가 균등하여 쾌감도가 높다.
㉯ 방열기가 필요하지 않으므로 바닥면의 이용도가 높다.
㉰ 공기대류가 적으므로 바닥면 먼지 상승이 없다.
㉱ 실내가 개방된 상태에서도 난방효과가 있다.
㉲ 손실열량이 비교적 적다.

㈏ 단점
㉮ 외기온도 급변에 따른 방열량 조절이 어렵다.
㉯ 초기 시설비가 많이 소용된다.
㉰ 시공, 수리, 방의 모양을 변경하기가 어렵다.
㉱ 누수 등 고장을 발견하기가 어렵다.
㉲ 열손실을 차단하기 위한 단열층이 필요하다.

③ **복사난방의 분류**

㈎ 열매에 의한 분류
㉮ 온수식 : 매입관에 35~50[℃]의 온수를 순환시켜 난방하는 방법이다.
㉯ 증기식 : 노출된 배관에 증기를 통과시켜 난방하는 방법이다.
㉰ 전기식 : 전기 열선을 매입하여 적외선을 방출시켜 난방하는 방법이다.

(나) 방열면(패널)의 위치에 의한 분류
  ㉮ 천장 패널식 : 천장부에 난방용 코일을 매입하여 난방하는 방법이다.
  ㉯ 벽 패널식 : 벽면에 난방용 코일을 매입하여 난방하는 방법으로 다른 방법의 보조용으로 사용된다.
  ㉰ 바닥 패널식 : 바닥면에 난방용 코일을 매입하여 난방하는 방법으로 온수온돌 난방이 대표적이다.

(다) 방열면(패널)의 형식에 의한 분류
  ㉮ 코일의 배관 방식에 의한 분류
    ⓐ 그리드 코일 : 난방용 코일을 사다리 형태로 배열한 것으로 균등한 유량분배로 각 코일의 온도가 거의 같도록 할 수 있다.
    ⓑ 밴드 코일 : 난방용 코일을 일정 간격으로 배열하는 방식으로 관로의 저항이 많아 길이가 길어질 경우 전·후방부의 온도차가 많이 발생한다.
    ⓒ 달팽이형 코일 : 난방용 코일을 중앙부에서부터 둥그런 원형모양으로 배열하는 방식으로 온수온돌 배관에 주로 사용되는 방식이다.
  ㉯ 덕트 방식 : 2중으로 된 구조체 사이에 온풍을 통과시켜 난방을 행하는 방식이다.

④ **온수온돌 난방**

(가) 특징
  ㉮ 열원이 낮아도 난방이 가능하다.
  ㉯ 실내의 활용도가 높다.
  ㉰ 시설유지 관리비가 적게 소요된다.
  ㉱ 온수관의 누수, 점검, 수리가 어렵다.
  ㉲ 설치 시공비가 비싸다.
  ㉳ 시설의 공동 이용이 불가능하다.
  ㉴ 단열시공이 우수한 주택에서는 과다한 열량이 방사될 수 있다.

(나) 분류
  ㉮ 난방 방식에 의한 분류 : 중앙 집중식, 개별식
  ㉯ 온수 순환방법에 의한 분류 : 자연 순환식, 강제 순환식
  ㉰ 온수 순환방향에 의한 분류 : 상향 순환식, 하향 순환식
  ㉱ 배관 방식에 의한 분류 : 직렬식, 병렬식, 사다리꼴식

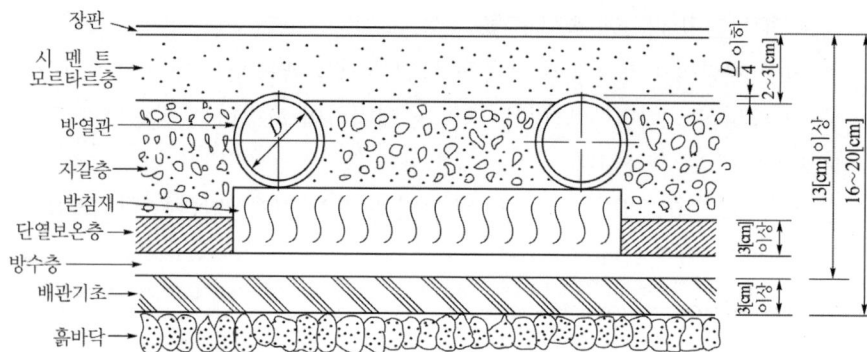

▲ 온수온돌 시공층 단면도

(4) 지역난방

① **지역난방 개요** : 일정지역에서 다량의 고압 증기 또는 고온수를 만들어 대단위 지역에 공급하여 난방하는 방식이다.

② **특징**
   ㈎ 연료비와 인건비를 줄일 수 있다.
   ㈏ 설비의 고도화에 따른 도시 대기오염을 감소시킬 수 있다.
   ㈐ 각 건물에 위험물을 저장 및 취급하지 않아 화재의 위험이 적다.
   ㈑ 보일러를 각 건물에 설치하는 경우에 비해 건물의 유효면적이 커지고, 열효율이 좋아진다.
   ㈒ 열매체는 온수보다 증기를 사용하는 것이 관내저항 손실이 적으므로 주로 증기를 사용한다.
   ㈓ 시설이 대규모라 초기 시설비가 많이 소요된다.

③ **열매체**
   ㈎ 증기 : 0.1~1.5[MPa] 정도의 증기를 사용한다.
   ㈏ 온수 : 100[℃] 이상의 고온수를 사용한다.

4. 난방기기

(1) 방열기

① 방열기(radiator) : 실내에 설치하여 증기 또는 온수를 통과시켜 복사, 대류에 의해 실내온도를 높여 난방의 목적을 달성하는 기기이다.

② 방열기 종류
- (가) 열매에 의한 분류 : 증기용, 온수용
- (나) 재료에 의한 분류 : 주철제, 강판제, 알루미늄 등
- (다) 형상에 의한 분류 : 주형, 벽걸이형, 길드형, 대류형, 관 방열기, 베이스보드 방열기 등

③ 각 방열기의 특징
- (가) 주형(柱形) 방열기(column radiator) : 기둥의 수와 크기에 따라 2주형, 3주형, 3세주형, 5세주형이 있고, 3세주형과 5세주형이 많이 사용된다.
- (나) 벽걸이형 방열기(wall radiator) : 주철제로 수평형과 수직형이 있으며, 수평형의 폭은 540[mm], 수직형은 360[mm], 설치수는 15쪽까지 조립하여 사용한다.
- (다) 길드 방열기(gilled radiator) : 길이 1[m] 정도의 주철관에 많은 핀(pin)을 부착시켜 공기와 접촉하는 면적을 넓혀 방열량이 많게 하고 양쪽 끝에 플랜지가 붙어 있다.
- (라) 강판제 방열기 : 외형이 주철제 방열기와 비슷하고 2주, 3주, 4주의 종류가 있고 프레스로 성형한 후 용접으로 제작한다.
- (마) 강관제 방열기 : 고압 증기에도 사용이 가능하며, 강관을 조립하여 사용한다.
- (바) 알루미늄 방열기 : 알루미늄으로 제작된 섹션을 조립하므로 외관이 미려하고 경량이므로 최근에 가장 많이 사용되고 있다.
- (사) 대류 방열기(convector) : 강판제 케이싱 내부에 튜브 등의 가열기를 설치한 것으로 공기는 하부로 유입되어 가열되고, 상부로 토출되어 자연 대류에 의해 난방하는 방열기로 콘벡터 또는 캐비넷 히터라 한다.

④ 방열기 호칭법 및 도시법
  ㈎ 방열기 기호 및 호칭법
    ㉮ 방열기 기호

구 분	종 별	도시기호
주 형	2주형	II
	3주형	III
	3세주형	3
	5세주형	5
벽걸이형(W)	수평형	H
	수직형	V

   ㉯ 방열기 호칭법 : 종별 - 형 × 쪽수

  ㈏ 방열기 도시법(圖示法)

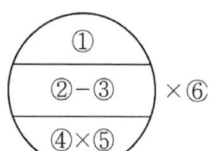

    ① 쪽수
    ② 종별(벽걸이형은 'W'로 표시)
    ③ 형(치수, 높이) (벽걸이형은 'H' 또는 'V'로 표시)
    ④ 유입관 지름
    ⑤ 유출관 지름
    ⑥ 설치 수

> **참고** ▶ 방열기 도시법의 예
>
>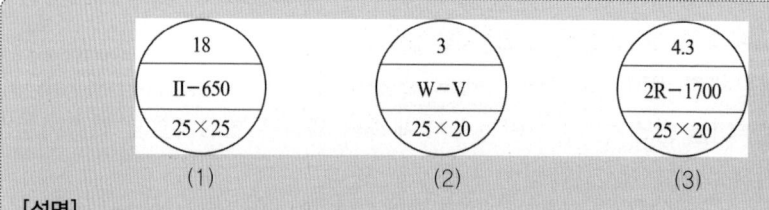
>
> (1) (2) (3)
>
> [설명]
> (1) 섹션수 18쪽, 2주형 방열기로 높이 650[mm], 유입, 유출관 지름 25[A]이다.
> (2) 섹션수 3쪽인 벽걸이(W) 수직형(V)이고, 유입관 지름이 25[A], 유출관 지름이 20[A]이다.
> (3) 상당방열면적이 4.3[m^2]인 콘벡터로서 2열, 유효길이 1.7[m]이고 유입관 지름이 25[A], 유출관 지름이 20[A]이다.

  ㈐ 방열기 설치 위치 : 방열기를 설치할 때는 열손실이 가장 많은 곳, 즉 외기에 접한 창 아래쪽에 설치하며 주형 방열기의 경우 벽에서 50~60[mm] 떨어져 설치하고, 벽걸이형 방열기는 바닥에서 보통 150[mm] 정도 높게 설치하고, 대류 방열기(콘벡터)는 바닥면으로부터 케이싱 하부까지의 높이를 최저 90[mm] 이상 높게 설치한다.

(2) 방열량 계산

① 표준방열량과 상당방열면적

(가) 표준 방열량

구분	방열기 내 평균온도	난방 온도	온도차	방열계수		표준방열량	
				[kcal/h·m²·℃]	[kJ/h·m²·℃]	[kcal/h·m²·℃]	[kJ/h·m²·℃]
증기	102[℃]	18.5[℃]	83.5[℃]	7.78	32.57	650	2721.42
온수	80[℃]	18.5[℃]	61.5[℃]	7.31	30.61	450	1884.06

※ ① [kcal]단위를 [kJ]단위로 변환할 때에는 '4.1868'을 곱한다.
　　(1[kcal]는 약 4.1868[kJ]이기 때문)
② [kcal/h]단위를 [W]단위로 변환할 때에는 '4186.8'을 곱한값을 '3600'으로 나눠준다.
　　(1[W]는 1[J/s]이기 때문)

(나) 상당 방열면적(EDR : Equivalent Direct Radiation) : 방열기 1[m²]당 표준 방열량을 내는 방열면적을 상당 방열면적이라 한다.

(다) 방열기 방열량 계산

$$Q_r = K \cdot \Delta t_m$$

여기서, Q_r : 방열기 방열량[kcal/h·m²]
　　　　K : 방열기 방열계수[kcal/h·m²·℃]
　　　　Δt_m : 평균온도차[℃]

$$\left(\Delta t_m = \frac{방열기\ 입구온도 + 출구온도}{2} - 실내온도\right)$$

(라) 방열기 소요 방열면적 계산

㉮ 소요방열면적 = $\dfrac{난방부하\ [kcal/h]}{방열기\ 방열량\ [kcal/h \cdot m^2]}$

㉯ 상당방열면적 = $\dfrac{난방부하\ [kcal/h]}{방열기\ 표준\ 방열량\ [kcal/h \cdot m^2]}$

② 방열기 쪽수 계산

(가) 증기난방　　$N_s = \dfrac{H_1}{650 \cdot a}$

(나) 온수난방　　$N_w = \dfrac{H_1}{450 \cdot a}$

여기서, N_s : 증기 방열기 쪽수[개, 쪽]　　N_w : 온수 방열기 쪽수[개, 쪽]
　　　　H_1 : 난방부하[kcal/h]　　　　　　a : 방열기 쪽당 방열면적[m²]

③ 응축수량 계산

(가) **방열기 응축수량 계산** : 방열기에서 증기의 잠열를 이용하여 난방을 할 때 발생하는 응축수량을 계산할 때 사용된다.

$$Q_c = \frac{Q_r}{\gamma} \quad \left(단, 관방열기 \quad Q_{c_1} = \frac{Q_1}{\gamma}\right)$$

여기서, Q_c : 방열기 내 응축수량[kg/h·m²]
   Q_{c_1} : 관 방열기 응축수량[kg/h·m²]
   Q_r : 방열기 방열량[kcal/h·m²]
   Q_1 : 관 길이 1[m]당 방열량[kcal/h·m]
   γ : 증기의 응축잠열(539[kcal/kg], 2257[kJ/kg])

(나) **전 응축수량 계산** : 방열기 및 배관 내에서 발생되는 응축수량을 계산할 때 이용되며, 배관 내에서 발생되는 응축수량은 방열기에서 발생되는 응축수량의 30[%]로 계산한다.

$$Q_c = \frac{650}{539} \times 1.3 \times EDR$$

여기서, Q_c : 전 응축수량[kg/h]
   650 : 증기 방열기 표준 방열량[kcal/h·m²]
   539 : 증기의 응축잠열[kcal/kg]
   EDR : 상당 방열면적[kcal/h·m²]

(다) **응축수 펌프 용량** : 응축수 펌프 용량은 발생 응축수량의 3배로 한다.

$$Q_p = \frac{Q_c}{60} \times 3$$

여기서, Q_p : 응축수 펌프 용량[kg/min]
   Q_c : 전 응축수량[kg/h]

※ 응축수 펌프 용량의 단위가 시간[h]이면 '60'으로 나누는 것을 생략하고, 초[s]이면 '3600'으로 나눠 준다.

(라) **응축수 탱크 용량**(Q_t) : 응축수 탱크의 용량은 응축수 펌프 용량의 2배로 한다.

$$Q_t = Q_p \times 2$$

예상문제

01 지하실 또는 어느 일정한 장소에 보일러를 설치하여 각 난방 소요처에 증기, 온수 또는 열기 등을 공급하는 방식을 중앙식 난방법이라 한다. 이 중앙식 난방법의 종류 3가지를 쓰시오.

해답 ① 직접 난방법 ② 간접 난방법 ③ 복사 난방법

02 난방부하를 계산할 때 고려하여야 하는 사항을 4가지 쓰시오.

해답 ① 건물의 위치 ② 천장 높이
③ 건축구조 ④ 주위 환경조건
⑤ 유리창 및 문의 크기, 위치 ⑥ 마루, 계단 및 기타 공간의 난방유무

03 실내의 천장높이가 12[m]인 극장에 대한 증기난방 설비를 설계하고자 한다. 이때의 난방부하계산을 위한 실내 평균온도는 약 몇 [℃]인가? (단, 호흡선 1.5[m]에서의 실내온도는 18[℃]이다.)

풀이 $\Delta t_m = $ 호흡선 실내온도 $+ (0.5H + 2) = 18 + (0.5 \times 12 + 2) = 26 [℃]$

해답 26[℃]

04 난방면적이 50[m²]인 주택에 온수보일러를 설치하려고 한다. 창문, 문을 포함한 벽체 면적은 40[m²], 외기온도 −8[℃], 실내온도 20[℃], 벽체의 열관류율이 6[kcal/h · m² · ℃]일 때 벽체를 통하여 손실되는 열량[kcal/h]은 얼마인가?
(단, 방위계수는 1.15이다.)

풀이 $H = K \cdot F \cdot \Delta t \cdot Z = 6 \times 40 \times (20 + 8) \times 1.15 = 7728 [\text{kcal/h}]$

해답 7728[kcal/h]

05 어느 건물의 벽체 면적이 4×28[m]이고 벽체의 열손실지수 2.9[kcal/h · m² · ℃]이고, 벽체 중에 2.2×3.0[m]인 유리창이 4개가 포함되어 있으며 유리창의 열손실지수는 5.5 [kcal/h · m² · ℃]이다. 실내온도 18[℃], 외기온도 3[℃]일 때 벽면 전체를 통하여 손실되는 열량[kcal/h]을 구하시오. (단, 방위에 따른 부가계수는 1.1 이다.)

풀이 ① 벽체를 통한 손실열량 계산
$$Q_1 = K \cdot F \cdot \Delta t \cdot Z$$
$$= 2.9 \times \{(4 \times 28) - (2.2 \times 3.0) \times 4\} \times (18 - 3) \times 1.1 = 4095.96 [\text{kcal/h}]$$
② 유리창을 통한 손실열량 계산
$$Q_2 = K_2 \cdot F_2 \cdot \Delta t \cdot Z$$
$$= 5.5 \times (2.2 \times 3.0 \times 4) \times (18 - 3) \times 1.1 = 2395.8 [\text{kcal/h}]$$
③ 합계 손실열량 계산
$$Q = Q_1 + Q_2 = 4095.96 + 2395.8 = 6491.76 [\text{kcal/h}]$$

해답 6491.76[kcal/h]

06 난방면적이 100[m²], 열손실지수 90[kcal/h · m²], 온수온도 80[℃], 실내온도 20[℃]일 때 난방부하[kcal/h]는 얼마인가 계산하시오.

풀이 $H_1 = u \cdot A_h = 90 \times 100 = 9000 [\text{kcal/h}]$

해답 9000[kcal/h]

07 다음은 온수보일러 정격출력[kcal/h] 계산식을 나타낸 것이다. 이 식에서 각각의 기호는 어떤 부하를 나타내는지 설명하시오. (단, H_m은 보일러 정격출력이다.)

$$H_m = H_1 + H_2 + H_3 + H_4$$

해답 ① H_1 : 난방부하[kcal/h] – 실내를 적당한 온도로 유지하기 위하여 공급되는 열량
② H_2 : 급탕부하[kcal/h] – 급탕 및 취사용으로 사용되는 온수를 가열시켜주는데 소모되는 열량
③ H_3 : 배관부하[kcal/h] – 난방 또는 급탕을 위하여 설치된 배관에서의 손실열량
④ H_4 : 시동부하[kcal/h] – 보일러 가동 시 전 장치를 운전온도까지 가열 및 보일러수 예열에 필요한 열량

08 증기난방에서 방열기 면적이 400[m²], 급탕량이 600[L/h], 배관부하가 0.2이며, 급탕은 10[℃]에서 70[℃]로 가열하고, 예열부하는 0.25이고, 보일러는 경유를 연료로 사용할 때 다음 물음에 답하시오.
(1) 방열기 용량(방열기 방열량 및 급탕부하)은 몇 [kcal/h]인가?
  (단, 방열기의 방열량은 표준방열량으로 한다.)
(2) 보일러 상용출력은 몇 [kcal/h]인가?
(3) 보일러 정격출력은 몇 [kcal/h]인가?

풀이 (1) $Q_r = H_1 + H_2 = (400 \times 650) + \{600 \times 1 \times (70 - 10)\} = 296000 [\text{kcal/h}]$
(2) 상용출력 $= (H_1 + H_2) \times (1 + \alpha) = 296000 \times (1 + 0.2) = 355200 [\text{kcal/h}]$
(3) $H_m = (H_1 + H_2) \times (1 + \alpha) \times \beta = 355200 \times (1 + 0.25) = 444000 [\text{kcal/h}]$

해답 (1) 296000[kcal/h] (2) 355200[kcal/h]
(3) 444000[kcal/h]

09 난방부하가 3200[kcal/h], 급탕부하가 1300[kcal/h]이다. 배관부하를 15[%]로 하는 경우 배관부하[kcal/h]를 계산하시오.

풀이 $H_3 = (H_1 + H_2) \times \alpha = (3200 + 1300) \times 0.15 = 675 [\text{kcal/h}]$

해답 675[kcal/h]

10 어느 주택에서 1일 당 부하를 측정한 결과 난방부하가 216000[kcal/day], 시동부하가 38400[kcal/day], 배관부하 50400[kcal/day] 및 급탕부하 7200[kcal/day]이었다. 이 주택에 온수 보일러를 설치할 때 보일러 용량[kcal/h]은 얼마인가?

풀이 $H_m = H_1 + H_2 + H_3 + H_4 = \dfrac{216000 + 7200 + 50400 + 38400}{24} = 13000 [\text{kcal/h}]$

해답 13000[kcal/h]

11 방열기 총 발열면적이 40[m²]이고, 급탕량 120[kg/h]에 사용할 수 있는 주철제 온수 보일러의 용량[kcal/h]은 얼마인가? (단, 급수온도 10[℃], 출탕온도 60[℃], 배관부하 0.25, 예열부하 1.5, 출력저하계수 1, 방열기 1[m²] 당 방열량 600[kcal/h]이다.)

풀이 ① 난방부하 계산
$H_1 =$ 방열면적 × 방열기 방열량 $= 40 \times 600 = 24000 [\text{kcal/h}]$
② 급탕부하 계산
$H_2 = G \cdot C \cdot \Delta t = 120 \times 1 \times (60 - 10) = 6000 [\text{kcal/h}]$
③ 보일러 용량 계산
$H_m = \dfrac{(H_1 + H_2)(1+\alpha)\beta}{k} = \dfrac{(24000 + 6000) \times (1 + 0.25) \times 1.5}{1} = 56250 [\text{kcal/h}]$

해답 56250[kcal/h]

12 증기 방열기의 전 방열면적이 450[m²]이고, 급탕량이 600[L/h]일 때 사용하여 할 보일러의 정격출력[kcal/h]을 구하시오. (단, 급수온도 10[℃], 출탕온도 70[℃], 배관부하(α) 25[%], 보일러 예열부하(β) 1.40, 출력저하계수(k) 0.75이고, 방열기의 방열량은 650[kcal/h·m²]이다.)

풀이
$$H_m = \frac{(H_1 + H_2) \cdot (1+\alpha)\beta}{k}$$
$$= \frac{\{450 \times 650 + 600 \times 1 \times (70-10)\} \times (1+0.25) \times 1.40}{0.75}$$
$$= 766500 [\text{kcal/h}]$$

해답 766500[kcal/h]

13 급탕량이 시간당 1500[L], 증기방열기의 전체 방열면적이 450[m²], 배관부하가 30[%], 예열부하가 45[%], 급탕입구온도 20[℃], 출탕온도 75[℃], 출력저하계수가 0.69일 경우 이 보일러의 정격출력[kcal/h]을 계산하시오.

풀이
$$H_m = \frac{(H_1 + H_2) \cdot (1+\alpha)\beta}{k}$$
$$= \frac{\{450 \times 650 + 1500 \times 1 \times (75-20)\} \times (1+0.3) \times 1.45}{0.69}$$
$$= 1024456.522 ≒ 1024456.52 [\text{kcal/h}]$$

해답 1024456.52[kcal/h]

14 난방부하가 100000[kcal/h], 급탕부하 30000[kcal/h], 배관부하율 25[%], 예열부하 20[%]인 온수보일러의 정격 출력[kcal/h]을 구하시오. (단, 출력저하계수는 1이다.)

풀이
$$H_m = \frac{(H_1 + H_2) \cdot (1+\alpha)\beta}{k}$$
$$= \frac{(100000 + 30000) \times (1+0.25) \times 1.2}{1} = 195000 [\text{kcal/h}]$$

해답 195000[kcal/h]

15 어떤 온수보일러의 난방부하가 15000[kcal/h], 급탕부하가 1000[kcal/h], 배관부하가 2000[kcal/h], 예열부하가 5000[kcal/h]인 경우 예열에 필요한 시간은 얼마인가?

풀이 ① 정격출력[kcal/h] 계산
$$H_m = H_1 + H_2 + H_3 + H_4 = 15000 + 1000 + 2000 + 5000 = 23000 [\text{kcal/h}]$$
② 예열에 필요한 시간 계산
$$h = \frac{H_4}{H_m - \frac{1}{2}(H_1 + H_3)} = \frac{5000}{23000 - \frac{1}{2} \times (15000 + 2000)} = 0.344 ≒ 0.34 [\text{h}]$$

해답 0.34 시간

16 난방부하가 24000[kcal/h]인 아파트에 효율이 80[%]인 유류 보일러로 난방을 하는 경우 연료의 소모량은 약 몇 [kg/h]인가? (단, 유류의 저위 발열량은 9750 [kcal/kg]이다.)

풀이 $G_f = \dfrac{H_1}{H_l \times \eta} = \dfrac{24000}{9750 \times 0.8} = 3.076 ≒ 3.08[\text{kg/h}]$

해답 3.08[kg/h]

17 증기난방의 장점을 4가지 쓰시오.

해답 ① 예열시간이 온수난방에 비하여 짧고, 증기순환이 빠르다.
② 방열면적을 온수난방에 비하여 적게 할 수 있고, 배관이 가늘어도 된다.
③ 열의 운반능력이 크고, 유지와 시설비가 저렴하다.
④ 대규모 건물에 적합하다.

해설 단점
① 초기통기 시 주관 내 응축수를 배수할 때 열이 손실된다.
② 소음이 발생하고, 실내의 방열량을 조절하기 어렵다.
③ 보일러 취급이 어렵고, 환수관에 부식의 우려가 있다.
④ 방열기 표면온도가 높아 화상의 우려가 있고, 실내 쾌감도가 낮다.

18 다음은 증기난방 방식에 대한 그림이다. 배관방법에 따라 구분할 때 각 그림은 어떤 배관방식인지 쓰시오.

(1)
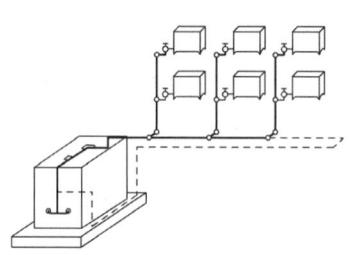

(2)
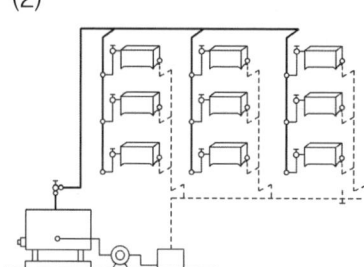

해답 (1) 단관식   (2) 복관식

해설 증기난방의 분류
① 증기압력에 의한 분류 : 저압식, 고압식
② 배관방식에 의한 분류 : 단관식, 복관식
③ 공급방식에 의한 분류 : 상향 공급식, 하향 공급식
④ 환수관의 배관방식에 의한 분류 : 건식 환수관식, 습식 환수관식
⑤ 응축수 환수방법에 의한 분류 : 중력 환수식, 기계 환수식, 진공 환수식

19 환수관내 유속이 타 방식에 비하여 빠르고 방열기 내의 공기도 배제할 수 있을 뿐만 아니라 방열량을 광범위하게 조절할 수 있어서 대규모 난방에 많이 채택되는 증기 난방법 명칭은 무엇인가?

　해답▶ 진공 환수식

20 중력 환수식 응축수 환수 방법과 대비하여 진공환수식 응축수 환수방법에 대한 특징을 4가지 쓰시오.

　해답▶ ① 다른 방법과 비교하여 증기의 순환이 빠르다.
　　　　② 방열기 설치장소에 제한이 없다.
　　　　③ 환수관의 지름을 작게 할 수 있다.
　　　　④ 방열기 방열량을 광범위하게 조절할 수 있다.
　　　　⑤ 배관 기울기(구배)에 큰 제한이 없다.

21 진공환수식 증기 난방법에 대한 다음 물음에 답하시오.
　(1) 진공펌프의 설치 위치는?
　(2) 방열기 출구에 설치하는 밸브는 어떤 것을 사용하는가?
　(3) 환수관의 진공도는 어느 정도로 유지되는가?

　해답▶ (1) 환수주관 말단 보일러 바로 앞
　　　　(2) 팩리스 밸브(열동식 트랩)
　　　　(3) 100~250[mmHg·v]

22 증기난방 배관 시공에서 지름이 다른 관 접합 시에 사용하여 응축수가 고이는 것을 방지하여야 하는 부속명칭은 무엇인가?

　해답▶ 편심리듀서

23 증기난방 배관에서 보일러 주변 배관방법인 하트포드 접속법(hartford connection)에 대하여 설명하시오.

　해답▶ 저압증기 난방장치에 있어서 환수주관을 보일러 하단에 직접 접속하면 보일러 내의 수면이 안전저수위 이하로 내려간다. 또 환수관의 일부가 파손하여 누수 될 때에 보일러 내의 물이 유출하여 안전저수위 이하가 되어 보일러는 빈 상태가 된다. 이와 같은 위험을 방지하기 위하여 증기관과 환수관사이에 밸런스관을 설치하여 안전저수면 보다 높은 위치에 환수관을 접속하는 배관방법을 말한다.

24 저압 증기 난방장치에서 보일러 주변 배관을 하트포드 배관방식으로 하는 목적을 2가지 쓰시오.

해답 ① 보일러수의 역류를 방지한다.
② 환수주관 내에 침전된 찌꺼기를 보일러에 유입시키지 않는다.

25 다음 그림은 저압 증기 보일러 주위의 하트포드(hartford) 배관을 나타낸 것이다. 물음에 답하시오.
(1) 그림의 ①~④의 명칭을 쓰시오.
(2) ⑤의 표준수면에서 안전저수면의 간격[mm]은 얼마인가?

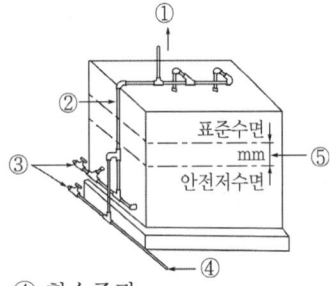

해답 (1) ① 증기주관 ② 밸런스관 ③ 드레인 밸브 ④ 환수주관
(2) 50[mm]

26 다음 그림은 진공환수식 증기난방법에서 응축수를 환수시키는 장치이다. 이 명칭은 무엇인가?

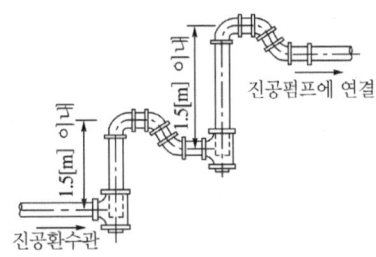

해답 리프트 이음(lift fitting)

27 리프트 이음(lift fitting)에서 1단의 최고 흡상 높이는 몇 m 이내로 하여야 하는가?

해답 1.5[m]

28 다음은 냉각 레그에 대한 설명이다. ( )안에 알맞은 숫자를 넣으시오.

> 증기관의 맨 끝을 같은 지름으로 (①)[mm] 이상 세워 내리고, 다시 하부를 연장하여 (②)[mm] 이상의 드레인 포켓(drain pocket)을 만들어 준다. 또 고온의 응축수가 트랩을 통과하면 압력강하에 의해 재증발하여 트랩이 기능저하 하기 때문에 트랩 앞 (③)[m] 이상 떨어진 곳 까지 나관으로 배관하여야 한다.

해답 ① 100　② 150　③ 1.5

29 다음 그림은 증기주관 관말 트랩의 주위 배관도이다. (1)~(6)까지 적합한 치수 및 명칭을 쓰시오.

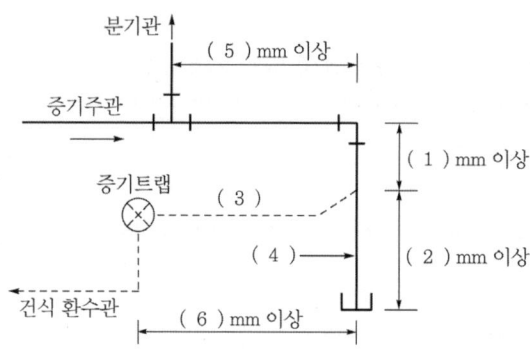

해답 (1) 100　(2) 150　(3) 냉각관(냉각레그)
(4) 드레인 포켓　(5) 1200　(6) 1500

30 다음은 증발탱크(flash tank) 주위 배관도이다. ①, ④ 부품 명칭과 ②, ③, ⑤의 관 명칭을 쓰시오.

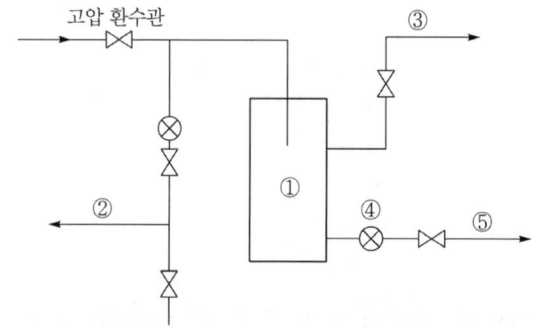

해답 ① 증발탱크　② 고압 응축수관　③ 재증발 증기관
④ 저압트랩　⑤ 저압응축수관

31 증기 감압밸브를 설치 시공할 때 필요한 장치 5가지를 쓰시오. (단, 이음쇠 종류는 제외한다.)

해답 ① 감압밸브　② 스트레이너　③ 안전밸브　④ 압력계
⑤ 게이트밸브　⑥ 글로브 밸브

32 증기난방에 시설에 감압밸브 설치 시 고려해야 할 사항 5가지를 쓰시오.

해답 ① 감압밸브 본체의 화살표 방향과 유체방향을 일치시켜 수평으로 설치한다.
② 바이패스 배관을 설치하여 고장시를 대비한다.
③ 배관을 보온하여 응결수 발생을 최소로 하고, 장기간 사용하지 않을 때에는 응결수를 제거하여 부식 및 동파를 방지하여야 한다.
④ 감압밸브 전·후에 압력계를 설치하여 작동상태를 확인할 수 있어야 한다.
⑤ 감압밸브 전·후에 충분한 직관부를 유지하여 유체의 난류현상을 방지한다.
⑥ 2차측에 안전밸브를 설치하여 감압밸브의 오동작으로 인한 기기 및 배관을 보호할 수 있게 한다.
⑦ 비체적을 계산하여 저압 측(2차 측) 배관을 고압 측(1차 측) 배관보다 크게 한다.

33 보일러의 증기관 중 보온 피복을 하지 않아도 되는 배관 종류 3가지를 쓰시오.

해답 ① 난방하고 있는 실내에 노출된 배관
② 방열기 주위 배관
③ 관말 증기트랩장치의 냉각 레그

34 다음은 증기난방 배관시공 방법에 대한 내용이다. ( )안에 알맞은 용어를 쓰시오.

> 방열기 연결을 위하여 수평관으로부터 입상 분기관을 세울 때는 열팽창을 고려해 신축이음 방식 중 (①)방식을 적용하고, 암거 내 배관 시공 시 유지보수를 위해 (②) 근처에 기기를 집결시키며, 벽 마루 등을 관통하는 배관에는 강관제 (③)를 미리 끼워 향후 관 교체, 수리 등을 편리하게 한다.

해답 ① 스위블 이음   ② 맨홀   ③ 슬리브

35 증기난방과 비교한 온수난방의 장점을 4가지 쓰시오.

해답 ① 난방부하의 변동에 대응하기 쉽다.
② 가열시간은 길지만 잘 식지 않으므로 증기난방에 비해 배관의 동결우려가 적다.
③ 방열기의 표면온도가 낮으므로 실내 쾌감도가 높고 화상의 위험이 없다.
④ 온수보일러 취급이 용이하며, 소규모 주택 등에 적당하다.

해설 단점
① 한랭지역에서는 동결의 위험이 있다.
② 방열면적과 배관지름이 커져 시설비가 증가한다.
③ 예열시간이 길어 예열부하가 크다.

제1편 열설비 취급실무

36 온수난방설비에서 온도 온도차에 의한 비중력차로 순환하는 방식으로 단독주택이나 소규모 난방에 사용되는 방식은?

해답▶ 자연순환식 난방

37 온수난방설비에서 물의 밀도차나 낙차만으로 순환이 어려운 경우 펌프 등을 이용하여 순환을 행하는 온수순환 방식은?

해답▶ 강제순환식

38 강제 순환식 온수난방의 특징을 3가지 쓰시오.

해답▶ ① 예열시간이 비교적 짧다.
② 온수순환이 확실하므로 대규모 난방장치에 적합하다.
③ 자연순환식에 비교해 관지름이 작아도 된다.
④ 방열기가 보일러와 같거나 낮아도 순환에 문제가 없다.

39 온수난방에서 각 방열기에 유량분배를 균등하게 하여, 방열기의 온도차를 최소화시키는 방식으로 환수관의 길이가 길어지는 단점을 가지는 온수귀환방식은?

해답▶ 역귀환 방식(reversed return system)

40 다음에서 ( )속에 들어갈 알맞은 용어를 쓰시오.

> 증기 및 온수가 흐르는 관은 관내외의 온도차에 의해 신축이 발생한다. 이에 따른 신축 흡수를 위해 방열기 인입배관에는 (①) 이음을 하며, 공급관은 (②)구배, 환수관은 (③)구배로 한다.

해답▶ ① 스위블   ② 역   ③ 순

41 어떤 방의 온수난방에서 소요되는 열량이 시간당 21000[kcal]이고, 송수온도가 85[℃]이며, 환수온도가 25[℃]라면 온수의 순환량[kg/h]은 얼마인가?
(단, 온수의 비열은 1 [kcal/kg·℃]이다.)

풀이▶ $G = \dfrac{Q_r}{C \cdot (t_2 - t_1)} = \dfrac{21000}{1 \times (85 - 25)} = 350[\text{kg/h}]$

해답▶ 350[kg/h]

42 자연순환 온수난방에서 보일러와 방열기와의 수직높이 차이가 6[m]이고, 송수온도 80[℃], 환수온도 68[℃]일 때 자연순환력은 몇 [mmAq]인가? (단, 68[℃] 물의 비중량은 978.94[kgf/m³], 80[℃] 물의 비중량은 971.84[kgf/m³]이다.)

풀이 $H_w = (\gamma_c - \gamma_h) \times h = (978.94 - 971.84) \times 6 = 42.6 [\text{mmAq}]$

해답 42.6[mmAq]

43 온수보일러에 팽창탱크를 설치하는 목적을 4가지 쓰시오.

해답 ① 운전 중 장치내의 온도상승에 의한 체적팽창 및 그 압력을 흡수한다.
② 팽창된 온수의 넘침을 방지하여 열손실을 방지한다.
③ 운전 중 장치내의 압력을 소정의 압력으로 유지하고, 온수온도를 유지한다.
④ 장치 내 보충수 공급 및 공기침입을 방지한다.

44 온수난방 설비에서 팽창탱크를 설치할 때 고온수 난방설비와 저온수 난방설비에 따른 팽창탱크의 종류를 구분하여 설명하시오.

해답 ① 고온수 난방설비 : 밀폐식 팽창탱크
② 저온수 난방설비 : 개방식 팽창탱크

45 어떤 온수보일러의 보유수량이 3500[L]이다. 이 보일러수의 온도가 25[℃]인 것을 85[℃]로 가열하면 물의 팽창량은 몇 [L]인가?
(단, 25[℃] 물의 비중 : 0.98, 85[℃] 물의 비중 : 0.96)

풀이 $\Delta V = \left(\dfrac{1}{\rho_h} - \dfrac{1}{\rho_c}\right) \times V = \left(\dfrac{1}{0.96} - \dfrac{1}{0.98}\right) \times 3500 = 74.404 ≒ 74.40[\text{L}]$

해답 74.4[L]

46 온수난방에서 시동 전에 물의 평균밀도가 0.9957[ton/m³]이고, 난방 중 온수의 평균밀도가 0.9828[ton/m³]인 경우 시동 전에 비해 온수의 팽창량은 몇 [L]인가?
(단, 온수시스템 내의 가동 전 보유수량은 2.28[m³]이다.)

풀이 $\Delta V = \left(\dfrac{1}{\rho_h} - \dfrac{1}{\rho_c}\right) \times V = \left(\dfrac{1}{0.9828} - \dfrac{1}{0.9957}\right) \times 2.28 \times 10^3 = 30.055 ≒ 30.06[\text{L}]$

해답 30.06[L]

해설 밀도의 단위 : ton/m³ = kg/L

47 가열 전 물의 온도가 10[℃]인 온수보일러에서 가열 후 온도가 80[℃] 라면 이 보일러의 온수 팽창량(L)은 얼마인가? (단, 이 온수보일러의 전체 보유수량은 400[L], 물의 팽창계수는 0.5×10^{-3}/℃ 이다.)

풀이 $\Delta V = V \cdot \alpha \cdot \Delta t = 400 \times 0.5 \times 10^{-3} \times (80 - 10) = 14[L]$

해답 14[L]

48 개방식 팽창탱크의 높이는 온수난방의 최고 높은 부분보다 최소 몇 [m] 이상 높은 곳에 설치하여야 하는가?

해답 1

49 다음은 온수보일러에서 팽창탱크의 설치에 관한 내용이다. ( ) 안에 알맞은 용어 및 숫자를 쓰시오.

> 팽창탱크는 (①)[℃]의 온도에도 충분히 견딜 수 있어야 하며, 개방식의 경우 방열면보다 (②)[m] 이상 높은 곳에 설치하며, 팽창관의 끝부분은 팽창탱크 바닥면보다 (③)[mm] 정도 높게 배관되어야 한다.

해답 ① 100 ② 1 ③ 25

50 다음 ( ) 안에 알맞은 용어 또는 숫자를 넣으시오.
(1) 밀폐식 팽창탱크의 경우 보일러나 (①)내의 압력이 제한 압력 이상으로 되면 자동적으로 과잉수를 배출시킬 수 있도록 (②)를 설치하여야 한다.
(2) 팽창탱크의 용량은 보일러 및 배관 내의 보유수량이 200L 이하인 경우에는 (①)[L], 보유수량이 100[L]를 초과할 때마다 (②)[L]를 가산한 용량 이상이어야 한다.

해답 (1) ① 배관계통 ② 릴리프밸브
(2) ① 20 ② 10

51 온수난방설비에서 밀폐식 팽창탱크가 운전 중 받는 수두압[mAq]을 구하시오. (단, 밀폐탱크의 수면과 가장 높은 배관까지의 수직 높이 12[m], 공급 온수온도 105[℃]에서의 포화증기압력 1.23[kgf/cm], 순환펌프의 양정 10[m]이다.

풀이 $H = h + h_t + \dfrac{1}{2} h_p + 2 = 12 + \left(\dfrac{1.23 \times 10^4}{1000}\right) + \dfrac{1}{2} \times 10 + 2 = 31.3 \,[\text{mAq}]$

해답 31.3[mAq]

제10장 난방설비 설계

해설 밀폐식 팽창탱크에 필요한 수두압 계산식

$$H = h + h_t + \frac{1}{2}h_p + 2$$

여기서, H : 밀폐식 팽창탱크에 필요한 압력에 상당하는 수두압[mAq]
h : 팽창탱크 수면에서 장치의 최고부위까지의 높이[m]
h_1 : 온수온도에 상당하는 포화증기압[mAq]
h_p : 순환펌프의 양정[m]

52 온수난방에서 사용되는 팽창탱크(expansion tank) 중 개방식 팽창탱크에 연결되는 관의 종류를 5가지 쓰시오.

해답 ① 팽창관 ② 급수관 ③ 배수관 ④ 오버플로워관(일수관) ⑤ 방출관

해설 밀폐식 팽창탱크에 연결되는 관 및 계기
팽창관, 급수관, 배수관, 압축공기관, 압력계, 수면계, 안전밸브

53 팽창탱크는 개방식과 밀폐식으로 분류할 수 있다. 개방식과 밀폐식 팽창탱크의 구조를 그리고 부속배관 및 기기 명칭을 쓰시오.

해답 ① 개방식 팽창탱크의 구조　　　② 밀폐식 팽창탱크의 구조

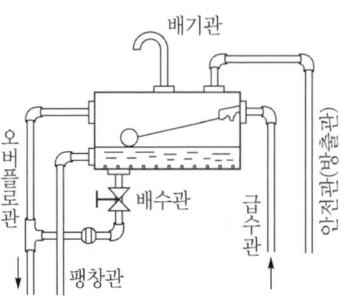
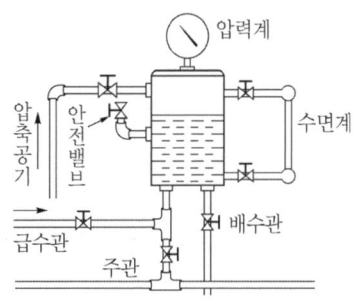

54 다음 팽창탱크에서 ①~④까지의 배관 명칭을 쓰시오.

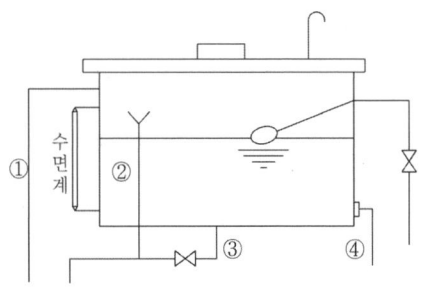

해답 ① 안전관(방출관) ② 오버플로관 ③ 배수관 ④ 팽창관

55 다음은 온수난방에서 팽창관 및 방출관에 관한 사항이다. ( ) 안에 알맞은 용어 및 숫자를 넣으시오.

(1) 팽창관 및 방출관의 크기는 보일러 용량이 30000[kcal/h] 이하인 경우 호칭지름 (①)[mm] 이상, 30000 초과 150000[kcal/h] 이하의 경우는 호칭지름 (②)[mm] 이상이어야 한다.

(2) 팽창관 및 방출관에는 물 또는 발생증기의 흐름을 방해하는 (①) 및 (②)가[이] 있어서는 안 된다.

(3) 강제 순환식의 경우 팽창관 및 방출관의 설치위치는 (①)에 의하여 폐쇄 또는 차단되지 않은 위치에 설치한다.

해답 (1) ① 15 ② 25   (2) ① 밸브 ② 체크밸브   (3) ① 순환펌프

해설 온수보일러 팽창관 및 방출관 기준

① 용량 기준

용량[kcal/h]	팽창관 및 방출관의 크기
30000 이하	호칭지름 15[mm] 이상
30000 초과 150000 이하	호칭지름 25[mm] 이상
150000 초과	호칭지름 30[mm] 이상

② 전열면적 기준

구 분	전열면적	배관 규격
방출관	10[m²] 미만	안지름 25[mm] 이상
	10[m²] 이상	안지름 30[mm] 이상
팽창관	5[m²] 미만	호칭 25[A] 이상
	5[m²] 이상	호칭 30[A] 이상

56 건물을 구성하는 구조체인 바닥, 벽 등에 난방용 코일을 묻고 열매체를 통과시켜 난방을 하는 것의 명칭을 쓰시오.

해답 복사 난방

57 다음과 같은 특징을 갖는 난방방식은 어떤 난방법인가?

- 실내온도가 균일하여 쾌감도가 높다.
- 방열기의 설치가 불필요하여 바닥면의 이용도가 높다.
- 천정이 높은 집의 난방에 적합하다.
- 평균온도가 낮아서 열손실이 적다.

해답 복사 난방법

58 복사난방의 장점을 4가지 쓰시오.

해답 ① 실내온도 분포가 균등하여 쾌감도가 높다.
② 바닥의 이용도가 높다.
③ 방열기가 필요하지 않다.
④ 방이 개방상태에서도 난방효과가 있다.
⑤ 손실열량이 비교적 적다.
⑥ 공기대류가 적으므로 바닥면 먼지 상승이 없다.

해설 단점
① 외기온도 급변에 따른 방열량 조절이 어렵다.
② 초기 시설비가 많이 소요된다.
③ 시공, 수리, 방의 모양을 변경하기가 어렵다.
④ 고장(누수 등)을 발견하기가 어렵다.
⑤ 열손실을 차단하기 위한 단열층이 필요하다.

59 다음은 대류 난방과 비교한 복사난방의 특징을 설명한 것이다. ( ) 안에 들어갈 옳은 말을 아래 [보기]에서 찾아 쓰시오.

「복사난방은 (①)를[을] 가열대상으로 하므로 실내의 높이에 따른 온도편차가 (②), 쾌감도가 좋다. 또한, 환기에 따른 손실열량도 그 만큼 (③) 되며, 가열 대상의 열용량이 (④) 필요에 따라 즉각적인 대응이 (⑤), 시공이 어려우며, 하자발생 위치를 확인하기 어렵다.」

[보기] (공기, 구조체) (작고, 크고) (많게, 적게)
        (크므로, 작으므로) (곤란하고, 쉽고)

해답 ① 구조체 ② 작고 ③ 적게 ④ 크므로 ⑤ 곤란하고

60 복사(방사)난방에서 패널(panel)의 위치에 의한 종류 3가지를 쓰시오.

해답 ① 천장 패널 ② 벽 패널 ③ 바닥 패널

61 온수 온돌의 장점을 4가지 쓰시오.

해답 ① 실내온도 분포가 균등하다.
② 열원이 낮아도 난방이 가능하다.
③ 실내의 활용도가 높다.
④ 시설유지 관리비가 적게 사용된다.

해설 단점
① 온수관의 누수, 점검, 수리가 어렵다.
② 설치 시공비가 비싸다.
③ 시설의 공동 이용이 불가능하다.
④ 단열시공이 우수한 주택에서는 과다한 열량이 방사된다.

62 다음은 온수온돌의 시공순서이다. 순서에 맞도록 (   ) 안에 알맞은 작업명을 적어 넣으시오.

배관기초 → (①) → 단열처리 → (②) → 배관작업 → (③) → 보일러 설치 → (④)
→ 수압시험 → (⑤) → 골재 충진작업 → (⑥) → 양생 건조 작업

해답 ① 방수처리　　② 받침재 설치
③ 공기빼기 밸브 설치　　④ 팽창탱크 설치
⑤ 온수순환 시험　　⑥ 시멘트 모르타르 바르기

63 온수온돌의 단면도에서 ①~⑦의 명칭을 쓰시오.

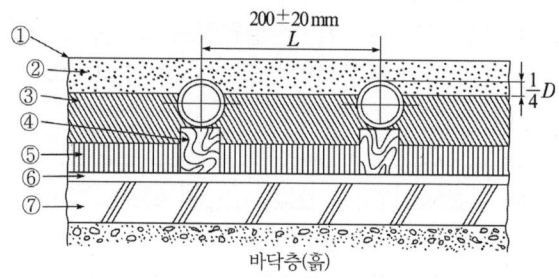

해답 ① 장판　② 시멘트 모르타르층　③ 자갈층　④ 받침대
⑤ 단열 보온재층　⑥ 방수층　⑦ 배관기초

64 온수온돌의 단면도이다. ① ~ ⑤ 층의 명칭을 쓰시오.

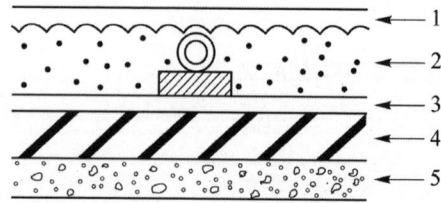

해답 ① 시멘트 모르타르층　② 자갈층, 단열보온재층
③ 방수층　④ 배관기초　⑤ 바닥층

65 그림은 온수온돌에서의 방열관의 배관방식을 나타낸 것이다. 각각의 명칭을 쓰시오.

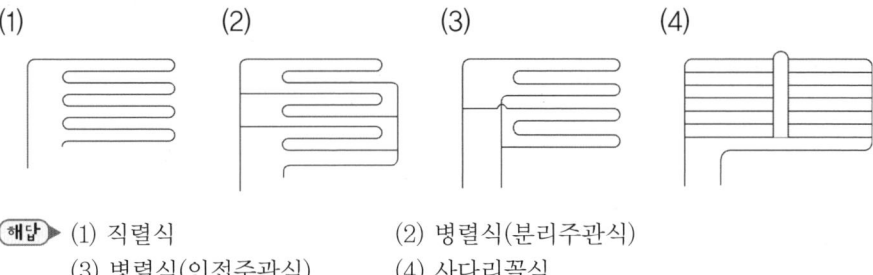

해답 ▶ (1) 직렬식　　　　　　　　(2) 병렬식(분리주관식)
　　　　(3) 병렬식(인접주관식)　　　(4) 사다리꼴식

66 일정지역에서 다량의 고압 증기 또는 고온수를 만들어 대단위의 지역에 공급하는 난방방식은?

해답 ▶ 지역난방

67 지역난방의 특징 4가지를 설명하시오.

해답 ▶ ① 연료비와 인건비를 줄일 수 있다.
　　　　② 설비의 고도화에 따른 도시 대기오염을 감소시킬 수 있다.
　　　　③ 각 건물에 위험물을 취급하지 않으므로 화재의 위험이 적다.
　　　　④ 각 건물에 보일러를 설치하는 경우에 비해 건물의 유효면적이 증대된다.
　　　　⑤ 각 건물에 보일러를 설치하는 경우에 비해 열효율이 좋다.
　　　　⑥ 온수를 사용하는 것이 관내 저항 손실이 크고, 증기를 사용하면 관내저항 손실이 작다.

68 방열기 기둥의 수와 크기에 따라 2주형, 3주형, 3세주형, 5세주형이 있고, 3세주형과 5세주형이 일반적으로 많이 사용되는 방열기 명칭을 쓰시오.

해답 ▶ 주형 방열기

69 콘벡터 또는 캐비넷 히터라고도 하며 강판재 케이싱 속에 튜브 등의 가열기를 설치한 것으로 공기는 하부로 유입되어 가열되고 상부로 토출되어 자연 대류에 의해 난방하는 방열기 명칭을 쓰시오.

해답 ▶ 대류 방열기(convector)

70 열교환 코일에 온수 또는 냉수를 공급받아 온풍 또는 냉풍을 실내로 공급하는 강제대류형 방열기로서 공기여과기, 송풍기, 가열(냉각)코일이 케이싱 내에 내장되어 있는 것의 명칭은 무엇인가?

해답 ▶ 팬 코일 유닛(FCU)

71 방열기 선정 시 고려하여야 할 사항을 4가지 쓰시오.

해답 ▶ ① 사용목적 및 설치장소에 적합할 것
② 사용 열원의 종류에 적합할 것
③ 발열량이 크고, 효율이 좋을 것
④ 무게가 가볍고 운반, 반입, 설치가 용이할 것
⑤ 실내온도 분포가 균일하게 되는 것

72 다음 방열기 종류를 도면에 표시할 때 사용하는 도시기호를 쓰시오.
(1) 2주형 : (2) 3주형 : (3) 3세주형 : (4) 5세주형
(5) 벽걸이형 : (6) 수평형 : (7) 수직형 :

해답 ▶ (1) Ⅱ (2) Ⅲ (3) 3 (4) 5
(5) W (6) H (7) V

73 다음 방열기 도시기호에 해당하는 방열기 명칭을 쓰시오.
(1) W – H : (2) W – V :

해답 ▶ (1) 벽걸이형 횡형(수평형) (2) 벽걸이형 종형(수직형)

74 그림은 방열기의 호칭법이다. ① ~ ⑤에 해당되는 의미를 쓰시오.

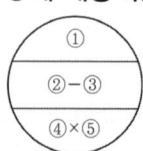

해답 ▶ ① 쪽수(섹션수) ② 종별 ③ 형(치수, 높이)
④ 유입관지름 ⑤ 유출관지름

75 방열기 도시기호에 대한 물음에 답하시오.
(1) 종별, 형 및 배관 치수는 얼마인가?
(2) 방열기 쪽수는 몇 개인가?

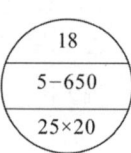

해답 ▶ (1) ① 종별 : 5세주형 ② 형 : 높이 650mm
③ 유입관지름 : 25A, 유출관지름 : 20A
(2) 18개

76 방열기 도시기호에 대하여 ①~⑤ 사항에 대하여 설명하시오.

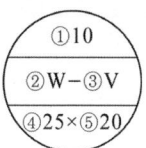

해답 ① 섹션수 10개　② 벽걸이형　③ 종형(수직형)
　　　④ 유입관지름 25A　⑤ 유출관지름 20A

77 방열기 도시기호를 설명하시오.

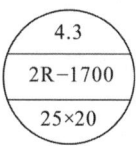

해답 상당방열면적이 4.3[m²]인 콘벡터로서 2열, 유효길이 1700[mm]이고 유입관 지름이 25[A], 유출관 지름이 20[A]이다.

78 방열기 도시기호에 대하여 설명하시오.

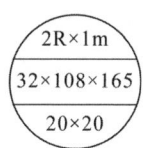

해답 ① 2단으로 유효 엘리먼트의 길이는 1[m]이다.
　　　② 엘리먼트의 관지름은 32[A]이다.
　　　③ 핀의 크기가 108[mm], 부착된 핀의 수가 165개이다.
　　　④ 콘벡터로의 유입, 유출 관지름은 20[A]이다.

79 아래 방열기 도시기호에 대하여 설명하시오.

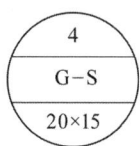

해답 ① 길드 방열기로 쪽수가 4개, S형이다.
　　　② 유입관은 20[A], 유출관은 15[A]이다.

80 다음의 방열기를 도시기호로 나타내시오.

- 방열기 종류 : 5세주형
- 유입관 지름 : 25[mm]
- 방열기 쪽수 : 20개
- 방열기 높이 : 650[mm]
- 유출관 지름 : 20[mm]

해답▶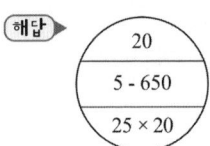

81 방열기의 설치 시 외기에 접한 창문 아래에 설치하는 이유를 설명하시오.

해답▶ 실내의 공기가 대류작용에 의해 순환되도록 하기 위해서

82 방열기는 창문 아래에 설치하는데 벽면으로부터 몇 [mm] 정도의 간격을 두어야 가장 적합한가?

해답▶ 50~60[mm]

83 방열기 종류별 설치기준에 대한 내용이다. (   ) 안에 알맞은 숫자를 넣으시오.
(1) 주형 방열기는 벽면으로부터 (   )[mm] 정도 떨어져 설치한다.
(2) 벽걸이형 방열기는 바닥으로부터 (   )[mm] 높게 설치한다.
(3) 대류 방열기(콘벡터)는 바닥면으로부터 케이싱 하부까지의 높이를 최저 (   ) [mm] 이상 높게 설치한다.

해답▶ (1) 50~60   (2) 150   (3) 90

84 온수보일러의 방열기 입구온도가 80[℃], 출구온도가 40[℃]이고, 온수 순환량이 500 [kg/h]일 때 방열기 방열량은 몇 [kcal/h]인가? (단, 온수의 평균비열은 1 [kcal/kg · ℃]로 한다.)

풀이▶ $Q_r = G \cdot C \cdot \Delta t = 500 \times 1 \times (80 - 40) = 20000 [\text{kcal/h}]$

해답▶ 20000[kcal/h]

85 난방부하가 2250[kcal/h]인 경우 온수방열기의 방열면적은 몇 [m²]인가?
(단, 방열기의 방열량은 표준방열량으로 한다.)

풀이 방열기 방열면적 = $\dfrac{\text{난방부하}}{\text{방열기 표준방열량}} = \dfrac{2250}{450} = 5[\text{m}^2]$

해답 $5[\text{m}^2]$

86 난방부하가 15000[kcal/h]이고, 주철제 증기 방열기로 난방한다면 방열기 소요 방열면적은 약 몇 [m²]인가? (단, 방열기의 방열량은 표준방열량으로 한다.)

풀이 방열기 방열면적 = $\dfrac{\text{난방부하}}{\text{방열기 표준방열량}} = \dfrac{15000}{650} = 23.076 \fallingdotseq 23.08[\text{m}^2]$

해답 $23.08[\text{m}^2]$

87 어떤 온수방열기의 입구 온수온도가 85[℃], 출구 온수온도가 65[℃], 실내온도가 18[℃]일 때 방열기의 방열량은 몇 [kcal/h · m²]인가?
(단, 방열기의 방열계수는 7.4[kcal/h · m² · ℃]이다.)

풀이 $Q_r = K \times \Delta t_m = K \times \left(\dfrac{\text{방열기 입구온도} + \text{출구온도}}{2} - \text{실내온도}\right)$
$= 7.4 \times \left(\dfrac{85 + 65}{2} - 18\right) = 421.8[\text{kcal/h} \cdot \text{m}^2]$

해답 $421.8[\text{kcal/h} \cdot \text{m}^2]$

88 어떤 주철제 방열기 내의 증기의 평균온도가 110[℃]이고, 실내온도가 18[℃]일 때, 방열기의 방열량[kcal/h · m²]은 얼마인가? (단, 방열기의 방열계수는 7.2[kcal/h · m² · ℃]이다.)

풀이 $Q_r = K \times \Delta t_m = K \times \left(\dfrac{\text{방열기 입구온도} + \text{출구온도}}{2} - \text{실내온도}\right)$
$= K \times (\text{방열기 평균온도} - \text{실내온도})$
$= 7.2 \times (110 - 18) = 662.4[\text{kcal/h} \cdot \text{m}^2]$

해답 $662.4[\text{kcal/h} \cdot \text{m}^2]$

89 온수방열기의 입구 온수온도 92[℃], 출구 온수온도 70[℃], 실내 공기온도 18[℃]일 때의 주철제 방열기의 방열량[kcal/h · m²]은 얼마인가? (단, 실내온도와 방열기 온수의 평균온도와의 차가 62[℃]일 때 표준방열량이 적용된다.)

풀이 실내온도와 방열기 온수의 평균온도와의 차가 62[℃]일 때 표준방열량은 450[kcal/h · m²]이다.
∴ $\Delta t_m = \dfrac{\text{방열기 입구온도} + \text{출구온도}}{2} - \text{실내온도} = \dfrac{92 + 70}{2} - 18 = 63[℃]$

$$\therefore Q_r = 450 \times \frac{\Delta t_m}{\Delta t} = 450 \times \frac{63}{62} = 457.258 \fallingdotseq 457.26 [\text{kcal/h} \cdot \text{m}^2]$$

해답 ▶ 457.26[kcal/h·m²]

90 난방부하가 5600[kcal/h], 방열기 계수 7[kcal/h·m²·℃], 송수온도 80[℃], 환수온도 60[℃], 실내온도 20[℃]일 때 방열기의 소요 방열면적은 몇 [m²]인가?

풀이 ① 방열기 방열량 계산

$$\therefore Q_r = K \times \Delta t_m = K \times \left(\frac{\text{방열기 입구온도} + \text{출구온도}}{2} - \text{실내온도} \right)$$
$$= 7 \times \left(\frac{80+60}{2} - 20 \right) = 350 [\text{kcal/h} \cdot \text{m}^2]$$

② 방열기 소요 방열면적 계산

$$\therefore \text{소요 방열면적} = \frac{\text{난방부하}}{\text{방열기 방열량}} = \frac{5600}{350} = 16 [\text{m}^2]$$

해답 ▶ 16[m²]

91 어떤 건물의 난방부하가 15000[kcal/h]이다. 이 건물에 설치할 증기 방열기의 섹션수는 몇 쪽인가? (단, 방열기 1섹션당 표면적은 0.15[m²]이며, 방열량은 표준방열량으로 한다.)

풀이 $N_s = \dfrac{H_1}{650\,a} = \dfrac{15000}{650 \times 0.15} = 153.846 \fallingdotseq 154$ 쪽

해답 ▶ 154 쪽

92 난방부하가 3000[kcal/h]이고, 증기난방으로 5주형 650[mm]의 방열기를 사용할 때 필요한 방열기의 매수는 몇 매인가? (단, 증기의 표준 방열량은 650[kcal/h·m²]이고, 방열기의 1매당 방열면적은 0.26[m²]이다.)

풀이 $N_s = \dfrac{H_1}{650\,a} = \dfrac{3000}{650 \times 0.26} = 17.751 \fallingdotseq 18$ 매

해답 ▶ 18 매

93 난방부하가 50000[kcal/h]인 건물에 주철제 방열기로 난방하려고 한다. 방열기 입구의 증기온도가 112[℃], 출구온도가 106[℃], 실내온도가 21[℃]일 때 필요한 방열기 쪽수는 얼마인가? (단, 방열기의 쪽당 방열면적은 0.26[m²]이다.)

풀이 ① 방열기 방열량 계산

$$Q_r = 650 \times \frac{\Delta t_m}{\Delta t} = 650 \times \frac{88}{81} = 706.17 [\text{kcal/h} \cdot \text{m}^2]$$

여기서, Δt_m : 방열기 평균온도와 실내온도 차 $\left(\therefore \Delta t_m = \frac{112 + 106}{2} - 21 = 88[℃] \right)$

Δt : 표준방열기 평균온도와 실내온도 차 ($\therefore \Delta t = 102 - 21 = 81[℃]$)

② 방열기 쪽수 계산

$$N_s = \frac{H_1}{Q_r \cdot a} = \frac{50000}{706.17 \times 0.26} = 272.32 = 273\text{쪽}$$

해답 273 쪽

94 난방부하가 9000[kcal/h]인 장소에 온수 방열기를 설치하는 경우 필요한 방열기 쪽수는 얼마인가? (단, 방열기 1쪽당 표면적은 0.2[m²]이고, 방열량은 표준방열량으로 계산한다.)

풀이 $N_w = \dfrac{H_1}{450 a} = \dfrac{9000}{450 \times 0.2} = 100\text{쪽}$

해답 100 쪽

95 사무실에 온수용 3세주 650[mm] 주철제 방열기를 설치하고자 한다. 난방부하가 6750[kcal/h]일 때 방열기의 섹션 수는 얼마가 되어야 하는가? (단, 방열기 방열량은 표준으로 하고 방열기의 섹션당 표면적은 0.15[m²]이다.)

풀이 $N_w = \dfrac{H_1}{450 \cdot a} = \dfrac{6750}{450 \times 0.15} = 100\text{개}$

해답 100 개

96 온수방열기의 쪽당 방열면적이 0.26[m²]이다. 난방부하 20000[kcal/h]를 처리하기 위한 방열기의 쪽수는 얼마인가? (단, 소수점이 나올 경우 상위 수를 취한다.)

풀이 $N_w = \dfrac{H_1}{450 a} = \dfrac{20000}{450 \times 0.26} = 170.94 = 171\text{쪽}$

해답 171 쪽

97 어떤 온수방열기의 입구온도가 85[℃], 출구온도가 60[℃]이고, 실내온도가 20[℃]이다. 난방부하가 28000[kcal/h]일 때 필요한 방열기 쪽수는 몇 쪽인가?
(단, 방열기 쪽당 방열면적은 0.21[m²], 방열계수는 7.2[kcal/h·m²·℃]이다.)

풀이 ① 방열기 방열량 계산

$$Q_r = K \cdot \Delta t_m = 7.2 \times \left(\frac{85+60}{2} - 20\right) = 378[\text{kcal/h} \cdot \text{m}^2]$$

② 방열기 쪽수 계산

$$N_w = \frac{H_1}{Q_r \cdot a} = \frac{28000}{378 \times 0.21} = 352.73 = 353 쪽$$

해답 353 쪽

98 포화온도 105[℃]인 증기난방 방열기의 상당 방열면적이 20[m²]일 경우 시간당 발생하는 응축수량은 약 [kg/h]인가? (단, 105[℃] 증기의 증발잠열은 535.6[kcal/kg]이다.)

풀이 $Q_c = \dfrac{Q_r}{\gamma} = \dfrac{20 \times 650}{535.6} = 24.271 ≒ 24.27[\text{kg/h}]$

해답 24.27[kg/h]

99 포화온도 107[℃]인 증기난방 방열기의 상당 방열면적이 1500[m²]이고 증기 배관에서 응축수량은 방열기 응축수량의 20[%]라 할 때 난방장치 내 전체 응축수량[kg/h]은 얼마인가? (단, 107[℃] 증기의 증발잠열은 530[kcal/kg]이다.)

풀이 $Q_c = \dfrac{Q_r}{\gamma} \times 1.2 \times EDR = \dfrac{650}{530} \times 1.2 \times 1500 = 2207.547 ≒ 2207.55[\text{kg/h}]$

해답 2207.55[kg/h]

100 증기방열기의 전 방열면적이 60[m²]이고, 증기방열기 방열면적 1[m²]당 응축수 발생량이 1.2[kg/h]일 때 응축수 펌프의 용량[kg/min]을 계산하시오. (단, 증기 배관에서 응축수량은 방열기 응축수량의 30[%]로 하고, 펌프의 용량은 발생 응축수의 3배로 한다.)

풀이 $Q_p = \dfrac{Q_c}{60} \times 3 = \dfrac{60 \times 1.2 \times 1.3}{60} \times 3 = 4.68[\text{kg/min}]$

해답 4.68[kg/min]

제11장 보일러 시공도면 작성 및 해독

1. 보일러 시공도면 작성

(1) 배관제도의 기초

① 배관도의 종류
  ㈎ 평면 배관도 : 배관 장치를 위에서 아래로 내려다보며 그린 도면
  ㈏ 입면 배관도 : 배관 장치를 측면에서 보고 그린 도면
  ㈐ 입체 배관도 : 입체적인 형상을 평면에 나타낸 도면
  ㈑ 부분 조립도 : 배관 조립도에 포함되어 있는 배관의 일부분을 그린 도면

② 배관도의 도시법(圖示法)
  ㈎ 관의 높이 표시방법
    ㉮ EL(elevation line) 표시 : 배관의 높이를 관의 중심을 기준으로 하여 표시한다.
      ⓐ BOP(bottom of pipe) : 지름이 다른 관의 높이를 나타낼 때 적용되며 관 바깥지름의 아랫면을 기준으로 하여 표시한다.

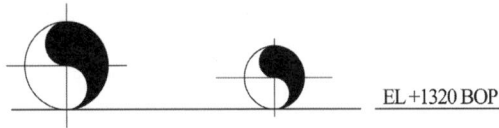

      ⓑ TOP(top of pipe) : BOP와 같은 목적으로 이용되나 관의 윗면을 기준으로 하여 표시한다.

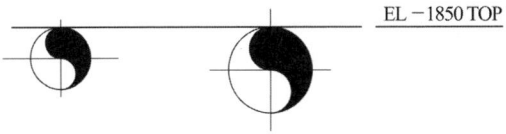

    ㉯ GL(ground line) : 포장된 지표면을 기준으로 하여 배관장치의 높이를 표시할 때 적용된다.
    ㉰ FL(floor line) : 1층 바닥면을 기준으로 하여 높이를 표시한다.

(나) **관의 표시** : 관은 1개의 굵은 실선으로 나타내고, 같은 도면 내에서의 관의 실선 굵기는 같게 한다. 또 관의 교차 및 굽힘 방향을 나타낼 경우에는 다음과 같은 관의 접속 상태의 도시기호에 따른다.

▼ 관의 접속 상태 도시기호

접속상태	실제모양	도시기호	굽은상태	실제모양	도시기호
접속하지 않을 때		┼ ┼	파이프 A가 앞쪽으로 수직으로 구부러질 때		A⊙
접속하고 있을 때		┼	파이프 B가 뒤쪽으로 수직으로 구부러질 때		B○
분기하고 있을 때		┬	파이프 C가 뒤쪽으로 구부러져서 D에 접속될 때		C○─○D

(다) **관의 굵기 및 종류 도시** : 관의 굵기 및 종류를 나타낼 때에는 다음 그림과 같이 관을 나타내는 선에 따라 위쪽에 기입한다. 또 관의 굵기와 종류를 동시에 기입할 때에는 관의 굵기, 종류를 나타내는 기호의 순서로 기입한다. 다만 복잡한 도면에서는 혼돈을 피하기 위하여 (c)와 같이 지시선을 그어 기입한다.

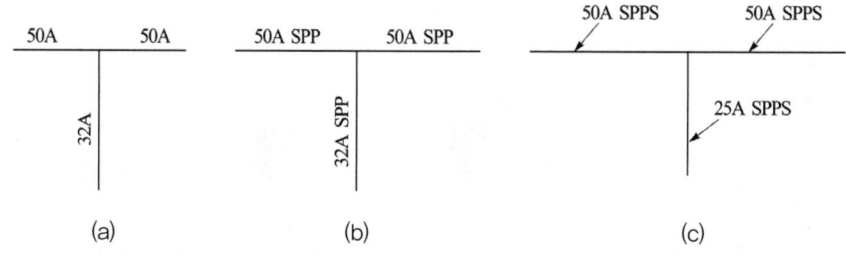

▲ 관의 굵기 및 종류 표시

(라) **유체의 종류, 상태, 목적 표시** : 공기, 가스, 기름 등 배관 내부에 흐르는 유체의 종류를 나타낼 때에는 유체의 문자기호를 사용하여 지시선을 그어 기입한다. 유체의 흐름방향을 나타낼 때에는 화살표를 그어 유체의 방향을 표시한다.

유체의 종류	문자기호	색상
공기	A	백색
가스	G	황색
기름	O	황적색
수증기	S	암적색
물	W	청색

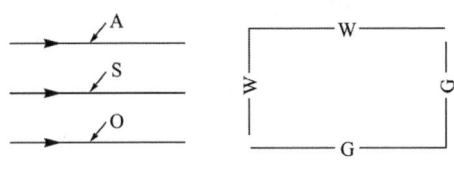

▲ 유체의 종류와 도시방법

⒨ 관의 이음방법 표시 : 관 이음방법 표시는 다음의 도시기호에 따른다.

▼ 관의 이음방법 도시기호

이음 종류	연결 방법	도시기호	예	이음 종류	연결 방법	도시기호
관이음	나사형	—+—		신축이음	루프형	⌒
	용접형	—✕—			슬리브형	—▭—
	플랜지형	—‖—			벨로즈형	—〰—
	턱걸이형	—⊂—			스위블형	
	납땜형	—◯—				

⒝ 계기의 표시 : 압력계, 온도계 등의 계기류를 도시할 때에는 계기를 표시하는 문자기호를 기입한다.

(a) 압력계의 표시   (b) 온도계의 표시

▲ 계기의 표시

(사) 나사이음 밸브류 도시기호

명칭	기호	명칭	기호
체크 앵글 밸브 (check angle valve)		슬루스 앵글 밸브(수직) (sluice angle valve)	
슬루스 앵글 밸브(수평)		글로브 앵글 밸브(수직) (globe angle valve)	
글로브 앵글 밸브(수평)		체크 밸브(check valve)	
콕(cock)		다이어프램 밸브 (diaphragm valve)	
플로트 밸브 (float valve)		슬루스 밸브 (sluice valve)	
전동 슬루스 밸브 (motor operated sluice valve)		글로브 밸브 (globe valve)	
전동 글로브 밸브		봉합 밸브 (lock shield valve)	
안전 밸브(safety valve)		감압 밸브 (reducing pressure valve)	
안전 밸브(스프링식)		안전 밸브(추식)	
일반 콕		삼방 콕	
일반 조작 밸브		전자 밸브	
도출 밸브		공기빼기 밸브	
닫혀있는 일반 밸브		닫혀있는 일반 콕	
온도계		압력계	
글로브 밸브(globe valve)		슬루스 밸브 (sluice valve)	
리프트형 체크 밸브 (lift type check valve)		스윙형 체크 밸브 (swing type check valve)	
콕(cock)		삼방 콕	
안전 밸브		배압 밸브	
감압 밸브		온도조절밸브	
압력계		연성압력계	
공기빼기 밸브			

(2) 투상법 및 입체도

① **정투상법**

(가) **제1각법** : 투상면 앞쪽에 물체를 놓게 되므로 우측면도는 정면도의 왼쪽에, 좌측면도는 정면도의 오른쪽에, 저면도는 정면도의 위에 그리고, 평면도는 정면도의 아래에 그린다. (눈 → 투상면 → 물체)

(나) **제3각법** : 투상면의 뒤쪽에 물체를 놓은 것이므로 정면도를 기준으로 하여 그 좌우, 상하에 본 모양을 본 쪽에서 그리는 것이므로 투상도의 상호 관계 및 위치를 보기가 쉽다. (눈 → 투상면 → 물체)

② **축측 투상법** : 물체의 정면, 평면, 측면을 하나의 투상면 위에서 동시에 볼 수 있도록 그리는 방법이다.

(가) **등각 투상법** : 직육면체의 등각 투상도에서 직각으로 만나는 3개의 모서리를 각각 120°를 이루게 그리는 방법이다.

(나) **부등각 투상법** : 직육면체의 등각 투상도에서 직각으로 만나는 3개의 모서리가 임의의 각도를 이루게 그리는 방법이다.

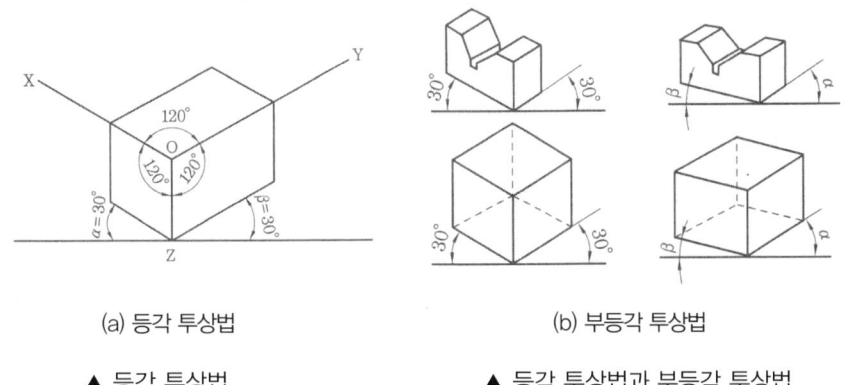

(a) 등각 투상법   (b) 부등각 투상법

▲ 등각 투상법   ▲ 등각 투상법과 부등각 투상법

③ **입체도**

(가) 배관도에서 입체도를 그리는 이유

㉮ 계통도를 보다 구체적으로 지시할 경우

㉯ 손수 수두 또는 유량 등을 계산할 경우

㉰ 배관 및 관 이음쇠의 수량을 산출할 경우

㉱ 배관을 가공하기 위해 관 가공도(加工圖)를 그릴 때

(3) 보일러 시공도면의 작성

① **시공도면의 작성 요령**
   ㈎ 시공도의 척도는 1/50 또는 1/25을 원칙으로 한다.
   ㈏ 배관 도시기호는 한국산업규격(KS B 0051)에 의한다.
   ㈐ 시공도에는 다음 사항이 포함되도록 한다.
   　㉮ 모든 배관의 크기 치수 및 경로
   　㉯ 매설된 배관의 경우에는 정확한 매설위치와 연결부분
   　㉰ 배관의 단열방식 및 단열두께
   　㉱ 밸브의 종류 및 설치 위치
   　㉲ 팽창탱크 및 안전장치의 설치위치 및 규격
   　㉳ 전기 사용기기가 있을 때는 이에 따른 배전도 및 규격
   　㉴ 보일러 등의 기기의 규격 및 용량, 제조업체명
   　㉵ 시공자의 서명 및 계약일자, 시공일자

② **시공도면의 작성순서**
   ㈎ 건물 외곽 치수를 측정하고, 각실의 위치 및 치수를 척도에 따라 건물 평면도를 작성하고 주요치수를 기입한다.
   ㈏ 보일러실의 위치를 표시한다.
   ㈐ 각 방의 주관선의 입구 및 출구 위치를 연결한다.
   ㈑ 보일러와 각실의 주관선의 입구 및 출구위치를 연결한다.
   ㈒ 주관의 유니언 위치를 표시한다.
   ㈓ 각실의 방열기를 표시한다.
   ㈔ 팽창탱크, 온수탱크, 공기 방출기 등을 표시한다.
   ㈕ 굴뚝의 위치 및 연도를 표시한다.
   ㈖ 보일러 용량을 계산, 확인한다.

③ **도면 작성** : 배관도는 관의 배치를 나타내는 것이 목적이므로, 관이 설치되는 기계장치의 도면은 될 수 있는 대로 간단하게 외형만을 가는 실선 등의 가상선으로 그리는 것이 보통이다. 입체적으로 그린 다음 그림은, 복선 표시법과 단선 표시법으로 다음에 각각 도시한 것이다.

④ **시공 내역서 작성** : 시공도에 의하여 필요한 자재 및 인건비를 정확하게 산출하여 내역서를 작성한다. 내역서 작성은 공사금액 산출의 기본이 되므로 다음의 것을 포함시

켜 작성한다.

⑺ 보일러 및 부속설비의 대수를 산출한다.
⑻ 배관을 규격별로 총 연장길이를 산출한다.
⑼ 관이음쇠의 종류별, 규격별로 소요수량을 산출한다.
⑽ 밸브의 종류별, 규격별 소요수량을 산출한다.
⑾ 기타 필요한 자재 및 부속 종류별, 규격별 소요수량을 산출한다.
⑿ 굴뚝 및 연도재료를 산출한다.
⒀ 보온재, 방수재 등을 산출한다.
⒁ 기타 잡자재를 산출한다.
⒂ 소요 인건비를 산출한다.

2. 보일러 시공도면 해독

(1) 강제 보일러

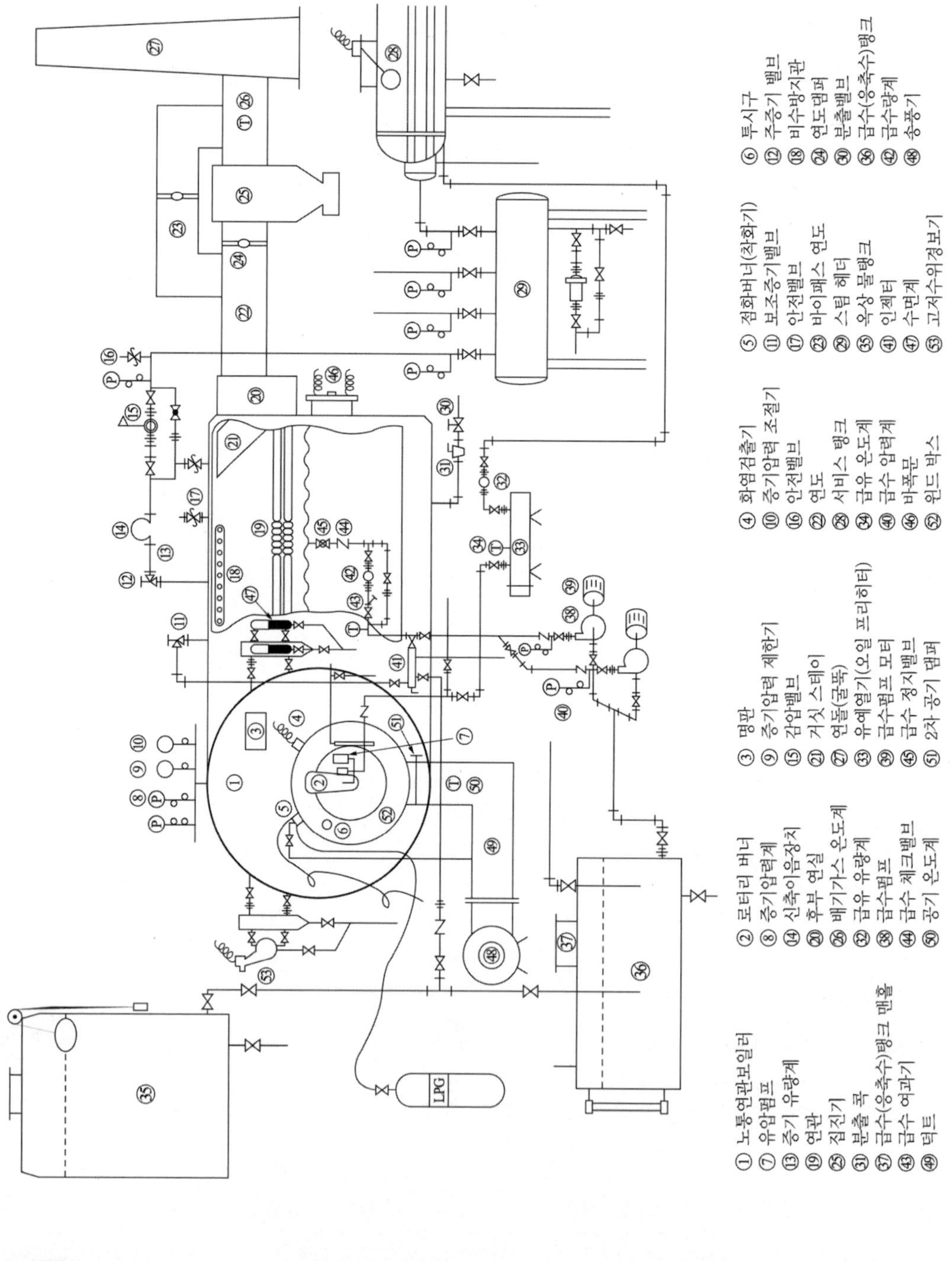

노통연관 보일러 계통도 1

① 노통연관보일러 ② 로터리 버너 ③ 명판 ④ 화염검출기 ⑤ 점화버너(착화기) ⑥ 투시구
⑦ 유압펌프 ⑧ 증기압력계 ⑨ 증기압력 조절기 ⑩ 증조증기밸브 ⑪ 보조증기밸브 ⑫ 주증기 밸브
⑬ 증기 유량계 ⑭ 신축이음장치 ⑮ 감압밸브 ⑯ 안전밸브 ⑰ 안전밸브 ⑱ 비수방지관
⑲ 연탄 ⑳ 후부 연실 ㉑ 개스 스테이 ㉒ 연돌(굴뚝) ㉓ 바이패스 연도 ㉔ 연도댐퍼
㉕ 집진기 ㉖ 배기가스 온도계 ㉗ 유예열기(오일 프리히터) ㉘ 서비스 탱크 ㉙ 급유 온도계 ㉚ 분출밸브
㉛ 분출 탱크 ㉜ 급유 유량계 ㉝ 급수펌프 모터 ㉞ 급수펌프 ㉟ 급수 압력계 ㊱ 급수(응축수)탱크
㊲ 급수(응축수)탱크 맨홀 ㊳ 급수펌프 ㊴ 급수 온도계 ㊵ 급수 정지밸브 ㊶ 바코폰 ㊷ 급수량계
㊸ 여과기 ㊹ 급수 체크밸브 ㊺ 급수 압력계 ㊻ 인체계 ㊼ 수면계 ㊽ 핸드 박스
㊾ 넥토 ㊿ 공기 온도계 ㊺1 2차 공기 댐퍼 ㊺2 ㊺3 고저수위경보기 송풍기

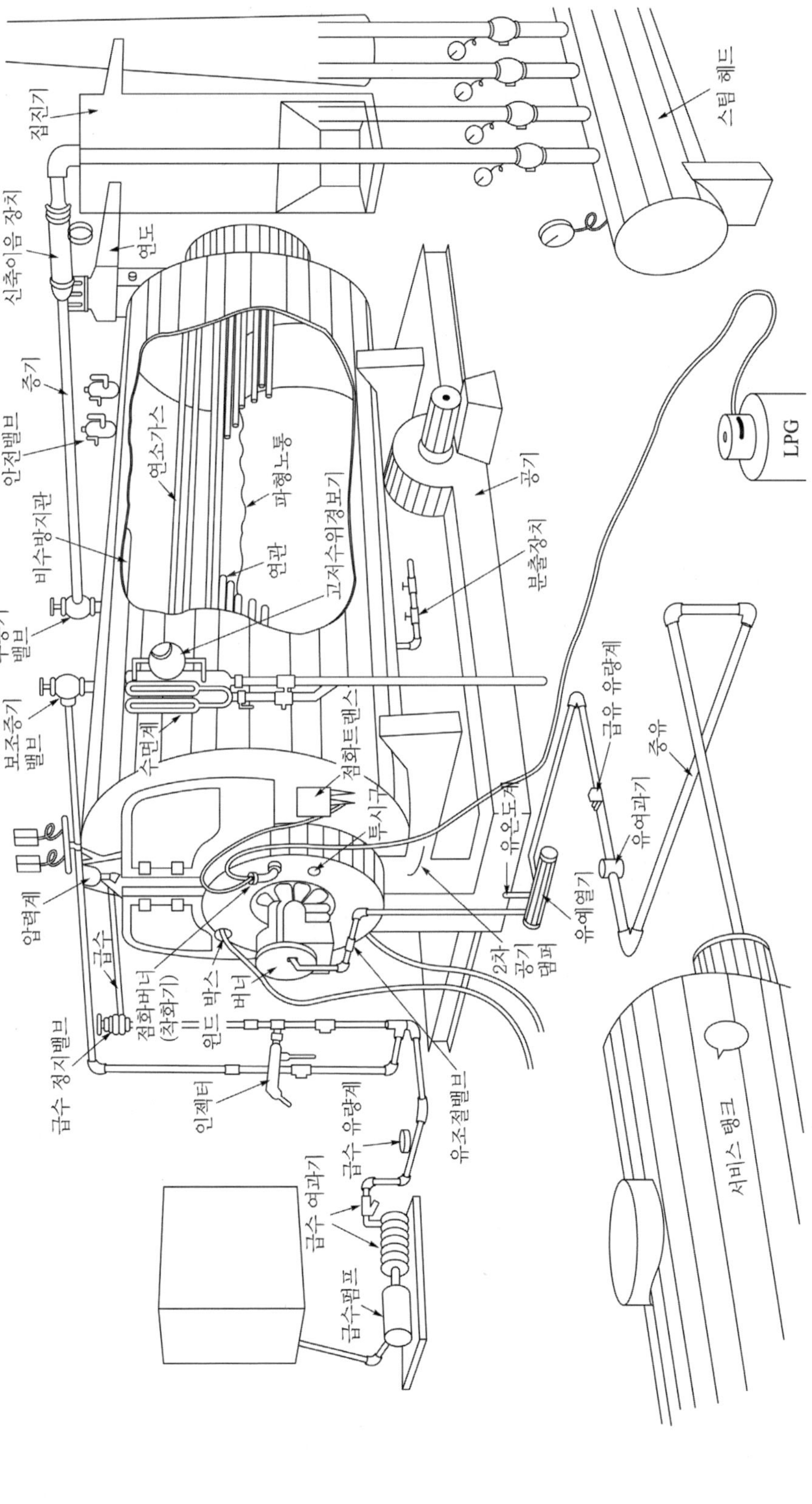

제11장 보일러 시공도면 작성 및 해독

노통연관 보일러 계통도 2

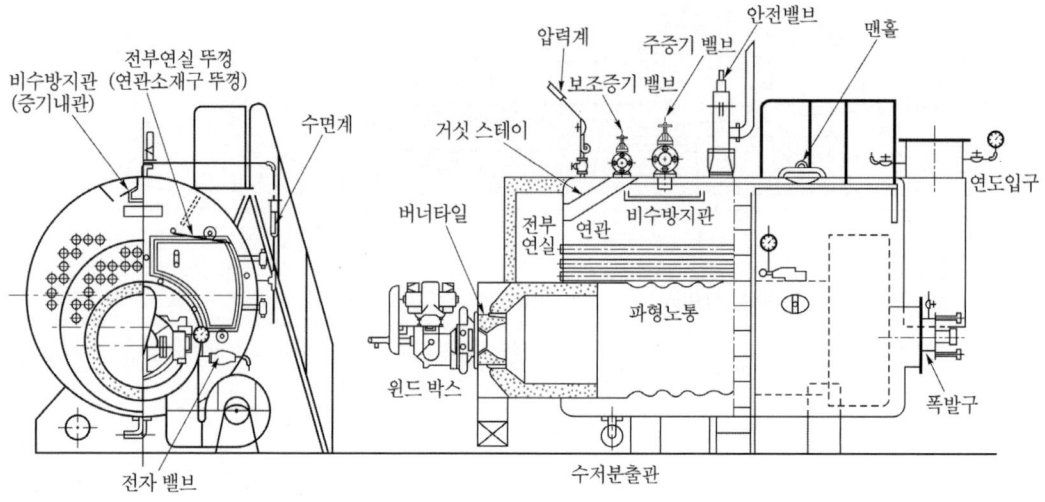

▲ 노통 연관식 보일러 계통도 3

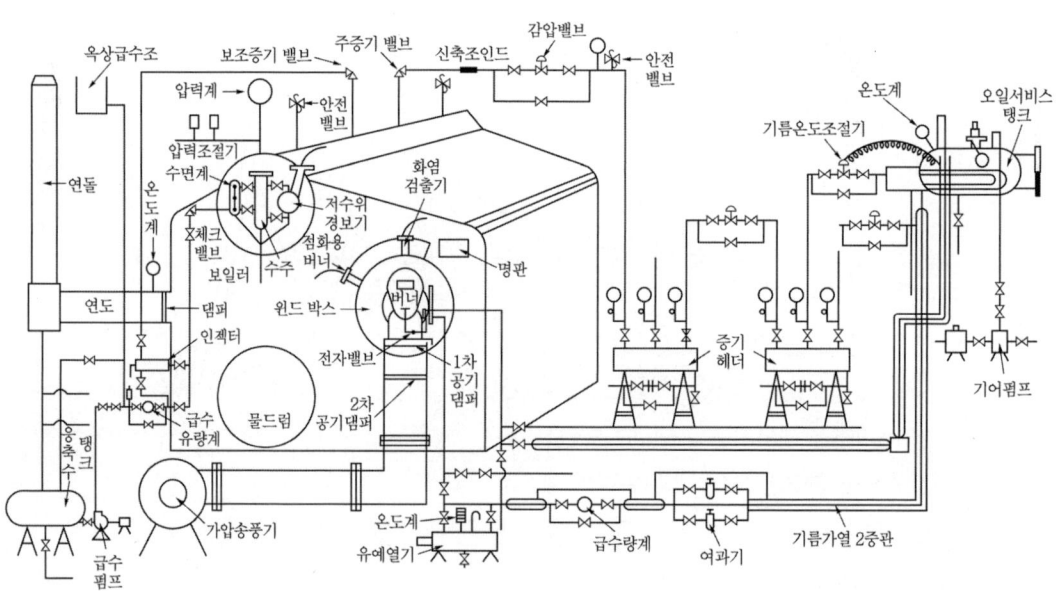

▲ 2동 D형 수관식 보일러 계통도

제11장 보일러 시공도면 작성 및 해독

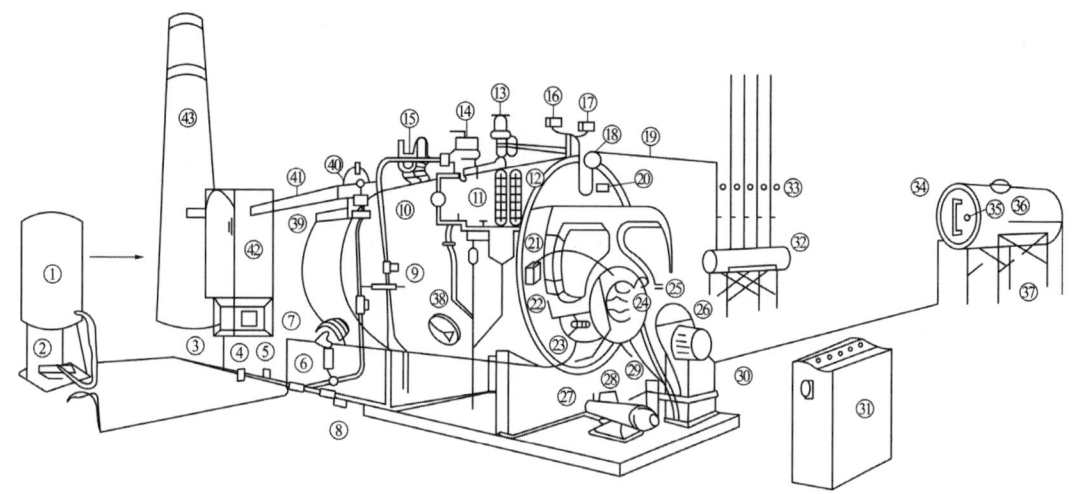

※ 각 부의 명칭

① 저수 탱크	② 급수 펌프	③ 급수온도계	④ 여과기
⑤ 급수유량계	⑥ 약제 주입구	⑦ 방폭문	⑧ 여과기
⑨ 인젝터	⑩ 고·저수위경보기	⑪ 수주	⑫ 수면계
⑬ 주 증기 밸브	⑭ 보조 증기 밸브	⑮ 안전 밸브	⑯ 압력제한기
⑰ 압력조절기	⑱ 압력계	⑲ 신축이음	⑳ 보일러 명판
㉑ 윈드 박스	㉒ 점화 트랜스	㉓ 투시구	㉔ 버너
㉕ 유전자 밸브	㉖ 압입 송풍기	㉗ 유예열기	㉘ 유온도계
㉙ 유량계	㉚ 유여과기	㉛ 조작 패널	㉜ 유온도계
㉝ 압력계	㉞ 유면계	㉟ 유온도계	㊱ 서비스 탱크
㊲ 오일 압송 펌프	㊳ 맨 홀	㊴ 배기가스 온도계	㊵ 흡인 송풍기
㊶ 연도	㊷ 집진기	㊸ 연돌	

▲ 노통 연관식 보일러 설치 계통도

제1편 열설비 취급실무

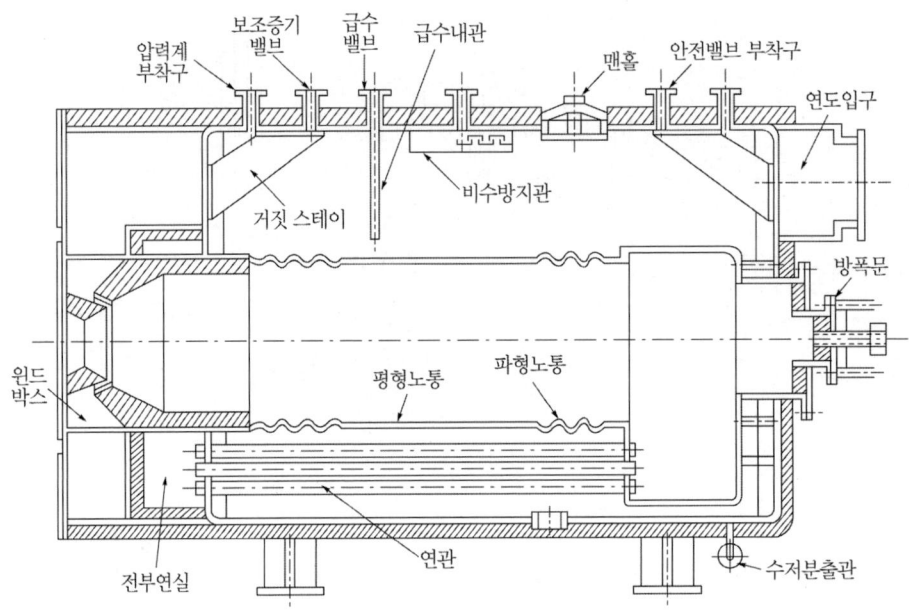

▲ 노통연관 보일러 단면상세도

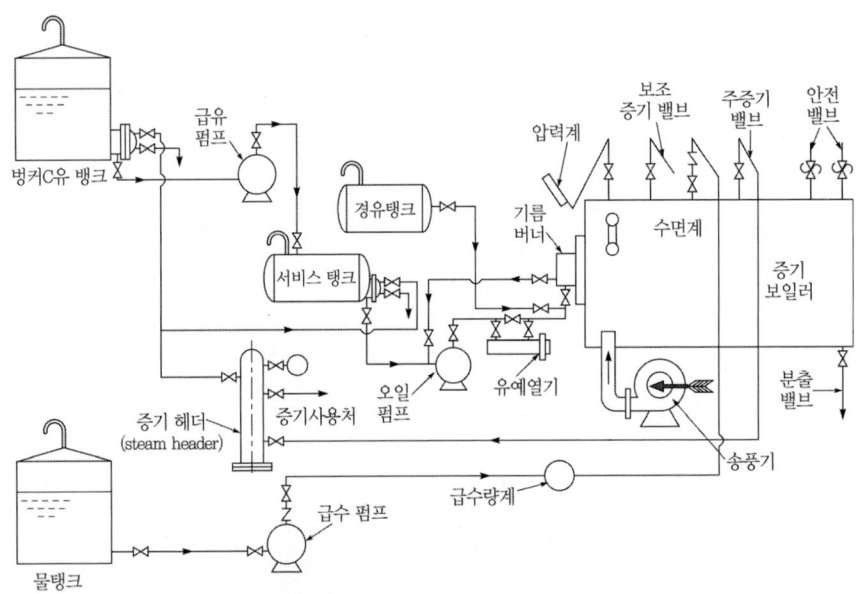

▲ 보일러 계통도

제11장 보일러 시공도면 작성 및 해독

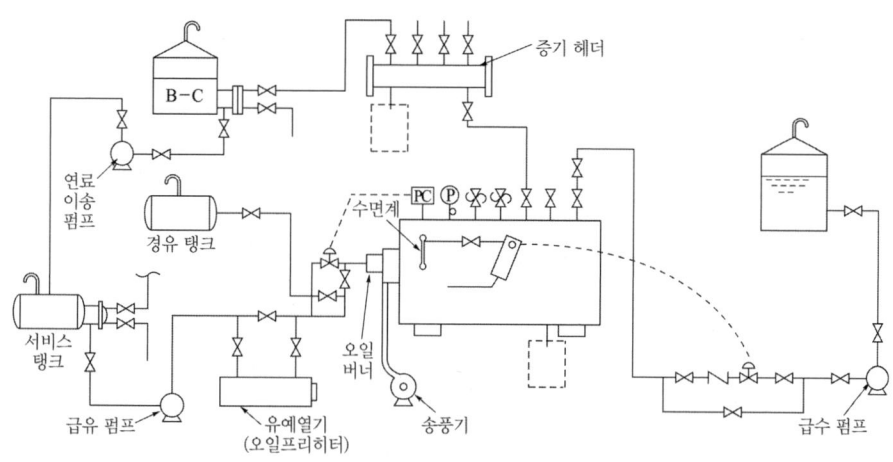

▲ 보일러 배관 계통도

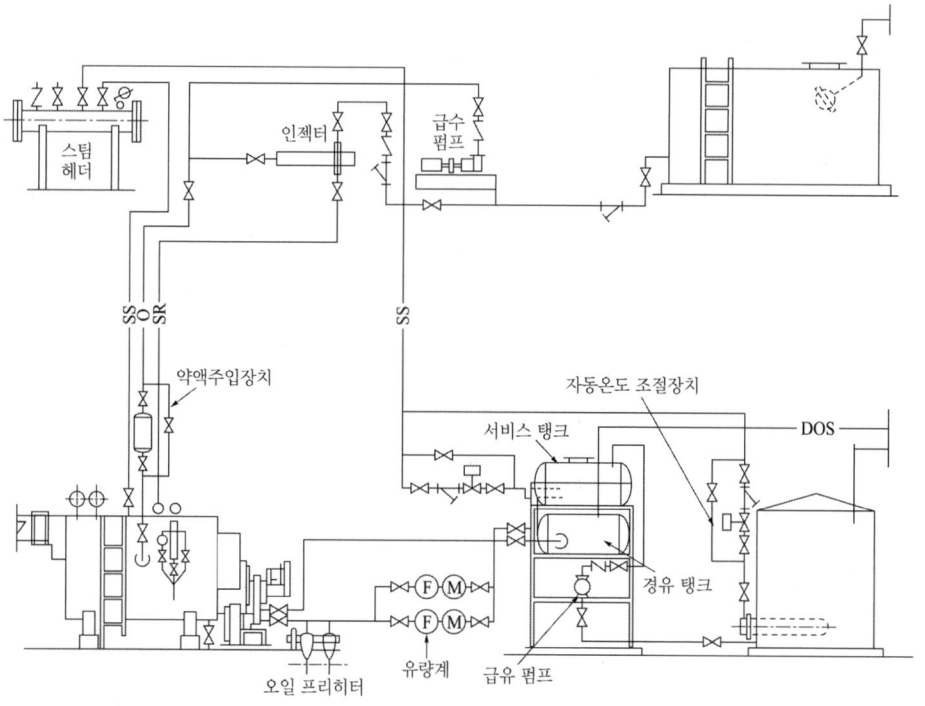

▲ 보일러 배관 계통도

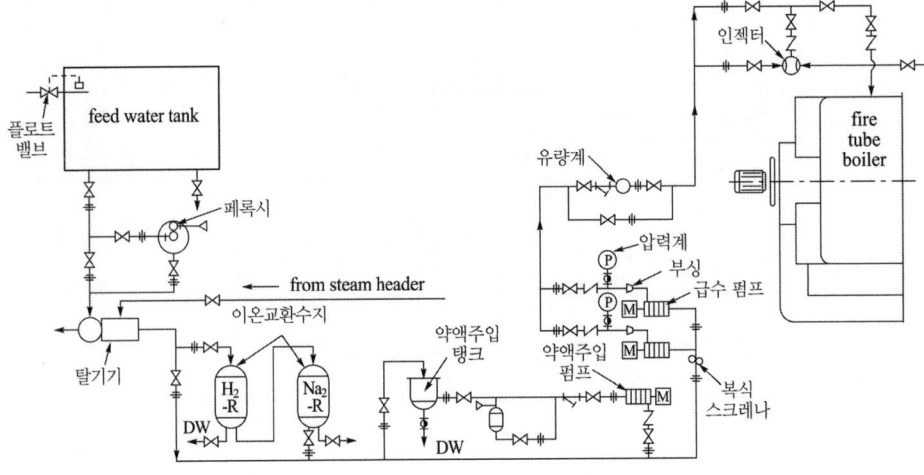

▲ 보일러 계통도

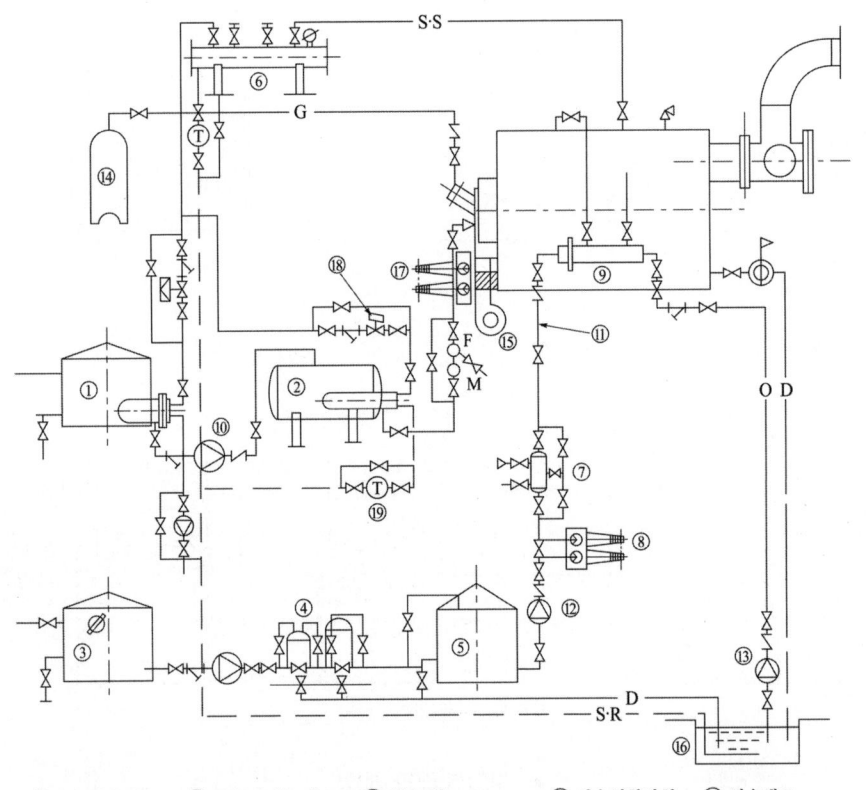

① 중유저장 탱크 ② 중유 서비스 탱크 ③ 급수 탱크 ④ 경수연화장치 ⑤ 연수탱크
⑥ 증기 헤더 ⑦ 청관제주입장치 ⑧ 급수조절장치 ⑨ 인젝터 ⑩ 송유 펌프
⑪ 급수관 ⑫ 급수 펌프 ⑬ 응축수 펌프 ⑭ LPG 탱크 ⑮ 송풍기
⑯ 응축수 탱크 ⑰ 급유량조절장치 ⑱ 자동온도조절장치 ⑲ 증기 트랩

▲ 보일러 배관 계통도

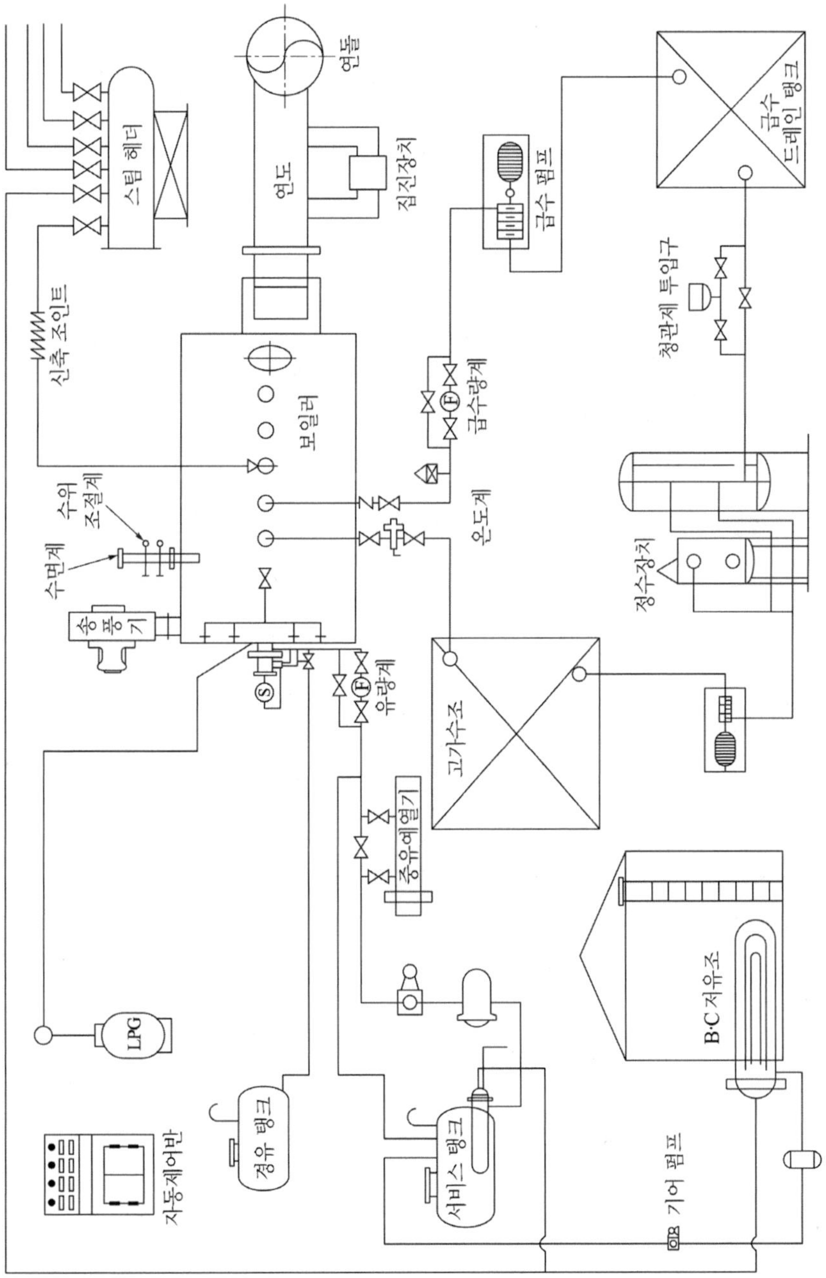
스팀 헤더
연돌
연도
집진장치
급수 펌프
급수 드레인 탱크
신축 조인트
보일러
급수량계
청관제 투입구
수위 조절계
수면계
온도계
송풍기
유량계
정수장치
고가수조
중유예열기
B·C 저유조
LPG
경유 탱크
서비스 탱크
기어 펌프
자동제어반

보일러 배관 계통도

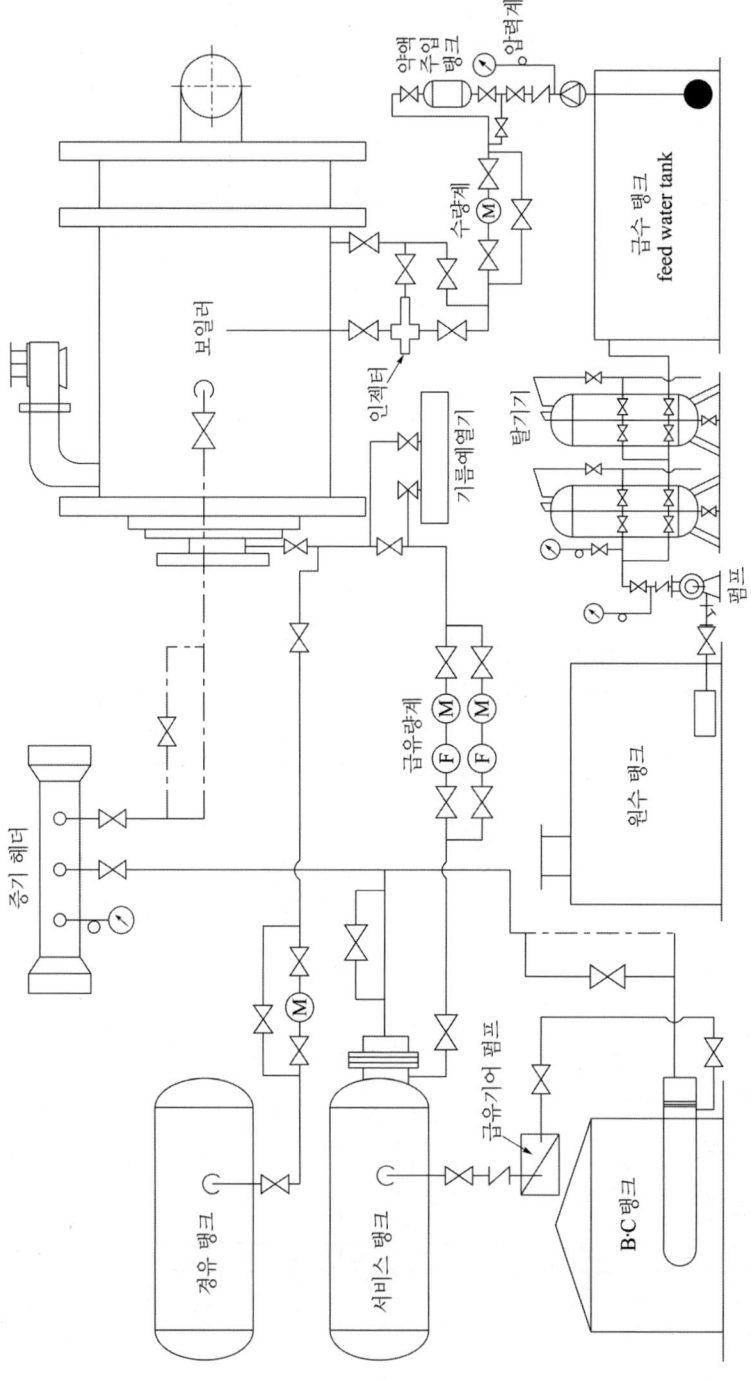

보일러 배관 계통도

제11장 보일러 시공도면 작성 및 해독

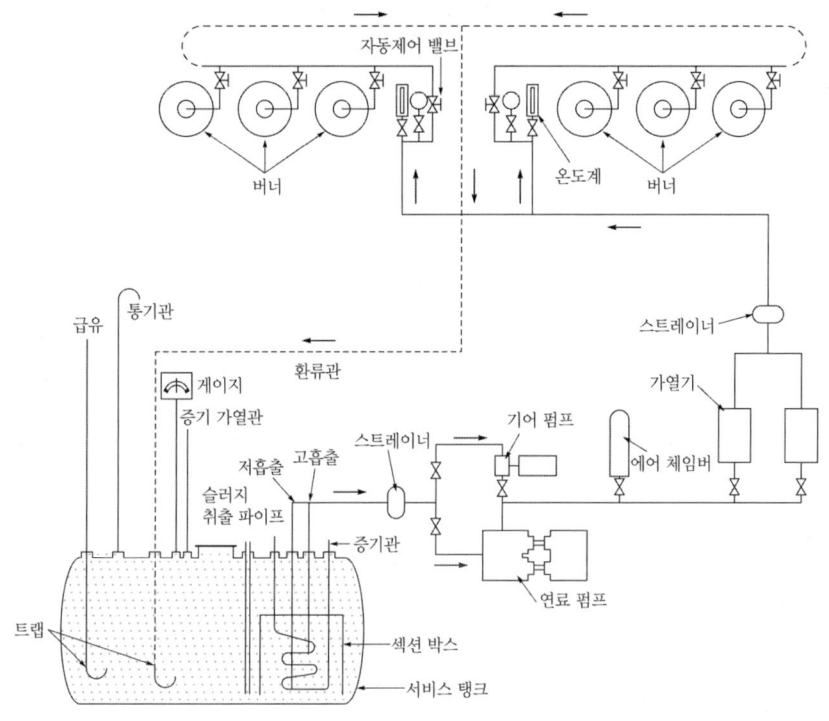

▲ 보일러 급유 계통도

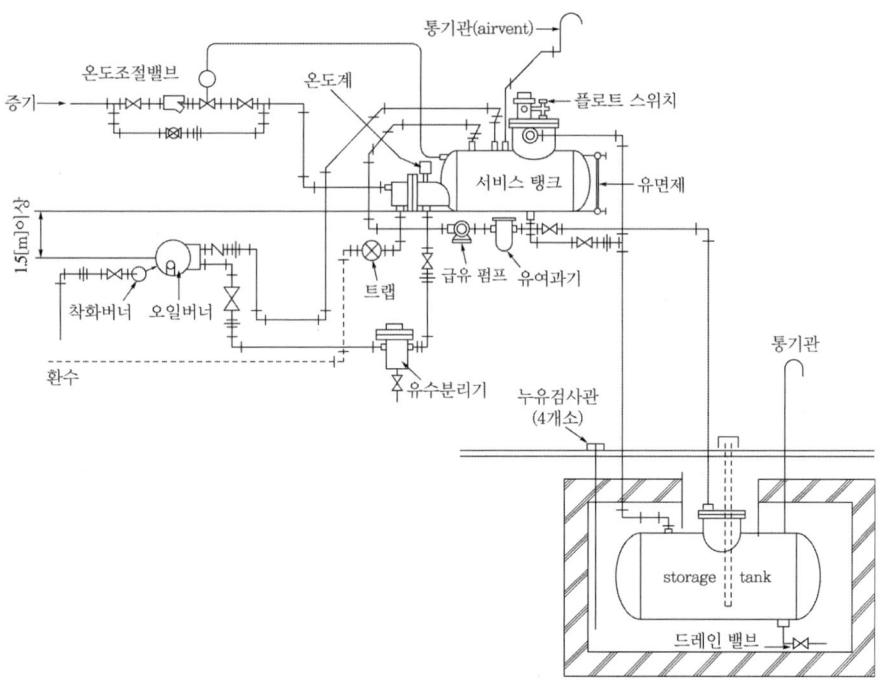

▲ 오일 서비스 탱크 주변 배관도

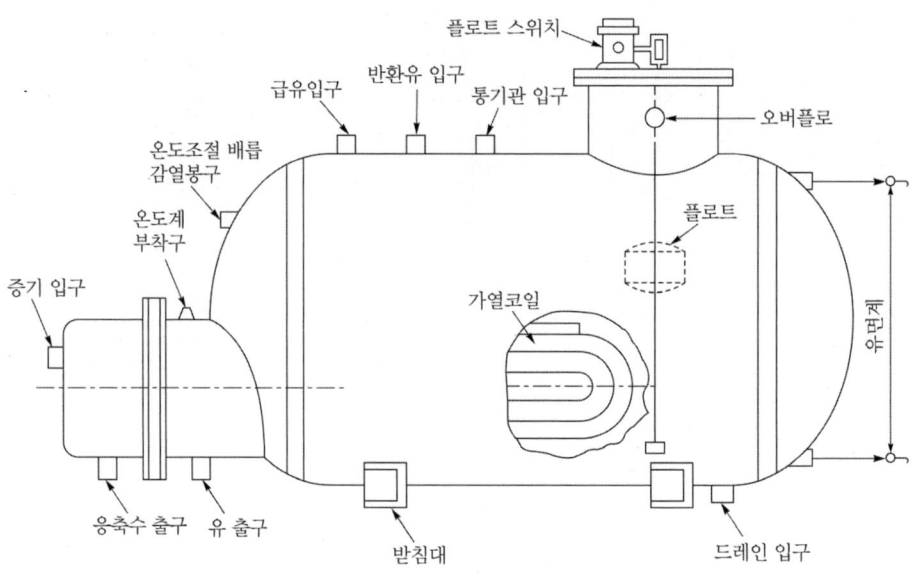

▲ 오일 서비스 탱크 상세도

(2) 온수 보일러

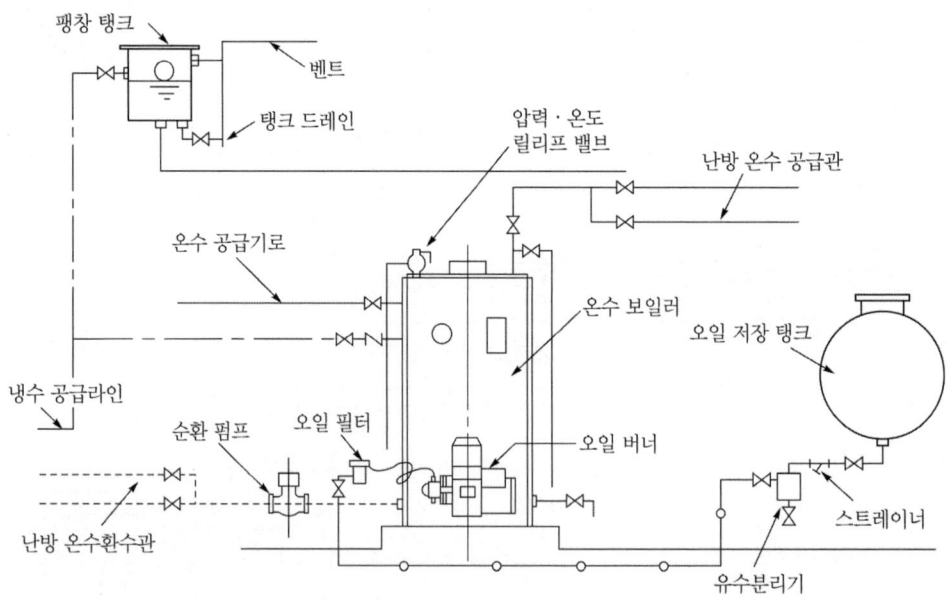

▲ 온수 보일러 계통도

제11장 보일러 시공도면 작성 및 해독

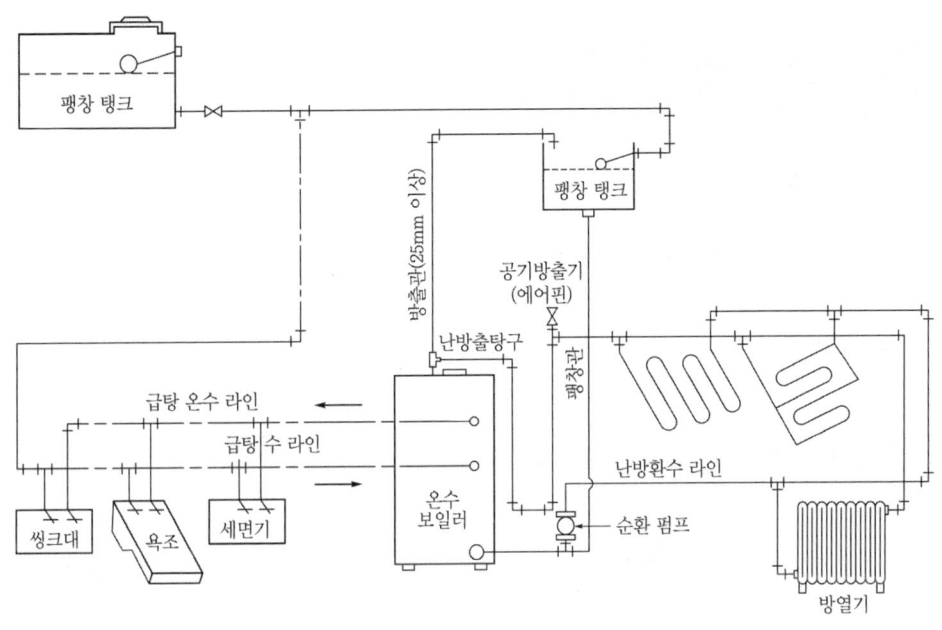

▲ 온수 보일러 계통도

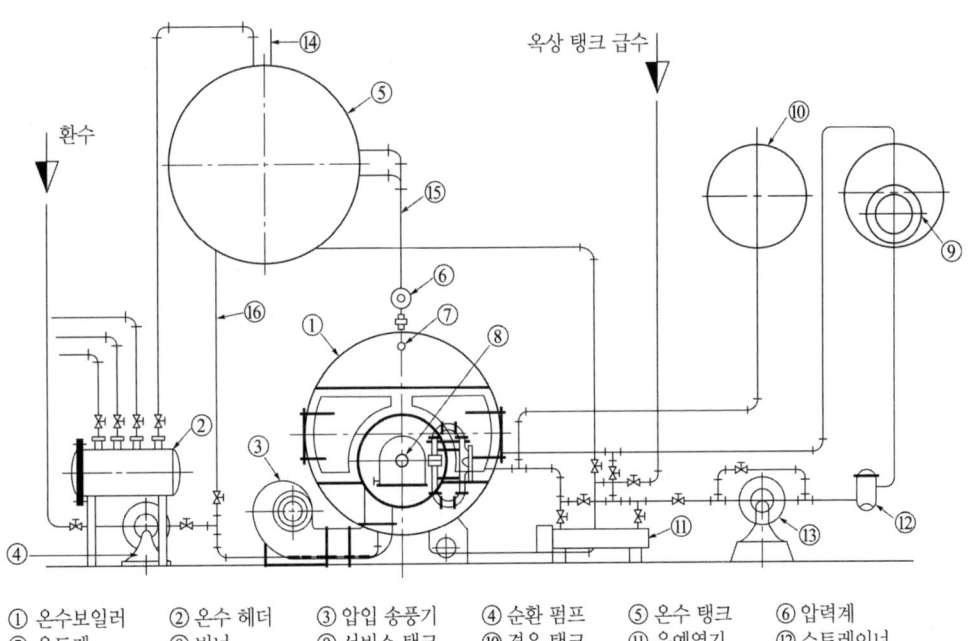

① 온수보일러 ② 온수 헤더 ③ 압입 송풍기 ④ 순환 펌프 ⑤ 온수 탱크 ⑥ 압력계
⑦ 온도계   ⑧ 버너   ⑨ 서비스 탱크 ⑩ 경유 탱크 ⑪ 유예열기 ⑫ 스트레이너
⑬ 기어 펌프 ⑭ 에어벤트 ⑮ 급탕관   ⑯ 순환관

▲ 온수 보일러 계통도

예상문제

01 배관도면을 작성할 때 그 지방의 해수면에 기준선(base line)을 설정하여 이 기준선으로부터의 높이를 표시하는 표시법을 무엇이라고 하는가?

해답▶ EL(elevation line) 표시법

02 그림과 같은 배관 도시기호를 설명하시오.

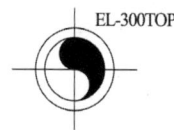

해답▶ 관의 윗면이 기준면보다 300[mm] 낮은 위치에 있다.

03 [보기]는 배관 표시법의 설명이다. 다음 내용을 [보기]와 같은 방법으로 설명하시오.

> [보기] EL + 700 : 기준면으로부터 배관 중심부까지 높이가 700[mm] 상부에 있다.
> (단, EL은 해수면을 기준으로 한 것이다.)

(1) EL TOP + 300 :
(2) EL BOP − 300 :

해답▶ (1) 파이프 윗면이 기준면보다 300[mm] 높게 있다.
(2) 파이프 밑면이 기준면보다 300[mm] 낮게 있다.

04 배관도면을 작성할 때 건물의 바닥면을 기준선으로 하여 높이를 표시하는 기호는?

해답▶ GL(ground line)

05 다음 관 이음방법의 도시기호의 연결방법 명칭을 쓰시오.
(1)   (2)   (3)

해답▶ (1) 나사 이음 (2) 용접 이음 (3) 플랜지 이음

06 관이음 방법에서 나사이음, 플랜지 이음, 턱걸이 이음, 납땜 이음, 용접 이음, 유니언 이음의 표시 방법을 도시하시오.

[해답] ① 나사 이음 : ─┼─   ② 플랜지 이음 : ─┼┼─
③ 턱걸이 이음 : ─⊃─   ④ 납땜 이음 : ─○─
⑤ 용접 이음 : ─✕─   ⑥ 유니언 이음 : ─┤├─

07 다음은 각 이음쇠의 이음방법을 도시한 것이다. 이음쇠의 명칭과 이음 방법을 쓰시오.

(1) 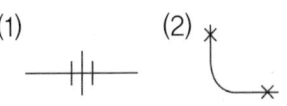 (2) 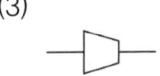 (3)  (4)  (5)

[해답] (1) 유니언 나사이음   (2) 엘보 용접이음
(3) 부싱 나사이음   (4) 슬리브 신축이음 플랜지 이음
(5) 리듀서 나사이음

08 신축이음의 종류 4가지를 명칭과 함께 도시기호로 표시하시오.

[해답] ① 루프형 :   ② 슬리브형 :
③ 벨로즈형 :   ④ 스위블형 :

09 다음 배관 도시기호에 대한 명칭을 쓰시오.

(1) 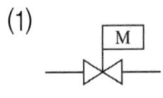 (2) 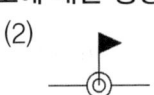 (3) 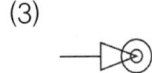 (4)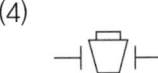
(5)   (6)  (7)

[해답] (1) 전동 게이트(슬루스) 밸브   (2) 감압밸브   (3) 글로브(스톱) 앵글 밸브
(4) 콕   (5) 소켓   (6) 동심 리듀서   (7) 가는 티

10 다음 배관 도시기호에 대한 명칭을 쓰시오.

(1) 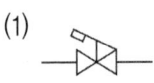 (2)  (3) 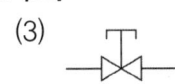 (4)
(5)   (6)  (7)  (8)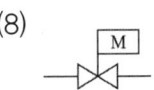

해답 ▶ (1) 지렛대식 안전밸브 (2) 다이어프램 밸브 (3) 봉합밸브
(4) 부싱 (5) 편심 리듀서 (6) 안전밸브
(7) 플로트 밸브 (8) 전동 슬루스 밸브

11 다음은 도면에 표시되는 유체의 종류를 나타내는 기호이다. 각각 유체의 명칭을 쓰시오.
(1) A :   (2) G :   (3) O :
(4) S :   (5) W :

해답 ▶ (1) 공기   (2) 가스   (3) 기름   (4) 수증기   (5) 물

12 다음은 배관에 설치되는 부속품 표시이다. 명칭을 쓰시오.

⟜●⟝	①	(PI)	④	
⟜▷	②	(TI)	⑤	
⟜⋀	③			

해답 ▶ ① 글로브 밸브   ② 앵글밸브   ③ 스프링식 안전밸브
④ 압력계   ⑤ 온도계

13 방열기 도시기호에서 방열기 명칭을 쓰시오.
(1) ●▬▬●   (2) ▬▬▬   (3) ●||||||||●   (4) ●▭●

해답 ▶ (1) 주형 방열기
(2) 벽걸이형 방열기
(3) 핀 방열기
(4) 대류 방열기

14 배관 공사에서 입체도를 기본적으로 그리는 이유를 3가지만 쓰시오.

해답 ▶ ① 계통도를 보다 구체적으로 지시할 경우
② 손실수두 또는 유량 등을 계산할 경우
③ 배관 및 관이음쇠의 수량을 산출할 경우
④ 배관을 가공하기 위해 관 가공도(加工圖)를 그릴 때

제11장 보일러 시공도면 작성 및 해독

15 주어진 배관 평면도를 제시된 방위에 맞도록 등각 투상도로 나타내시오.

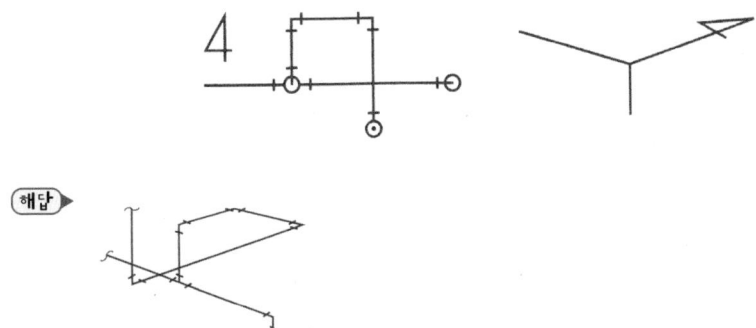

16 다음 평면도 및 입면도에 맞추어 오른쪽의 입체도를 완성하시오.

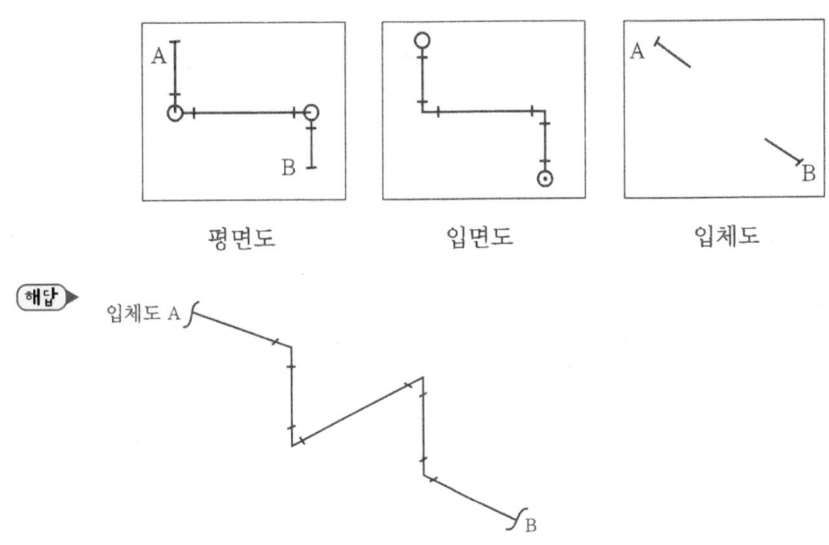

17 아래에 주어진 평면도를 등각 투상도로 나타내시오.

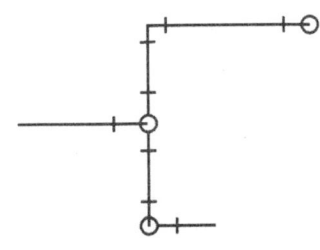

| 477 |

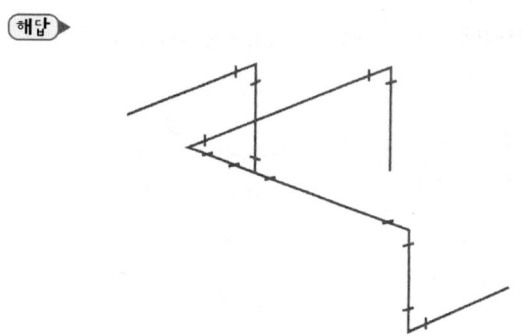

18 다음 도면은 열교환기 주변 배관도이다. 표시된 ①~⑤까지의 명칭을 쓰시오.

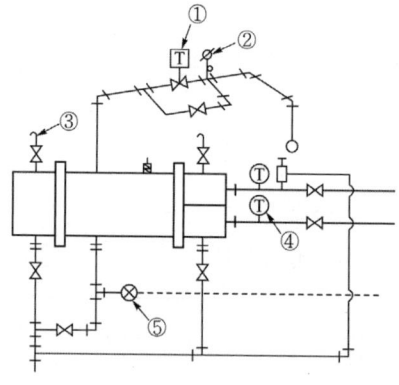

해답 ① 온도조절 밸브 ② 압력계 ③ 안전밸브 ④ 온도계 ⑤ 증기 트랩

19 열교환기가 과열되지 않도록 증기의 공급을 차단하고 공급온수의 온도가 일정하게 제어되도록 열교환기 주변 배관을 구성하려고 한다. [보기]에서 알맞은 부속장치를 찾아 ( ) 안에 번호와 명칭을 기입하시오.

[보기] ① 온수 순환펌프   ② 증기 트랩 장치
　　　 ③ 전동 2방 밸브   ④ 전동 3방 밸브

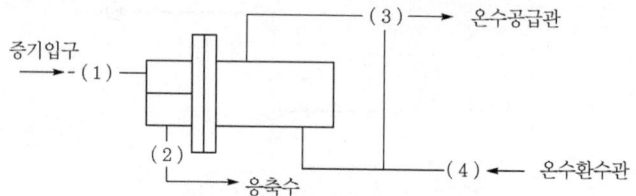

해답 ▶ (1) ③ 전동 2방 밸브   (2) ② 증기 트랩 장치
        (3) ④ 전동 3방 밸브   (4) ① 온수 순환펌프

20 다음 도면은 노통 연관식 보일러의 구조 및 부속장치에 대한 것이다. ①~⑫까지의 명칭을 쓰시오.

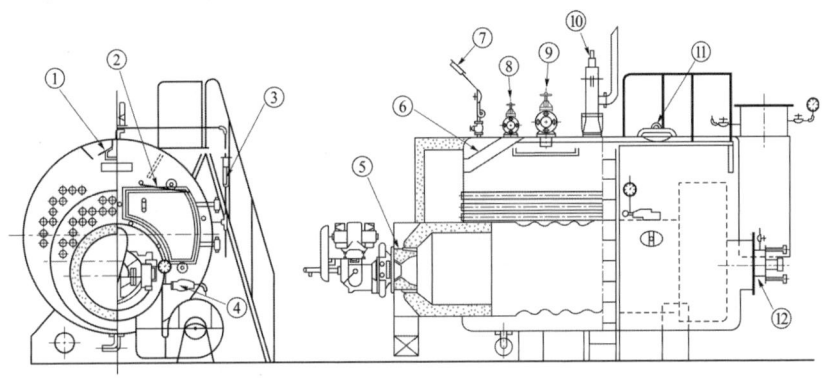

해답 ▶ ① 비수 방지관 ② 전부연실 커버 ③ 수면계 ④ 전자밸브 ⑤ 버너 타일
       ⑥ 거싯 스테이 ⑦ 압력계 ⑧ 보조 증기밸브 ⑨ 주증기 밸브 ⑩ 안전밸브
       ⑪ 맨홀 ⑫ 방폭문

21 다음 노통 연관식 보일러의 단면도에서 번호로 표시된 ①~⑯까지의 명칭을 쓰시오.

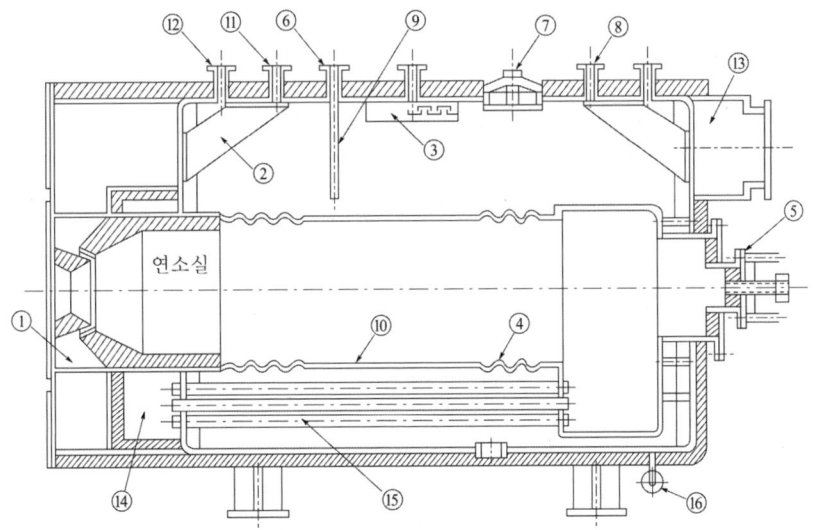

해답 ▶ ① 윈드 박스 ② 거싯 스테이 ③ 비수 방지관 ④ 파형 노통 ⑤ 방폭문
       ⑥ 급수밸브 ⑦ 맨홀 ⑧ 안전밸브 부착구 ⑨ 급수내관 ⑩ 평형 노통
       ⑪ 보조증기 밸브 ⑫ 압력계 부착구 ⑬ 연도입구 ⑭ 전연실 ⑮ 연관
       ⑯ 수저분출관

22 다음 보일러 계통도의 ①~⑮까지의 명칭을 쓰시오.

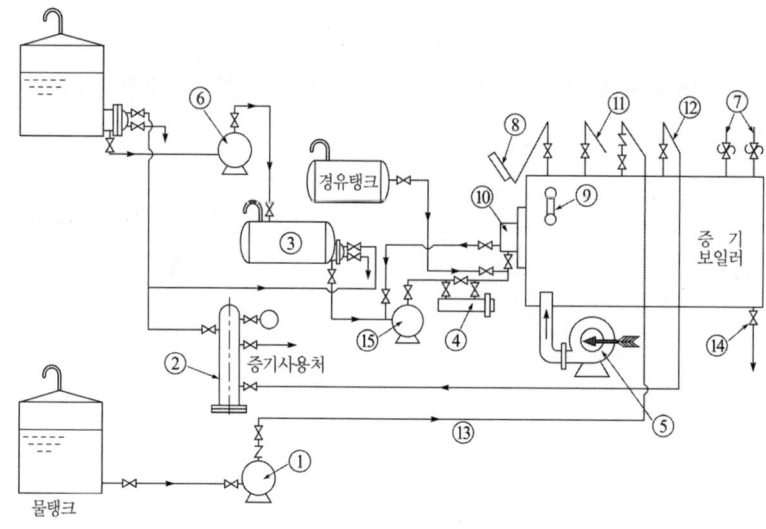

해답 ① 급수펌프 ② 증기헤더 ③ 서비스 탱크 ④ 유예열기 ⑤ 송풍기 ⑥ 급유 펌프
⑦ 안전밸브 ⑧ 압력계 ⑨ 수면계 ⑩ 오일 버너 ⑪ 보조증기 밸브
⑫ 주증기 밸브 ⑬ 급수관 ⑭ 분출밸브 ⑮ 오일 펌프

23 다음 보일러 배관 계통도에서 ①~⑩까지의 명칭을 쓰시오.

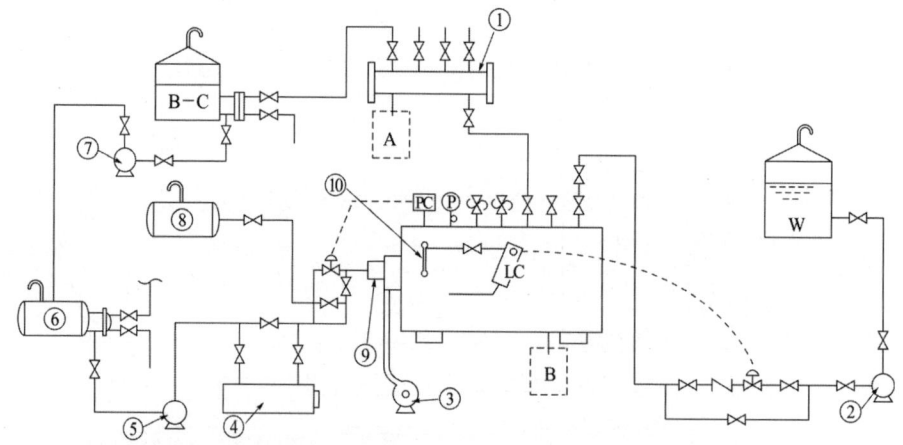

해답 ① 증기헤더 ② 급수펌프 ③ 송풍기 ④ 유예열기 ⑤ 급유 펌프
⑥ 서비스 탱크 ⑦ 연료 이송 펌프 ⑧ 경유 탱크 ⑨ 오일 버너 ⑩ 수면계

24 다음 도면은 보일러 배관 계통도이다. 도면을 참고하여 다음 물음에 답하시오.

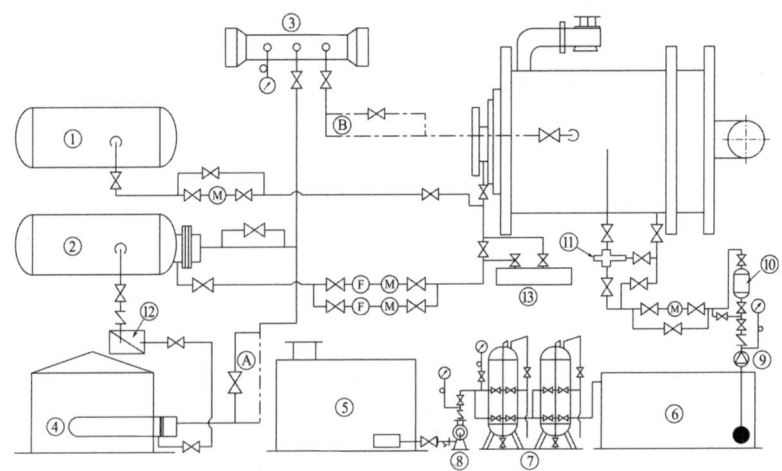

(1) ①~⑬까지의 기기 명칭을 쓰시오.
(2) 미완성된 A, B 부분의 배관을 완성하시오.

해답 (1) ① 경유 탱크 ② 서비스 탱크 ③ 증기헤더 ④ 오일 저장 탱크 ⑤ 저수조(물탱크)
⑥ 연수 탱크 ⑦ 경수연화장치 ⑧ 급수펌프 ⑨ 급수펌프 ⑩ 약액주입 탱크
⑪ 인젝터 ⑫ 연료이송 펌프 ⑬ 유예열기
(2) A부분 : 온도조절 밸브 라인   B부분 : 감압 밸브 라인

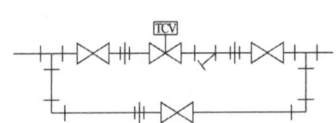 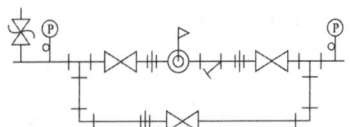

25 다음 그림은 노통연관식 보일러가 설치된 개략도이다. 각부 명칭 중 ①, ⑨, ⑫, ⑬, ⑮, ㉔, ㉖, ㉜, ㊷, ㊸의 명칭을 쓰시오.

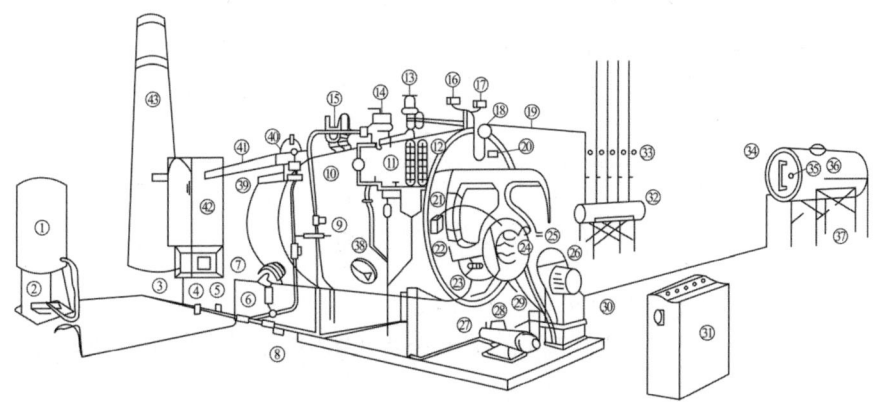

해답 ① 저수탱크 ⑨ 인젝터 ⑫ 수면계 ⑬ 주증기 밸브 ⑮ 안전밸브
     ㉔ 버너 ㉖ 압입송풍기 ㉜ 증기헤더 ㊷ 집진기 ㊸ 연돌

26 다음 도면은 보일러실 계통도이다. 도면을 보고 다음 물음에 답하시오.

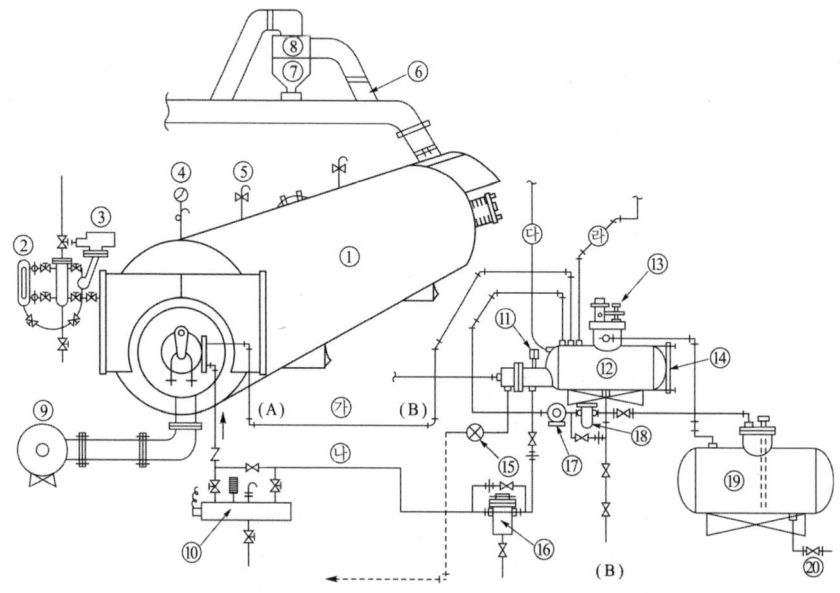

(1) 도면에서 ②, ③, ④, ⑤, ⑥, ⑨, ⑪, ⑬, ⑭, ⑮, ⑯, ⑰, ⑱, ⑲의 명칭을 쓰시오.
(2) 도면의 보일러는 연료소비량이 시간당 170[L]이고 ⑩번의 입구온도 40[℃], 예열 온도가 70[℃]일 때 용량[kW·h]은 얼마가 적당한가? (단, 연료의 비열 0.45 [kcal/kg·℃], 연료의 비중 0.95, 효율 85[%]로 한다.)
(3) ⑦의 명칭과 형식을 쓰시오.
(4) 도면에서 ㉮ 배관 내의 유체는 어느 방향으로 흐르는가? (A 또는 B 방향으로 기재)
(5) 도면에서 잘못된 배관은 어느 것이며, 그 이유를 설명하시오.

해답 (1) ② 유리수면계 ③ 저수위 경보기 ④ 압력계 ⑤ 안전밸브 ⑥ 댐퍼 ⑨ 송풍기
       ⑪ 온도계 ⑬ 플로트 스위치 ⑭ 액면계 ⑮ 증기 트랩 ⑯ 유수분리기
       ⑰ 연료이송 펌프 ⑱ 오일 필터 ⑲ 메인 탱크(저유조)

(2) $kW \cdot h = \dfrac{G_f \cdot C_f \cdot \Delta t}{860\eta} = \dfrac{170 \times 0.95 \times 0.45 \times (70-40)}{860 \times 0.85} = 2.982 ≒ 2.98 [kW \cdot h]$

(3) ① 명칭 : 집진기 ② 형식 : 사이클론식
(4) B 방향
(5) ① 잘못된 배관 : ㉮, ㉯ 배관
    ② 이유 : 배관 내부의 중유 응고을 방지하기 위하여 이중관으로 설비하여야 함

27 다음 도면은 보일러 연소설비를 나타낸 것이다. 도면을 보고 다음 물음에 답하시오.

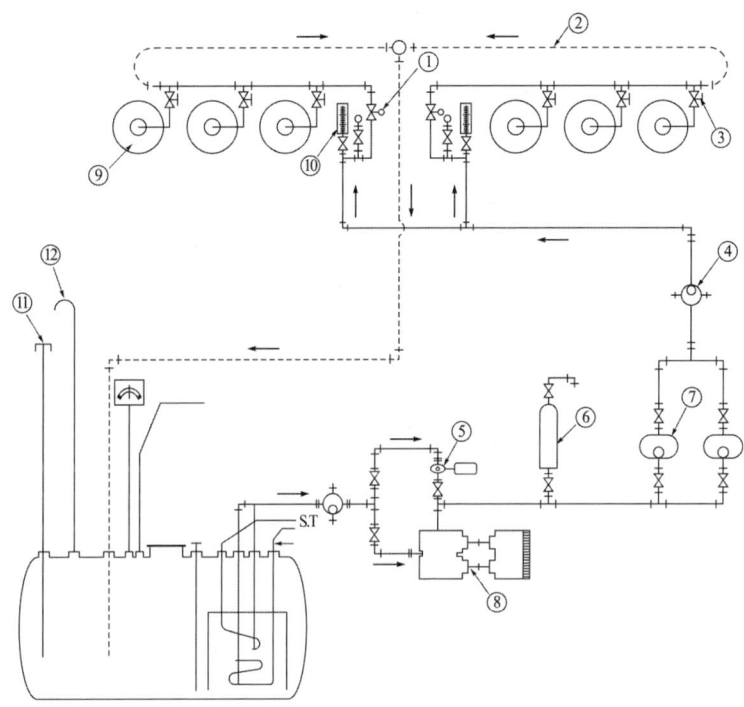

(1) 이 도면은 보일러 몇 대의 설비인가?
(2) ①~⑫까지의 명칭을 쓰시오.
(3) ②의 배관을 설치하지 않으면 안 되는 이유를 쓰시오.
(4) ⑫의 파이프 안지름은 최소 얼마 이상이어야 하는가?
(5) ⑨의 종류를 3가지 쓰시오.

해답 (1) 2대
(2) ① 자동제어밸브 ② 환류관(return line) ③ 오일조절 밸브 ④ 스트레이너
   ⑤ 기어펌프 ⑥ 공기실(air chamber) ⑦ 유예열기 ⑧ 연료이송 펌프 ⑨ 버너
   ⑩ 유온도계 ⑪ 급유구 ⑫ 통기관
(3) 부하량에 따라 버너에서 연소되는 연료량이 변하므로 저부하시 연소되지 않는 연료를 탱크로 되돌리지 않으면 배관 등에 압력이 가해져 사고의 우려가 있으므로 반드시 설치하여야 한다.
(4) 30[mm] 이상
(5) 회전분무식, 유압식, 기류식

28 다음 도면은 보일러 배관 계통도이다. ①~⑲까지의 명칭을 기재하시오.

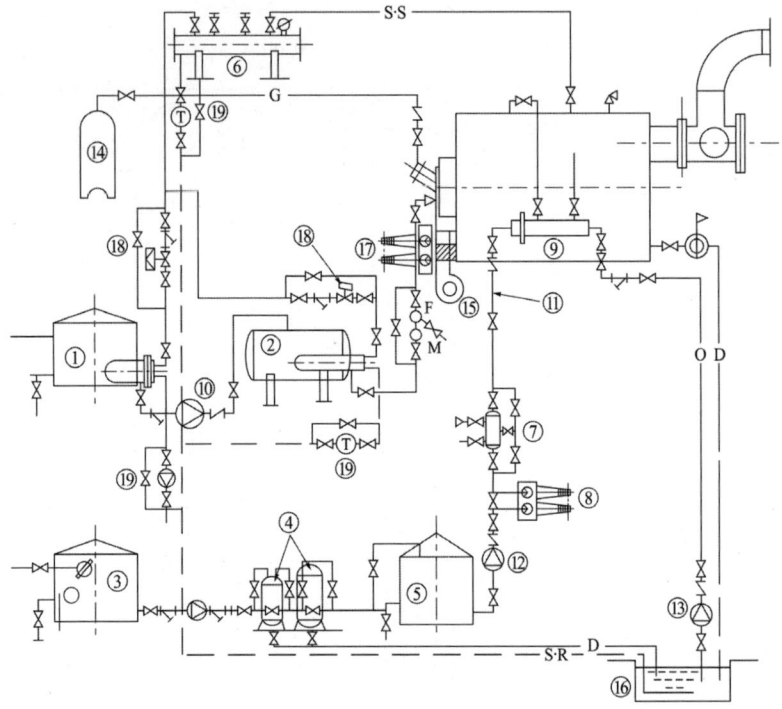

해답 ① 메인 저장탱크 ② 서비스 탱크 ③ 물탱크 ④ 경수연화장치 ⑤ 연수 탱크
⑥ 증기헤더 ⑦ 약액 주입장치 ⑧ 급수 조절장치 ⑨ 인젝터 ⑩ 연료이송 펌프
⑪ 급수량계 ⑫ 급수펌프 ⑬ 응축수 펌프 ⑭ LPG 용기 ⑮ 송풍기
⑯ 응축수 탱크 ⑰ 급유량 조절장치 ⑱ 자동 유온 조절장치 ⑲ 증기 트랩

제11장 보일러 시공도면 작성 및 해독

29 다음 도면은 보일러 배관 계통도이다. ①~⑬까지의 명칭을 쓰시오.

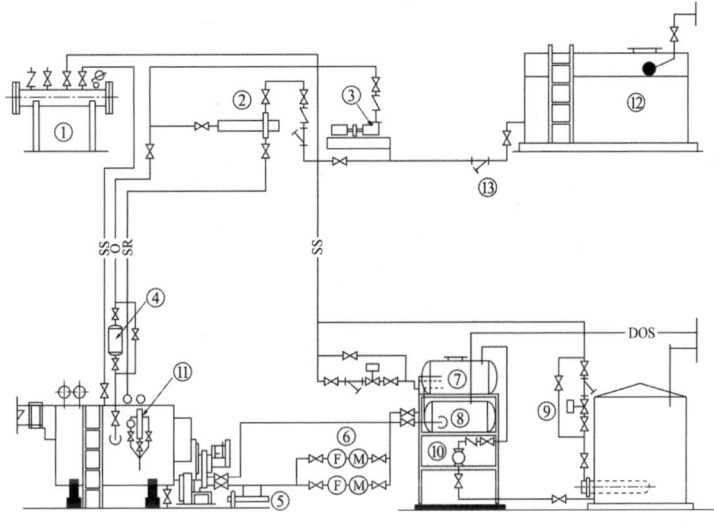

해답 ① 증기헤더 ② 인젝터 ③ 급수펌프 ④ 약액주입장치 ⑤ 유예열기 ⑥ 유량계
⑦ 서비스 탱크 ⑧ 경유탱크 ⑨ 온도조절장치 ⑩ 급유펌프 ⑪ 수면계 ⑫ 급수탱크
⑬ 여과기

30 다음은 수관식 보일러의 설비도면이다. 아래 물음에 답하시오.

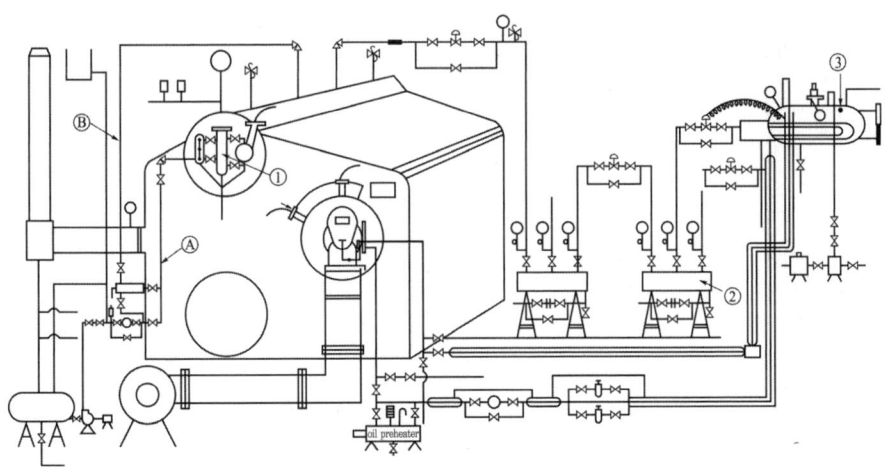

(1) ①~③의 각 부위 명칭을 쓰시오.
(2) Ⓐ, Ⓑ 라인 속에 흐르는 유체 명칭을 쓰시오.

해답 (1) ① 수주   ② 증기헤더   ③ 오일 서비스 탱크
(2) Ⓐ 급수(물)   Ⓑ 증기

31 다음 노통 연관 보일러의 계통도에 지시된 ①~⑤ 부품의 명칭을 쓰시오.

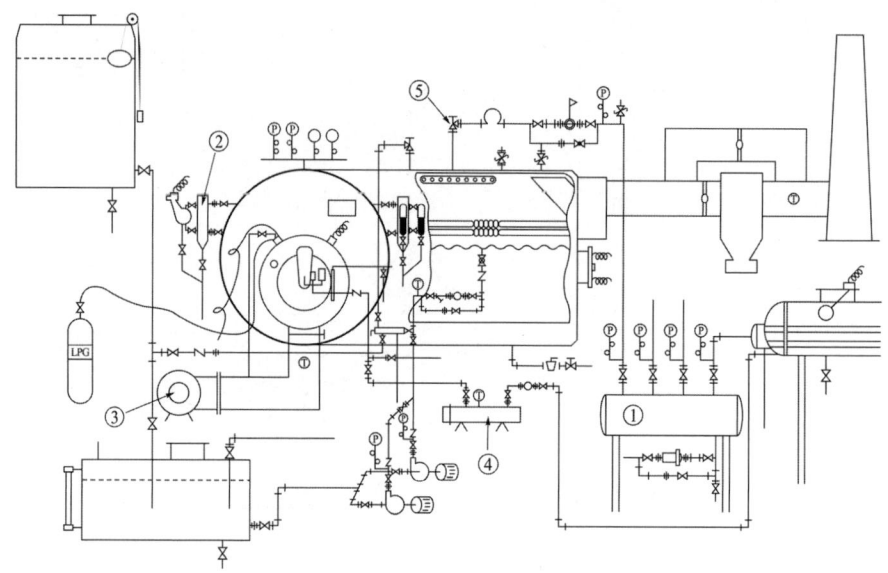

해답 ① 스팀헤더 ② 수주 ③ 송풍기 ④ 유예열기 ⑤ 주증기 밸브

32 다음 도면은 보일러 계통도이다. 도면에서 ①~⑤의 명칭을 쓰시오.

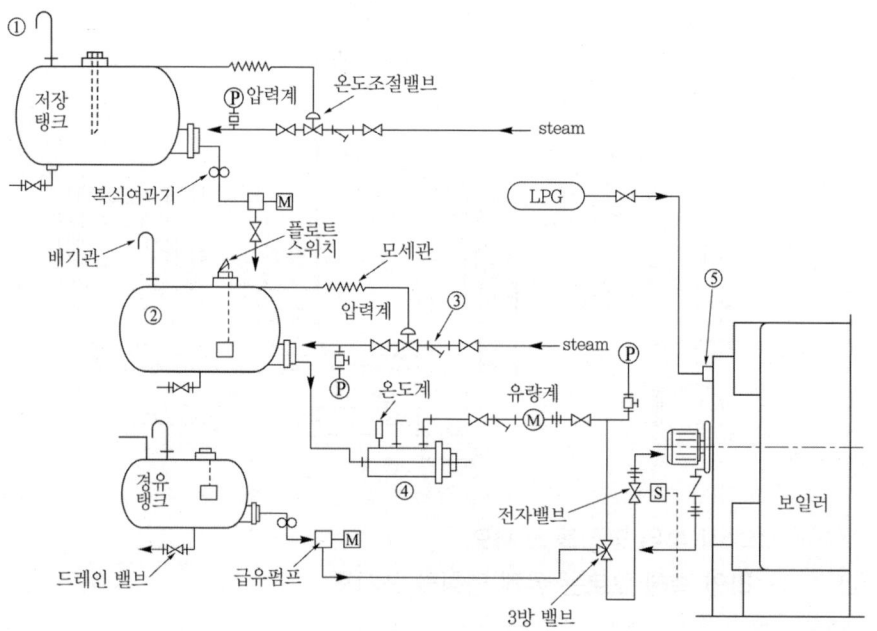

해답 ① 배기관 ② 오일 서비스 탱크 ③ 여과기 ④ 연료 예열기 ⑤ 버너 착화기

33 다음 도면은 보일러 급유장치의 개략도이다. 다음 물음에 답하시오.

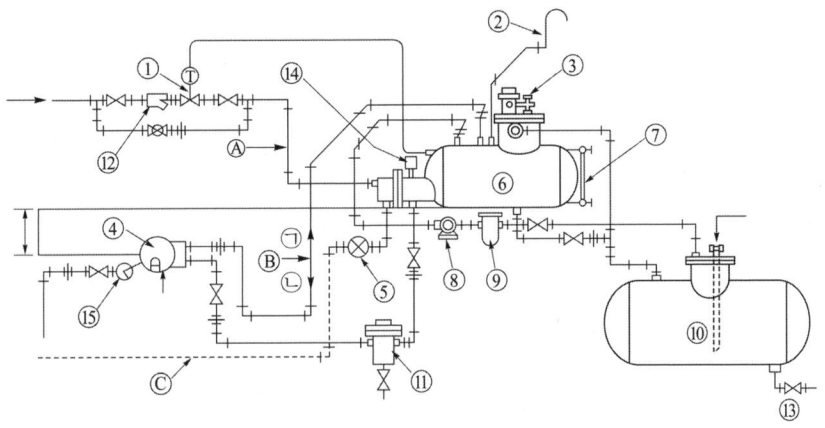

(1) 도면에서 ①~⑮의 명칭을 쓰시오.
(2) 도면에서 Ⓐ, Ⓑ, Ⓒ 라인에 흐르는 유체명을 쓰시오.
(3) Ⓑ 라인에 흐르는 유체의 방향은 ㉠, ㉡ 중 어느 방향인가?

해답 (1) ① 온도조절 밸브 ② 통기관 ③ 플로트 스위치 ④ 버너 ⑤ 증기 트랩
　　　 ⑥ 오일 서비스 탱크 ⑦ 유면계 ⑧ 연료이송 펌프 ⑨ 오일 필터 ⑩ 메인 탱크
　　　 ⑪ 유수분리기 ⑫ 스트레이너 ⑬ 드레인 밸브 ⑭ 온도계 ⑮ 착화기
　　(2) Ⓐ 증기 Ⓑ 환유되는 중유 Ⓒ 응축수   (3) ㉠ 방향

34 다음 오일 서비스 탱크의 상세도에서 ①~⑮까지의 명칭을 쓰시오.

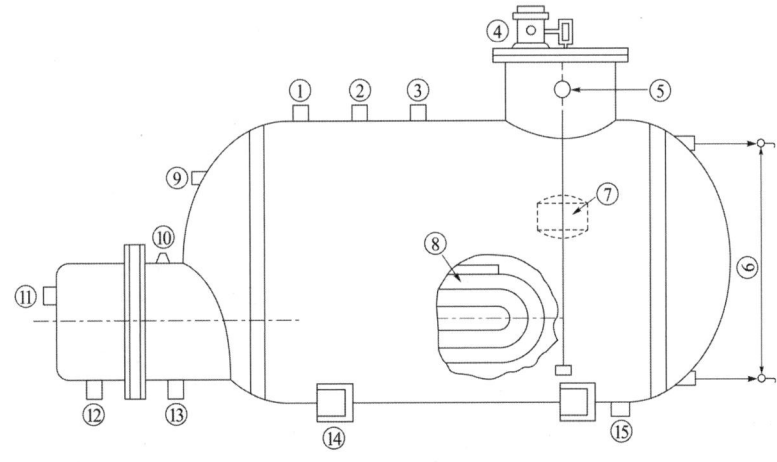

해답 ① 급유입구 ② 반환유 입구 ③ 통기관 입구 ④ 플로트 스위치 ⑤ 오버 플로어
　　　 ⑥ 유면계 ⑦ 플로트 ⑧ 가열코일 ⑨ 온도조절밸브 감열봉구 ⑩ 온도계 부착구
　　　 ⑪ 증기입구 ⑫ 응축수 출구 ⑬ 유 출구 ⑭ 받침대 ⑮ 드레인 입구

35 다음 도면은 서비스 탱크 주위 배관도이다. ①~④ 부품의 명칭과 (a)에 알맞은 장치 명을 쓰시오.

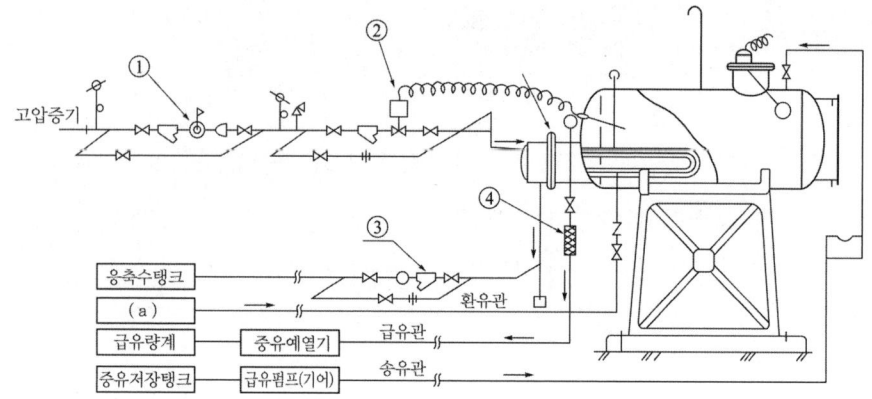

해답 ① 감압밸브 ② 자동온도 조절밸브 ③ 여과기(strainer) ④ 플렉시블
(a) 버너

36 다음 그림은 보일러 급수계통의 장치 배관도를 나타낸 그림이다. ①~⑤의 부품 명칭을 쓰시오.

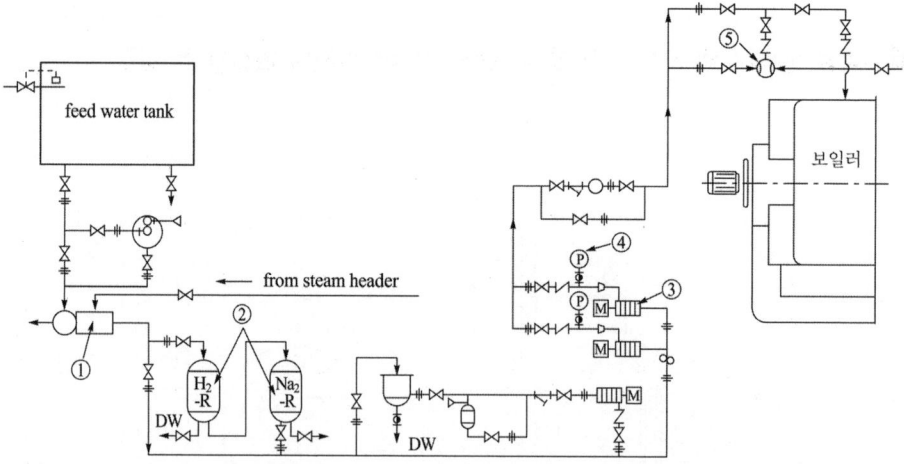

해답 ① 탈기기 ② 이온교환수지탑 ③ 급수펌프 ④ 압력계 ⑤ 인젝터

37 다음 도면은 증기 보일러의 인젝터(injector) 주위 배관도를 미완성한 것이다. ①~④ 지점에 알맞은 부품에 대한 도시기호를 그려 넣어 옳게 도면을 완성하시오.

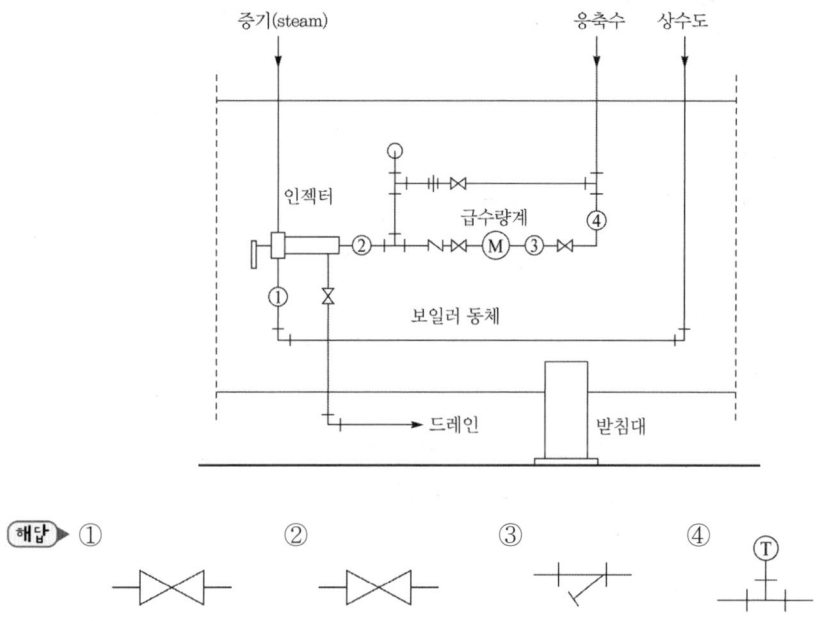

해답 ① ② ③ ④

38 다음은 유류 연소용 온수보일러이다. ①~⑥의 명칭을 쓰시오.

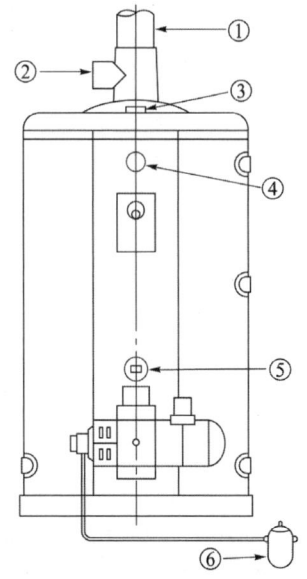

해답 ① 연도 ② 드래프트 레귤레이트 ③ 난방 공급구 ④ 온도계
⑤ 투시구(감시창) ⑥ 오일 필터

39 온수 보일러의 설치 개략도를 보고 ①~⑤의 명칭을 쓰시오.

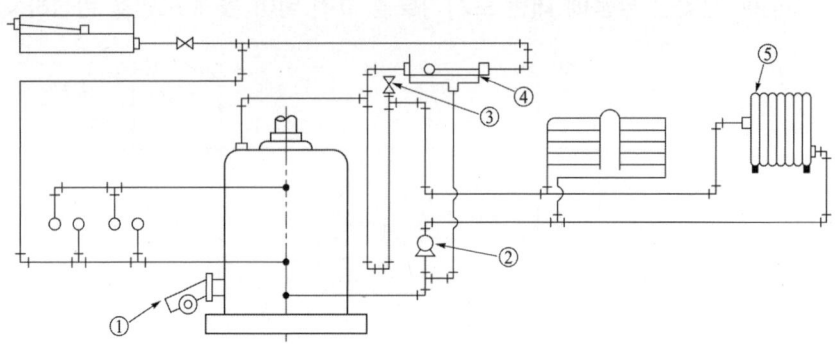

해답 ① 버너 ② 온수 순환펌프 ③ 공기빼기 밸브 ④ 팽창탱크 ⑤ 방열기

40 소형 온수보일러의 설치도에서 목욕탕 급탕과 온수난방을 하고 할 때 연결이 안 된 부분을 연결하고 유체의 흐름방향도 표시하시오.

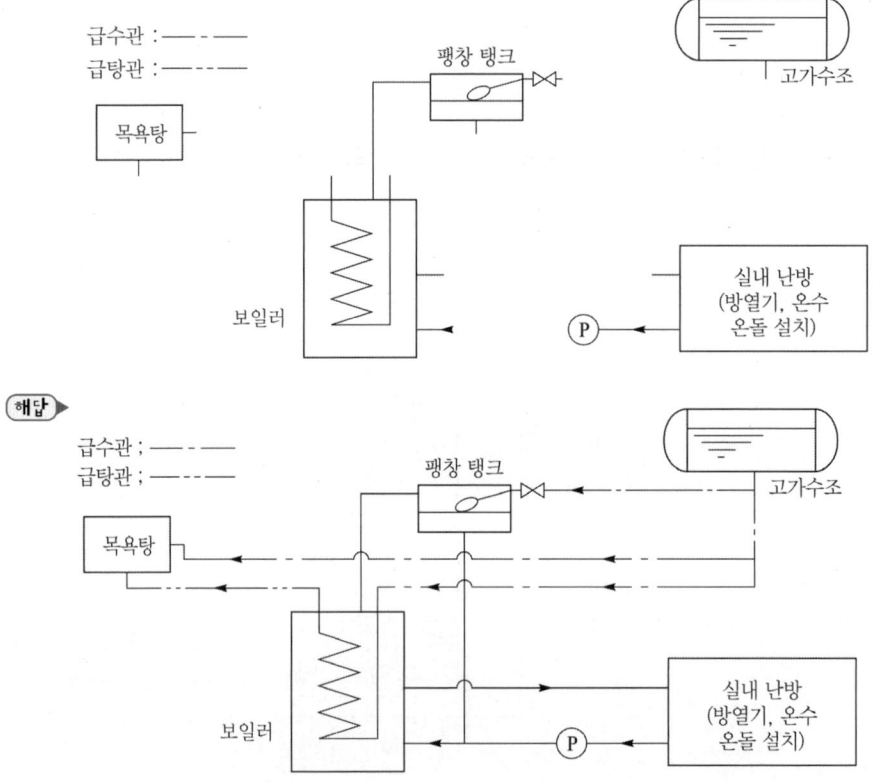

제11장 보일러 시공도면 작성 및 해독

41 온수 보일러 시공도이다. 물음에 답하시오.

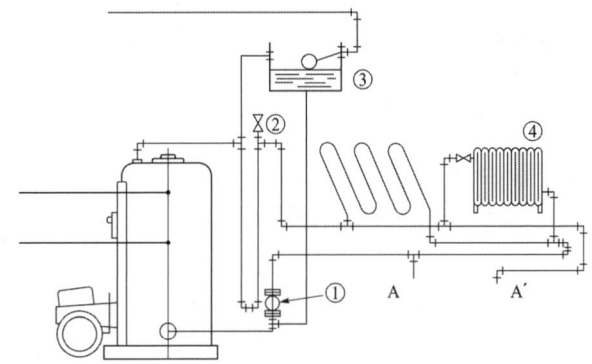

(1) ①~④의 명칭을 쓰시오.
(2) A와 A′ 사이에 분리주관식 방열관을 작도하시오.

해답 ▶ (1) ① 순환펌프   ② 공기빼기 밸브   ③ 팽창탱크   ④ 방열기
　　　 (2)

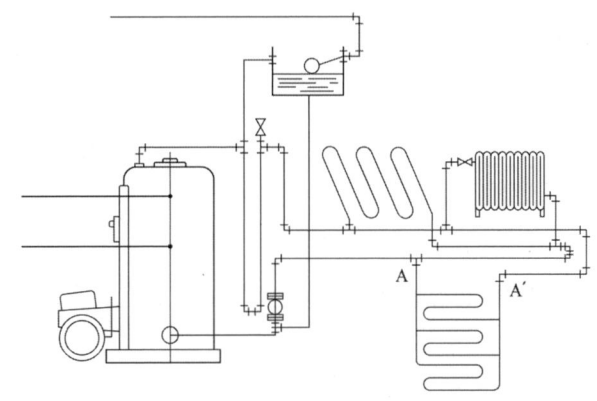

42 온수보일러 설치 시공도를 보고 물음에 답하시오.

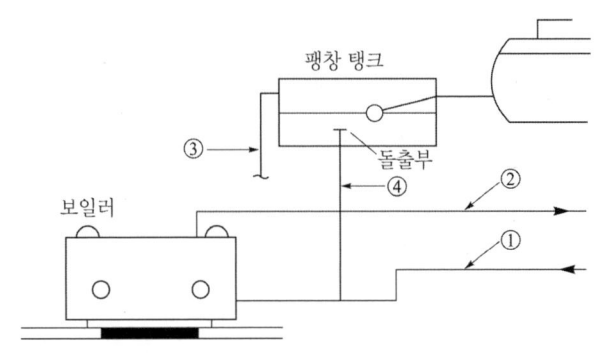

491

(1) ①~④ 까지의 배관 명칭을 쓰시오.
(2) ④번관의 돌출부는 팽창탱크 바닥면에서 최소 얼마이상 돌출되어야 하는가?

해답 (1) ① 환수주관   ② 송수주관   ③ 오버플로관   ④ 팽창관
     (2) 25[mm]

43 온수난방 도면을 보고 물음에 답하시오.
(1) 온수 순환방법에 따른 분류 명칭은 무엇인가?
(2) 온수의 공급 방법에 따른 분류 명칭은 무엇인가?
(3) 보일러와 방열기의 위치에 따른 분류 명칭은 무엇인가?
(4) 도면 중 AV, RV는 무엇을 나타내는 것인가?

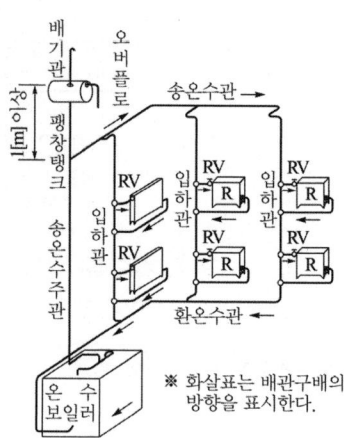

해답 (1) 자연순환식
     (2) 하향공급식
     (3) 상향순환식
     (4) ① 공기빼기 밸브(air vent valve)
         ② 방열기 밸브(radiator valve)

44 그림과 같은 난방방법의 명칭을 쓰시오.

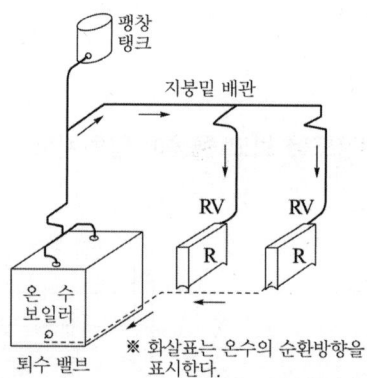

해답 동층(同層) 온수난방법

45 2회로식 온수 보일러의 단면도에서 ①~⑥의 기기 또는 연결되는 배관 명칭을 쓰시오.

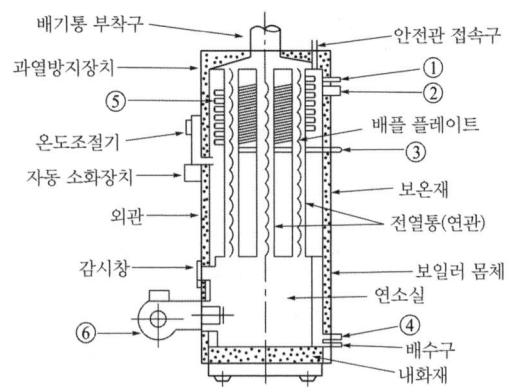

해답 ① 급탕출구 ② 난방출구 ③ 급수입구 ④ 난방환수구 ⑤ 간접가열코일 ⑥ 버너

46 온수보일러 계통도를 보고 물음에 답하시오.

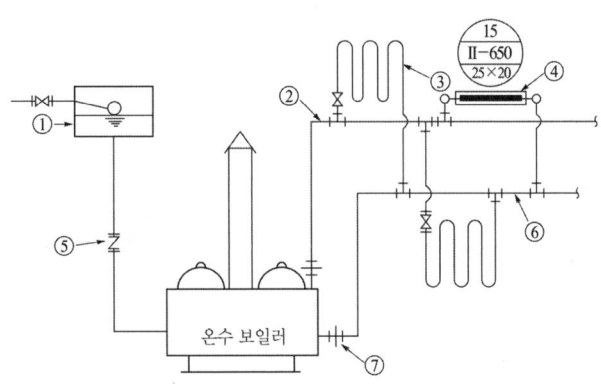

(1) 도면에서 ①~⑦까지 명칭을 쓰시오.
(2) ①~⑦ 부품 중 설치되어서는 안 되는 것이 있다. 그 번호를 쓰고 이유를 설명하시오.

해답 (1) ① 팽창탱크 ② 송수주관 ③ 방열관 ④ 방열기 ⑤ 체크밸브
   ⑥ 환수주관 ⑦ 유니언
(2) 설치되어서는 안 되는 것 : ⑤
    이유 : 팽창관에는 체크밸브나 슬루스밸브와 같이 흐름을 차단하는 것을 설치하면 온도상승에 따른 온수팽창을 팽창탱크로 보낼 수 없어 시설의 파손우려가 있다.

47 온수보일러 계통도를 보고 물음에 답하시오.

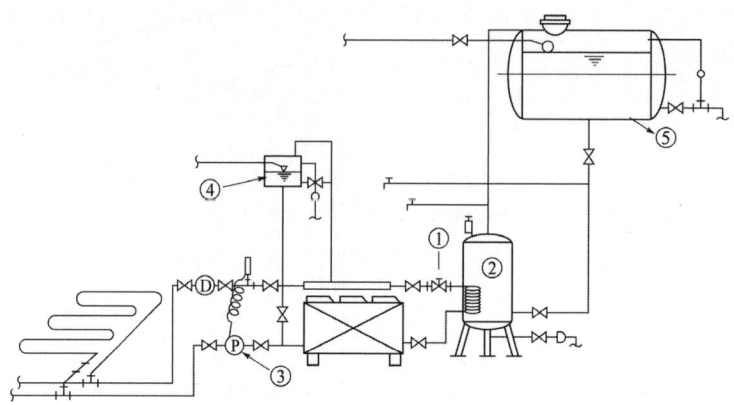

(1) 계통도에서 ①~⑤까지의 명칭을 쓰시오.
(2) 도면에서 밸브가 설치되어서는 안 되는 곳이 있다. 어느 부분인지 설명하시오.

해답 (1) ① 온도조절밸브   ② 온수탱크   ③ 순환펌프   ④ 환수주관   ⑤ 옥상물탱크
(2) 팽창탱크에 연결된 팽창관

제**2**편

동영상 과년도문제

2014년 에너지관리산업기사 실기시험 동영상 문제
2015년 에너지관리산업기사 실기시험 동영상 문제
2016년 에너지관리산업기사 실기시험 동영상 문제
2017년 에너지관리산업기사 실기시험 동영상 문제
2018년 에너지관리산업기사 실기시험 동영상 문제
2019년 에너지관리산업기사 실기시험 동영상 문제
2020년 에너지관리산업기사 실기시험 동영상 문제
2021년 에너지관리산업기사 실기시험 동영상 문제
2022년 에너지관리산업기사 실기시험 동영상 문제
2023년 에너지관리산업기사 실기시험 동영상 문제

★ 2023년 제1회까지 시행되었던 동영상 문제 중 필답형에 출제될 수 있는 문제를 선별하여 연도별로 정리하여 수록하였습니다. ★

★ 과년도문제는 수험자의 기억에 의하여 재구성한 문제로 실제 시행된 문제와 다를 수 있습니다.★

2014년 에너지관리산업기사 실기시험 동영상 문제

제1회 동영상 문제   2014년 4월 19일 시행

01 보일러 연소장치에서 캠을 이용한 링크제어기구의 기능 2가지를 쓰시오.

해답 ① 부하에 따라 연료유량 조절밸브를 구동하여 연료량을 조절한다.
② 부하에 따라 연소용 공기댐퍼를 구동하여 공기량을 조절한다.

02 내화물에 대한 물음에 답하시오.
(1) 내화물의 최저 SK번호와 온도는 몇 [℃]인가?
(2) 급격한 열응력에 의하여 내화물 및 캐스터블이 떨어지는 현상을 무엇이라 하는가?

해답 (1) ① 최저 SK번호 : SK26번 ② 온도 : 1580[℃]
(2) 스폴링 현상

해설 스폴링(spalling) 현상의 종류 및 발생원인
① 열적 스폴링 : 온도 급변에 의한 열응력
② 기계적 스폴링 : 기계적 압력 등이 고르지 않아 구조의 불균형
③ 조직적 스폴링 : 화학적 슬래그 등에 의한 침식 및 열적인 변질

03 보일러로부터 압력 10[kgf/cm²]로 공급되는 수증기의 건도가 0.95일 때 이 수증기 1[kg]당의 엔탈피는 몇 [kcal] 인가? (단, 10[kgf/cm²]에서 포화수의 엔탈피는 181.2 [kcal/kg], 포화증기의 엔탈피는 662.9[kcal/kg] 이다.)

풀이 $h_2 = h' + x(h'' - h')$
    $= 181.2 + 0.95 \times (662.9 - 181.2)$
    $= 638.815 ≒ 638.82 [kcal/kg]$

해답 638.82 [kcal/kg]

04 APT에 설치되는 소형 가스엔진 열병합 발전장치를 사용할 때의 장점 2가지를 쓰시오.

해답 ① 전기와 열을 함께 생산하여 이용하므로 효율이 증가된다.
② 지구온난화의 원인이 되는 온실가스 배출을 감소시킨다.
③ 피크전력 사용시간에 대응할 수 있다.

05 형광등 안정기 명판에 표시된 "FLR 32W × 2등용"의 의미를 설명하시오.

해답 직관 형광등 래피드형 정격전력 32[W], 2등용 안정기이다.

06 LNG 주성분을 화학식으로 쓰시오.

해답 CH_4

해설 LNG 주성분 : 메탄(CH_4)이 주성분이고, 에탄(C_2H_6)이 소량 함유되어 있다.

07 어떤 가열로의 내부온도가 600[℃], 외기온도가 30[℃]일 때 1.5[m]×1.5[m]인 출입문을 통한 손실열량[kcal/h]은 얼마인가?
(단, 출입문의 열관류율은 0.38[kcal/m²·h·℃] 이다.)

풀이 $Q = K \times F \times \Delta t = 0.38 \times (1.5 \times 1.5) \times (600 - 30) = 487.35 [kcal/h]$

해답 487.35 [kcal/h]

제 2 회 동영상 문제 2014년 7월 5일 시행

01 용량 5[ton/h]인 보일러의 급수량이 3700[L/h]이고, 이 중 45[%]가 85[℃] 상태의 응축수이고 나머지는 15[℃]인 시수(수돗물)일 때 물음에 답하시오.

(1) 보일러로 급수되는 물의 온도는 얼마인가? (단, 물의 비열은 1[kcal/kg·℃], 비중은 1 이다.)

(2) 급수온도가 6[℃] 상승할 때 연료소비량이 1[%] 감소되는 것으로 가정할 때 시수로 100[%] 급수할 때와 비교해서 응축수를 혼합하였을 때 연료의 총 감소율은 몇 [%]가 되겠는가?

풀이 ▶ (1) 물의 비중이 1이므로 급수량 3700[L/h]은 3700[kg/h] 이며, 이중에서 85[℃] 응축수가 45[%] 이고, 15[℃] 시수가 55[%] 이다.

$$\therefore t_m = \frac{(G_1 \times C_1 \times t_1) + (G_2 \times C_2 \times t_2)}{(G_1 \times C_1) + (G_2 \times C_2)}$$

$$= \frac{(3700 \times 0.45 \times 1 \times 85) + (3700 \times 0.55 \times 1 \times 15)}{(3700 \times 0.45 \times 1) + (3700 \times 0.55 \times 1)} = 46.5[℃]$$

(2) 연료감소율 $= 1 \times \dfrac{\text{상승된 온도}}{6} = 1 \times \dfrac{46.5 - 15}{6} = 5.25[\%]$

해답 ▶ (1) 46.5[℃]
(2) 5.25[%]

02 증기보일러에 설치되는 안전밸브에 대한 물음에 답하시오.
(1) 스프링식 안전밸브를 보일러에 2개 이상 설치될 때 분출압력에 대하여 설명하시오.
(2) 보일러 동체에 부착하는 안전밸브는 보일러의 최대증발량의 얼마 이상을 분출할 수 있어야 하는가?

해답 ▶ (1) 분출압력은 1개는 최고사용압력 이하, 나머지 1개는 최고사용압력의 1.03배 이하일 것
(2) 75 [%]

03 배관 외경이 30[mm], 길이 15[m]의 증기관에 열전도율이 0.05[kcal/m·h·℃]인 보온재를 두께 15[mm]로 시공하였다. 관 표면온도 100[℃], 보온재 외부온도가 20[℃]일 때 보온재를 통한 손실열량[kcal/h]은 얼마인가?

풀이 ▶ 보온을 하는 배관의 외경이 30[mm]이므로 반지름은 15[mm]가 되며 보온재를 기준으로 r_i는 0.015[m]가 된다. 여기에 두께 15[mm]인 보온재를 피복하였으므로 r_o는 0.015[m] + 0.015[m] = 0.03[m]로 계산된다.

① 보온관 대수평균면적 계산

$$\therefore F_m = \frac{2\pi L (r_o - r_i)}{\ln \dfrac{r_o}{r_i}} = \frac{2 \times \pi \times 15 \times (0.03 - 0.015)}{\ln \dfrac{0.03}{0.015}} = 2.039 ≒ 2.04[m^2]$$

② 방열량 계산

$$\therefore Q = K F_m \Delta t = \frac{1}{\dfrac{0.015}{0.05}} \times 2.04 \times (100 - 20) = 544[kcal/h]$$

해답 ▶ 544 [kcal/h]

별해 하나의 식으로 계산

$$\therefore Q = \frac{1}{\frac{1}{\lambda}} \times \frac{2\pi L}{\ln\frac{r_o}{r_i}} \times (t_i - t_o) = \frac{2\pi L(t_i - t_o)}{\frac{1}{\lambda} \times \ln\frac{r_o}{r_i}}$$

$$= \frac{2 \times \pi \times 15 \times (100 - 20)}{\frac{1}{0.05} \times \ln\frac{0.03}{0.015}}$$

$$= 543.883 ≒ 543.88[\text{kcal/h}]$$

해설 계산문제 풀이에 적용하는 공식이나 풀이과정에 따라 최종값에서 오차가 발생하며, 채점에는 영향이 없으니 선택하여 답안을 작성하길 바랍니다.

04 증기보일러에 설치되는 스프링식 안전밸브의 종류를 양정에 따라 4가지로 분류하여 쓰시오.

해답 ① 저양정식 ② 고양정식 ③ 전양정식 ④ 전량식

해설 밸브 양정에 따른 분류
① 저양정식 : 양정이 밸브시트 지름의 1/40 이상 1/15 미만인 것
② 고양정식 : 양정이 밸브시트 지름의 1/15 이상 1/7 미만인 것
③ 전양정식 : 양정이 밸브시트 지름의 1/7 이상인 것
④ 전량식 : 밸브시트 증기통로 면적은 목부분 면적의 1.05배 이상인 것

05 24.2[℃] 상태에서 풍속계로 측정된 공기 유속이 1[m/s]일 때 단면적 1[m^2]를 통과하는 풍량[Nm^3/h]은 얼마인가 계산하시오.

풀이 ① 24.2[℃] 현재 상태의 풍량 계산

$\therefore Q_1 = A \times V = 1 \times 1 = 1[\text{m}^3/\text{s}]$

② 풍량의 단위 [Nm^3/h]은 표준상태(0[℃], 1기압)에서 1시간 동안 통과하는 공기량이다. 그러므로 24.2[℃] 상태의 온도를 0[℃] 상태로 환산하여 풍량을 계산하여야 한다.

$\dfrac{P_1 \times Q_1}{T_1} = \dfrac{P_0 \times Q_0}{T_0}$ 에서 압력은 대기압 상태로 일정한 것이므로 생략할 수 있다.

$\therefore Q_0 = \dfrac{Q_1 \times T_0}{T_1} = \dfrac{1 \times 273}{273 + 24.2} \times 3600 = 3306.864 ≒ 3306.86[\text{Nm}^3/\text{h}]$

해답 3306.86 [Nm^3/h]

06 노통연관 보일러 연소실 후면에 설치되는 안전장치 중 방폭문의 역할(기능)을 설명하시오.

> **해답** ▶ 연소실 내의 미연소 가스의 폭발 및 역화 시 그 내부압력을 외부로 방출시켜 동체의 파열사고를 방지하는 장치이다.

07 안정기 내장형 형광램프(전구형 삼파장 형광램프)에 표시된 "EX-L"에서 "L"은 무엇을 의미하는가?

> **해답** ▶ 광원색으로 "전구색"을 의미한다.

08 냉동기 성적계수(COP_R)가 3.7, 압축기 소요전력이 100[kW]일 때 이 냉동기의 냉방출력[kcal/h]을 구하시오.

> **풀이** ▶ $COP_R = \dfrac{Q_2}{W}$ 이고, 1[kW] = 860[kcal/h]에 해당된다.
>
> ∴ $Q_2 = COP_R \times W = 3.7 \times (100 \times 860) = 318200$[kcal/h]
>
> **해답** ▶ 318200 [kcal/h]

제4회 동영상 문제 | 2014년 11월 2일 시행

01 중유 예열기(oil preheart)에서 예열 온도가 너무 낮을 때 나타나는 현상 3가지를 쓰시오.

> **해답** ▶ ① 무화상태가 불량해진다.
> ② 그을음 생성 및 분진이 발생한다.
> ③ 불길이 한 쪽으로 치우친다.
> ④ 유동성이 좋지 못하다.
>
> **해설** 예열온도가 너무 높을 때 나타나는 현상
> ① 관 내부에서 기름이 열분해를 일으킨다.
> ② 분무상태가 고르지 못하다.
> ③ 분사각도가 흐트러진다.
> ④ 탄화물(카본) 생성의 원인이 된다.
> ⑤ 역화의 원인이 될 수 있다.

02 보일러용 급수에 대한 물음에 답하시오.
(1) 급수 pH가 7 이하일 때 문제점은 무엇인가?
(2) 급수 pH가 7을 초과할 때 문제점은 무엇인가?

해답 ▶ (1) 강으로부터 용출되는 철의 양이 많아져 부식이 발생한다.
(2) 알칼리 부식의 원인이 된다.

해설 보일러 급수 및 보일러수 pH(수소이온지수) 기준

구 분	수관식 보일러		원통형 보일러
	1[MPa] 이하	1[MPa] 초과 2[MPa] 이하	
급수	pH7~9	pH8~9.5	pH7~9
보일러수	pH11~11.8	pH11~11.8	pH11~11.8

03 원심펌프를 가동하기 전에 하여야 할 것은 무엇인가?

해답 ▶ 프라이밍

해설 프라이밍(priming) : 펌프를 운전할 때 펌프 내에 액이 충만하지 않으면 임펠러의 공회전으로 펌핑(pumping)이 이루어지지 않는 것을 방지하기 위하여 가동 전에 펌프 내에 액을 충만 시키는 것으로, 원심펌프에 해당된다.

04 수관식 보일러에서 전열면 외측에 부착되는 그을음의 열전도율[kcal/m·h·℃]는 얼마인가?

해답 ▶ 0.06~0.1[kcal/m·h·℃]

05 진공압력계에서 지시하는 압력이 −50[cmHg]일 때 게이지압력[kgf/cm^2]으로 환산하여 표시하면 얼마인가? (단, 대기압은 76[cmHg] 이다.)

풀이 문제에서 주어진 −50[cmHg]에서 "−"부호는 진공압력을 나타내는 것이고 진공압력 50[cmHg]를 [kgf/cm^2] 단위로 환산하는 것을 질문한 문제이다.

$$\therefore 환산압력 = \frac{주어진 압력}{주어진 압력의 표준대기압} \times 구할려하는 표준대기압$$

$$= \frac{-50}{76} \times 1.0332 = -0.679 ≒ -0.68[kgf/cm^2]$$

해답 ▶ −0.68[kgf/cm^2] (또는 0.68[kgf/cm^2·v])

해설 1[atm] = 760[mmHg] = 76[cmHg] = 0.76[mHg] = 29.9[inHg]
= 760[torr] = 10332[kgf/m²] = 1.0332[kgf/cm²] = 10.332[mH₂O]
= 10332[mmH₂O] = 101325[N/m²] = 101325[Pa] = 1012.25[hPa]
= 101.325[kPa] = 0.101325[MPa] = 1013250[dyne/cm²]
= 1.01325[bar] = 1013.25[mbar] = 14.7[lb/in²] = 14.7[psi]
※ 2019년 4회차에서는 [kPa]단위로 환산하는 것으로 출제되었음

06 복도, 현관 등에 설치된 센서등이 켜지는 원리는 무엇인가?

해답 사람의 몸에서 나오는 적외선에 반응하여 자동으로 불이 켜지고, 꺼진다.

07 증기트랩의 기능(역할) 2가지를 쓰시오.

해답 ① 증기사용설비 및 배관 내의 응축수를 제거하여 증기의 잠열을 유효하게 이용할 수 있도록 한다.
② 응축수 배출로 증기관의 부식 및 수격작용을 방지한다.
③ 증기의 건조도가 저하되는 것을 방지한다.

08 보일러 급수장치 중 경수연화장치에 대한 물음에 답하시오.
(1) 이 장치의 기능(역할)을 쓰시오.
(2) 이 장치에 재생제로 사용되는 것은 무엇인가?

해답 (1) 보일러 내에서 스케일이 발생하는 것을 방지하기 위해 보급수 안의 경도 성분인 Ca, Mg 성분을 연화하기 위하여 설치한다.
(2) 소금

09 증기보일러 수면계에 대한 물음에 답하시오.
(1) 보일러 상용수위는 수면계 어느 지점에 위치하는지 쓰시오.
(2) 증기보일러에는 수면계를 몇 개 설치하여야 하는가?

해답 (1) 중심선 (또는 수면계 1/2 지점)
(2) 2개 이상

2015년 에너지관리산업기사 실기시험 동영상 문제

제1회 동영상 문제   2015년 4월 19일 시행

01 형광등 안정기 명판에 표시된 "FLR 32W 2등용"의 의미를 설명하시오.

해답 ▶ 직관 형광등 래피드형 정격전력 32[W], 2등용 안정기이다.

02 보일러 연소실 내의 온도를 비접촉식 온도계 중 광고온도계로 측정할 때 이 온도계의 장점 4가지를 쓰시오.

해답 ▶ ① 700~3000[℃]의 고온도 측정에 적합하다.
② 광전관 온도계에 비하여 구조가 간단하고 휴대가 편리하다.
③ 움직이는 물체의 온도 측정이 가능하고, 측온체의 온도를 변화시키지 않는다.
④ 비접촉식 온도계에서 가장 정확한 온도 측정을 할 수 있다.
⑤ 방사온도계에 비하여 방사율에 대한 보정량이 작다.

03 지구 온난화의 주원인에 해당되며 화석연료를 사용할 때 발생되는 온실가스의 명칭을 화학기호로 쓰시오.

해답 ▶ CO_2

해설 ▶ 온실가스[저탄소 녹색성장 기본법 제2조] : 이산화탄소(CO_2), 메탄(CH_4), 아산화질소(N_2O), 수소불화탄소(HFCs), 과불화탄소(PFCs), 육불화황(SF_6) 및 그 밖에 대통령으로 정하는 것으로 적외선 복사열을 흡수하거나 재방출하여 온실효과를 유발하는 대기 중의 가스 상태의 물질을 말한다.

04 급탕탱크 열교환기에 공급되는 증기배관에 설치되는 자동온도 조절밸브(automatic temperature valve)의 기능(역할)을 설명하시오.

해답 ▶ 서모스탯에 의하여 급탕탱크의 온수온도를 감지하여 열교환기에 유입되는 증기(steam)량을 조절하여 급탕탱크 온수온도를 일정하게 유지시킨다.

05 체크밸브(또는 역류방지밸브)의 기능(역할)을 쓰시오..

해답 유체의 역류를 방지한다.

06 공장 등 산업체에서 화석연료를 연소시켰을 때 발생하는 분진 등을 제거하는 집진장치를 설치하면 도시 환경에 어떤 영향을 줄 수 있는가?

해답 대기오염을 방지한다.

07 에스코(ESCO) 사업에 대하여 설명하시오.

해답 ESCO(Energy Service Company) 사업은 에너지 절약 전문기업이 빌딩, 공장, 병원, 숙박시설 등을 대상으로 에너지 사용 현황을 분석하여 설비 개조, 운용, 보수 등 에너지 절약에 관련된 용역을 실시하여 에너지절약 시설을 시공한 후 에너지 절감분 중에서 일부를 투자비로 회수하는 사업이다.

08 어느 공장에서 연간 처리하는 물량이 2300[kg]으로 사용하는 연료로 벙커 C유 3400[kL/년], 경유 1500[kL/년]을 사용하고, 전기 1500[MWh/년]을 사용할 때 에너지사용 현황 및 원단위 현황을 작성하시오. (단, 석유환산계수는 벙커C유 0.995, 경유 0.901, 전기는 0.23 이다.)

(1) 에너지 사용 현황

구분	벙커 C유	경유	연료 소계	전기	합계
사용량[TOE]	①	②	③	④	⑤

(2) 원단위 현황

제품명	완제품 생산실적 [kg/년]	연료원단위 [TOE/kg]	전기원단위 [TOE/kg]	에너지원단위 [TOE/kg]
완제품	2300	①	②	③

풀이 (1) 에너지 사용량(TOE) 계산
① 벙커 C유 : $3400 \times 0.995 = 3383$[TOE]
② 경유 : $1500 \times 0.901 = 1351.5$[TOE]
③ 연료 합계 $= 3383 + 1351.5 = 4734.5$[TOE]
④ 전기 : $1500 \times 0.23 = 345$[TOE]
⑤ 합계 $= 4734.5 + 345 = 5079.5$[TOE]

(2) 원단위 현황 계산
① 연료 원단위 계산

$$\therefore 연료\ 원단위 = \frac{연료\ 사용량\ 합계[TOE]}{완제품\ 생산실적}$$

$$= \frac{4734.5}{2300} = 2.058 ≒ 2.06[TOE/kg]$$

② 전기 원단위 계산

$$\therefore 전기\ 원단위 = \frac{전기사용량[TOE]}{완제품\ 생산실적} = \frac{345}{2300} = 0.15[TOE/kg]$$

③ 합계 원단위 계산

$$\therefore 합계\ 원단위 = 연료\ 원단위 + 전기\ 원단위 = 2.06 + 0.15 = 2.21[TOE/kg]$$

해답 (1) ① 3383[TOE] ② 1351.5[TOE] ③ 4734.5[TOE]
④ 345[TOE] ⑤ 5079.5[TOE]
(2) ① 2.06[TOE/kg] ② 0.15[TOE/kg] ③ 2.21[TOE/kg]

제2회 동영상 문제 | 2015년 7월 11일 시행

01 펌프, 증기트랩 등을 설치할 때 여과기(strainer)를 설치하는 이유를 설명하시오.

해답 유체에 혼합되어 있는 불순물(찌꺼기)을 제거하여 기기의 성능을 보호한다.

02 화염검출기의 기능(역할)을 설명하시오.

해답 연소실 내의 연소상태를 감시하여 실화 및 소화 시 연료 전자밸브를 차단하여 미연소 가스로 인한 폭발사고를 방지하기 위한 장치이다.

03 보일러 연소장치인 로터리 버너(또는 회전식 버너)의 특징 3가지를 쓰시오.

해답 ① 분무컵을 고속으로 회전시켜 연료를 분출하고, 1차 공기를 이용하여 무화시키는 방식이다.
② 직결식(3000~3500[rpm])과 벨트식(7000~10000[rpm])으로 분류된다.
③ 분무각도는 30~80°의 범위로 할 수 있다.
④ 유량 조절범위가 1 : 5 정도이고, 유량조절범위 내에서는 유량에 관계없이 무화가 양호하다.

⑤ 설비가 간단하고 자동화가 쉽다.
⑥ 고점도 연료는 예열이 필요하다.
⑦ 청소, 점검, 수리가 간편하다.

04 발열량이 9050[kcal/L]인 경유 200[L]에 대한 TOE를 계산하시오.
(단, 경유의 석유환산계수는 0.905[TOE/kL] 이다.)

풀이 $TOE = \dfrac{200}{1000} \times 0.905 = 0.181 ≒ 0.18 [TOE]$

해답 0.18 [TOE]

05 자동제어에서 다음 내용을 설명하시오.
(1) 시퀀스 제어 :
(2) 피드백 제어 :

해답 (1) 미리 순서에 입각해서 다음 동작이 연속 이루어지는 제어로 자동판매기, 보일러의 점화 등이 있다.
(2) 제어량의 크기와 목표값을 비교하여 그 값이 일치하도록 되돌림 신호(피드백 신호)를 보내어 수정동작을 하는 제어방식이다.

제 4 회 동영상 문제 | 2015년 11월 7일 시행

01 보일러 굴뚝 높이가 80[m]이고, 외기온도 20[℃], 배기가스 온도 230[℃]일 때 이론 통풍력 [mmAq]은 얼마인가? (단, 공기와 배기가스의 비중량은 1.29 [kgf/m³], 1.32 [kgf/m³]이며 소수점 둘째자리에서 반올림하시오.)

풀이 $Z = 273 \times H \times \left(\dfrac{\gamma_a}{T_a} - \dfrac{\gamma_g}{T_g} \right)$

$= 273 \times 80 \times \left(\dfrac{1.29}{273 + 20} - \dfrac{1.32}{273 + 230} \right) = 38.84 ≒ 38.8 [mmAq]$

해답 38.8 [mmAq]

해설 통풍력의 단위를 SI단위인 '[Pa]'로 변환하려면 중력가속도 9.8[m/s²]을 곱한다.

02 쉘 앤드 튜브식(shell & tube type) 열교환기에 스파이럴 튜브를 사용할 때 장점 2가지를 쓰시오.

해답 ① 튜브 전열면적이 증가된다.
② 유체의 흐름이 난류가 되어 전열효과가 우수하다.

03 수관식 보일러 연소실 벽면에 수냉노벽을 설치하였을 때의 장점 4가지를 쓰시오.

해답 ① 전열면적의 증가로 증발량이 많아진다.
② 연소실내의 복사열을 흡수한다.
③ 연소실 노벽을 보호한다.
④ 연소실 열부하를 높인다.
⑤ 노벽의 무게를 경감시킬 수 있다.

04 배관 중에 바이패스(by-pass) 배관을 설치하는 이유를 설명하시오.

해답 배관 중에 유량계, 수량계, 감압 밸브, 순환펌프 등의 설치 위치에 고장, 보수 등에 대비하여 설치하는 우회배관이다.

05 펌프 입구 및 토출 측 배관계통에 플렉시블 조인트를 설치하는 이유를 설명하시오.

해답 급수 펌프에서 발생하는 진동을 흡수하여 배관에 전달되지 않도록 하고, 온도변화에 따른 배관의 열팽창을 흡수하여 고장이 발생하는 것을 방지하기 위하여 설치한다.

06 보일러 자동제어 장치를 설계 및 작동 시 주의할 점 4가지를 쓰시오.

해답 ① 제어동작이 신속하게 이루어지도록 할 것
② 제어동작이 불규칙한 상태가 되지 않도록 할 것
③ 잔류편차(offset)가 허용되는 범위를 초과하지 않도록 할 것
④ 응답의 신속성과 안정성이 있도록 할 것

07 보일러의 내면이나 관벽 및 전열면에 스케일이 부착하였을 때 발생되는 현상(장애) 3가지를 쓰시오.

해답 ① 전열면에 부착하여 전열을 방해한다.
② 보일러 효율이 저하하고, 연료소비량이 증가한다.
③ 전열면의 국부과열로 인한 파열사고의 우려가 있다.
④ 보일러수의 순환을 방해하고, 수면계 등 연락관을 폐쇄시킨다.
⑤ 연료의 연소열량을 보일러수에 전달하지 못하므로 배기가스 온도가 상승된다.

08 보일러 가동 시에 연도에 설치된 배기가스 온도계에서 온도가 크게 올라가는 이유 2가지를 쓰시오.

해답 ① 전열면 내부에 스케일이 과다하게 부착되었을 때.
② 전열면 외부에 그을음이 과다하게 부착되었을 때
③ 과부하 상태로 연소되고 있을 때

2016년 에너지관리산업기사 실기시험 동영상 문제

제1회 동영상 문제 | 2016년 4월 15일 시행

01 컴퓨터, 가전제품 등과 같이 사용을 하지 않는 상태에서 전력측정기로 소비되는 전력을 측정하면 아주 작은 전기가 소비되고 있으며, 이러한 전기를 줄이는 것만으로도 연간 온실가스 배출을 크게 감축시킬 수 있다. 이와 같이 전자기기가 실제로 사용하고 있지 않은 상태에서 소비되는 전력을 무엇이라 하는가?

해답▶ 대기전력

해설 대기전력(에너지이용 합리화법 제18조) : 외부의 전원과 연결만 되어 있고, 주기능을 수행하지 아니하거나 외부로부터 켜짐 신호를 기다리는 상태에서 소비되는 전력

02 보일러 연소장치에서 캠을 이용한 링크제어기구의 기능 2가지를 쓰시오.

해답▶ ① 부하에 따라 연료유량 조절밸브를 구동하여 연료량을 조절한다.
② 부하에 따라 연소용 공기댐퍼를 구동하여 공기량을 조절한다.

03 냉동기 성적계수(COP_R)가 3.7, 압축기 소요전력이 100[kW]일 때 이 냉동기의 냉방출력[kcal/h]을 구하시오.

풀이▶ $COP_R = \dfrac{Q_2}{W}$ 이고, 1[kW] = 860[kcal/h]에 해당된다.

∴ $Q_2 = COP_R \times W = 3.7 \times (100 \times 860) = 318200 [\text{kcal/h}]$

해답▶ 318200 [kcal/h]

04 천연가스의 성분이 모두 메탄(CH_4)으로 이루어진 도시가스 100[Sm³]를 공기비 1.2로 완전 연소시킬 때 소요되는 공기량[Sm³]을 계산하시오.

풀이▶ ① 메탄(CH_4)의 완전연소 반응식
$CH_4 + 2O_2 \rightarrow CO_2 + 2H_2O$

② 실제공기량 계산 : 메탄(CH_4) 1[Sm^3]가 연소할 때 필요한 산소량[Sm3]은 연소반응식에서 산소몰[mol]수와 같다.

$$\therefore A = m \times A_0 = m \times \frac{O_0}{0.21}$$
$$= \left(1.2 \times \frac{2}{0.21}\right) \times 100 = 1142.857 ≒ 1142.86[Sm^3]$$

해답 1142.86 [Sm^3]

해설 [Sm^3]는 표준상태(0[℃], 1기압)의 체적을 의미한다.

05 보일러 자동제어 장치를 설계 및 작동 시 주의할 점 4가지를 쓰시오.

해답
① 제어동작이 신속하게 이루어지도록 할 것
② 제어동작이 불규칙한 상태가 되지 않도록 할 것
③ 잔류편차(offset)가 허용되는 범위를 초과하지 않도록 할 것
④ 응답의 신속성과 안정성이 있도록 할 것

제 2 회 동영상 문제 | 2016년 6월 26일 시행

01 노통연관 보일러 연소실 후면에 설치되는 안전장치 중 하나인 방폭문의 역할(기능)을 설명하시오.

해답 연소실 내의 미연소 가스의 폭발 및 역화 시 그 내부압력을 외부로 방출시켜 동체의 파열사고를 방지하는 장치이다.

02 빛의 강도를 측정하는 계측기기의 명칭과 단위를 쓰시오.

해답 ① 명칭 : 조도계   ② 단위 : 룩스[lux]

03 증기보일러에 설치되는 스프링식 안전밸브의 종류를 양정에 따라 4가지로 분류하여 쓰시오.

해답 ① 저양정식 ② 고양정식 ③ 전양정식 ④ 전량식

[해설] 밸브 양정에 따른 분류
① 저양정식 : 양정이 밸브시트 지름의 1/40 이상 1/15 미만인 것
② 고양정식 : 양정이 밸브시트 지름의 1/15 이상 1/7 미만인 것
③ 전양정식 : 양정이 밸브시트 지름의 1/7 이상인 것
④ 전량식 : 밸브시트 증기통로 면적은 목부분 면적의 1.05배 이상인 것

04 보일러 증기부에 일반적으로 부착되는 압력계의 명칭을 쓰시오.

[해답] 부르동관(bourdon tube) 압력계

05 펌프 2차측 배관에 설치되는 체크밸브의 기능(역할)을 설명하시오.

[해답] 펌프에서 토출되는 유체의 역류를 방지한다.

06 급격한 열응력에 의하여 내화물 및 캐스터블이 떨어지는 현상을 무엇이라 하는가?

[해답] 스폴링(spalling) 현상

[해설] (1) 내화물에서 나타나는 현상
① 스폴링(spalling) 현상 : 박락현상이라 하며 내화물이 사용하는 도중에 갈라지든지, 떨어져 나가는 현상을 말한다.
② 슬래킹(slacking) 현상 : 수증기를 흡수하여 체적변화를 일으켜 균열이 발생하거나 떨어져 나가는 현상으로 염기성 내화물에서 공통적으로 일어난다.
③ 버스팅(bursting) 현상 : 크롬 철광을 원료로 하는 내화물이 1600[℃] 이상에서 산화철을 흡수하여 표면이 부풀어 오르고 떨어져 나가는 현상으로 크롬질 내화물에서 발생한다.
(2) 스폴링(spalling) 현상의 종류 및 발생원인
① 열적 스폴링 : 온도 급변에 의한 열응력
② 기계적 스폴링 : 기계적 압력 등이 고르지 않아 구조의 불균형
③ 조직적 스폴링 : 화학적 슬래그 등에 의한 침식 및 열적인 변질

제4회 동영상 문제 | 2016년 11월 12일 시행

01 연소가스를 오르사트 분석기를 이용하여 분석할 때 순서를 쓰시오.

해답▶ $CO_2 \rightarrow O_2 \rightarrow CO$

02 증류탑에 대하여 설명하시오.

해답▶ 액체의 비등점 차이를 이용하여 증류를 행하는 장치의 주체로 탑정으로부터 저비점 성분의 탑정 유분(overhead product), 탑 중간으로부터 중간 비점의 측류 유분(side draw product), 탑저로부터 고비점 성분의 탑저 유분(bottom product)을 얻는 장치이다.

해설 건조, 증발, 증류, 분류
① 건조(乾燥 : drying) : 고체 또는 고체에 가까운 물질의 수분을 증발시켜 제거하는 조작으로 함유된 수분의 양이 적을 때를 건조되었다고 한다.
② 증발(蒸發 : evapration) : 수용액으로부터 수분만을 증발시켜 용액을 농축하거나 결정을 분리하는 것이다.
③ 증류(蒸溜) : 혼합 용액을 가열하여 비등시키면 비등점차이로 나오는 증기를 응축시켜 원액을 정제하는 조작이다.
④ 분류(分溜) : 원액이 2가지 이상의 혼합물인 경우 각 성분의 증기압차를 이용하여 증발시켜 이것을 응축시켜 원액을 각 성분으로 분리하는 조작이다.

03 열전대 온도계의 측정원리를 쓰시오.

해답▶ 제백 효과(Seebeck effect)

해설 제백 효과(Seebeck effect) : 2종류의 금속선을 접속하여 하나의 회로를 만들어 2개의 접점에 온도차를 부여하면 회로에 접점의 온도에 거의 비례한 전류(열기전력)가 흐르는 현상으로 열전대 온도계의 측정원리이다.

04 쉘 앤드 튜브식(shell & tube type) 열교환기에 스파이럴 튜브를 사용할 때 장점 2가지를 쓰시오.

해답▶ ① 튜브 전열면적이 증가된다.
② 유체의 흐름이 난류가 되어 전열효과가 우수하다.

05 증기 감압밸브의 기능(역할) 2가지를 쓰시오.

해답 ① 고압의 증기를 저압 증기로 전환할 수 있다.
② 부하 측의 압력을 일정하게 유지할 수 있다.
③ 부하 변동에 따른 증기의 소비량을 줄일 수 있다.

06 보일러의 내면이나 관벽 및 전열면에 스케일이 부착하였을 때 발생되는 현상(장애) 3가지를 쓰시오.

해답 ① 전열면에 부착하여 전열을 방해한다.
② 보일러 효율이 저하하고, 연료소비량이 증가한다.
③ 전열면의 국부과열로 인한 파열사고의 우려가 있다.
④ 보일러수의 순환을 방해하고, 수면계 등 연락관을 폐쇄시킨다.
⑤ 연료의 연소열량을 보일러수에 전달하지 못하므로 배기가스 온도가 상승된다.

2017년 에너지관리산업기사 실기시험 동영상 문제

제1회 동영상 문제   2017년 4월 15일 시행

01 보일러 굴뚝 높이가 80[m]이고, 외기온도 20[℃], 배기가스 온도 230[℃]일 때 이론 통풍력 [mmAq]은 얼마인가? (단, 공기와 배기가스의 비중량은 1.29 [kgf/m³], 1.32[kgf/m³]이며 소수점 둘째자리에서 반올림하시오.)

풀이
$$Z = 273 \times H \times \left(\frac{\gamma_a}{T_a} - \frac{\gamma_g}{T_g} \right)$$
$$= 273 \times 80 \times \left(\frac{1.29}{273 + 20} - \frac{1.32}{273 + 230} \right)$$
$$= 38.84 ≒ 38.8 [mmAq]$$

해답 38.8 [mmAq]

02 스폴링 현상이란 내화물을 사용하는 도중에 갈라지든지, 떨어져 나가는 현상으로 발생 원인에 의하여 분류할 때 온도 급변에 의하여 발생되는 것을 무엇이라 하는가?

해답 열적 스폴링 현상

해설 스폴링(spalling) 현상의 종류 및 발생원인
① 열적 스폴링 : 온도 급변에 의한 열응력
② 기계적 스폴링 : 기계적 압력 등이 고르지 않아 구조의 불균형
③ 조직적 스폴링 : 화학적 슬래그 등에 의한 침식 및 열적인 변질

03 노통연관 보일러 연소실 후면에 설치되는 안전장치 중 하나인 방폭문의 역할(기능)을 설명하시오.

해답 연소실 내의 미연소 가스의 폭발 및 역화 시 그 내부압력을 외부로 방출시켜 동체의 파열사고를 방지하는 장치이다.

04 보일러 증기부에 일반적으로 부착되는 압력계의 명칭과 정도를 쓰시오.

해답 ① 명칭 : 부르동관(bourdon tube) 압력계
② 정도 : ±1~3[%]

05 쉘 앤 튜브식(shell & tube type) 열교환기에 스파이럴 튜브를 사용하였을 때 장점 2가지를 쓰시오.

해답 ① 튜브 전열면적이 증가된다.
② 유체의 흐름이 난류가 되어 전열효과가 우수하다.

06 증류탑에 대하여 설명하시오.

해답 액체의 비등점 차이를 이용하여 증류를 행하는 장치의 주체로 탑정으로부터 저비점 성분의 탑정 유분(overhead product), 탑 중간으로부터 중간 비점의 측류 유분(side draw product), 탑저로부터 고비점 성분의 탑저 유분(bottom product)을 얻는 장치이다.

07 액체 연료 연소장치인 버너가 부착되는 곳에 설치되는 윈드박스의 기능 2가지를 쓰시오.

해답 ① 안정된 착화를 도모한다.
② 공기와 연료의 혼합을 촉진한다.
③ 화염의 형상을 조절한다.
④ 전열효율을 향상(촉진)시킨다.

제 2 회 동영상 문제   2017년 6월 25일 시행

01 보일러 액체 연료배관 중에 설치되는 유수분리기의 용도(기능)를 설명하시오.

해답 보일러 액체 연료 공급배관 중에 설치하여 액체 연료와 물과의 비중차이를 이용하여 액체 연료 중에 함유되어 있는 물을 분리하는 장치(기기)이다.

02 화염검출기의 기능(역할)을 설명하시오.

해답▶ 연소실 내의 연소상태를 감시하여 실화 및 소화 시 연료 전자밸브를 차단하여 미연소 가스로 인한 폭발사고를 방지하기 위한 장치이다.

03 [보기]에서 설명하는 자동제어 명칭을 쓰시오.

> |보기| 제어량의 크기와 목표값을 비교하여 그 값이 일치하도록 되돌림 신호를 보내어 수정동작을 하는 제어방식이다.

해답▶ 피드백 제어(feed back control)

해설 시퀀스 제어(Sequence control) : 미리 순서에 입각해서 다음 동작이 연속 이루어지는 제어로 보일러의 점화, 자동판매기 등이 해당된다.

04 판형 열교환기의 장점 4가지를 쓰시오.

해답▶ ① 고난류 유동에 의한 열교환 능력을 향상시킨다.
② 판의 매수 조절이 가능하여 전열면적 증감이 용이하다.
③ 전열면의 청소나 조립이 간단하고, 고점도의 유체에도 적용할 수 있다.
④ 내식성, 내구성이 우수하다.

해설 판형 열교환기의 단점
① 구조상 판(plate) 표면과 유체의 마찰에 의해 압력손실이 크게 발생한다.
② 온도변화가 크게 발생하는 곳에서는 부적합하다.
③ 내압성능이 낮아 압력이 높은 곳에서는 사용하기 어렵다.

05 냉동기 성적계수(COP_R)가 3.7, 압축기 소요전력이 100[kW]일 때 이 냉동기의 냉방 출력[kcal/h]을 구하시오.

풀이● $COP_R = \dfrac{Q_2}{W}$ 이고, 1[kW] = 860[kcal/h]에 해당된다.

∴ $Q_2 = COP_R \times W = 3.7 \times (100 \times 860) = 318200 \text{[kcal/h]}$

해답▶ 318200 [kcal/h]

제4회 동영상 문제 | 2017년 11월 11일 시행

01 복도, 현관 등에 설치된 센서등이 켜지는 원리는 무엇인가?

해답 ▶ 사람의 몸에서 나오는 적외선에 반응하여 자동으로 불이 켜지고, 꺼진다.

02 열전대 온도계의 측정원리를 쓰시오.

해답 ▶ 제백 효과(Seebeck effect)

해설 ▶ 제백 효과(Seebeck effect) : 2종류의 금속선을 접속하여 하나의 회로를 만들어 2개의 접점에 온도차를 부여하면 회로에 접점의 온도에 거의 비례한 전류(열기전력)가 흐르는 현상으로 열전대 온도계의 측정원리이다.

03 보일러에 설치되는 안전밸브에 요구되는 기능 5가지를 쓰시오.

해답 ▶ ① 설정된 압력에서 방출할 것
② 적절한 정지압력으로 닫힐 것
③ 방출 때는 규정의 리프트가 얻어질 것
④ 밸브의 개폐동작이 안정적일 것
⑤ 동작하고 있지 않을 때 밸브의 누설이 없을 것

04 스폴링 현상이란 내화물을 사용하는 도중에 갈라지든지, 떨어져 나가는 현상으로 발생 원인에 의하여 분류할 때 온도 급변에 의하여 발생되는 것을 무엇이라 하는가?

해답 ▶ 열적 스폴링 현상

해설 ▶ 스폴링(spalling) 현상의 종류 및 발생원인
① 열적 스폴링 : 온도 급변에 의한 열응력
② 기계적 스폴링 : 기계적 압력 등이 고르지 않아 구조의 불균형
③ 조직적 스폴링 : 화학적 슬래그 등에 의한 침식 및 열적인 변질

05 냉동기 성적계수(COP_R)가 3.7, 압축기 소요전력이 100[kW]일 때 이 냉동기의 냉방출력[kcal/h]을 구하시오.

풀이 $COP_R = \dfrac{Q_2}{W}$ 이고, $1[kW] = 860[kcal/h]$에 해당된다.

∴ $Q_2 = COP_R \times W = 3.7 \times (100 \times 860) = 318200[kcal/h]$

해답 318200 [kcal/h]

06 218[℃]의 발생증기를 1.5[kgf/cm² · a] 상태로 감압하였더니 온도가 110[℃] 이었다. 주어진 표를 이용하여 218[℃] 상태의 포화수 엔탈피[kcal/kg]를 계산하시오.

압력[kgf/cm² · a]	포화온도[℃]	포화수 엔탈피[kcal/kg]	포화증기 엔탈피[kcal/kg]
20	211.38	215.82	668.5
22	216.23	221.12	668.9
24	220.75	226.13	669.3
26	224.98	230.82	669.5

풀이 218[℃]는 216.23[℃]와 220.75[℃] 사이에 존재하므로 보간법에 의해 포화수 엔탈피를 계산한다.

∴ 218[℃] 포화수 엔탈피 = 216.23[℃] 포화수 엔탈피 + {(218[℃]와 216.23[℃] 온도차)

$\times \dfrac{220.75[℃]와\ 216.23[℃]\ 포화수\ 엔탈피차}{220.75[℃]와\ 216.23[℃]\ 온도차}$}

$= 221.12 + \left\{(218 - 216.23) \times \dfrac{226.13 - 221.12}{220.75 - 216.23}\right\}$

$= 223.081 ≒ 223.08[kcal/kg]$

해답 223.08 [kcal/kg]

2018년 에너지관리산업기사 실기시험 동영상 문제

제1회 동영상 문제 | 2018년 4월 14일 시행

01 펌프 입구 및 토출 측 배관 계통에 플렉시블 조인트를 설치하는 이유를 설명하시오.

해답▶ 급수 펌프에서 발생하는 진동을 흡수하여 배관에 전달되지 않도록 하고, 온도변화에 따른 배관의 열팽창을 흡수하여 고장이 발생하는 것을 방지하기 위하여 설치한다.

02 다음에 설명하는 자동제어 명칭을 쓰시오.
 (1) 미리 순서에 입각해서 다음 동작이 연속 이루어지는 제어로 보일러 점화 등이 해당된다.
 (2) 제어량의 크기와 목표값을 비교하여 그 값이 일치하도록 되돌림 신호를 보내어 수정동작을 하는 제어 방식이다.

해답▶ (1) 시퀀스 제어(Sequence control)
 (2) 피드백 제어(feed back control)

03 LNG의 주성분을 분자식으로 쓰시오.

해답▶ CH_4

해설▶ LNG 주성분 : 메탄(CH_4)이 주성분이고, 에탄(C_2H_6)이 소량 함유되어 있다.

04 배관 외경이 30[mm], 길이 15[m]의 증기관에 열전도율이 0.05[kcal/m·h·℃]인 보온재를 두께 15[mm]로 시공하였다. 관 표면온도 100[℃], 보온재 외부온도가 20[℃]일 때 보온재를 통한 손실열량[kcal/h]은 얼마인가?

풀이▶ 보온을 하는 배관의 외경이 30[mm] 이므로 반지름은 15[mm]가 되며 보온재를 기준으로 r_i는 0.015[m]가 된다. 여기에 두께 15[mm]인 보온재를 피복하였으므로 r_o는 0.015[m] + 0.015[m] = 0.03[m]로 계산된다.

① 보온관 대수평균면적 계산

$$\therefore F_m = \frac{2\pi L(r_o - r_i)}{\ln\frac{r_o}{r_i}} = \frac{2 \times \pi \times 15 \times (0.03 - 0.015)}{\ln\frac{0.03}{0.015}} = 2.039 ≒ 2.04[\mathrm{m}^2]$$

② 방열량 계산

$$\therefore Q = KF_m \Delta t = \frac{1}{\frac{0.015}{0.05}} \times 2.04 \times (100 - 20) = 544[\mathrm{kcal/h}]$$

[해답] 544 [kcal/h]

[별해] 하나의 식으로 계산

$$\therefore Q = \frac{1}{\frac{1}{\lambda}} \times \frac{2\pi L}{\ln\frac{r_o}{r_i}} \times (t_i - t_o) = \frac{2\pi L(t_i - t_o)}{\frac{1}{\lambda} \times \ln\frac{r_o}{r_i}} = \frac{2 \times \pi \times 15 \times (100 - 20)}{\frac{1}{0.05} \times \ln\frac{0.03}{0.015}}$$

$$= 543.883 ≒ 543.88[\mathrm{kcal/h}]$$

[해설] 계산문제 풀이에 적용하는 공식이나 풀이과정에 따라 최종값에서 오차가 발생하며, 채점에는 영향이 없으니 선택하여 답안을 작성하길 바랍니다.

05 보일러 동체, 수관, 겔로웨이관 등에서 과열되었을 때 강도가 약해져 인장응력을 받는 부분이 압력에 견디지 못하고 바깥쪽으로 부풀어 나오는 현상의 명칭을 쓰시오.

[해답] 팽출 현상

[해설] 팽출 및 압궤 : 370[℃] 이상 과열이 되었을 때 강도가 약해져 발생하는 현상이다.
① 팽출(bulge) : 동체, 수관, 겔로웨이관 등과 같이 인장응력을 받는 부분이 압력에 견디지 못하고 바깥쪽으로 부풀어 나오는 현상이다.
② 압궤(collapse) : 노통, 연소실, 연관, 관판 등과 같이 압축응력을 받는 부분이 압력에 견디지 못하고 안쪽으로 들어가는 현상이다.

06 어느 공장에서 연간 처리하는 물량이 2300[kg]으로 사용하는 연료로 벙커 C유 3400 [kL/년], 경유 1500[kL/년]을 사용하고, 전기 1500[MWh/년]을 사용할 때 에너지사용 현황 및 원단위 현황을 작성하시오. (단, 석유환산계수는 벙커C유 0.995, 경유 0.901, 전기는 0.23 이다.)

(1) 에너지 사용 현황

구분	벙커 C유	경유	연료 소계	전기	합계
사용량[TOE]	①	②	③	④	⑤

(2) 원단위 현황

제품명	완제품 생산실적 [kg/년]	연료원단위 [TOE/kg]	전기원단위 [TOE/kg]	에너지원단위 [TOE/kg]
완제품	2300	①	②	③

[풀이] (1) 에너지 사용량(TOE) 계산
① 벙커 C유 : $3400 \times 0.995 = 3383$[TOE]
② 경유 : $1500 \times 0.901 = 1351.5$[TOE]
③ 연료 합계 $= 3383 + 1351.5 = 4734.5$[TOE]
④ 전기 : $1500 \times 0.23 = 345$[TOE]
⑤ 합계 $= 4734.5 + 345 = 5079.5$[TOE]

(2) 원단위 현황 계산
① 연료 원단위 계산

$$\therefore 연료\ 원단위 = \frac{연료\ 사용량\ 합계[TOE]}{완제품\ 생산실적}$$

$$= \frac{4734.5}{2300} = 2.058 ≒ 2.06[TOE/kg]$$

② 전기 원단위 계산

$$\therefore 전기\ 원단위 = \frac{전기사용량[TOE]}{완제품\ 생산실적} = \frac{345}{2300} = 0.15[TOE/kg]$$

③ 합계 원단위 계산
$\therefore$ 합계 원단위 $=$ 연료 원단위 $+$ 전기 원단위 $= 2.06 + 0.15 = 2.21$[TOE/kg]

[해답] (1) ① 3383[TOE]   ② 1351.5[TOE]   ③ 4734.5[TOE]
④ 345[TOE]   ⑤ 5079.5[TOE]
(2) ① 2.06[TOE/kg]   ② 0.15[TOE/kg]   ③ 2.21[TOE/kg]

07 증기사용설비에서 발생된 응축수를 회수하여 보일러 급수로 사용할 때 장점 2가지를 쓰시오.

[해답] ① 보일러 급수처리 비용을 절감할 수 있다.
② 급수온도가 높아 연료소비량을 절감할 수 있다.
③ 보일러 급수용의 용수를 절감할 수 있다.
④ 동 내부 및 드럼의 부동팽창을 방지할 수 있다.

제 2 회 동영상 문제 | 2018년 6월 30일 시행

01 흡수식 냉온수기에 대한 물음에 답하시오.
  (1) 4대 구성요소를 쓰시오.
  (2) 냉매로 물을 사용할 때 흡수제의 명칭을 쓰시오.

  해답 ▶ (1) ① 흡수기   ② 발생기   ③ 응축기   ④ 증발기
       (2) 리튬브로마이드(LiBr) (또는 취화리튬)

02 온수보일러로 사용이 증가되고 있는 진공온수보일러의 원리를 설명하시오.

  해답 ▶ 열매수가 들어 있는 보일러 내부를 완전진공(-760[mmHg])에 가까운 상태를 유지시키고, 보일러 버너의 연소열에 의하여 가열하면 열매수가 증발되며 내부의 온도가 90[℃] 정도까지 도달하면 내부압력이 -150[mmHg] 정도의 압력까지 상승한다. 이때 발생하는 열매수의 증기(감압증기)는 자연대류에 의하여 상부로 이동하고 상부에 설치된 열교환기에서 난방수 및 급탕용 물과 열교환하여 최대 85[℃]까지 가열되어 난방용 및 급탕용으로 공급될 수 있다. 버너는 내부의 온도가 90[℃]가 되면 연소가 정지되고 일정온도 이하로 내려가면 다시 작동된다.

03 증류탑에서 액체 종류별로 원액을 정제하는 조작은 어떤 열역학적 특성을 이용한 것인가?

  해답 ▶ 액체의 비등점 차이를 이용한 것이다.

04 집진장치의 종류 2가지를 쓰시오.

  해답 ▶ ① 건식 집진장치   ② 습식 집진장치   ③ 전기식 집진장치

05 APT에 설치되는 소형 가스엔진 열병합 발전장치를 사용할 때의 장점 2가지를 쓰시오.

  해답 ▶ ① 전기와 열을 함께 생산하여 이용하므로 효율이 증가된다.
       ② 지구온난화의 원인이 되는 온실가스 배출을 감소시킨다.
       ③ 에너지 사용량 절감으로 에너지 비용이 절감된다.
       ④ 피크전력(최대수요전력) 관리를 용이하게 할 수 있다.

제 4 회 동영상 문제 | 2018년 11월 10일 시행

01 컴퓨터, 가전제품 등과 같이 사용을 하지 않는 상태에서 전력측정기로 소비되는 전력을 측정하면 아주 작은 전기가 소비되고 있으며, 이러한 전기를 줄이는 것만으로도 연간 온실가스 배출을 크게 감축시킬 수 있다. 이와 같이 전자기기가 실제로 사용하고 있지 않은 상태에서 소비되는 전력을 무엇이라 하는가?

해답▶ 대기전력

해설 대기전력(에너지이용 합리화법 제18조) : 외부의 전원과 연결만 되어 있고, 주기능을 수행하지 아니하거나 외부로부터 켜짐 신호를 기다리는 상태에서 소비되는 전력

02 보일러 액체 연료배관 중에 설치되는 유수분리기의 용도(기능)를 설명하시오.

해답▶ 보일러 액체 연료 공급배관 중에 설치하여 액체 연료와 물과의 비중차이를 이용하여 액체 연료 중에 함유되어 있는 물을 분리하는 장치(기기)이다.

03 증기보일러에 설치된 안전밸브의 기능(역할)을 설명하시오.

해답▶ 보일러의 증기압력이 이상 상승 시 증기압을 외부로 분출하여 보일러 파열사고를 사전에 방지한다.

04 [보기]와 같은 조건을 이용하여 증기 발생량[kg/h]을 계산하시오. (단, 보일러 열정산 기준을 적용한다.)

| 보기 | － 급수온도 : 50[℃]
－ 보일러 효율 : 85[%]
－ 연료의 저위발열량 : 10500[kcal/Nm³]
－ 고위발열량 : 12000[kcal/Nm³]
－ 발생 증기의 엔탈피 : 663.8[kcal/kg]
－ 연료 사용량 : 373.9[Nm³/h]
－ 보일러 전열면적 : 102[m²]

풀이 $\eta = \dfrac{G_a(h_2 - h_1)}{G_f \cdot H_h} \times 100$에서

∴ $G_a = \dfrac{G_f \times H_h \times \eta}{h_2 - h_1} = \dfrac{373.9 \times 12000 \times 0.85}{663.8 - 50} = 6213.391 ≒ 6213.39[\text{kg/h}]$

해답 6213.39 [kg/h]

해설 보일러 열정산 기준에서 발열량은 고위발열량을 적용하도록 규정하고 있음

05 보일러 급수장치인 인젝터에 대한 물음에 답하시오.
(1) 지시하는 번호의 밸브 및 부품 명칭을 쓰시오.
(2) 급수 작동순서를 번호로 나열하시오.

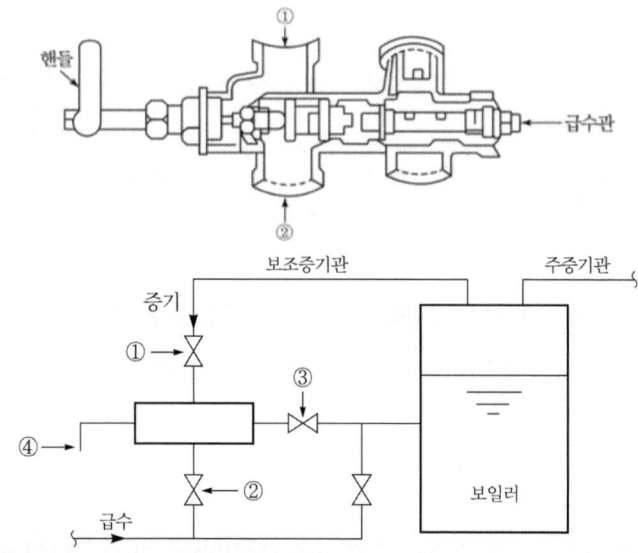

해답 (1) ① 인젝터 증기밸브 ② 인젝터 급수밸브
　　　③ 인젝터 출구밸브 ④ 인젝터 조절핸들
(2) ③ → ② → ① → ④

해설 급수정지 순서 : 급수개시 순서의 역순으로 한다.

2019년 에너지관리산업기사 실기시험 동영상 문제

제1회 동영상 문제 | 2019년 4월 14일 시행

01 보온재의 구비조건 3가지를 쓰시오.

해답 ① 열전도율이 작을 것
② 흡습, 흡수성이 작을 것
③ 적당한 기계적 강도를 가질 것
④ 시공성이 좋고, 경제적일 것
⑤ 부피, 비중(밀도)이 작을 것
⑥ 내열, 내약품성이 있을 것
⑦ 안전 사용온도 범위에 적합할 것

02 수평형 원통형 보일러 연소실 내부에 설치되는 파형 노통의 장점 2가지를 쓰시오.

해답 ① 전열면적이 증가한다.
② 노통의 신축을 흡수할 수 있다.
③ 외압에 대한 강도가 증가한다.

03 열전대 온도계의 측정원리를 쓰시오.

해답 제백 효과(Seebeck effect)

해설 제백 효과(Seebeck effect) : 2종류의 금속선을 접속하여 하나의 회로를 만들어 2개의 접점에 온도차를 부여하면 회로에 접점의 온도에 거의 비례한 전류(열기전력)가 흐르는 현상으로 열전대 온도계의 측정원리이다.

제 2 회 동영상 문제 | 2019년 6월 29일 시행

01 증류탑에 대하여 설명하시오.

해답 액체의 비등점 차이를 이용하여 증류를 행하는 장치의 주체로 탑정으로부터 저비점 성분의 탑정 유분(overhead product), 탑 중간으로부터 중간 비점의 측류 유분(side draw product), 탑저로부터 고비점 성분의 탑저 유분(bottom product)을 얻는 장치이다.

02 용접 작업 시 용접봉 건조기를 사용하는 이유를 설명하시오.

해답 용접봉 피복제에 함유된 수분을 제거하여 용접부의 결함을 방지한다.

03 펌프 입구 및 토출 측 배관 계통에 플렉시블 조인트를 설치하는 이유를 설명하시오.

해답 급수 펌프에서 발생하는 진동을 흡수하여 배관에 전달되지 않도록 하고, 온도변화에 따른 배관의 열팽창을 흡수하여 고장이 발생하는 것을 방지하기 위하여 설치한다.

04 광고온도계의 장점 4가지를 쓰시오.

해답
① 700~3000[℃]의 고온도 측정에 적합하다.
② 광전관 온도계에 비하여 구조가 간단하고 휴대가 편리하다.
③ 움직이는 물체의 온도 측정이 가능하고, 측온체의 온도를 변화시키지 않는다.
④ 비접촉식 온도계에서 가장 정확한 온도 측정을 할 수 있다.
⑤ 방사온도계에 비하여 방사율에 대한 보정량이 작다.

해설 광고온도계 단점
① 700[℃] 이하는 측정이 곤란하다.
② 빛의 흡수 산란 및 반사에 따라 오차가 발생한다.
③ 원거리 측정, 경보, 자동기록, 자동제어가 불가능하다.
④ 측정에 수동으로 조작함으로서 개인 오차가 발생할 수 있다.

제4회 동영상 문제 | 2019년 11월 17일 시행

01 진공압력계에서 지시하는 압력이 −50[cmHg]일 때 게이지압력[kPa]으로 환산하여 표시하면 얼마인가? (단, 대기압은 760[mmHg], 1.03[kgf/cm²] 이다.)

풀이 문제에서 주어진 −50[cmHg]에서 "−"부호는 진공압력을 나타내는 것이고 진공압력 50[cmHg]를 [kPa] 단위로 환산하는 것을 질문한 문제이다.

$$\therefore 환산압력 = \frac{주어진 \ 압력}{주어진 \ 압력의 \ 표준대기압} \times 구하려는 \ 표준대기압$$

$$= \frac{-50}{76} \times 101.325 = -66.661 ≒ -66.66 [kPa]$$

해답 −66.66 [kPa] (또는 66.66[kPa·v])

해설 1[atm] = 760[mmHg] = 76[cmHg] = 0.76[mHg] = 29.9[inHg]
= 760[torr] = 10332[kgf/m²] = 1.0332[kgf/cm²] = 10.332[mH₂O]
= 10332[mmH₂O] = 101325[N/m²] = 101325[Pa] = 1012.25[hPa]
= 101.325[kPa] = 0.101325[MPa] = 1013250[dyne/cm²]
= 1.01325[bar] = 1013.25[mbar] = 14.7[lb/in²] = 14.7[psi]

02 열교환기 튜브에 핀(fin)을 설치하는 이유를 설명하시오.

해답 전열면적을 증가시켜 열교환 능력을 향상시키기 위하여 튜브에 핀(fin)을 설치한다.

03 대향류 열교환기에서 가열유체는 125[℃]로 들어가서 70[℃]로 나오고 수열유체는 20[℃]로 들어가서 40[℃]로 나온다. 이 열교환기의 대수 평균온도차[℃]를 계산하시오.

풀이 ① 향류이므로 고온유체와 저온유체의 흐름이 반대 방향이 된다.
$\therefore \Delta t_1 = $ 가열유체 입구온도 − 수열유체 출구온도 $= 125 - 40 = 85 [℃]$
$\therefore \Delta t_2 = $ 가열유체 출구온도 − 수열유체 입구온도 $= 70 - 20 = 50 [℃]$
② 대수 평균온도차 계산

$$\therefore \Delta t_m = \frac{\Delta t_1 - \Delta t_2}{\ln\left(\frac{\Delta t_1}{\Delta t_2}\right)} = \frac{85 - 50}{\ln\left(\frac{85}{50}\right)} = 65.959 ≒ 65.96[℃]$$

해답 65.96 [℃]

04 수관식 보일러의 연소실 벽면에 수냉노벽을 설치하였을 때의 이점 4가지를 쓰시오.

해답 ① 전열면적의 증가로 증발량이 많아진다.
② 연소실내의 복사열을 흡수한다.
③ 연소실 노벽을 보호한다.
④ 연소실 열부하를 높인다.
⑤ 노벽의 무게를 경감시킬 수 있다.

해설 구조에 따른 수냉노벽의 종류 : 탄젠샬 배열, 스페이스드 배열, 스킨 케이싱 배열, 핀 패널식 케이싱

05 원심식 송풍기에서 회전수를 4배 증가시키면 풍압은 몇 배로 변하는가?

풀이 $P_2 = P_1 \times \left(\dfrac{N_2}{N_1}\right)^2 = P_1 \times \left(\dfrac{4}{1}\right)^2 = 16\,P_1$

해답 16배

해설 터보형(원심식) 송풍기 상사의 법칙
① 풍량 : 풍량은 회전수 변화에 비례하고, 임펠러 지름 변화의 3제곱에 비례한다.
$\therefore\ Q_2 = Q_1 \times \left(\dfrac{N_2}{N_1}\right) \times \left(\dfrac{D_2}{D_1}\right)^3$
② 풍압 : 풍압은 회전수 변화의 제곱에 비례하고, 임펠러 지름 변화의 제곱에 비례한다.
$\therefore\ P_2 = P_1 \times \left(\dfrac{N_2}{N_1}\right)^2 \times \left(\dfrac{D_2}{D_1}\right)^2$
③ 축동력 : 축동력은 회전수 변화의 3제곱에 비례하고, 임펠러 지름 변화의 5제곱에 비례한다.
$\therefore\ L_2 = L_1 \times \left(\dfrac{N_2}{N_1}\right)^3 \times \left(\dfrac{D_2}{D_1}\right)^5$

06 보일러 연소실 내의 연소상태를 감시하여 실화 및 소화 시 연료 전자밸브를 차단하여 미연소 가스로 인한 폭발사고를 방지하는 안전장치의 설명에 대한 명칭을 각각 쓰시오.
(1) 화염이 발광체임을 이용하여 화염의 방사선을 감지하여 화염의 유무를 검출한다.
(2) 화염의 이온화 현상에 의한 전기 전도성을 이용하여 화염의 유무를 검출한다.
(3) 연도에 바이메탈을 설치하여 연소가스의 열을 이용하여 화염의 유무를 검출한다.

해답 (1) 플레임 아이(flame eye)
(2) 플레임 로드(flame rod)
(3) 스택 스위치(stack switch)

2020년 에너지관리산업기사 실기시험 동영상 문제

제1회 동영상 문제 | 2020년 5월 16일 시행

01 증기트랩을 사용하는 목적(역할)을 설명하시오.

해답 증기사용설비 및 증기배관 내의 응축수를 제거하고, 증기관의 부식 및 수격작용을 방지하며 증기의 건조도가 저하하는 것을 방지한다.

02 보일러에 부착한 수위검출기에서 수위가 검출될 때 작동되는 장치 2가지를 쓰시오.

해답 ① 급수펌프 기동 및 정지
② 저수위일 때 경보 발생, 연료밸브 차단 및 버너 정지

03 벙커-C유를 사용하는 보일러에서 사용하는 급유펌프 종류 2가지를 쓰시오.

해답 ① 기어펌프 ② 스크류 펌프

04 보일러의 내면이나 관벽 및 전열면에 스케일이 부착하였을 때의 발생되는 현상(장애) 3가지를 쓰시오.

해답 ① 전열면에 부착하여 전열을 방해한다.
② 보일러 효율이 저하하고, 연료소비량이 증가한다.
③ 전열면의 국부과열로 인한 파열사고의 우려가 있다.
④ 보일러수의 순환을 방해하고, 수면계 등 연락관을 폐쇄시킨다.
⑤ 연료의 연소열량을 보일러수에 전달하지 못하므로 배기가스 온도가 상승된다.

05 보일러 주증기관에 설치되는 감압밸브에 대한 물음에 답하시오.
(1) 작동방법에 따른 종류를 3가지 쓰시오.
(2) 이 밸브의 역할(기능)을 쓰시오.

해답 (1) ① 피스톤식 ② 다이어프램식 ③ 벨로즈식
(2) 보일러에서 발생한 고압의 증기를 저압의 증기로 감압하여 일정한 압력으로 공급하기 위한 것이다.

06 열교환기의 기능을 설명하시오.

해답 온도가 높은 고열량의 유체와 온도가 낮은 저열량의 유체를 간접적으로 접촉시켜 저온도의 유체 온도를 상승시켜 열효율을 증대시키는 장치이다.

07 보일러 굴뚝 높이가 80[m]이고, 외기온도 20[℃], 배기가스 온도 230[℃]일 때 이론통풍력 [mmAq]은 얼마인가? (단, 공기와 배기가스의 비중량은 1.29[kgf/m³], 1.32[kgf/m³]이며 소수점 둘째자리에서 반올림하시오.)

풀이
$$Z = 273 \times H \times \left(\frac{\gamma_a}{T_a} - \frac{\gamma_g}{T_g} \right)$$
$$= 273 \times 80 \times \left(\frac{1.29}{273+20} - \frac{1.32}{273+230} \right)$$
$$= 38.84 ≒ 38.8 [mmAq]$$

해답 38.8 [mmAq]

제 2 회 동영상 문제   2020년 8월 2일 시행

01 배관 외경이 30[mm], 길이 15[m]의 증기관에 열전도율이 0.05[kcal/m·h·℃]인 보온재를 두께 15[mm]로 시공하였다. 관 표면온도 100[℃], 보온재 외부온도가 20[℃]일 때 보온재를 통한 손실열량[kcal/h]은 얼마인가?

 보온을 하는 배관의 외경이 30[mm] 이므로 반지름은 15[mm]가 되며 보온재를 기준으로 r_i는 0.015[m]가 된다. 여기에 두께 15[mm]인 보온재를 피복하였으므로 r_o는 0.015[m] + 0.015[m] = 0.03[m]로 계산된다.
① 보온관 대수평균면적 계산
$$\therefore F_m = \frac{2\pi L(r_o - r_i)}{\ln \frac{r_o}{r_i}} = \frac{2 \times \pi \times 15 \times (0.03 - 0.015)}{\ln \frac{0.03}{0.015}} = 2.039 ≒ 2.04 [m^2]$$

② 방열량 계산

$$\therefore Q = KF_m \Delta t = \frac{1}{\frac{0.015}{0.05}} \times 2.04 \times (100-20) = 544 [\text{kcal/h}]$$

해답 544 [kcal/h]

별해 하나의 식으로 계산

$$\therefore Q = \frac{1}{\frac{1}{\lambda}} \times \frac{2\pi L}{\ln \frac{r_o}{r_i}} \times (t_i - t_o) = \frac{2\pi L (t_i - t_o)}{\frac{1}{\lambda} \times \ln \frac{r_o}{r_i}}$$

$$= \frac{2 \times \pi \times 15 \times (100-20)}{\frac{1}{0.05} \times \ln \frac{0.03}{0.015}}$$

$$= 543.883 ≒ 543.88 [\text{kcal/h}]$$

해설 계산문제 풀이에 적용하는 공식이나 풀이과정에 따라 최종값에서 오차가 발생하며, 채점에는 영향이 없으니 선택하여 답안을 작성하길 바랍니다.

02 증기보일러에 안전밸브를 설치하는 이유를 설명하시오.

해답 보일러의 증기압이 이상 상승 시 증기압을 외부로 분출하여 보일러 파열사고를 방지하기 위하여

03 수평형 원통 보일러 연소실 내부에 설치된 파형 노통의 장점 2가지를 쓰시오.

해답 ① 전열면적이 증가한다.
② 노통의 신축을 흡수할 수 있다.
③ 외압에 대한 강도가 증가한다.

04 증기트랩을 사용하는 목적(역할)을 설명하시오.

해답 증기사용설비 및 증기배관 내의 응축수를 제거하고, 증기관의 부식 및 수격작용을 방지하며 증기의 건조도가 저하하는 것을 방지한다.

제3회 동영상 문제 — 2020년 10월 15일 시행

01 중유의 예열온도가 낮을 때 나타나는 현상 3가지를 쓰시오.

해답 ① 무화상태가 불량해 진다.
② 그을음 생성 및 분진이 발생한다.
③ 불길이 한 쪽으로 치우친다.
④ 유동성이 좋지 못하다.

해설 예열온도가 너무 높을 때 나타나는 현상
① 관 내부에서 기름이 열분해를 일으킨다.
② 분부상태가 고르지 못하다.
③ 분사각도가 흐트러진다.
④ 탄화물(카본) 생성의 원인이 된다.
⑤ 역화의 원인이 될 수 있다.

02 증류탑에서 액체 종류별로 원액을 정제하는 조작은 어떤 열역학적 특성을 이용한 것인가?

해답 액체의 비등점 차이를 이용한 것이다.

03 보온재의 구비조건 3가지를 쓰시오.

해답 ① 열전도율이 작을 것
② 흡습, 흡수성이 작을 것
③ 적당한 기계적 강도를 가질 것
④ 시공성이 좋고, 경제적일 것
⑤ 부피, 비중(밀도)이 작을 것
⑥ 내열, 내약품성이 있을 것
⑦ 안전 사용온도 범위에 있을 것

04 용접 작업 시 용접봉 건조기를 사용하는 이유를 설명하시오.

해답 용접봉 피복제에 함유된 수분을 제거하여 용접부의 결함을 방지한다.

05 컴퓨터, 가전제품 등과 같이 사용을 하지 않는 상태에서 전력측정기로 소비되는 전력을 측정하면 아주 작은 전기가 소비되고 있으며, 이러한 전기를 줄이는 것만으로도 연간 온실가스 배출을 크게 감축시킬 수 있다. 이와 같이 전자기기가 실제로 사용하고 있지 않은 상태에서 소비되는 전력을 무엇이라 하는가?

해답▶ 대기전력

해설 대기전력(에너지이용 합리화법 제18조) : 외부의 전원과 연결만 되어 있고, 주기능을 수행하지 아니하거나 외부로부터 켜짐 신호를 기다리는 상태에서 소비되는 전력

제4회 동영상 문제 2020년 11월 29일 시행

01 증기보일러에 설치되는 스프링식 안전밸브에 대한 물음에 답하시오.
(1) 양정에 따른 분류 3가지를 쓰시오.
(2) 증기보일러에는 2개 이상의 안전밸브를 설치하여야 한다. 다만, 전열면적 ( ) 이하의 증기보일러에는 1개 이상으로 설치할 수 있다. ( ) 안에 알맞은 내용을 쓰시오.

해답▶ (1) ① 저양정식 ② 고양정식 ③ 전양정식 ④ 전량식
(2) 50 [m^2]

02 내부압력이 50[kPa]인 밀폐된 공간에 1[m]×0.7[m]의 사각형 점검구를 설치하여 6개의 볼트, 너트로 조립할 때 볼트 1개가 받는 힘[kN]은 얼마인가?

풀이 볼트 1개당 걸리는 힘 = $\dfrac{\text{전체에 걸리는 힘}}{\text{볼트 수}}$

$= \dfrac{P \times A}{n} = \dfrac{50 \times (0.7 \times 1.0)}{6} = 5.833 ≒ 5.83[\text{kN}]$

해답▶ 5.83 [kN]

2021년 에너지관리산업기사 실기시험 동영상 문제

제1회 동영상 문제 | 2021년 4월 28일 시행

01 증기트랩의 기능(역할)을 설명하시오.

해답▶ 증기사용설비 및 증기배관 내의 응축수를 제거하고, 증기관의 부식 및 수격작용을 방지하며 증기의 건조도가 저하하는 것을 방지한다.

02 보일러에 부착된 수면계를 점검해야할 시기 4가지를 쓰시오.

해답▶ ① 보일러를 가동하기 전
② 압력이 상승하기 시작할 때
③ 2개의 수면계 수위에 차이가 발생할 때
④ 수면계의 수위가 의심스러울 때
⑤ 보일러 운전 중에 포밍, 프라이밍 현상이 발생할 때

03 급격한 열응력에 의하여 내화물 및 캐스터블이 떨어지는 현상을 무엇이라 하는가?

해답▶ 스폴링 현상

04 다음에 설명하는 자동제어 명칭을 쓰시오.
(1) 미리 순서에 입각해서 다음 동작이 연속 이루어지는 제어로 보일러 점화 등이 해당된다.
(2) 제어량의 크기와 목표값을 비교하여 그 값이 일치하도록 되돌림 신호를 보내어 수정동작을 하는 제어 방식이다.

해답▶ (1) 시퀀스 제어(sequence control)
(2) 피드백 제어(feed back control)

05 보일러 연소장치 중 건타입 버너의 특징 2가지를 쓰시오.

해답 ① 유압식과 공기분무식의 혼합형으로 사용연료는 등유, 경유이다.
② 소형으로 전자동이 가능하고, 연소상태가 양호하다.
③ 버너에 송풍기가 장치되어 있어 공기와 연료의 혼합을 촉진한다.
④ 오일펌프 내에 있는 유량조절밸브에서 유량을 조절한다.

제2회 동영상 문제 2021년 7월 16일 시행

01 보일러 자동제어에서 증기압력을 제어하는 조작량 2가지를 쓰시오.

해답 ① 연료 공급량 ② 연소용 공기량

해설 보일러 자동제어(A·B·C)의 종류

명칭	제어량	조작량
자동연소제어(ACC)	증기압력	공기량, 연료량
	노내압	연소가스량
급수제어(FWC)	보일러 수위	급수량
증기온도제어(STC)	증기온도	전열량
증기압력제어(SPC)	증기압력	연료공급량, 연소용 공기량

02 화염검출기의 기능을 설명하시오.

해답 연소실 내의 연소상태를 감시하여 실화 및 소화 시 연료 전자밸브를 차단하여 미연소 가스로 인한 폭발사고를 방지하기 위한 장치이다.

03 열전대 온도계의 측정원리를 쓰시오.

해답 제백 효과(Seebeck effect)

해설 제백 효과(Seebeck effect) : 2종류의 금속선을 접속하여 하나의 회로를 만들어 2개의 접점에 온도차를 부여하면 회로에 접점의 온도에 거의 비례한 전류(열기전력)가 흐르는 현상으로 열전대 온도계의 측정원리이다.

04 대향류 열교환기에서 가열유체는 130[℃]로 들어가서 80[℃]로 나오고, 수열유체는 20[℃]로 들어가서 60[℃]로 나온다. 이 열교환기의 대수 평균온도차[℃]를 계산하시오.

풀이 ① 대향류이므로 고온유체와 저온유체의 흐름이 반대 방향이 된다.
∴ Δt_1 = 가열유체 입구온도 − 수열유체 출구온도 = 130 − 60 = 70[℃]
∴ Δt_2 = 가열유체 출구온도 − 수열유체 입구온도 = 80 − 20 = 60[℃]
② 대수 평균온도차 계산
∴ $\Delta t_m = \dfrac{\Delta t_1 - \Delta t_2}{\ln\left(\dfrac{\Delta t_1}{\Delta t_2}\right)} = \dfrac{70 - 60}{\ln\left(\dfrac{70}{60}\right)} = 64.871 ≒ 64.87[℃]$

해답 64.87 [℃]

05 저항온도계에 사용되는 측온저항체 종류 3가지를 쓰시오.

해답 ① 백금(Pt) ② 니켈(Ni) ③ 구리(Cu)

해설 저항온도계
① 측정원리 : 전기저항이 온도에 따라 변화하는 것을 이용하여 온도를 측정한다.
② 측온저항체의 종류 및 측정범위

종 류	측정범위
백금(Pt)	−200~500[℃]
니켈(Ni)	−50~150[℃]
동(Cu)	0~120[℃]

06 보일러에 설치되는 안전장치 중 안전밸브에 대한 물음에 답하시오.
(1) 증기보일러에는 안전밸브를 몇 개 설치하여야 하는가?
(2) 안전밸브를 1개 이상 설치할 수 있는 전열면적[m²]은 얼마인가?

해답 (1) 2개 이상
(2) 50[m²] 이하

해설 과압방지 안전장치의 개수
① 증기보일러에는 2개 이상의 안전밸브를 설치하여야 한다. 다만, 전열면적이 50[m²] 이하의 증기보일러에서는 1개 이상으로 한다.
② 관류보일러에서 보일러와 압력방출장치와의 사이에 체크밸브를 설치할 경우 압력방출장치는 2개 이상이어야 한다.

07 보일러 동체, 수관, 겔로웨이관 등에서 과열되었을 때 강도가 약해져 인장응력을 받는 부분이 압력에 견디지 못하고 바깥쪽으로 부풀어 나오는 현상의 명칭을 쓰시오. [동영상에서 보일러 동판이 부풀어 오른 부분을 보여주고 있음]

해답▶ 팽출 현상

해설 팽출 및 압궤 : 370[℃] 이상 과열이 되었을 때 강도가 약해져 발생하는 현상이다.
  ① 팽출(bulge) : 동체, 수관, 겔로웨이관 등과 같이 인장응력을 받는 부분이 압력에 견디지 못하고 바깥쪽으로 부풀어 나오는 현상이다.
  ② 압궤(collapse) : 노통, 연소실, 연관, 관판 등과 같이 압축응력을 받는 부분이 압력에 견디지 못하고 안쪽으로 들어가는 현상이다.

제4회 동영상 문제 | 2021년 11월 18일 시행

01 증류탑에서 액체 종류별로 원액을 정제하는 조작은 어떤 열역학적 특성을 이용한 것인가?

해답▶ 액체의 비등점 차이를 이용한 것이다.

02 증기보일러에 설치되는 스프링식 안전밸브를 양정에 따라 4가지로 분류하여 쓰시오.

해답▶ ① 저양정식 ② 고양정식 ③ 전양정식 ④ 전량식

해설 밸브 양정에 따른 분류
  ① 저양정식 : 양정이 밸브시트 지름의 1/40 이상 1/15 미만인 것
  ② 고양정식 : 양정이 밸브시트 지름의 1/15 이상 1/7 미만인 것
  ③ 전양정식 : 양정이 밸브시트 지름의 1/7 이상인 것
  ④ 전량식 : 밸브시트 중 증기통로 면적은 목부분 면적의 1.05배 이상인 것

03 냉동기 성적계수(COP_R)가 3.7, 압축기 소요동력이 100[kW]일 때 이 냉동기의 냉방출력[kW]을 구하시오.

풀이 $COP_R = \dfrac{Q_2}{W}$ 에서 냉방출력(제거하여야 할 열량[kW]) Q_2를 구한다.

∴ $Q_2 = COP_R \times W = 3.7 \times 100 = 370[kW]$

해답▶ 370 [kW]

04 다음에 설명하는 강관의 명칭을 영문 약자로 쓰시오.
(1) 사용압력이 비교적 낮은 0.1[MPa] 이하의 증기, 물, 기름, 가스 및 공기의 배관으로 주로 사용한다.
(2) 350[℃] 이하의 온도에서 압력 1~10[MPa]의 배관에 사용되며 호칭은 호칭지름과 스케줄 번호에 의한다.
(3) 350[℃] 이하의 온도에서 압력 10[MPa] 이상의 배관에 사용되며 호칭은 호칭지름과 스케줄 번호에 의한다.
(4) 350[℃] 이상의 온도에서 압력 1~10[MPa]의 배관에 사용되며 호칭은 호칭지름과 스케줄 번호에 의한다.

해답 (1) SPP (2) SPPS (3) SPPH (4) SPHT

해설 각 배관의 명칭
(1) SPP : 배관용 탄소강관
(2) SPPS : 압력 배관용 탄소강관
(3) SPPH : 고압 배관용 탄소강관
(4) SPHT : 고온 배관용 탄소강관

05 보일러 자동제어의 장점 3가지를 쓰시오.

해답 ① 경제적인 열매체를 얻을 수 있다.
② 보일러의 운전을 안전하게 할 수 있다.
③ 효율적인 운전으로 연료비를 감소시킬 수 있다.
④ 인원 절감의 효과로 인건비가 절약된다.

2022년 에너지관리산업기사 실기시험 동영상 문제

제1회 동영상 문제 | 2022년 5월 11일 시행

01 천연가스의 성분이 모두 메탄(CH_4)으로 이루어진 도시가스 100[Sm^3]를 공기비 1.2로 완전 연소시킬 때 소요되는 공기량[Sm^3]을 계산하시오.

풀이 ① 메탄(CH_4)의 완전연소 반응식
  $CH_4 + 2O_2 \rightarrow CO_2 + 2H_2O$
② 실제공기량 계산 : 메탄(CH_4) 1[Sm^3]가 연소할 때 필요한 산소량[Sm^3]은 연소반응식에서 산소몰[mol]수와 같다.

$$\therefore A = m \times A_0 = m \times \frac{O_0}{0.21}$$
$$= \left(1.2 \times \frac{2}{0.21}\right) \times 100 = 1142.857 ≒ 1142.86[Sm^3]$$

해답 1142.86 [Sm^3]

02 보일러 내면이나 관벽 및 전열면에 스케일이 부착하였을 때 발생되는 현상(장애) 3가지를 쓰시오.

해답 ① 전열면에 부착하여 전열을 방해한다.
② 보일러 효율이 저하하고, 연료소비량이 증가한다.
③ 전열면의 국부과열로 인한 파열사고의 우려가 있다.
④ 보일러수의 순환을 방해하고, 수면계 등 연락관을 폐쇄시킨다.
⑤ 연료의 연소열량을 보일러수에 전달하지 못하므로 배기가스 온도가 상승된다.

03 보일러에 2개 이상의 안전밸브가 설치될 때 1개의 분출압력이 최고사용압력 이하이면 나머지 1개는 최고사용압력의 몇 배 이하인가?

해답 1.03 [배]

제 2 회 동영상 문제 | 2022년 7월 27일 시행

01 열전대 온도계의 측정원리를 쓰시오.

해답 제백 효과(Seebeck effect)

해설 제백 효과(Seebeck effect) : 2종류의 금속선을 접속하여 하나의 회로를 만들어 2개의 접점에 온도차를 부여하면 회로에 접점의 온도에 거의 비례한 전류(열기전력)가 흐르는 현상으로 열전대 온도계의 측정원리이다.

02 흡수식 냉온수기 냉매로 물을 사용할 때 흡수제의 명칭을 쓰시오.

해답 리튬브로마이드(LiBr) (또는 취화리튬)

03 진공압력계에서 지시하는 압력이 −50[cmHg]일 때 절대압력[kPa]은 얼마인가?

풀이 절대압력 = 대기압 − 진공압력
$$= 101.325 - \left(\frac{50}{76} \times 101.325\right) = 34.663 ≒ 34.66 [kPa \cdot a]$$

해답 34.66 [kPa · a]

해설 ① 문제에서 주어진 −50[cmHg]에서 "−"부호는 진공압력을 나타내는 것이므로 계산 과정에서는 적용하지 않는다.

② 환산압력 = $\dfrac{\text{주어진 압력}}{\text{주어진 압력의 표준대기압}} \times$ 구할려하는 표준대기압

$$= \frac{-50}{76} \times 101.325 = -66.661 ≒ -66.66 [kPa]$$

③ 1[atm] = 760[mmHg] = 76[cmHg] = 0.76[mHg] = 29.9[inHg]
= 760[torr] = 10332[kgf/m^2] = 1.0332[kgf/cm^2] = 10.332[mH$_2$O]
= 10332[mmH$_2$O] = 101325[N/m^2] = 101325[Pa] = 1012.25[hPa]
= 101.325[kPa] = 0.101325[MPa] = 1013250[dyne/cm^2]
= 1.01325[bar] = 1013.25[mbar] = 14.7[lb/in^2] = 14.7[psi]

04 수관식 보일러의 연소실 벽면에 수냉노벽을 설치하였을 때의 장점 4가지를 쓰시오.

해답 ① 전열면적의 증가로 증발량이 많아진다.
② 연소실내의 복사열을 흡수한다.

③ 연소실 노벽을 보호한다.
④ 연소실 열부하를 높인다.
⑤ 노벽의 무게를 경감시킬 수 있다.

05 보일러 급수 내처리제(청관제) 중 슬러지 조정제 3가지를 쓰시오.

해답 ① 탄닌($C_{76}H_{52}O_{46}$) ② 리그린 ③ 전분($C_6H_{10}O_5$)

해설 보일러 급수 내처리제(청관제)의 종류와 약품
① pH 및 알칼리 조정제 : 수산화나트륨(가성소다 : NaOH), 탄산나트륨(Na_2CO_3), 인산나트륨(Na_3PO_4), 인산(H_3PO_4), 암모니아(NH_3) 등
② 연화제 : 수산화나트륨(NaOH), 탄산나트륨(Na_2CO_3), 인산나트륨(Na_3PO_4) 등
③ 슬러지 조정제 : 탄닌($C_{76}H_{52}O_{46}$), 리그린, 전분($C_6H_{10}O_5$) 등
④ 탈산소제 : 아황산나트륨(Na_2SO_3), 히드라진(N_2H_4), 탄닌 등
⑤ 가성취화 방지제 : 황산나트륨(Na_2SO_4), 인산나트륨(Na_3PO_4), 질산나트륨, 탄닌, 리그린 등
⑥ 기포방지제(포밍 방지제) : 고급 지방산 폴리아민, 고급 지방산 폴리알콜 등

제4회 동영상 문제 2022년 11월 21일 시행

01 노통연관 보일러 연소실 후면에 설치되는 방폭문의 역할(기능)을 설명하시오.

해답 연소실 내의 미연소 가스의 폭발 및 역화 시 그 내부압력을 외부로 방출시켜 동체의 파열사고를 방지하는 장치이다.

02 스파이럴 튜브를 열교환기에 사용할 때 장점 2가지를 쓰시오.

해답 ① 튜브 전열면적이 증가한다.
② 유체의 흐름이 난류가 되어 전열효과가 우수하다.

03 원심식 송풍기에서 회전수를 4배 증가시키면 풍압은 몇 배로 변하는가?

해답 16배

해설 $P_2 = P_1 \times \left(\dfrac{N_2}{N_1}\right)^2 = P_1 \times \left(\dfrac{4}{1}\right)^2 = 16 P_1$

04 점토, 규석질 등 내연성의 금속산화물로 만든 것으로 내화물의 내화도 측정 등에 사용하는 것의 명칭을 쓰시오.

해답 ▶ 제겔콘(Seger cone)

05 증기트랩을 작동원리에 의하여 3가지로 분류하시오.

해답 ▶ ① 기계식 트랩 ② 온도조절식 트랩 ③ 열역학적 트랩

06 급수량 4800[kg/h]인 보일러에 시간당 연료를 350[kg/h] 사용할 때 실제 증발량[kg/h]과 증발배수[kg/kg]를 구하시오. (단, 노내 분입 증기량은 12%이다.)

풀이 ▶ ① 실제 증발량은 급수량과 같지만, 발생 증기 일부를 노내 취입(분입) 등에 사용하는 경우 그 양을 발생 증기량에서 제외하여야 한다.
∴ 실제증발량 = 발생증기량 × (1−노내분입증기량)
= 4800 × (1 − 0.12) = 4224[kg/h]
② 증발배수 계산
∴ 증발배수 = $\dfrac{G_a}{G_f} = \dfrac{4224}{350}$ = 12.060 ≒ 12.06[kg/kg]

해답 ▶ ① 실제 증발량 : 4224[kg/h] ② 증발배수 : 12.06

해설 (1) 증발배수
① 실제 증발배수 : 1시간 동안 실제 증발량(G_a)과 연료 소비량(G_f)의 비
② 환산 증발배수 : 1시간 동안 환산 증발량(G_e : 상당 증발량)과 연료 소비량(G_f)의 비
※ 문제에서 주어진 조건으로는 상당 증발량(G_e)을 구할 수 없어 실제 증발배수로 계산한 것임
(2) 보일러 열정산 기준 중 발생 증기 일부를 연료 가열, 노내 취입 또는 공기 예열에 사용하는 경우 등에는 그 양을 측정하여 급수량에서 빼서 실제 증발량으로 계산하도록 규정되어 있음

2023년 에너지관리산업기사 실기시험 동영상 문제

제1회 동영상 문제 | 2023년 4월 26일 시행

01 증기보일러에 설치되는 스프링식 안전밸브의 종류를 양정에 따라 4가지로 분류하여 쓰시오.

해답 ① 저양정식 ② 고양정식 ③ 전양정식 ④ 전량식

해설 밸브 양정에 따른 분류
① 저양정식 : 양정이 밸브시트 지름의 1/40 이상 1/15 미만인 것
② 고양정식 : 양정이 밸브시트 지름의 1/15 이상 1/7 미만인 것
③ 전양정식 : 양정이 밸브시트 지름의 1/7 이상인 것
④ 전량식 : 밸브시트 증기통로 면적은 목부분 면적의 1.05배 이상인 것

02 체크밸브(또는 역류방지밸브)의 기능(역할)을 쓰시오..

해답 유체의 역류를 방지한다.

03 펌프 입구 및 토출 측 배관계통에 플렉시블 조인트를 설치하는 이유를 설명하시오.

해답 급수 펌프에서 발생하는 진동을 흡수하여 배관에 전달되지 않도록 하고, 온도변화에 따른 배관의 열팽창을 흡수하여 고장이 발생하는 것을 방지하기 위하여 설치한다.

04 보일러 액체 연료배관 중에 설치되는 유수분리기의 용도(기능)를 설명하시오.

해답 보일러 액체 연료 공급배관 중에 설치하여 액체 연료와 물과의 비중차이를 이용하여 액체 연료 중에 함유되어 있는 물을 분리하는 장치(기기)이다.

05 수평형 원통형 보일러 연소실 내부에 설치되는 파형 노통의 장점 2가지를 쓰시오.

해답 ① 전열면적이 증가한다.
② 노통의 신축을 흡수할 수 있다.
③ 외압에 대한 강도가 증가한다.

06 벙커-C유를 사용하는 보일러에서 사용하는 급유펌프 종류 2가지를 쓰시오.

해답 ① 기어펌프 ② 스크류 펌프

07 보일러 연도에 부착하는 배기가스온도 상한스위치의 기능을 쓰시오.

해답 보일러의 배기가스 온도가 설정온도를 초과하면 연료 공급을 차단하여 보일러를 정지시킨다.

해설 배기가스 상한스위치는 보일러 본체출구에 근접한 위치의 연도에 설치하여야 한다.

08 노내의 온도가 600[℃]에 도달하였을 때 0.5[m]×0.5[m]의 노 문을 열었다. 실내온도가 30[℃]일 때 노 문을 통한 방사전열 손실 열량은 몇 [W]인가? (단, 복사능은 0.38이고, 스테판-볼츠만 상수는 5.68×10^{-8} [W/m² · K⁴] 이다.)

풀이 $Q = \epsilon \times \sigma (T_1^4 - T_2^4) \times F$
$= 0.38 \times 5.68 \times 10^{-8} \times \{(273+600)^4 - (273+30)^4\} \times (0.5 \times 0.5)$
$= 3088.733 ≒ 3088.72$ [W]

해답 3088.73 [W]

해설 스테판-볼츠만 상수가 5.68[W/m² · K⁴]로 주어졌다면 계산과정은 다음과 같이 한다.
$\therefore Q = \epsilon \times C_b \times \left\{\left(\dfrac{T_1}{100}\right)^4 - \left(\dfrac{T_2}{100}\right)^4\right\} \times F$
$= 0.38 \times 5.67 \times \left\{\left(\dfrac{273+600}{100}\right)^4 - \left(\dfrac{273+30}{100}\right)^4\right\} \times (0.5 \times 0.5)$
$= 3083.295 ≒ 3083.30$ [W]

참고 '복사능'이란 일정한 온도를 가진 물체의 단위면적에서 단위 시간에 발생하는 복사에너지를 뜻하는 것으로 '방사율'을 의미하는 것이다.

09 타원형 형태를 가진 2개의 기어가 맞물려 회전하면서 벙커-C유와 같은 고점도 유체의 측정이 가능한 유량계의 명칭을 쓰시오.

해답 오벌기어식 유량계

해설 오벌기어식 유량계 : 2개의 타원형 형태의 기어로 구성되어 있으며, 고점도 유체의 측정이 가능하여 벙커-C유를 사용하는 보일러의 급유량계로 일반적으로 사용된다.

10 주철제 온수보일러의 최고사용압력이 수두압 50[mmAq]이고 용량이 50만[kcal/h]이다. 만일 이 보일러에 안전밸브를 설치하지 않고 방출관을 설치할 경우 방출관의 안지름[mm] 얼마인가? (단, 전열면적은 18[m²] 이다.)

해답 40[mm] 이상

해설 전열면적에 따른 온수발생 보일러(액상식 열매체 보일러 포함) 방출관의 크기

전열면적 [m²]	측정범위
10 미만	25 이상
10 이상 15 미만	30 이상
15 이상 20 미만	40 이상
20 이상	50 이상

★ 2023년 제2회차부터 동영상 시험이 폐지되고, 필답형시험으로 시행되며, 배관작업형은 변경없이 동일하게 시행됩니다. ★

memo

제3편 필답형 실전모의고사

제1회 필답형 실전모의고사
제2회 필답형 실전모의고사
제3회 필답형 실전모의고사
제4회 필답형 실전모의고사
제5회 필답형 실전모의고사
제6회 필답형 실전모의고사
제7회 필답형 실전모의고사
제8회 필답형 실전모의고사
제9회 필답형 실전모의고사
제10회 필답형 실전모의고사

제1회 필답형 실전모의고사

01 자동제어의 신호전달 방식을 공기압식, 유압식, 전기식으로 분류할 때 전기식 신호전달 방식의 장점을 3가지만 쓰시오.

해답 ① 배선 설치가 용이하다. ② 신호전달에 시간지연이 없다.
③ 복잡한 신호에 용이하다. ④ 변수 간의 계산이 용이하다.

해설 단점
① 조작속도가 빠른 비례 조작부를 만들기가 곤란하다.
② 보수 및 취급에 기술을 요한다.
③ 가격이 비싸다.
④ 고온, 다습한 곳은 설치가 곤란하다.

02 금속질 보온 피복재로 금속 특유의 반사특성을 이용하여 보온 효과를 얻을 수 있는 것으로 가장 대표적인 것은 무엇인가?

해답 알루미늄 박판

03 보일러에 사용되는 화염 검출기의 종류를 크게 나누어 3가지를 쓰시오.

해답 ① 플레임 아이 ② 플레임 로드 ③ 스택 스위치

04 급탕량이 3000[kg/h], 난방용 온수 공급량이 1280[kg/h]인 온수보일러의 연료(경유) 소모량이 18[kg/h]이었다. 이 보일러의 효율은 몇 [%]인지 계산하시오. (단, 급탕용 급수의 보일러 입구온도 20[℃], 급탕 공급온도 60[℃], 난방용 온수 공급온도 70[℃], 환수온도 40[℃], 경유의 저위발열량 41868[kJ/kg], 물의 평균비열은 4.2[kJ/kg·℃] 이다.)

풀이
$$\eta = \frac{난방부하 + 급탕부하}{연료소비량 \times 연료저위발열량} \times 100$$
$$= \frac{\{1280 \times 4.2 \times (70-40)\} + \{3000 \times 4.2 \times (60-20)\}}{18 \times 41868} \times 100$$
$$= 88.277 ≒ 88.28[\%]$$

해답 88.28[%]

05 다음 설명은 각각 어떤 난방법인지 쓰시오.

> (1) 지하실 등 특정 장소에서 공기를 가열하고, 이 공기를 덕트(duct)를 통해서 각 방에 보내어 난방하는 방법
> (2) 방을 형성하고 있는 벽, 바닥, 천장 등에 패널을 매입하고 여기에서 나오는 열에 의해 난방하는 방법

해답 ▶ (1) 간접 난방법 (2) 복사 난방법

06 복관 중력순환식 온수 난방에서 송수온도가 88[℃]이고, 환수온도가 72[℃]이다. 난방부하가 34000[kJ/h]인 거실의 온도를 일정하게 유지하려고 할 때 다음 물음에 답하시오.
  (1) 방열기로 거실을 난방할 때 필요한 온수 순환량은 몇 [kg/h]인지 계산하시오.
      (단, 온수의 평균 비열은 4.2[kJ/kg·℃]로 한다.)
  (2) 거실의 난방을 주철제 방열기로 할 경우 방열기의 표준 섹션수는 몇 개인가?
      (단, 1섹션당 방열면적은 0.36[m²]이며, 표준 방열량으로 계산한다.)

풀이 ▶ (1) $G = \dfrac{H_1}{C \times (t_2 - t_1)} = \dfrac{34000}{4.2 \times (88 - 72)} = 505.952 ≒ 505.95 \, [kg/h]$

(2) SI 단위로 온수방열기의 표준방열량은 약 1884.06[kJ/h·m²]이다.

$\therefore N_w = \dfrac{H_1}{1884.06\,a} = \dfrac{34000}{1884.06 \times 0.36} = 50.128 ≒ 51\,[개]$

해답 ▶ (1) 505.95 [kg/h] (2) 51 [개]

해설 ① 방열기 표준 방열량

구분	표준방열량	
	[kcal/h·m²]	[kJ/h·m²]
증기	650	2721.42
온수	450	1884.06

② 단위 환산 방법
  ㉮ [kcal] 단위를 [kJ] 단위로 변환할 때에는 '4.1868'을 곱한다.
      (1[kcal]는 약 4.1868[kJ]이기 때문)
  ㉯ [kcal/h] 단위를 [W] 단위로 변환할 때에는 '4186.8'을 곱한값을 '3600'으로 나눠준다.(1[W]는 1[J/s]이기 때문)

07 난방용 방열기의 종류를 형상에 따라 크게 나눌 때, 3가지를 쓰시오.

해답 ▶ ① 주형 ② 벽걸이형 ③ 길드형 ④ 대류형

08 아래 그림은 스테인리스강관 배관 시공법을 도시한 것이다. 청동주물 본체 이음쇠에 스테인리스강관을 삽입하고, 동합금제 링을 캡 너트로 조여 접속하는 방식의 결합법은 무엇인가?

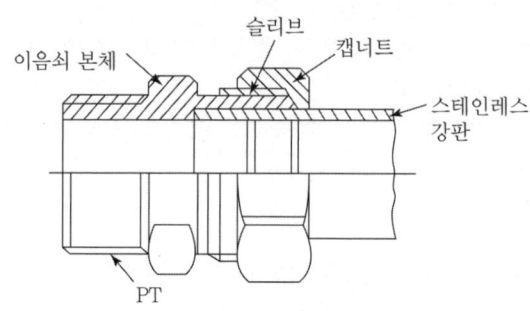

해답 ▶ MR조인트

09 보일러 연소 시에 통풍력 손실이 되는 원인 3가지를 쓰시오.

해답 ▶ ① 연도의 굴곡부가 많을 때
② 연도의 단면적이 급격히 변할 때
③ 연돌 및 연돌 벽면에 의한 마찰저항이 증가할 때
④ 연도 및 연돌에 틈이 생겨서 외기가 침입할 때

10 다음과 같은 조건에서 오일버너의 연료 소비량은 몇 [kg/h]인지 계산하시오.

- 연료의 발열량 : 41868[kJ/kg]   - 보일러 정격출력 : 85410[kJ/h]
- 보일러 효율 : 85[%]   - 연료의 비중 무시

풀이 ● $G_f = \dfrac{H_m}{H_l \times \eta} = \dfrac{85410}{41868 \times 0.85} = 2.399 ≒ 2.4 [\text{kg/h}]$

해답 ▶ 2.4[kg/h]

11 다음 동관의 접합 방법과 관련된 설명의 ( )에 알맞은 용어를 아래에 쓰시오.

"기계의 점검, 보수 또는 관을 분해할 경우를 대비한 접합 방법은 (①)접합이며, 용접 접합은 (②)현상을 이용한 것으로 연납 용접과 경납 용접으로 나눌 수 있다. 이 중 용접 강도가 큰 것은 (③)용접이며, 경납 용접의 용접재는 (④), (⑤)가[이] 사용된다."

해답 ▶ ① 플레어 ② 모세관 ③ 경납 ④ 인동납 ⑤ 은납

12 동관용 공구로써 압축이음을 하고자 할 때 관 끝을 나팔형으로 만드는데 사용되는 공구는 무엇인가?

해답▶ 플레어링 툴 세트

13 두께 10[cm], 면적 10[m²]인 벽돌로 된 벽이 있다. 실내외측 벽 표면의 온도차가 20[℃]일 때, 이 벽을 통하여 손실되는 열량은 몇 [W]인지 계산하시오. (단, 이 벽의 열전도율은 0.93[W/m·℃] 이다.)

풀이▶ $Q = K \times F \times \Delta t = \dfrac{1}{\dfrac{b}{\lambda}} \times F \times \Delta t = \dfrac{1}{\dfrac{0.1}{0.93}} \times 10 \times 20 = 1860[W]$

해답▶ 1860[W]

14 보일러 강제 통풍 방식에 대한 다음 설명에서 ( ) 속에 들어갈 알맞은 말을 아래에 쓰시오.

"연소용 공기를 송풍기로 연소실 앞에서 연소실로 밀어 넣는 통풍방식을 (①)통풍이라고 하고, 연도에 배풍기를 설치하고 배기가스를 유인하여 연돌로 빨아내는 방식을 (②)통풍이라고 하며, 송풍기와 배풍기를 함께 사용하는 방식을 (③)통풍이라고 한다."

해답▶ ① 압입 ② 흡입 ③ 평형

15 동관을 두께별 및 재질별로 분류한 다음의 ( ) 속에 알맞은 내용을 쓰시오.

(1) 두께별 : K형, (①)형, (②)형
(2) 재질별 : 연질, (③)질, (④)질, (⑤)질

해답▶ ① L ② M ③ 반연 ④ 반경 ⑤ 경

16 다음은 보일러의 유류연소 버너에 대한 설명이다. 각각 어떤 형식의 버너인지 쓰시오.

(1) 유압펌프를 이용하여 연료유 자체에 압력을 가하여 노즐로 분무시키는 버너
(2) 고속으로 회전하는 원추형 컵에 연료를 투입시켜 컵의 원심력에 의하여 연료를 비산 무화시키는 버너
(3) 저압이나 고압의 공기 또는 증기를 분사시켜 연료를 무화하는 버너

해답 (1) 유압식 (2) 회전분무식 (3) 저압기류식, 고압기류식

17 온수보일러의 정격출력 계산 시에 고려되는 부하의 종류를 3가지를 쓰시오.

해답 ① 난방부하 ② 급탕부하 ③ 배관부하 ④ 예열(시동)부하

18 보일러가 연속 운전되는 동안 증기의 부하가 변하면 수위 변동이 발생한다. 이때 일정 수위를 유지하기 위해 설치하는 수위제어 검출 방식의 종류 3가지를 쓰시오.

해답 ① 1요소식 ② 2요소식 ③ 3요소식

해설 수위(급수)제어방법의 종류 및 검출대상(요소)

명칭	검출대상
1요소식	수위
2요소식	수위, 증기량
3요소식	수위, 증기량, 급수유량

19 다음은 어떤 도면에 표시된 알루미늄방열기의 도시기호이다. 아래사항은 각각 무엇을 표시하는지 쓰시오.

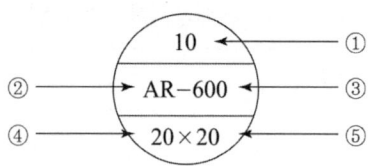

해답 ① 쪽수(섹션수) : 10개 ② 종별 : 알루미늄 방열기
③ 형 : 높이 600[mm] ④ 유입관 20[A]
⑤ 유출관 20[A]

20 유류 보일러의 자동장치 점화는 전원스위치를 넣고 전환스위치를 모두 자동으로 설정한 후 기동 스위치를 넣으면 "송풍기 기동 → (1) → (2) → (3) → 주버너 착화"의 순으로 시퀀스가 진행되고 자동적으로 착화한다. [보기]에서 골라 그 번호를 순서에 맞게 쓰시오.

① 프리퍼지   ② 점화용 버너 착화   ③ 연료펌프 기동

해답 (1) ③ (2) ① (3) ②

제2회 필답형 실전모의고사

01 온수난방에서 실내온도를 20[℃]로 유지하려고 하는데 소요되는 열량이 시간당 30000[kJ]이 소요된다고 한다. 이 때 난방온수의 송수 온도가 80[℃]이고, 환수 온도가 15[℃]라면 온수 순환량은 몇 [kg/h]인지 계산하시오. (단, 온수의 비열은 4.174 [kJ/kg·℃]이다.)

풀이 난방용 온수의 현열량 계산식 $Q = GC\Delta t$에서 온수순환량 G를 구한다.

$$\therefore G = \frac{Q}{C \times \Delta t} = \frac{30000}{4.174 \times (80-15)} = 110.574 ≒ 110.57 [kg/h]$$

해답 110.57[kg/h]

02 보일러의 강제 통풍 방식인 압입통풍 및 흡입통풍에 있어서 송풍기의 설치 위치는 각각 어디인지 쓰시오.
 (1) 압입통풍 :
 (2) 흡입통풍 :

해답 (1) 연소실 앞 (2) 연도

03 감압밸브를 밸브의 작동방법에 따라 분류할 때 종류 3가지를 쓰시오.

해답 ① 피스톤식 ② 다이어프램식 ③ 벨로즈식

해설 감압밸브의 분류에 따른 종류
 ① 작동방법에 따른 분류 : 피스톤식, 다이어프램식, 벨로즈식
 ② 구조에 따른 분류 : 스프링식, 추식
 ③ 제어방식에 따른 분류 : 자력식(직동식과 파일럿 작동식으로 분류), 타력식

04 보일러의 자동제어장치(A.B.C)에서 다음 약어들의 명칭을 쓰시오.
 (1) A.C.C :
 (2) F.W.C :
 (3) S.T.C :

해답 (1) 자동연소제어 (2) 급수제어 (3) 증기온도제어

05 연돌 출구에서 평균온도가 200[℃]인 연소가스가 시간당 300[Nm³] 흐르고 있다. 이 연돌의 연소가스 유속을 4[m/s]로 유지하기 위해서는 연돌 상부의 단면적은 몇 [m²]로 하여야 하는지 계산하시오. (단, 노내압과 대기압은 같다.)

풀이 연소가스량 300[Nm³/h]는 표준상태(0℃, 1기압)의 체적이므로 200℃ 상태의 체적과 단위시간을 시간[h]에서 초[s]로 보정하여 연돌 상부 단면적을 구한다. 노내압은 대기압(P_a : 760[mmHg])과 같으므로 압력보정은 하지 않는다.

$$\therefore F = \frac{G(1+0.0037t)\left(\frac{760}{P_g}\right)}{3600\,W} = \frac{300 \times (1+0.0037 \times 200)}{3600 \times 4} = 0.036 ≒ 0.04[\text{m}^2]$$

해답 0.04[m²]

06 호칭지름 20[A] 강관을 곡률반경 200[mm], 90°로 구부릴 때 곡선부 길이는 몇 [mm]인지 계산하시오.

풀이 $L = \frac{\theta}{360} \times \pi \times D = \frac{90}{360} \times \pi \times (2 \times 200) = 314.159 ≒ 314.16[\text{mm}]$

해답 314.16[mm]

07 다음은 콤비네이션 릴레이에 대한 설명이다. ( ) 안에 알맞은 용어를 쓰시오.

> 콤비네이션 릴레이는 버너의 주안전 제어장치로 고온 차단, 저온 (①), (②) 펌프 회로가 한 개의 제어기로 만들어진 것으로 내부에 Hi, Lo 설정기가 장치되어 있다. Lo 온도 이상이면 (③)가[이] 계속 작동되고, Hi 온도에 이르면 (④)가[이] 작동을 정지한다.

해답 ① 점화   ② 순환   ③ 순환펌프   ④ 버너

08 다음은 열전달 형태와 그와 관련된 법칙을 나열한 것이다. 서로 관계있는 것끼리 연결하시오.

(1) 전도　　　　　　① 푸리에(Fourier)의 법칙
(2) 대류　　　　　　② 스테판-볼츠만(Stefan-Boltzman)의 법칙
(3) 복사　　　　　　③ 뉴턴(Newton)의 법칙

해답 (1) ①　(2) ③　(3) ②

해설 실제 시험에서는 해당되는 항목끼리 선으로 연결하는 것으로 수정하기가 번거롭기 때문에 신중을 기해서 답안을 작성해야 합니다.

09 온수온돌 시공기준에서 온수온돌은 바탕층, 방수층, 단열층, 축열층, 방열관, 미장 마감층으로 구성된다. ( ) 안에 알맞은 내용을 쓰시오.

> 바탕층은 콘크리트로 설치할 때 시멘트 : 모래 : 자갈의 배합비는 (①) 비율로 하며, 그 두께는 (②)[mm] 이상으로 한다.

해답 ① 1 : 3 : 6   ② 30

10 방열기의 입구온도 90[℃], 출구온도 72[℃], 방열계수 8.14[W/m²·℃]이고, 실내온도 18[℃]일 때 이 방열기의 방열량은 몇 [W/m²]인지 계산하시오.

풀이
$$Q = K \times \Delta t_m = K \times \left(\frac{방열기 입구온도 + 출구온도}{2} - 실내온도 \right)$$
$$= 8.14 \times \left(\frac{90 + 72}{2} - 18 \right) = 512.82 [W/m^2]$$

해답 512.82[W/m²]

11 다음은 팽창탱크에 연결되는 관에 대한 설명이다. 각 설명에 해당하는 관의 명칭을 [보기]에서 찾아 쓰시오.

> **|보기|** 팽창관, 오버플로관, 압축공기관, 급수관, 배기관, 배수관, 회수관

(1) 팽창탱크 내의 물이 일정 수위보다 더 올라 갈 때 그 물을 배출하는 관
(2) 보일러와 팽창탱크를 연결하며 밸브나 체크밸브를 설치하지 않는 관
(3) 팽창탱크 내에 물을 공급해 주는 관
(4) 팽창탱크 내의 물을 완전히 빼내기 위하여 설치하는 관

해답 (1) 오버플로관   (2) 팽창관   (3) 급수관   (4) 배수관

12 높이가 650[mm], 쪽수(섹션수)가 20인 5세주형 방열기를 설치하고자 한다. 도면에 표시할 도시기호를 작성하시오. (단, 유입 관경은 25[A], 유출 관경은 20[A] 이다.)

해답

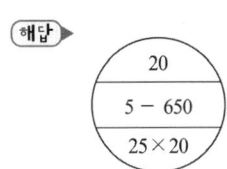

13 강관 공작용 기계에서 동력나사 절삭기의 종류 3가지를 쓰시오.

해답▶ ① 오스터형 ② 호브형 ③ 다이헤드형

14 다음은 강관의 굽힘 가공에 대한 설명이다. ( ) 안에 알맞은 용어를 쓰시오.

> 강관의 굽힘 가공에 사용되는 파이프 벤딩 머신은 센터 포머, 엔드 포머, 램실린더, 유압펌프 등으로 구성된 이동식 현장용인 (①)식과, 공장에서 동일 모양으로 다량의 강관을 벤딩할 때 사용되는 (②)식으로 구분된다.

해답▶ ① 램 ② 로터리

15 보일러 배관작업 시 같은 지름의 강관을 직선으로 연결할 때 사용할 수 있는 강관 이음쇠의 종류 3가지를 쓰시오.

해답▶ ① 소켓 ② 니플 ③ 유니언

16 난방 방식은 크게 개별식 난방과 중앙식 난방으로 나눌 수 있다. 중앙식 난방법의 종류 3가지를 쓰시오.

해답▶ ① 직접 난방법 ② 간접 난방법 ③ 복사 난방법

17 하수관 등에서 발생한 유해가스나 악취 등이 실내로 들어오는 것을 방지하기 위해 설치하는 트랩의 종류 5가지를 쓰시오.

해답▶ ① 관 트랩(P-트랩, U-트랩) ② 바닥배수 트랩
③ 드럼 트랩 ④ 그리스 트랩
⑤ 가솔린 트랩

18 16[℃]의 물이 들어가 96[℃]의 물로 되는 온수보일러가 있다. 보일러의 개방식 팽창탱크 크기[L]를 구하시오. (단, 방열기 출구의 온수 밀도(ρ_r)는 0.99897[kg/L], 방열기 입구의 온수 밀도(ρ_f)는 0.96122[kg/L], 전수량은 1500[L], α는 2이다.)

풀이▶ $E_T = \Delta V \times \alpha = \left(\dfrac{1}{\rho_f} - \dfrac{1}{\rho r}\right) \times V \times \alpha$

$= \left(\dfrac{1}{0.96122} - \dfrac{1}{0.99897}\right) \times 1500 \times 2 = 117.940 ≒ 117.94$[L]

해답▶ 117.94 [L]

19 관의 높이 표시기호에서 "BOP·EL 100"에서 "BOP·EL"의 뜻은 무엇인가?

[해답] 기준면으로부터 파이프 밑면까지의 높이

20 프로판 1[kmol]이 완전연소할 때 필요한 이론 산소(O_2)량과 탄산가스(CO_2) 발생량 [Nm^3]을 각각 계산하시오.

[풀이] (1) 이론 산소량 계산
① 프로판(C_3H_8)의 완전연소 반응식 : $C_3H_8 + 5O_2 \rightarrow 3CO_2 + 4H_2O$
② 프로판 1[kmol] 연소 시 이론 산소량은 5[kmol]이 필요하고, 1[kmol]의 체적은 22.4[Nm^3]에 해당된다.
∴ 이론산소량 = $5 \times 22.4 = 112[Nm^3]$
(2) 탄산가스 발생량 계산 : 프로판 1[kmol] 연소 시 탄산가스는 3[kmol]이 발생된다.
∴ 탄산가스 발생량 = $3 \times 22.4 = 67.2[Nm^3]$

[해답] (1) 이론 산소량 : 112[Nm^3]
(2) 탄산가스 발생량 : 67.2[Nm^3]

제3회 필답형 실전모의고사

01 배관작업에 응용할 수 있는 방식(防蝕) 방법의 종류 3가지를 쓰시오.

해답 ① 부식환경 처리에 의한 방법　② 부식억제제에 의한 방법
③ 피복에 의한 방법　④ 전기 방식법

02 어떤 사무실에 설치된 온수방열기의 상당방열면적(E.D.R)이 7.5[m²] 이었다. 난방부하는 몇 [kJ/h] 인지 계산하시오.

풀이 SI단위로 온수방열기의 표준방열량은 약 $1884.06[kJ/h \cdot m^2]$이다.
난방부하 = E.D.R × 방열기 표준 방열량
　　　　 = $7.5 \times 1884.06 = 14130.45[kJ/h]$

해답 14130.45[kJ/h]

03 5[ton/h]인 수관식 보일러에서 연돌로 배출되는 배기 가스량이 9100[Nm³/h]이고, 연돌로 배출되는 배기가스 온도는 250[℃]이다. 이 때 굴뚝의 상부 최소단면적이 0.7[m²]일 경우 배기가스 유속은 몇 [m/s]인가?

풀이 연돌의 상부 단면적을 구하는 식 $F = \dfrac{G(1+0.0037t)\left(\dfrac{760}{P_g}\right)}{3600\,W}$ 에서 유속 W를 구하며, 배기가스의 압력(P_g)은 제시되지 않았으므로 대기압(760[mmHg])과 같은 것으로 본다.

$\therefore W = \dfrac{G(1+0.0037t)}{3600\,F} = \dfrac{9100 \times (1+0.0037 \times 250)}{3600 \times 0.7} = 6.951 \fallingdotseq 6.95[m/s]$

해답 6.95[m/s]

04 다음 ( ) 안에 알맞은 용어를 쓰시오.

> 원심력에 의하여 양수되는 원심식 펌프로서 안내날개가 없는 것을 (①) 펌프라고 하며, 안내날개가 있는 것을 (②) 펌프라고 한다.

해답 ① 볼류트　② 터빈

05 보일러 연소장치 중 액체연료 장치인 중유버너의 종류 5가지를 쓰시오.

해답 ① 유압 분무식 버너　② 회전식 버너
③ 저압 공기 분사식 버너　④ 고압 기류식 버너
⑤ 초음파식 버너

06 강철제 가스용 온수보일러의 전열면적이 12[m²]이고, 보일러의 최고사용압력이 0.25[MPa]일 때, 수압시험 압력[MPa]은 얼마로 해야 하는지 쓰시오.

해답 보일러 최고사용압력이 0.43[MPa] 이하일 때에는 그 최고사용압력의 2배의 압력으로 실시하므로 수압시험 압력은 0.5[MPa]이다.

해설 수압시험 압력
(1) 강철제 보일러
① 보일러의 최고사용압력이 0.43[MPa] 이하일 때에는 그 최고사용압력의 2배의 압력으로 한다. 다만, 그 시험압력이 0.2[MPa] 미만인 경우에는 0.2[MPa]로 한다.
② 보일러의 최고 사용압력이 0.43[MPa] 초과 1.5[MPa] 이하일 때에는 그 최고사용압력의 1.3배에 0.3[MPa]를 더한 압력으로 한다.
③ 보일러의 최고사용압력이 1.5[MPa]를 초과할 때에는 그 최고사용압력의 1.5배의 압력으로 한다.
(2) 가스용 온수보일러 : 강철제인 경우에는 (1)의 ①에서 규정한 압력
(3) 주철제 보일러
① 보일러의 최고사용압력이 0.43[MPa] 이하 일 때는 그 최고사용압력의 2배의 압력으로 한다. 다만, 시험압력이 0.2[MPa] 미만인 경우에는 0.2[MPa]로 한다.
② 보일러의 최고사용압력이 0.43[MPa]를 초과 할 때는 그 최고사용압력의 1.3배에 0.3[MPa]을 더한 압력으로 한다.

6-1 가스용 강철제 소형온수보일러의 수압시험 압력에 대한 설명 중 ( ) 안에 들어갈 알맞은 용어 또는 숫자를 쓰시오.

> 보일러 최고사용압력이 0.43[MPa] 이하일 때에는 그 (①)의 (②)로 한다. 그 시험 압력이 (③)[MPa] 미만인 경우에는 (④)[MPa]로 한다.

해답 ① 최고사용압력　② 2　③ 0.2　④ 0.2

07 어떤 온수보일러에서 연돌의 통풍력을 계산하려고 한다. 굴뚝의 높이가 5[m]이고 외기의 비중량은 12.74[N/m³]이며, 연소가스의 비중량은 7.84[N/m³]이었다. 이 보일러의 통풍력[Pa]을 계산하시오.

풀이 $Z = H(\gamma_a - \gamma_g) = 5 \times (12.74 - 7.84) = 24.5 [\text{N/m}^2] = 24.5 [\text{Pa}]$

해답 24.5[Pa]

08 어떤 주택의 거실에 시간당 필요한 공급 열량이 6300[kcal/h]이고, 5세주형 주철제 온수 방열기를 설치하려고 한다. 필요한 방열기 쪽수는 몇 개인지 구하시오. (단, 방열기 1쪽당 방열면적은 0.28[m²]이고, 방열기의 방열량은 표준방열량으로 계산한다.)

풀이 $N_w = \dfrac{H_1}{450 \cdot a} = \dfrac{6300}{450 \times 0.28} = 50 [\text{개}]$

해답 50[개]

해설 ① 방열기 표준 방열량

구분	표준방열량	
	[kcal/h·m²]	[kJ/h·m²]
증기	650	2721.42
온수	450	1884.06

② 단위 환산 방법
㉮ [kcal] 단위를 [kJ] 단위로 변환할 때에는 '4.1868'을 곱한다.
(1[kcal]는 약 4.1868[kJ]이기 때문)
㉯ [kcal/h] 단위를 [W] 단위로 변환할 때에는 '4186.8'을 곱한값을 '3600'으로 나눠준다.(1[W]는 1[J/s]이기 때문)

09 아래 [조건]을 이용하여 연소공기의 현열[kJ/kg]을 계산하시오.

| 조건 | O_2 : 6.7[%], CO : 0.13[%], CO_2 : 11.8[%]
보일러 최대 연속 증발량 : 500[kg/h]
보일러 최고 압력(상용) : 0.5[MPa], 외기온도 : 20[℃], 실내온도 : 25[℃]
이론 연소 공기량 : 10.709[Nm³/kg], 공기비열 : 1.297[kJ/Nm³·℃],
공기비 : 1.47

풀이 조건에 공기비가 주어졌으므로 연소용 공기는 실제공기량을 적용하여야 하며, 실제공기량은 공기비(m)에 이론 연소 공기량(A_0)을 곱한 값이다.
∴ $Q = G_s \times C \times \Delta t = (m \times A_0) \times C \times \Delta t$
$= (1.47 \times 10.709) \times 1.297 \times (25 - 20) = 102.088 \fallingdotseq 102.09 [\text{kJ/kg}]$

해답 102.09[kJ/kg]

10 동관 접합 방식의 종류를 3가지 쓰시오.

해답 ① 플레어 이음 ② 플랜지 이음 ③ 납땜 이음

11 자동제어에서 신호전송 방법 2가지를 쓰시오.

해답 ① 공기식 ② 유압식 ③ 전기식

12 온수순환 펌프의 나사이음 바이패스(by-pass)배관도를 아래의 부속을 사용하여 사각형 안에 도시하고, 유체의 흐름방향을 화살표로 도시하시오.

| **사용부속** | 펌프(Ⓟ) : 1개, 게이트 밸브(⋈) : 2개, 글로브 밸브(⋈) : 1개
스트레이너(⟝▽⟞) : 1개, 유니언(⊣⊢) : 3개, 티 : 2개, 엘보 : 2개

해답
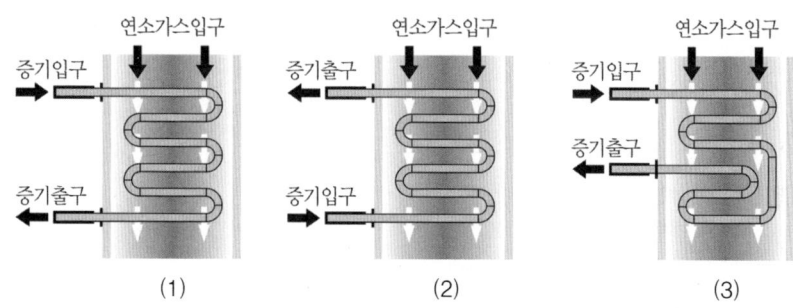

13 보일러에 부착되는 안전장치의 종류 5가지를 쓰시오.

해답 ① 안전밸브 ② 가용전 ③ 방폭문 ④ 화염검출기
⑤ 증기압력 제한기 ⑥ 저수위 안전장치(또는 저수위 경보장치)

14 다음 그림은 연소가스 흐름 방향에 따른 과열기의 형태이다. 각각 어떤 형식의 과열기인지 쓰시오.

해답 ① 병류식 ② 향류식 ③ 혼류식

15 보온재의 구비조건 5가지를 쓰시오.

[해답] ① 열전도율이 작을 것 ② 흡습, 흡수성이 작을 것
③ 적당한 기계적 강도를 가질 것 ④ 시공성이 좋을 것
⑤ 부피, 비중(밀도)이 작을 것 ⑥ 경제적일 것

16 상향 공급식 중력 순환의 온수난방에 송수의 온도가 90[℃]이고, 환수의 온도가 70[℃]이다. 실내온도를 20[℃]로 할 경우 거실에 설치할 방열기의 소요 방열면적[m²]은 얼마인가? (단, 방열계수는 29.3[kJ/m²·h·℃]이고, 난방부하는 18000[kJ/h]이다.)

[풀이] ① 방열기 방열량 계산

$$\therefore Q = K \times \Delta t_m = K \times \left(\frac{\text{방열기 입구온도} + \text{출구온도}}{2} - \text{실내온도} \right)$$

$$= 29.3 \times \left(\frac{90+70}{2} - 20 \right) = 1758 [\text{kJ/m}^2 \cdot \text{h}]$$

② 방열기 소요 방열면적 계산

$$\therefore \text{소요방열면적} = \frac{\text{난방부하}}{\text{방열기 방열량}} = \frac{18000}{1758} = 10.238 ≒ 10.24 [\text{m}^2]$$

[해답] $10.24[\text{m}^2]$

[별해] 하나의 식으로 계산

$$\therefore \text{소요방열면적} = \frac{H_1}{Q_r} = \frac{18000}{29.3 \times \left(\frac{90+70}{2} - 20 \right)} = 10.238 ≒ 10.24 [\text{m}^2]$$

17 다음은 난방설비 도면에 표시된 주철제 방열기 도시기호이다. 아래 사항은 각각 무엇을 나타내는지 설명하시오.

(1) 18 :

(2) 5 :

(3) 650 :

(4) 25×20 :

(5) 3 :

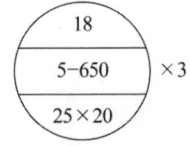

[해답] (1) 방열기 쪽수가 18개
(2) 종별로 5세주형
(3) 형으로 높이가 650[mm]
(4) 유입관지름 25[A], 유출관지름 20[A]
(5) 방열기 설치 수가 3개

18 어느 건물의 외기에 접한 벽체 면적이 64[m²]인 사무실에 4.8[m²] 면적의 유리 창문을 4개소 설치할 경우 이 벽체를 통한 손실열량[W]을 구하시오. (단, 실내온도는 20[℃], 외기온도 −8[℃], 벽체의 열관류율은 0.616[W/m²·℃]이며, 이 건물은 동쪽 방향(동향)으로 위치하고 있어 건물의 방위계수는 1.1을 적용하고, 유리 창문을 통한 손실열량은 제외한다.)

풀이 유리 창문의 면적을 제외하는 조건이므로 벽체 면적에서 유리 창문 4개소의 면적을 제외시킨다.

$$\therefore Q = K \times F \times \Delta t \times Z$$
$$= 0.616 \times \{64 - (4.8 \times 4)\} \times \{20 - (-8)\} \times 1.1$$
$$= 849.981 \fallingdotseq 849.98[W]$$

해답 849.98[W]

19 다음은 송풍기에서의 상사법칙에 관한 설명이다. ( ) 안에 각각 알맞은 내용을 쓰시오.

(①)은[는] 송풍기 회전수에 비례하며, (②)은[는] 송풍기 회전수의 제곱에 비례하고, (③)은[는] 송풍기 회전수의 세제곱에 비례한다.

해답 ① 풍량 ② 풍압 ③ 축동력

20 다음은 온수보일러의 난방 계통도이다. ①~③의 부품 명칭과 ⓐ, ⓑ 관의 명칭을 각각 쓰시오.

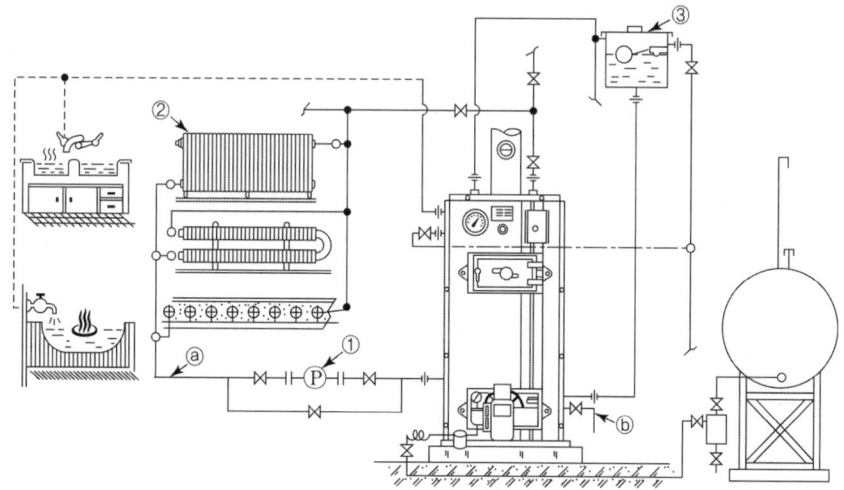

해답 ① 온수 순환펌프 ② 방열기 ③ 팽창탱크 ⓐ 환수주관 ⓑ 드레인관

제4회 필답형 실전모의고사

01 다음 그림은 보일러 자동 피드백 제어의 회로구성을 나타낸 것이다. ①~⑤에 해당하는 제어요소를 각각 쓰시오.

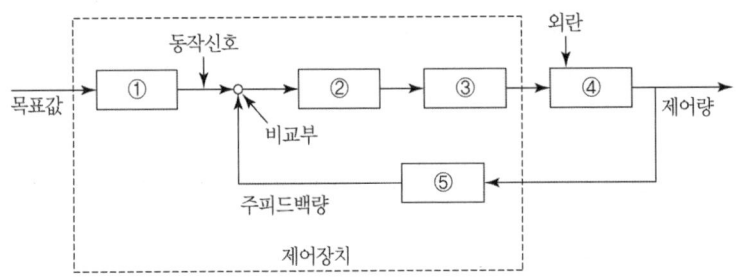

해답 ① 설정부 ② 조절부 ③ 조작부 ④ 제어대상 ⑤ 검출부

02 10[℃]의 물이 길이 25[m]의 동관 내에서 물의 온도가 90[℃]로 상승한 경우 동관의 팽창 길이[mm]를 계산하시오. (단, 동관의 선팽창계수는 0.000018[mm/mm·℃]이고, 동관의 온도는 동관 내 물의 온도와 같은 것으로 한다.)

풀이 관의 길이(L)는 온도변화에 따른 관의 신축(팽창) 길이(ΔL)와 같은 단위를 적용한다.
∴ $\Delta L = L \times \alpha \times \Delta t = (25 \times 10^3) \times 0.000018 \times (90 - 10) = 36$ [mm][mm]

해답 36[mm]

03 배관 치수 기입법에 대한 설명이다. 알맞은 표시 기호를 쓰시오.
(1) 지름이 다른 관의 높이를 나타낼 때 적용되며 관 외경의 아랫면까지를 기준으로 표시
(2) 포장된 지표면을 기준으로 배관장치의 높이를 표시
(3) 1층의 바닥면을 기준으로 하여 높이를 표시

해답 (1) BOP (2) GL (3) FL

해설 "관의 높이 표시방법"은 교재 455쪽 설명을 참고하길 바랍니다.

04 [보기]의 설명을 읽고 내용에 알맞은 장치의 명칭을 쓰시오.

> | 보기 |
> (1) 고압수관 보일러에서 기수드럼에 부착하여 송수관을 통하여 상승하는 증기 중에 혼입된 수분을 분리하기 위한 내부의 부속기구
> (2) 둥근 보일러 동 내부의 증기 취출구에 부착하여, 송기 시 비수 발생을 막고 캐리오버 현상을 방지하기 위한 다수의 구멍이 많이 뚫린 횡관을 설치한 것
> (3) 주증기 밸브에서 나온 증기를 잠시 저장한 후 각 소요처에 증기량을 조절하여 보내주는 설비
> (4) 여분의 발생증기를 일시 저장하는 기구이며 잉여분의 저축한 증기를 과부하시에 방출하여 증기의 부족량을 보충하는 기구
> (5) 증기계통이나 증기관, 방열기 등에서 응축수를 연속 자동으로 외부로 배출시키는 기구

해답 (1) 기수분리기   (2) 비수방지관   (3) 스팀 헤더
(4) 증기 축열기   (5) 스팀 트랩

05 열손실량이 21000[kJ/h]인 어떤 온수 배관에 보온 피복을 하였더니 손실열량이 4200[kJ/h]가 되었다. 시공된 보온재의 보온 효율[%]을 구하시오.

풀이 $\eta = \dfrac{Q_1 - Q_2}{Q_1} \times 100 = \dfrac{21000 - 4200}{21000} \times 100 = 80[\%]$

해답 80[%]

06 어느 주택에서 온수보일러를 설치하기 위해 부하를 측정한 결과 다음과 같은 결과를 얻었다. 이 주택에 설치해야 할 온수보일러의 정격용량[kW]을 구하시오.

> | 측정결과 |
> – 난방부하 : 42000[kJ/h]   – 급탕부하 : 35500[kJ/h]
> – 배관부하 : 16700[kJ/h]   – 시동부하 : 10500[kJ/h]
> – 증발률 : 20[kg/m²·h]   – 급탕량 : 4500[L/h]

풀이 1[kW] = 860[kcal/h] = 3600[kJ/h]이다.

$\therefore H_m = \dfrac{H_1 + H_2 + H_3 + H_4}{3600} = \dfrac{42000 + 35500 + 16700 + 10500}{3600}$
$= 29.083 ≒ 29.08[kW]$

해답 29.08[kW]

07 보일러 급수제어방식(FWC : Feed Water Control) 중 급수제어를 위한 3요소식의 필요 요소 3가지를 쓰시오.

해답 ① 수위 ② 증기량 ③ 급수량

해설 급수제어 방법의 종류 및 검출대상(요소)

명칭	검출대상
1요소식	수위
2요소식	수위, 증기량
3요소식	수위, 증기량, 급수량

08 동관의 연납(soldering) 이음 작업 시 필요한 공구 5가지를 쓰시오. (단, 재료의 준비 단계에서부터 작업의 완성 단계까지 필요한 공구이며, 측정공구는 제외한다.)

해답 ① 튜브 커터 ② 리머 ③ 사이징 툴
④ 확관기(또는 익스팬더, expander) ⑤ 용접 토치

09 증기난방과 비교한 온수난방의 장점 5가지를 쓰시오.

해답 ① 난방부하의 변동에 대응하기 쉽다.
② 가열시간은 길지만 잘 식지 않으므로 증기난방에 비해 배관의 동결우려가 적다.
③ 방열기 표면온도가 낮아 실내 쾌감도가 높고, 화상의 위험이 없다.
④ 온수보일러의 취급이 용이하다.
⑤ 소규모 주택 등에 적합하다.

해설 온수난방의 단점
① 한랭지역에서는 동결의 위험이 있다.
② 방열면적과 배관지름이 커져 시설비가 증가한다.
③ 예열시간이 길어 예열부하가 크다.

10 온수보일러 계통도에서 ①~⑤의 명칭을 쓰시오.

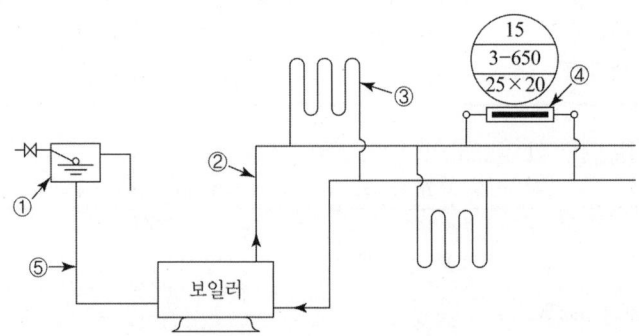

해답 ① 팽창탱크 ② 송수주관 ③ 방열관 ④ 방열기 ⑤ 팽창관

11 다음 보온재를 무기질 보온재와 유기질 보온재로 구분하시오. (단, 무기질 보온재인 경우 "무", 유기질 보온재인 경우 "유"자를 쓰시오.)

(1) 규조토 :   (2) 탄산마그네슘 :
(3) 글라스 울 :   (4) 우모 펠트 :
(5) 세라믹 파이버 :

해답 (1) 무 (2) 무 (3) 무 (4) 유 (5) 무

12 보일러 보염장치의 설치목적을 5가지 쓰시오.

해답 ① 공기의 흐름을 조절하고 공기의 분배를 균등하게 한다.
② 착화를 확실하게 하고 화염의 안정을 도모한다.
③ 공기와 연료의 혼합을 양호하게 한다.
④ 연소실 온도분포를 고르게 하여 노내의 국부과열을 방지한다.
⑤ 노내의 여열에 의한 연소용 공기의 예열이 된다.

13 아래 그림과 같이 지름 20[A]인 강관을 2개의 45° 엘보로 결합하고자 한다. 관의 실제 길이는 몇 [mm]로 절단해야 하는지 구하시오. (단, 엘보의 나사 물림부 길이는 15[mm]이고, 엘보 중심에서 끝단까지의 길이는 25[mm]이다.)

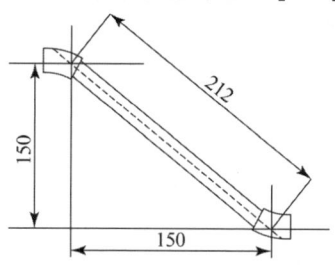

풀이 $l = L - 2(A - a) = 212 - 2 \times (25 - 15) = 192[\text{mm}]$

해답 192[mm]

14 다음은 보일러 설치검사기준에 따른 급수밸브의 크기에 관한 설명이다. ( ) 안에 알맞은 내용을 쓰시오.

급수밸브 및 체크밸브의 크기는 전열면적 10[m²] 이하의 보일러에서는 호칭 (①) 이상, 10[m²]를 초과하는 보일러에서는 호칭 (②) 이상이어야 한다.

해답 ① 15[A] ② 20[A]

15 자연순환식 온수난방 배관은 온수의 밀도차에 의해 생기는 순환력을 이용하므로 배관(마찰) 저항을 가능한 최소화해야 한다. 주로 저항이 많이 발생하는 배관부위 3곳을 쓰시오.

해답 ① 배관부속 부분 ② 밸브 부분 ③ 방열관 부분

16 다음과 같은 방열기 도시기호를 보고 해당하는 내용을 쓰시오.
(1) 방열기의 종별 :
(2) 방열기 1조(組)당 쪽(section) 수 :
(3) 방열기 높이 :
(4) 방열기 유입 관경 :
(5) 시공에 소요되는 방열기의 총 쪽(section) 수 :

해답 (1) 3세주형 (2) 30쪽 (3) 650[mm] (4) 25[A] (5) 150[쪽]

해설 방열기 1개당 30쪽짜리 5개를 설치하므로 시공에 소요되는 방열기의 총 쪽 수는 150쪽이 되는 것이다.

17 내화물의 기본 제조공정 5단계를 순서에 맞게 쓰시오.

해답 분쇄 → 혼련 → 성형 → 건조 → 소성

해설 내화물의 제조 공정 순서 및 특징
① 분쇄 : 표면적 증가, 이물질 분리, 균일한 혼합을 위하여 분쇄
② 혼련 : 물이나 기타 첨가제를 배합하여 고루 분포가 되도록 잘 섞고 이기는 과정
③ 성형 : 혼련된 베토를 일정한 형상을 가질 수 있도록 만드는 과정
④ 건조 : 수분을 제거하는 과정
⑤ 소성 : 원료에 열화학적 변화를 일으켜 내화물로서 필요한 모양과 강도를 가지게 하는 과정

18 다음은 연료의 발열량을 측정하는 열량계에 대한 것이다. 각각 어떤 연료 측정에 사용하는지 선으로 연결하시오.
(1) 봄브식 열량계   ① 기체 연료
(2) 융커스식 유수형 열량계   ② 고체 및 고점도인 액체 연료

해답 (1) ② (2) ①

19 15[℃] 물 160[kg]과 75[℃] 물 몇 [kg]을 혼합하면 40[℃]의 온수가 되는지 계산하시오. (단, 열손실은 없는 것으로 가정한다.)

풀이 열평형 온도를 구하는 식

$$t_m = \frac{G_1 \cdot C_1 \cdot t_1 + G_2 \cdot C_2 \cdot t_2}{G_1 \cdot C_1 + G_2 \cdot C_2}$$

에서 G_2를 구하는 식을 유도한다.

$$G_1 \cdot C_1 \cdot t_1 + G_2 \cdot C_2 \cdot t_2 = t_m(G_1 \cdot C_1 + G_2 \cdot C_2)$$
$$G_1 \cdot C_1 \cdot t_1 + G_2 \cdot C_2 \cdot t_2 = t_m \cdot G_1 \cdot C_1 + t_m \cdot G_2 \cdot C_2$$
$$G_2 \cdot C_2 \cdot t_2 - t_m \cdot G_2 \cdot C_2 = t_m \cdot G_1 \cdot C_1 - G_1 \cdot C_1 \cdot t_1$$
$$G_2(C_2 \cdot t_2 - t_m \cdot C_2) = t_m \cdot G_1 \cdot C_1 - G_1 \cdot C_1 \cdot t_1$$
$$\therefore G_2 = \frac{t_m \cdot G_1 \cdot C_1 - G_1 \cdot C_1 \cdot t_1}{C_2 \cdot t_2 - t_m \cdot C_2} = \frac{40 \times 160 \times 1 - 160 \times 1 \times 15}{1 \times 75 - 40 \times 1}$$
$$= 114.285 ≒ 114.29[kg]$$

해답 114.29[kg]

20 신축이음쇠 중 설치공간이 적고, 평면상의 변위뿐만 아니라 입체적인 변위까지도 안전하게 흡수하므로 어떤 현상에 의한 신축에도 배관이 안전한 신축이음의 명칭을 쓰시오.

해답 볼 조인트

제5회 필답형 실전모의고사

01 다음은 보일러 강제 통풍방식에 대한 설명으로 ( ) 안에 들어갈 용어를 각각 쓰시오.

> 연소용 공기를 송풍기로 연소실 앞에서 연소실로 밀어 넣는 통풍방식을 (①)통풍이라 하고, 연도에 배풍기를 설치하고 배기가스를 유인하여 연돌로 빨아내는 방식을 (②)통풍이라고 하며, 송풍기와 배풍기를 함께 사용하는 방식을 (③)통풍이라고 한다.

해답 ▶ ① 압입 ② 흡입 ③ 평형

02 보일러 증발량 1300[kg/h]의 상당증발량이 1500[kg/h]일 때 사용연료가 150[kg/h]이고, 비중이 0.8[kg/L]이면 상당증발배수는 얼마인가?

풀이 ▶ 상당증발배수 = $\dfrac{\text{상당증발량}}{\text{연료소비량}} = \dfrac{1500}{150} = 10$

해답 ▶ 10

해설 실제 증발배수와 상당 증발배수
① 실제 증발배수 : 1시간 동안 실제 증발량(G_a)과 연료 소비량(G_f)의 비

∴ 실제 증발배수 = $\dfrac{G_a}{G_f}$

② 상당 증발배수 : 1시간 동안 상당 증발량(G_e)과 연료 소비량(G_f)의 비

∴ 상당 증발배수 = $\dfrac{G_e}{G_f}$

※ 실제 증발배수 및 상당 증발배수는 단위가 없는 무차원수이다.

03 배관 도면에 다음과 같이 도시기호가 있을 때 기기의 명칭을 [보기]에서 찾아 쓰시오.

> |보기| 팬코일 유닛, 콘벡터, 공기빼기밸브, 체크밸브

(1) F·C·U :
(2) CONV :
(3) A·V :

해답 ▶ (1) 팬코일 유닛 (2) 콘벡터 (3) 공기빼기밸브

04 온수방열기의전 방열면적이 150[m²], 온수 급탕량이 50[kg/h]인 경우 설치해야 할 온수 보일러의 용량(정격출력)[kJ/h]을 구하시오. (단, 급수온도 15[℃], 출탕온도 75[℃], 배관부하(α) 0.25, 예열부하(β) 1.2, 출력저하계수(k) 1.1, 방열기 방열량 1885[kJ/m2·h], 물의 비열 4.2[kJ/kg·℃]이다.)

풀이
$$H_m = \frac{(H_1 + H_2) \times (1 + \alpha) \times \beta}{k}$$
$$= \frac{[(150 \times 1885) + \{50 \times 4.2 \times (75 - 15)\}] \times (1 + 0.25) \times 1.2}{1.1}$$
$$= 402750[\text{kJ/h}]$$

해답 402750[kJ/h]

05 보일러 운전과 조작 및 이상현상에 대한 설명에 해당되는 용어를 [보기]에서 찾아 각각 쓰시오.

| 보기 | 프라이밍 역화 캐리오버 프리퍼지 포밍 포스트퍼지

(1) 보일러를 점화할 때는 점화순서에 따라 해야 하며, 연소가스 폭발 및 (   )에 주의해야 한다.
(2) 보일러 운전이 끝난 후, 노내와 연도에 있는 가연성 가스를 송풍기로 취출시키는 것을 (   )[이]라고 한다.
(3) 보일러 용수 중의 용해물이나 고형물, 유지분 등에 의해 보일러 수가 증기에 혼입되어 증기관으로 운반되는 현상을 (   )[이]라고 한다.
(4) 보일러 점화 전, 댐퍼를 열고 노내와 연도에 있는 가연성 가스를 송풍기로 취출시키는 것을 (   )[이]라고 한다.
(5) 관수의 격렬한 비등에 의하여 기포가 수면을 교란시키며 물방울이 비산하는 현상을 (   )[이]라고 한다.

해답 (1) 역화 (2) 포스트퍼지 (3) 캐리오버 (4) 프리퍼지 (5) 프라이밍

06 연돌의 높이가 50[m], 배기가스 평균온도가 200[℃], 외기온도가 25[℃], 표준상태에서 외기의 비중량이 12.62[N/Nm³], 배기가스 비중량이 13.13[N/Nm³]이다. 이 경우 이론 통풍력[Pa]은 얼마인가?

풀이
$$Z = 273 H \left(\frac{\gamma_a}{T_a} - \frac{\gamma_g}{T_g} \right) = 273 \times 50 \times \left(\frac{12.62}{273 + 25} - \frac{13.13}{273 + 200} \right)$$
$$= 199.153 ≒ 199.15[\text{Pa}]$$

해답 ▶ 199.15[Pa]

해설 외기 및 배기가스 비중량 'N/Nm³'은 표준상태(0[℃], 1기압)의 SI단위 비중량에 해당된다.

07 실제공기량과 이론공기량의 비를 공기비(또는 과잉공기계수)라 한다. 공기비가 적정 공기비 보다 적을 때 발생되는 현상 3가지를 쓰시오.

해답 ▶ ① 불완전연소가 발생하기 쉽다.　② 연소효율이 감소한다.
③ 연손실이 증가한다.　　　　　　④ 미연소가스로 인한 역화의 위험이 있다.

해설 공기비가 클 때 발생되는 현상
① 연소실 내의 온도가 낮아진다.
② 배기가스로 인한 손실열이 증가한다.
③ 연료소비량이 증가한다.
④ 배기가스 중 질소화합물이 많아져 대기오염을 초래한다.

08 배관계에 걸리는 하중을 위에서 걸어 당겨 지지하는 장치인 행거(hanger)의 종류 3가지를 쓰시오.

해답 ▶ ① 리지드 행거　② 스프링 행거　③ 콘스턴트 행거

09 온수난방에서 보일러, 방열기 및 배관 등의 장치 내에 있는 전수량(全水量)이 1000[kg]이고, 전철량(全鐵量)이 4000[kg]일 때, 이 난방장치를 예열하는데 필요한 예열부하[kJ]를 구하시오. (단, 물의 비열 4.2[kJ/kg·℃], 철의 비열 0.5[kJ/kg·℃], 운전시의 평균온도 80[℃], 운전개시 전의 온도는 5[℃]이다.)

풀이 ▶ $H_4 = \{(G \times C_1) + (W \times C_2)\} \times \Delta t$
　　　　$= \{(4000 \times 0.5) + (1000 \times 4.2)\} \times (80 - 5) = 465000[kJ]$

해답 ▶ 465000[kJ]

해설 예열부하는 온수보일러에 관련된 장치(본체, 방열기, 방열관, 배관 등)를 운전온도까지 가열 및 보일러수 예열에 필요한 열량이다.

10 온수보일러를 설치한 후 가동 전에 온수보일러 설치시공 기준에 따라 적합 여부를 확인해야 할 항목 5가지를 쓰시오.

해답 ▶ ① 수압시험　　　　　　　　　② 순환펌프에 의한 온수 순환시험
③ 보일러 연소 및 배기성능 검사　④ 연료계통의 누설상태 검사
⑤ 자동제어에 의한 작동검사

11 다음 난방장치에 대하여 난방 송수주관에서 ①, ②, ③을 거쳐 환수주관으로 이르기까지의 배관을 완성(연결)하시오.

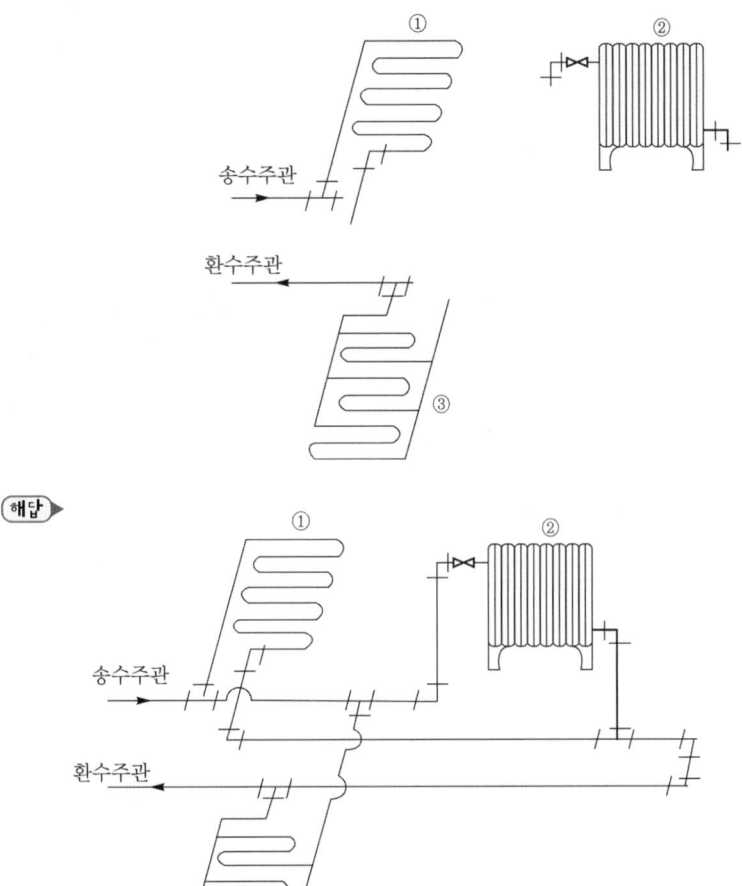

12 어떤 가스의 압력이 0.6[MPa], 체적 50[L], 온도 5[℃]이었는데 이 가스의 온도가 35[℃]로 변화된 경우 체적을 구하시오. (단, 압력은 일정한 상태로 유지된다.)

풀이 샤를의 법칙 $\dfrac{V_1}{T_1} = \dfrac{V_2}{T_2}$ 에서 변한 후의 체적 V_2를 구한다.

$$\therefore V_2 = \dfrac{V_1 \times T_2}{T_1} = \dfrac{50 \times (273 + 35)}{273 + 5} = 55.395 ≒ 55.40 [\text{L}]$$

해답 55.4[L]

13 다음은 온수난방 방식에 대한 설명이다. ①~⑤에 알맞은 용어를 각각 쓰시오.

> 온수난방 방식은 분류 방법에 따라 여러 가지가 있는데 온수의 온도에 따라 분류하면 저온수 난방과 (①) 난방이 있으며, 온수의 순환 방법에 따라 (②)식과 (③)식으로 구분할 수 있으며, 온수의 공급 방향에 따라 (④)식과 (⑤)식이 있다.

해답▶ ① 고온수 ② 중력 순환 ③ 강제 순환 ④ 상향 순환 ⑤ 하향 순환

14 다음 보일러 시공 작업도면을 보고 A-A'의 단면도를 작도하시오. (단, 단면도의 높이는 170[mm]로 하고, 각 부속 사이의 관경 및 치수도 기입하시오.)

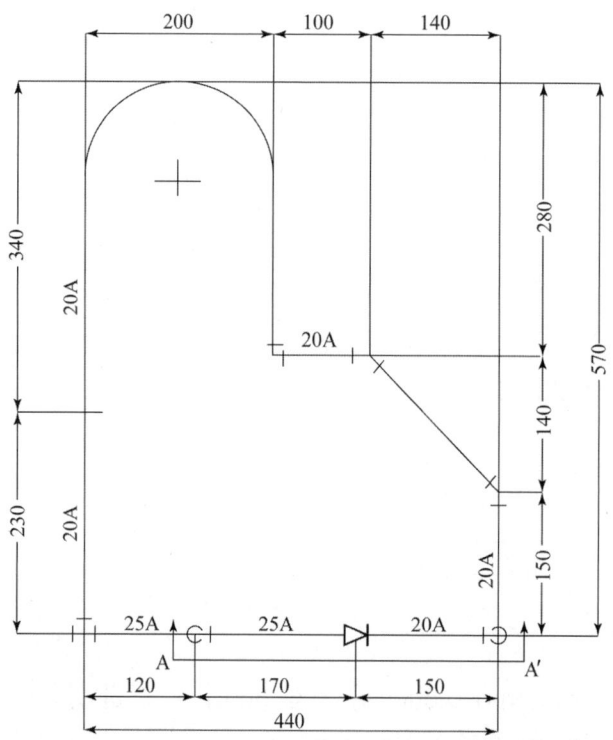

해답▶ A-A' 단면도

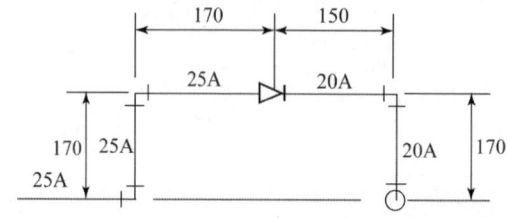

14-1 다음 도면과 같이 배관작업을 하고 한다. 아래표를 보고 품목별 소요수량을 산출하여 기재하시오.

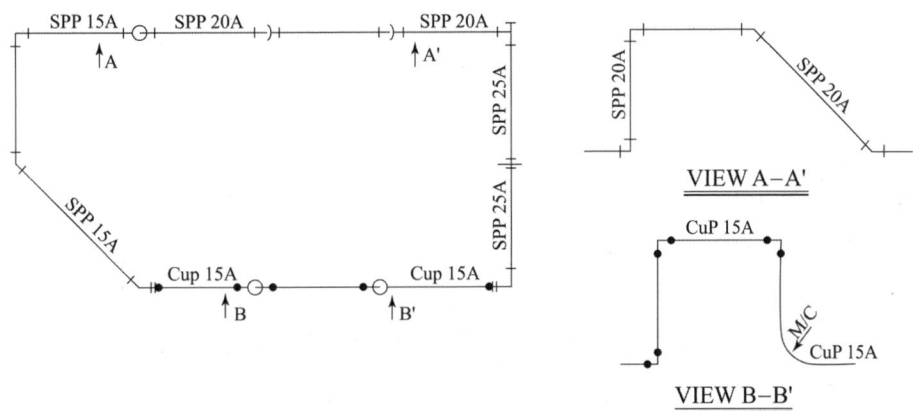

번호	품명	규격	수량
1	강 90° 이경 엘보	20[A] × 15[A]	①
2	강 90° 엘보	15[A]	②
3	강 45° 엘보	20[A]	③
4	동 90° 엘보	15[A]	④
5	동 C×M 어댑터	15[A]	⑤

해답▶ ① 1 ② 1 ③ 2 ④ 3 ⑤ 2

15 다음은 유류용 온수보일러 설치 개략도이다. 아래 각 부품에 맞는 번호를 개략되에서 찾아 쓰시오.

(1) 급탕용 온수공급관 :   (2) 난방용 온수환수관 :

(3) 급수탱크 :   (4) 팽창관 :

(5) 방열관 :

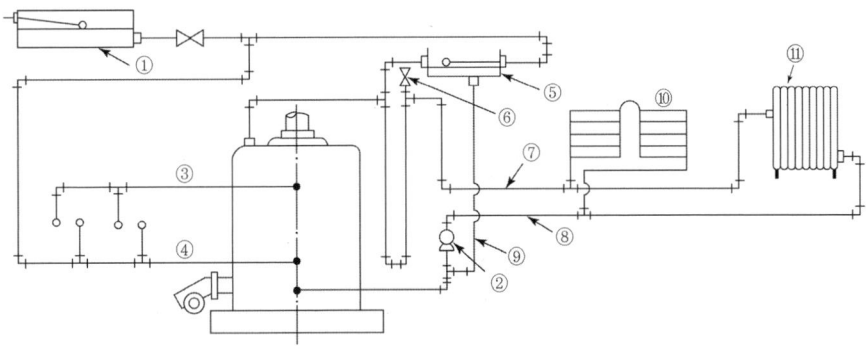

[해답] (1) ③ (2) ⑧ (3) ① (4) ⑨ (5) ⑩

[해설] 각 부품의 명칭
① 급수탱크　　　② 순환펌프　　　③ 급탕용 온수공급관
④ 냉수 공급관　　⑤ 팽창탱크　　　⑥ 에어벤트 밸브
⑦ 난방용 온수공급관　⑧ 난방용 온수환수관　⑨ 팽창관
⑩ 방열관　　　　⑪ 방열기

16 보일러 자동제어 방식에 맞는 용어를 쓰시오.
(1) 보일러의 기본 제어로 제어량과 결과치의 비교로 정정 동작을 하는 제어
(2) 구비조건에 맞지 않을 때 작동정지를 시키는 제어
(3) 점화나 소화과정과 같이 미리 정해진 순서 단계를 순차적으로 진행하는 제어

[해답] (1) 피드백 제어　(2) 인터록 제어　(3) 시퀀스 제어

17 수동 롤러(로타리형)형으로 강관을 180° 굽힘 작업하였는데 강관의 탄성 때문에 벤딩이 약간 펴지는 현상이 발생하였다. 이를 고려하여 굽힘 각도 180°보다 3~5°를 더 구부려 작업하는데 이렇게 펴지는 현상을 무엇이라고 하는지 쓰시오.

[해답] 스프링 백(spring back)

[해설] 답안에 영문은 작성하지 않아도 되며 '스프링 백'이라는 용어를 이해하는데 도움이 되도록 작성한 것입니다.

18 배관 시공 시 관을 배열해 놓고 수평을 맞출 필요가 있을 때 사용하는 측정기의 명칭을 쓰시오.

[해답] 수평기

19 연소가스의 속도가 4[m/s]이고, 가스의 양이 16[m³/s]일 때 굴뚝의 지름[m]을 구하시오.

[풀이] 체적 유량 계산식 $Q = A \times V = \left(\dfrac{\pi}{4} \times D^2\right) \times V$에서 지름 D를 구한다.

$$\therefore D = \sqrt{\dfrac{4Q}{\pi V}} = \sqrt{\dfrac{4 \times 16}{\pi \times 4}} = 2.256 ≒ 2.26[\text{m}]$$

[해답] 2.26 [m]

[해설] 풀이 과정에 파이(π)대신 3.14를 적용하면 오차가 발생하며, 파이(π)와 3.14 중 선택해서 답안을 작성하길 바랍니다.

20 난방 방식은 크게 개별식 난방과 중앙식 난방으로 나눌 수 있다. 그 중 중앙식 난방법의 정의를 쓰고, 중앙식 난방법의 종류 3가지를 쓰시오.

해답 ▶ (1) 정의 : 지하실 또는 어느 일정한 장소에 보일러를 설치하여 각 난방 소요처에 증기, 온수 또는 열기 등을 공급하는 난방 방식이다.
　　　(2) 종류 : ① 직접 난방법　② 간접 난방법　③ 복사 난방법

제6회 필답형 실전모의고사

01 자연 통풍방식의 보일러에서 연돌의 통풍력을 증가시키는 방법 5가지를 쓰시오.

해답 ① 연돌의 높이가 높을수록 ② 연돌의 단면적이 클수록
③ 연돌의 굴곡부가 적을수록 ④ 배기가스 온도가 높을수록
⑤ 외기온도가 낮을수록 ⑥ 배기가스의 습도를 낮춘다.

02 보일러 자동제어 중에서 인터록의 종류 3가지를 쓰고, 각각에 대하여 설명하시오.

해답 ① 압력초과 인터록 : 증기압력이 일정압력에 도달할 때 전자밸브를 닫아 보일러의 가동을 정지시키는 것으로 증기압력 제한기가 해당된다.
② 저수위 인터록 : 보일러 수위가 안전 저수위에 도달할 때 전자밸브를 닫아 보일러 가동을 정지시키는 것으로 저수위 경보기가 해당된다.
③ 불착화 인터록 : 버너 착화 시 점화되지 않거나 운전 중 실화가 될 경우 전자밸브를 닫아 연료 공급을 중지하여 보일러 가동을 정지시키는 것으로 화염검출기가 해당된다.
④ 저연소 인터록 : 보일러 운전 중 연소상태가 불량하거나 저연소 상태로 유량조절밸브가 조절되지 않으면 전자밸브를 닫아 보일러 가동을 정지시킨다.
⑤ 프리퍼지 인터록 : 점화 전 일정시간 동안 송풍기가 작동되지 않으면 전자밸브가 열리지 않아 점화가 되지 않는다.

03 회전식 버너에서 점화가 안 될 때, 원인 5가지를 쓰시오.

해답 ① 연료가 분사되지 않는 경우
② 배관 속에 물, 슬러지가 유입된 경우
③ 연료의 온도가 너무 높거나 낮은 경우
④ 연료의 점도가 너무 높은 경우
⑤ 버너 유압이 맞지 않는 경우
⑥ 버너 노즐이 폐쇄된 경우
⑦ 1차 공기압력이 과대한 경우
⑧ 점화 전극의 클리어런스가 맞지 않을 때
⑨ 공기비의 조정이 불량한 경우
⑩ 점화용 트랜스의 전기 스파크가 불량한 경우
⑪ 댐퍼 작동이 불량한 경우

04 어떤 장치 내의 물을 가열하여 온도를 높이는 경우 물의 팽창량[L]을 구하는 식에 대하여 [보기]의 기호를 사용하여 완성하시오.

| 보기 | - V : 가열 전 장치 내 전수량[L]
　　　　- ρ_1 : 가열 후 물(온수)의 밀도[kg/L]
　　　　- ρ_2 : 가열 전 물(온수)의 밀도[kg/L]

해답 ▶ 물의 팽창량[L] $= \left(\dfrac{1}{\rho_1} - \dfrac{1}{\rho_2}\right) \times V$

05 다음 관(pipe)의 이음 기호를 도시하시오.
　(1) 나사이음 :　　　　　　　　(2) 플랜지 이음 :
　(3) 소켓이음 :　　　　　　　　(4) 유니언 이음 :

해답 ▶ (1) ─┼─　　(2) ─┼┼─　　(3) ─┼─　　(4) ─┼┼┼─

06 중력순환식 온수난방을 위한 배관 설계를 하고자 한다. 보일러에서 최고 먼 곳(최원단) 방열기까지의 배관 직선길이가 100[m]이고 순환수두는 200[mmAq]일 때, 배관의 마찰손실[mmAq/m]을 구하시오. (단, 국부저항에 의한 상당길이는 직선길이의 50[%]로 한다.)

풀이 ▶ $R = \dfrac{H_w}{l \times (1+k)} = \dfrac{H_w}{l + l'} = \dfrac{200}{100 + (100 \times 0.5)} = 1.333 ≒ 1.33\,[\text{mmAq/m}]$

해답 ▶ 1.33[mmAq/m]

07 보일러 재료의 강도가 부족한 부분 또는 변형이 쉬운 부분에 설치하여 강도 증가와 변형방지를 위한 것이 버팀(스테이)이다. 아래 각 특징에 맞는 버팀의 명칭을 [보기]에서 골라 쓰시오.

| 보기 | - 경사 스테이　　- 관 스테이　　- 나사 스테이
　　　　- 도그 스테이　　- 가셋트 스테이　- 막대 스테이

(1) 스코치 보일러의 간격이 좁은 두 개의 나란한 경판을 보강하는 스테이
(2) 동체판과 경판 또는 관판과 연강봉을 경사지게 부착하여 경판을 보강하는 스테이

(3) 연관보일러에 있어서 연관의 팽창에 따른 관판이나 경판의 팽출에 대한 보강재로서 총 연관의 30[%]가 스테이이며 연관 역할을 동시에 하는 스테이
(4) 평경판이나 접시형 경판에 사용하며 강판과 동판 또는 관판이나 동판의 지지 보강대로서 판에 접속되는 부분이 큰 스테이
(5) 진동 충격 등에 따른 동체의 눌림 방지 목적으로 화실 천정의 압궤방지를 위한 가로버팀이며 관판이나 경판 양쪽을 보강하는 스테이

해답 (1) 나사 스테이
(2) 경사 스테이
(3) 관 스테이
(4) 가셋트 스테이
(5) 막대 스테이

08 지역난방(district heating system)에 대하여 설명하시오.

해답 일정지역에서 다량의 고압 증기 또는 고온수를 만들어 대단위의 지역에 공급하여 난방하는 방식이다.

해설 지역난방의 특징
① 연료비와 인건비를 줄일 수 있다.
② 설비의 고도화에 따른 도시 대기오염을 감소시킬 수 있다.
③ 각 건물에 위험물을 취급하지 않으므로 화재의 위험이 적다.
④ 각 건물에 보일러를 설치하는 경우에 비해 건물의 유효면적이 증대되고, 열효율이 좋다.
⑤ 열매체는 온수보다 증기를 사용하는 것이 관내저항 손실이 적으므로 주로 증기를 사용한다.
⑥ 시설이 대규모라 초기 시설비가 많이 소요된다.

09 온수보일러의 순환펌프 설치 방법에 대한 설명 중 ( ) 안에 알맞은 내용을 [보기]에서 찾아 쓰시오.

| 보기 | 송수주관, 최대, 최소, 온수공급관, 여과기, 수평, 바이패스, 트랩, 환수주관, 수직

"순환펌프에는 하향식 구조 및 자연순환이 곤란한 구조를 제외하고는 (①)회로를 설치해야 하며, 펌프와 전원콘센트 간의 거리는 가능한 한 (②)[으]로 하고, 누전 등의 위험이 없어야 하며, 순환펌프의 모터 부분을 (③)[으]로 설치한다. 또한 펌프의 흡입측에는 (④)을[를] 설치해야 하며, (⑤)에 설치한다."

해답 ① 바이패스 ② 최소 ③ 수평 ④ 여과기 ⑤ 환수주관

10 난방배관 시공 시 증기주관에서 입하관을 분기할 때의 이상적인 배관 시공도를 그리시오. (단, 사용 이음쇠는 티 1개, 90° 엘보 3개이다.)

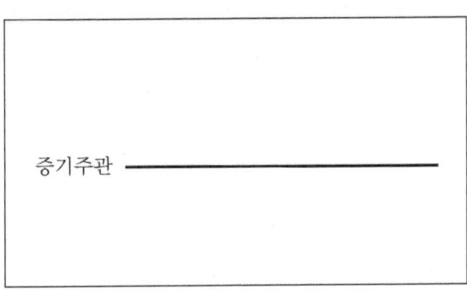

해답▶

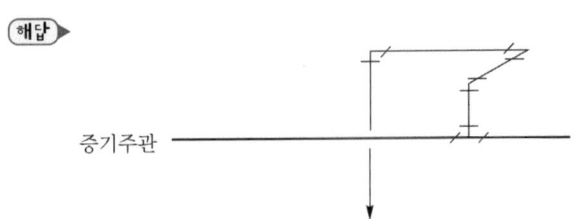

해설 "입하관"이란 증기주관 아래로 공급되는 가지관을 의미하며, 입하관이 증기주관 앞쪽으로 나오는 것으로 작도할 수 있습니다.

11 보일러의 실제 증발량이 1000[kg/h]이고, 발생증기의 엔탈피는 2592[kJ/kg], 급수 엔탈피는 335[kJ/kg]일 때 이 보일러의 상당 증발량(환산 증발량, [kg/h])을 구하시오.

풀이 ① 증발잠열은 공학단위로 539[kcal/kg]이므로 SI단위는 2257[kJ/kg]을 적용한다.
② 상당 증발량(G_e) 계산

$$\therefore G_e = \frac{G_a(h_2 - h_1)}{2257} = \frac{1000 \times (2592 - 335)}{2257} = 1000[\text{kg/h}]$$

해답▶ 1000[kg/h]

해설 SI단위 증발잠열은 문제에서 제시되는 값을 적용하되, 제시되지 않았을 때에는 2255~2258[kJ/kg] 범위값을 적용할 수 있다.

12 온수가 배관 내 흐를 때 관 내부와 마찰을 일으켜 압력손실을 가져오게 되는데, 이러한 손실을 줄이기 위하여 다음 각 요소를 어떻게 해야 하는지 쓰시오.

(1) 굽힘 개소 :   (2) 관경 :
(3) 배관 길이 :   (4) 유속 :
(5) 유체 점도 :

해답 ▶ (1) 적게 한다. (2) 크게 한다. (3) 짧게 한다. (4) 느리게 한다. (5) 낮게 한다.

13 [보기]의 공조부하 중 현열과 잠열이 모두 발생하는 것에 해당되는 번호를 모두 쓰시오.

> | 보기 | ① 벽, 유리창 등 구조체를 통한 관류열부하
> ② 틈새바람에 의한 열부하
> ③ 사람 몸으로부터 발생되는 인체부하
> ④ 형광등에서 발생되는 기기부하
> ⑤ 송풍기, 덕트로 부터의 장치부하
> ⑥ 외기도입부하

해답 ▶ ②, ③, ⑥

해설 [보기]의 조건 구분
① 현열 ② 현열과 잠열 ③ 현열과 잠열 ④ 현열 ⑤ 현열 ⑥ 현열과 잠열

14 온수난방설비에서 밀폐식 팽창탱크가 운전 중 받는 수두압[mAq]을 구하시오. (단, 밀폐탱크의 수면과 가장 높은 배관까지의 수직 높이 12[m], 공급 온수온도 105[℃]에서의 포화증기압력 1.23[kgf/cm²], 순환펌프의 양정 10[m]이다.)

풀이 ● $H = h + h_t + \frac{1}{2}h_p + 2 = 12 + \left(\frac{1.23 \times 10^4}{1000}\right) + \frac{1}{2} \times 10 + 2 = 31.3$[mAq]

해답 ▶ 31.3[mAq]

15 주철관 이음법 중 소켓이음에 대한 설명이다. ( ) 안에 알맞은 용어를 [보기]에서 골라 쓰시오.

> | 보기 | 배수관, $\frac{1}{3}$, 경납, 소형관, $\frac{2}{3}$, 노허브(no hub), $\frac{1}{4}$, 연납, 급수관, $\frac{3}{4}$, 허브(hub)

"(①)이음 이라고도 하며, 주로 건축물의 배수·배관 및 (②)에 많이 사용된다. 주철관의 (③)쪽에 스피킷(spigot)이 있는 쪽을 넣어 맞춘 다음 얀을 단단히 꼬아 감고 정으로 박아 넣는다. 얀 삽입의 길이는 수도관의 경우에는 삽입 길이의 (④), 배수관의 경우에는 (⑤) 정도가 알맞다."

해답 ① 연납 ② 급수관 ③ 허브(hub) ④ $\frac{1}{3}$ ⑤ $\frac{2}{3}$

16 보일러에 사용하는 원심송풍기의 종류 3가지를 쓰시오.

해답 ① 터보형 ② 실로코형 ③ 플레이트형

17 보일러 통풍력을 측정하는데 이용하는 액주식 압력계의 종류 3가지를 쓰시오.

해답 ① U자관 액주계
② 단관식 액주계
③ 경사관식 액주계

18 다음은 강관과 비교한 동관의 특징을 설명한 것이다. ( ) 속의 내용 중 옳은 것을 선택하시오.

"동관은 강관에 비하여 유연성이 (① 크고, 작고), 유체 흐름에 대한 마찰저항이 (② 크다, 작다). 또한, 내식성이 (③ 작으며, 크며), 열전도율이 (④ 크고, 작고), 같은 호칭경으로 비교할 경우 무게가 (⑤ 가볍다, 무겁다)."

해답 ① 크고 ② 작다 ③ 크며 ④ 크고 ⑤ 가볍다

19 비동력 급수장치인 인젝터에 대한 작동 설명이다. 인젝터의 각 밸브 및 핸들을 작동 순서대로 번호를 쓰시오.

| 보기 | ① 급수밸브를 연다.
② 증기밸브를 연다.
③ 출구정지밸브를 연다.
④ 핸들을 연다.

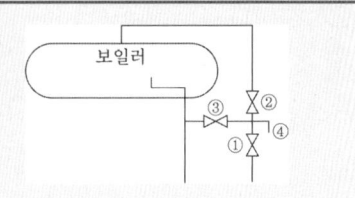

해답 ③ → ① → ② → ④

해설 급수정지 순서
① 인젝터 조절핸들을 닫는다.
② 인젝터 급수밸브를 닫는다.
③ 인젝터 증기밸브를 닫는다.
④ 인젝터 출구측 밸브를 닫는다.

20 다음 설명에 맞는 밸브 명칭을 아래에 쓰시오.

(1) 유체를 한 쪽 방향으로만 흐르게 하는 밸브로서 별도의 조작 없이 유체의 압력에 의해서 스스로 개폐되는 밸브

(2) 파이프의 횡단면과 평행하게 개폐되는 밸브로, 일명 게이트 밸브라고도 하며, 유량 조절용으로는 부적합하고, 밸브를 완전히 열면 유체 흐름의 저항이 다른 밸브에 비하여 아주 작은 밸브

(3) 다른 밸브보다 리프트(lift)가 작아서 개폐 시간이 짧고, 누설의 염려가 적지만 밸브 내에서 유체의 흐름 방향이 급격히 변경되므로 압력손실이 크고, 일명 스톱밸브라고도 하는 밸브

해답 ▶ (1) 체크밸브 (2) 슬루스 밸브 (3) 글로브 밸브

제7회 필답형 실전모의고사

01 관을 회전시키거나 이음쇠를 죄거나 풀 때 사용하는 파이프렌치의 종류 2가지만 쓰시오.

해답 ① 보통형 ② 강력형 ③ 체인형

02 아래에 열거된 온수온돌 배관작업 요소들을 시공 순서대로 그 번호를 아래에 쓰시오.

| 보기 | ① 골재 충진작업   ② 기초시공
         ③ 배관작업   ④ 온수보일러 설치
         ⑤ 단열·보온처리   ⑥ 수압시험
         ⑦ 시멘트몰탈 바르기 ⑧ 방수처리   ⑨ 받침재 설치

해답 ② → ⑧ → ⑤ → ⑨ → ③ → ④ → ⑥ → ① → ⑦

03 동관을 작업할 때 티분기관(돌출형) 이음부를 성형하려고 한다. 이때 필요한 공구 5가지를 쓰시오.

해답 ① 유니드릴 ② 리머 ③ 티 뽑기 ④ 라체트 ⑤ 캠핀서(campincer)

04 호칭지름 15[A]의 관으로 다음 그림과 같이 나사이음을 할 때 중심간의 길이를 600[mm]로 하려면 관의 절단길이(l)는 몇 [mm]로 해야 하는지 구하시오. (단, 호칭 15[A] 엘보의 중심선에서 단면까지의 길이는 27[mm], 나사에 물리는 최소 길이는 11[mm] 이다.)

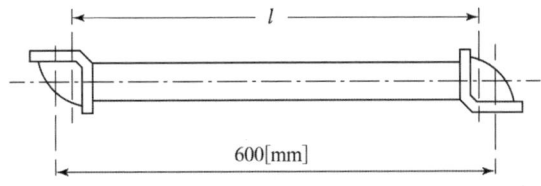

풀이 $l = L - 2(A-a) = 600 - 2 \times (27-11) = 568[\text{mm}]$

해답 568[mm]

05 90[℃]의 급탕 온수와 10[℃]의 냉수를 혼합하여 50[℃]의 온수 2000[kg/h]가 되기 위해서는 90[℃]의 온수 급탕량[kg/h]이 얼마이어야 하는지 구하시오.

풀이 90[℃]의 급탕 온수량[kg/h]을 x라 하면 10[℃]의 냉수량[kg/h]은 $(2000-x)$가 되며, 온도와 물의 양을 곱하면 보유하고 있는 열량[kcal/kg]이 되고, 온수와 냉수의 열량 합계는 50[℃]의 온수 2000[kg/h]이 보유한 열량과 같다.

∴ 50[℃] 2000[kg]이 보유한 열량=90[℃] 급탕온수와 10[℃] 냉수가 보유한 열량 합계

∴ $50 \times 2000 = 90 \times x + 10 \times (2000-x)$
∴ $100000 = 90x + 20000 - 10x$
∴ $100000 = x(90-10) + 20000$
∴ $100000 - 20000 = x(90-10)$
∴ $x = \dfrac{100000-20000}{90-10} = 1000[kg/h]$

해답 1000[kg/h]

06 자동제어의 신호전달 방식을 공기압식, 유압식, 전기식으로 분류할 때 전기식 신호전달 방식의 장점을 3가지 쓰시오.

해답 ① 배선설치가 용이하다. ② 신호전달에 시간 지연이 없다.
③ 복잡한 신호에 용이하다. ④ 변수간의 계산이 용이하다.

해설 전기식 신호전달 방식의 단점
① 조작속도가 빠른 비례 조작부를 만들기가 곤란하다.
② 보수 및 취급에 기술을 요한다.
③ 가격이 비싸다.
④ 고온, 다습한 곳은 설치가 곤란하다.

07 여러 개의 온수방열기가 연결된 경우 배관의 순환율을 같게 하여 건물 내의 각실 온도를 일정하게 유지시키는 배관 방식을 쓰시오.

해답 역귀환 방식 (또는 리버스 리턴[reversed return system] 배관 방식)

08 방열기 도면 표시를 보고 [보기] 설명의 ①~⑤에 알맞은 숫자를 쓰시오.

| 보기 |
위의 방열기는 (①)세주형, 높이 (②)[mm], (③) 섹션을 조합하였고, 유입관의 지름이 (④)[mm], 유출관의 지름은 (⑤)[mm] 이다.

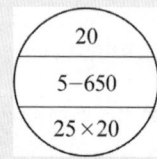

해답 ① 5 ② 650 ③ 20 ④ 25 ⑤ 20

09 다음 중 온수난방과 관련된 사항으로 옳게 설명된 것을 골라 그 번호를 모두 쓰시오.

> ① 운전이 정지되면 전체 배관 내에 공기가 채워진다.
> ② 물의 현열을 이용한다.
> ③ 대규모의 아파트 단지에 적합하다.
> ④ 운전 정지 후 일정시간 방열이 지속된다.
> ⑤ 예열부하가 크다.
> ⑥ 열매체의 잠열과 현열을 이용하는 난방법이다.
> ⑦ 방열기 표면 온도가 낮아 쾌감도가 높고, 화상의 위험이 적다.
> ⑧ 배관 방식에 따라 중력 순환식과 강제 순환식 온수난방으로 구분한다.
> ⑨ 방열기를 이용한 온수난방은 대류 난방법에 속한다.

해답 ②, ④, ⑤, ⑦, ⑨

해설 온수난방과 관련된 사항 중 잘못된 설명의 옳은 내용
① 운전이 정지되면 전체 배관 내에 물이 채워진 상태로 유지된다.
③ 소규모 주택 등에 적당하다.
⑥ 열매체의 잠열과 현열을 이용하는 난방법은 증기난방에 해당된다.
⑧ 배관 방식에 분류하면 단관식과 복관식으로 구분하고, 온수 순환방법에 분류한 것이 중력 순환식과 강제 순환식으로 구분한다.

10 보일러 내부 부식에 대한 종류 및 원인 또는 현상이다. ( ) 안에 알맞은 부식 명칭을 쓰시오.

구 분	부식 종류	원인 또는 현상
내부 부식	(1)	보일러 수 pH 12 이상 [(Fe(OH)$_2$]
	(2)	좁쌀알 크기의 반점 [용존산소]
	(3)	열응력에 의한 홈 [V, U자]

해답 (1) 알칼리부식 (2) 점식 (3) 구상부식(또는 그루빙[grooving])

11 원심식 송풍기의 풍량조절 방법 3가지를 쓰시오.

해답 ① 회전수 제어에 의한 방법
② 토출 베인 각도조절에 의한 방법
③ 흡입 베인 각도조절에 의한 방법
④ 베인 컨트롤에 의한 방법
⑤ 바이패스에 의한 방법

12 보일러가 연속 운전되는 동안 증기의 부하가 변하면 수위 변동이 발생한다. 이때 일정 수위를 유지하기 위해 설치하는 수위제어 검출 방식 종류를 3가지만 쓰시오.

해답 ① 1요소식 ② 2요소식 ③ 3요소식

해설 급수제어(수위제어) 검출 방식의 종류 및 검출 대상

검출 방식	검출대상
1요소식	수위
2요소식	수위, 증기량
3요소식	수위, 증기량, 급수유량

13 배관의 관 높이 표시기호에 대하여 각각 설명하시오.
  (1) GL(Ground Line) :
  (2) B.O.P(Bottom of pipe) :

해답 (1) 포장된 지표면을 기준으로 하여 배관장치의 높이를 표시할 때 적용된다.
  (2) 지름이 다른 관의 높이를 나타낼 때 적용되며 관 바깥지름의 아랫면을 기준으로 하여 표시한다.

14 열교환기의 효율을 향상시키는 방법을 3가지 쓰시오.

해답 ① 유체의 유속을 빠르게 한다.
  ② 유체의 흐름 방향을 향류로 한다.
  ③ 열전도율이 높은 재료를 사용한다.
  ④ 두 유체의 온도차를 크게 한다.
  ⑤ 전열면적을 크게 한다.

15 연소의 3요소를 쓰시오.

해답 ① 가연물 ② 산소 공급원 ③ 점화원

16 다음은 PB관(Polybutylene)의 연결 방법에 대한 설명이다. ①~④ 안에 적합한 답을 [보기]에서 골라 그 번호를 쓰시오.

"PB관 이음부속은 캡(cap), (①), 와셔(washer), (②)의 순서로 구성되며, 용접이나 나사이음이 필요 없이 (③)방식으로 시공한다. 부속에 관을 연결할 때는 절단된 관의 끝부분 속으로 (④)를 밀어 넣어야 한다."

| 보기 | ① 그랩 링(grab ring) ② 푸시 피트(push-fit)
③ 오-링(O-ring) ④ 압착 이음(pressure fit)
⑤ 서포트 슬리브(support sleeve) ⑥ 얀(yan)

해답 ▶ (1) ① (2) ③ (3) ② (4) ⑤

17 다음 그림은 온수보일러 설치 개략도이다. 아래 물음에 답하시오.

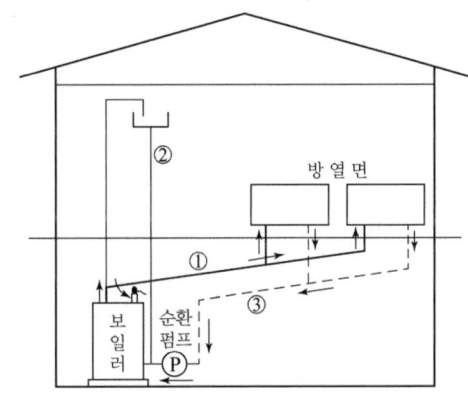

(1) 온수의 공급방향에 따라 분류할 때 위의 그림은 어떤 방식인지 쓰시오.
(2) 위의 그림에서 ①~③은 용도상 어떤 관을 의미하는지 쓰시오.

해답 ▶ (1) 상향 순환식
(2) ① 송수주관 ② 팽창관 ③ 환수주관

해설 하향 순환식 설치 개략도

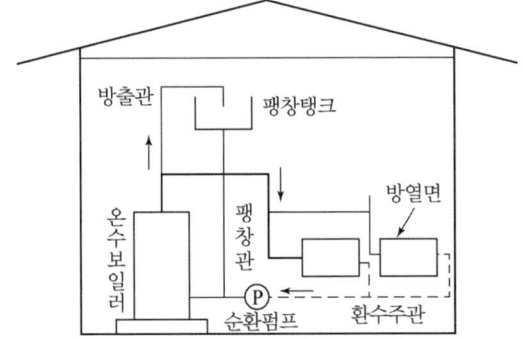

18 난방부하가 21[kW]인 사무실의 방열면적[m²]을 구하시오. (단, 방열기의 방열량은 523.3[W/m²] 이다.)

풀이 ▶ 방열면적 = $\dfrac{\text{난방부하}}{\text{방열기 방열량}} = \dfrac{21 \times 1000}{523.3} = 40.129 ≒ 40.13[\text{m}^2]$

해답 ▶ 40.13[m²]

19 풍량이 150[m³/min]이고, 풍압이 6[kPa]인 송풍기가 있다. 송풍기의 전압효율이 60[%]일 때 송풍기의 축동력[kW]을 구하시오.

풀이 ▶ $kW = \dfrac{P \times Q}{\eta} = \dfrac{6 \times 150}{0.6 \times 60} = 25[kW]$

해답 ▶ 25[kW]

20 [보기]와 같은 나사식 관이음쇠의 호칭 및 표기방법을 나타내시오.

| 보기 |
32A ─┬─ 32A
　　 │
　　25A

해답 ▶ 32A × 32A × 25A

해설 ▶ 가단 주철제 관이음쇠의 호칭 및 표기 방법
① 지름이 같은 경우 : 호칭지름으로 한다.
② 지름이 2개인 경우 : 지름이 큰 것을 첫 번째, 작은 것을 두 번째 순서로 한다.
③ 지름이 3개인 경우 : 동일 중심선 위에 있는 구멍 중에서 지름이 큰 것을 첫 번째, 작은 것을 두 번째, 나머지를 세 번째로 한다.
④ 지름이 4개인 경우 : 지름이 가장 큰 것을 첫 번째, 이것과 동일 중심선위에 있는 것을 두 번째, 나머지 2개 중에서 지름이 큰 것을 세 번째, 작은 것을 네 번째로 한다.

제8회 필답형 실전모의고사

01 그림 ①과 ②는 체크밸브의 단면을 간략하게 도시한 것이다. 다음 물음에 답하시오.

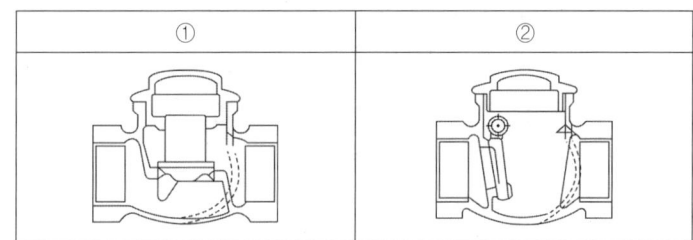

(1) 구조를 보고 ①번과 ②번 체크밸브의 형식을 쓰시오.
(2) 구조상 수평배관에만 사용 가능한 밸브는 ①, ② 중 어느 것인지 그 번호를 쓰시오.

해답▶ (1) ① 리프트식 ② 스윙식
(2) ①

해설 (1) 체크 밸브(check valve)의 역할 : 유체를 한 방향으로만 흐르게 하고 역류를 방지하는 목적에 사용하는 밸브로 역류방지밸브라 한다.
(2) 종류
① 리프트식(lift type) : 수평배관에 사용
② 스윙식(swing type) : 수평, 수직배관에 사용

02 온수난방 배관도에 다음과 같은 방열기 도시기호가 표시되어 있다. 다음 물음에 답하시오.
(1) 방열기의 형식과 높이(치수)를 각각 쓰시오.
(2) 방열기 1조당 섹션수(쪽수)를 쓰시오.
(3) 유입 관경과 유출 관경을 각각 쓰시오.

```
    20
   3-600
   25×20
```

해답▶ (1) ① 형식 : 3세주형 ② 높이(치수) : 600[mm]
(2) 20
(3) ① 유입 관경 : 25[mm] ② 유출 관경 : 20[mm]

03 내경 25[mm]인 관에 유속 7[m/s]로 물이 흐른다면 시간당 급수량[m^3/h]을 구하시오.

풀이 유속의 단위가 초(s)당이므로 급수량을 시간당 변환하기 위해서 1시간은 3600초를 적용한다.

$$\therefore Q = A \times V = \frac{\pi}{4} \times D^2 \times V = \left(\frac{\pi}{4} \times 0.025^2 \times 7\right) \times 3600$$
$$= 12.370 ≒ 12.37 [m^3/h]$$

해답 $12.37[m^3/h]$

04 다음은 개방식 팽창탱크의 배관도면이다. ①~⑤의 관 명칭을 쓰시오.

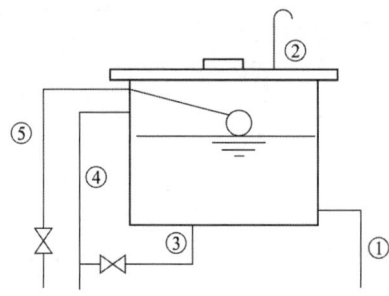

해답 ① 팽창관 ② 통기관 ③ 배수관 ④ 오버플로관 ⑤ 급수관

05 다음 [보기]의 내용은 난방배관에 대해 설명한 것이다. ( ) 안에 들어갈 알맞은 내용을 각각 쓰시오.

| 보기 | - 집단주택 등 소속구 내의 각 건물 혹은 시가지에서 특정지역 전부에 걸쳐 특정의 보일러에서 열매체를 보내 전체를 난방하는 일종의 중앙식 난방법은 (①) 난방법이다.
- 응축수 환수법에 따라 증기난방법을 분류하면 기계환수식, (②), (③)[으]로 나눌 수 있다.
- 보통 고온수식 난방은 (④)[℃] 이상의 고온수를 사용하며, 밀폐식 팽창탱크를 설치한다.

해답 ① 지역
② 중력 환수식 ③ 진공 환수관식
④ 100

06 관지지 장치 중 행거(hanger)의 종류를 3가지 쓰시오.

해답 ① 리지드 행거 ② 스프링 행거 ③ 콘스턴트 행거

07 다음은 보일러의 자동제어에 관한 설명이다. ( ) 안에 들어갈 알맞은 내용을 쓰시오.

> 보일러 자동제어의 요소 중 검출부에서 검출한 제어량과 목표치를 비교하여 나타낸 그 오차를 (①)[이]라고 하며, 편차의 정(+), 부(−)에 의하여 조작 신호가 최대·최소가 되는 제어 동작을 (②)동작이라고 한다.

해답 ① 제어편차 ② 2위치 동작 (또는 ON−OFF 동작)

08 그림과 같이 벽의 좌측 고온 유체로부터 우측의 저온 유체로 열이 통과하고 있다. 다음 기호를 사용하여 열관류율[W/m²·K]을 구하는 공식을 쓰시오.

K : 열관류율[W/m²·K]
α_1 : 고온 유체와 벽과의 열전달률[W/m²·K]
α_2 : 저온 유체와 벽과의 열전달률[W/m²·K]
λ : 벽 내부의 열전도율[W/m·K]
b : 벽의 두께[m]

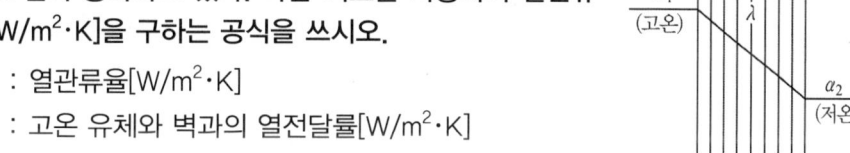

해답 $K = \dfrac{1}{\dfrac{1}{\alpha_1} + \dfrac{b}{\lambda} + \dfrac{1}{\alpha_2}}$

09 다음 각 보일러설비에 해당되는 기기 및 부속명을 [보기]에서 골라 모두 쓰시오.

> |보기|
> 점화장치, 인젝터, 과열기, 분연장치, 급수내관, 절탄기, 방폭문, 안전밸브

(1) 급수장치 :   (2) 연소장치 :
(3) 폐열회수장치 :   (4) 안전장치 :

해답 (1) 인젝터, 급수내관   (2) 점화장치, 분연장치
      (3) 과열기, 절탄기   (4) 방폭문, 안전밸브

10 내경 20[mm]인 관을 통하여 보일러에 시간당 0.25[m³]의 급수를 하는 경우 관내 급수의 유속[m/s]을 구하시오.

풀이 체적유량 $Q = A \times V = \dfrac{\pi}{4} \times D^2 \times V$ 에서 속도 V를 구하며,

시간당 유량(단위 : m³/h)을 초당 유량(단위 : m³/s)으로 환산하여 적용하여야 한다.

$$\therefore V = \frac{4 \times Q}{\pi \times D^2} = \frac{4 \times 0.25}{\pi \times 0.02^2 \times 3600} = 0.221 ≒ 0.22 [\text{m/s}]$$

해답 ▶ 0.22[m/s]

11 아래에서 설명하는 증기트랩의 종류를 쓰시오.

- 열교환기와 같이 많은 양의 응축수가 연속적으로 발생되는 곳에 적합하다.
- 구조상 공기의 배제가 곤란하여, 공기를 배제하기 위한 벨로즈를 내장한 형식도 있다.
- 에어벤트(air vent)를 별도로 설치하여야 한다.
- 동파의 우려가 있으며 수격작용이 심한 곳에는 사용하기 곤란하다.

해답 ▶ 버켓식 증기트랩

12 용융 석영을 방사하여 만든 실리카 물이나 고석회질의 규산유리로 융점이 높고, 내약품성이 우수하여 고온용 단열재로 사용되며 최고 사용온도는 1100[℃] 정도인 무기질 보온재의 종류를 쓰시오.

해답 ▶ 세라믹 파이버

13 다음은 온수온돌의 시공 순서이다. 순서에 맞게 ( ) 안에 알맞은 작업명을 아래 [보기]에서 골라 쓰시오.

| **보기** | 배관작업, 수압시험, 방수처리, 골재 충진작업, 보일러 설치

"배관기초 → (①) → 단열처리 → 받침재 설치 → (②) → 공기방출기 설치 → (③) → 팽창탱크 설치 → 굴뚝 설치 → (④) → 온수 순환시험 및 경사 조정 → (⑤) → 시멘트 모르타르 바르기 → 양생 건조 작업"

해답 ▶ ① 방수처리 ② 배관작업 ③ 보일러 설치 ④ 수압시험 ⑤ 골재 충진작업

14 방의 온수난방에서 실내온도를 20[℃]로 유지하려고 하는데 소요되는 열량이 시간당 125[MJ]이 소요된다고 한다. 이 때 송수의 온도가 80[℃]이고, 환수의 온도가 15[℃]라면 온수의 순환량[kg/h]을 구하시오. (단, 온수의 비열은 4174[J/kg·℃] 이다.)

풀이 ▶ 1[MJ]은 1000[kJ], 1000000[J](또는 10^6[J])에 해당되며,
현열량 $Q = G \times C \times \Delta t$에서 온수 순환량 G를 구한다.

$$\therefore G = \frac{Q}{C \times \Delta t} = \frac{125 \times 10^6}{4174 \times (80 - 15)} = 460.727 ≒ 460.73 [\text{kg/h}]$$

해답▶ 460.73[kg/h]

15 액체 연료 연소장치에서 보염장치 중 하나인 버너타일의 역할 3가지를 쓰시오.

해답▶ ① 안정된 착화를 도모한다.
② 화염의 형상을 조절한다.
③ 공기와 연료의 혼합을 양호하게 한다.

16 다음은 온수보일러 순환펌프 주위 바이패스 배관을 나타낸 것이다. 아래 물음에 답하시오.
(1) 부품 ①~④의 명칭을 각각 쓰시오.
(2) 온수의 흐름 방향은 "A"와 "B" 중 어느 것인지 쓰시오.

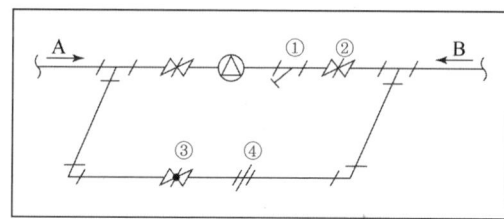

해답▶ (1) ① 스트레이너(또는 여과기) ② 슬루스 밸브(또는 게이트 밸브)
③ 글로브 밸브(또는 스톱 밸브) ④ 유니언
(2) B

17 상향 공급식 중력순환의 온수난방에서 송수의 온도는 86[℃]이고 환수의 온도는 64[℃]이다. 응접실에 설치할 방열기의 소요방열면적[m²]을 구하시오. (단, 실내온도는 18[℃]이고, 응접실의 난방부하는 4[kW], 방열기의 방열계수는 8.25[W/m²·℃] 이다.)

풀이▶ ① 방열기 방열량[W/m²] 계산 : 송수 온도가 방열기 입구온도가 되며, 환수 온도가 방열기 출구온도가 된다.

$$\therefore Q_r = K \times \Delta t_m = K \times \left(\frac{방열기 입구온도 + 출구온도}{2} - 실내온도 \right)$$
$$= 8.25 \times \left(\frac{86+64}{2} - 18 \right) = 470.25 [W/m^2]$$

② 방열기 소요방열면적[m²] 계산 : 1[kW]는 1000[W]에 해당된다.

$$\therefore F_r = \frac{H_1}{Q_r} = \frac{4 \times 1000}{470.25} = 8.506 ≒ 8.51 [m^2]$$

해답▶ 8.51[m²]

18 다음 배관 등각투상도에 해당하는 평면도를 작도하시오. (단, 각 연결부위는 나사접합이다.)

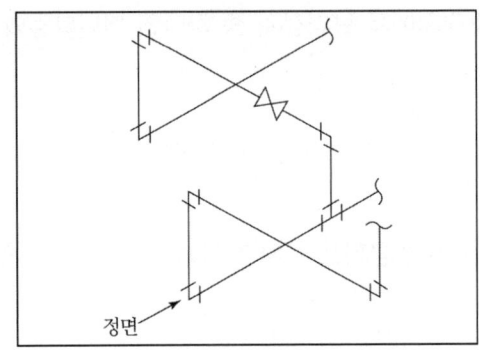

해답▶

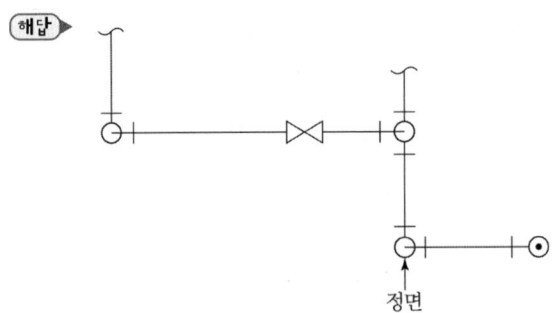

19 다음 공구가 사용되는 관 종류를 주철관, 연관, 동관으로 구별하여 쓰시오.
  (1) 턴핀 :   (2) 익스팬더 :   (3) 사이징 툴 :
  (4) 클립 :   (5) 벤드벤 :

해답▶ (1) 연관 (2) 동관 (3) 동관 (4) 주철관 (5) 연관

해설 각 공구의 용도
  (1) 턴핀(turn-pin) : 이음하려는 연관의 끝 부분에 끼우고 나무 망치를 이용하여 관 끝을 나팔 모양으로 넓히는데 사용하는 공구이다.
  (2) 익스팬더(expander) : 동일한 지름의 동관을 이음쇠 없이 납땜 이음할 때 한쪽 관 끝에 소켓을 만드는데 사용한다.
  (3) 사이징 툴(sizing tools) : 동관의 끝부분을 정확한 치수의 원형으로 교정하기 위하여 사용한다.
  (4) 클립 : 주철관을 소켓 이음할 때 이음부의 삽입구 주위에 장착하고 이것을 안내로 해서 상부의 탕구(湯口)에서 용융된 납물이 흘러들어갈 수 있도록 하는데 사용한다.
  (5) 벤드벤(bend-ben) : 연관에 끼워서 관을 구부리거나 관을 똑바로 펼 때 사용한다.

20 LNG에 대한 물음에 답하시오.

(1) 성분 원소 2가지를 쓰시오.

(2) 완전 연소할 때 발생하는 것 1가지를 쓰시오. (단, 수증기는 제외한다.)

해답▶ (1) ① 탄소(C)　　② 수소(H)
　　　　(2) 이산화탄소(CO_2)

해설 LNG(액화천연가스)
　　　① 주성분 : 메탄(CH_4)이 주성분이고 에탄(C_2H_6)이 일부 포함되어 있다.
　　　② 완전 연소 반응식 : $CH_4 + O_2 \rightarrow CO_2 + 2H_2O$

제9회 필답형 실전모의고사

01 물을 양정 20[m], 유량 2[m³/min]으로 수송하고자 할 때 축동력이 15.2[kW]를 필요로 하는 원심펌프의 효율[%]을 구하시오.

풀이 공학단위 축동력 계산식 $kW = \dfrac{\gamma \cdot Q \cdot H}{102\eta}$에서 효율 η를 구한다.

$$\therefore \eta = \dfrac{\gamma \cdot Q \cdot H}{102 \cdot kW} \times 100 = \dfrac{1000 \times 2 \times 20}{102 \times 15.2 \times 60} \times 100 = 42.999 ≒ 43.00[\%]$$

해답 43[%]

02 온수온돌 단면도에서 ①~⑤의 명칭을 [보기]에서 찾아 쓰시오.

| 보기 | 단열보온재층, 배관기초, 방수층, 시멘트 모르타르층, 자갈층

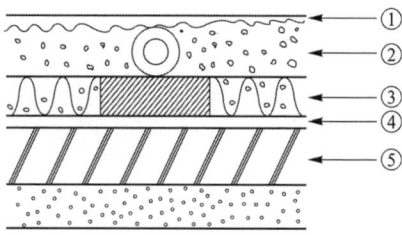

해답 ① 시멘트 모르타르층 ② 자갈층 ③ 단열보온재층 ④ 방수층 ⑤ 배관기초

03 입형 보일러의 장점과 단점을 각각 2가지씩 쓰시오.

해답 (1) 장점
① 설치면적을 적게 차지한다.
② 설치가 간편하여 설비비가 적게 소요된다.
③ 증기발생이 빠르다.
(2) 단점
① 전열면적이 작아 효율이 낮다.
② 증기부가 적고, 건조증기를 얻기가 어렵다.
③ 내부 청소 및 점검이 불편하다.

04 다음은 보일러의 안전밸브의 크기에 관한 내용이다. ( )안을 채우시오.

> 안전밸브의 크기는 호칭지름 (①)[A] 이상으로 하여야 하지만, 최고사용압력 0.1[MPa] 이하의 보일러에서는 호칭지름 (②)[A] 이상으로 할 수 있다.

해답 ① 25 ② 20

해설 호칭지름 20[A]이상으로 할 수 있는 보일러
① 최고사용압력 0.1[MPa] 이하의 보일러
② 최고사용압력 0.5[MPa] 이하의 보일러로 동체의 안지름이 500[mm] 이하이며 동체의 길이가 1000[mm] 이하의 것
③ 최고사용압력 0.5[MPa] 이하의 보일러로 전열면적 2[m^2] 이하의 것
④ 최대증발량 5[t/h] 이하의 관류보일러
⑤ 소용량 강철제 보일러, 소용량 주철제 보일러

05 강관 공작용 기계에서 동력나사절삭기에 대한 물음에 답하시오.
(1) 종류 3가지를 쓰시오.
(2) 동력나사절삭기 하나로 3가지 작업을 할 수 있는 것의 명칭은?

해답 (1) ① 오스터형 ② 호브형 ③ 다이헤드형
(2) 다이헤드형

06 보일러 배관 작업 시 다음의 경우에 사용해야 할 배관 지지물의 명칭을 쓰시오.
(1) 배관의 중량을 위에서 끌어당겨 지지하는 경우
(2) 배관의 중량을 아래에서 위로 떠받쳐 지지하는 경우
(3) 열팽창에 의한 배관의 측면 이동을 구속하고 제한하는 경우

해답 (1) 행거 (2) 서포트 (3) 리스트레인트

07 효율 90[%]인 보일러에 발열량이 46000[kJ/kg]인 연료를 시간당 60[kg]을 사용한다면 유효열량은 몇 [kW] 인가?

풀이 연소 유효열량 $= \dfrac{\text{연료량} \times \text{발열량} \times \text{효율}}{3600} = \dfrac{60 \times 46000 \times 0.9}{3600} = 690[\text{kW}]$

해답 690[kW]

해설 "연료량[kg/h]×발열량[kJ/kg]×효율"의 최종 단위는 [kJ/h]이다. 1[kW]는 3600 [kJ/h]이므로 문제에서 요구하는 단위인 [kW]로 변환하기 위해서는 [kJ/h] 단위를 3600으로 나눠주어야 한다.

08 다음의 배관 평면도를 보고 답란에 '등각투상도'로 나타내시오. (단, 각 연결부위는 나사접합이다.)

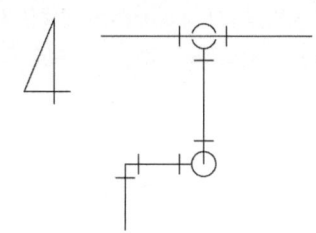

해답▶

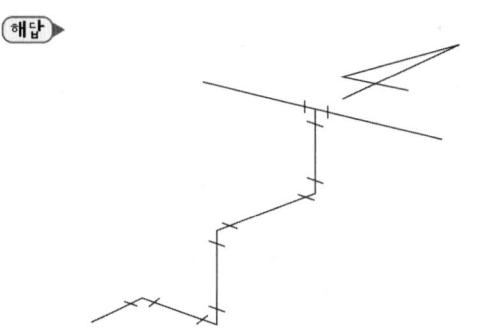

해설 평면도에서 "티"부분의 도시방법이 아래와 같을 때 등각투상도

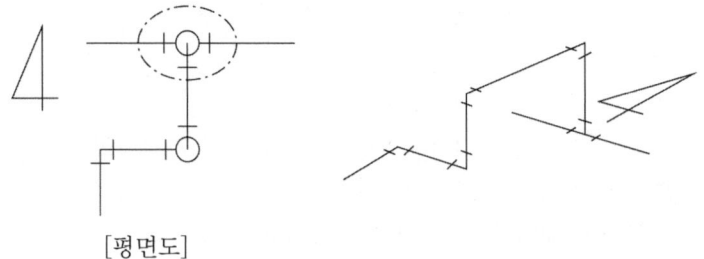

[평면도]

09 열관류율 2.186[W/m²·℃]인 벽체가 있다. 내부온도 1200[℃], 외부온도 25[℃]일 때 벽체 5[m²]에서 손실되는 열량[kW]을 구하시오.

풀이▶ $Q = K \times F \times \Delta t = 2.186 \times 5 \times (1200 - 25)$
$= 12842.75[W] = 12.842[kW] ≒ 12.84[kW]$

해답▶ 12.84[kW]

10 주형방열기에는 2주형, 3주형 방열기가 있으며, 세주형 방열기 또한 2개가 있다. 세주형 방열기의 종류 2가지를 쓰시오.

해답▶ ① 3세주형 ② 5세주형

11 배관시공에서 나사이음과 비교한 용접이음의 장점 5가지를 쓰시오.

해답 ① 이음부의 강도가 크고, 하자 발생이 적다.
② 이음부 관 두께가 일정하므로 마찰저항이 적다.
③ 배관의 보온, 피복시공이 쉽다.
④ 시공시간을 단축할 수 있다.
⑤ 배관의 유지비, 보수비가 절약된다.

해설 단점
① 재질의 변형이 일어나기 쉽다.
② 용접부의 변형과 수축이 발생한다.
③ 용접부의 잔류응력이 현저하다.
④ 품질검사(결함검사)가 어렵다.

12 [보기]의 조건을 이용하여 연소공기의 현열[kJ/kg]을 계산하시오.

| 보기 |
- 보일러 최대 연속 증발량 : 500[kg/h]
- 보일러 최고압력(상용압력) : 0.5[MPa]
- 공기비 : 1.47
- 공기 비열 : 1.298[kJ/Nm³·℃]
- 외기온도 : 20[℃]
- 실내온도 : 25[℃]
- 이론 연소 공기량 : 10.709[Nm³/kg]

풀이 $Q = G_a \times C_a \times \Delta t = (1.47 \times 10.709) \times 1.298 \times (25-20)$
   $= 102.167 ≒ 102.17[kJ/kg]$

해답 $102.17[kJ/kg]$

13 동관을 이음할 때 한 쪽은 안쪽으로 동관을 삽입하여 접합되고, 다른 쪽은 숫나사를 내어 나사이음하는 황동주물 이음쇠의 명칭과 도시기호를 표시하시오.

해답 ① 명칭 : C×M 어댑터
② 도시기호 : ─┤●─────

14 복사난방의 장점 5가지를 쓰시오.

해답 ① 외기온도 급변에 따른 방열량 조절이 어렵다.
② 초기 시설비가 많이 소요된다.
③ 시공, 수리, 방의 모양을 변경하기가 어렵다.

④ 고장(누수 등)을 발견하기가 어렵다.
⑤ 열손실을 차단하기 위한 단열층이 필요하다.

[해설] 복사난방의 장점
① 실내온도 분포가 균등하여 쾌감도가 높다.
② 바닥의 이용도가 높다.
③ 방열기가 필요하지 않다.
④ 방이 개방상태에서도 난방효과가 있다.
⑤ 손실열량이 비교적 적다.
⑥ 공기대류가 적으므로 바닥면 먼지 상승이 없다.

15 온수방열기 설치 도면을 보고 역환수관식(reversed return system)으로 배관을 완성하시오.

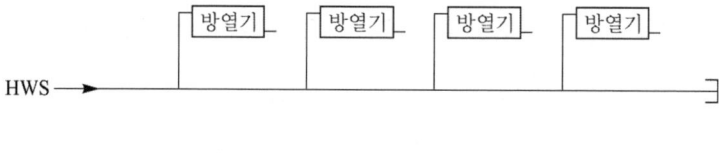

[해답] 점선으로 표시한 부분이 역환수관식(reversed return system)임

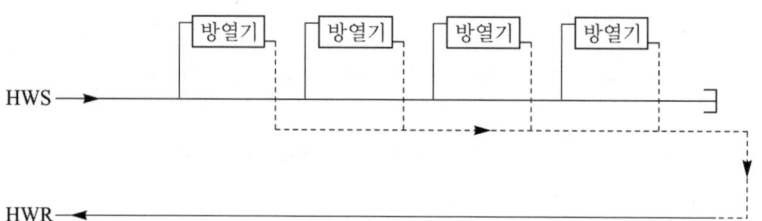

16 두께가 200[mm]인 벽에서 표면온도차가 80[℃]일 때 전도 전열량(열전도량)이 28 [W/m²]이라면 이 벽의 열전도율[W/m·℃]을 계산하시오.

[풀이] 전도 전열량을 구하는 식

$$Q = \frac{1}{\dfrac{b}{\lambda}} \times F \times \Delta t = \frac{\lambda}{b} \times F \times \Delta t$$

에서 벽체 면적 1[m²]에 대한 열전도율 람다(λ)를 구한다.

$$\therefore \lambda = \frac{Q \times b}{F \times \Delta t} = \frac{28 \times 0.2}{1 \times 80} = 0.07 [\text{W/m} \cdot \text{℃}]$$

[해답] 0.07[W/m·℃]

17 다음은 온수보일러 설치 시공도이다. 물음에 답하시오.

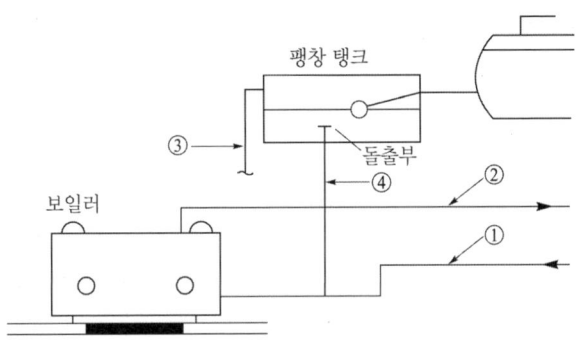

(1) ①~④까지의 배관 명칭을 쓰시오.
(2) ④번관의 돌출부는 팽창탱크 바닥면에서 최소 얼마 이상 돌출되어야 하는가?

해답 (1) ① 환수주관 ② 송수주관 ③ 오버플로관 ④ 팽창관
(2) 25[mm]

18 강관을 절단한 후 절단부에 생기는 거스러미를 제거하는 공구 명칭을 쓰시오.

해답 파이프 리머

19 피드백 제어(feedback control)를 구성하는 요소 4가지를 쓰시오.

해답 ① 설정부 ② 조절부 ③ 조작부 ④ 검출부

20 LNG의 성분 2가지를 쓰시오.

해답 ① 메탄(CH_4) ② 에탄(C_2H_6)

해설 LNG는 액화천연가스의 약자로 지하에서 채굴된 천연가스를 액화한 것으로 주성분은 메탄(CH_4)이고 에탄(C_2H_6)이 포함되어 있고, 아주 작은 양의 프로판(C_3H_8), 부탄(C_4H_{10})이 포함되어 있다.

제10회 필답형 실전모의고사

01 지역난방의 특징 3가지를 쓰시오.

해답 ① 연료비와 인건비를 줄일 수 있다.
② 설비의 고도화에 따른 도시 대기오염을 감소시킬 수 있다.
③ 각 건물에 위험물을 취급하지 않으므로 화재의 위험이 적다.
④ 각 건물에 보일러를 설치하는 경우에 비해 건물의 유효면적이 증대된다.
⑤ 각 건물에 보일러를 설치하는 경우에 비해 열효율이 좋다.
⑥ 온수를 사용하는 것이 관내 저항 손실이 크고, 증기를 사용하면 관내저항 손실이 작다.

02 증기난방 방식 분류에 대한 물음에 답하시오.
(1) 배관방식에 의한 분류 2가지를 쓰시오.
(2) 증기의 공급방식에 의한 분류 2가지를 쓰시오.

해답 (1) ① 단관식 ② 복관식
(2) ① 상향 공급식 ② 하향 공급식

03 원심식 송풍기의 풍량 조절방법 4가지를 쓰시오.

해답 ① 회전수 제어에 의한 방법
② 토출 베인 각도 조절에 의한 방법
③ 흡입 베인 각도 조절에 의한 방법
④ 베인 컨트롤에 의한 방법
⑤ 바이패스에 의한 방법

04 어느 주택에서 1일당 부하를 측정한 결과 난방부하가 1030000[kJ/day], 급탕부하 198400[kJ/day], 배관부하 24900[kJ/day] 및 시동부하가 30100[kJ/day]이었다. 이 주택에 온수 보일러를 설치할 때 보일러 최소 용량[kJ/h]은 얼마인가?

풀이 보일러 각 부하는 하루 동안(1일당)인데 보일러 용량은 시간당으로 묻고 있으므로 각 부하를 합산한 것을 24시간으로 나눠준다.

$$\therefore H_m = H_1 + H_2 + H_3 + H_4 = \frac{1030000 + 198400 + 24900 + 30100}{24} = 53475[\text{kJ/h}]$$

해답 53475[kJ/h]

05 다음은 증기보일러에 압력계 부착기준에 관한 내용에서 ( ) 안에 알맞은 용어 또는 숫자를 넣으시오.

> 압력계와 연결된 증기관은 최고사용압력에 견디는 것으로서 그 크기는 (①)을 사용할 때는 안지름 6.5[mm] 이상으로 하고, (②)을 사용할 때는 안지름 12.7[mm] 이상이어야 한다. 증기온도가 (③)[℃]를 초과할 때에는 황동관 또는 (④)을 사용하여서는 안 된다.

풀이 ① 황동관 또는 동관 ② 강관 ③ 210 ④ 동관

06 강관의 절단 방법 중에서 가스절단을 제외한 4가지를 쓰시오.

해답 ① 파이프 커터 ② 쇠톱 ③ 다이헤드형 동력 나사절삭기
④ 연삭 절단기 ⑤ 기계톱

07 플레이트형 송풍기의 특징 4가지를 쓰시오.

해답 ① 풍압이 비교적 낮은 편이다.   ② 효율은 비교적 높다.
③ 플레이트의 교체가 용이하다. ④ 흡입 송풍기로 적당하다.

해설 플레이트형 : 방사형 날개를 6~12개 정도 설치한 원심식 송풍기이다.

08 다음에 설명하는 동관 이음쇠의 명칭을 쓰시오.
(1) 동관 이음쇠 한 쪽은 안쪽으로 동관을 삽입 접합 되고, 다른 쪽은 숫나사를 내어 나사이음하는 황동주물 이음쇠 :
(2) 동관 이음쇠 한 쪽은 안쪽으로 동관을 삽입 접합 되고, 다른 쪽은 암나사를 내어 나사이음하는 황동주물 이음쇠 :

해답 (1) C × M 어댑터   (2) C × F 어댑터

09 배관 도면에 다음과 같은 표시기호가 있을 때 기기의 명칭을 [보기]에서 골라 쓰시오.

> |보기| 팬코일 유니트, 콘벡터, 공기빼기밸브, 체크밸브

(1) F·C·U :
(2) CONV :
(3) A·V :

해답 (1) 팬코일 유니트 (2) 콘벡터 (3) 공기빼기밸브

10 복사난방에서 패널(panel)의 위치에 의한 종류 3가지를 쓰시오.

해답▶ ① 천장 패널 ② 벽 패널 ③ 바닥 패널

11 온수보일러의 팽창탱크 설치에 관한 내용이다. ( ) 안에 알맞은 용어 및 숫자를 쓰시오.
  (1) 팽창탱크는 (   )[℃]의 온도에도 충분히 견딜 수 있어야 한다.
  (2) 팽창탱크의 용량은 보일러 및 배관 내의 보유수량이 200[L] 이하인 경우에는 20[L], 보유수량이 100[L]를 초과할 때마다 (   )[L]를 가산한 용량 이상이어야 한다.
  (3) 개방식의 경우 방열면보다 (   )[m] 이상 높은 곳에 설치한다.
  (4) 팽창관의 끝부분은 팽창탱크 바닥면보다 (   )[mm] 정도 높게 배관되어야 한다.
  (5) 밀폐식 팽창탱크의 경우 보일러나 배관계통 내의 압력이 제한 압력 이상으로 되면 자동적으로 과잉수를 배출시킬 수 있도록 (   )를 설치하여야 한다.

해답▶ (1) 100 (2) 10 (3) 1 (4) 25 (5) 릴리프 밸브

12 방열기를 실내에 설치할 때에 외기에 접한 창문 아래에 설치한다. 그 이유를 2가지 쓰시오.

해답▶ ① 실내의 공기가 대류작용에 의하여 순환되도록 하기 위하여
       ② 창문을 통한 열손실과 외기 침입을 방지하기 위하여

13 온수가 배관 내를 흐를 때 관 내부와 마찰을 일으켜 압력손실을 가져오게 되는데, 이러한 손실을 줄이기 위하여 다음 각각을 어떻게 해야 하는지 간단히 쓰시오.
  (1) 굽힘 개소 :   (2) 관경 :
  (3) 배관 길이 :   (4) 유속 :
  (5) 유체 점도 :

해답▶ (1) 적게 한다. (2) 크게 한다. (3) 짧게 한다. (4) 느리게 한다. (5) 낮게 한다.

14 다음은 방열기 주위의 신축이음 배관으로 적용되는 스위블 이음에 대한 설명이다. (   )에 알맞은 내용을 쓰시오.

> 스위블 이음은 최소 (①)개 이상의 (②)를[을] 사용하여 이음부의 (③)를[을] 이용한 것으로 비교적 간단한 신축이음 형태이다. 그러나 (④)가[이] 헐거워져 누수의 원인이 될 수 있고, 굴곡부에서 내부 유체의 (⑤) 강하를 가져온다.

해답 ① 2 ② 엘보 ③ 나사회전 ④ 나사부 ⑤ 압력

15 실내온도조절기(room thermostat)를 구조에 따라 분류하여 2가지를 쓰시오.

해답 ① 바이메탈 스위치식
② 바이메탈 머큐리 스위치식
③ 다이어프램 팽창식

16 온수온돌을 시공할 때 방열관의 병렬식 배관 방법 중 인접주관식과 분리주관식을 간단히 도시하시오.

(1) 인접 주관식 :   (2) 분리 주관식

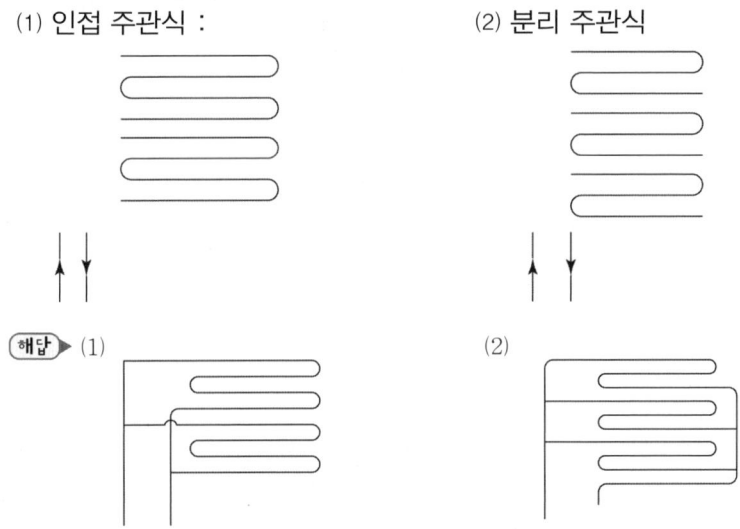

해답 (1)   (2)

17 관을 회전시키거나 이음쇠를 죄거나 풀 때 사용하는 파이프렌치의 종류 2가지를 쓰시오.

해답 ① 보통형 ② 강력형 ③ 체인형

18 [보기] 1은 보온재의 구비조건을 적은 것으로 ( ) 안에 적당한 용어 또는 단어를 [보기] 2에서 찾아 쓰시오.

[보기] 1	[보기] 2
(1) (①)이 작고, (②)이 커야 한다.	(가) 보온능력, 열전도율
(2) 어느 정도 (③) 강도를 가져야 한다.	(나) 화학적, 기계적
(3) 가볍고 비중이 (④) 한다.	(다) 커야, 작아야, 같아야
(4) 흡습성이나 흡수성이 (⑤) 한다.	(라) 커야, 작아야, 같아야

해답 ① 열전도율 ② 보온능력 ③ 기계적 ④ 작아야 ⑤ 작아야

19 다음 그림은 2회로식 온수보일러의 단면도이다. 각 화살표(①~⑤)가 지시하는 부위의 명칭을 아래 보기에서 선택하여 그 번호를 쓰시오.

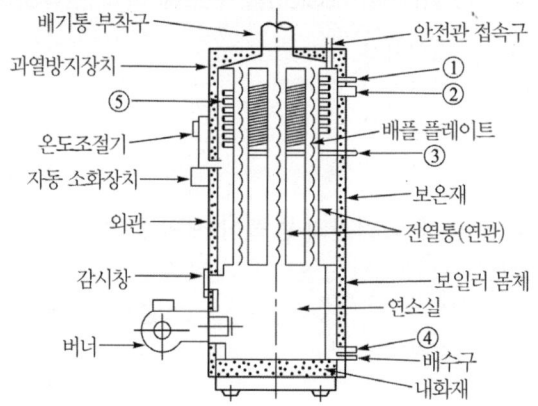

| 보기 | ㉮ 급탕수 입구   ㉯ 급탕수 출구   ㉰ 난방수 출구
       ㉱ 난방수 환수구   ㉲ 간접가열 코일(2회로 코일)
       ㉳ 버너 부착구   ㉴ 연소용 공기 주입구 |

해답 ① ㉯ ② ㉰ ③ ㉮ ④ ㉱ ⑤ ㉲

20 안지름 50[mm], 길이 30[m]인 배관에 중유가 90[m/min] 속도로 흐를 때 관마찰손실에 의한 압력강하는 몇 [kPa]인가? (단, 중유의 비중은 0.96, 관마찰계수는 0.04이다.)

풀이 중유의 비중량은 960[kgf/m³]이므로 SI단위 비중량은 960×9.8[N/m³]이다. 마찰에 의한 손실수두는 달시-바이스바하 방정식으로 구하며, 유속의 단위시간은 초(s)로 변환하여 적용한다.

$$\therefore h_f = f \times \frac{L}{D} \times \frac{V^2}{2g} \times \gamma = 0.04 \times \frac{30}{0.05} \times \frac{\left(\frac{90}{60}\right)^2}{2 \times 9.8} \times (960 \times 9.8)$$
$$= 25920[\text{N/m}^2] = 25920[\text{Pa}] = 25.92[\text{kPa}]$$

해답 25.92[kPa]

해설 SI단위 파스칼[Pa]은 [N/m²]이고, 뉴턴[N]은 [kg·m/s²]이다.
그러므로 파스칼[Pa] = [kg·m/s²·m²] 이다.

제4편 필답형 과년도문제

2023년 에너지관리산업기사 필답형 과년도문제

★ 과년도문제는 수험자의 기억에 의하여 재구성한 문제로
실제 시행된 문제와 다를 수 있습니다.★

2023년 에너지관리산업기사 실기시험 필답형

제2회 필답형 문제 2023년 7월 22일 시행

01 복사난방의 장점 2가지를 쓰시오.

해답 ① 실내온도 분포가 균등하여 쾌감도가 높다.
② 바닥의 이용도가 높다.
③ 방열기가 필요하지 않다.
④ 방이 개방상태에서도 난방효과가 있다.
⑤ 손실열량이 비교적 적다.
⑥ 공기대류가 적으므로 바닥면 먼지 상승이 없다.

해설 복사난방의 단점
① 외기온도 급변에 따른 방열량 조절이 어렵다.
② 초기 시설비가 많이 소요된다.
③ 시공, 수리, 방의 모양을 변경하기가 어렵다.
④ 고장(누수 등)을 발견하기가 어렵다.
⑤ 열손실을 차단하기 위한 단열층이 필요하다.

02 연돌의 설치 목적 3가지를 쓰시오.

해답 ① 연소에 필요한 통풍력을 얻기 위하여
② 배기가스 배출을 양호하게 하기 위하여
③ 대기오염을 방지하기 위하여

해설 연돌과 연도
① 연돌 : 열교환이 완료된 연소가스를 대기로 방출하기 위한 굴뚝이다.
② 연도 : 보일러 연소실에서 발생한 연소가스가 굴뚝까지 이르는 통로를 말한다.

03 다음과 같은 방열기 도시기호를 보고 해당하는 내용을 쓰시오.
(1) 방열기의 종별 :
(2) 방열기 1조(組)당 쪽(section) 수 :
(3) 방열기 높이 :
(4) 방열기 유입 관경 :
(5) 시공에 소요되는 방열기의 총 쪽 수 :

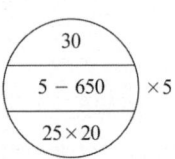

해답 (1) 3세주형 (2) 30쪽 (3) 650[mm]
  (4) 25[A] (5) 5×30 = 150쪽

해설 방열기 도시법(圖示法)
  ① 쪽 수(섹션 수)
  ② 종별 : 벽걸이형은 'W'로 표시
  ③ 형(치수, 높이) : 벽걸이형은 'H', 'V'로 표시
  ④ 유입관 지름
  ⑤ 유출관 지름
  ⑥ 설치 수

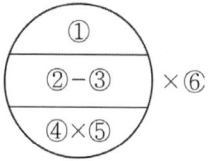

04 온수 순환펌프의 나사이음 바이패스(by-pass) 배관도를 [보기]의 부속을 사용하여 도시하고, 유체의 흐름방향을 화살표로 도시하시오.

| 보기 | 펌프(Ⓟ) : 1개, 게이트 밸브(▷◁) : 2개, 글로브 밸브(▶◀) : 1개
      스트레이너(⌐⌐) : 1개, 유니언(─╫─) : 3개, 티 : 2개, 엘보 : 2개

해답

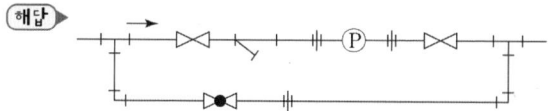

05 다음 동관 작업 시 사용되는 공구 명칭을 각각 쓰시오.
 (1) 동관의 관 끝 직경을 크게 확대하는데 사용하는 공구
 (2) 동관의 끝 부분을 원형으로 정형하는 공구
 (3) 동관을 절단한 후 관 내면에 생기는 거스러미를 제거하는데 사용하는 공구

해답 (1) 확관기(또는 익스팬더) (2) 사이징 툴 (3) 리머

해설 동관용 공구 종류 및 용도
  ① 튜브 커터(tube cutter) : 동관을 절단할 때 사용
  ② 튜브 벤더(tube bender) : 동관의 구부릴 때 사용
  ③ 플레어링 공구 : 압축이음하기 위하여 관끝을 나팔관 모양으로 넓힐 때 사용
  ④ 리머(reamer) : 관 내면의 거스러미를 제거하는 데 사용
  ⑤ 사이징 툴(sizing tools) : 동관 끝부분을 원형으로 교정할 때 사용
  ⑥ 확관기(expander) : 관 끝을 넓혀 소켓으로 만들 때 사용
  ⑦ 티 뽑기(extractor) : 직관에서 분기관 성형 시 사용

06 배관계에 걸리는 하중을 위에서 걸어 당겨 지지하는 장치인 행거의 종류를 3가지 쓰시오.

해답 ① 리지드 행거 ② 스프링 행거 ③ 콘스턴트 행거

해설 행거(hanger)의 종류 및 역할
① 리지드 행거(rigid hanger) : 수직방향의 변위가 없는 곳에 사용한다.
② 스프링 행거(spring hanger) : 변위가 적은 곳에 사용하며 스프링식과 중추식이 있다.
③ 콘스턴트 행거(constant hanger) : 관의 상하 방향 이동을 허용하면서 변위가 큰 곳에 사용한다.

07 그림과 같이 20[A] 강관을 곡률 반지름 120[mm]로 90° 벤딩할 때 굽힘부 중심의 곡선 길이 L은 몇 [mm]인가?

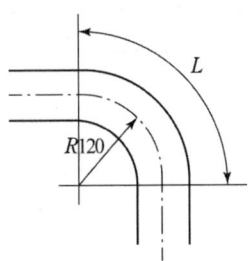

풀이 $L = \dfrac{\theta}{360} \times \pi \times D = \dfrac{\theta}{360} \times \pi \times 2 \times R$

$= \dfrac{90}{360} \times \pi \times 2 \times 120 = 188.495 ≒ 188.50 [mm]$

해답 188.5[mm]

해설 'θ'에는 벤딩되는 각도를 대입하고, '$\pi \times D$'는 원둘레를 구하는 공식이다.

08 두께 1[m]의 벽체가 실내온도 50[℃], 실외온도 30[℃]인 곳에 설치되어 있을 때 벽체 면적 5[m²]로부터 손실되는 열량[W]을 구하시오. (단, 벽체의 열전도율은 760[W/m·℃]이다.)

풀이 $Q = K \times F \times \Delta t = \dfrac{1}{\dfrac{b}{\lambda}} \times F \times \Delta t = \dfrac{1}{\dfrac{1}{760}} \times 5 \times (50-30) = 76000 [W]$

해답 7600[W]

09 중량 조성이 C 80[%], H 10[%], O 3[%], N 2[%], 기타(비연소물) 5[%]인 중유의 이론공기량[Nm³/kg]과 이론 습배기가스량[Nm³/kg]을 각각 구하시오.

풀이 ① 이론공기량(A_0) 계산

$$\therefore A_0 = 8.89C + 26.67\left(H - \frac{O}{8}\right) + 3.33S$$

$$= 8089 \times 0.8 + 26.67 \times \left(0.1 - \frac{0.03}{8}\right) = 9.678 ≒ 9.68[Nm^3/kg]$$

② 이론 습배기가스량(G_{0w}) 계산

$$\therefore G_{0w} = 8.89C + 32.3H - 2.63O + 3.33S + 0.8N + 1.244W$$

$$= 8.89 \times 0.8 + 32.3 \times 0.1 - 2.63 \times 0.03 + 0.8 \times 0.02$$

$$= 10.279 ≒ 10.28[Nm^3/kg]$$

해답 ① 이론공기량 : $9.68[Nm^3/kg]$
② 이론 습배기가스량 : $10.28[Nm^3/kg]$

10 화염검출기의 검출 원리에 해당하는 것을 [보기]에서 찾아 번호로 답하시오.

| 보기 | ① 황화–카드뮴, 황화–납 | ② 바이메탈식, 열전대식 |
| | ③ 정류식 광전관, 자외선 광전관 | ④ 플레임 로드 |

(1) 화염의 열적 강도에 의해 화염을 검출한다.
(2) 화염 광선을 비추면 저항치 변화를 광학적으로 검출한다.
(3) 화염 광선이 닿으면 금속으로부터 광전자 방출 효과를 이용한다.
(4) 보일러 버너 로드(전극)의 교류 전압을 가해 화염의 도전현상, 정류효과를 이용한다.

해답 (1) ② (2) ① (3) ③ (4) ④

해설 화염검출기와 사용 연료와의 적합성

검출기 종류	연료의 종류		
	가스	등유~A 중유	B, C 중유
CdS 셀	미검출	검출이 불안정	검출
PbS 셀	검출	검출	검출
정류식 광전관	미검출	검출이 불안정	검출
자외선 광전관	검출	검출	검출
플레임 로드	검출	부적합	부적합

11 시간당 20[℃] 물 600[kg]을 열교환기에서 0.2[MPa] 증기와 열교환하여 80[℃] 온수가 만들어지고 있다. 물과 증기의 대수평균 온도차가 80[℃]라면 열교환기 전열면적은 몇 [m²]인가? (단, 현열은 520[kJ/kg], 잠열은 2190[kJ/kg], 물의 평균비열은 4.184[kJ/kg·℃], 열교환기 전열벽의 열전달계수는 2511[kJ/m²·h·℃]이다.)

풀이 ① 온수가 취득한 열량 계산

$$\therefore Q_1 = G_w \times C_w \times (t_{w2} - t_{w1}) = 600 \times 4.184 \times (80 - 20) = 150624 [kJ/h]$$

② 열교환기 전열면적 계산 : 온수가 취득한 열량(Q_1)과 열교환기에서 전달된 열량(Q_2)[또는 증기가 열교환하면서 잃은 열량]은 같다. 그러므로 열교환기에서 전달된 열량 $Q_2 = K \times F \times \Delta t_m$에서 전열면적 F를 구한다.

$$\therefore F = \frac{Q_2}{K \times \Delta t_m} = \frac{150624}{2511 \times 80} = 0.749 ≒ 0.75 [m^2]$$

해답 $0.75 [m^2]$

12 온수보일러 계통도에서 ①~⑤의 명칭을 쓰시오.

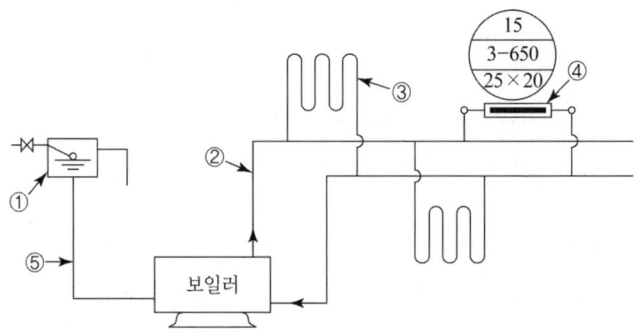

해답 ① 팽창탱크 ② 송수주관 ③ 방열관 ④ 방열기 ⑤ 팽창관

제4회 필답형 문제   2023년 11월 5일 시행

01 다음은 보일러 설치검사 기준에 따른 급수밸브의 크기에 관한 설명이다. ( ) 안에 알맞은 내용을 쓰시오.

> 급수밸브 및 체크밸브의 크기는 전열면적 (①)[m²] 이하의 보일러에서는 호칭 (②)[A] 이상, (①)[m²]를 초과하는 보일러에서는 호칭 (③)[A] 이상이어야 한다.

해답 ① 10 ② 15 ③ 20

02 보일러 급수제어 방식(FWC : Feed Water Control) 중 3요소식의 필요 요소 3가지를 쓰시오.

해답 ① 수위 ② 증기량 ③ 급수유량

해설 급수제어방법의 종류 및 검출대상(요소)

명칭	검출대상
1요소식	수위
2요소식	수위, 증기량
3요소식	수위, 증기량, 급수유량

03 기체연료의 특징 5가지를 쓰시오.

해답 ① 연소효율이 높고 연소제어가 용이하다.
② 회분 및 황성분이 없어 전열면 오손이 없다.
③ 적은 공기비로 완전연소가 가능하다.
④ 저발열량의 연료로 고온을 얻을 수 있다.
⑤ 완전연소가 가능하여 공해문제가 없다.
⑥ 저장 및 수송이 어렵다.
⑦ 가격이 비싸고, 시설비가 많이 소요된다.
⑧ 누설 시 화재, 폭발의 위험이 크다.

04 난방설비 시공도면에 표시된 알루미늄 방열기의 도시기호이다. ①~⑤에 해당되는 내용을 설명하시오.

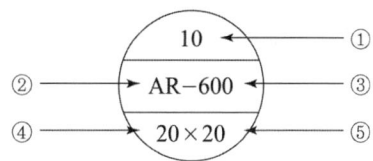

해답 ① 쪽수(섹션수) : 10개 ② 종별 : 알루미늄 방열기 ③ 형 : 높이 600[mm]
④ 유입관 20[A] ⑤ 유출관 20[A]

05 보일러 열정산 시 입열(入熱)에 해당하는 항목을 4가지 쓰시오.

해답 ① 연료의 발열량
② 연료의 현열
③ 공기의 현열
④ 노내 취입 증기 또는 온수에 의한 입열

06 동관의 접합 방법과 관련된 설명의 ( ) 안에 알맞은 내용을 쓰시오.

> 기계의 점검, 보수 또는 관을 분해할 경우를 대비한 접합 방법은 (①) 접합이며, 용접 접합은 (②)현상을 이용한 것으로 연납 용접과 경납 용접으로 나눌 수 있다. 이 중 용접강도가 큰 것은 (③)용접이며, 경납 용접의 용접재는 (④), (⑤)가[이] 사용된다.

해답▶ ① 플레어 ② 모세관 ③ 경납 ④ 인동납 ⑤ 은납

07 보일러 내부 부식에 대한 종류 및 원인 또는 현상이다. ( ) 안에 알맞은 용어를 쓰시오.

구 분	부식 종류	원인 또는 현상
내부 부식	(1)	보일러 수 pH 12 이상 [(Fe(OH)$_2$]
	(2)	좁쌀알 크기의 반점 [용존산소]
	(3)	열응력에 의한 홈 [V, U자]

해답▶ (1) 알칼리부식 (2) 점식 (3) 구상부식(또는 그루빙[grooveing])

08 배기가스의 평균온도가 150[℃], 비중량이 1.34[kgf/m³]이고 외기의 온도가 20[℃], 비중량이 1.29[kgf/m]일 때 이론통풍력 10[mmAq]을 얻기 위해서는 연돌의 높이는 몇 [m]가 되어야 하는가?

풀이▶ 이론통풍력 $Z = 273 H \left(\dfrac{\gamma_a}{T_a} - \dfrac{\gamma_g}{T_g} \right)$ 에서 연돌의 높이 H를 구한다.

$$\therefore H = \dfrac{Z}{273 \left(\dfrac{\gamma_a}{T_a} - \dfrac{\gamma_g}{T_g} \right)} = \dfrac{10}{273 \times \left(\dfrac{1.29}{273 + 20} - \dfrac{1.34}{273 + 150} \right)}$$
$$= 29.662 ≒ 29.66 [\text{m}]$$

해답▶ 29.66[m]

09 출력 15.2[kW]의 엔진이 발열량 41900[kJ/kg]인 연료를 매시간 2[kg] 소모할 때 이 엔진의 효율은 몇 [%]인가?

풀이▶ ① 1[kW] = 860[kcal/h] = 3600[kJ/h] 이다.
② 엔진 효율 계산 : 공급열량에 대한 실제 소요동력의 열당량 비이다.

$$\therefore \eta = \dfrac{\text{실제 소요동력의 열당량}}{\text{공급열량}} \times 100 = \dfrac{15.2 \times 3600}{2 \times 41900} \times 100 = 65.298 ≒ 65.30[\%]$$

해답▶ 65.3[%]

10 안지름 25[mm]인 관에서 압력 1.2[MPa], 유속 20[m/s]로 흐를 때 유량[kg/h]을 구하시오. (단, 유체의 비체적은 0.15[m³/kg]이고 손실은 없다.)

풀이 질량유량[kg/h]을 구하는 것이므로 체적유량[m³/h]을 비체적으로 나눠주며, 시간당 유량으로 변환하기 위해 3600을 곱해준다.

$$\therefore m = \frac{A \times V}{v} = \frac{\left(\frac{\pi}{4} \times D^2\right) \times V}{v} = \frac{\left(\frac{\pi}{4} \times 0.025^2\right) \times 20}{0.15} \times 3600$$
$$= 235.619 \fallingdotseq 235.62 [\text{kg/h}]$$

해답 235.62[kg/h]

해설 관 단면적(A)을 구할 때 파이(π) 대신 '3.14'를 적용하면 해답과 오차가 발생하며, 어느 것으로도 답안을 작성해도 득점에는 영향이 없으니 선택하여 작성하길 바랍니다.

11 간접 가열용 열매체 보일러 중 다우섬액을 사용하는 보일러 명칭을 쓰시오.

해답 슈미트-하트만 보일러

해설 슈미트-하트만 보일러 : 슈미트(Schmidt)가 발명하여 하트만(Hartman)에 의하여 완성된 보일러로 다우섬액을 사용하는 간접가열용 열매체 보일러이다.

12 다음 파이프 관의 각 이음 도시기호를 작도하시오.
(1) 나사이음 :
(2) 플랜지 이음 :
(3) 유니언 이음 :

해답 (1) 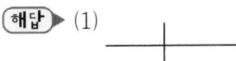　(2) 　(3)

memo

제5편

배관작업형

제1장 수험자 유의사항 및 준비사항
제2장 배관작업 기초 이론
제3장 예상도면

제1장 수험자 유의사항 및 준비사항

1. 작업형 시험 수험자 유의사항

※ 시험시간 : 3시간

(1) 요구사항
지급된 재료를 이용하여 도면과 같이 각 배관의 조립작업을 하시오.

※ 요구사항 일부 내용이 변경될 수 있습니다.

(2) 수험자 유의사항
① 수험자가 지참한 공구와 지정된 시설만을 사용하며, 안전수칙을 준수하여야 합니다.
② 재료의 재 지급은 허용되지 않으며, 잔여재료와 도면은 작업이 완료된 후 작품과 함께 동시에 제출하고 작업대 주위를 깨끗하게 청소하여야 합니다.
③ 동관의 접합은 가스용접으로 해야 합니다.
④ 관을 절단할 때는 수험자가 지참한 수동공구(수동 파이프 커터, 튜브 커터, 쇠톱 등)를 사용하여 절단한 후 파이프 내의 거스러미를 제거해야 합니다.
⑤ 시험 종료 후 작품의 수압시험 시 누수여부를 감독위원으로부터 확인 받아야 합니다.
⑥ 수험자는 시험시작 전 지급된 재료의 이상 유무를 확인 후 지급 재료가 불량품일 경우에만 교환이 가능하고 기타 가공, 조립 잘못으로 인한 파손이나 불량 재료 발생 시 교환할 수 없으며, 지급된 재료만을 사용하여야 합니다.
⑦ 관 절단부의 거스러미 제거와 복장상태, 작업 시 안전보호구 착용여부 및 사용법, 재료 및 공구 등의 정리정돈과 안전수칙 준수 등도 시험 중에 채점하므로 준수해야 합니다.
⑧ 플랜지 용접은 지정된 용접봉을 사용하여 아크용접을 하여야 합니다.

※ 강관과 플랜지의 용접 후 플랜지 조립(체결) 전에 감독위원의 확인을 받아야 합니다.

⑨ 다음 사항에 대해서는 채점 대상에서 제외하니 특히 유의하시기 바랍니다.
   (개) **기권** : 수험자 본인이 수험 도중 시험에 대한 포기의사를 표하는 경우
   (내) **미완성** : 시험시간 내에 작품을 제출하지 못했을 경우

(다) 오작품
　㉮ 도면과 상이한 작품인 경우
　㉯ 수압시험 시 0.3[MPa]($3[kgf/cm^2]$) 이하에서 누수가 되는 경우
　㉰ 도면치수 중 부분치수가 ±15[mm](전체길이는 가로 또는 세로 ±30[mm]) 이상 차이나는 경우
　㉱ 평행도가 30[mm] 이상 차이나는 경우
　㉲ 변형이 심하여 외관 및 기능도가 극히 불량한 경우
　㉳ 지급된 재료 이외의 다른 재료를 사용했을 경우
　㉴ 플랜지의 패킹면과 용접면을 바꿔서 조립한 작품

2. 수험자 지참 준비물

번호	재료명	규격	단위	수량	비고
1	강철자	300, 600, 1000	EA	1	각 1개(배관작업용)
2	걸레	면	G	1	약간
3	나무 또는 고무망치	300g	EA	1	
4	동관벤더	20A	대	1	지참희망자에 한함
5	동관벤더	15A	대	1	지참희망자에 한함
6	몽키 스패너	250~300[mm]	EA	2	
7	보안경	가스용접용	EA	1	
8	쇠톱	300[mm]	EA	1	톱날포함(여유분 준비)
9	슬랙 해머	150[g]	EA	1	
10	와이어 브러쉬	300[mm]	EA	1	
11	용접앞치마	용접용	EA	1	
12	용접장갑	용접용	켤레	1	
13	전자계산기	공학 또는 일반용	EA	1	배관작업용
14	줄(반원, 평, 둥근)	종목(250~300)	각	1	
15	직각자	400*600	EA	1	
16	튜브커터	동관절단용	EA	1	
17	파이프렌치	300~350[mm]	EA	2	
18	파이프리머	15A~25A용	EA	1	
19	파이프커터	15A~50A	EA	1	
20	해머(철재)	500[g]	EA	1	
21	핸드시일드 또는 헬맷	필터렌즈부착	EA	1	
22	흑색 및 청색 필기구 (연필류, 굵은 사인펜 제외)	사무용	EA	1	연필류, 굵은 싸인펜 제외
23	계산기	공학용	EA	1	필기시험에서 공고된 제한된 계산기 지참 금지

1. 동력나사절삭기는 시험장에 비치되어 있으며, 나사절삭을 위해 수험자 본인이 지참한 경우 개인장비 사용이 가능합니다.(단, 동력나사절삭기(시험장시설, 수험자 지참공구 모두 해당)의 배관절단 기능은 사용하실 수 없으며, 관 절단은 수험자가 지참한 수동공구(수동파이프 커터, 튜브 커터, 쇠톱 등)를 사용하여야 합니다.

2. 개인용접기 지참은 불가하며, 반드시 시험장 시설 장비를 이용하시기 바랍니다.

3. 배관꽂이용 등 단순형태의 지그는 사용가능하나, 용접용 지그(턴 테이블(회전형)형태 등) 사용은 불가합니다.

4. 기타 지참공구목록에 명시되어 있지 않은 공구 지참 불가(용접자석 등)

 참고

※ 지참공구 목록은 실기시험 전에 공단 홈페이지에서 반드시 확인하여 주시기 바랍니다.
"공단 홈페이지 → 기술자격시험 → 실기시험안내 → 수험자 지참준비물"에서 해당연도, 자격등급, 해당 회차를 선택하여 확인할 수 있습니다.

제2장 배관작업 기초 이론

1. 배관작업

(1) 배관작업의 분류

① **관의 절단** : 절단용 공구나 기계를 이용하여 절단하되 절단길이는 정확하게 계산된 후에 행하며, 관 끝면을 수직으로 거스러미가 없도록 마무리를 해야 한다.

② **관의 이음** : 나사이음, 용접이음, 플랜지이음으로 구분된다. 나사이음의 경우에 나사 절삭기로 절삭 시에는 절삭유(윤활유)를 수시로 주입하며 나사절삭 후에는 패킹재를 감은 후에 연결부속에 조립한다.

③ **관의 조립 및 설치** : 설치해야 할 장소에서 조립할 때에는 파이프 나사산이 1~2개 정도 남도록 결합하되 배관의 방향, 경사 등을 확인한다.

(2) 배관의 실제길이 계산

① **관의 유효나사부 길이** : 나사이음을 할 때 관호칭이 결정되면 부속에 조립되는 나사부길이는 부속 종류에 관계없이 일정한 길이를 갖는다. 유효나사부 길이는 불완전나사부(보통 1~2산 정도)를 제외한 완전나사부에 해당하는 길이이다.

▼ 관의 유효나사 길이

관호칭	15A ($\frac{1}{2}B$)	20A ($\frac{3}{4}B$)	25A ($1B$)	32A ($1\frac{1}{4}B$)	40A ($1\frac{1}{2}B$)	50A ($2B$)
유효나사부[mm]	11	13	15	17	18	20

② **직관의 길이 계산** : 배관도면에서 표시되는 모든 치수는 관의 중심선을 기준으로 표시하며 치수단위는 [mm]를 사용하는 것이 원칙이다. 나사이음에서 표시된 치수만큼 관을 절단하게 되면 부속이 가진 여유치수만큼 실제 배관이 길어지게 되므로 부속의 여유치수를 뺀 치수만큼 절단하여야 한다.

다음 그림은 90° 엘보 2개를 사용하여 나사이음할 때의 치수계산 방법을 나타낸 것으로 관의 길이를 산출할 때는 다음의 식이 이용된다.

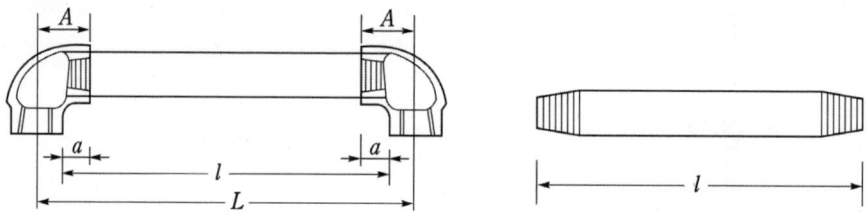

▲ 나사이음할 때의 치수

⑺ 실제 배관길이를 산출할 때에는 다음 공식이 이용된다.

$$L = l + 2(A - a)$$
$$l = L - 2(A - a)$$

여기서, L : 배관 중심간 거리[mm]
　　　　l : 실제 관길이[mm]
　　　　A : 이음쇠 중심거리[mm]
　　　　a : 유효나사부 길이(최소물림길이)[mm]

⑷ 경사진 배관의 길이 계산 : 그림과 같이 경사각이 45°인 관의 중심거리는 피타고라스 정리에 의하여 $z^2 = x^2 + y^2$ 이다.

$$\therefore z = \sqrt{x^2 + y^2}$$

여기서, $x = y = 1$이라면

$$z = \sqrt{1^2 + 1^2} = \sqrt{2} = 1.414$$

가 된다.

$\therefore z$의 실제 배관길이
　$l = x(또는 \, y) \times 1.414 - 2 \times 여유치수$

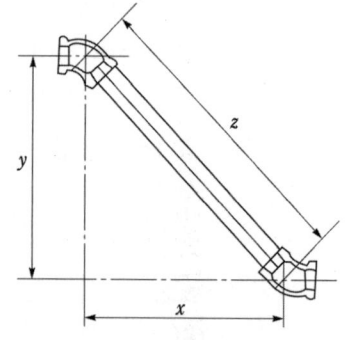

▲ 경사배관의 길이 계산

▼ 관 및 이음재 종류 별 치수

이음재의 명칭		호칭	중심치수	유효나사부	공간치수 (여유치수)
90° 엘보(elbow)		15A	27	11	16
		20A	32	13	19
		25A	38	15	23
		32A	46	17	29
		40A	48	18	30
45° 엘보(elbow)		15A	21	11	10
		20A	25	13	12
		25A	29	15	14
		32A	34	17	17
		40A	37	18	19
티(tee)		15A	27	11	16
		20A	32	13	19
		25A	38	15	23
		32A	46	17	29
		40A	48	18	30
이경 90° 엘보(elbow) [중심치수 : A×B]		20×15A	29×30	13×11	16×19
		25×15A	32×33	15×11	17×22
		25×20A	34×35	15×13	19×22
		32×15A	34×38	17×11	17×27
		32×20A	38×40	17×13	21×27
		32×25A	40×42	17×15	23×27
		40×15A	35×42	18×11	17×31
		40×20A	38×43	18×13	20×30
		40×25A	41×45	18×15	23×30
		40×32A	45×48	18×17	27×31
이경 티(tee) [중심치수 : A, B×C]		20×15A	29×30	13×11	16×19
		25×15A	32×33	15×11	17×22
		25×20A	34×35	15×13	19×22
		32×15A	34×38	17×11	17×27
		32×20A	38×40	17×13	21×27
		32×25A	40×42	17×15	23×27
		40×15A	35×42	18×11	17×31
		40×20A	38×43	18×13	20×30
		40×25A	41×45	18×15	23×30
		40×32A	45×48	18×17	27×31

이음재의 명칭		호칭	중심치수	유효나사부	공간치수 (여유치수)
리듀서(reducer) [중심치수 : $\dfrac{L_1}{2}$]		20×15A	19	13×11	6×8
		25×15A	21	15×11	6×10
		25×20A	21	15×13	6×8
		32×15A	24	17×11	7×13
		32×20A	24	17×13	7×11
		32×25A	24	17×15	7×9
		40×15A	26	18×11	8×15
		40×20A	26	18×13	8×13
		40×25A	26	18×15	8×11
		40×32A	26	18×17	8×9
소켓(socket) [중심치수 : $\dfrac{L_1}{2}$]		15A	17.5	11	6.5
		20A	20	13	7
		25A	22.5	15	7.5
		32A	25	17	8
		40A	27.5	18	9.5
유니언(union)		15A	22	11	11
		20A	25	13	12
		25A	28	15	13
		32A	31	17	14
		40A	34	18	16

▶ 배관작업 시 해당되는 이음재 명칭과 호칭을 찾아 여유치수(공간치수)에 해당하는 치수를 빼주면 실제 배관길이가 된다.

2. 실제배관 길이 계산

(1) 도면

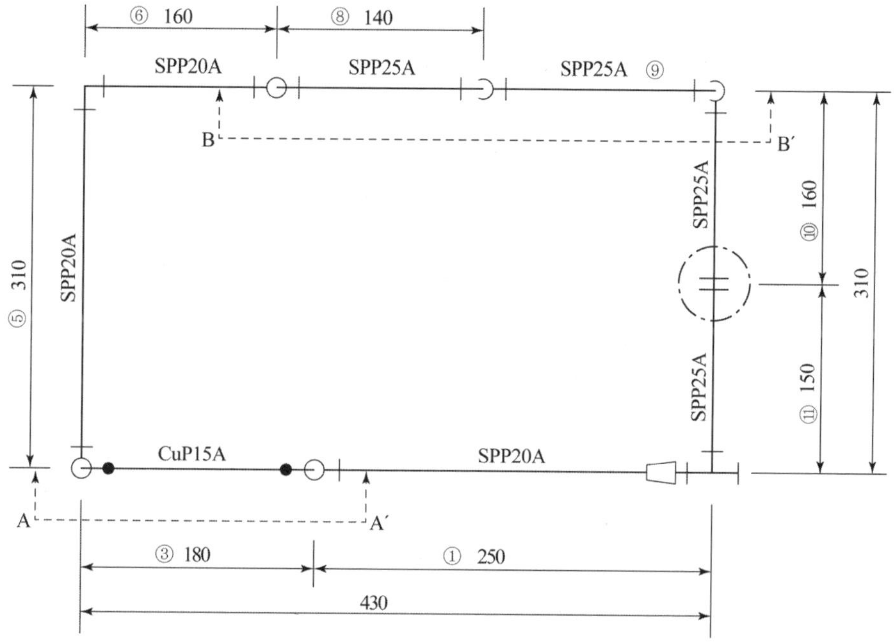

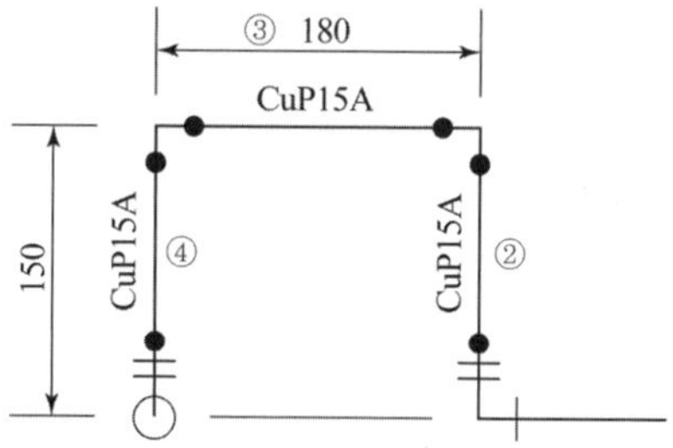

A−A′ 단면도

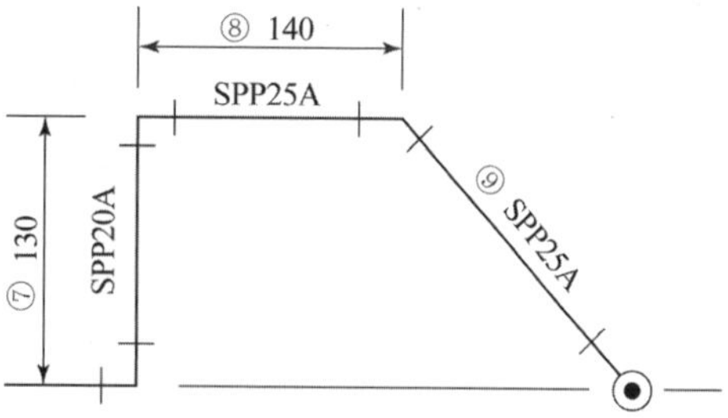

B−B′ 단면도

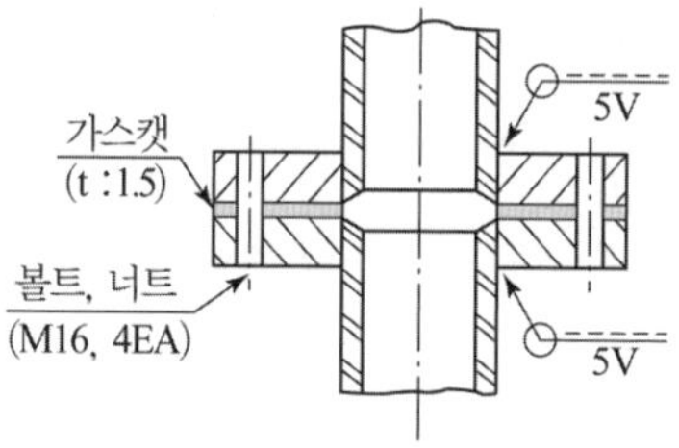

C 상세도

(2) 각 부속품에서 여유치수 체크

관이음재의 종류 및 치수 표에서 각 부속품의 여유치수를 찾아 체크한다.

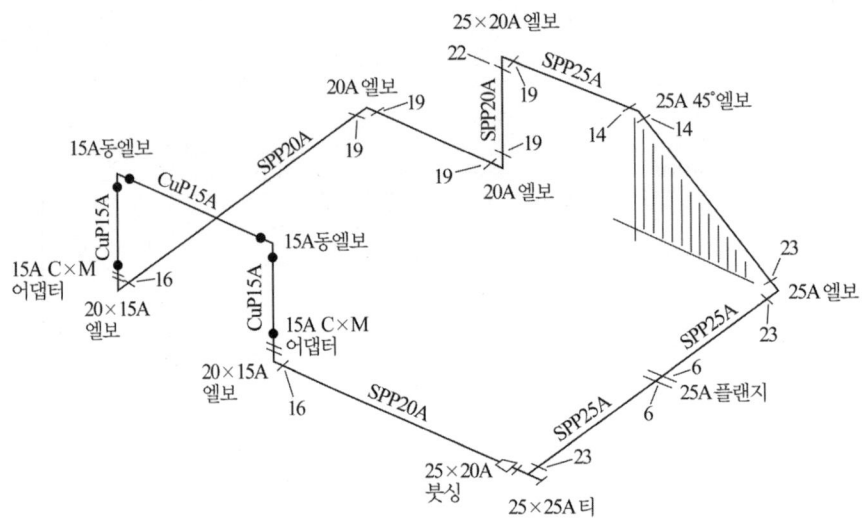

(3) 각 부분 실제배관 길이 계산

※ 실제배관길이 = 도면치수 − (A부속 여유치수 + B부속 여유치수)

※ 붓싱이 조립되는 부분 실제 배관길이 계산 방법

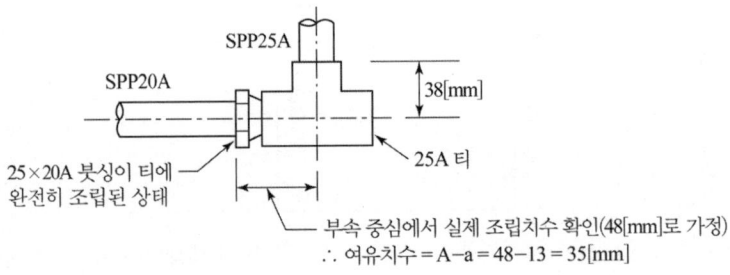

① 250 − (35 + 16) = 199[mm] : 25A

② ④ 어댑터에 조립(가스용접)되는 동관은 도면 치수(150[mm])로 동관을 절단하여 어댑터에 가스용접을 먼저 작업한 후에 제품에 조립하여 실측으로 동관을 절단하는 방법으로 하기 바랍니다.

③ 어댑터를 용접한 후 조립한 ②번과 ④번 거리를 실측하여 맞춤 조립을 하는 방법으로 하기 바랍니다. 실제로 15[A] 동(Cu) 엘보에서는 여유치수가 약 15[mm] 정도의 발생하므로 도면 치수에서 약 30[mm] 정도 짧게 절단하여 조립하여도 됩니다.(작품 실제 치수가 도면치수와 일치할 때 가능한 방법입니다.)

※ 동관 작업은 강관부분 전체 조립을 완료한 후에 마지막으로 조립하는 것을 권장합니다.

⑤ 310 − (16 + 19) = 275[mm] : 20[A]
⑥ 160 − (19 + 19) = 122[mm] : 20[A]
⑦ 130 − (19 + 22) = 89[mm] : 20[A]
⑧ 140 − (19 + 14) = 107[mm] : 25[A]
⑨ 대각선 길이 계산 : $130 \times \sqrt{2} = 130 \times 1.414 = 184$[mm]
　실제배관 길이 계산 : 184 − (14 + 23) = 147[mm] : 25[A]
⑩ 160 − (23 + 6) = 131[mm] : 25[A]
⑪ 150 − (6 + 23) = 121[mm] : 25[A]

(4) 배관 절단 및 나사 가공

① 동력 나사절삭기 : 시험장에 준비되어 있음

② 수동 컷터기 준비 : 개인 지참준비물

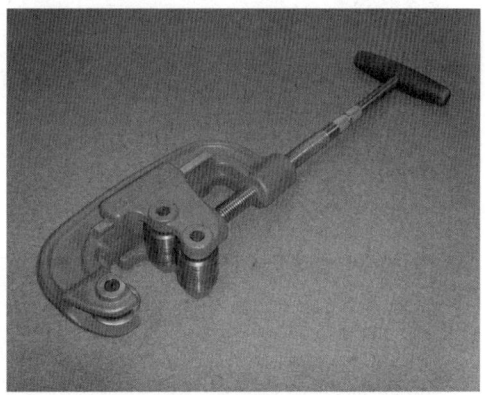

③ 수동 컷터기의 올바른 사용(절단) 방법 ④ 수동 컷터기의 잘못된 사용(절단) 방법

⑤ 동력 나사절삭기를 이용한 거스러미 제거 ⑥ 나사가공 : 플랜지에 조립되는 배관은 한 쪽만 나사가공을 하여야 한다.

⑦ 나사가공 완료 ⑧ 조립준비 : 나사부에 테플론을 감은 상태

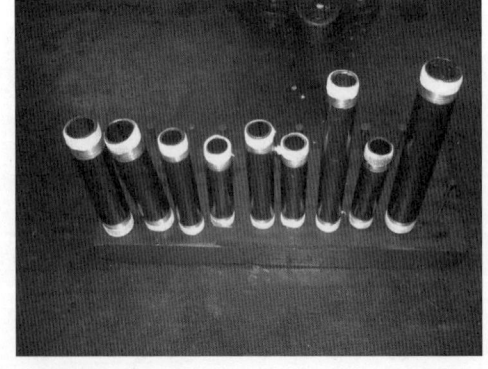

(5) 플랜지 전기용접 준비

① **플랜지 면 구별** : 용접하여야 할 부분이 왼쪽과 같이 표면이 매끈한 면이고, 가스켓이 조립되는 부분은 오른쪽과 같이 플랜지 면에서 돌출된 부분이다. 이 부분을 바꿔서 용접하면 오작으로 처리되니 전기용접을 할 때 특히 주의하여야 함

② **플랜지 용접 전 준비사항** : 엽전을 배관이 들어가는 곳에 넣은 후 배관 꽂아 가접을 한다. (엽전이 없으면 500원 주화 또는 25[A] 배관을 약 5[mm] 정도의 링(ring) 형태로 절단하여 이용하기 바랍니다.)

③ 플랜지를 먼저 용접하여 조립하는 방법

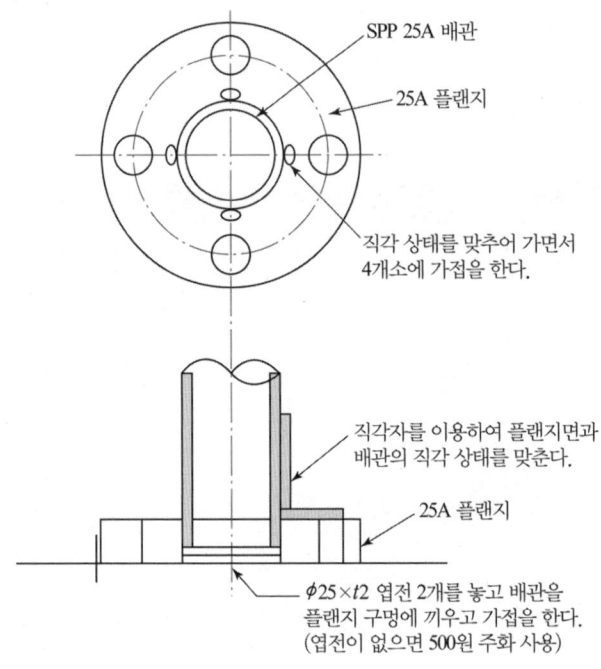

⇨ 주의할 점 : 용접할 플랜지면과 배관의 직각상태를 한 방향에서 정확히 맞춘 후 가접을 한 후에 4방향 모두에서 직각상태를 정확히 맞추어 가접을 한 후 본 용접을 하여야 합니다.

※ 플랜지 용접 방법은 작품 및 조립순서에 따라 다르게 할 수 있으므로 도면에 맞는 방법을 우선적으로 선택하길 바랍니다.

④ 가용접을 한 상태

⑤ 용접이 완료된 상태

(6) C×M 어댑터 및 동 엘보 가스용접

① C×M 어댑터 용접1

② C×M 어댑터 용접2

③ C×M 어댑터 조립 및 치수마킹, 절단

④ 순동 이음쇠(동엘보) 용접 : 어댑터 부분을 물걸레로 감싸 열영향을 받지 않도록 조치

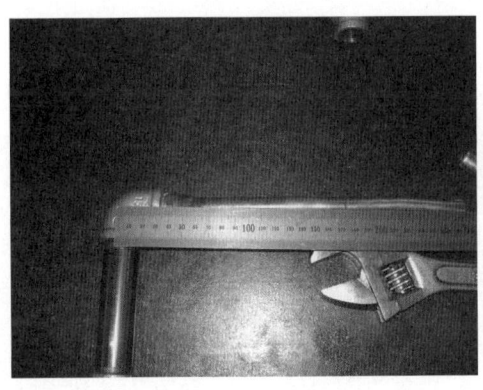
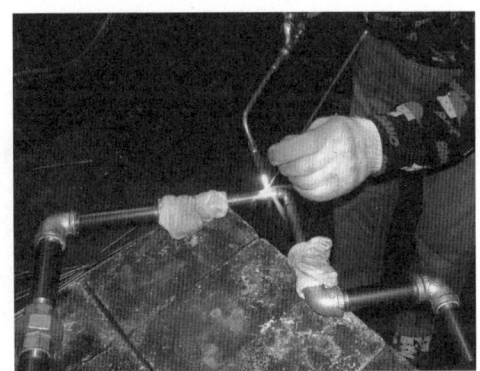

(7) 동관 벤딩 및 확관 작업

① **동관 벤딩 방법** : 15[A]용 벤더의 반지름이 약 55[mm] 정도이므로 도면치수에서 55[mm]를 제외한 부분에 마킹을 한다.

㉮ 마킹한 부분을 벤더의 0점에 고정하고 고정쇠로 동관을 고정시킨다.
㉯ 회전핸들을 동관에 얹고 0점에 위치한다.

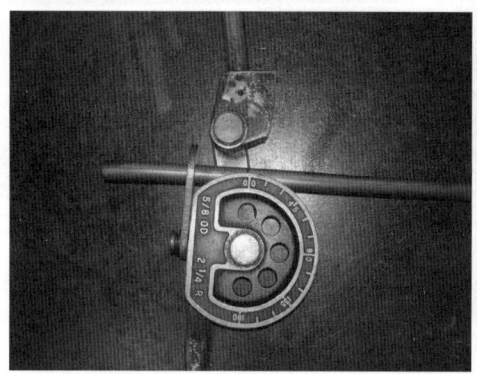
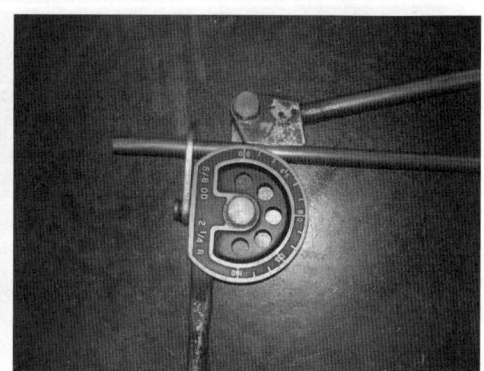

㉰ 회전핸들을 돌려 90° 벤딩 완료
㉱ 동관 벤더

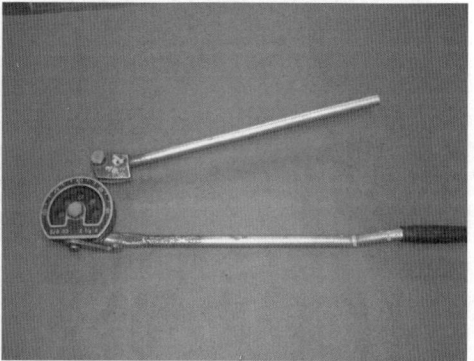

② 동관 확관 작업

㉮ 블록에서 동관을 약 12[mm] 정도 나오게 고정한다.

㉯ 동관 내면의 거스러미를 리머를 이용하여 제거한다.

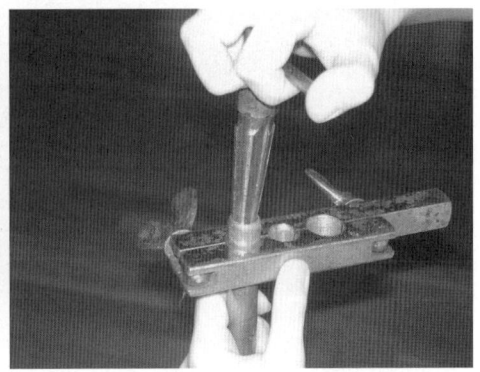

㉰ 동관 끝면을 줄을 이용하여 다듬질한다.

㉱ 플레어링 툴 공구를 이용하여 확관한다.

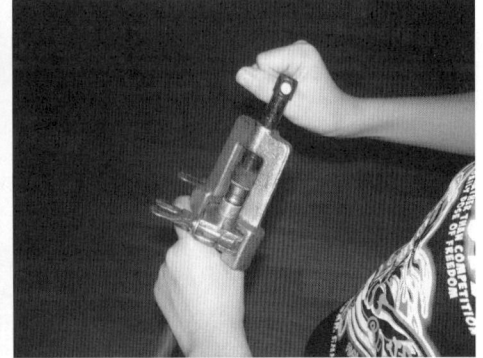

㉮ 확관을 마친 상태의 동관
(길이 10[mm] 정도)

㉯ 확관부분에 동관을 삽입하기 전의 상태

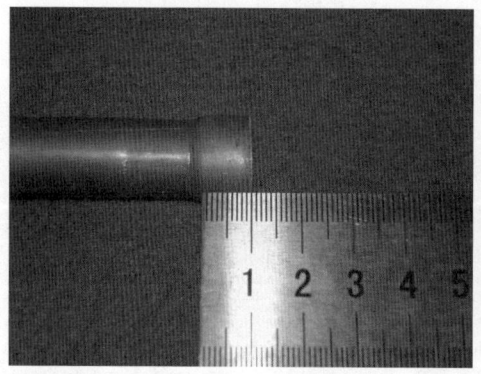
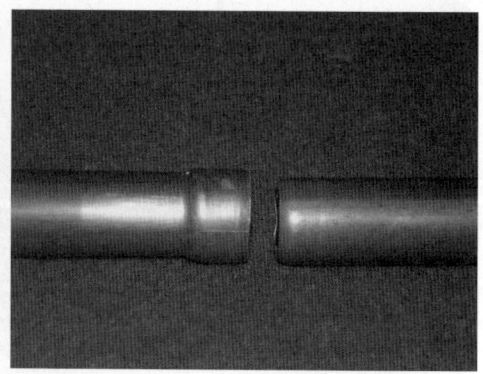

㉰ 확관부분에 동관을 삽입한 상태

㉱ 확관부분에 은납용접을 완료한 상태

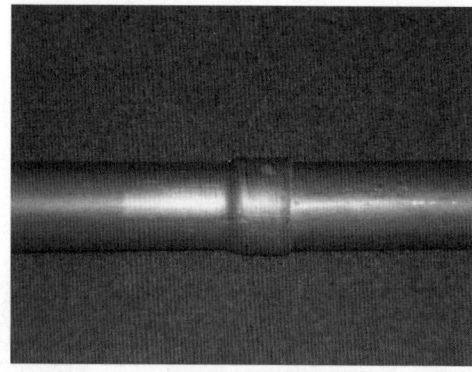
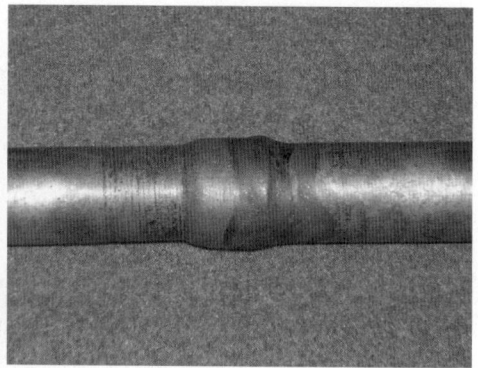

③ **동관 확관에 필요한 공구** : 플레어링 툴 셋트, 리머, 동관 컷터, 자, 평줄, 블록 등

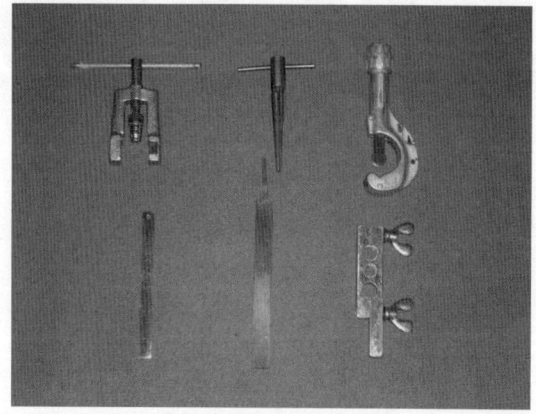

제3장 예상도면

1. 출제도면

★ 에너지관리산업기사 실기시험 배관작업형의 출제도면은 2019년까지 공단에서 공개된 도면이 없었기 때문에 시험자의 기억에 의존해 복원한 도면임을 알려드립니다. 동일 회차에 제시되는 도면은 시행되는 일정에 따라 도면 치수 및 형태가 다르게 출제될 수 있습니다. ★

| 자격종목 | 에너지관리 산업기사 | 과제명 | 강관 및 동관 조립
예상도면 1 | 척도 | NS |

□ 시험시간 : 3시간

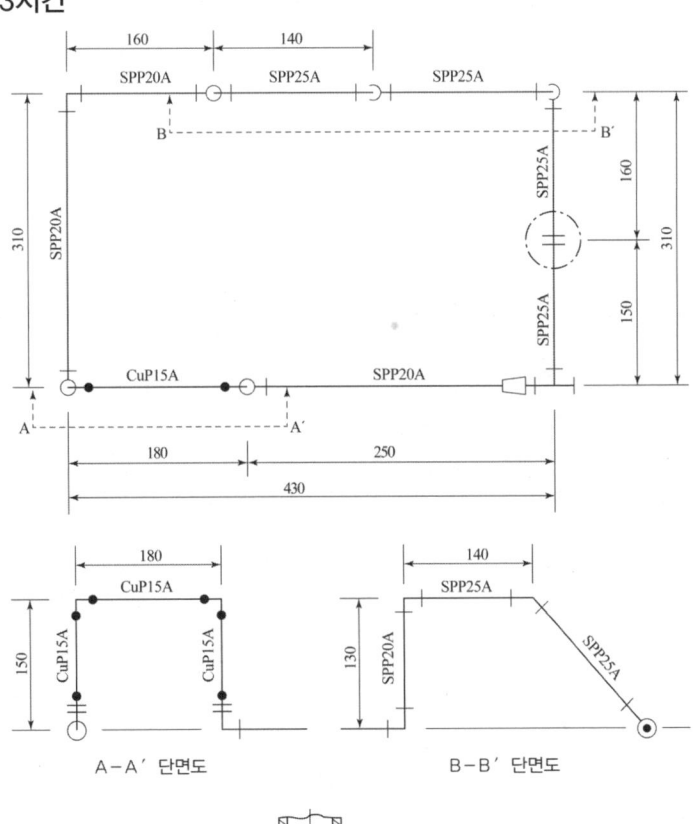

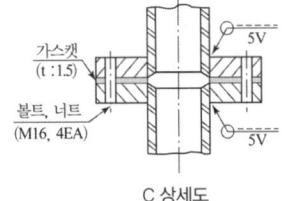

C 상세도

| 637 |

제5편 배관작업형

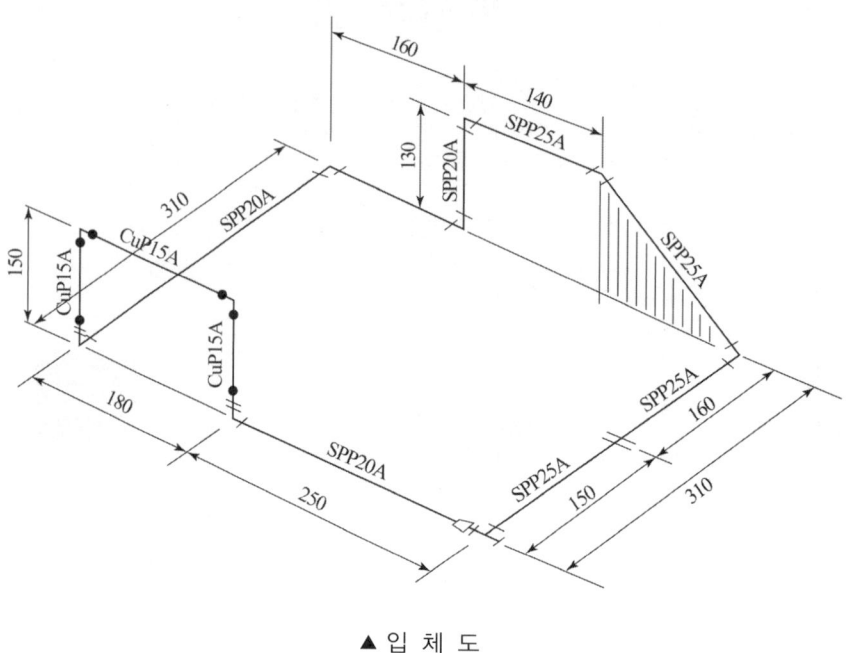

▲ 입 체 도

▲ 완성 작품 사진

제3장 예상도면

| 자격종목 | 에너지관리 산업기사 | 과제명 | 강관 및 동관 조립
예상도면 2 | 척도 | NS |

□ 시험시간 : 3시간

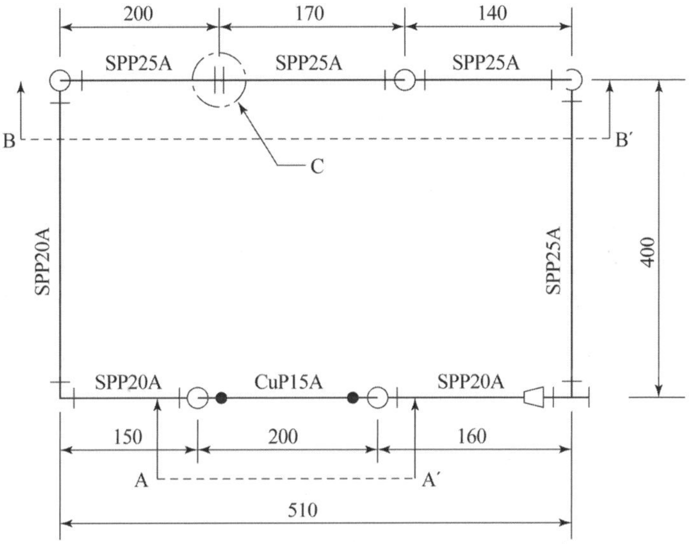

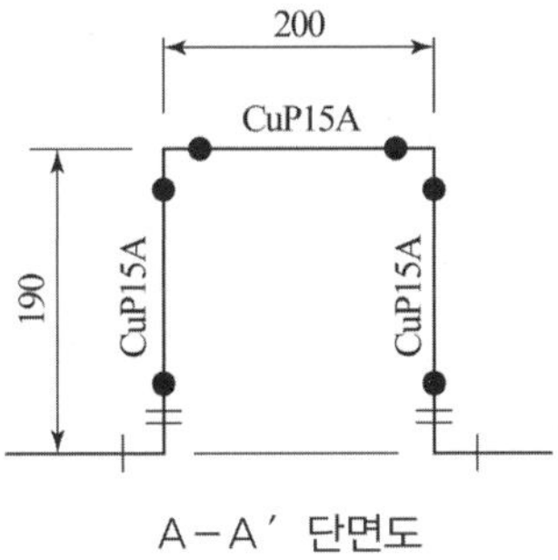

A-A' 단면도

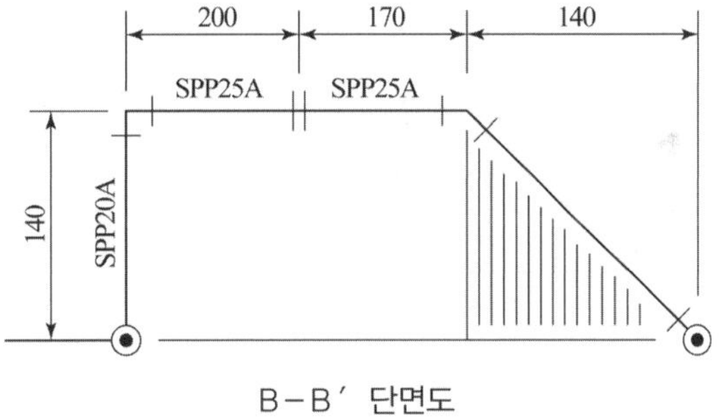

B-B' 단면도

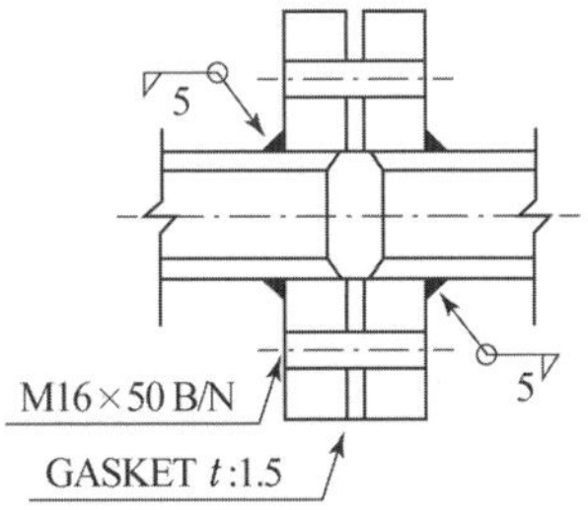

C 상세도

제5편 배관작업형

| 자격종목 | 에너지관리 산업기사 | 과제명 | 강관 및 동관 조립
예상도면 3 | 척도 | NS |

□ **시험시간 : 3시간**

※ 부속품 위치 및 치수가 변경되어 제시된 도면

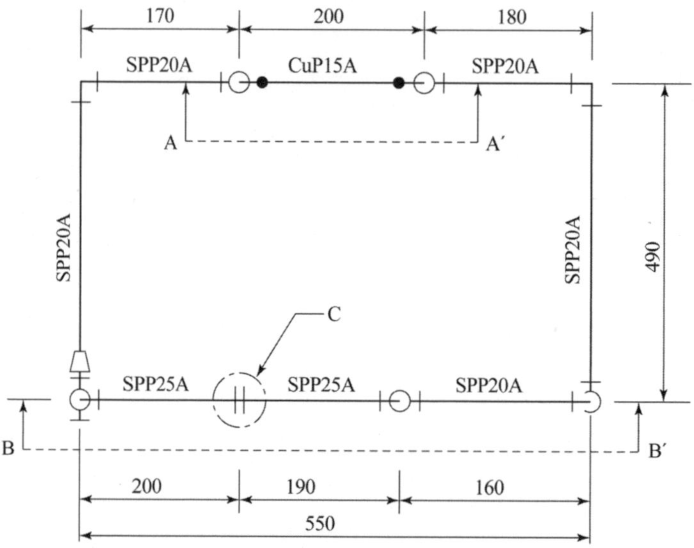

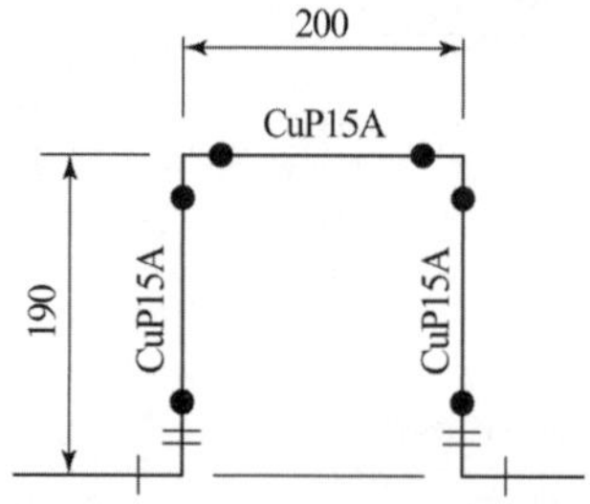

A-A′ 단면도

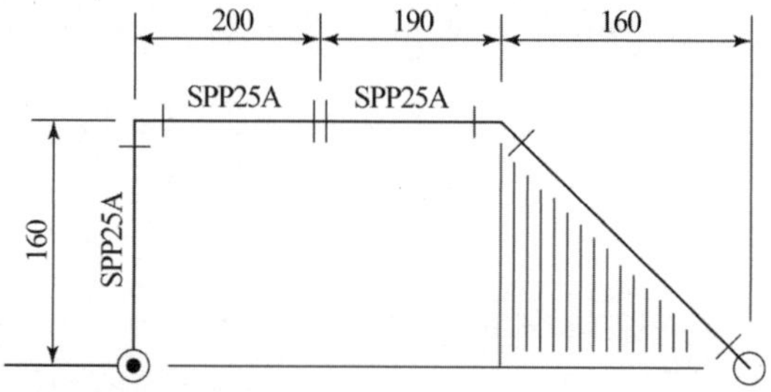

B-B′ 단면도

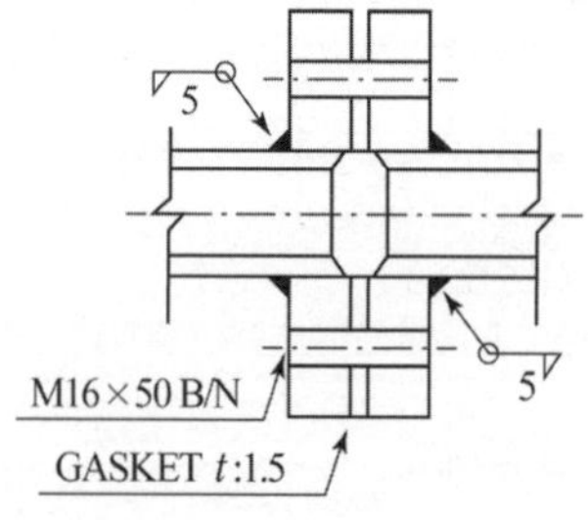

C 상세도

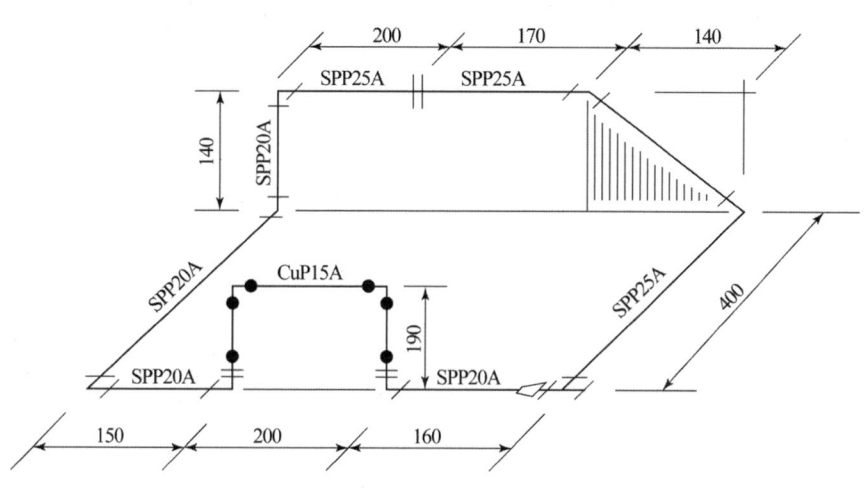

▲ 예상도면 2 입체도

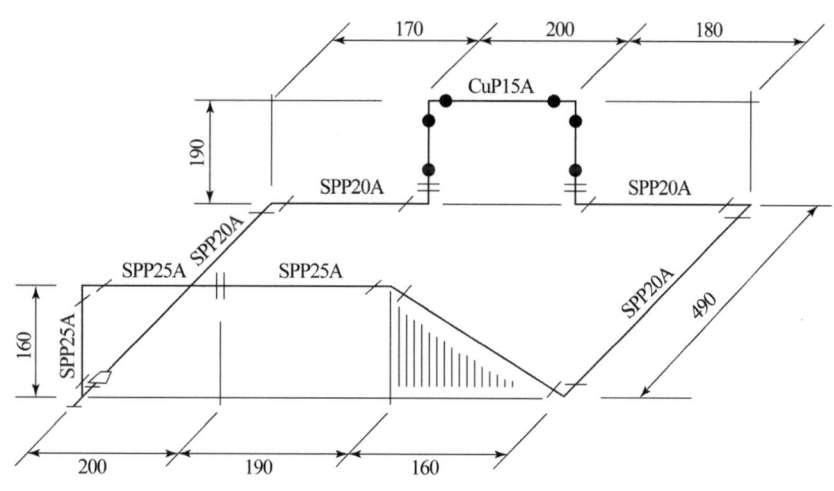

▲ 예상도면 3 입체도

제5편 배관작업형

| 자격종목 | 에너지관리 산업기사 | 과제명 | 강관 및 동관 조립
예상도면 4 | 척도 | NS |

□ 시험시간 : 3시간

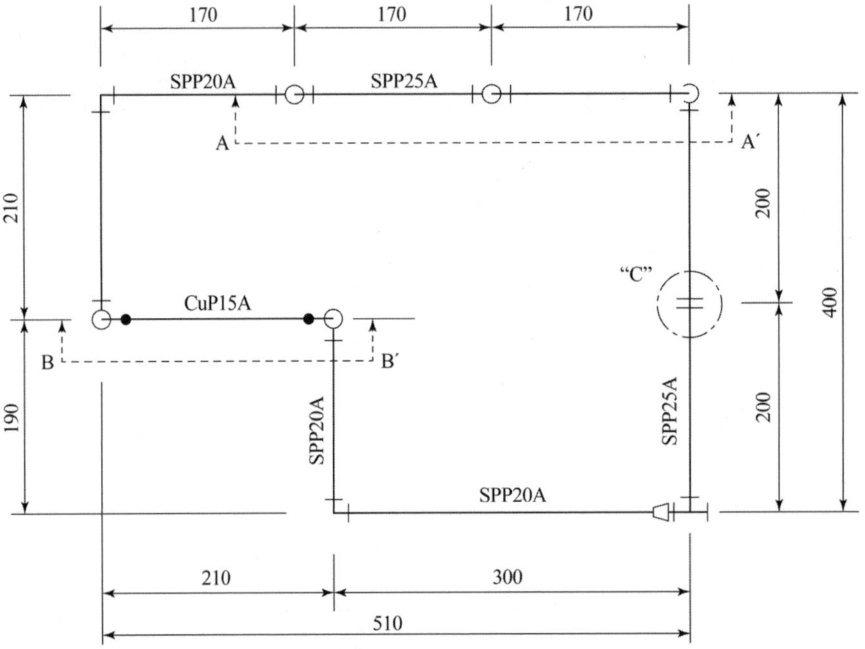

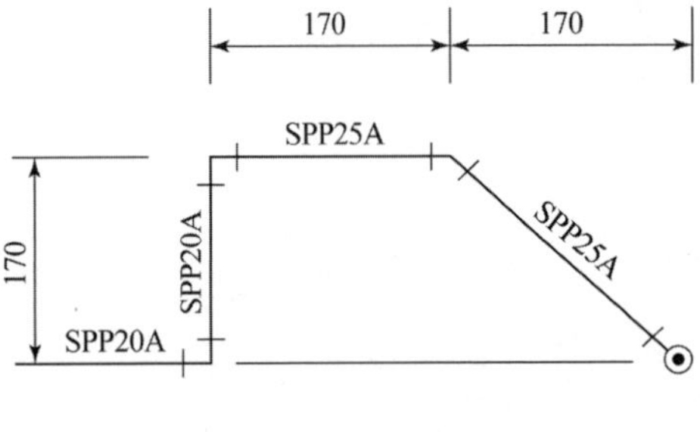

A-A′ 단면 상세도

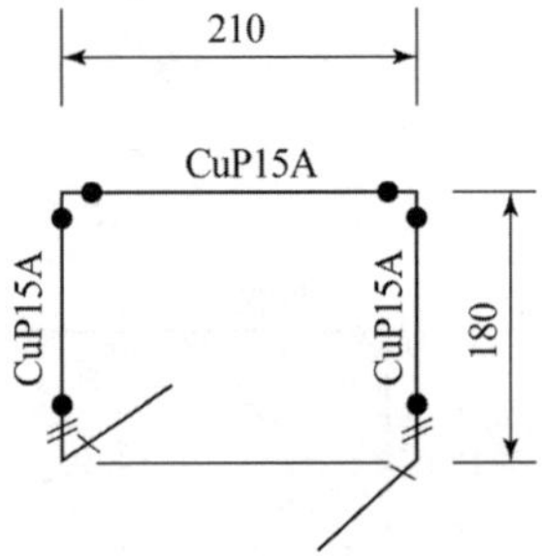

B-B′ 단면 상세도

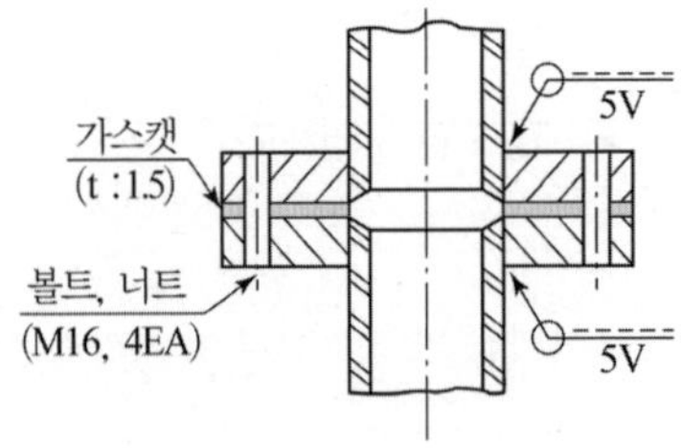

"C" 부분 상세도

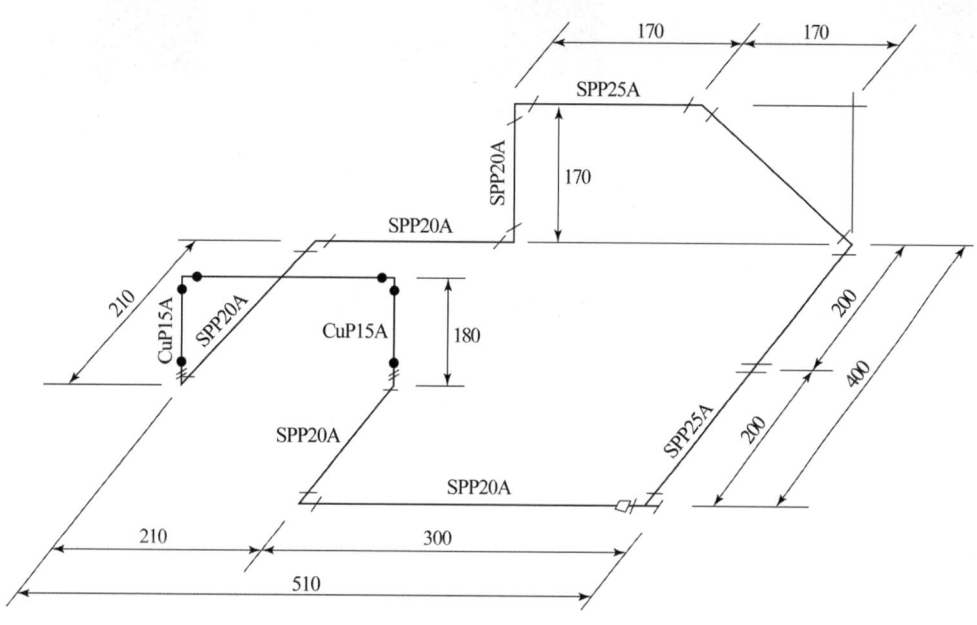

▲ 예상도면 4 입체도

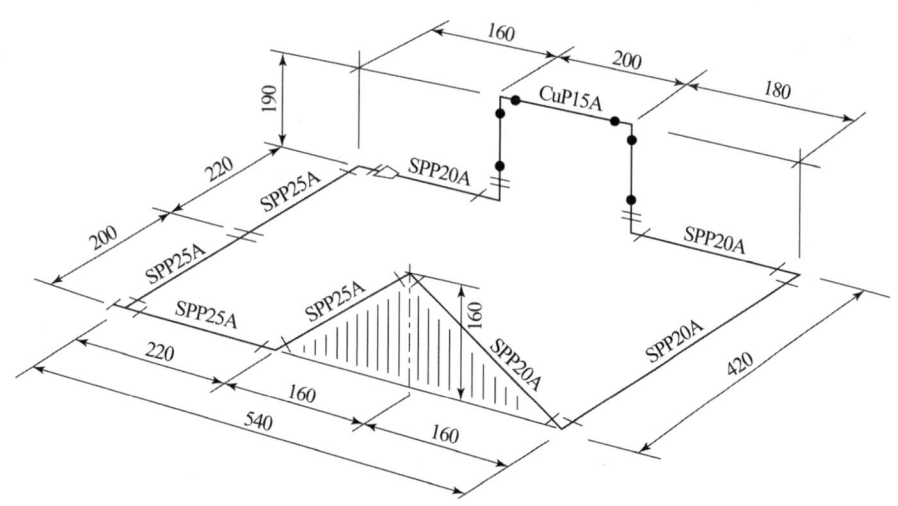

▲ 예상도면 5 입체도

제5편 배관작업형

| 자격종목 | 에너지관리 산업기사 | 과제명 | 강관 및 동관 조립
예상도면 5 | 척도 | NS |

□ **시험시간 : 3시간**

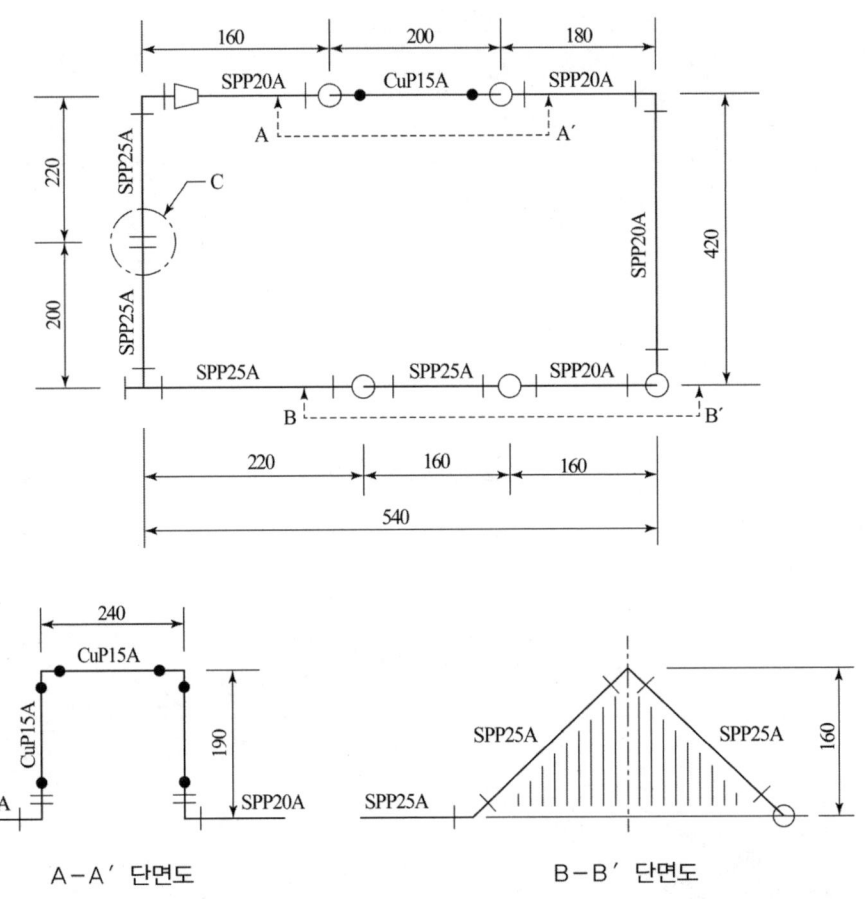

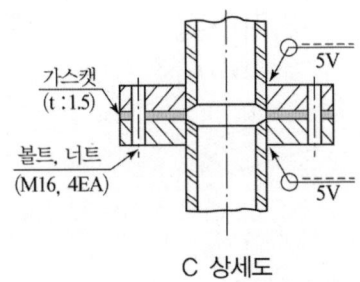

C 상세도

자격종목	에너지관리 산업기사	과제명	강관 및 동관 조립 **예상도면 6**	척도	NS

□ **시험시간 : 3시간**

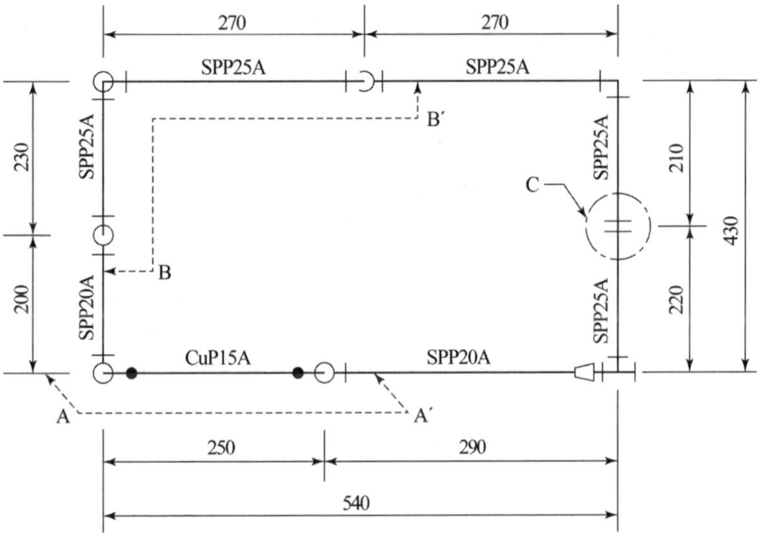

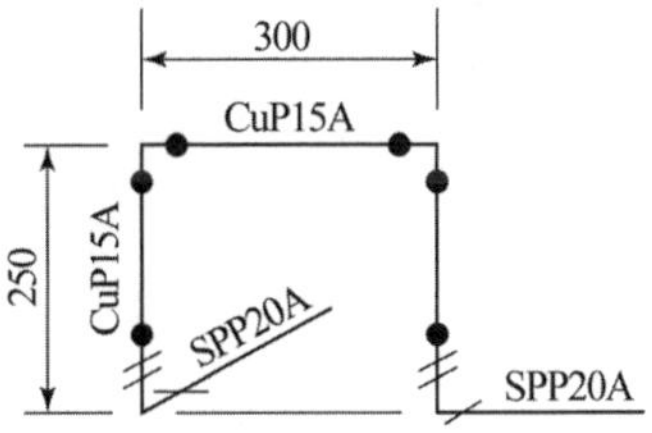

A－A′ 단면도

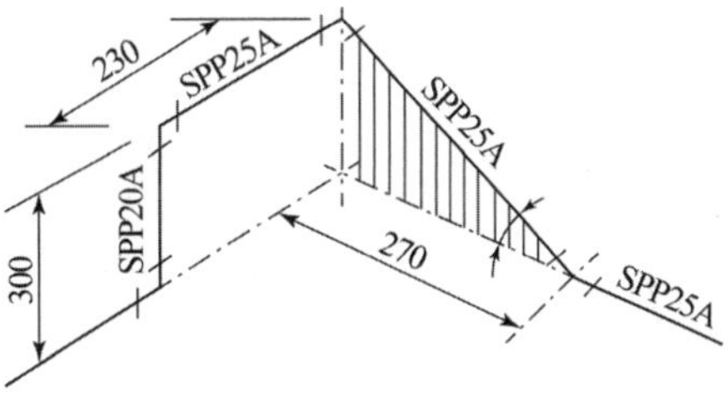

B－B′ 단면도

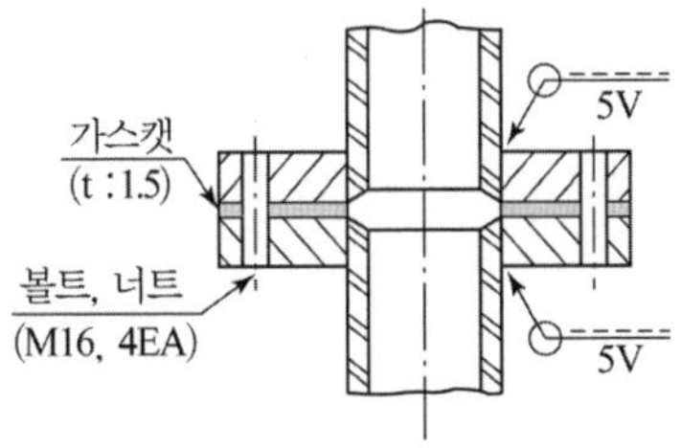

C 상세도

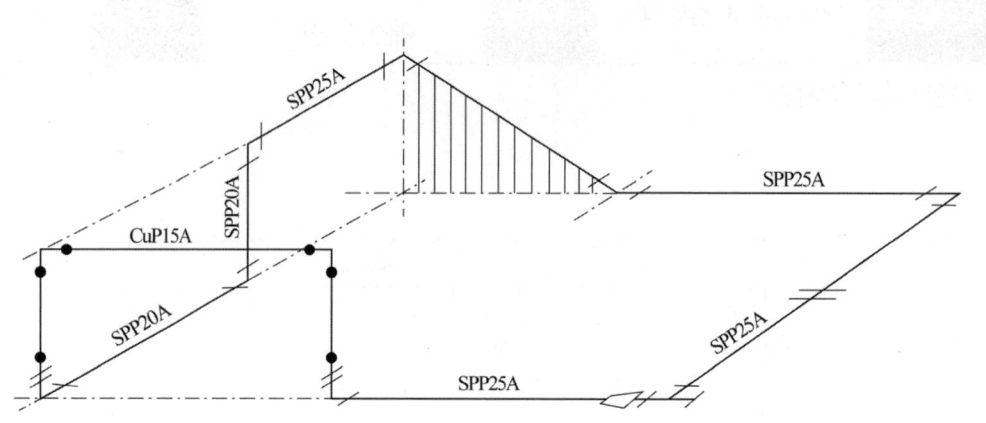

▲ 예상도면 6 입체도

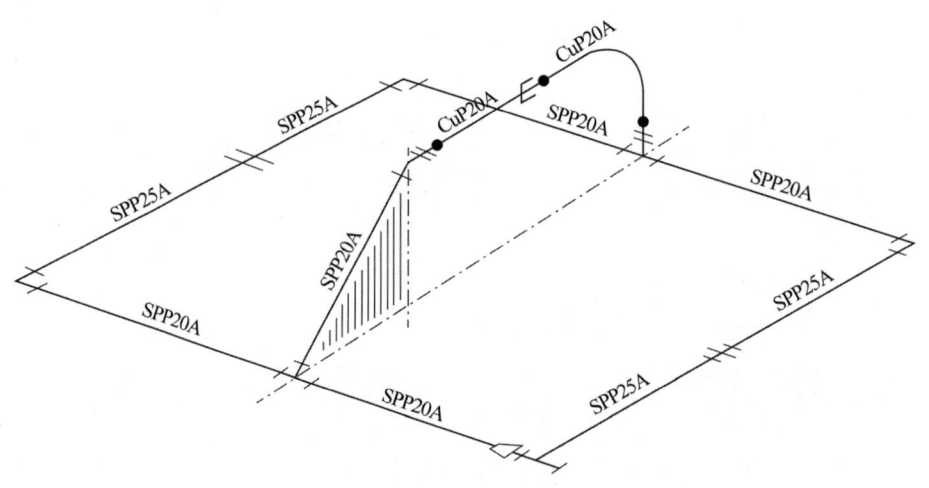

▲ 예상도면 7 입체도

제3장 예상도면

| 자격종목 | 에너지관리 산업기사 | 과제명 | 강관 및 동관 조립
예상도면 7 | 척도 | NS |

□ 시험시간 : 3시간

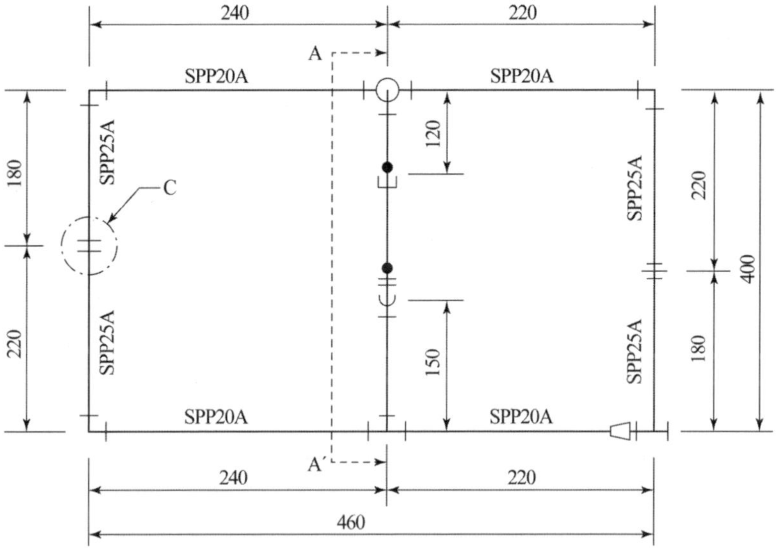

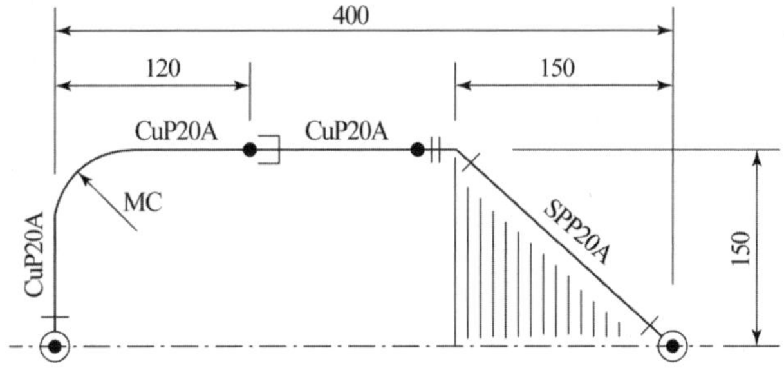

A-A′ 단면도

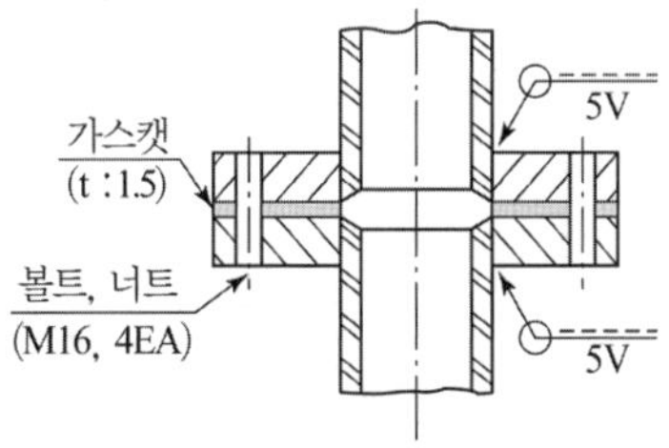

C 상세도

※ 붓싱이 조립된 25[A] 티와 왼쪽 25[A]×20[A] 엘보는 서로 위치가 바뀔 수 있습니다.

제5편 배관작업형

| 자격종목 | 에너지관리 산업기사 | 과제명 | 강관 및 동관 조립
예상도면 8 | 척도 | NS |

□ 시험시간 : 3시간

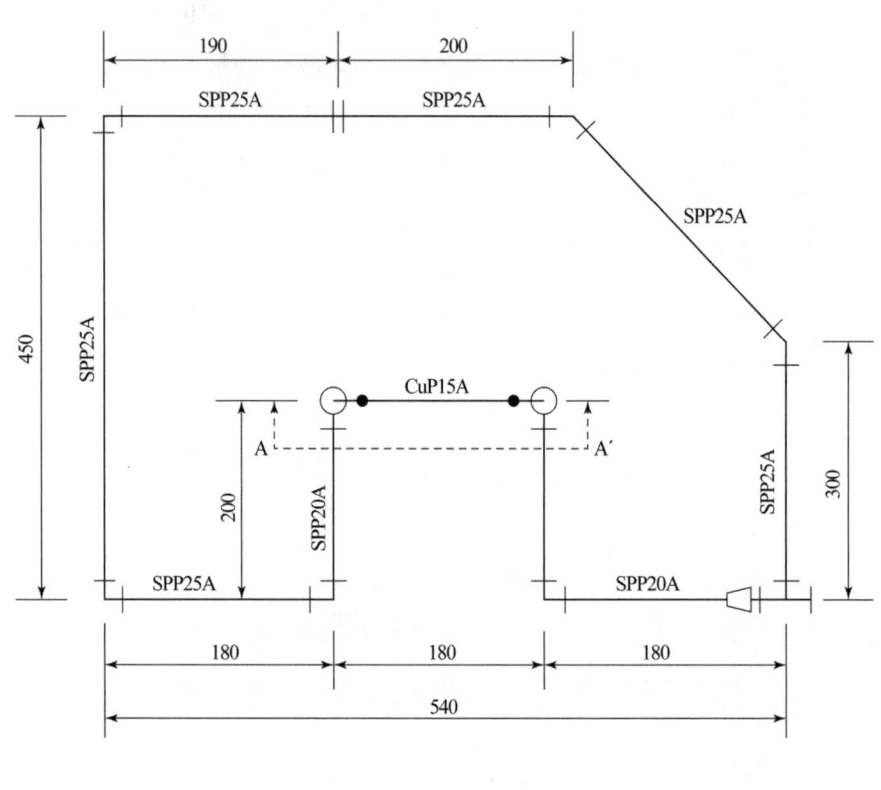

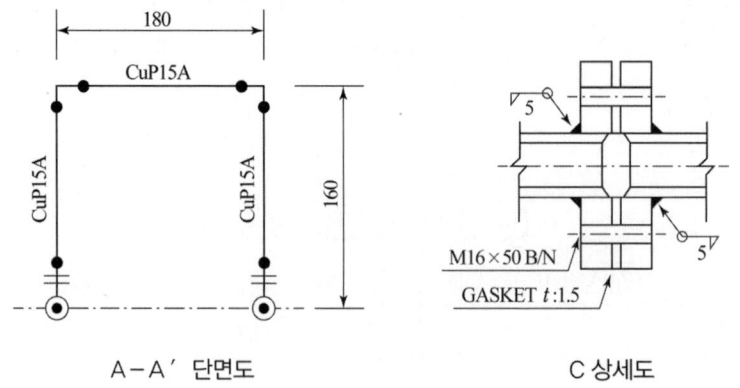

A-A′ 단면도   C 상세도

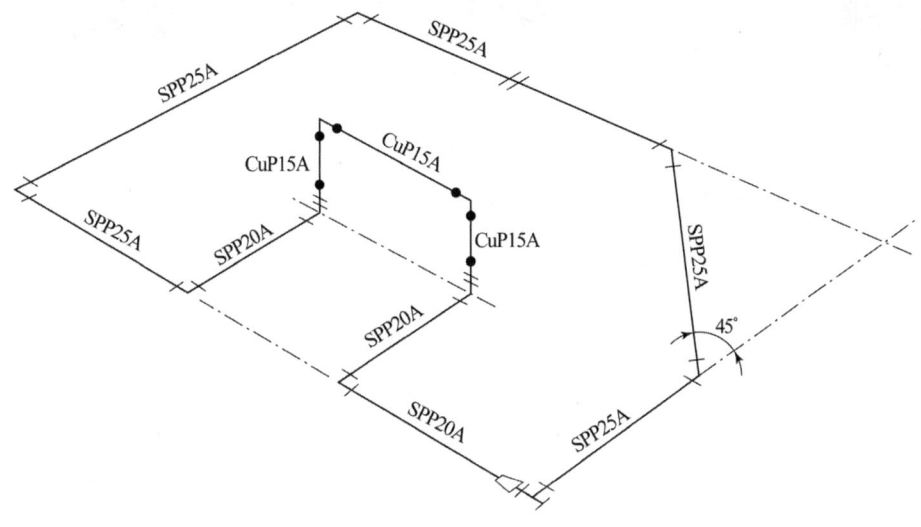

▲ 예상도면 8 입체도

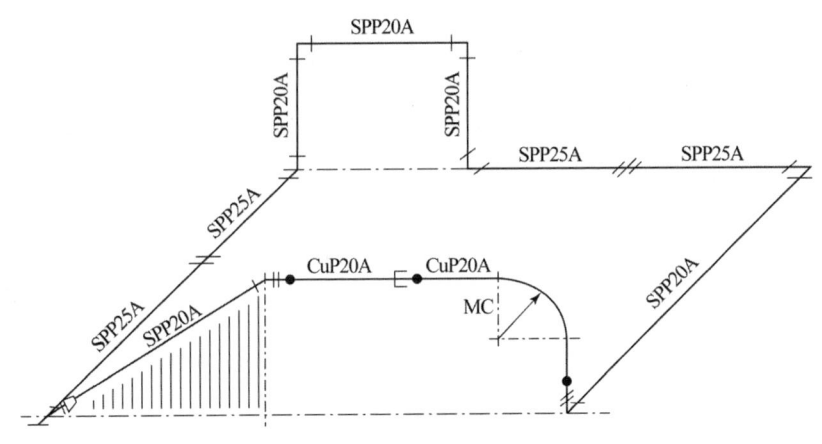

▲ 예상도면 9 입체도

| 자격종목 | 에너지관리 산업기사 | 과제명 | 강관 및 동관 조립
예상도면 9 | 척도 | NS |

□ 시험시간 : 3시간

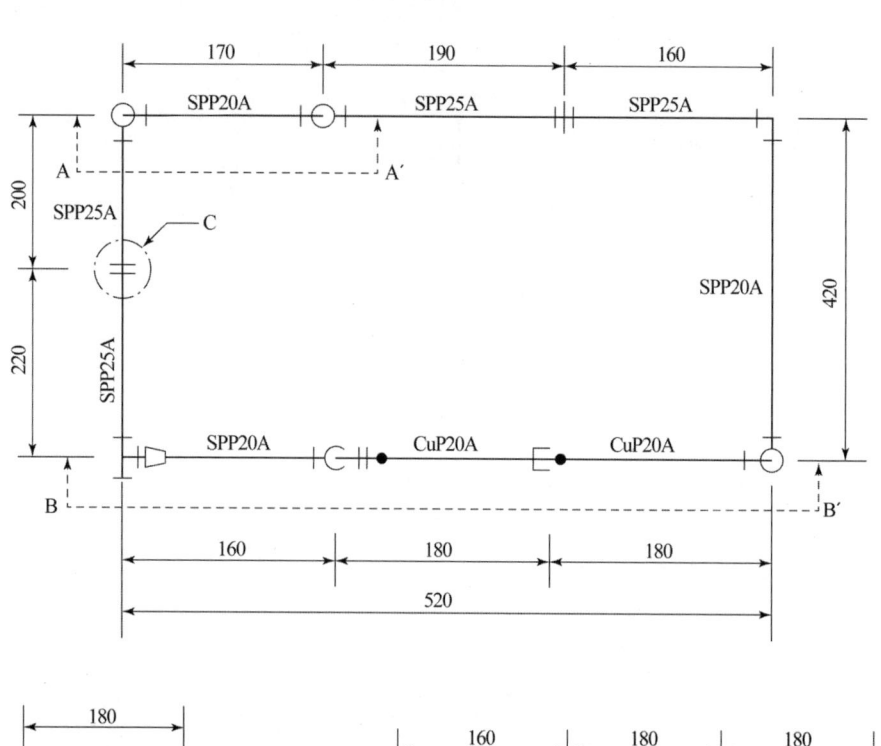

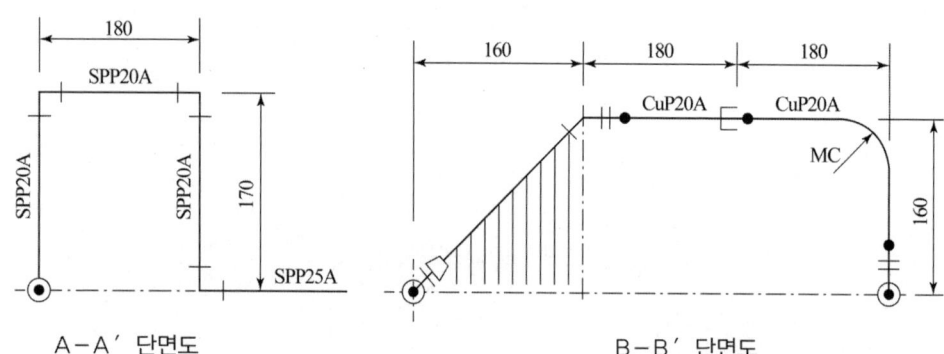

A-A' 단면도   B-B' 단면도

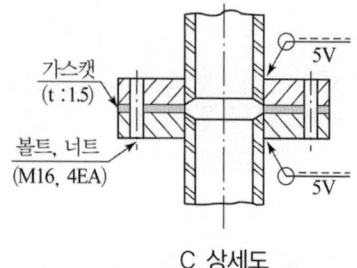

C 상세도

자격종목	에너지관리 산업기사	과제명	강관 및 동관 조립 **예상도면 10**	척도	NS

□ **시험시간 : 3시간**

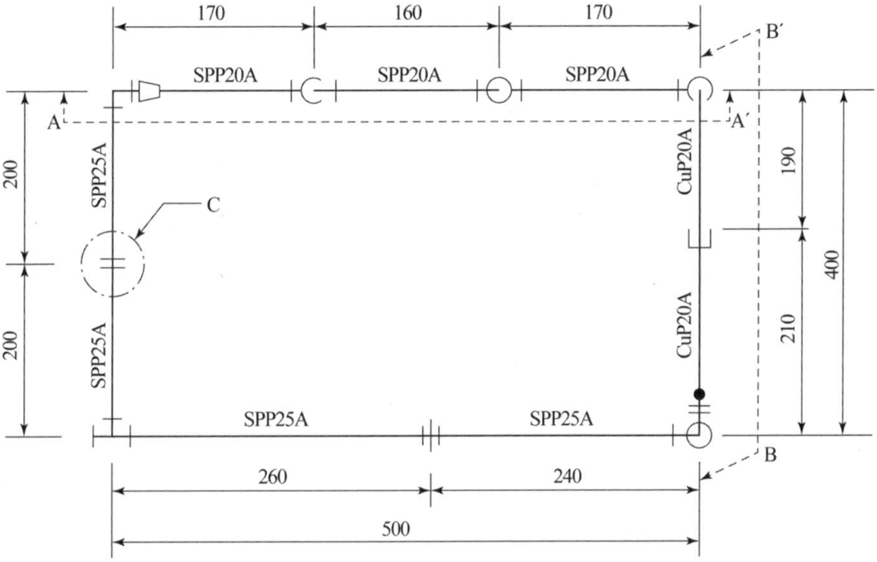

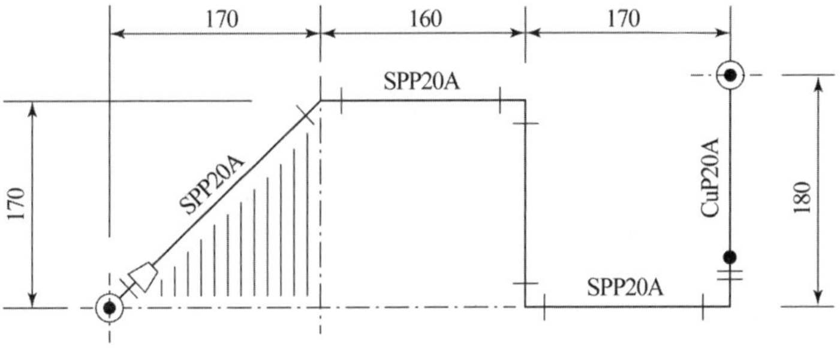

A－A′ 단면도

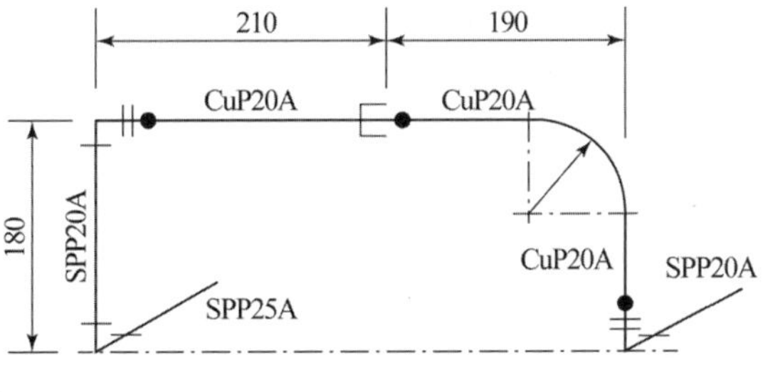

B－B′ 단면도

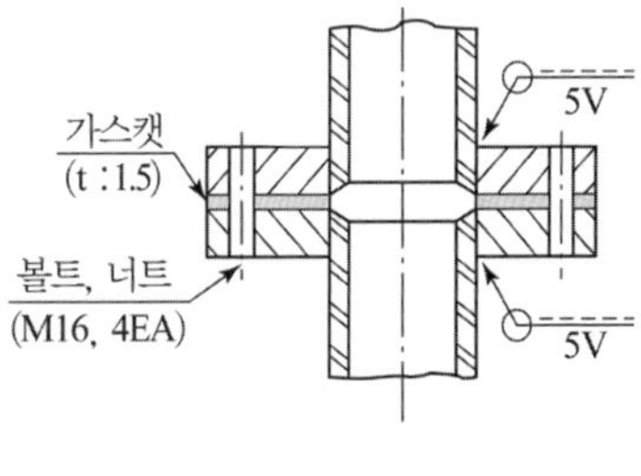

C 상세도

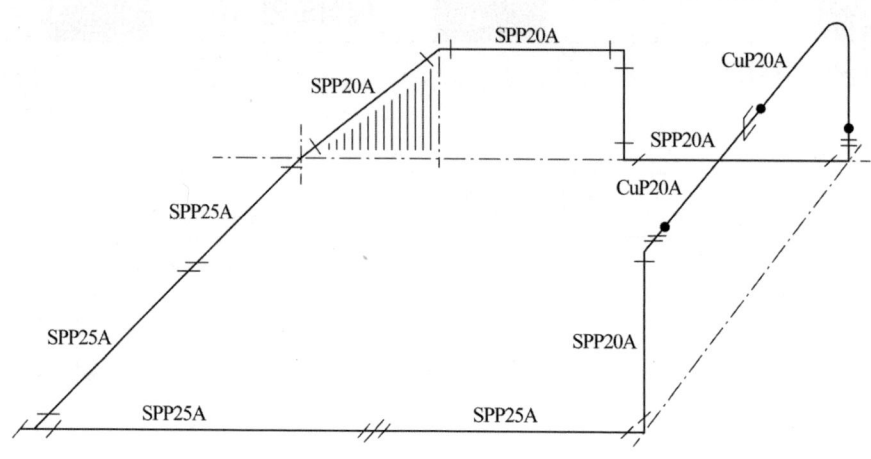

▲ 예상도면 10 입체도

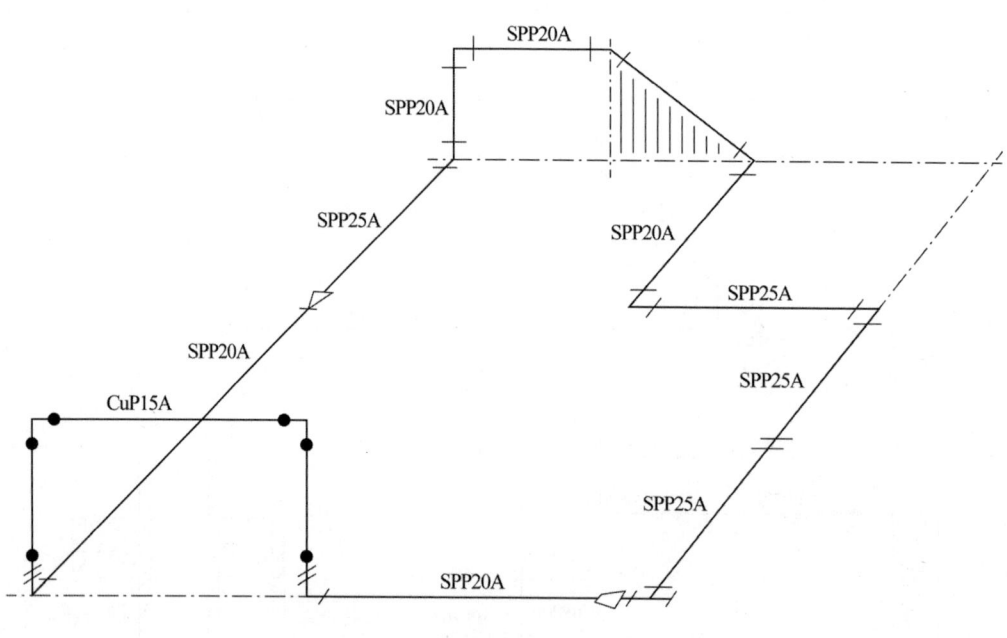

▲ 예상도면 11 입체도

제3장 예상도면

| 자격종목 | 에너지관리 산업기사 | 과제명 | 강관 및 동관 조립
예상도면 11 | 척도 | NS |

□ **시험시간 : 3시간**

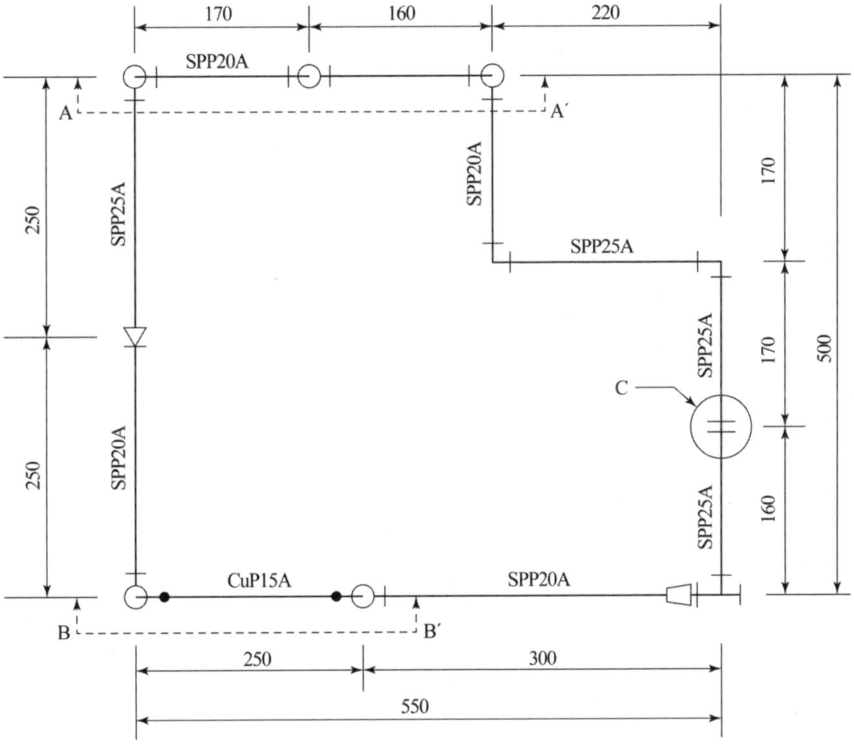

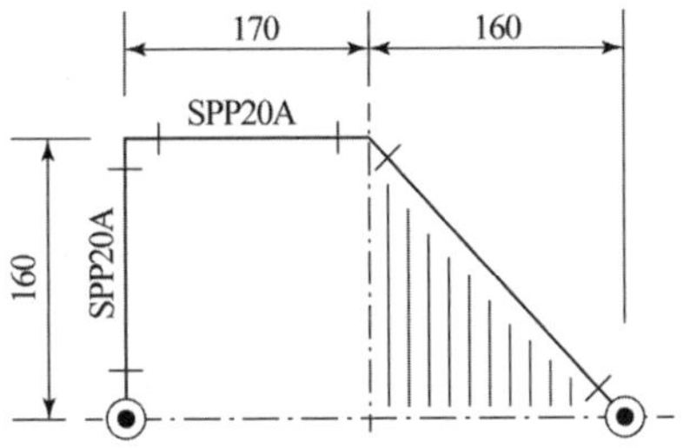

A-A´ 단면도

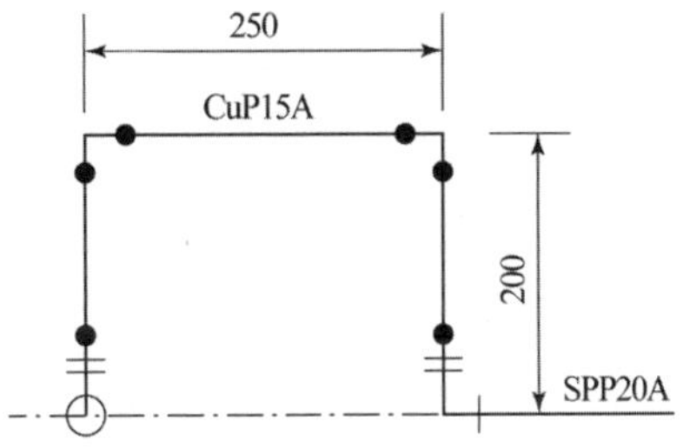

B-B´ 단면도

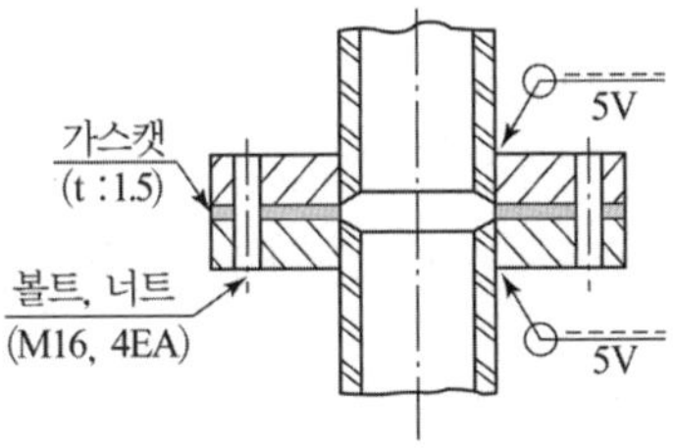

C 상세도

가스캣 (t : 1.5)

볼트, 너트 (M16, 4EA)

2. 공개도면

수험자 요구사항 및 유의사항

※ 시험시간 : 3시간

(1) 요구사항

1) 지급된 재료를 이용하여 도면과 같이 강관 및 동관의 조립작업을 하시오.
   - 관을 절단할 때는 수험자가 지참한 수동공구(수동파이프 커터, 튜브 커터, 쇠톱 등)를 사용하여 절단한 후 파이프 내의 거스러미를 제거해야 합니다.
   - 플랜지 및 강관 용접 이음쇠는 지정된 용접봉을 사용하여 아크용접을 하여야 합니다.
   ※ 강관과 플랜지의 용접 후 플랜지조립(체결)전에 감독위원의 확인을 받아야 합니다.
   - 시험종료 후 작품의 수압시험 시 누수여부를 감독위원으로부터 확인 받아야 합니다.

(2) 수험자 유의사항

① 시험시간 내에 작품을 제출하여야 합니다.
② 수험자가 지참한 공구와 지정된 시설만을 사용하며, 안전수칙을 준수하여야 합니다.
③ 수험자 인적사항 및 계산식을 포함한 답안작성은 흑색 필기구만 사용해야 하며, 그 외 연필류, 빨간색, 청색 등 필기구로 작성한 답항은 0점 처리되오니 불이익을 당하지 않도록 유의해 주시기 바랍니다.
④ 수험자는 시험시작 전 지급된 재료의 이상유무를 확인 후 지급 재료가 불량품일 경우에만 교환이 가능하고, 기타 가공, 조립 잘못으로 인한 파손이나 불량 재료 발생시 교환할 수 없으며, 지급된 재료만을 사용하여야 합니다.
⑤ 재료의 재 지급은 허용되지 않으며, 잔여재료는 작업이 완료된 후 작품과 함께 동시에 제출하여야 합니다.
⑥ 수험자 지참공구 중 배관 꽂이용 지그와 동관 CM어댑터 용접용 지그는 사용 가능하나, 그 외 용접용 지그(턴테이블(회전형) 형태 등)는 사용불가 합니다.
⑦ 동영상 및 작업형(강관 및 동관 조립) 시험 전 과정을 응시하지 않았을 경우 채점 대상에서 제외합니다.

⑧ 작업형 시험(강관 및 동관 조립)에 응시하지 아니하거나, 응시하더라도 작업형 점수가 0점 또는 채점 대상 제외 사항(10번 항목)에 해당되는 경우 불합격 처리됩니다.

⑨ 관 절단부의 거스러미 제거와 복장상태, 작업 시 안전보호구 착용여부 및 사용법, 재료 및 공구 등의 정리정돈 등 안전수칙 준수도 시험 중에 채점하므로 철저히 해야합니다.

⑩ 다음 사항에 대해서는 채점 대상에서 제외하니 특히 유의하시기 바랍니다.

　(가) **기권**
　　㉮ 수험자 본인이 수험 도중 시험에 대한 포기의사를 표하는 경우
　　㉯ 실기시험 과정 중 1개 과정이라도 불참한 경우

　(나) **미완성**
　　㉮ 시험시간 내 작품을 제출하지 못했을 경우

　(다) **오작품**
　　㉮ 도면치수 중 부분치수가 ±15[mm](전체길이는 가로 또는 세로 ±30[mm]) 이상 차이가 있는 작품
　　㉯ 수압시험 시 0.3[MPa](3[kgf/cm^2]) 이하에서 누수가 되는 작품
　　㉰ 평행도가 30[mm] 이상 차이가 있는 작품
　　㉱ 도면과 상이하게 조립된 작품
　　㉲ 외관 및 기능도가 극히 불량한 작품
　　㉳ 지급된 재료 이외의 재료를 사용하였을 경우
　　㉴ 플랜지의 패킹면과 용접면을 바꿔서 조립한 작품

> ※ 국가기술자격 시험문제는 저작권법상 보호되는 저작물이고, 저작권자는 한국산업인력공단입니다. 시험문제의 일부 또는 전부를 무단 복제, 배포, (전자)출판하는 등 저작권을 침해하는 일체의 행위를 금합니다.
> 〈국가기술자격 부정행위 예방 캠페인 : "부정행위, 묵인하면 계속됩니다."〉

지급재료 목록

번호	재료명	규격	단위	수량	비고
1	강관(SPP) 흑관	25A×1200	개	1	KS규격품
2	강관(SPP) 흑관	20A×1500	개	1	KS규격품
3	동관(경질, L형, 직관)	15A×800	개	1	KS규격품
4	90° 엘보(가단주철제)(백)	20A	개	2	KS규격품
5	90° 엘보(가단주철제)(백)	25A	개	1	KS규격품
6	90° 이경엘보(가단주철제)(백)	25A×20A	개	2	KS규격품
7	90° 이경엘보(가단주철제)(백)	20A×15A	개	2	KS규격품
8	45° 엘보(가단주철제)(백)	20A	개	1	KS규격품
9	이경티(가단주철제)(백)	25A×20A	개	1	KS규격품
10	레듀셔(가단주철제)(백)	25A×20A	개	1	KS규격품
11	동관용 어뎁터(C×M형)	황동제 15A	개	2	KS규격품
12	동관용 엘보(C×C형)	동관제 15A	개	2	KS규격품
13	평플랜지(RF형)	25A(10kgf/cm^2)	개	2	KS규격품
14	플랜지 가스킷(비석면제)	25A 플랜지용(t1.5mm)	개	1	KS규격품
15	육각 볼트, 너트(플랜지용)	M16×50	조	4	KS규격품
16	실링 테이프	t0.1×13×10,000	R/L	5	
17	인동납 용접봉	B Cup-3(Φ2.4×500)	개	1	
18	플럭스(동관 플랜지용)	200g	통	1	30인 공용
19	고산화티탄계 아크 용접봉	Φ3.2×350	개	8	KS : E4313
20	산소	120kgf/cm^2 (내용적 : 40L)	병	1	30인 공용
21	아세틸렌	3kg	병	1	30인 공용
22	절삭유(중절삭용)	활성 극압유 (4L)	통	1	30인 공용
23	동력나사 절삭기 체이서	20A 용	조	1	15인 공용
24	동력나사 절삭기 체이서	20A 용	조	1	15인 공용

※ 국가기술자격 실기시험 지급재료는 시험종료 후(기권, 결시자 포함) 수험자에게 지급하지 않습니다.

제3장 예상도면

자격종목	에너지관리 산업기사	과제명	강관 및 동관 조립 공개도면 1	척도	NS

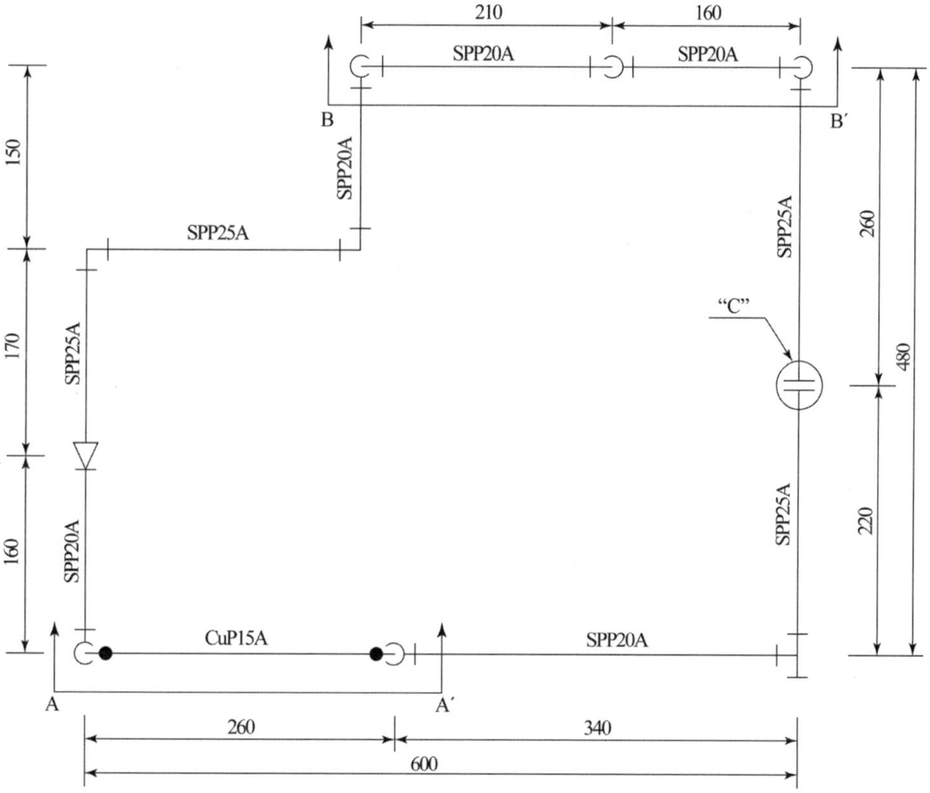

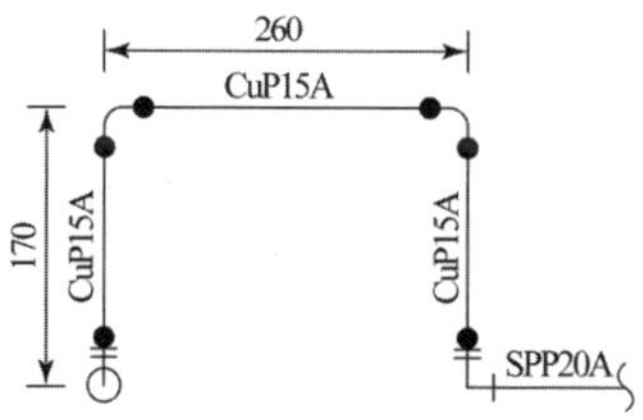

A-A′ 단면도

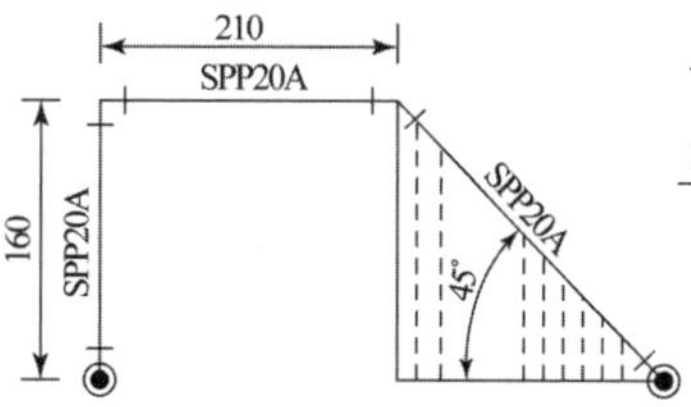

B-B′ 단면도

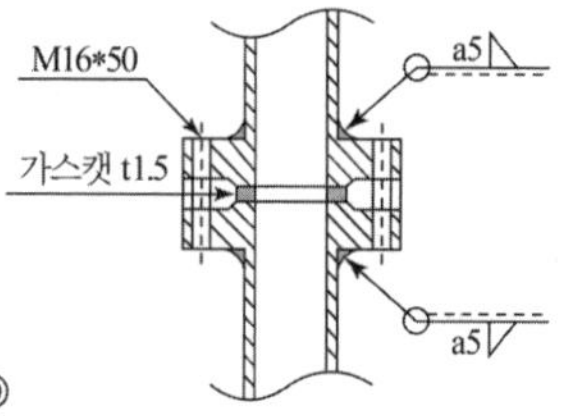

"C"부 상세도

자격종목	에너지관리 산업기사	과제명	강관 및 동관 조립 **공개도면 2**	척도	NS

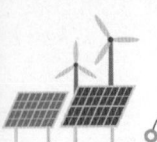

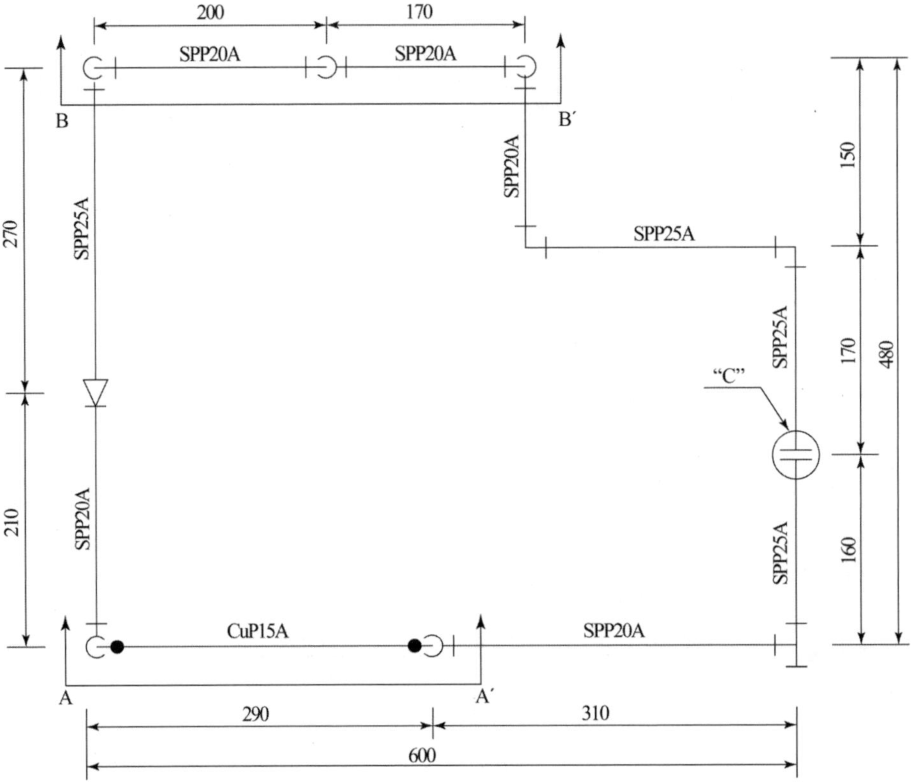

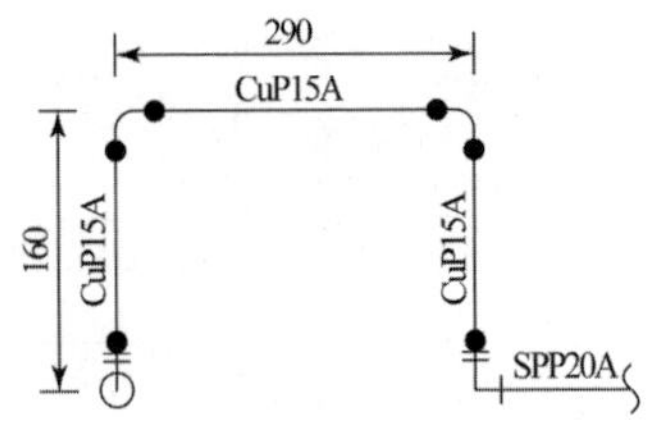

A－A′ 단면도

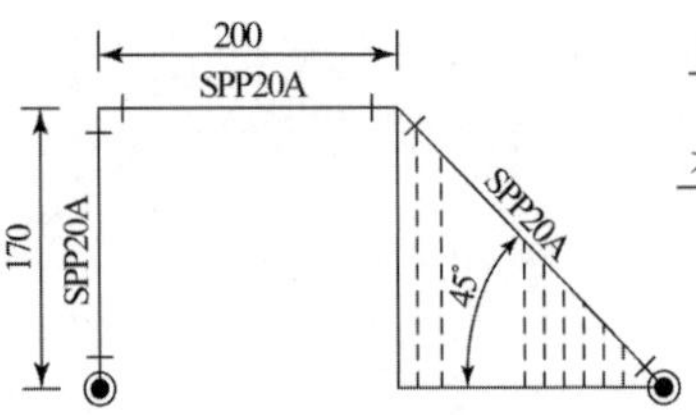

B－B′ 단면도

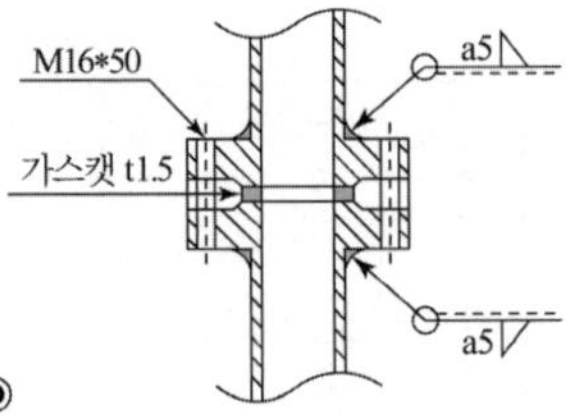

"C" 부 상세도

제3장 예상도면

| 자격종목 | 에너지관리 산업기사 | 과제명 | 강관 및 동관 조립
공개도면 3 | 척도 | NS |

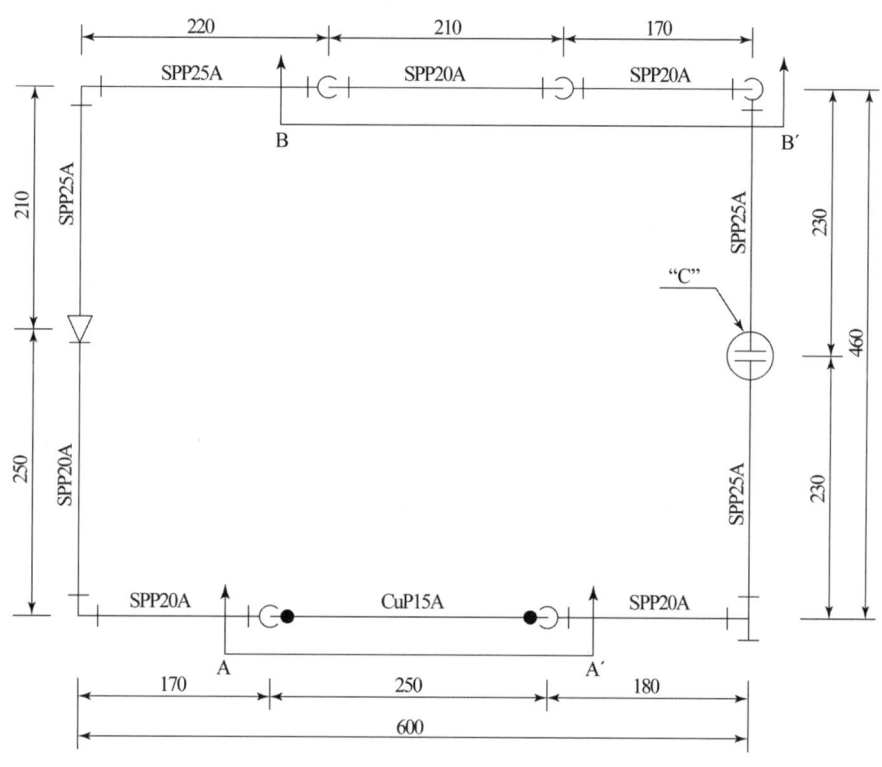

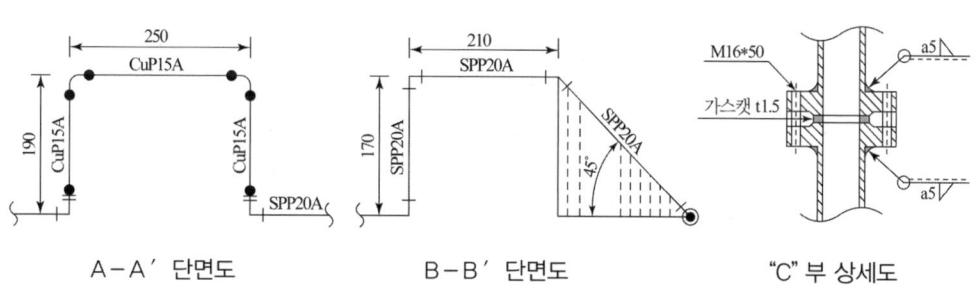

A–A′ 단면도   B–B′ 단면도   "C" 부 상세도

| 자격종목 | 에너지관리 산업기사 | 과제명 | 강관 및 동관 조립
공개도면 4 | 척도 | NS |

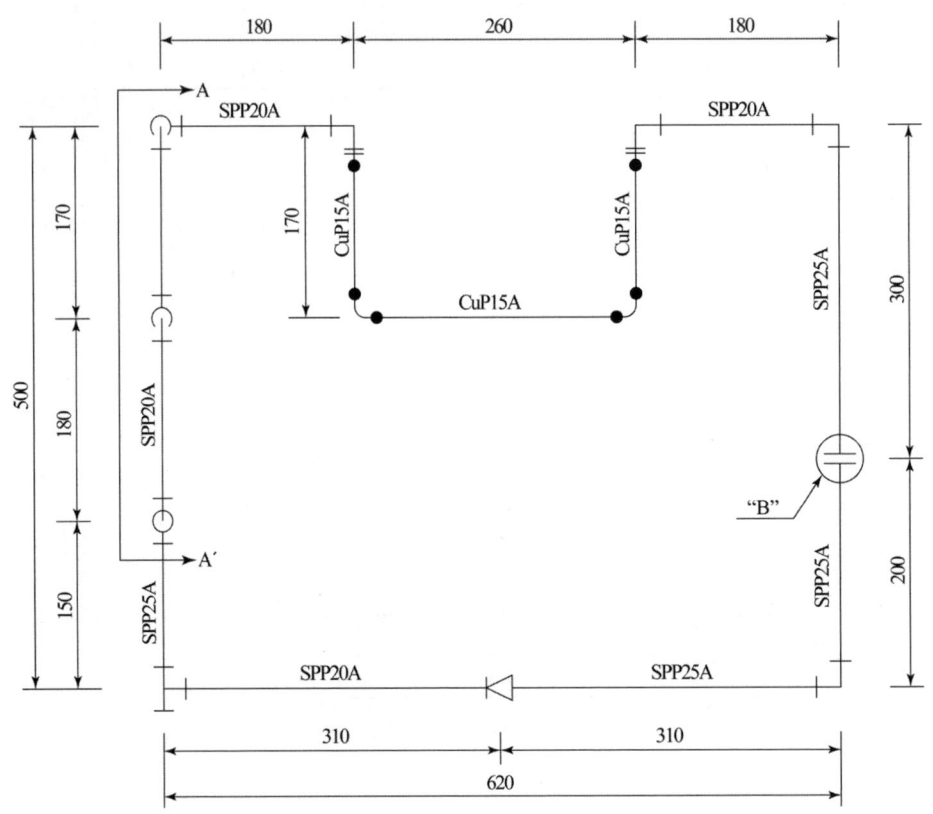

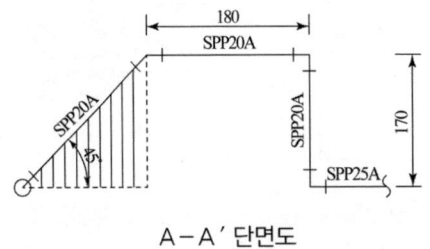

A-A' 단면도

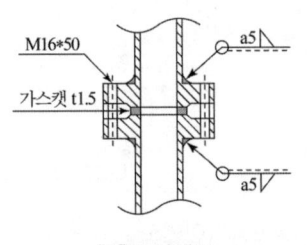

"B"부 상세도

| 자격종목 | 에너지관리 산업기사 | 과제명 | 강관 및 동관 조립
공개도면 5 | 척도 | NS |

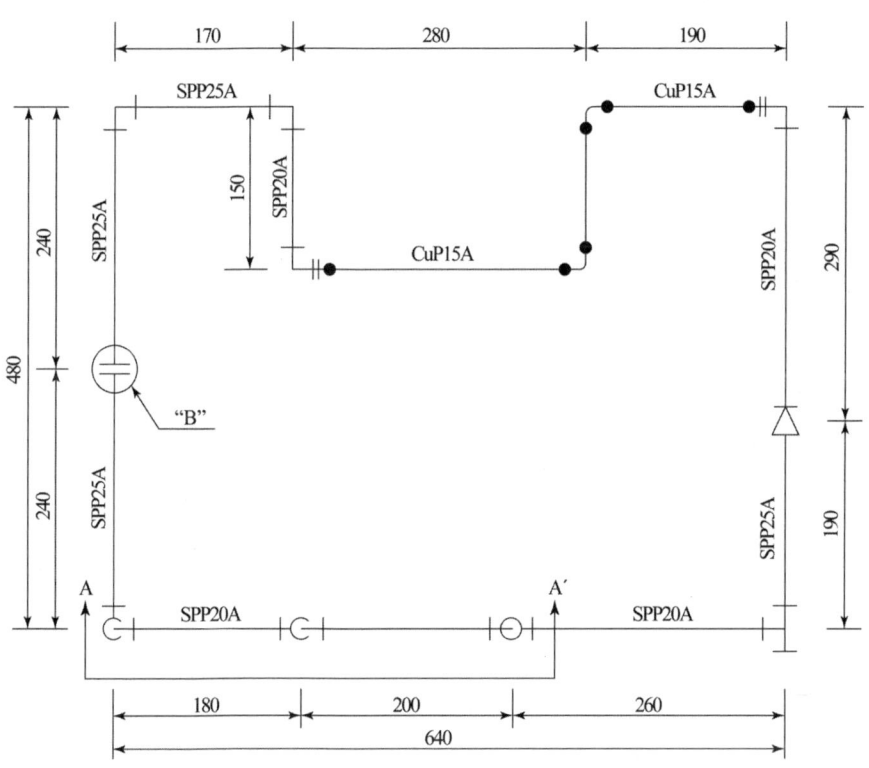

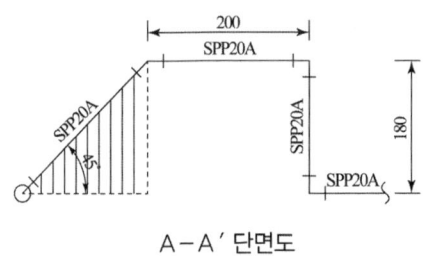

A-A' 단면도

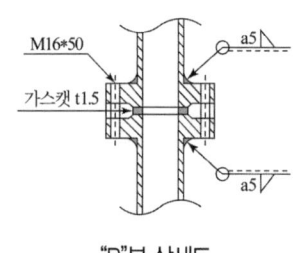

"B"부 상세도

제5편 배관작업형

자격종목	에너지관리 산업기사	과제명	강관 및 동관 조립 공개도면 6	척도	NS

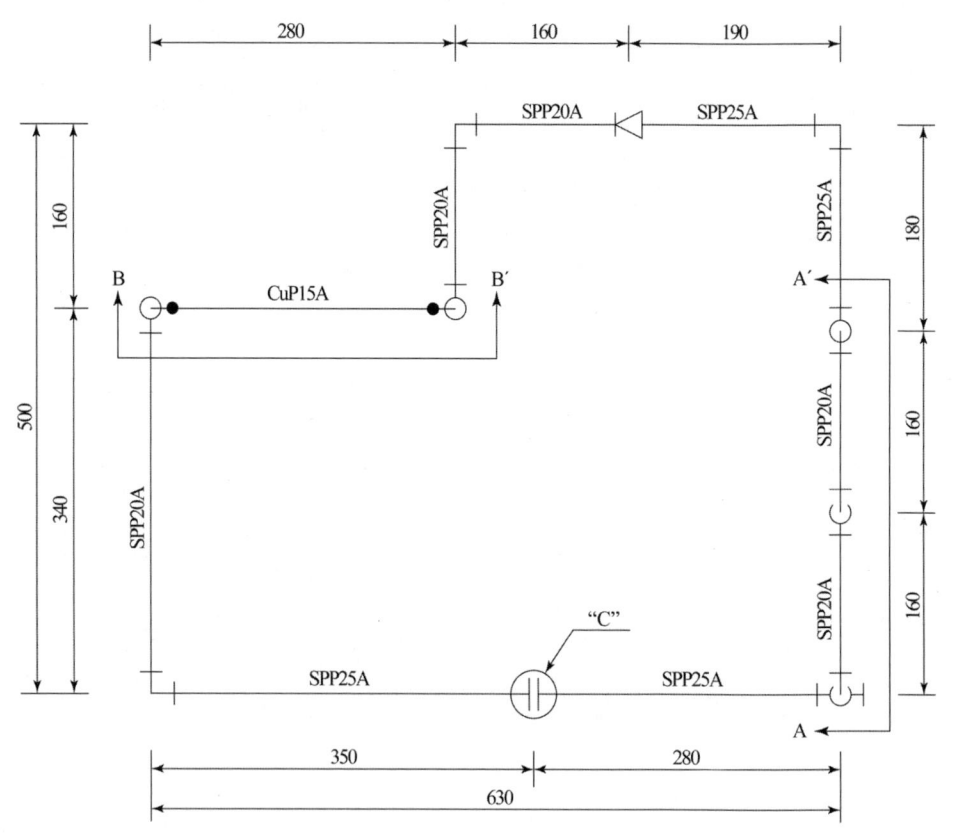

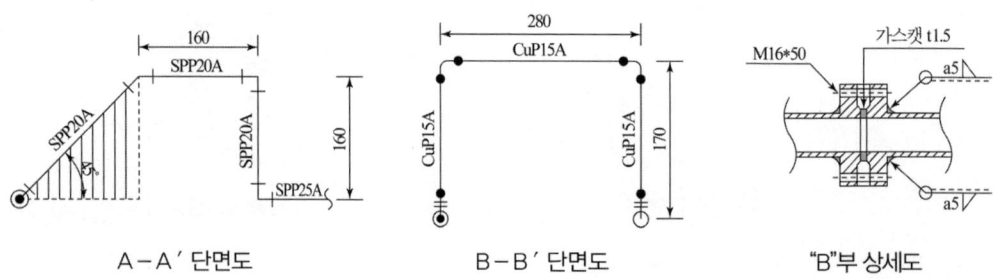

A-A´ 단면도 　　　B-B´ 단면도 　　　"B"부 상세도

간추린 공식 110선(選)

1. 온도

① $℃ = \dfrac{5}{9}(℉ - 32)$

② $℉ = \dfrac{9}{5}℃ + 32$

③ 절대온도

$K = t℃ + 273 \qquad °R = t℉ + 460$

2. 압력

① 절대압력 = 대기압 + 게이지압력
         = 대기압 − 진공압력

② 압력환산

환산압력 = $\dfrac{\text{주어진 압력}}{\text{주어진 압력 표준대기압}} \times \text{구하려하는 표준대기압}$

> **참고**
>
> 1[MPa] = 10.1968[kgf/cm²] ≒ 10[kgf/cm²]
> 1[kPa] = 101.968[mmH₂O] ≒ 100[mmH₂O]

3. 비열비

$k = \dfrac{C_p}{C_v} > 1$

$C_p - C_v = R \qquad C_p = \dfrac{k}{k-1}R$

$C_v = \dfrac{1}{k-1}R$

k : 비열비
C_p : 정압비열[kJ/kg·℃]
C_v : 정적비열[kJ/kg·℃]
R : 기체상수$\left(\dfrac{8.314}{M}\text{[kJ/kg·K]}\right)$

공학단위

$k = \dfrac{C_p}{C_v} > 1$

$C_p - C_v = AR \qquad C_p = \dfrac{k}{k-1}AR$

$C_v = \dfrac{1}{k-1}AR$

C_p : 정압비열[kcal/kgf·℃]
C_v : 정적비열[kcal/kgf·℃]
A : 일의 열당량$\left(\dfrac{1}{427}\text{[kcal/kgf·K]}\right)$
R : 기체상수$\left(\dfrac{848}{M}\text{[kcal/kgf·K]}\right)$

4. 현열과 잠열

① 현열(감열)

$Q = m \cdot C \cdot \Delta t$

Q : 현열[kJ]
m : 물체의 질량[kg]
C : 비열[kJ/kg·℃]
Δt : 온도변화[℃]

② 잠열(숨은열)

$Q = m \cdot \gamma$

Q : 잠열[kJ]
m : 물체의 질량[kg]
γ : 물질의 잠열량[kJ/kg]

공학단위

① 현열(감열)

$Q = G \cdot C \cdot \Delta t$

Q : 현열[kcal], G : 물체의 중량[kgf]
C : 비열[kcal/kgf·℃], Δt : 온도변화[℃]

② 잠열(숨은열)

$$Q = G \cdot \gamma$$

Q : 잠열[kcal], G : 물체의 중량[kgf]
γ : 물질의 잠열량[kcal/kgf]

5. 엔탈피

$$h = U + P \cdot v$$

h : 엔탈피[kJ/kg]
U : 내부에너지[kJ/kg]
P : 압력[kPa]
v : 비체적[m³/kg]

공학단위

$$h = U + A \cdot P \cdot v$$

h : 엔탈피[kcal/kgf]
U : 내부에너지[kcal/kgf]
A : 일의 열당량 $\left(\dfrac{1}{427}\right.$ [kcal/kgf·m]$\left.\right)$
P : 압력[kgf/m²]
v : 비체적[m³/kgf]

6. 엔트로피

$$dS = \dfrac{dQ}{T} = U + \dfrac{P \cdot v}{T}$$

dS : 엔트로피 변화량[kJ/kg·K]
dQ : 열량 변화량[kJ/kg]
T : 그 상태의 절대온도[K]
P : 압력[kPa]
v : 비체적[m³/kg]

공학단위

$$dS = \dfrac{dQ}{T} = U + \dfrac{A \cdot P \cdot v}{T}$$

dS : 엔트로피 변화량[kcal/kgf·K]
dQ : 열량 변화량[kcal/kgf]

T : 그 상태의 절대온도[K]
A : 일의 열당량 $\left(\dfrac{1}{427}\right.$ [kcal/kgf·m]$\left.\right)$
P : 압력[kgf/m²]
v : 비체적[m³/kgf]

7. 열평형 온도(열역학 제0법칙)

$$t_m = \dfrac{m_1 \cdot C_1 \cdot t_1 + m_2 \cdot C_2 \cdot t_2}{m_1 \cdot C_1 + m_2 \cdot C_2}$$

t_m : 열평형 온도[℃]
m_1, m_2 : 각 물질의 질량[kg]
C_1, C_2 : 각 물질의 비열[kJ/kg·℃]
t_1, t_2 : 각 물질의 온도[℃]

공학단위

$$t_m = \dfrac{G_1 \cdot C_1 \cdot t_1 + G_2 \cdot C_2 \cdot t_2}{G_1 \cdot C_1 + G_2 \cdot C_2}$$

t_m : 열평형 온도[℃]
G_1, G_2 : 각 물질의 중량[kgf]
C_1, C_2 : 각 물질의 비열[kcal/kgf·℃]
t_1, t_2 : 각 물질의 온도[℃]

8. 비중

① 가스 비중

$$\text{가스 비중} = \dfrac{\text{기체의 분자량(질량)}}{\text{공기의 평균분자량(29)}}$$

② 액체 비중

$$\text{액체 비중} = \dfrac{t[℃]\text{의 물질의 밀도}}{4[℃] \text{ 물의 밀도}}$$

9. 기체 밀도, 비체적

① 기체밀도[g/L, kg/m³]

$$= \dfrac{\text{기체 분자량}}{22.4} = \dfrac{1}{\text{비체적}}$$

② 기체비체적[L/g, m³/kg]

$$= \frac{22.4}{기체\ 분자량} = \frac{1}{밀도}$$

10. 보일-샤를의 법칙

① 보일의 법칙

$$P_1 \cdot V_1 = P_2 \cdot V_2$$

② 샤를의 법칙

$$\frac{V_1}{T_1} = \frac{V_2}{T_2}$$

③ 보일-샤를의 법칙

$$\frac{P_1 \cdot V_1}{T_1} = \frac{P_2 \cdot V_2}{T_2}$$

P_1 : 처음 상태의 절대압력
P_2 : 나중 상태의 절대압력
V_1 : 처음 상태의 체적
V_2 : 나중 상태의 체적
T_1 : 처음 상태의 절대온도[K]
T_2 : 나중 상태의 절대온도[K]

11. 이상기체 상태방정식

① $PV = nRT \qquad PV = \frac{W}{M}RT$

$$PV = Z\frac{W}{M}RT$$

P : 압력[atm] V : 체적[L]
n : 몰[mol] 수
R : 기체상수(0.082[L·atm/mol·K])
M : 분자량[g/mol] W : 질량[g]
T : 절대온도[K] Z : 압축계수

② $PV = GRT$

P : 압력[kPa·a] V : 체적[m³]
G : 질량[kg] T : 절대온도[K]
R : 기체상수$\left(\frac{8.314}{M}\ [kJ/kg·K]\right)$

공학단위

$$PV = GRT$$

P : 압력[kgf/m²·a] V : 체적[m³]
G : 중량[kgf] T : 절대온도[K]
R : 기체상수$\left(\frac{848}{M}\ [kcal/kgf·K]\right)$

12. 달톤의 분압법칙

$$P = P_1 + P_2 + P_3 + \cdots + P_n$$

P : 전압
P_1, P_2, P_3, P_n : 각 성분 기체의 압력

13. 아메가의 분적법칙

$$V = V_1 + V_2 + V_3 + \cdots + V_n$$

V : 전부피
V_1, V_2, V_3, V_n : 각 성분 기체의 부피

14. 전압(전체 압력)

$$P = \frac{P_1 V_1 + P_2 V_2 + P_3 V_3 + \cdots + P_n V_n}{V}$$

P : 전압 V : 전부피
P_1, P_2, P_3, P_n : 각 성분 기체의 압력
V_1, V_2, V_3, V_n : 각 성분 기체의 부피

15. 분압(부분 압력)

$$분압 = 전압 \times \frac{성분몰수}{전몰수}$$

$$= 전압 \times \frac{성분부피}{전부피}$$

$$= 전압 \times \frac{성분\ 분자수}{전분자수}$$

16. 혼합가스의 확산속도(그레이엄의 법칙)

$$\frac{U_2}{U_1} = \sqrt{\frac{M_1}{M_2}} = \frac{t_1}{t_2}$$

U_1, U_2 : 1번 및 2번 기체의 확산속도
M_1, M_2 : 1번 및 2번 기체의 분자량
t_1, t_2 : 1번 및 2번 기체의 확산시간

17. 르샤틀리에의 법칙(폭발한계 계산)

$$\frac{100}{L} = \frac{V_1}{L_1} + \frac{V_2}{L_2} + \frac{V_3}{L_3} + \cdots + \frac{V_n}{L_n}$$

L : 혼합가스의 폭발한계치[%]
V_1, V_2, V_3, V_n : 각 성분 기체의 체적[%]
L_1, L_2, L_3, L_n : 각 성분 단독의 폭발한계치[%]

18. 단열변화 후 온도

$$\frac{T_2}{T_1} = \left(\frac{v_1}{v_2}\right)^{k-1} = \left(\frac{P_2}{P_1}\right)^{\frac{k-1}{k}}$$

$$\therefore T_2 = T_1 \times \left(\frac{v_1}{v_2}\right)^{k-1} = T_1 \times \left(\frac{P_2}{P_1}\right)^{\frac{k-1}{k}}$$

19. 증기의 열적 상태량

① 포화증기 엔탈피
　　$h'' = h' + \gamma$
② 습포화증기 엔탈피
　　$h_2 = h' + \gamma x = h' + (h'' - h')x$
③ 과열증기 엔탈피
　　$h_3 = h'' + C(t_3 - t_1)$
④ 과열도 = 과열증기 온도 − 포화증기 온도
　　h' : 포화수 엔탈피[kJ/kg]
　　h'' : 포화증기 엔탈피[kJ/kg]
　　h_2 : 습포화증기 엔탈피[kJ/kg]
　　h_3 : 과열증기 엔탈피[kJ/kg]
　　γ : 증발잠열[kJ/kg]

x : 건조도
C : 과열증기 평균비열[kJ/kg·℃]
t_3 : 과열증기 온도[℃]
t_1 : 포화증기 온도[℃]

20. 노즐에서 증기의 단열유동

$$w_2 = \sqrt{2 \times (h_1 - h_2)}$$

w_2 : 노즐 출구에서 유속[m/s]
h_1 : 노즐 입구에서 엔탈피[J/kg]
h_2 : 노즐 출구에서 엔탈피[J/kg]
※ 입구속도(w_1)를 감안한 경우
$$w_2 = \sqrt{2 \times (h_1 - h_2) + w_1^2}$$

공학단위

$$w_2 = \sqrt{2 \cdot g \cdot J \cdot (h_1 - h_2)}$$

w_2 : 노즐 출구에서 유속[m/s]
J : 열의 일당량(427[kgf·m/kcal])
h_1 : 노즐 입구에서 엔탈피[kcal/kgf]
h_2 : 노즐 출구에서 엔탈피[kcal/kgf]
※ 입구속도(w_1)를 감안한 경우
$$w_2 = \sqrt{2 \cdot g \cdot J \cdot (h_1 - h_2) + w_1^2}$$

21. 마찰유동의 속도계수

$$\phi = \frac{w_2}{\sqrt{2 \times (h_1 - h_2)}}$$

ϕ : 속도계수
w_2 : 노즐 출구에서 유속[m/s]
h_1 : 노즐 입구에서 엔탈피[J/kg]
h_2 : 노즐 출구에서 엔탈피[J/kg]

22. 카르노(Carnot) 사이클 효율

$$\eta[\%] = \frac{W}{Q_1} \times 100$$

$$= \left(\frac{Q_1 - Q_2}{Q_1}\right) \times 100 = \left(1 - \frac{Q_2}{Q_1}\right) \times 100$$

$$= \left(\frac{T_1 - T_2}{T_1}\right) \times 100 = \left(1 - \frac{T_2}{T_1}\right) \times 100$$

Q_1 : 공급열량[kJ]
Q_2 : 방출열량[kJ]
W : 유효하게 사용된 일량[kJ]
T_1 : 공급 절대온도[K]
T_2 : 방출 절대온도[K]

23. 오토(Otto) 사이클 이론 열효율

$$\eta_o = \frac{W}{q_1} = \frac{q_1 - q_2}{q_1} = 1 - \frac{q_2}{q_1}$$

$$= 1 - \left(\frac{T_B - T_C}{T_A - T_D}\right) = 1 - \left(\frac{T_B}{T_A}\right)$$

$$= 1 - \left(\frac{1}{\gamma}\right)^{k-1} = 1 - \gamma\left(\frac{1}{\gamma}\right)^k$$

W : 유효하게 사용된 일량[kJ]
q_1 : 가열량[kJ] q_2 : 방열량[kJ]
T_A : 정적가열 후 절대온도[K]
T_B : 단열팽창 후 절대온도[K]
T_C : 흡입 후 절대온도[K]
T_D : 단열압축 후 절대온도[K]
γ : 압축비 $\left(\gamma = \dfrac{v_D}{v_C}\right)$
k : 비열비

24. 디젤(Diesel) 사이클 이론 열효율

$$\eta_d = \left\{1 - \left(\frac{1}{\epsilon}\right)^{k-1} \times \left(\frac{\sigma^k - 1}{k(\sigma - 1)}\right)\right\}$$

ϵ : 압축비 $\left(\epsilon = \dfrac{단열압축전 비체적}{단열압축후 비체적}\right)$
σ : 체절비(차단비, 단절비)
$\left(\sigma = \dfrac{등압가열과정후 비체적}{등압가열과정전 비체적}\right)$
k : 비열비

25. 브레이턴(Brayton) 사이클 이론 열효율

$$\eta_b = 1 - \frac{q_2}{q_1} = 1 - \left(\frac{1}{\phi}\right)^{\frac{k-1}{k}}$$

q_1 : 가열량[kJ] q_2 : 방열량[kJ]
ϕ : 압력비 $\left(\phi = \dfrac{단열압축후 압력}{단열압축전 압력}\right)$

26. 랭킨(Rankin) 사이클 이론 열효율

$$\eta = \frac{W}{Q_1} = \frac{W_T - W_p}{Q_1}$$

$$= \frac{(h_3 - h_4) - (h_2 - h_1)}{h_3 - h_2}$$

W_T : 터빈이 하는 일[kJ]
W_P : 펌프가 하는 일[kJ]
h_1 : 펌프 입구 엔탈피[kJ/kg]
h_2 : 보일러 입구 엔탈피[kJ/kg]
h_3 : 터빈 입구 엔탈피[kJ/kg]
h_4 : 응축기 입구 엔탈피[kJ/kg]

27. 냉동기 성적계수(COP_R)

① 이론 성적계수

$$= \frac{증발 절대온도}{응축 절대온도 - 증발 절대온도}$$

$$= \frac{냉동력[kcal/kgf]}{이론소요동력}$$

$$= \frac{Q_2}{Q_1 - Q_2} = \frac{T_2}{T_1 - T_2}$$

② 실제 성적계수

$$= \frac{증발열량}{압축열량}$$

$$= \frac{냉동력[kcal/kgf]}{압축기 소요동력[kW] \times 860[kcal/kW]}$$

$$= 이론성적계수 \times 압축효율 \times 기계효율$$

$$= \epsilon \times \eta_c \times \eta_m$$

28. 히트펌프 성적계수

$$COP_H = \frac{Q_1}{W} = \frac{Q_1}{Q_1 - Q_2}$$
$$= \frac{T_1}{T_1 - T_2} = 1 + COP_R$$

29. 연속의 방정식

① 체적 유량
$$Q = A_1 \cdot V_1 = A_2 \cdot V_2$$

② 질량 유량
$$m = \rho \cdot A_1 \cdot V_1 = \rho \cdot A_2 \cdot V_2$$

③ 중량 유량
$$G = \gamma \cdot A_1 \cdot V_1 = \gamma \cdot A_2 \cdot V_2$$

Q : 체적유량[m³/s]
m : 질량 유량[kg/s]
G : 중량 유량[kgf/s]
ρ : 유체의 밀도[kg/m³]
γ : 유체의 비중량[kgf/m³]
A_1, A_2 : 1번, 2번 지점의 배관 단면적[m²]

$$A = \frac{\pi}{4} \times D^2$$

D : 배관 지름[m]
V_1, V_2 : 1번, 2번 지점의 유속[m/s]

30. 베르누이(Bernoulli) 방정식

$$H = Z_1 + \frac{P_1}{\gamma} + \frac{V_1^2}{2g} = Z_2 + \frac{P_2}{\gamma} + \frac{V_2^2}{2g}$$

H : 전수두[m]
Z_1, Z_2 : 위치수두[m]
$\frac{P_1}{\gamma}$, $\frac{P_2}{\gamma}$: 압력수두[m]
P_1 : 압력[mmH₂O, kgf/m²]
γ : 유체의 비중량[kgf/m³]

$\frac{V_1^2}{2g}$, $\frac{V_2^2}{2g}$: 속도수두[m]
V_1, V_2 : 1번, 2번 지점에서 유속[m/s]
g : 중력가속도(9.8[m/s²])

31. 레이놀즈 수(Reynolds number)

$$Re = \frac{\rho \cdot D \cdot V}{\mu} = \frac{D \cdot V}{\nu}$$
$$= \frac{4Q}{\pi \cdot D \cdot \nu} = \frac{4\rho \cdot Q}{\pi \cdot D \cdot \mu}$$

ρ : 밀도[kg/m³] D : 관지름[m]
V : 유속[m/s] μ : 점성계수[kg/m·s]
ν : 동점성계수[m²/s] Q : 유량[m³/s]

32. 원형관의 압력손실 (달시-바이스바하 방정식)

$$h_f = f \times \frac{L}{D} \times \frac{V^2}{2} \times \rho$$

h_f : 손실수두[Pa] f : 관마찰계수
L : 관 길이[m] D : 관지름[m]
V : 유속[m/s] ρ : 밀도[kg/m³]

공학단위

$$h_f = f \times \frac{L}{D} \times \frac{V^2}{2g}$$

h_f : 손실수두[mH₂O] f : 관마찰계수
L : 관 길이[m] D : 관지름[m]
V : 유속[m/s]
g : 중력가속도(9.8[m/s²])

33. 강제순환식 수관 보일러 순환비

$$\text{순환비} = \frac{\text{순환수량}}{\text{발생증기량}}$$

34. 펌프 축동력

$$kW = \frac{P \cdot Q}{\eta}$$

P : 압력[kPa]　　Q : 유량[m³/s]
η : 효율

공학단위

① kW
$$kW = \frac{\gamma \cdot Q \cdot H}{102\eta}$$

② PS
$$PS = \frac{\gamma \cdot Q \cdot H}{75\eta}$$

γ : 액체의 비중량[kgf/m³]
　→ 물의 경우 1000[kgf/m³]
Q : 유량[m³/s]　H : 전양정[m]　η : 효율

35. 송풍기 소요동력(축동력)

$$kW = \frac{P \cdot Q}{\eta}$$

P : 압력[kPa]
Q : 유량[m³/s]
η : 효율

공학단위

① kW
$$kW = \frac{P \cdot Q}{102\eta}$$

② PS
$$PS = \frac{P \cdot Q}{75\eta}$$

P : 풍압[mmH₂O, kgf/m²]
Q : 풍량[m³/s]　　η : 효율

36. 원심식 펌프 상사법칙

① 유량
$$Q_2 = Q_1 \times \left(\frac{N_2}{N_1}\right) \times \left(\frac{D_2}{D_1}\right)^3$$

② 양정
$$H_2 = H_1 \times \left(\frac{N_2}{N_1}\right)^2 \times \left(\frac{D_2}{D_1}\right)^2$$

③ 동력
$$L_2 = L_1 \times \left(\frac{N_2}{N_1}\right)^3 \times \left(\frac{D_2}{D_1}\right)^5$$

Q_1, Q_2 : 변경 전, 후의 유량
H_1, H_2 : 변경 전, 후의 양정
L_1, L_2 : 변경 전, 후의 동력
N_1, N_2 : 변경 전, 후의 임펠러 회전수
D_1, D_2 : 변경 전, 후의 임펠러 지름

37. 원심식 송풍기 상사법칙

① 풍량
$$Q_2 = Q_1 \times \left(\frac{N_2}{N_1}\right) \times \left(\frac{D_2}{D_1}\right)^3$$

② 풍압
$$P_2 = P_1 \times \left(\frac{N_2}{N_1}\right)^2 \times \left(\frac{D_2}{D_1}\right)^2$$

③ 동력
$$L_2 = L_1 \times \left(\frac{N_2}{N_1}\right)^3 \times \left(\frac{D_2}{D_1}\right)^5$$

Q_1, Q_2 : 변경 전, 후의 유량
P_1, P_2 : 변경 전, 후의 풍압
L_1, L_2 : 변경 전, 후의 동력
N_1, N_2 : 변경 전, 후의 임펠러 회전수
D_1, D_2 : 변경 전, 후의 임펠러 지름

38. 원심펌프 비교회전도(비속도)

$$N_s = \frac{N \cdot \sqrt{Q}}{\left(\dfrac{H}{n}\right)^{\frac{3}{4}}}$$

N_s : 비교회전도(비속도)[rpm·m³/min·m]
N : 임펠러 회전수[rpm]
Q : 유량[m³/min]
H : 양정[m]
n : 단수

39. 펌프의 회전수

$$N = \frac{120 \cdot f}{P} \times \left(1 - \frac{S}{100}\right)$$

N : 회전수[rpm]
f : 전원의 주파수[Hz]
P : 전동기의 극수
S : 미끄럼률[%]

40. 보일러 분출량 계산

① 1일 분출량

$$X = \frac{W(1-R)d}{r-d}$$

② 응축수 회수율[%]

$$R = \frac{\text{응축수 회수량}}{\text{실제증발량}} \times 100$$

③ 분출률[%]

$$\text{분출률} = \frac{d}{r-d} \times 100$$

X : 1일 분출량[kg/day]
W : 1일 급수량[kg/day]
R : 응축수 회수율[%]
d : 급수 중의 허용 고형분[ppm]
r : 관수의 고형분[ppm]

41. 상당 증발량(환산 증발량)

$$G_e = \frac{G_a(h_2 - h_1)}{539}$$

G_e : 상당 증발량[kg/h]
G_a : 실제 증발량[kg/h]
h_2 : 습포화증기 엔탈피[kcal/kg]
h_1 : 급수 엔탈피[kcal/kg]

42. 보일러 마력

$$\text{보일러 마력} = \frac{G_e}{15.65} = \frac{G_a(h_2 - h_1)}{539 \times 15.65}$$

43. 전열면 증발률

① 전열면 증발률

$$R_a = \frac{G_a}{F}$$

② 전열면 환산증발률

$$R_e = \frac{G_e}{F} = \frac{G_a(h_2 - h_1)}{539 F}$$

R_a : 전열면 증발률[kg/h·m²]
R_e : 전열면 환산증발률[kg/h·m²]
G_a : 실제 증발량[kg/h]
G_e : 상당 증발량[kg/h]
F : 전열면적[m²]
h_2 : 습포화증기 엔탈피[kcal/kg]
h_1 : 급수 엔탈피[kcal/kg]

44. 전열면 열부하

$$H_b = \frac{G_a(h_2 - h_1)}{F}$$

H_b : 전열면 열부하[kcal/m²·h]
F : 전열면적[m²]

45. 증발계수

$$\text{증발계수} = \frac{G_e}{G_a} = \frac{h_2 - h_1}{539}$$

46. 증발배수

① 실제 증발배수

$$\text{실제증발배수} = \frac{G_a}{G_f}$$

② 환산 증발배수

$$\text{환산증발배수} = \frac{G_e}{G_f}$$

G_f : 연료소비량[kg/h]

47. 보일러 부하율

$$부하율[\%] = \frac{실제증발량}{최대 연속증발량} \times 100$$

48. 연소실 열부하(열발생률)

연소실열부하$[kcal/h \cdot m^3]$
$$= \frac{G_f(H_l + Q_1 + Q_2)}{V}$$

G_f : 연료 사용량[kg/h]
H_l : 연료의 저위발열량[kcal/kg]
Q_1 : 연료의 현열[kcal/kg]
Q_2 : 연소용 공기의 현열[kcal/kg]
V : 연소실 체적[m³]

49. 보일러 효율(보일러 열정산 기준)

① 입출열법

$$\eta = \frac{Q_s}{H_h + Q} \times 100$$

Q_s : 유효 출열[kcal/kg]
H_h : 연료의 고위발열량[kcal/kg]
Q : 입열의 합계량[kcal/kg]
 $(Q = Q_1 + Q_2 + Q_3)$
Q_1 : 연료의 현열[kcal/kg]
Q_2 : 연소용 공기의 현열[kcal/kg]
Q_3 : 노내 취입 증기 또는 온수에 의한 입열[kcal/kg]

② 열손실법

$$\eta = \left(1 - \frac{L_i}{H_h + Q}\right) \times 100$$

H_h : 연료의 고위발열량[kcal/kg]
L_i : 열손실 합계[kcal/kg]
 $(L_i = L_1 + L_2 + L_3 + L_4 + L_5)$
L_1 : 배기가스에 의한 열손실[kcal/kg]
L_2 : 노내 취입 증기에 의한 배기가스 열손실[kcal/kg]
L_3 : 불완전 연소에 의한 열손실[kcal/kg]
L_4 : 연소 잔재물 중의 미연소분에 의한 열손실[kcal/kg]
L_5 : 방산열에 의한 열손실[kcal/kg]

50. 보일러 종류에 따른 효율

① 증기 보일러 효율

$$\eta = \frac{G_a(h_2 - h_1)}{G_f \cdot H_l} \times 100 = \frac{539\, G_e}{G_f \cdot H_l} \times 100$$
$$= 연소효율 \times 전열효율$$

② 온수보일러 효율

$$\eta = \frac{G_w \cdot C \cdot \Delta t}{G_f \cdot H_l} \times 100$$

G_w : 온수 발생량[kg/h]
C : 온수 비열[kcal/kg·℃]
Δt : 온수 입·출구 온도차[℃]

51. 연소효율, 전열효율, 열효율

① 연소효율

$$\eta_e = \frac{Q_r}{H_l} \times 100 = \frac{H_l - (L_e + L_i)}{H_l} \times 100$$

Q_r : 실제 발생열량[kcal/kg]
H_l : 연료의 저위발열량[kcal/kg]
L_e : 미연탄소에 의한 손실열[kcal/kg]
L_i : 불완전 연소에 의한 손실열[kcal/kg]

② 전열효율

$$\eta_f = \frac{Q_e}{Q_r} \times 100$$
$$= \frac{H_l - (L_e + L_i + L_1 + L_5)}{H_l - (L_e + L_i)} \times 100$$

Q_e : 유효하게 사용된 열량[kcal/kg]
Q_r : 실제 발생열량[kcal/kg]
H_l : 연료의 저위발열량[kcal/kg]
L_e : 미연탄소에 의한 손실열[kcal/kg]

L_i : 불완전 연소에 의한 손실열[kcal/kg]
L_1 : 배기가스에 의한 손실열[kcal/kg]
L_5 : 방산열에 의한 손실열[kcal/kg]

③ 열효율

$$\eta_t = \frac{Q_e}{H_l} \times 100$$

$$= \frac{H_l - (L_e + L_i + L_1 + L_5)}{H_l} \times 100$$

$$= \eta_e \times \eta_f$$

52. 배관의 신축 길이(열팽창 길이)

$$\Delta L = L \cdot \alpha \cdot \Delta t$$

ΔL : 온도변화에 따른 신축 길이[mm]
L : 배관 길이[mm]
α : 선팽창계수[1.2×10^{-5}/℃]
Δt : 최고, 최저 온도차[℃]

53. 신축곡관 길이(루프형 신축이음)

$$L = 0.073\sqrt{d \cdot \Delta L}$$

L : 신축곡관 길이[m]
d : 관 지름[mm]
ΔL : 관의 신축 길이[mm]

54. 배관의 스케줄번호(schedule number)

$$Sch\ No = 10 \times \frac{P}{S}$$

P : 사용압력[kgf/cm²]
S : 재료의 허용응력[kgf/mm²]
$\left(S = \frac{\text{인장강도 [kgf/mm}^2\text{]}}{\text{안전율}}\right)$

※ 안전율은 별도로 주어지지 않으면 "4"를 적용함

55. 열관류율

① 평면벽

$$K = \frac{1}{R} = \frac{1}{\frac{1}{\alpha_2} + \frac{b}{\lambda} + \frac{1}{\alpha_1}}$$

K : 열관류율[W/m²·℃]
R : 열저항[m²·℃/W]
λ : 재료의 열전도율[W/m·℃]
b : 재료의 두께[m]
α_1 : 저온면 경막계수[W/m²·℃]
α_2 : 고온면 경막계수[W/m²·℃]

공학단위

K : 열관류율[kcal/h·m²·℃]
R : 열저항[h·m²·℃/kcal]
λ : 재료의 열전도율[kcal/h·m·℃]
b : 재료의 두께[m]
α_1 : 저온면 경막계수[kcal/h·m²·℃]
α_2 : 고온면 경막계수[kcal/h·m²·℃]

② 원통벽

$$\therefore K = \frac{1}{\frac{1}{\alpha_2} + \left(\frac{r_2}{\lambda} \times \ln\frac{r_2}{r_1}\right) + \left(\frac{1}{\alpha_1} \times \frac{r_2}{r_1}\right)}$$

K : 열관류율[W/m²·℃]
λ : 관 재료의 열전도율[W/m·℃]
α_1 : 내부의 열전달계수[W/m²·℃]
α_2 : 외부의 열전달계수[W/m²·℃]
r_1 : 내측 반지름[m]
r_2 : 외측 반지름[m]

56. 열전달량

$$Q = K \cdot F \cdot \Delta t$$

$$= \frac{1}{\frac{1}{\alpha_1} + \frac{b_1}{\lambda_1} + \frac{b_2}{\lambda_2} + \frac{1}{\alpha_2}} \cdot F \cdot (t_2 - t_1)$$

Q : 열전달량[W]

부록 간추린 공식 110선(選)

λ : 각 재료의 열전도율[W/m·℃]
b : 각 재료의 두께[m]
F : 전열면적[m²]
t_2 : 고온측 온도[℃]
t_1 : 저온측 온도[℃]

공학단위

Q : 열전달량[kcal/h]
λ : 각 재료의 열전도율[kcal/h·m·℃]
b : 각 재료의 두께[m]
F : 전열면적[m²]
t_2 : 고온측 온도[℃]
t_1 : 저온측 온도[℃]

57. 중공 원형관 열전달량

① 대수평균면적

$$F_m = \frac{2\pi L(r_o - r_i)}{\ln\frac{r_o}{r_i}}$$

② 열전달량

$$Q = K \cdot F_m \cdot \Delta t = \frac{2\pi L(t_i - t_o)}{\frac{1}{\lambda} \times \ln\frac{r_o}{r_i}}$$

Q : 열전달량[W]
F_m : 대수평균면적[m²]
L : 중공 원형관 길이[m]
λ : 재료의 열전도율[W/m·℃]
t_i : 내부온도[℃]
t_o : 외부온도[℃]
r_i : 안쪽 반지름[m]
r_o : 바깥쪽 반지름[m]
b : 두께[m] ($b = r_o - r_i$)

58. 다층 원형관 열전달량 : 2중 원형관

$$Q = \frac{2\pi L(t_1 - t_3)}{\frac{1}{\lambda_1}\ln\frac{r_2}{r_1} + \frac{1}{\lambda_2}\ln\frac{r_3}{r_2}}$$

Q : 열전달량[W]
L : 다층 원형관 길이[m]
λ : 각 재료의 열전도율[W/m·℃]
t_1 : 내부온도[℃]
t_3 : 외부온도[℃]
r_1 : 첫 번째 재료 안쪽 반지름[m]
r_2 : 두 번째 재료 안쪽 반지름[m]
r_3 : 두 번째 재료 바깥쪽 반지름[m]

59. 구형 용기 열전달량

$$Q = \lambda \frac{4\pi(t_i - t_o)}{\frac{1}{r_i - r_o}}$$

Q : 열전달량[W]
λ : 열전도율[W/m·℃]
t_i : 내부온도[℃]
t_o : 외부온도[℃]
r_i : 안쪽 반지름[m]
r_o : 바깥쪽 반지름[m]

60. 복사 열전달량

① 복사 전열량

$$Q = \epsilon \cdot C_b \cdot \left\{\left(\frac{T_1}{100}\right)^4 - \left(\frac{T_2}{100}\right)^4\right\} \cdot F$$

② 복사 열전달률

$$\alpha_R = \frac{\epsilon \cdot C_b \cdot \left\{\left(\frac{T_1}{100}\right)^4 - \left(\frac{T_2}{100}\right)^4\right\}}{T_1 - T_2}$$

Q : 복사 열전달량[W]
α_R : 복사 열전달률[W/m²·K]
ϵ : 흑도(방사도)
C_b : 스테판-볼츠만 상수
 (SI단위 : 5.67[W/m²·K⁴],
 공학단위 : 4.88[kcal/h·m²·K⁴])
F : 복사 전열면적[m²]

T_1 : 방사체의 절대온도[K]
T_2 : 입사체의 절대온도[K]

※ 스테판-볼츠만 상수(σ)가
5.67×10^{-8}[W/m²·K⁴],
4.88×10^{-8}[kcal/h·m²·K⁴]로 제시되면
∴ $Q = \epsilon \times \sigma \times (T_1^4 - T_2^4) \times F$

61. 열교환기 전열량

① 대수평균 온도차(LMTD : Δt_m)
　㉮ 향류식
　　Δt_1 = 고온유체 입구온도 − 저온유체 출구온도
　　Δt_2 = 고온유체 출구온도 − 저온유체 입구온도
　㉯ 병류식
　　Δt_1 = 고온유체 입구온도 − 저온유체 입구온도
　　Δt_2 = 고온유체 출구온도 − 저온유체 출구온도

$$\Delta t_m = \frac{\Delta t_1 - \Delta t_2}{\ln\left(\frac{\Delta t_1}{\Delta t_2}\right)}$$

② 열교환기 전열량
$$Q = K \cdot F \cdot \Delta t_m$$

Q : 열교환기 전열량[W]
K : 열관류율[W/m²·℃]
F : 전열면적[m²]
Δt_m : 대수평균 온도차[℃]

62. 흡수분석법 성분 계산

① $CO_2[\%] = \dfrac{CO_2 \text{의 체적감량}}{\text{시료 채취량}} \times 100$

② $O_2[\%] = \dfrac{O_2 \text{의 체적감량}}{\text{시료 채취량}} \times 100$

③ $CO[\%] = \dfrac{CO \text{의 체적감량}}{\text{시료 채취량}} \times 100$

④ $N_2[\%] = 100 - (CO_2 + O_2 + CO)$

63. U자관 압력계(U자관 액주계)

$$P_2 = P_1 + \gamma \cdot h$$

P_2 : 측정 절대압력[mmH₂O, kgf/m²]
P_1 : 대기압[mmH₂O, kgf/m²]
γ : 액주계 액체의 비중량[kgf/m³]
h : 액주계 높이차[m]

64. 경사관식 압력계(경사관식 액주계)

$$P_2 = P_1 + \gamma \cdot x \cdot \sin\theta$$

P_2 : 측정 절대압력[mmH₂O, kgf/m²]
P_1 : 대기압[mmH₂O, kgf/m²]
γ : 액주계 액체의 비중량[kgf/m³]
x : 경사관의 액주 길이[m]
θ : 관의 경사각

65. 자유(부유) 피스톤형 압력계

$$P = \left\{\frac{W + W'}{a}\right\} + P_1$$

P : 절대압력[kgf/cm²·a]
P_1 : 대기압[kgf/cm²]
W : 추의 무게[kgf]
W' : 피스톤의 무게[kgf]
a : 피스톤의 단면적[cm²]

66. 차압식 유량계 유량계산

$$Q = C \cdot A \cdot \frac{1}{\sqrt{1-m^2}} \sqrt{2 \cdot g \cdot \frac{P_1 - P_2}{\gamma}}$$

$$= C \cdot A \cdot \frac{1}{\sqrt{1-m^2}} \sqrt{2 \cdot g \cdot h \cdot \frac{\gamma_m - \gamma}{\gamma}}$$

Q : 유량[m³/s]
C : 유량계수

A : 교축기구 부분 단면적[m²]
g : 중력가속도(9.8[m/s²])
m : 교축비 $\left\{\dfrac{D_2{}^2}{D_1{}^2} = \left(\dfrac{D_2}{D_1}\right)^2\right\}$
D_1 : 원형관 지름[m]
D_2 : 교축기구 부분 지름[m]
h : 마노미터(액주계) 높이차[m]
P_1 : 교축기구 입구측 압력[kgf/m²]
P_2 : 교축기구 출구측 압력[kgf/m²]
γ_m : 마노미터 액체 비중량[kgf/m³]
γ : 측정하는 유체 비중량[kgf/m³]

67. 피토관식 유량계 유량계산

$$Q = C \cdot A \cdot \sqrt{2 \times \dfrac{P_t - P_s}{\rho}}$$

Q : 유량[m³/s]
C : 유량계수
A : 유체 통과 부분 단면적[m²]
P_t : 전압[Pa]
P_s : 정압[Pa]
ρ : 유체의 밀도[kg/m³]

공학단위

$$Q = C \cdot A \cdot \sqrt{2 \cdot g \cdot \dfrac{P_t - P_s}{\gamma}}$$
$$= C \cdot A \cdot \sqrt{2 \cdot g \cdot h \cdot \dfrac{\gamma_m - \gamma}{\gamma}}$$

Q : 유량[m³/s]
C : 유량계수
A : 유체 통과 부분 단면적[m²]
g : 중력가속도(9.8[m/s²])
P_t : 전압[kgf/m²]
P_s : 정압[kgf/m²]
γ_m : 마노미터 액체 비중량[kgf/m³]
γ : 유체의 비중량[kgf/m³]
h : 마노미터(액주계) 높이차[m]

68. 저항온도계 온도 및 저항값

① 현재 온도 계산
$$t = \dfrac{R - R_0}{R_0 \cdot \alpha}$$

② 현재 온도의 저항값
$$R = R_0 \cdot (1 + \alpha \cdot t)$$

t : 현재의 온도[℃]
R : t[℃] 상태의 저항값[Ω]
R_0 : 0[℃] 상태의 저항값[Ω]
α : 저항온도계 저항 온도계수

69. 절대습도

$$X = \dfrac{G_w}{G_a} = \dfrac{G_w}{G - G_w}$$

X : 절대습도[kg/kg·DA]
G_w : 수증기 중량[kgf]
G_a : 건조공기 중량[kgf]
G : 습공기 전중량[kgf]

70. 상대습도

$$\phi = \dfrac{P_w}{P_s} \times 100 \qquad P = P_a + P_w$$

ϕ : 상대습도[%]
P_w : 수증기 분압[mmHg](노점에서의 포화
  증기압, 현재 온도에서의 수증기량)
P_s : t[℃]에서 포화증기압[mmHg]
  (포화습공기의 수증기 분압,
  현재 온도에서의 포화수증기량)
P : 습공기 전압[mmHg]
P_a : 건조공기 분압[mmHg]

71. 상대습도로부터 절대습도 계산

$$X = 0.622 \times \frac{P_w}{760 - P_w}$$
$$= 0.622 \times \frac{\phi \cdot P_s}{760 - \phi \cdot P_s}$$

※ $\phi = \dfrac{P_w}{P_s}$ 에서 $P_w = \phi \cdot P_s$ 이다.

※ $0.622 = \dfrac{H_2O \text{ 분자량}}{\text{공기의 분자량}} = \dfrac{18}{28.96}$ 에서 산출된 숫자이다.

72. 비례대[%]

$$\text{비례대} = \frac{\text{동작신호 폭(측정 온도차)}}{\text{조절기 눈금(조절 온도차)}} \times 100$$

73. 비례감도(비례이득)

$$\text{비례감도} = \frac{1}{\text{비례대}}$$

74. 응력(stress)

$$\sigma = \frac{W}{A}$$

σ : 응력[kgf/cm^2] W : 하중[kgf]
A : 재료의 단면적[cm^2]

① 원주방향 응력
$$\sigma_A = \frac{PD}{2t}$$

② 축방향 응력
$$\sigma_B = \frac{PD}{4t}$$

σ_A : 원주방향(원둘레 방향) 응력[kgf/cm^2]
σ_B : 축방향(길이 방향) 응력[kgf/cm^2]
P : 사용압력[kgf/cm^2]
D : 안지름[mm]
t : 두께[mm]

75. 보일러 내압 동체 두께

① 바깥지름을 기준으로 하는 경우
$$t = \frac{PD_o}{2\sigma_a \eta - 2kP} + \alpha$$

② 안지름을 기준으로 하는 경우
$$t = \frac{PD_i}{2\sigma_a \eta - 2P(1-k)} + \alpha$$

t : 원통부의 최소두께[mm]
P : 최고사용압력[MPa]
D_o : 동체의 바깥지름[mm]
D_i : 동체의 안지름[mm]
σ_a : 재료의 허용인장응력[N/mm^2]
η : 이음효율
α : 부식여유로서 1[mm] 이상으로 한다.
k : 동체의 증기(온수, 열매)온도에 대응하는 값

76. 용접이음 인장응력

$$\sigma = \frac{W}{h \times l}$$

σ : 인장응력[kgf/cm^2]
W : 인장하중[kgf]
h : 모재의 두께[cm]
l : 용접부 길이[cm]

77. 리벳이음

① 강판의 효율
$$\eta_1 = 1 - \frac{d}{P}$$

② 리벳의 효율
$$\eta_2 = \frac{n\pi d^2 \tau}{4Pt\sigma_t} \quad \tau = \frac{4W}{\pi d^2} \quad \sigma_t = \frac{W}{t(P-d)}$$

d : 리벳 구멍의 지름[mm]
P : 리벳의 피치[mm]
n : 1피치 내에 있는 리벳의 전단면의 수

t : 강판의 두께[mm]
τ : 리벳의 전단강도[kgf/mm^2]
σ_t : 강판의 인장강도[kgf/mm^2]
W : 1피치에 걸리는 하중[kgf]

78. 연료비

$$\text{연료비} = \frac{\text{고정탄소}[\%]}{\text{휘발분}[\%]}$$

고정탄소 = 100 − (수분+회분+휘발분)

79. 이론 산소량

① 연료 1[kg]당 산소[Nm^3] : [Nm^3/kg]

$$O_o = 1.867\,C + 5.6\left(H - \frac{O}{8}\right) + 0.7\,S$$
$$= 1.867\,C + 5.6\,H - 0.7\,(O-S)$$

② 연료 1[kg]당 산소[kg] : [kg/kg]

$$O_o = 2.67\,C + 8\left(H - \frac{O}{8}\right) + S$$
$$= 2.67\,C + 8\,H - (O-S)$$

80. 이론 공기량

① 연료 1[kg]당 공기[Nm^3] : [Nm^3/kg]

$$A_o = \frac{O_o}{0.21}$$
$$= 8.89\,C + 26.67\left(H - \frac{O}{8}\right) + 3.33\,S$$

② 연료 1[kg]당 공기[kg] : [kg/kg]

$$A_o = \frac{O_o}{0.232}$$
$$= 11.49\,C + 34.5\left(H - \frac{O}{8}\right) + 4.31\,S$$

81. 실제 공기량

$$A = m \cdot A_o = A_o + B$$

82. 과잉공기계수(m : 공기비) 관련 공식

① 공기비(과잉공기계수)

$$m = \frac{A}{A_o} = \frac{A_o + B}{A_o} = 1 + \frac{B}{A_o}$$

② 과잉공기량(B)

$$B = A - A_o = (m-1)\,A_o$$

③ 과잉공기율[%]

$$\text{과잉공기율} = \frac{B}{A_o} \times 100 = \frac{A - A_o}{A_o} \times 100$$
$$= (m-1) \times 100$$

④ 과잉공기비

$$\text{과잉공기비} = m - 1$$

83. 배기가스 분석에 의한 공기비

① 완전연소의 경우

$$m = \frac{N_2}{N_2 - 3.76\,O_2}$$

② 불완전연소의 경우

$$m = \frac{N_2}{N_2 - 3.76\,(O_2 - 0.5\,CO)}$$

N_2 : 배기가스 중 질소 함유율[%]
O_2 : 배기가스 중 산소 함유율[%]
CO : 배기가스 중 일산화탄소 함유율[%]

84. 배기가스 중 산소 및 이산화탄소 농도에 의한 공기비

① 산소(O_2) 농도에서 계산

$$m = \frac{21}{21 - O_2}$$

② 이산화탄소(CO_2) 농도에서 계산

$$m = \frac{(CO_2)_{max}}{CO_2}$$

O_2 : 건배기 연소가스 중의 산소 농도[vol%]
$(CO_2)_{max}$: 건배기 연소가스 중의 이산화탄소 최대값[vol%]
CO_2 : 건배기 연소가스 중의 이산화탄소 농도[vol%]

85. 이론 습연소 가스량(G_{ow})

① G_{ow}[Nm³/kg]
$$= 8.89C + 32.3\left(H - \frac{O}{8}\right) + 3.33S$$
$$+ 0.8N + 1.244W$$
$$= 8.89C + 32.3H - 2.63O + 3.33S$$
$$+ 0.8N + 1.244W$$

② G_{ow}[kg/kg]
$$= 12.49C + 35.5\left(H - \frac{O}{8}\right) + 5.31S + N + W$$
$$= 12.49C + 35.5H - 3.31O + 5.31S + N + W$$

③ (질소량 + 생성 가스량)에 의한 방법
㉮ G_{ow}[Nm³/kg]
$$= (1 - 0.21)A_o + 1.867C + 11.2H$$
$$+ 0.7S + 0.8N + 1.244W$$
㉯ G_{ow}[kg/kg]
$$= (1 - 0.232)A_o + 3.667C + 9H + 2S$$
$$+ N + W$$

86. 이론 건연소 가스량(G_{od})

① G_{od}[Nm³/kg]
$$= 8.89C + 21.1\left(H - \frac{O}{8}\right) + 3.33S + 0.8N$$
$$= 8.89C + 21.1H - 2.63O + 3.33S + 0.8N$$

② G_{od}[kg/kg]
$$= 12.49C + 26.5\left(H - \frac{O}{8}\right) + 5.31S + N$$
$$= 12.49C + 26.5H - 3.31O + 5.31S + N$$

87. 실제 습연소 가스량(G_w)

① G_w[Nm³/kg]
$$= (m - 0.21)A_o + 1.867C + 11.2H$$
$$+ 0.7S + 0.8N + 1.244W$$
$$= (m - 0.21)A_o + 1.867C + 0.7S + 0.8N$$
$$+ 1.244(9H + W)$$

② G_w[kg/kg]
$$= (m - 0.232)A_o + 3.667C + 9H + 2S$$
$$+ N + W$$

88. 실제 건연소 가스량(G_d)

① G_d[Nm³/kg]
$$= (m - 0.21)A_o + 1.867C + 0.7S + 0.8N$$
$$= G_w - (11.2H + 1.244W)$$

② G_d[kg/kg]
$$= (m - 0.232)A_o + 3.667C + 2S + N$$

89. 최대 탄산가스 비율[$(CO_2)_{max}$]

① 이론 건연소 가스량에 대한 비율
$$(CO_2)_{max}[\%] = \frac{CO_2량}{G_{od}} \times 100$$
$$= \frac{1.867C + 0.7S}{8.89C + 21.1H - 2.63O + 3.33S + 0.8N}$$
$$\times 100$$

② 배기가스 조성[%]으로부터 계산
㉮ 완전연소 시
$$(CO_2)_{max} = \frac{CO_2}{100 - \dfrac{O_2}{0.21}} \times 100$$
$$= \frac{21\,CO_2}{21 - O_2} = m \cdot CO_2$$

㉯ 불완전 연소 시
$$(CO_2)_{max} = \frac{CO_2 + CO}{100 - \dfrac{O_2}{0.21} + 1.88\,CO} \times 100$$
$$= \frac{21(CO_2 + CO)}{21 - O_2 + 0.395\,CO}$$

90. 탄화수소의 완전연소 반응식

$$C_mH_n + \left(m + \frac{n}{4}\right)O_2 \rightarrow mCO_2 + \frac{n}{2}H_2O$$

91. 발열량[kcal/kg]

① 원료분석에 의한 방법 : 연료 성분

㉮ 고위 발열량(총 발열량)

$$H_h = 8100\,C + 34000\left(H - \frac{O}{8}\right) + 2500\,S$$

㉯ 저위 발열량(진발열량, 참발열량)

$$H_l = 8100\,C + 28600\left(H - \frac{O}{8}\right) + 2500\,S - 600\,W$$

② 간이식

㉮ 고위 발열량

$$H_h = H_l + 600\,(9H + W)$$

㉯ 저위 발열량

$$H_l = H_h - 600\,(9H + W)$$

H : 수소 함유량, W : 수분 함유량

92. 화염 온도

① 이론 연소온도

$$t = \frac{H_l}{G \times C_p} + t_1$$

② 실제 연소온도

$$t_2 = \frac{H_l + 공기현열 + 손실열량}{G_s \times C_p} + t_1$$

t : 이론 연소온도[℃]
t_2 : 실제 연소온도[℃]
t_1 : 기준온도[℃]
H_l : 연료의 저위발열량[kcal]
G : 이론 연소가스량[Nm³/kgf]
G_s : 실제 연소가스량[Nm³/kgf]
C_p : 연소가스의 정압비열[kcal/Nm³·℃]

93. 이론 통풍력

$$Z = H(\gamma_a - \gamma_g) = 273\,H\left(\frac{\gamma_a}{T_a} - \frac{\gamma_g}{T_g}\right)$$
$$= H\left(\frac{353}{T_a} - \frac{367}{T_g}\right)$$

Z : 이론 통풍력[mmH₂O]
H : 연돌의 높이[m]
γ_a : 대기 비중량[kgf/m³]
γ_g : 배기가스 비중량[kgf/m³]
T_a : 대기 절대온도[K]
T_g : 배기가스 절대온도[K]

94. 간이식에 의한 이론 통풍력

① 대기의 비중량을 1로 하였을 때

$$Z = 353\,H\left(\frac{1}{T_a} - \frac{\gamma_g}{T_g}\right)$$

② 대기와 배기가스 평균 비중량 적용

$$Z = 355\,H\left(\frac{1}{T_a} - \frac{1}{T_g}\right)$$

95. 연돌의 상부 단면적

$$F = \frac{G(1 + 0.0037\,t)\left(\frac{760}{P_g}\right)}{3600\,W}$$

F : 연돌의 상부 단면적[m²]
G : 배기가스량[Nm³/h]
t : 배기가스 온도[℃]
P_g : 배기가스 압력[mmHg]
W : 배기가스 속도[m/s]

96. 전기식 유예열기 용량

$$kWh = \frac{G_f \cdot C_f \cdot \Delta t}{860\,\eta}$$

G_f : 연료 사용량[kgf/h]
C_f : 연료의 비열[kcal/kgf·℃]
Δt : 유예열기 입출구 온도차[℃]
η : 유예열기 효율

97. 수관식 보일러 이외의 전열면적

① 직립형 보일러(횡관식)

$$A = \pi D(H + dn)$$

A : 전열면적[m²]
D : 연소실 안지름[m]
H : 연소실 저부에서 연소실 천정판까지의 높이[m]
d : 횡관의 바깥지름[m]
n : 횡관의 수

② 직립 보일러(다관식)

$$A = \frac{1}{4}\pi D(4H + D) + Sn$$

A : 전열면적[m²]
D : 연소실 안지름[m]
H : 연소실의 높이[m]
S : $\pi d_i L$ (d_i는 연관의 안지름[mm], L은 연관 길이의 1/2[m])
n : 횡관의 수

③ 횡형 연관보일러

$$A = \pi L\left(\frac{D}{2} + dn\right) + D^2$$

D : 동체의 바깥지름[m]
L : 동체의 길이[m]
d : 연관의 안지름[m]
n : 연관의 수

④ 코르니쉬 보일러

$$A = \pi DL$$

D : 동체의 바깥지름[m]
L : 동체의 길이[m]

⑤ 랭커셔 보일러

$$A = 4DL$$

D : 동체의 바깥지름[m]
L : 동체의 길이[m]

98. 수관식 보일러 전열면적

① 수관 양쪽면이 연소가스에 접하는 것

$$A = (\pi d + W\alpha)Ln$$

② 수관 한쪽면이 연소가스에 접하는 것

$$A = \left(\frac{\pi}{2}d + W\alpha\right)Ln$$

d : 수관의 바깥지름[m]
L : 수관 또는 헤더의 길이[m]
n : 수관의 수
b : 너비[m]
W : 1개 수관 핀 너비의 합[m]($W = b - d$)
α : 열전달의 종류에 따른 계수

99. 파형 노통의 최소두께

$$t = \frac{10PD}{C}$$

t : 노통의 최소두께[mm]
P : 최고사용압력[MPa]
D : 노통의 파형부에서의 최대 내경과 최소 내경의 평균치(모리슨형 노통에서는 최소 내경에 50[mm]를 더한 값)[mm]
C : 노통의 종류별 상수 값

100. 링겔만 농도표 매연 농도율

$$\text{농도율}[\%] = \frac{\text{총 매연값} \times 20}{\text{측정시간}}$$

101. 천장 높이에 따른 실내평균온도

$$\Delta t_m = \text{호흡선 실내온도} + (0.5H + 2)$$

Δt_m : 실내평균온도[℃]
H : 실내의 천장 높이[m]

102. 방열기 방열량으로 난방부하 계산

① 난방부하(방열기 방열량)
 = EDR × 방열기 표준 방열량
 = 방열기 소요면적 × 방열기 방열량
 = 방열기 방열계수 × 평균 온도차
 = 방열량 보정계수 × 표준 방열량

② 평균 온도차
$$= \frac{방열기\ 입구온도 + 출구온도}{2} - 실내온도$$

103. 열손실 열량으로 난방부하 계산

① 벽면(벽, 천장, 바닥 등)으로 손실되는 열량

$$H_l = K_l \cdot F_l \cdot \Delta t \cdot Z$$

 H_l : 벽면의 손실열량[kcal/h]
 K_l : 외벽, 천장, 바닥의 열관류율 [kcal/h·m²·℃]
 F_l : 외벽, 천장, 바닥의 방열면적[m²]
 Δt : 실내와 외기 온도차[℃]
 Z : 방위계수

② 지면에 접하는 바닥의 손실열량

$$H_e = K_e \cdot F_e \cdot \Delta t$$

 H_e : 지면으로 손실열량[kcal/h]
 K_e : 지면에 접하는 바닥의 열관류율 [kcal/h·m²·℃]
 F_e : 지면에 접하는 바닥면적[m²]
 Δt : 온수온도(평균 50[℃])와 지하 1[m] 의 지중 온도차[℃]

③ 중간벽인 경우의 열손실

$$H_i = K_i \cdot F_i \cdot \frac{\Delta t}{2}$$

 H_i : 중간벽의 열손실[kcal/h]
 F_i : 난방되지 않는 실내와 접하는 면적 [m²]
 Δt : 난방되지 않는 실내와 외기 온도차[℃]

④ 환기에 의한 열손실

$$H_d = V \cdot n \cdot C_a \cdot \Delta t$$

 H_d : 환기에 의한 열손실[kcal/h]
 V : 환기량[m³/h]
 n : 환기횟수
 C_a : 공기비열[kcal/Nm³·℃]
 Δt : 실내와 외기 온도차[℃]

⑤ 간이식으로부터 계산

$$H_1 = u \cdot A_h$$

 H_1 : 난방부하[kcal/h]
 u : 열손실 지수[kcal/h·m²]
 A_h : 난방면적[m²]

104. 난방용 온수보일러 용량(정격출력)

① $H_m = H_1 + H_2 + H_3 + H_4$

② $H_m = \dfrac{(H_1 + H_2) \times (1 + \alpha) \times \beta}{k}$

 H_m : 온수보일러 용량(정격출력)[kcal/h]
 H_1 : 난방부하[kcal/h]
 H_2 : 급탕부하[kcal/h]
 H_3 : 배관부하[kcal/h]
 H_4 : 예열부하(시동부하)[kcal/h]
 α : 배관부하율(0.25~0.35)
 β : 여력계수(시동부하)
 k : 출력저하계수(석탄의 경우에 적용되며, 액체연료의 경우 1이다.)

105. 방열기 방열량

$$Q_r = K \cdot \Delta t_m$$

 Q_r : 방열기 방열량[kcal/h·m²]
 K : 방열기 방열계수[kcal/h·m²·℃]
 Δt_m : 평균온도차[℃]

$$\left(\Delta t_m = \frac{\text{방열기 입구온도} - \text{출구온도}}{2} - \text{실내온도}\right)$$

106. 방열기 소요 방열면적

① 소요 방열면적

$$= \frac{\text{난방부하}[\text{kcal/h}]}{\text{방열기 방열량}[\text{kcal/h} \cdot \text{m}^2]}$$

② 상당 방열면적

$$= \frac{\text{난방부하}[\text{kcal/h}]}{\text{방열기 표준 방열량}[\text{kcal/h} \cdot \text{m}^2]}$$

107. 방열기 쪽수

① 증기 난방 $N_s = \dfrac{H_1}{650\,a}$

② 온수 난방 $N_w = \dfrac{H_1}{450\,a}$

N_s : 증기 방열기 쪽수[개, 쪽]
N_w : 온수 방열기 쪽수[개, 쪽]
H_1 : 난방부하[kcal/h]
a : 방열기 쪽당 방열면적[m^2]
650 : 증기 방열기 표준 방열량[kcal/h · m^2]
450 : 온수 방열기 표준 방열량[kcal/h · m^2]

108. 증기 방열기 응축수량 및 펌프 용량

① 방열기 응축수량

$$Q_c = \frac{Q_r}{\gamma} \quad \left(\text{관 방열기} : Q_{c1} = \frac{Q_1}{\gamma}\right)$$

Q_c : 방열기 내 응축수량[kg/h · m^2]
Q_{c1} : 관 방열기 응축수량[kg/h · m]
Q_r : 방열기 방열량[kcal/h · m^2]
Q_1 : 관 방열기 1[m]당 방열량[kcal/h · m]
γ : 증기의 응축잠열(539[kcal/kg])

② 전 응축수량

$$Q_c = \frac{650}{539} \times 1.3 \times EDR$$

Q_c : 전 응축수량[kg/h]
EDR : 상당 방열면적[kcal/h · m^2 · ℃]

③ 응축수 펌프 용량

$$Q_p = \frac{Q_c}{60} \times 3$$

Q_p : 응축수 펌프 용량[kg/min]
Q_c : 전 응축수량[kg/h]

④ 응축수 탱크 용량

$$Q_t = Q_p \times 2 = Q_c \times 0.1$$

Q_t : 응축수 탱크의 용량[kg]

109. 증기 난방

① 방열면적 $A = \dfrac{H_1}{650}$

A : 필요 방열면적[m^2]
H_1 : 난방부하[kcal/h]

② 필요 증기량(증기 공급량)

$$G = \frac{650\,A}{539}$$

G : 필요 증기량[kg/h]
A : 방열면적[m^2]

110. 온수 난방

① 온수 순환량

$$G = \frac{Q_r}{C \cdot (t_2 - t_1)}$$

G : 온수 순환량[kg/h]
Q_r : 방열기 방열량[kcal/h]
C : 온수의 비열[kcal/kg · ℃]
t_2 : 방열기 입구 온수온도[℃]
t_1 : 방열기 출구 온수온도[℃]

② 배관 저항(허용압력강하)

$$R = \frac{H_w}{l \cdot (1+k)} = \frac{H_w}{l + l'}$$

R : 배관저항[mmH$_2$O]
H_w : 이용할 수 있는 순환수두[mmH$_2$O]
l : 보일러에서 가장 멀리 있는 방열기까지의 왕복 배관길이[m]
l' : 왕복 배관에 있는 국부저항 상당관 길이[m]
k : 국부저항과 직관의 비(주택, 소형 건축물 : 1.0~1.5, 사무소 건축, 기타 건축 : 0.5~1.9, 지역난방 : 0.2~0.5)

③ 중력식 순환수두

$$H_w = (\gamma_c - \gamma_h) \times h$$

H_w : 순환수두[mmH$_2$O]
γ_c : 방열기 출구 온수의 비중량[kgf/m^3]
γ_h : 방열기 입구 온수의 비중량[kgf/m^3]
h : 보일러 중심에서 방열기 중심까지의 높이[m]

④ 팽창탱크 용량 : 온수 팽창량으로부터 계산

$$\Delta V = \left(\frac{1}{\rho_h} - \frac{1}{\rho_c}\right) \times V = \alpha \cdot V \cdot \Delta t$$

ΔV : 온수팽창량[L]
V : 전체 수량[L]
ρ_h : 가열 후 물의 밀도[kg/m^3]
ρ_c : 가열 전 물의 밀도[kg/m^3]
α : 물의 체적 팽창계수(0.5×10^{-3}/℃)
Δt : 가열 전·후의 온도차[℃]

⑤ 밀폐식 팽창탱크에 필요한 수두압

$$H = h + h_t + \frac{1}{2}h_p + 2$$

H : 밀폐식 팽창탱크에 필요한 압력에 상당하는 수두압[mAq, mH$_2$O]
h : 팽창탱크 수면에서 장치의 최고부위까지의 높이[m]
h_t : 온수온도에 상당하는 포화증기압 [mAq, mH$_2$O]
h_p : 순환펌프의 양정[m]

과년도 출제문제 중심
완벽대비 에너지관리산업기사 실기

발　행 / 2024년 1월 30일	
저　자 / 서 상 희	
펴 낸 이 / 정 창 희	
펴 낸 곳 / 동일출판사	
주　소 / 서울시 강서구 곰달래로31길 7 (2층)	
전　화 / 02) 2608-8250	
팩　스 / 02) 2608-8265	
등록번호 / 제109-90-92166호	

ISBN 978-89-381-1592-8 13570
값 / 30,000원

이 책은 저작권법에 의해 저작권이 보호됩니다. 동일출판사 발행인의 승인자료 없이 무단 전재하거나 복제하는 행위는 저작권법 제136조에 의해 5년 이하의 징역 또는 5,000만원 이하의 벌금에 처하거나 이를 병과(倂科)할 수 있습니다.